Statistics for Data Science

데이터 사이언스 통계학

이군희

JN416581

북넷

머리말

Statistics For Data Science

데이터 사이언스 통계학 세계에 오신 여러분을 환영합니다.

엄청난 양의 데이터가 매일 생성되는 시대에 데이터 바닷속을 누비면서 의미있는 정보와 지식을 찾는다는 것은 현대사회에서 요구하는 중요한 역할 중 하나입니다. 이를 위하여 이 책은 통계학을 진지하게 공부하고자 하는 미래의 통계학자, 데이터 사이언티스트, 빅데이터 분석가, 인공지능 전문가, 각 분야의 애널리스트를 위하여 만들어진 통계학 입문서입니다.

통계학은 현대사회에서 빠질 수 없는 중요하고 강력한 도구로서, 데이터 분석을 통하여 숨겨진 현상을 이해하고, 예측하고, 판단하는 과학입니다. 또한, 통계학은 우리주변에서 일어나는 자연현상이나 사회현상을 관찰하고 이론을 전개하는 과정에서 핵심적인 역할을 담당하는 중요한 학문영역입니다. 하지만, 컴퓨터를 활용하지 못하는 통계학은 실용적이지 못하며, 통계이론에 대한 지식이 없는 통계학은 사상누각에 불과합니다. 따라서 이 책에서는 통계이론에 대한 개념을 소개하고, 수학적으로 접근하여 논리성을 설명한 후, R 프로그래밍을 통하여 확인하는 방법으로 모든 주제를 접근하였습니다.

통계학은 단순히 숫자와 공식으로 구성된 학문이 아닙니다. 통계개념의 이해없는 얕은 통계분석은 왜곡된 결과를 제공할 수 있으므로 차라리 분석하지 않는 것보다 못한 결과가 나타날 수 있습니다. 올바른 통계학 개념의 이해는 데이터의 다양성과 불확실성에 대한 문제를 해결하는 강력한 도구로서, 예측이나 의사결정에 유용하게 활용될 수 있습니다. 여러분은 이 책을 통하여 데이터의 특성을 이해하고, 불확실성을 다루며, 올바른 판단력을 갖추는 데 필요한 통계이론을 컴퓨터 코딩 방법과 함께 배우게 될 것입니다.

데이터 사이언스와 통계학의 매력적인 세계를 탐험하면서, 올바른 통계적 사고를 정립하여, 데이터 분석에 있어서 지혜롭고, 효과적인 판단을 내릴 수 있는 능력을 갖추게 되기를 바랍니다.

2023. 8.

이 군희 씀

"이 책에 대한 강의 노트, 교재에서 언급한 모든 데이터, R코드는 http://www.booknet.or.kr 홈페이지의 강의자료에 있습니다."

차 례

Statistics For Data Science

chapter 02

R 사용법

chapter 03

데이터의 표현

chapter 04

두 변수의 관계분석

chapter 05

확률이야기

chapter 06

확률변수의 이해

chapter 07

다양한 확률분포

chapter 08 표본분포

chapter 09 추 정

chapter 10 가설검정

chapter 11 범주형 데이터 분석

chapter
12 분산분석

chapter
13 회귀분석

데이터 분석가로서의 윤리

미국 금융감독기관에서는 개인이나 기업에 대한 신용평가모형을 구축하는 경우 반드시 다음의 원칙을 따라야 한다고 명시하고 있다.

"Empirically Derived, Demonstrably and Statistically Sound"

이를 EDDSS 원칙이라 하며, 모든 금융기관이 지켜야 하는 핵심원칙으로 취급되고 있다. 이를 조금 더 쉽게 풀이하자면 다음과 같이 해석할 수 있다.

"모든 평가모형은 축적된 데이터를 근거로 만들어져야 하며, 이러한 경험이 축약되어 만들어진 신용평가모형은 통계이론 측면에서 하자가 없어야 한다."

이러한 EDDSS 원칙은 경험으로 표현되는 데이터 관리에 대한 중요성과 데이터 분석을 위한 통계지식에 대한 중요성을 함축적으로 표현한 단어라고 볼 수 있다. 하지만 이와 함께 분석가가 가져야 할 중요한 항목이 있다. 그것은 데이터 분석에 임하는 분석가의 태도이다. 동일한 데이터를 처리하면서도 통계지식이 짧은 분석가에게 데이터 분석은, 단순히 평균과 표준편차를 계산하는 과정이 될 것이고, 해당 분야에 전문지식을 가지면서 통계지식이 깊은 분석가에게는, 많은 이야기를 제공하면서 더 많은 문제와 고민을 제공하는 과정이 될 수 있다.

통계학을 "Art of Statement" 라고 부르는 이유가 여기에 있다. 같은 데이터를 가지고 분석가의 역량에 따라 다른 해석이 만들어지기 때문이다. 데이터 분석을 기계적 프로세스가 아닌 Art로 생각한다면 분석가가 임해야 하는 태도는 매우 중요한 요소가 된다. 분석을 바라보는 열린 마음, 새로운 사실을 알고 싶어 하는 열정, 다른 의견을 가진 상대방의 의견을 존중할 줄 아는 겸손함, 나의 잘못을 인정할 수 있는 너그러움, 그리고 더 나아가서 가장 중요하다고 생각되는 올바른 가치관의 정립이 올바른 데이터 분석에 핵심이 될 수 있다.

분석가는 전문성을 유지하면서 높은 윤리기준을 가져야 한다. 데이터 수집과정에서 미리 설정된 승인절차를 숙지하고 이를 잘 진행해야 하며, 데이터 무결성을 유지하도록 노력해야 하고, 계산값에 대한 정확성을 점검하고, 절차를 충실하게 따르고, 기밀정보를 보호하고, 출처를 인용하고, 재정지원 출처를 명확하게 기술해야 한다.

또한, 비윤리적 행위를 최소화하기 위하여 시스템적으로 막을 수 있는 보호장치도 함께 만들어야 한다. 예를 들어, 법적 · 윤리적으로 보호되어야 하는 사람이나 동물실험의 경우, 사전동의획득, 치료방법, 생명보호를 위한 실험중단 요건, 개인정보보호, 데이터의 부적절한 사용방지 등과 관련하여 윤리적 보호장치를 만들고 진행하는 것이 중요하다.

하지만, 분석가들이 아무리 높은 윤리기준을 가지고 자신의 업무를 진행한다고 하여도 현실에서는 연구결과에 대한 이해충돌, 상충되는 해석에 따른 윤리적 딜레마에 직면하게 된다. 예를 들어, 어느 마케팅조사 회사가 어느 회사의 새로운 로고에 대한 소비자의 성향을 조사하는 프로젝트를 맡았다고 하자. 그런데 일감을 맡긴 회사 담당자가 찾아와서 사장이 새로운 로고를 강력히 선호하여 분석결과가 긍정적으로 나왔을 경우 자신도 승진할 수 있고 조사회사도 큰 프로젝트로 이어질 기회가 생길 것이라는 정해진 결과에 대한 압박이 있는 경우, 분석가는 윤리적 딜레마에 직면하게 된다.

국제통계학회(ISI; International Statistical Institute)에서는 12가지 윤리강령을 통하여 분석가가 가져야 하는 태도를 요약하고 있다.

1. 객관성을 추구함(Pursuing Objectivity)

분석가는 객관성을 추구해야 하며, 분석결과에 대한 오해나 오용이 발생한다면 잠재적 사용자에게 알리기 위한 조치를 취해야 한다.

2. 책무와 역할을 명확히 함(Clarifying Obligation and Roles)

또한 역할 및 책임 사이에 윤리문제가 발생할 수 있다면 이를 상세히 설명하고 충분하게 이해되어야 한다. 필요한 경우 전문가로부터 조언을 들어야 한다.

3. 대안을 공평하게 평가함(Assessing Alternatives Impartially)

모든 가능한 방법 및 절차가 고려되어야 한다. 또한 제안된 방법뿐 아니라 대안의 장단점에 대한 공정한 평가가 이루어져야 한다.

4. 이해관계에 충돌이 있는 경우(Conflicting Interests)

재무 또는 개인적인 이해관계와 충돌이 있는 업무를 맡지 말아야 한다.

5. 미리 예정된 결과를 피함(Avoiding Preempted Outcomes)

미리 결정된 결과를 얻으려는 어떠한 시도도 하지 말아야 한다.

6. 법률적 보호를 받는 정보를 보호함(Guarding Privileged Information)

법률적 보호를 받는 정보는 기밀로 유지해야 한다.

7. 전문가로서의 역량을 나타냄(Exhibiting Professional Competence)

전문지식과 기술을 발전시키고 자신의 분야와 연관된 기술적 발달, 절차 및 한계점을 파악하고 있어야 한다.

8. 통계에 대한 신뢰를 유지하도록 함(Maintaining Confidence in Statistics)

자료의 설명력을 포함하여 자신이 얻은 결과를 정확하고 올바르게 묘사해야만 한다. 또한, 자료의 신뢰성과 적절성 및 한계점에 대하여 설명하여야 한다.

9. 방법과 결과를 공표하고 재검토함(Exposing and Reviewing Methods and Findings)

방법론, 절차, 기법, 결과 및 해석에 대하여 충분한 정보를 제공함으로써 독립적인 제3자에 의하여 평가받을 수 있어야 한다.

10. 연구강령을 교류함(Communicating Ethical Principles)

사람들과 교류를 통해 윤리강령이 명확하고 이해가 쉬우며 존중받으면서 반영될 수 있도록 노력하여야 한다.

11. 학문의 무결성에 대한 책임을 짐(Bearing Responsibility for the Integrity of the Discipline)

속이거나 고의로 부정확하게 보고하지 말아야 하며, 위법행위에 대한 보고를 막는 어떠한 시도도 하지말아야 한다.

12. 실험 · 조사 대상자의 이익을 보호함(Protecting the Interests of Subjects)

실험 · 조사 대상자가 연구에 참여함으로써 받을 수 있는 해로운 영향을 막기 위하여 노력해야 한다. 이러한 의무는 연구참여에 대한 법률적 동의를 얻었다고 없어지는 것이 아니다. 또한 대상자에 대한 프라이버시는 보호되어야 한다.

함께 생각해 볼 문제

1. 내가 중요하다고 생각하는 가치관에 대하여 생각해 본다.
2. 정직함 때문에 (또는 내가 다른 중요하다고 생각하는 가치관 때문에) 손해 본 경험을 생각하고 평가하여 본다.

CHAPTER 01

빅데이터와 통계학

1.1 데이터 사이언스와 통계학

데이터 사이언스

데이터 사이언스(Data Science)란 데이터를 분석하고, 분석결과를 이용하여 다양한 문제를 해결하는 학문이라고 정의할 수 있다. World Economic Forum에서 출간된 미래 직장에 대한 보고서에 따르면 전 산업분야에 걸쳐 수요가 가장 많은 전공, 그리고 가장 높은 연봉을 받는 전공으로 2020년 이후 데이터 사이언스 전공이 연속해서 선정된 것을 보면 이 분야가 얼마나 인기있고 중요한 학문인지 확인할 수 있다.

데이터 사이언스는 데이터 분석을 통하여 새로운 지식을 탐색하고 확인하는 전통적 통계분석을 포함하고 있다. 전통적 통계분석 방법론에서는 데이터 분석을 크게 3단계로 구분하여 접근한다. 첫 번째 단계는 필요한 정보를 얻기 위한 1차 자료, 2차 자료에 대한 탐색 및 수집, 자료를 정리하면서 결측값을 처리하고 분석에 맞게 변수를 변환시키는 과정이다. 두 번째 과정은 데이터를 분석하여 결과를 해석하고 이로부터 정보와 지식을 얻는 과정이며, 세 번째 과정은 분석 결과를 알기 쉽게 설명하고, 실행 가능한 전략을 제시하는 과정이다. 데이터 사이언스에서는 이러한 모든 과정을 포함하여 추가로 빅데이터를 탐색하고 인공지능(AI; Artificial Intelligence) 모형을 포함한 다양한 예측모형을 설계하고, 데이터를 관리하고, 모형에 대한 성능을 감시할 수 있는 도구를 개발하고, 데이터 시각화, 대쉬보드, 보고서를 작성하는 도구개발과 함께 이러한 모든 과정을 자동으로 진행하고 학습할 수 있는 프로그램을 개발하는 과정을 포함한다.

따라서 데이터 사이언스는 기능적으로 구분된 전통적 학문들이 융합되어 만들어진 새로운 학문영역이라고 말할 수 있다. 데이터 사이언스는 먼저 기초적인 수학지식을 기반으로 통계이론과 통계적 데이터 분석 방법론에 대한 지식이 요구된다. 프로그래밍 측면에서는 통계분석 도구인 R 프로그래밍을 시작으로 Python, SQL, NoSQL에 대한 학습과 더 나아가서 객체지향 프로그래밍(OOP; Object-Oriented Programming)에 대한 지식이 요구된다. 또한, Excel을 시작으로 하여, SAS, SPSS와 같은 통계분석 소프트웨어뿐만 아니라 Hadoop, MySQL, TensorFlow, Spark, Pytorch 와 같은 다양한 패키지에 대한 활용도 요구된다. 또한, 연구방법론을 기반으로 하는 분석적 사고능력, 클라우드 컴퓨팅, 데이터의 시각화, 기계학습(Machine Learning), 딥러닝(Deep Learning)을 포함한 인공지능 영역에 대한 지식이 요구된다. 결국 이러한 모든 지식들이 융합되어 데이터 사이언스라는 새로운 학문이 만들어진 것이다.

그림 1-1 융합학문인 데이터 사이언스

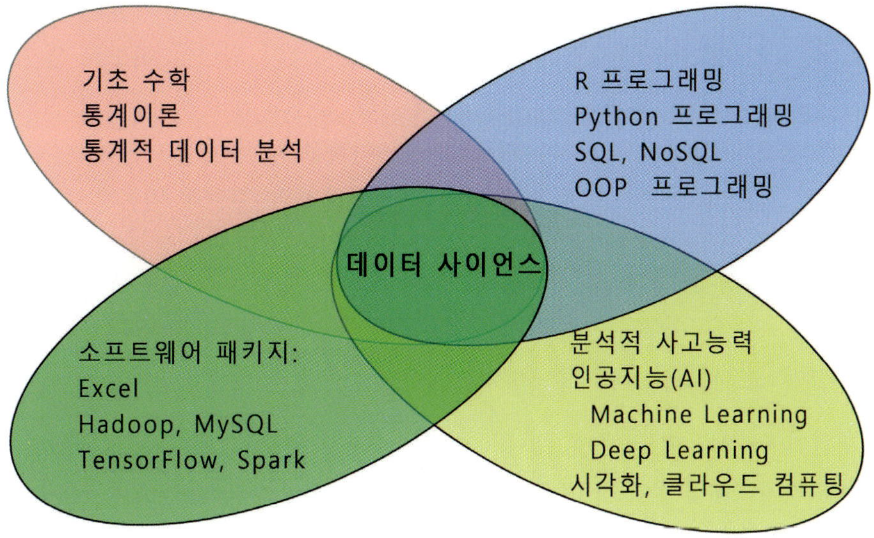

통계학이란?

통계학(statistics)이란 '불확실성을 갖는 자연현상이나 사회현상을 수치를 이용하여 설명하는 학문'이라고 정의할 수 있다. 즉, **불확실성**(uncertainty)을 대상으로 하고, 데이터를 기반으로 모든 분석은 반드시 '수치'를 이용하여 접근하여야 한다는 것이다. 그렇다면 불확실성을 수치로 어떻게 표현할 수 있을까? 예를 들어, 동전 던지는 상황을 생각해 보자.

동전을 던지는 실험의 경우, 동전의 앞면/뒷면 중 어떠한 결과가 나타날지는 아무도 모르므로 불확실한 환경에 놓이게 된다. 이러한 불확실성은 0과 1 사이의 값으로 표현된 확률(probability)로 표현된다. 그리고 앞면 (또는 뒷면)이 나타날 확률은, 특별한 무리가 없다면 ½ 값을 할당한다. 하지만 불확실한 결과에 특정한 확률값을 부여하는 경우 다음과 같은 질문이 생길 수 있다.

질문 1 어떠한 근거로 확률에 ½ 값을 부여한 것인가?

이 질문에 대해서는 다양한 답이 존재한다. 어떤 학자는 앞면과 뒷면의 확률은 특별히 다른 이유가 없으므로 같다고 가정하는 것이 타당하고, 확률의 합은 반드시 1이 되어야 하므로 앞면이 나올 확률은 ½이 될 수밖에 없다고 설명한다. 또 다른 학자들은 동전을 실제로 충분히 많이 던지면 신기하게도 총 던진 횟수의 대략 반 정도가 앞면으로 나타나기 때문에 ½이라고 주장하기도 한다. 어떤 학자들은, '내일 비가 올 확률이 80%입니다.'라고 말하는 것처럼 합리적인 전문가의 주관적 믿음으로 확률이 만들어진다고 주장한다. 어느 주장이 옳다고 판단하기보다는 확률은 이러한 세 가지 모습을 모두 갖고있다고 생각하는 것이 좋을 듯하다. 이에 대한 자세한 내용은 5장 확률 이야기에서 자세하게 다루기로 한다.

질문 2 확률이 ½이라는 사실을 확인할 수 있는가?

만일 확률의 개념이 동전을 던진 총 횟수에서 앞면이 나온 횟수의 비율로 정의된다면, 실제로 동전 던지는 실험을 통하여 데이터를 수집하고 분석하여 확률이 ½이라는 사실을 확인할 수 있을 것이다. 이러한 접근방법을 **과학적 방법**(scientific method)이라고 한다. 즉, 데이터 없이 판단하거나, 올바른 통계적 절차과정을 따르지 않으면 과학적 방법으로 인정받을 수 없다는 의미이다. 앞절에서 언급한 미국의 금융감독규정에서 금융회사가 지켜야 하는 EDDSS 원칙은 '과학적 방법으로 문제를 해결해야 한다는 원칙'을 의미하는 것이다.

질문 3 동전을 던진 후 결과가 확인되어 불확실성이 없어진 상태에서도 확률적용이 가능할까?

예를 들어 동전을 던졌더니 앞면의 결과가 나왔다면, 이러한 상황에서도 앞면에 대한 확률을 ½이라고 말할 수 있느냐는 질문이다. 이에 대한 질문은 통계학에서 많은 논란이 되었던 질문이다. 동전을 던지기 전 상태에서는 앞면이 나올 확률은 ½이라고 말할 수 있지만, 동전을 던져 이미 결과가 나타난 상태에서는 확률개념을 적용할 수 없다. 즉, 실험의 결과가 이미 나타나 불확실성이 제거된 상태라면 확률을 사용할 수 없게 된다는 것이다. 예를 들어, 데이터를 수집하기 전에는 불확실성이 포함되어 있지만, 데이터가 이미 수집되어, 불확실성이 제거된 상태라면 데이터를 분석하는 과정에서 사용하는 확률 표현은 부적절하다고 볼 수 있다. 통계학에서는 이러한 딜레마를 **우도함수**(likelihood function)의 형태로 표현하며, **신뢰수준**(confidence level) **p값**이라는 개념을 만들어 확률을 대신하여 사용하고 있다. 이에 대한 자세한 내용은 통계적 추론에 해당하는 9장과 10장에서 자세하게 다루기로 한다.

기술통계학

통계학은 기술통계학과 추측통계학으로 구분할 수 있다. **기술통계학**(descriptive statistics)은 데이터를 정리하여 표현하고, 요약하면서 데이터 특징을 파악하는 학문이다. 빅데이터 분석은 방대한 자료에 대한 특징을 파악한다는 측면에서 기술통계학 영역에 가깝다고 볼 수 있다. 기술통계학은 다시 데이터를 **시각화**(visualization) 하는 영역과 데이터를 요약하는 영역으로 나뉘게 된다. 예를 들어, 방대한 데이터의 특징을 파악하기 위하여 히스토그램을 그리게 되면 시각화하는 영역이 되고, 자료의 대표값을 파악하기 위하여 평균값을 계산하였다면 요약하는 영역이 된다. [그림 1-3]은 미국 서부지방의 주택가격과 소득분포를 시각화한 그래프이다.

[그림 1-2] 왼쪽 그래프는 미국 서부지방의 주택가격을 캘리포니아 지도상에 표시한 그래프이다. LA와 샌프란시스코 근처 해안가 주변이 높은 주택가격을 형성하고 있으며 내륙지방은 낮은 주택가격을 형성하고 있음을 확인할 수 있다. [그림 1-2] 오른쪽 위 그래프는 바이올린 플롯으로 소득을 4개 수준으로 나누어 소득수준별 거주하는 주택의 가격에 대한 분포를 나타낸 그래프이다. 높은 소득수준의 사람들이 고급주택에 거주하는 것은 당연한 사실이겠지만, 극단적인 형태로 나누어지면서 항상 고급주택을 선호하는 것만은 아니라는 것을 그래프를 통하여 확인할 수 있다. [그림 1-2] 오른쪽 아래 그래프는 거주하는 주택가격 수준별 소득에 대한 분포를 히스토그램과 밀도함수 형태로 표현한 그래프이다. 고급주택에 거주한다고 항상 높은 소득을 받는 것이 아니라는 사실을 확인할 수 있다.

그림 1-2 R을 이용하여 그린 미국 서부지방의 주택가격-소득분포

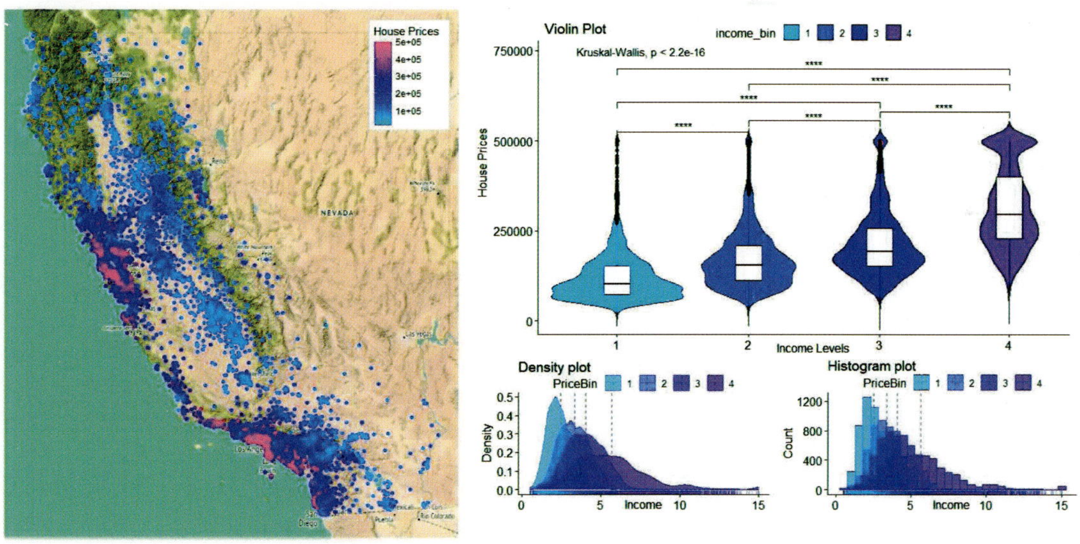

데이터의 요약 : 중산층 이야기

중산층(middle income class)은 어떻게 정의할 수 있을까?

중산층에 대한 일관된 정의는 없으나, OECD 기준에 따르면 중위소득의 50~150% 범위에 있는 집단을 중산층으로 본다. **중위소득(median income)**이란 국민의 소득수준을 크기 순으로 나열하였을 경우 가운데에 있는 값, 즉 **중앙값(median)**을 의미한다. 우리나라의 경우 2017년 중위 월소득은 446만원으로 발표되었다. 따라서 중산층은 중위소득의 0.5배와 1.5배인 223만원에서 669만원으로 계산된다.

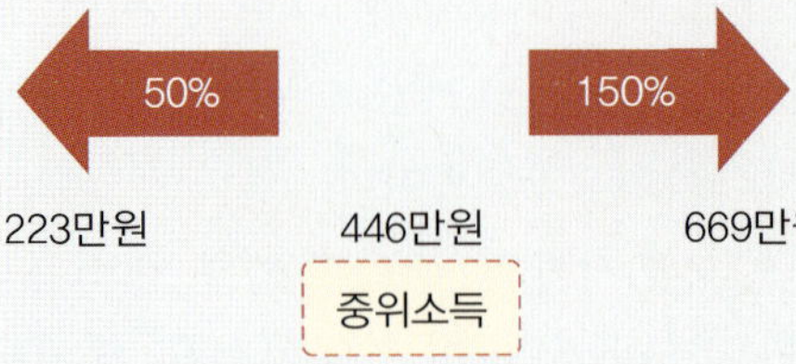

[그림 1-3] 우리나라 월 소득에 따른 중산층의 정의

그런데 중산층을 정의하는데 평균소득을 사용하지 않고 중위소득을 사용해야 하는지에 대한 이유를 생각해 보자. 평균은 자료의 **극단값(outlier)**에 영향을 쉽게 받는 특징을 가지고 있으므로 안정적인 대표값의 역할을 하지 못한다. 예를 들어, 상위 1%의 부자가 나라 전체의 80% 부를 차지하여 소득의 양극화가 심하게 나타나는 나라라면 1인당 평균소득이 심각하게 큰 값으로 왜곡되어 나타나 마치 잘사는 나라로 판단될 수 있다. 반면에, 중앙값은 특이값에 영향을 받지 않은 안정적인 대표값을 제공한다. 이러한 특징을 중앙값의 **강건성(Robustness)** 성질이라고 부른다.

☞ 극단값은 분석결과를 왜곡시킬 수 있으므로 주의깊게 살펴보아야 한다.

추측통계학

추측통계학(inferential statistics)은 관심대상의 일부분을 수집하여 분석하고, 확률을 이용하여 관심대상의 특징을 추측하는 학문이다. 여기서 관심대상은 **모집단(population)**이라 부르고, 관심대상의 일부분은 **표본(sample)** 또는 **데이터(data)**[1)]라고 부른다. 모집단을 올바르게 추측하기 위해서는 많은 양의 데이터를 수집하는 것도 중요하지만, 데이터 품질도 좋아야 한다. 즉, 데이터는 모집단 특성을 골고루 잘 대표하고 있어야 한다는 것이다. 데이터가 모집단의 대표성을 잃어버리면서 모집단 일부분만을 확대해석하여 해석하는 잘못된 분석결과를 제공하게 되며, 이러한 현상을 **표본선택 바이어스(sample selection bias)** 문제라고 한다.

[그림 1-3]은 장님이 코끼리 특징을 파악하기 위하여, 코끼리의 다양한 특징을 파악하지 못하고, 코끼리 일부분만 집중하여 관찰하여 엉뚱한 결과를 제공하는 표본선택 바이어스 문제의 심각성을 보여주고 있다. 따라서 데이터를 기반으로 추측통계학을 진행하는 경우, 엄격한 기준을 갖는 높은 품질의 데이터가 요구된다. 통계학에서는 이러한 높은 기준의 데이터를 설정하기 위하여 데이터를 **무작위표본(random sample)**이라고 가정하고 접근한다. 무작위표본에 대한 자세한 내용은 8장, 표본분포에서 다루기로 한다.

1) 이 책에서는 표본과 데이터를 같은 개념으로 취급하여 혼용해서 사용하기로 한다.

그림 1-3 표본선택 바이어스 문제: 장님 코끼리 만지기

1.2 빅데이터의 이해

빅데이터(big data)란 다양한 형태의 많은 양의 데이터를 빠르게 처리하고 분석하는 것을 의미한다. 이러한 빅데이터의 특징은 많은 양, 다양한 형태, 빠른 데이터 처리로 요약되는 '3V'로 표현될 수 있다.

빅데이터의 특징

첫 번째 특징은 볼륨(Volume)으로 빅데이터는 엄청난 양의 데이터를 처리한다는 것이다. 여기서 엄청난 양의 데이터라 함은 사용하고 있는 IT 인프라 환경에서는 감당할 수 없을 정도로 많은 양의 데이터를 의미한다. 즉, 윈도우 PC 환경에서의 빅데이터로 취급되는 데이터 양과 고성능 사양의 서버급 IT 환경에서 생각하는 빅데이터는 다를 수 있다. 그렇다면 이러한 방대한 데이터는 어디서 오는 것일까? 일반적으로 이러한 엄청난 양의 빅데이터 소스는 나의 위치, 사진, 올린 글, 검색한 단어 등이 실시간으로 기록되는 SNS(Social Network Service)와 같은 소셜미디어가 될 수 있다. 또한, 인터넷을 통한 컴퓨터 간 통신을 통하여 발생할 수 있으며, 온도, 습도, 진동상태를 알려주는 다양한 센서, 위치를 알려주는 GPS(Global Positioning System) 등의 다양한 사물인터넷(IoT; Internet of Things)으로부터 대량의 빅데이터가 생성될 수 있다.

참고로 데이터의 크기 단위는 다음과 같이 나누어진다.

$$1 \text{ YB(요타 바이트)} = 10^{3} \text{ ZB(제타 바이트)} = 10^{6} \text{ EB(엑사 바이트)}$$
$$= 10^{9} \text{ PB(페타 바이트)} = 10^{12} \text{ TB(테라 바이트)} = 10^{15} \text{ GB(기가 바이트)}$$
$$= 10^{18} \text{ MB(메가 바이트)} = 10^{21} \text{ KB(킬로 바이트)} = 10^{24} \text{ Byte(바이트)}$$

또한, 최근 데이터의 특징은, 매시간 지속적으로 정보가 만들어져 데이터 흐름(Data Stream)형태로 제공되고 있다는 것이다. 빅데이터에서는 순식간에 제공되는 많은 양의 데이터를 빠르게 처리하여야 하며, 실시간으로 분석결과를 제공하여야 한다. 즉, 데이터는 더 이상 정적인 모습이 아닌 실시간으로 유입되는 데이터 흐름형태로 이를 빠르게 처리하고 분석할 수 있는 속도(Velocity)가 빅데이터에서 중요한 두 번째 특징으로 요약된다. 예를 들어, 자율주행 자동차의 경우, 매 순간 자동차에 대한 현재 위치와 주변상태 및 속도 관련 데이터를 지속해서 받게 된다. 만일 이러한 데이터를 즉각적으로 처리하지 못하면 판단시점을 놓쳐버려 쓸모없는 기능이 되어 버리기 때문에 빠른 속도는 빅데이터에서 중요한 고려사항 중 하나가 된다.

빅데이터의 세 번째 특성은 데이터의 다양성(Variety)을 취급하고 있다는 것이다. 전통적 통계분석에서 다루는 데이터 형태는 행과 열이 고정되어 있으면서 각 열이 일정한 속성을 갖는 **정형 데이터(structured data)**가 분석대상이었다. 하지만 빅데이터가 등장하면서 행과 열이 고정되지 않고, 속성도 일정하지 않은 **비정형 데이터(unstructured data)**가 등장하기 시작하였다.

[그림 1-4]의 정형 데이터 예제를 살펴보면, 5줄의 행과 9개의 열로 구성되어 있으며, 첫 번째 행은 변수이름(variable name) 또는 열이름(column name)을 나타내고 있다. 또한, 첫 번째 열은 관측번호(observation number) 또는 행이름(row name)을 나타내고 있음을 확인할 수 있다. 정형 데이터는 구글 스프레드 시트나 마이크로소프트 엑셀형태로 관리되기도 하지만, 대부분의 경우는 **관계형 데이터베이스 관리시스템, RDBMS**(Relational Database Management System)에서 관리한다. 이 경우 변수가 수치형인지 문자형인지 등에 관한 변수 속성정보는 RDBMS의 **스키마(schema)**라 부르는 곳에 저장된다. 구조화된 질의어, **SQL**(Structured Query Language)은 스키마와 데이터 관리를 위하여 만들어진 컴퓨터 언어이며, SQL을 통하여 만들어진 데이터 세트를 테이블이라 부른다. 우리가 앞으로 배울 R에

그림 1-4 정형 데이터된 데이터 세트: 테이블, 데이터 프레임 구조

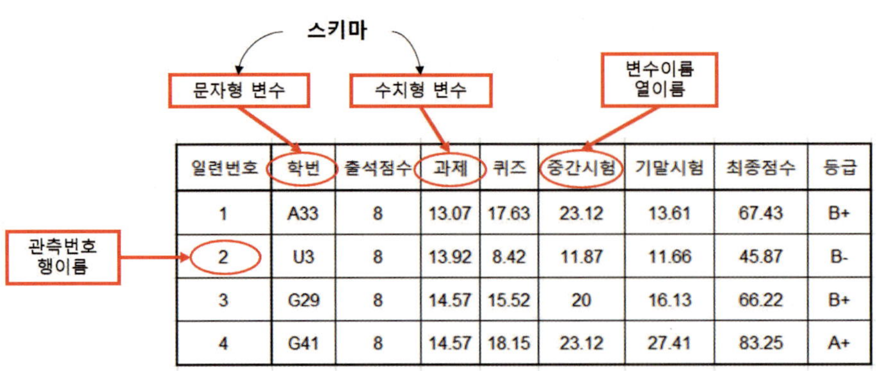

일련번호	학번	출석점수	과제	퀴즈	중간시험	기말시험	최종점수	등급
1	A33	8	13.07	17.63	23.12	13.61	67.43	B+
2	U3	8	13.92	8.42	11.87	11.66	45.87	B-
3	G29	8	14.57	15.52	20	16.13	66.22	B+
4	G41	8	14.57	18.15	23.12	27.41	83.25	A+

서는 이러한 데이터 세트를 **데이터프레임**(dataframe)이라 부른다.

정형 데이터가 아닌 나머지 모든 형태의 데이터를 비정형 데이터라고 부른다. 비정형 데이터로는 음성, 동영상, 사진, 텍스트 등이 있다. 최근 빅데이터 분석에서는 이러한 비정형 데이터 분석 비중이 높아지고 있다. 비정형 데이터는 행과 열을 정할 수 없고 스키마도 정할 수 없으므로 앞에서 언급한 관계형 데이터베이스인 RDBMS 형태로는 데이터 관리가 불가능하므로 특별한 형태의 데이터베이스가 요구된다. 비정형 데이터를 관리하는 데이터베이스로 NoSQL[2)]이 있으며, 여기서는 테이블이나 스키마가 존재하지 않는다.

빅데이터를 가능하게 만든 기술

앞에서 빅데이터는 현재의 IT 인프라 환경에서 처리하지 못하는 방대한 양의 데이터라고 정의하였다. 그렇다면 이러한 빅데이터는 RDBMS 기능의 한계로 방대한 데이터를 관리하지 못하거나 컴퓨터의 제한된 성능으로 데이터 처리를 못 해야 할 것이다. 그런데도 빅데이터가 언급되는 이유는 무엇일까? 여기에는 빅데이터를 위한 2가지 핵심기술이 존재하기 때문이다. 여기서 첫 번째 핵심기술은 대용량 데이터 파일을 저장하고 관리하는 기술이고, 두 번째 핵심기술은 대용량 데이터를 처리하고 분석하는 기술이다.

대용량 데이터 파일을 저장하는 것이 가능해진 이유는 큰 파일을 여러 파일로 쪼개어 여러 컴퓨터에 분산저장하는 기술인 **분산파일시스템, DFS**(Distributed File System)이 상용화 되었기 때문이다. DFS는 대용량 데이터 파일을 블록단위로 쪼개어 네트워크 또는 인터넷으로 연결된 컴퓨터(이를 데이터 노드라고 부른다)에 저장하고, 블록이 어느 데이터 노드에 저장되었는지에 대한 정보(이를 메타데이터라고 부른다)를 중앙 컴퓨터인 네임노드에 저장하여 데이터를 관리하는 기술을 의미한다. 즉, DFS에서 네임노드는 메타데이터를 관리하면서 데이터 노드에 있는 블록들을 관리한다고 볼 수 있다. [그림 1-5]는 클라이언트가 데이터 기록요청이 들어보면 DFS의 네임노드와 데이터 노드가 어떻게 상호 연관을 맺으면서 작동하는지를 보여주고 있다.

빅데이터에서는 DFS를 사용하다가 디스크 용량이 부족해지면 새로운 컴퓨터를 구입하여 네트워크에 추가하면 되기 때문에 확장이 매우 간편하다. 그리고 사실상 무한대에 가까운 저장공간을 확보할 수 있는 특징을 가지고 있다. 또한 DFS를 안정적으로 운영하기 위하여 2개의 추가 복사본을 만들어 백업으로 활용하기 때문에 기존의 RDBMS보다 안정적인 시스템이라고 볼 수 있다. 대표적인 제품으로 무료로 제공되는 오픈시스템, 하둡 분산파일시스템, HDFS(Hadoop Distributed File System)이 있다. HDFS 등장으로 기업에서는 저렴한 비용으로 엄청난 양의 데이터를 저장, 관리할 수 있는 능력을 간단하고 저렴하게 확보할 수 있게 되었다.

---

2) NoSQL은 not only SQL의 약자이다.

그림 1-5 DFS의 네임 노드, 데이터 노드의 역할

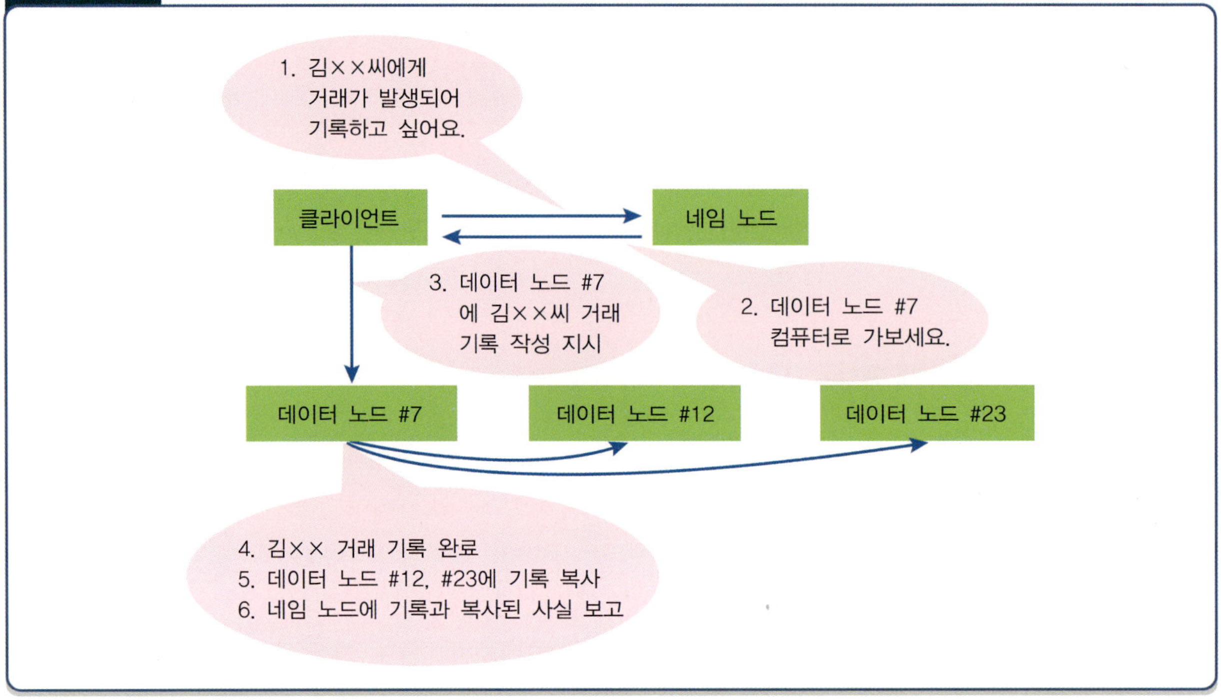

두 번째 핵심기술로 대용량 데이터를 처리하고 분석하는 문제는 한 작업을 여러 작업으로 쪼개어 여러 컴퓨터에 할당하는 분산처리 기술인 **병렬처리**(Parallel Processing) 기술이 등장하면서 해결되었다. 병렬처리란 하나의 작업을 여러 개의 작업으로 나누어 여러 컴퓨터가 동시에 처리하는 기술로써 CPU에 대한 부담을 덜어주면서 작업을 빠르게 진행할 수 있다는 장점을 가지고 있다. 하나의 문제를 독립적인 여러 개의 작업으로 나누어 여러 컴퓨터에게 할당하는 스케쥴링 설계는 쉽게 구현될 수 있는 알고리즘은 아니지만, 기술의 발전으로 구현가능해 졌다. 대표적인 제품으로 구글이 분산처리를 위하여 만들어 공개한 맵-리듀스(Map-Reduce)가 있다. 맵-리듀스는 하둡과 함께 빅데이터 기술의 핵심 프로그램으로 활용되고 있다.

1.3 기본용어

데이터 사이언스와 통계학을 이해하는 과정에서 반드시 알아야 하는 통계용어들이 있다. 용어를 정확하게 이해하는 것은 앞으로 배울 어려운 내용을 이해하는 시작점이니 명확하게 이해하고 넘어가기를 바란다.

모집단과 표본/데이터

모집단(population)이란 관심대상이 되는 모든 값이나 대상을 의미한다. 예를 들어, 대학교 1학년 남학생의 평균키를 알고자 한다면, 모집단은 대학교 1학년 남학생이 취할 수 있는 모든 가능한 키의 값, 즉 실수공간이 될 수 있고 (수학적 정의), 우리나라 대학교에 재학하고 있는 모든 1학년 남학생이 (일반적 정의)될 수도 있다. 모집단은 유한모집단과 무한모집단으로 구분한다. **유한모집단**(finite population)은 모집단을 구성하는 개체들이 한정된 경우를 의미하며, 한정되지 않아 무한한 개체로 구성되어 있으면 **무한모집단**(infinite population)이라고 한다.

예를 들어, 주사위를 던지는 경우를 생각해 보자. 이 경우 가능한 모든 결과는 {1, 2, 3, 4, 5, 6}으로 표현될 수 있으므로 개체가 한정적이기 때문에 유한모집단이라고 볼 수 있다. **모집단 크기**(population size)는 모집단에 속해 있는 개체의 수를 의미하며, 이 경우 모집단 크기는 6이 된다. 만일 0에서 1 사이의 숫자를 하나 뽑는 경우라면 0에서 1 사이에는 무한한 실수가 존재하므로 무한모집단이 된다. 이 경우 모집단 크기는 무한대(∞)가 된다.

표본 또는 데이터란 모집단으로부터 추출된 모집단의 일부분으로 정의된다. 이상적인 데이터는 모집단의 특성을 잘 반영하고 있어야 하며, 이를 위하여 정교한 데이터 수집방법, 즉 **샘플링**(sampling)과정이 요구된다. 샘플링을 통하여 얻은 데이터를 분석하여 모집단의 특성을 파악하는 과정을 **통계적 추측**(statistical inference)이라고 한다([그림 1-6] 참조). 통계적 추측은 **추정**(estimation)과 **가설검정**(hypothesis testing)으로 구분되며, 이에 관한 내용은 9장과 10장에서 자세하게 다루기로 한다.

모수와 통계량

모수(parameter)란 모집단의 특성을 나타내는 수치이며, 모르는 상수로 취급된다. 모수는 일반적으로 θ (theta)라고 표기하며 '쎄타'라고 읽는다. 다양한 형태의 모수가 존재하지만, 이 책에서 다루는 주요모수는 다음과 같다.

그림 1-6 모집단, 샘플링, 표본/데이터, 통계적 추측의 관계

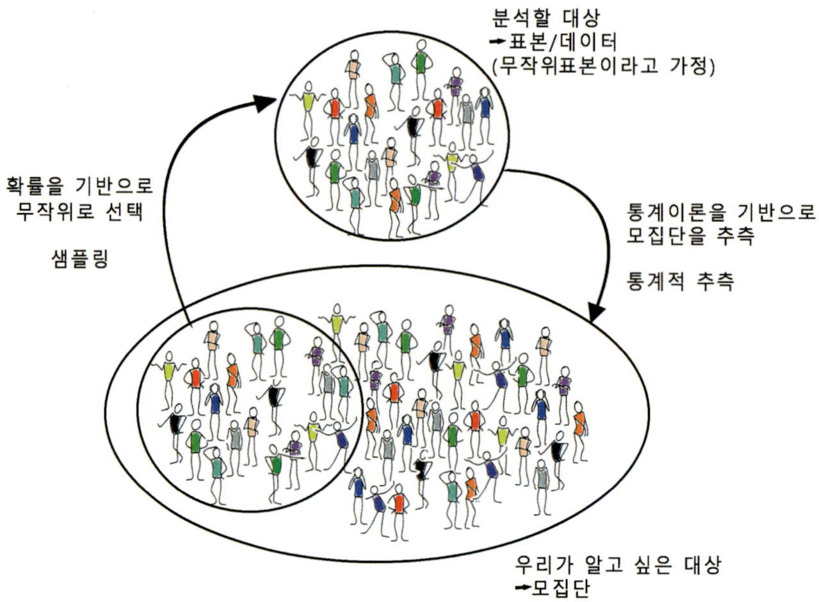

(1) 모집단에 대한 평균을 나타내는 **모평균**(population mean), μ (mu)라고 표기하며 '뮤'라고 읽는다.

(2) 모집단에 대한 비율을 나타내는 **모비율**(population proportion), p 라고 표기하며 '피'라고 읽는다.

(3) 모집단에 대한 분산을 나타내는 **모분산**(population variance), σ^2 (sigma square)라고 표기하며 '시그마 제곱'이라고 읽는다.

(4) 모집단에 대한 표준편차를 나타내는 **모표준편차**(population standard deviation), σ (sigma)라고 표기하며 '시그마'라고 읽는다

통계량(statistic)이란 모집단의 특성을 파악하기 위하여 만들어진 데이터로 구성된 식을 의미한다. 데이터는 모집단으로부터 확률적으로 뽑히게 되므로 확률을 가진 **확률변수**(random variable)가 되며, 이를 기반으로 구성된 식인 통계량도 확률변수가 된다. 특별히, 모수인 θ 를 추측하기 위하여 만들어진 통계량을 **추정량**(estimator)이라고 부르며, $\hat{\theta}$ (theta hat)이라고 표기하고 '쎄타 햇'이라고 읽는다. 또한, 추정량에 실제 데이터 값을 넣어 계산된 값을 **추정값**(estimate)이라고 한다. 통계량 또는 추정량은 확률적으로 값이 달라지는 확률변수라는 의미에서 영문 대문자로 표기하지만, 추정값은 관찰된 이후 계산된 값 즉, 상수라는 의미에서 영문 소문자로 표기한다.

이 책에서 다루는 주요 통계량인 추정량은 다음과 같다.

(1) 모평균, μ 를 추측하기 위하여 만들어진 추정량을 **표본평균**(sample mean)이라 하고, $\overline{X}_n$ 라고 표기하며 '엑스 바'라고 읽는다. 데이터로부터 계산된 추정값은 $\overline{x}_n$ 으로 표기한다.

(2) 모비율, p를 추측하기 위하여 만들어진 추정량을 **표본비율**(sample proportion)이라 하고, $\hat{p}$ 이라고 표기하며 '피 햇'이라고 읽는다.

(3) 모분산, σ^2을 추측하기 위하여 만들어진 추정량을 **표본분산**(sample variance)이라 하고, S^2이라고 표기하며 '에스제곱'이라고 읽는다. 데이터로부터 계산된 추정값은 s^2으로 표기한다.

(4) 모표준편차, σ를 추측하기 위하여 만들어진 추정량을 **표본표준편차**(sample standard deviation)라 하고, S라고 표기하며 '에스'라고 읽는다. 표본 데이터로부터 계산된 추정값은 s로 표기한다.

오차에 대한 이해

오차(error)란 실제값을 나타내는 모수 θ와 데이터를 이용하여 추측한 추정량 $\hat{\theta}$의 차이를 의미한다. 하지만, 오차의 크기를 계산하는 과정에서 두 수치에 대한 단순한 차이는 부호에 따라 서로 상쇄될 수 있으므로 제곱을 하거나 $(\hat{\theta}-\theta)^2$, 절대값을 취하여 $|\hat{\theta}-\theta|$ 모두 양수로 변환시킨 다음 합이나 평균을 계산하여 오차의 크기를 판단한다. 이를 인공지능 분야에서는 **손실함수**(loss function)라고 부른다. 추정량 $\hat{\theta}$과 $\hat{\theta}$의 평균값 차이를 **편차**(deviation)라고 하며,[3] $\hat{\theta}$의 평균값과 실제값 θ와의 차이를 **바이어스**(bias)라고 한다. 결국, 오차는 편차요인과 바이어스 요인으로 구성된다. 이를 수식으로 표현하면 다음과 같다.

$$\text{오차} = (\theta-\hat{\theta})^2 = \{\hat{\theta} - \text{평균}(\hat{\theta})\}^2 + \{\text{평균}(\hat{\theta}) - \theta\}^2$$

$$\text{또는 } |\hat{\theta} - \text{평균}(\hat{\theta})| + |\text{평균}(\hat{\theta}) - \theta|$$

편차요인 + 바이어스 요인

만일 $\hat{\theta}$의 평균과 모수 θ가 일치한다면[4] 바이어스 요인이 0이 되어 오차는 편차요인과 일치하게 된다. 편차를 제곱하여 평균한 것을 **분산**(variance)이라 하며, 분산에 제곱근을 취한것을 **표준편차**(standard deviation) 또는 **표준오차**(standard error)라고 한다. 분산 또는 표준오차는 추정량의 정확도를 나타내는 중요한 수치로 표준오차가 크면 그만큼 추정량에 대한 정확도가 낮아진다고 볼 수 있다.

분석모형을 구축하는 경우, 너무 간단한 모형을 사용하여 모형의 복잡도가 낮으면 **과소맞춤**(underfitting)이 되면서 잘못된 모형설정으로 인한 바이어스가 커지고 분산은 작아지게 된다. 반대로 복잡한 모형을 사용하여 모형의 복잡도가 커지면, **과잉맞춤**(overfitting)이 되면서 데이터에 잘 맞는 모형이 만들어지기 때문에 바이어스는 줄어들게 되지만, 분산이 커지는 현상이 발생하게 된다.

---

3) 앞에서 모수 θ는 모르는 상수로 취급되고, 추정량 $\hat{\theta}$은 확률변수로 취급된다고 언급하였다. 즉, 모수는 평균이나 표준편차가 의미가 없지만, 추정량은 분포를 가지고 있는 확률변수이므로 평균과 표준편차를 가지고 있다.

4) $\hat{\theta}$의 평균이 모수 θ와 일치한다면, 한쪽으로 치우침이 없다는 의미에서 $\hat{\theta}$을 **불편추정량**(unbiased estimator)이라고 부른다.

그림 1-7 과소맞춤과 과잉맞춤

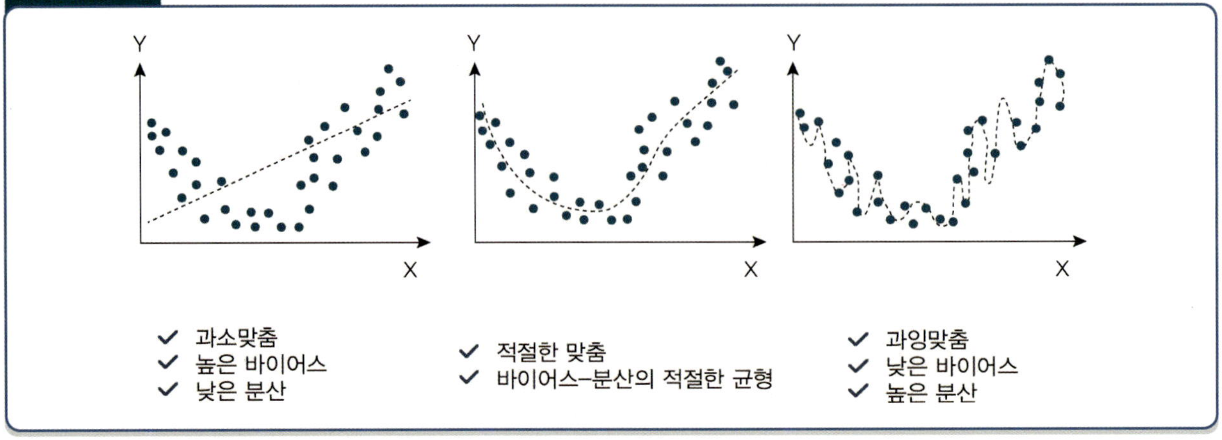

[그림 1-7]는 과소맞춤된 분석모형의 경우, 데이터의 특성을 제대로 반영하지 못하여 바이어스로 인한 오차가 크게 나타나는 것을 설명하고 있으며, 과잉맞춤된 분석모형의 경우는 데이터 특성에 분석모형이 너무 민감하게 반응하여 분산이 커진 모습을 보여주고 있다. 결국, 오차를 줄이기 위해서는 적절한 모형 복잡도를 정하는 것이 중요하며 이는 복잡도에 따라 바이어스와 분산이 시소같은 관계를 가지고 있음을 확인할 수 있다. 이러한 바이어스와 분산의 관계를 **바이어스-분산 트레이드오프**(bias-variance trade-off)라 부르며, [그림 1-8]은 바이어스와 분산으로 구성된 오차가 모형 복잡도에 따라 어떻게 변하는지에 대하여 설명하고 있다.

오차는 또한 발생원인에 따라 표본오차와 비표본오차로 구분된다. **표본오차**(sampling error)란 시간과 비용을 절약하기 위하여 모집단 전체를 조사하지 않고 모집단의 일부분인 표본만을 조사하였기 때문에 발생하는 오차이다. 즉, 모집단 전체를 조사하는 **전수조사**(census)의 경우는 표본오차가 발생하지 않는다. 표본오차는 앞에서 언급한 표준오차를 통해 측정이 가능하며, 모집단의 특성이

그림 1-8 바이어스-분산 트레이드오프 관계

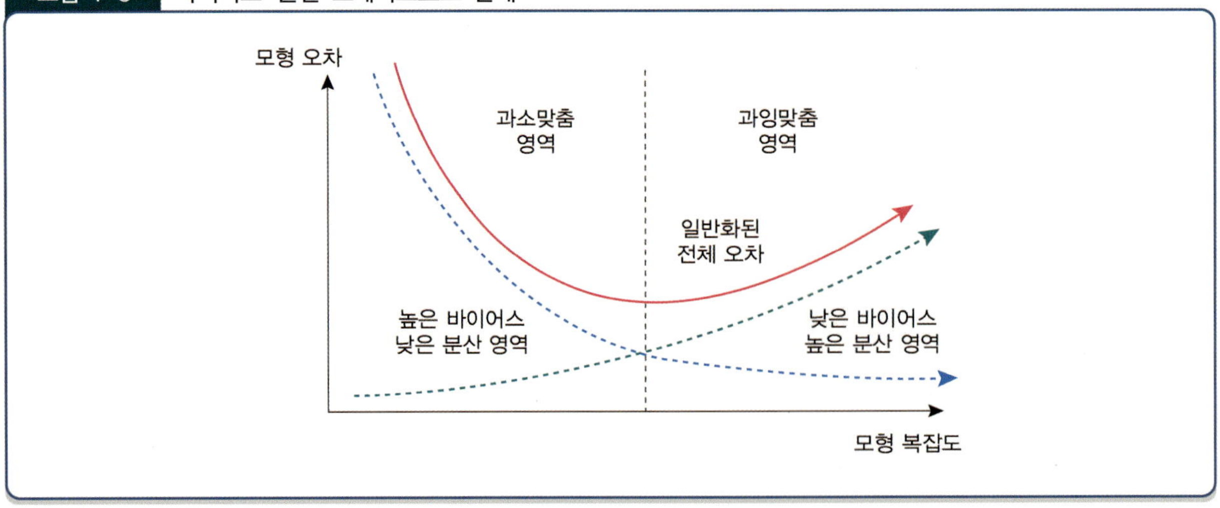

다양할수록, 데이터 수가 적을수록 표준오차 값은 증가하게 된다. 즉, 표본오차의 크기는 모집단의 다양성과 데이터 수에 의하여 결정된다.

비표본오차(non-sampling error)란 데이터 수집계획, 실행 및 분석하는 과정에서 발생할 수 있는 표본오차를 제외한 모든 나머지 오차를 의미한다. 비표본오차는 잘못된 개념설정, 분석목적의 불명확함, 잘못된 모집단 설정 등으로도 발생할 수 있으며 (계획단계), 부정확한 측정, 관찰의 오류, 누락, 부정직 응답 또는 응답자의 무응답으로 인하여 발생할 수 있다(수집단계). 또한, 데이터입력오류나 잘못된 분석으로 오차가 발생할 수 있다(분석단계). 전체 오차를 줄이기 위해서는 표본오차뿐만 아니라 비표본오차의 통제도 매우 중요하다. 특별히 전수조사에서는 비표본오차가 크게 나타나므로 각별한 주의가 필요하다.

주요 용어

[1.1] 데이터 사이언스, 통계학, 불확실성, 기술통계학, 시각화, 극단값, 강건성, 추측통계학, 모집단, 표본, 데이터, 표본선택 바이어스

[1.2] 빅데이터, 정형 데이터, 비정형 데이터, 관계형 데이터베이스 관리시스템 (RDBMS), 스키마, 데이터프레임, 분산파일시스템(DFS), 병렬처리

[1.3] 샘플링, 통계적 추측, 추정, 가설검정, 모수, 통계량, 확률변수, 추정량, 추정값, 오차, 편차, 바이어스, 과소맞춤, 과잉맞춤, 바이어스-분산 트레이드오프, 표본오차, 비표본오차

연습문제

1. 인공지능 분야에서 시작한 데이터 사이언스는 통계학과 데이터를 분석한다는 측면에서 비슷한 공통점을 가지고 있다. 하지만, 다른 학문영역에서 발전되어 왔기 때문에 동일한 개념이지만 서로 다른 용어를 사용하고 있다. 이를 요약하면 다음과 같다.

통계학	데이터 사이언스
추정(Estimating)/적합(fit)	학습(Learning)/파라메터 갱신(parameter update)
관측값/데이터 포인트	인스턴스(Instance)/Example
분류문제(Classification Problem)	지도학습(Supervised learning)
군집분석(Clustering Analysis)	비지도학습(Unsupervised learning)
예측변수(predictor)/독립변수(independent variable)	특징(Feature)/입력(input)
반응변수(Response)/종속변수(dependent variable)	라벨(Label)/출력(output)
더미변수(Dummy variable)/지시함수(indicator function)	원-핫 인코딩(One-hot coding)

앞에서 설명한 다른 용어사용 이외에 데이터 사이언스와 통계학이 다른 점을 조사하시오.

2. 하둡분산 파일시스템(HDFS) 작동원리에 대하여 조사하여 보고하시오.

3. 다음은 2014년 5월 26일자 모 일간지의 부산시장 여론조사 기사이다.

> **오거돈 지지율, 서병수와 엎치락 뒷치락 '피말리는 접전'**
>
> 중앙일보가 한국갤럽에 의뢰해 지난 20일 부산시민 800명을 대상으로 유·무선 전화 면접방식으로 벌인 여론조사(95% 신뢰수준에 표본오차 ±3.5%포인트) 결과 서병수 후보와 오거돈 후보의 지지율은 38.0%로 똑같이 나왔다. 서병수 후보 측은 당황한 기색이 역력했고, 오거돈 후보 측은 고무된 분위기를 보였다. 서병수 후보의 지지율은 약간 상승하다가 주춤해진 반면, 오거돈 후보의 지지율은 소폭 떨어졌다가 다시 상승곡선을 그렸기 때문이다. 이에 앞서 지상파 방송 3사가 TNS에 의뢰해 지난 17~19일 한 여론조사(표본 800명, 신뢰수준 95% 표본오차 ±3.4%포인트)에서는 서병수 후보가 39.6%로 오거돈 후보(34.2%)를 약간 앞섰다.

1. 이 경우 모집단과 표본은 무엇인지 기술하여라.
2. 위의 기사와 관련된 모수와 통계량은 무엇인가?
3. 위의 기사에서 사용한 모든 통계수치를 기술하어라.
4. 위의 여론조사는 확률적 샘플링이라고 볼 수 있는가?
5. 위의 여론조사에서 표본오차는 얼마인가?
6. 위의 여론조사에서 발생할 수 있는 비표본오차에 대하여 기술하여라.
7. 위의 기사에서 얻은 자료를 통하여 어떠한 결론을 내릴 수 있는가?

연습문제 풀이

1. 통계학은 주어진 데이터를 대상으로 분석이 진행되며, 이미 설정된 한 개의 통계적 분석모형을 기반으로 데이터에 가장 잘 적합된 추정값을 계산하고, 이에 대한 표준오차를 통하여 불확실성을 수치화하여 평가하는 것을 중요하게 생각한다. 반면에 데이터 사이언스는 인터넷/클라우드/데이터베이스에 저장된 방대한 양의 데이터를 직접 수집하여, 다양한 분석모형에 적합하고 평가하여 그중 가장 좋은 분석모형을 선택하고 활용하는 단계를 중요하게 생각한다.

2. 구글 파일시스템(GFS: Google File System)을 기반으로 만들어진 오픈소스 분산파일 시스템인 HDFS는 GFS와 동일한 특징을 가진다. HDFS는 대용량파일을 청크라고도 불리는 64MB 크기의 블록으로 분할하여 데이터 노드에 저장한다. 이 경우 데이터 안정성을 확보하기 위하여 한 개의 블록은 3개의 데이터 노드에 중복하여 저장하게 된다. 블록이 어느 데이터 노드에 저장되었는지에 대한 정보를 메타데이터라고 하며, 이러한 메타데이터는 네임노드에 저장된다.

3. (1) 모집단: 부산시민/부산시민 유권자/부산시민 중 투표에 참여할 유권자
   표본: 표본으로 뽑힌 부산시민 800명)
   (2) 모수: 서병수 (오거돈) 후보의 실제 지지율(득표율)
   통계량: 표본으로 뽑힌 800명의 부산시민으로부터 계산된 서병수(오거돈) 지지율
   (3) 20일 조사의 경우 표본오차: ±3.5%; 서병수(오거돈) 지지율: 38.0%; 17~19일 조사의 경우 표본오차: ±3.4%; 서병수(오거돈) 지지율: 39.6%(34.2%);
   (4) 일반적으로 유·무선 전화면접방식은 난수(random number) 이용하여 전화번호를 만들어 전화를 거는 RDD(Random Digit Dialing) 방식을 적용하여 표본을 선정하기 때문에 확률적 샘플링이라고 볼 수 있다.
   (5) 20일 조사: 표본오차 ±3.5%; 17일~19일 조사: 표본오차 ±3.4%
   (6) 전화면접을 진행하는 과정에서 발생할 수 있는 질문 문항의 모호성, 부정확한 발음, 질문문항의 감정적 표현, 응답에 대한 거부, 질문제시 순서에 따른 영향, 사투리에 대한 언어수용의 차이, 면접원의 질문태도 및 스킬, 조사기관의 여론조사 진행방법의 차이, 입력에 대한 오류, 결과 분석에 대한 잘못된 계산, 결과해석에 대한 실수 등이 비표본오차로 취급될 수 있다. 특별히, 무응답에 대한 바이어스 요인을 고려해야 하며, 득표율이 주요 관심일 경우에는 특정 후보에 대한 지지율과 투표참여율 사이의 관계를 주의깊게 살펴봐야 정확한 예측을 할 수 있다.
   (7) 두 후보의 95% 신뢰구간은 모두 동일하게 38% ± 3.5%, 즉 34.5% ~ 41.5% 사이에서 서로 겹쳐있으므로 현재 상태에서는 '누가 우세하다'라고 볼 수 없는 박빙의 상태라고 판단할 수 있다.

CHAPTER 02

R 사용법

2.1 R 설치 및 환경 설정

R은 데이터의 시각화 및 분석을 위하여 만들어진 무료로 배급되는 공개형, 오픈소스 소프트웨어이다. R은 통계학, 데이터 사이언스, 빅데이터, 인공지능 등 데이터를 다루는 모든 분야에서 반드시 알아야 하는 기본적인 프로그래밍 언어로써 1993년 뉴질랜드 오클랜드 대학의 두 명의 통계학자, Ross Ihaka 와 Robert Gentleman에 의해 통계분석 소프트웨어인 S-PLUS를 기반으로 개발되었다. R은 대략 2만 개 가까운 라이브러리(또는 패키지)를 제공하면서 다양한 분석을 지원하고 있으며 대략 6개월 주기로 버전이 업그레이드 되고 있다.

그림 2-1 R 홈페이지 구성

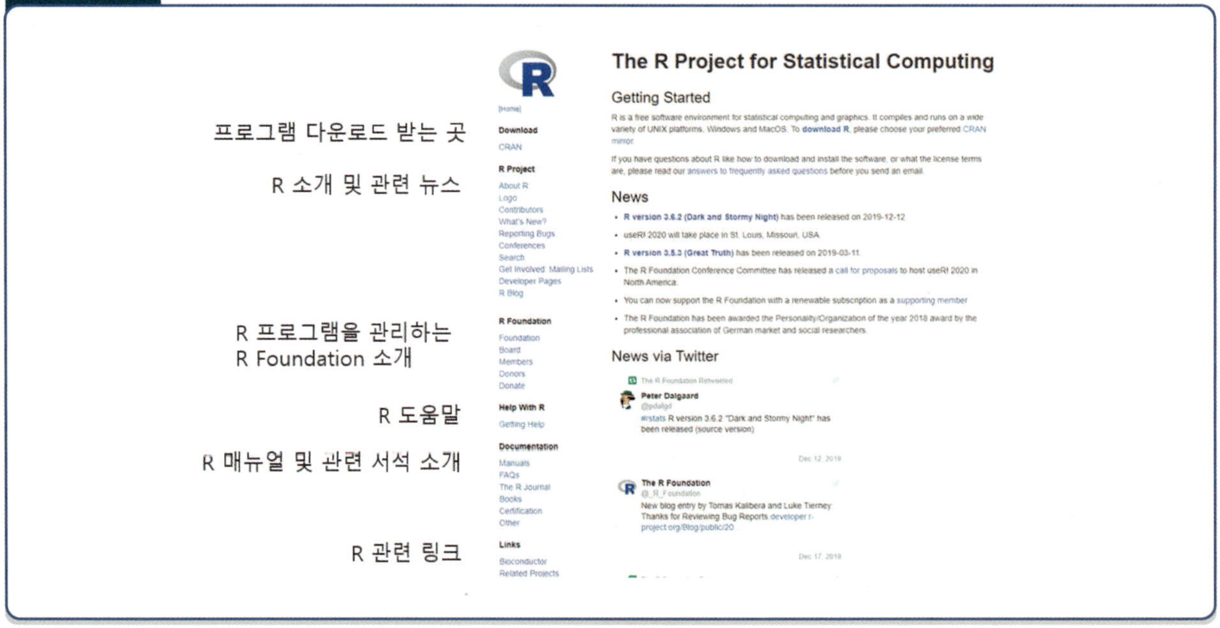

R 설치

R을 설치하기 위해서는 먼저 R의 홈페이지, http://www.r-project.org 을 방문한다. R홈페이지를 방문하면 크게 6가지 카테고리로 나누어지는데 이에 대한 자세한 내용은 [그림 2-1]과 같다. 6개 카테고리 중 가장 자주 사용하는 카테고리는 아마도 R 프로그램을 포함하여 다양한 패키지 프로그램을 다운로드하는 영역일 것이다. R에서는 이러한 영역을 CRAN(The Comprehensive R Archive Network)이라고 부르며 CRAN을 클릭하면 어떠한 서버를 사용할지 질문하게 되며 이러한 단계를 CRAN Mirror 설정이라고 한다 ([그림 2-2] 참조).

그림 2-2 CRAN Mirror 설정

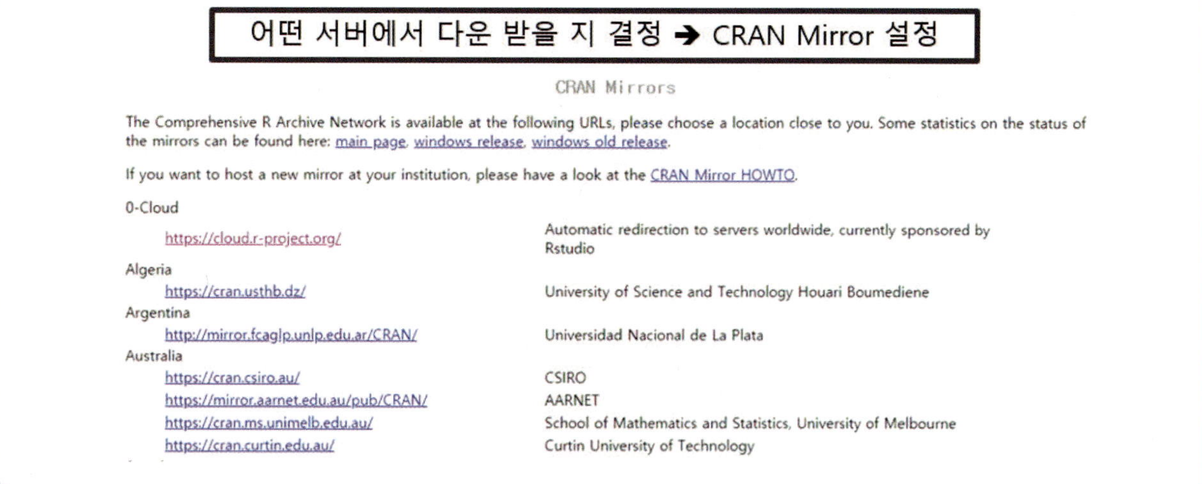

적당한 서버를 선택하면 [그림 2-3]과 같이 CRAN 메인화면이 나타나는데 리눅스, 맥OS, 윈도우 운영체계를 위한 R 프로그램이 준비되어 있음을 확인할 수 있다. 사용하는 운영체계를 클릭하고 다음 화면에서 base를 선택하면 R 프로그램 다운로드가 시작되면서 내 컴퓨터의 지정된 폴더에 R 프로그램이 저장된다([그림 2-4] 참조). 이 책에서는 윈도우 사용자를 가정하고 프로그램을 진행하겠다.

그림 2-3 CRAN 메인 페이지

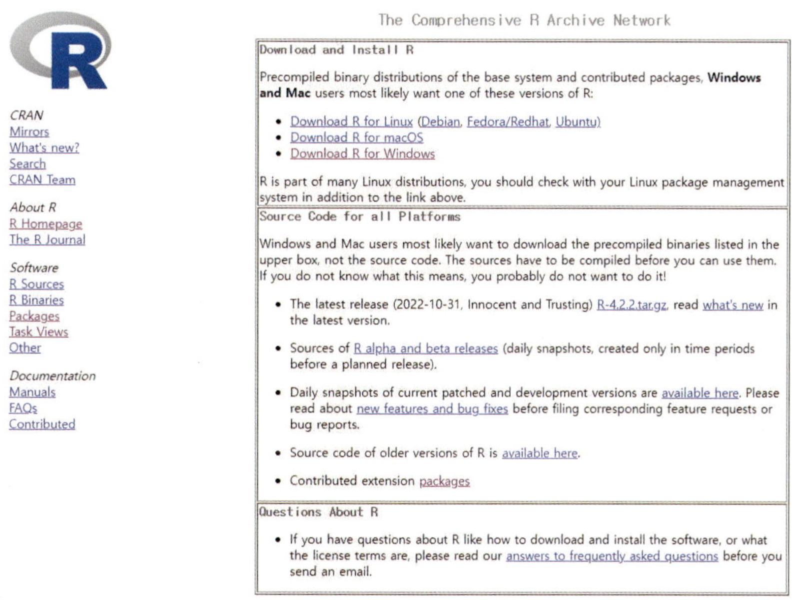

그림 2-4 R 프로그램을 다운받는 3단계

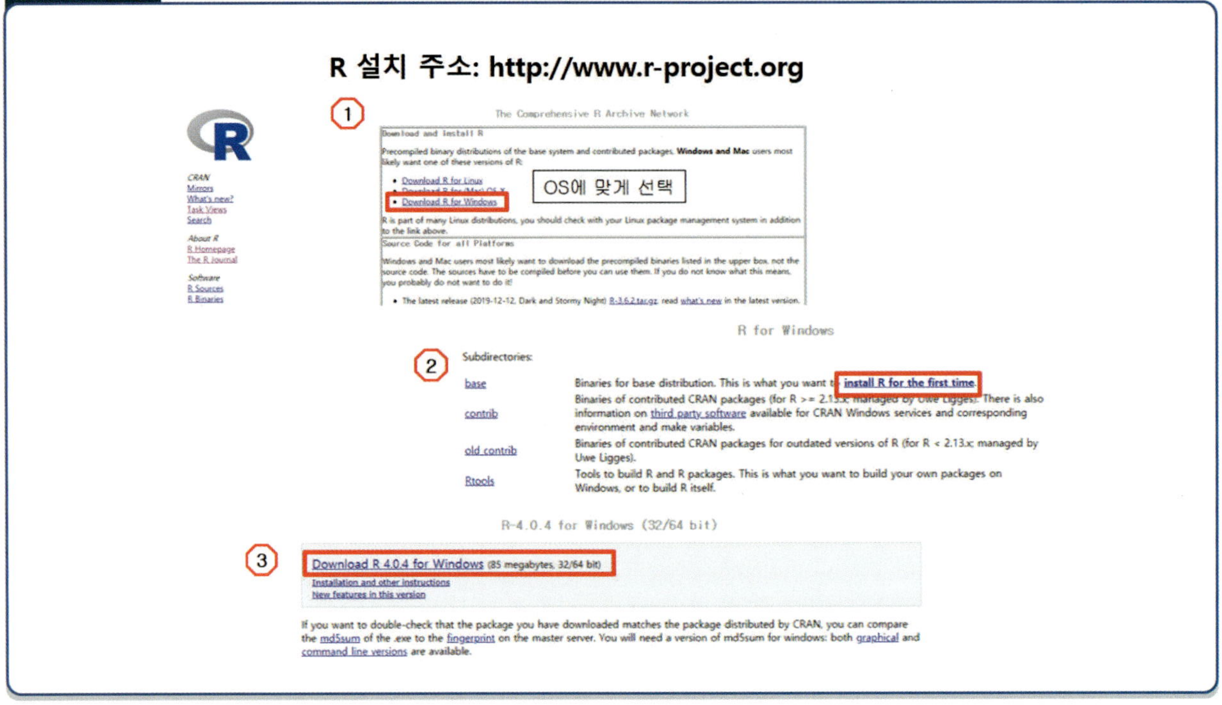

그림 2-5 R설치 프로그램 실행 1

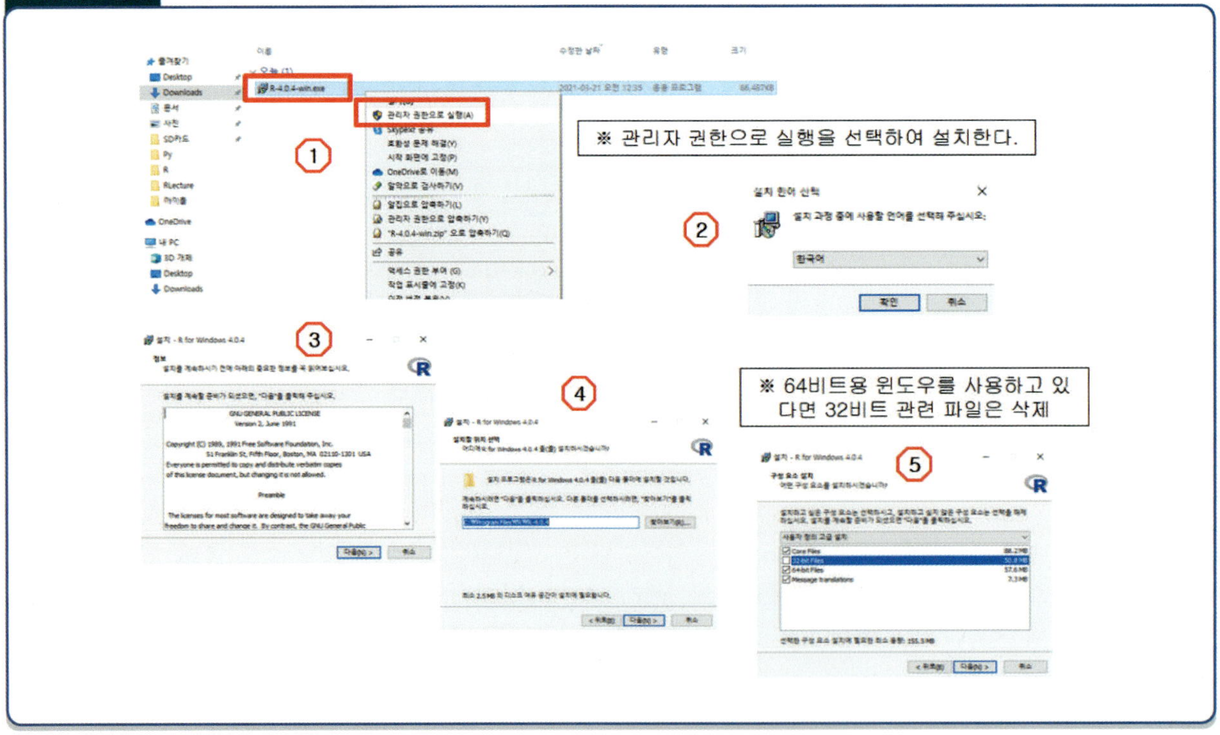

그림 2-6 R설치 프로그램 실행 2

R설치 프로그램을 내려받았으면 지정된 폴더에 들어가서 설치 프로그램을 실행하면 된다. R을 설치하는 과정에서 다양한 시스템 설정을 변경시켜야 하므로 '관리자 권한으로 실행'을 선택하여 진행할 것을 권장한다. R 설치에 대한 절차는 [그림 2-5]와 [그림 2-6]에서 자세히 보여주고 있다.

R 환경 설정

R을 더블클릭하여 실행시키면 R 콘솔이라 부르는 화면이 나타나면서 명령어를 기다리는 프롬프트 '>' 가 보인다. R 콘솔은 사용자와 R 프로그램을 사이를 연결시켜 주는 중요한 창으로 R 콘솔 환경을 GUI(Graphic User Interface)라고 한다. R 화면에 '편집-GUI 설정'을 선택하면 R 콘솔이 크기, 폰트타입, 폰트사이즈, 배경화면 등 다양한 환경을 설정할 수 있다. 내 기호에 맞는 설정이 마무리 되었으면 저장을 선택하여 환경을 저장한다. 저장버튼을 누르면 내 계정의 문서폴더에 RConsole 이름으로 설정이 저장되고, 다음번 R을 실행시키는 경우 RConsole 파일에 있는 설정을 참고하여 내 환경에 맞는 저장되었던 R 콘솔이 나타나게 된다([그림 2-7] 참조).

R로 작업하는 경우, 작업공간(working directory; wd)이 어디에 있는지 확인하는 것이 중요하다. 현재의 작업공간은 getwd() 함수를 통하여 확인할 수 있으며, 디폴트 위치는 앞에서 RConsole이 저장되었던 문서폴더이다. 작업공간은 setwd() 함수를 이용하여 변경할 수 있다. 여기서 주의할 점은 폴더의 위치를 지정하는 경우 윈도우에서는 역 슬래시 '\'를 사용하지만, R에서 역 슬래시는 컨트롤 문자를 나타내는 예약된 기호이므로 사용할 수 없다.[1] 따라서 폴더의 위치를 지정하는 경우는 역 슬래시 대신 일반 슬래시 '/'를 사용하여야 한다. 작업공간의 변경은 setwd() 함수 이외에도 R 윈도

그림 2-7 R 콘솔, GUI 환경에 대한 설정

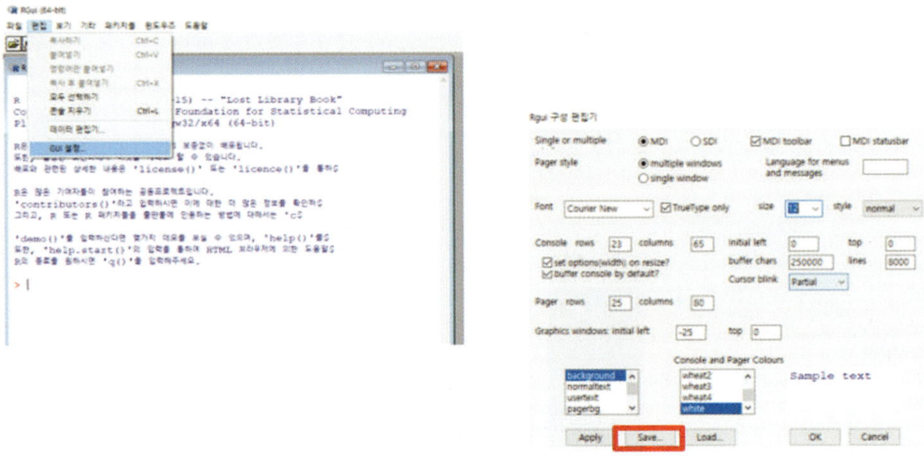

- 폰트크기를 12로 조금 크게…
- 그리고 현재 작업공간(working directory)인 문서 폴더에 Rconsole 이름으로 저장

우의 '파일-작업 디렉토리 변경'을 선택하여 바꿀 수도 있다([그림 2-8] 참조).

그림 2-8 작업공간 확인과 변경

현재 작업공간 위치 확인 '내PC/문서'가 디폴트

```
> getwd()
[1] "C:/Users/ghlee/Documents"
```

작업공간을 바꿈

```
> setwd('E:/RWorks/wd')
> getwd()
[1] "E:/RWorks/wd"
```

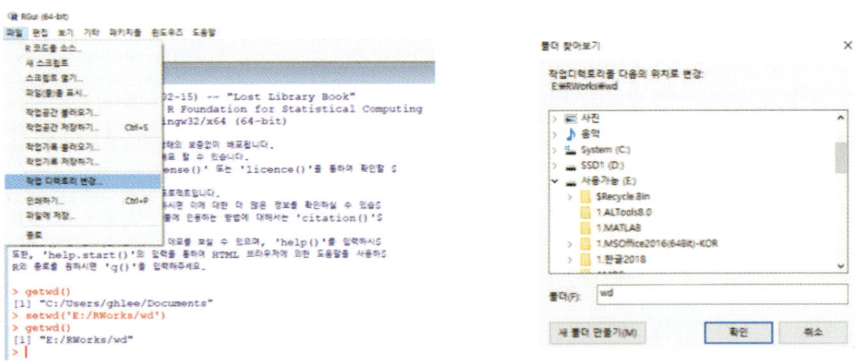

1) 예를 들어 현재 포인터 상태를 '\t'은 공백 4줄 정도를 지나가는 탭, '\b'는 백 스페이스, '\r'은 첫 줄로 이동, '\n'은 다음 줄로 이동시키는 컨트롤 문자이다.

R 설치 프로그램을 내려받아 실행하게 되면, R의 기본기능만 사용가능한 상태가 된다.[2)] R을 이용하여 고급 데이터 분석을 진행할려면 19134개 패키지[3)]를 잘 활용하는 것이 중요하다. R의 기본기능에도 다양한 데이터 분석 기능이나 그래프 기능이 포함되어 있다. 하지만 예를 들어, 'ggplot2'라는 패키지를 추가하면 고해상도의 다양한 그래프를 그릴 수 있다. 앞 장에서 보여준 [그림 1-2], 미국 서부지방의 주택가격-소득분포 그림은 R의 기본기능으로는 그릴 수 있는 것이 아니고 'ggplot2' 패키지를 이용하여 만들어진 그래프이다. 'ggplot2' 패키지를 사용하기 위해서는 먼저 이 패키지를 내려받아 설치할 필요가 있는데 이에 대한 명령어는 다음과 같다.

```
> install.packages('ggplot2')
```

이처럼 설치 명령어를 실행시키면 어떠한 서버에서 패키지를 내려받을지 질문하는 CRAN Mirror 설정이 나타나게 되고, 서버를 지정하면 'ggplot2' 패키지뿐만 아니라 이를 실행시키기 위해 요구되는 다른 패키지들도 함께 설치된다.[4)] 관련된 모든 패키지 설치가 완료되면, 다운로드된 패키지 파일은 임시 서장된 형태로 이느 위치에 저장되었는지를 알려주는 메시지가 나타난다. 하지만, 실행가능한 프로그램 파일은 다른 위치에 있으므로 구분해서 이해할 필요가 있다.

다운로드된 바이너리 패키지들은 다음의 위치에 있습니다.
C:\Users\admin\AppData\Local\Temp\RtmpmqErmE\downloaded_packages

여기서 AppData 폴더는 시스템 보호를 위하여 만들어진 숨겨진 폴더로 일반 탐색기로는 보이지 않고 폴더메뉴에서 보기를 선택한 후 숨긴 파일표시에 체크를 해야지만 볼 수 있고 접근할 수 있게 된다([그림 2-9] 참조). 패키지가 성공적으로 설치되면, 패키지를 구동시키기 위하여 R 프로그램과 연결시켜야 하는데 이에 대한 명령어는 다음과 같다.

```
> library(ggplot2)
```

패키지 설치가 마무리되면, 실행 가능한 패키지 파일이 생성되는데, 실행파일이 저장된 위치를 라이브러리 경로(library path)라 부른다. R에서는 2개의 경로가 설정되며, 명령어 '.libPaths( )'에서 위치를 확인할 수 있다([그림 2-9] 참조).

```
> .libPaths()
[1] "C:/Users/admin/AppData/Local/R/win-library/4.2"
[2] "C:/Program Files/R/R-4.2.2/library"
```

즉, library() 함수를 이용하여 원하는 패키지를 R 프로그램과 연결시키고자 하면, R은 .libPaths()

---

2) R 기본기능은 R Core Team이 만들고 운영하는 패키지로 'The R Base Package' 라고 부른다.
3) 2023년 1월 기준의 패키지 수이며, 그 이후에도 새로운 패키지가 계속 추가되고 있다.
4) 참고로 R에서는 싱글 따옴표 ' '와 더블 따옴표 " "를 구분하지 않으므로 'ggplot2' 와 "ggplot2" 둘 중 아무것이나 사용하여도 괜찮다

그림 2-9 패키지가 저장된 폴더위치: 라이브러리 경로

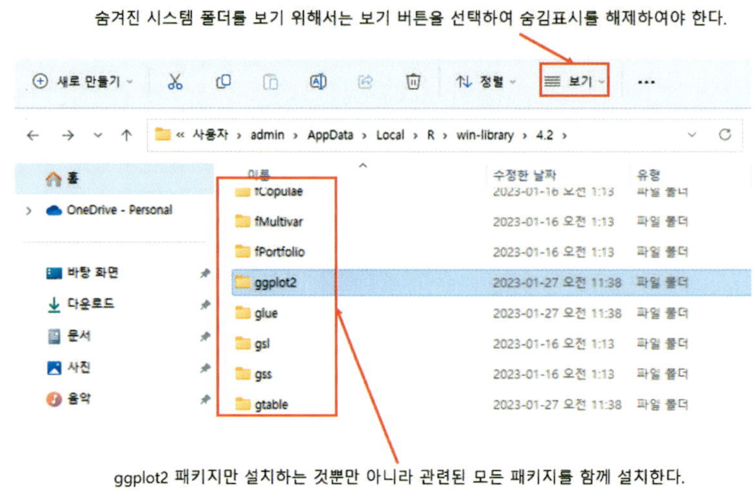

에서 정한 2개의 경로를 찾아 패키지를 탐색하게 되는데 만일 해당 패키지가 이 경로에 존재하지 않으면 에러 메시지가 나타난다.

```
> library(ggplot2)
library(ggplot2)에서 다음과 같은 에러가 발생했습니다:'ggplot2'이라고 불리는 패키지가 없습니다.
```

새로운 library path를 지정하고자 하는 경우는 다음 명령어를 사용한다.

```
> .libPaths('E:/Myfolder/Lib')
```

R 프로그램을 종료하고 싶으면 q() 함수를 사용하면 된다. 작업공간이나 라이브러리 경로설정과 함께 작업한 모든 상태를 저장하고 싶으면 '예' 그렇지 않고 초기상태로 만들고 싶으면 '아니오'를 선택하면 된다.

마지막으로 R 홈페이지의 CRAN 영역을 선택하면 메뉴화면에 'Task Views'라는 영역이 있다. 이 영역은 2만 개에 가까운 패키지를 주제별로 정리하고 설명한 영역이다([그림 2-10], 참조).

그림 2-10 CRAN의 Task Views: 패키지에 대한 주제별 정리

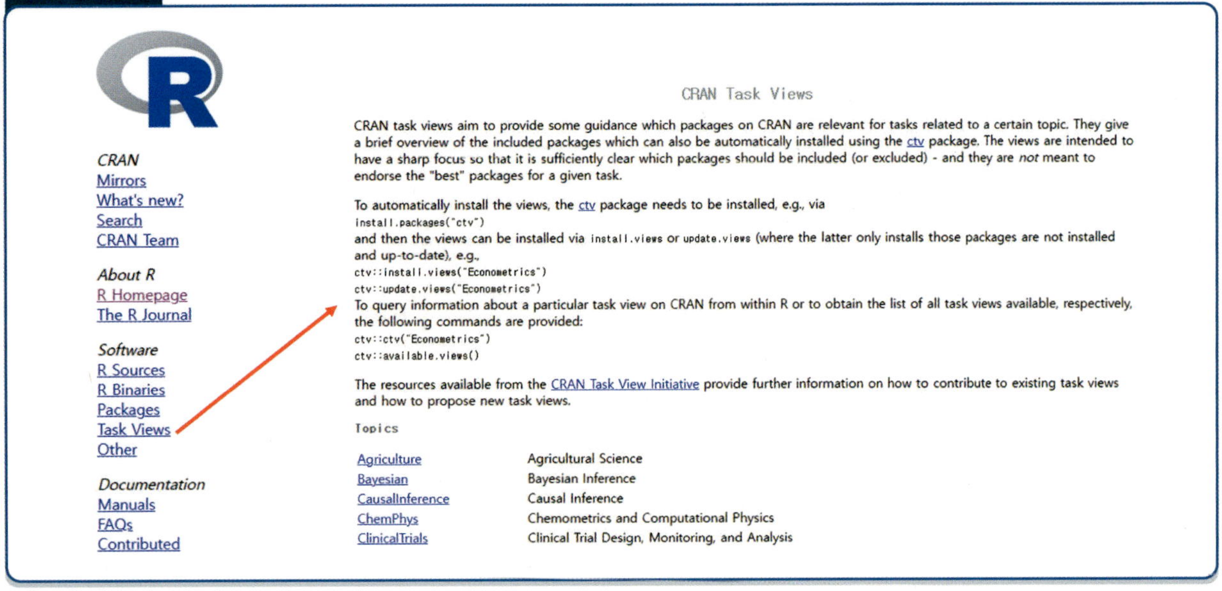

R 실습

R은 'help()', '?', 'help.search()', '??'를 이용하여 온라인 형태로 도움을 받을 수 있다. 도움말 마지막에는 샘플코드가 있어 유용하므로 반드시 확인하기 바란다.

```
> help(read.table)          또는    > ?read.table
> help.search(read.table)   또는    > ??read.table
```

R의 모든 변수는 하나의 값, 스칼라 값을 가질 수도 있지만 여러 값이 묶여있는 벡터형태의 값을 가질 수도 있다. 여러 값을 하나의 변수로 할당하는 경우 concatenate 또는 combine을 의미하는 c() 함수를 이용한다. 수치 또는 벡터값을 할당하는 연산은 '=' 또는 '< –' 을 사용한다.

```
> x = 1            또는    > x < - 1       (스칼라 값을 변수 x에 할당)
> x = c(1,2,3,4,5)         > y = c(x,0,x)  (벡터 값을 변수에 할당)
```

산술연산과 벡터연산이 가능하며, 다양한 수학/통계함수도 사용할 수 있다.

```
> 2+3     > 2-3     > 2*3     > 2/3     > 2^3
> 5 %% 2(5 나누기 2에 대한 나머지 값)   > 5 %/% 2(5 나누기 2에 대한 몫)
> x = c(1,2,3,4,5)    > y = c(2,3,4,1,5)    > x == y    > x+y+1
> x * y    > log(x)    > log(x, base=2)    > exp(x)
> sum(x)   > mean(x) > sd(x)   >median(x)  > max(x)
```

연산에는 우선순위가 존재하는데 높은 우선순위부터 나열해 보면 다음과 같다.

블록 연산자 () → 인덱스 연산자 [ ] → 지수 연산자 ^ 또는 ** →
→ 메트릭스 연산자, 나누기의 몫과 나머지 %*%, %/%, %% → 곱하기, 나누기 *, / →
→ 더하기, 빼기 +, - → 논리 연산자 >, <, >=, <=, ==, !=, → not 연산자 !
→ 논리 연산자 &, &&. |, ||, <<- → 할당 연산자 =, <-, ->

예를 들어 '1 + 5 * c(22, 33, 44)[2] %% 4 ^ 2'수식을 생각해 보자. 인덱스 연산자가 우선순위가 가장 높으므로 벡터 c(22, 33, 44)의 두 번째 인덱스 값인 33이 선택되었고, 그다음으로 우선순위가 높은 지수 연산자 4^2, 16의 값이 계산된다. 그다음 나누기의 나머지 연산인 %%가 적용되어 33%%16을 계산되어 나머지에 해당하는 1의 값이 계산된다. 그다음 우선순위인 곱하기가 적용되어 5*1, 5의 값이 만들어지고 그다음 연산자인 +가 적용되어 최종적으로 6의 값이 제공된다. 연산자의 우선순위가 헷갈리는 경우는 블록 연산자인 ( )를 활용하여 명확하게 계산식을 만드는 것이 바람직한 코딩이다.

R에서 제공하는 몇 가지 수학/통계 함수를 살펴보면 다음과 같다.

자연로그 log(x) 지수함수 exp(x) 밑이 2인 로그함수 log(x, base=2)
제곱근 sqrt(x) 팩토리얼 함수 factorial(x)
감마함수 gamma(x) 조합함수 choose(n,x)
해당 값보다 작은 가장 큰 정수값 floor(x)
해당 값보다 큰 가장 작은 정수값 ceiling(x)
반올림하여 소숫점 3째 자리까지 유지한 값 round(x, digits=3)
소수점 이하는 모두 잘라버린 값 truc(x)
유효숫자를 3개 만들어진 값 signif(x, digits=3)
삼각함수 값 sin(x), cos(x), tan(x) 절대값 abs(x)
평균값 mean(x) 중앙값 median(x) 합 sum(x)
표준편차 sd(x) 분산 var(x) 자료의 최대값 max(x)
자료의 최소값 min(x) 자료를 오름차순으로 나열 sort(x)
자료의 오름차순 순위값을 계산 rank(x)
자료의 오름차순으로 나열하는 경우의 인덱스값 계산 order(x)
0에서 1사이 균등한 분포에서 5개의 랜덤한 숫자를 추출하는 함수 runif(5)

R에서는 몇 가지 특별하게 사용되는 기호가 있다. '1:5'은 c(1, 2, 3, 4, 5)를 나타내는 기호로 많은 수의 벡터 값을 생성하는데 편리하다. 이를 R의 시퀀스 함수를 이용하면 seq(from=1, to=5, by=1)과 같은 의미이다. 즉, 1부터 5까지 1씩 증가하면서 숫자를 생성하라는 의미와 동일한 함수가 된다는 것이다. 'rep(2,10)' 함수는 반복을 나타내는 replication을 의미하는 함수로 2라는 값을 10번 반복

그림 2-11 R 실습 코드

R 실습 1: 스칼라 계산

```
> c(1,2,3)+rep(3,3)
[1] 4 5 6
> 5+6+3+4+6+3+2+7
[1] 36
> 2+3; 4*6; 3-7;
[1] 5
[1] 24
[1] -4
> log(1)
[1] 0
> exp(1)
[1] 2.718282
> log(9,3)
[1] 2
> round(pi, digits=3)
[1] 3.142
> 5+3*16%/%2^3
[1] 11
> 5+(3*(16%/%(2^3)))
[1] 11
```

```
> 5+3*16%/%2^3 == 12
[1] FALSE

> sin(pi/2)
[1] 1
> floor(5.7)
[1] 5
> ceiling(5.7)
[1] 6
> 3/0
[1] Inf
> exp(-Inf)
[1] 0
> (0:3)^Inf
[1]   0   1 Inf Inf
> 0/0
[1] NaN
> Inf-Inf; Inf/Inf
[1] NaN
[1] NaN
```

하여 벡터로 만들라는 의미이다. R에서는 한줄에 한 명령어를 입력하는 원칙이지만 세미콜론, ';'을 삽입하면 한줄에 여러 명령어를 추가할 수 있다.

또한, R은 실수체계에 무한대개념을 포함하고 있는 확장된 실수체계(extended real number system)를 사용하고 있다. 예를 들어, 4/0의 값은 대부분의 컴퓨터 프로그램에서 오버플로우 에러로 취급하지만, R에서는 인피니티(infinity, ∞)를 나타내는 'Inf' 값을 에러없이 제공한다. 즉, 4/Inf 는 0이 되며, Inf/Inf는 값을 정할 수가 없으므로 NaN(Not a Number) 값이 제공된다.

R의 몇 가지 함수를 알아보자. order() 함수는 자료를 오름차순으로 나열하였을 경우의 인덱스 값을 제공하는 함수이다. 따라서 x[order(x)]를 실행하면 오름차순으로 자료값이 선택되어 나열되므로, 값을 오름차순으로 제공하라는 sort(x) 함수와 동일한 결과를 얻게 된다. runif() 함수는 두 가지 의미를 갖는 합성된 함수이름인데, 첫 번째는 0에서 1사이의 균등분포를 나타내는 균등분포(uniform distribution)의 'unif'이고 앞의 'r'은 랜덤숫자 생성기(random number generator)를 의미하는 합성어로 만들어진 함수이다. 예를 들어, 정규분포로부터 5개의 랜덤숫자를 생성하고 싶다면 정규분포(normal distribution)의 'norm' 에 r을 붙여서 'rnorm(5)' 라고 코딩하면 된다. 만일 정규분포의 확률을 알고싶다면 확률(probability)의 'p'를 앞에 붙여서 'pnorm()' 함수를 사용하면 된다. [그림 2-11]은 R 이해를 돕기 위하여 만든 간단한 코딩이니 각자 실습하면서 결과를 확인하기 바란다.

2.2 측정과 척도

측정(measurement)이란 일정한 규칙을 가지고 연구대상의 특징을 수치나 기호로 표현한 것을 의미한다. 대부분의 측정은 수치로 표현되는데, 그 이유는 (1) 수치로 측정하면 데이터 분석이 가능해지며, (2) 연구대상의 특징과 분석결과의 관계를 쉽게 파악할 수 있기 때문이다. 측정에 사용되는 규칙은 일대일 대응이나 다대일 대응의 함수형태를 가져야 한다. 즉, 일대다 대응형태로 하나의 특성이 여러 수치나 기호로 표현된다면 측정이 될 수 없다. 또한, 측정규칙은 모든 대상에 일관되게 적용되어야 한다. 측정규칙이 시간에 따라 바뀌거나 측정도구에 따라 변하면 올바른 측정이 될 수 없다.

측정의 개념을 더욱 발전시킨 개념이 척도이다. **척도**(scale)는 측정목적을 가지고 일정한 규칙에 따라 연구대상의 특징을 파악할 수 있도록 만들어진 계량적 도구를 의미한다. 척도는 명목척도, 서열척도, 등간척도, 비율척도로 구분할 수 있다. 이에 대하여 자세히 살펴보면 다음과 같다.

- **명목척도**(nominal scale)는 연구대상을 구분하거나 분류할 목적으로 라벨을 부여하는 것을 의미한다. 예를 들어, 대학교 학생들에게 학번을 주어 구분하는 경우가 명목척도에 해당한다. 명목척도가 적용되는 경우에는 일대일 또는 다대일 대응이 이루어져야 한다. 즉, 한 대상이 여러 개의 라벨을 가지고 있으면 안 된다는 것이다. 분류목적으로 명목척도가 사용되는 경우, 라벨을 범주(category), 부류(class)라고 부른다. 이 경우 연구대상은 반드시 한 부류에 속해야 하며, 한 그룹에 속하게 되면, 다른 그룹에는 속하지 않는 상호 배반적(mutually exclusive) 특성을 가져야 한다.
- **서열척도**(ordinal scale)는 연구대상을 구분함을 포함하여 순서의 의미를 지녀야 한다. 하지만 두 측정값의 차이에 의미를 부여할 수 없다. 예를 들어, 학급석차가 1등인 학생은 학급석차가 2등인 학생보다 성적이 좋다는 사실은 알 수 있지만, 어느 정도의 실력차이가 있는지는 확인할 수 없다는 것이다. 또한, 1등과 2등의 차이는 2등과 3등의 차이와 다를 수 있다는 의미로, 두 수의 차이를 나타내는 거리에 대한 개념을 포함하고 있지 않다.
- **등간척도**(interval scale)에서는 일정한 간격(등간; 等間)을 유지한 상태에서 측정이 이루어진다. 따라서 두 측정값의 차이는 거리의 개념을 가지게 된다. 하지만, 의미있는 원점을 가지고 있지 않다는 특징을 가지고 있다. 즉, 0이 진정한 0이 아니라는 의미이다. 예를 들어, 온도의 경우는 등간을 기반으로 측정이 이루어지지만, 섭씨 0도라는 의미는 온도가 없다는 의미가 아니라 (물이 어는) 특정한 온도상태를 정의하고 있으므로 등간척도라고 볼 수 있다. 즉, 원점을 나타내는 '0'의 위치가 자의적으로 설정되어 있으므로 의미있는 원점을 가지고 있지 않게 된다. 시험점수가 0점이라는 의미는 이 학생의 능력이 0이라는 의미가 아니라 해당 시험의 문제를 한

문제도 풀지 못하였다는 자의적인 0점을 기준으로 점수체계가 만들어 졌으므로 등간척도에 해당된다.

- **비율척도**(ratio scale)는 명목척도, 서열척도, 등간척도의 모든 특징을 가지고 있으면서, 추가적으로 절대불변의 의미있는 원점인 0을 가지고 있다는 특징을 가지고 있다. 즉, 비율척도는 연구대상을 구분하거나 분류할 수 있으며, 순위를 만들 수도 있고, 거리의 개념인 차이를 비교하여 분석할 수 있다. 그리고 추가적으로 비율에 대한 분석이 가능하다. 예를 들어, 무게가 0이라는 의미는 '무게가 없다'라는 의미있는 원점을 가지고 있으므로 비율척도에 해당하고 비율로 특성을 비교할 수 있다. 즉, 1그램에 1그램을 더하면 2그램이 되고, 2그램은 1그램의 2배가 된다는 것이다. 기업의 매출액이 10억원에서 15억원으로 증가하였다면 매출액 성장률이 50%라고 표현할 수 있는 것도 비율척도이기 때문에 가능하다([그림 2-12] 참조).

등간척도와 비율척도를 **메트릭 척도**(metric scale) 또는 **수량자료**(quantitative data)라고 한다. 또한, 명목척도와 서열척도를 **비메트릭 척도**(non-mertic scale) 또는 **범주형 데이터**(categorical data)라고 한다. 서열척도는 비메트릭 척도로 분류되기는 하지만 명목척도에 가까우면서 순서를 나타내는 수치적 의미도 포함하고 있어서, 가끔 분석이 편한 메트릭 척도로 취급하여 통계분석을 진행하는 경우도 종종 있다.

그림 2-12 척도의 종류

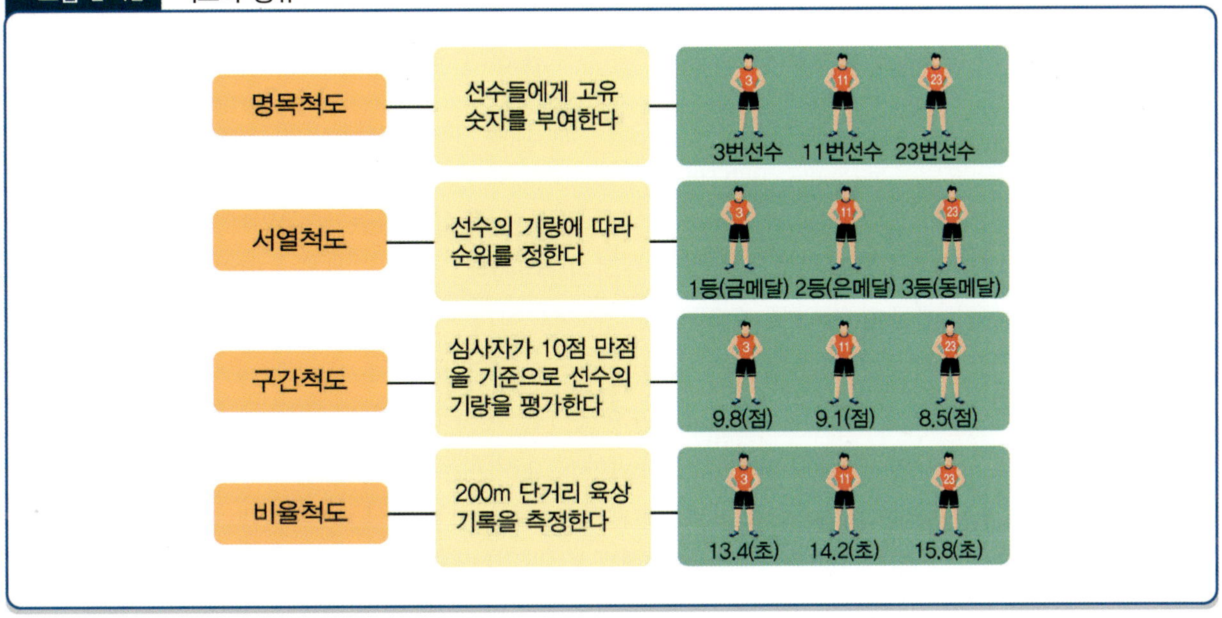

2.3 R의 데이터 구조

객체와 데이터 속성

R은 데이터를 **객체**(object)라 부르는 형태로 저장하고 관리한다. 모든 객체는 설계도면을 가지고 있는데 이러한 설계도면을 **클래스**(class)라고 부른다. 설계된 클래스에 따라 실제로 만들어진 것을 **인스턴스**(instance)라고 한다. 즉, 객체란 클래스에 따라 실제로 만들어진 인스턴스를 말한다. 붕어빵을 예로 들면, 붕어빵을 만드는 틀은 클래스이고 이 틀을 이용하여 만들어진 붕어빵은 인스턴스, 즉 객체가 된다. 객체는 데이터를 관리하는 객체와 동작을 실행하는 객체로 구분된다. 데이터를 관리하는 객체는 데이터의 특징을 나타내는 **속성**(attribute)을 가지고 있으며, 실행하는 기능의 객체는 **메소드**(method)를 가진다. R은 다양한 형태의 데이터 객체를 가지고 있다. 이에 대하여 자세하게 살펴보자.

R은 데이터 객체를 3종류 클래스로 관리한다. 첫 번째 클래스는 가장 기본적인 데이터 속성으로 typeof( ) 함수를 통하여 확인할 수 있다. 자주 사용하는 타입으로는 실수형(double), 정수형(integer), 논리형(logical), 문자형(character) 그리고 리스트(list)가 있다. R에서 모든 숫자는 실수형으로 취급하는데 특별히 정수형으로 다루고 싶은 경우에는 숫자뒤에 'L'을 붙여 사용한다.

```
> typeof(5)          > typeof(5L + 3L)     > typeof(3==3)     > typeof("3==3")
"double"             "integer"             "logical"          "character"
```

실수를 표현하는 방법으로 single precision 또는 float(floating point precision)과 double precision, 두 종류가 있다. 먼저 float(single precision)는 32비트로 숫자를 표현하는 방식인데, 최대 3.4×10^{38}까지 표현이 가능하고, 유효숫자는 7자리까지 가능하다. 데이터 처리나 계산, 데이터 파일크기 측면에서 매우 효율적이기 때문에 간단한 수의 많은 양 계산에서는 빠르고 효율적이라는 장점이 있다. 컴퓨터가 실수를 처리하는 다른 방법으로 double precision이 있는데, 이 방법은 64비트로 숫자를 표현하며 최대 1.8×10^{308}까지 표현할 수 있고, 유효숫자는 16자리까지 가능하다. 정확도가 float보다 2배 높은 만큼 데이터 처리나 계산, 파일크기 측면에서 상대적으로 효율성이 떨어진다는 단점을 가지고 있다. 하지만, 3.4×10^{38} 보다 더 큰 수를 취급하는 경우는 반드시 double precision을 사용하여야 한다. R에서 모든 실수는 double precision 형태로 관리하고 있다.

R에서 제공하는 데이터 객체에 대한 두 번째 클래스 유형은, 데이터 분석을 위하여 사용되는 속성으로 mode() 함수를 통하여 확인할 수 있다. 자주 사용하는 타입으로는 메트릭 척도 또는 수량자료에 해당하는, 실수형과 정수형을 합친 'numeric'이 있으며, 나머지 데이터 속성은 첫 번째 속성과 같아 큰 차별점은 없다.

```
> mode(5)          > mode(5L + 3L)     > mode(3==3)      > mode("3==3")
 "numeric"         "numeric"           "logical"         "character"
```

데이터 객체 유형

R에서 데이터를 표현하는 세 번째 클래스 유형은 데이터 세트 또는 데이터 구조를 표현하는 클래스로 다양한 형태의 클래스가 존재하며, class() 함수를 통하여 확인할 수 있다. R에서 제공하는 데이터 세트의 가장 기본적인 형태는 **리스트(list)**이다. 리스트는 list() 함수에 의하여 객체가 만들어지는데, 리스트의 원소는 모든 형태의 데이터 타입을 가질 수 있어서 매우 자유로운 데이터 구조이다. 데이터 구조에 대한 정보는 str() 함수를 통해 확인할 수 있다.

```
>  MyList = list(점수=c(98, 50, "미응시"), 학점=list("A", FALSE), 결과=list(60, "결정 못함") )
> str(MyList)
List of 3
 $ 점수: chr [1:3] "98" "50" "미응시"
 $ 학점:List of 2
  ..$ : chr "A"
  ..$ : logi FALSE
 $ 결과:List of 2
  ..$ : num 60
  ..$ : chr "결정못함"
```

MyList라는 객체를 살펴보면, str()함수를 통하여 '점수', '학점', '결과'를 갖는 총 3개의 변수로 구성되어 있음을 확인할 수 있다. '점수' 변수는 3개의 값을 가지고 있으며, 앞의 두 값은 'numeric' 타입, 마지막 값은 'character' 타입으로 입력되었다. 하지만 c() 함수는 동일한 데이터 타입만을 허용하기 때문에 처음 2개의 값은 'numeric'이 아닌, 'character' 타입으로 강제변환되어 저장되고 있음을 확인할 수 있다. 나머지 2개의 변수, '학점' 과 '결과'는 2개의 값을 가지고 있으면서 자유로운 형태의 list() 함수로 묶여있으므로 입력변수의 속성을 그대로 유지하고 있다.

데이터 세트의 구조를 나타내는 세 번째 클래스의 두 번째 종류는 2차원 구조의 **행렬(matrix)**이다. 행렬은 행(row)과 열(column)로 구성된 2차원 백터로 원소들은 모두 동일한 mode를 가져야 한다. 만일 서로 다른 mode를 가지는 경우는 동일한 mode로 강제변환하게 된다. 행렬 클래스는 matrix() 함수에 의하여 생성되며, 'nrow'는 행의 수를 몇 개로 만들 것인지, 'ncol' 은 열의 수를 몇 개로 만들 것인지를 지정하는 파라메터이다. 데이터가 입력되면 첫 번째 열부터 값이 채워나가기 시작하는데 만일 첫 번째 행부터 데이터를 먼저 채워나가고자 한다면 'byrow=TRUE'를 설정하면 된다.

```
> Mat1 = matrix(1:3, nrow=3, ncol=4, byrow=T)
> Mat1
        [,1]  [,2]  [,3]  [,4]
  [,1]   1     2     3     1
  [,2]   2     3     1     2
  [,3]   3     1     2     3
> typeof(Mat1)          > mode(Mat1)         > class(Mat1)
"integer"               "numeric"            "matrix" "array"
```

matrix() 함수에 의하여 생성된 객체, Mat1은 3개의 행과 4개의 열로 구성된 3×4 행렬로 입력값은 {1, 2, 3}을 나타내는 1:3에 의하여 생성되었다. 입력값은 옵션 'byrow=T'에 의하여 첫 번째 행부터 채워지게 된다. 하지만 Mat1 3×4 행렬은 12개 값을 요구하는데 실제 입력값은 3개밖에 있지를 않기 때문에 자료수의 불일치가 발생한다. 이 경우 R에서는 **재활용규칙(recycling rule)**이 적용되어 1:3이 계속 반복되어 채워지게 된다. Mat1 행렬의 속성을 살펴보면 첫 번째 클래스는 'integer', 두 번째 클래스는 'numeric', 세 번째 클래스는 'matrix'이면서 배열의 의미를 갖는 'array' 타입으로 되어 있음을 확인할 수 있다.

데이터 세트의 구조를 나타내는 세 번째 클래스의 세 번째 종류는 앞에서 잠시 언급한 **배열(array)** 클래스이다. 배열은 2차원 이상의 다차원 데이터 집합을 의미하며 array() 함수에 의하여 생성된다. 또한, 행렬과 마찬가지로 모든 원소는 동일한 모드를 가져야 한다. 만일 동일한 모드를 가지지 않는 경우는 동일한 모드로 강제로 변환시킨다. 앞에서 언급한 행렬은 2차원 배열로 취급할 수 있다. 3차원 배열을 '행'과 '열' 그리고 '차원'으로 구분할 수 있는데 이를 살펴보면 다음과 같다.

```
> 행 = c('1행', '2행'); 열 = c('1열', '2열'); 차원 = c('1차원', '2차원')
> My_Array = array(c('문자', 1:7), dim=c(2, 2, 2), dimnames=list(행, 열, 사원))
> My_Array
, , 1차원
    1열     2열
1행 "문자"  "2"
2행 "1"     "3"
, , 2차원
     1열    2열
1행  "4"    "6"
2행  "5"    "7"
> typeof(Mat1)      > mode(Mat1)      > class(Mat1)
"character"              "character"       "array"
```

데이터 세트의 구조를 나타내는 세 번째 클래스의 네 번째 종류는 R만이 가지고 있는 독특한 특성으로 범주형 자료를 의미하는 1차원 데이터의 집합체인 **팩터(factor)**형 클래스이다. 팩터형 클래스는 factor() 함수에 의하여 생성되며, 해당 변수가 취할 수 있는 가능한 값, 즉 수준(Levels) 정보를 함께 관리한다. 범주형 자료를 분석하는 경우, 데이터는 반드시 팩터형 데이터 타입으로 설정되어 있어야 하며, 문자형 변수를 범주형 자료분석에 적용하는 경우 에러 메시지가 뜨거나, 경고 메시지와 함께 팩터형 데이터 타입으로 강제변환된다.

summary() 함수는 데이터 객체에 대한 요약 통계량을 제공하는 함수인데, 팩터형 데이터 타입일 경우는 빈도(frequency)통계량을 제공하지만, 문자형 데이터 타입의 경우는 데이터 수와 문자형 변수라는 내용만 제공된다.

```
> MyFactor = factor(c("A등급", "C등급", "A등급", "B등급", "A등급"))
> MyFactor
[1] A등급 C등급 A등급 B등급 A등급
Levels: A등급 B등급 C등급
> typeof(MyFactor)    > mode(MyFactor)     > class(MyFactor)
"integer"             "numeric"            "factor"
> summary(MyFactor)
A등급  B등급  C등급
  3      1      1
> MyCharacter = c("A등급", "C등급", "A등급", "B등급", "A등급")
> summary(MyCharacter)
  Length     Class       Mode
     5     character   character
```

MyFactor 객체는 factor() 함수에 의하여 생성된 변수로 3개의 수준을 가지고 있으며, 내부적으로 저장될 때는 'integer', 'numeric' 형태로 있지만 실제 활용될 때는 팩터형으로 구분되어 분석이 진행된다. summary() 함수는 객체에 대한 요약정보를 제공하는 함수로 팩터형 변수의 경우는 각 수준에 대한 빈도 통계량을 제공한다. 문자형 변수에 대한 요약정보는 자료의 수와 클래스 정보만을 제공한다.

데이터 세트의 구조를 나타내는 세 번째 클래스의 다섯 번째 종류는 R에서 가장 많이 사용되는 **데이터 프레임(dataframe)** 클래스이다. 거의 모든 데이터 세트는 데이터 프레임 구조로 되어 있다고 말하여도 과언이 아닐 정도로 범용적인 클래스이다. 파이썬의 데이터 관리패키지인 'pandas' 도 R의 데이터 프레임을 기초로 만들어졌기 때문에 R의 데이터 프레임 코딩규칙을 그대로 파이썬에 적용할 수 있다. 데이터 프레임은 행렬과 마찬가지로 행과 열로 구성되어 있다. 행으로는 다양한 데이터 타입을 사용할 수 있지만, 열에서는 반드시 동일한 데이터 타입을 유지하여야 한다. data.frame() 함수에 의하여 데이터 프레임 객체가 만들어지지만, 그 이외의 다양한 R함수에 의하여 데이터 프레임 객체가 만들어지기도 한다.

```
> 이름 = c("은정","영미","철수")
> 나이 = c(14,16,13)
> Mydf = data.frame(name = 이름, age = 나이)
> Mydf
     name   age
1    은정    14
2    영미    16
3    철수    13
> str(Mydf)
'data.frame':   3 obs. of  2 variables:
$ name : chr  "은정" "영미" "철수"
$ age : num   14 16 13
> summary(Mydf)
      name               age
  Length:3          Min.    :13.00
  Class :character  1st Qu. :13.50
  Mode:character    Median  :14.00
                    Mean    :14.33
                    3rd Qu. :15.00
                    Max.    :16.00
> typeof(Mydf)      > mode(Mydf)      > class(Mydf)
"list"              "list"            "data.frame"
```

data.frame() 함수에 의하여 만들어진 데이터 프레임 객체, Mydf는 변수이름 'name'과 'age'를 가진 2개의 열과 행이름(row names), {1, 2, 3}을 갖는 3개의 행으로 구성된 행렬 형태의 데이터 구조로 되어 있다. str() 함수를 보면, Mydf 객체는 데이터 프레임 클래스로 3개의 관측값(또는 행)과 2개의 변수(또는 열)로 구성되어 있으며, 대략 어떠한 값들을 가지고 있는지 앞부분을 보여주고 있다. summary() 함수의 결과를 보면 'name'은 문자형 데이터 타입으로 단순히 데이터 수만 제공하지만, 'age' 변수는 수량형 데이터이므로 최소값, 하위 25% 값, 중앙값, 평균값, 상위 25% 값, 최대값을 제공하는 요약 통계량을 제공하고 있다. Mydf 객체는 첫 번째, 두 번째 데이터 타입에서는 데이터 세트의 가장 기본적인 형태인 'list' 타입으로 취급되고 있지만, 클래스 타입은 데이터 프레임으로 분류되고 있다.

R의 데이터 프레임 사용법에 대하여 알아보도록 하자.

Mydf : 전체 데이터를 출력

Mydf$age : Mydf 데이터 프레임에 속한 age 변수의 값을 1차원 벡터로 출력(numeric)

Mydf[3, 1] : 3번째 행, 1번째 열값 출력

Mydf[1,] : 1번째 행의 모든 값을 데이터 프레임 클래스로 출력

Mydf[,1] : 1번째 열의 모든 값을 1차원 벡터로 출력

Mydf[Mydf$age <= 15,] 또는 subset(Mydf, age <= 15)

age 값이 15보다 같거나 작은 모든 행을 데이터 프레임 형태로 출력

Mydf[Mydf$age <= 15, 1] : age가 15보다 같거나 작은 모든 행에서 1번째 열값 출력

Mydf[Mydf$age <= 15, c(2, 1)] : age 값이 15보다 같거나 작은 모든 행을 대상으로 두 번째 열이 첫 번째 열로, 첫 번째 열이 두 번째 열로 구성된 데이터 프레임으로 출력

Mydf[Mydf$age == 16,] 또는 subset(Mydf, age == 16)

age 값이 16인 모든 행을 데이터 프레임으로 출력

Mydf[Mydf$name == '철수',] 또는 subset(Mydf, name == '철수')

name 값이 '철수'인 모든 행을 데이터 프레임으로 출력

Mydf[3, 1] = NA : 3번째 행, 1번째 열값을 결측값인 NA(Not Available)로 변경한다.

Mydf[Mydf$age == 16, 1] = '철희' : age가 16인 모든 행의 첫 번째 열의 값을 '철희'로 변경

새로운 관측값 또는 행을 추가하는 경우, 행을 묶는 rbind() 함수를 사용

이름1 = "철희"; 나이1 = 15

Mydf1 = data.frame(name = 이름1, age = 나이1) # 새로운 데이터 프레임을 만듬.

Newdf1 = rbind(Mydf, Mydf1) # 새로운 관측값이 추가된 Newdf1 데이터 프레임이 만들어짐

새로운 변수 또는 열을 추가하는 경우는 1차원 벡터값에 열을 묶는 cbind() 함수를 사용

grade = factor(c("A등급", "C등급", "A등급", "B등급"))

Newdf2 = cbind(Mydf1, grade)

외부파일로부터 데이터를 읽는 경우, 외부파일의 종류에 따라 R은 다양한 방법이 제공되지만 여기서는 텍스트 파일과 엑셀파일을 중심으로 데이터 읽는 방법을 설명하고자 한다. 먼저 설정된 작업공간인 'working directory'에 데이터 파일이 있으면 간단하게 파일이름을 지정하면 된다. 만일 데이터 파일이 작업공간 이외의 폴더에 있으면 이에 대한 경로를 'setwd() 함수를 이용하여 지정해 주어야 한다.

1차원 벡터형 변수를 읽는 경우는 scan() 함수를 이용하여 읽을 수 있다. '점수.txt' 파일내용이 다음과 같다고 가정하자.

32 77 50 49 79 70 43 52 0 50 78 62

이 경우 다음과 같이 경로와 파일이름을 지정하여 데이터를 읽을 수 있으며, 이 경우 점수변수는 'numeric' 타입으로 지정된다.

```
> 점수변수 = scan("D:/SD카드/R/Data/점수.txt")
Read 12 items
```

만일 데이터가 '시험성적.txt' 이름으로 아래와 같이 첫 행은 변수 이름이고, 두 번째 행부터 데이터가 시작되었다고 가정하면, read.table() 함수를 이용하여 데이터 프레임을 만들 수 있다. 이 경우 첫 행은 데이터가 아니라 변수 이름이므로 'header=TRUE' 라는 옵션을 지정해 주어야 에러없이 데이터를 읽을 수 있다.

이름	중간고사	퀴즈	기말고사
김병현	32	77	50
박소영	49	79	70
김철중	43	52	0
송민희	50	78	62

```
> 점수DataFrame = read.table("D:/SD카드/R/Data/시험성적.txt", header=TRUE)
> str(점수DataFrame)
'data.frame': 4 obs. of  4 variables:
$ 이름     : chr "김병현" "박소영" "김철중" "송민희"
$ 중간고사 : int  32 49 43 50
$ 퀴즈     : int  77 79 52 78
$ 기말고사 : int  50 70 0 62
```

만일 데이터가 엑셀파일, '시험성적.xlsx'로 저장되어 [그림 2-13]과 같이 구성되어 있다면 'readxl' 패키지의 read_excel() 함수를 이용하여 데이터를 읽을 수 있다.

```
# install.packages("readxl")
library(readxl)
> 점수티블 = read_excel("D:/SD카드/R/Data/시험성적.xlsx")
> str(점수티블)
tibble [4 × 4] (S3: tbl_df/tbl/data.frame)
 $ 이름     : chr [1:4] "김병현" "박소영" "김철중" "송민희"
 $ 중간고사: num [1:4] 32 49 43 50
```

그림 2-13 시험성적.xlsx 엑셀파일 내용

	A	B	C	D
1	이름	중간고사	퀴즈	기말고사
2	김병현	32	77	50
3	박소영	49	79	70
4	김철중	43	52	0
5	송민희	50	78	62
6				
7				
8				

시험성적

```
$ 퀴즈     : num [1:4] 77 79 52 78
$ 기말고사 : num [1:4] 50 70 0 6
```

그런데 read_excel() 함수는 데이터 프레임이 아니라 **티블(tibble)**이라는 새로운 형태의 데이터 클래스의 객체로 제공되고 있음을 확인할 수 있다. 티블은 데이터 관리 및 처리의 효율성을 높이기 위하여 만들어진 데이터 프레임의 업그레이드된 버전이라고 생각하면 된다. 또한, 데이터 프레임의 모든 사용법은 티블에도 그대로 적용되므로 데이터 프레임과 동일하게 생각하여도 큰 무리는 없다. read_excel() 함수의 경우 디폴트 값을 이용하여 쉽게 티블(데이터 프레임) 객체를 만들 수 있었는데 여기서 설정된 옵션을 자세히 살펴보면 다음과 같다. 참고로 '#' 기호는 코드에 대한 설명을 추가하기 위하여 사용되는 기호로 '#' 이후 텍스트는 실행되지 않는다.

```
점수티블 = read_excel("D:/SD카드/R/Data/시험성적.xlsx", # 경로와 파일이름 지정
    sheet = "시험성적", # 데이터가 있는 엑셀 Sheet 이름지정
    range = "A1:D5", # 읽을 데이터의 범위지정
    col_names = TRUE, # 첫 번째 행은 데이터가 아닌 변수 이름이라는 의미
    col_types = "guess", # 열에 해당하는 데이터 타입은 알아서 결정하라는 의미
    na = "NA") # 결측 값은 NA(Not Available)으로 표기하겠다는 의미
```

마지막으로 소개하고 싶은 데이터를 읽는 쉬운방법으로 복사로 잘 알려진 'Ctrl-C'를 이용한 방법이다. 마우스로 읽을 데이터 범위를 선택하고 'Ctrl' 키와 'C' 키를 동시에 누르면 해당 범위의 데이터가 윈도우 내부에 있는 'clipboard'라는 곳에 저장된다. R은 'clipboard'에 복사된 데이터를 직접 접근하여 데이터를 읽은 후 데이터 프레임을 만드는 기능을 가지고 있다. 맥 OS 사용자는 Command (⌘) + C를 눌러 복사한 후, "clipboard" 자리에 pipe("pbpaste") 를 입력하면 데이터 프레임을 만들 수 있다.

```
> 점수DataFrame = read.table("clipboard", header=TRUE) # 윈도우 사용자
> 점수DataFrame = read.table(pipe("pbpaste"), header=TRUE) # 맥OS 사용자
```

또한, write.table() 함수는 데이터 프레임의 데이터 값을 외부파일로 내보내는 기능인데, 데이터 보내는 곳을 'clipboard'로 지정하면 붙이기 기능인 'Ctrl－V' 키를 이용하여 데이터를 텍스트 파일로 붙일 수 있다.

추가로 데이터 프레임의 앞의 6개(디폴트 값) 데이터 값을 보고자 한다면 head() 함수를, 마지막 6개의 데이터 값을 보고자 한다면 tail() 함수를 사용하면 데이터 내용을 확인할 수 있다. [그림 2-14]는 텍스트 파일 또는 엑셀파일을 보면서, 복사기능인 'Ctrl-C' 키를 이용하여 데이터를 저장하고, head() 함수를 이용하여 데이터 프레임의 데이터 값을 확인하는 과정을 설명하고 있다. 또한, 'clipboard'를 통해 붙이기 기능을 이용하여 외부파일로 파일을 저장하는 방법을 함께 설명하고 있다.

그림 2-14 복사기능 'Ctrl-C'를 이용하여 데이터 프레임 만들기

※ 반드시 Ctrl-C 를 통해 복사영역이 활성화된 상태에서 read.table()을 실행하여야 한다.

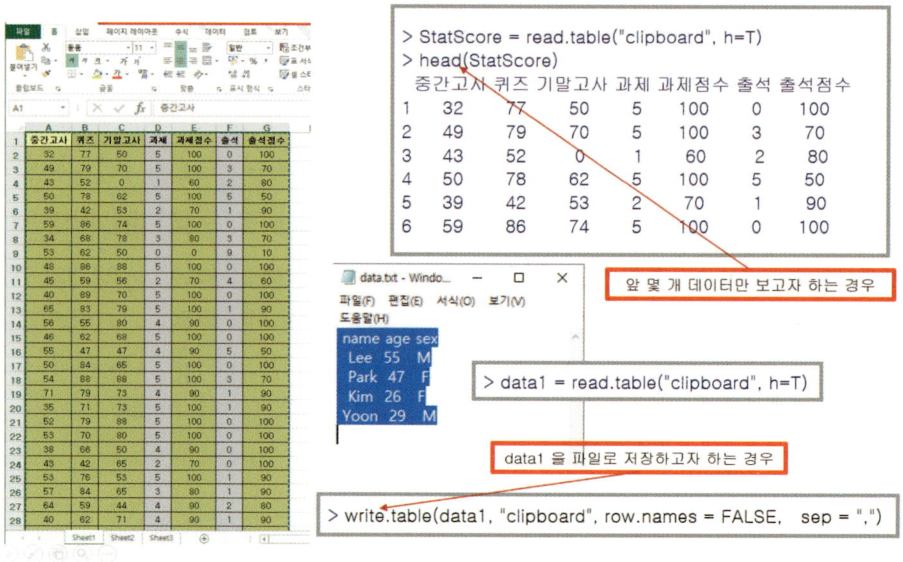

주요 용어

(2.1) CRAN, 작업공간, 라이브러리 경로, 확장된 실수체계, 랜덤숫자 생성기

(2.2) 측정, 척도, 명목척도, 범주, 상호배반, 서열척도, 등간척도, 비율척도, 메트릭 척도, 수량자료, 비메트릭 척도, 범주형 데이터

(2.3) 객체, 클래스, 인스턴스, 속성, 리스트, 행렬, 재활용규칙, 배열, 팩터, 수준, 데이터 프레임, 티블

연습문제

1. 주사위를 600번 던지는 실험을 시뮬레이션한 후, 변수의 수를 나타내는 length() 함수를 이용하여 2의 눈이 몇번 나타났는지 확인하여라.

2. 평균이 100, 표준편차가 15인 정규분포에서 120보다 클 확률을 시뮬레이션을 이용하여 구하여라.

3. Machine Learning에 대한 R 패키지에 대하여 간단한 보고서를 작성하여라.

4. 다음 표현에 대하여 평가하여라.

   "제주도 온도는 20°C, 서울은 10°C로 기록되어, 제주도가 2배 더 덥다고 말할 수 있다"

5. 다음 측정들은 어떤 척도인가?

   ① 출신지역　② 올림픽 게임의 금, 은, 동 메달　③ 매출액
   ④ 시험점수 차이　⑤ 주가지수　⑥ 물가지수　⑦ IQ지수
   ⑧ 부채비율　⑨ 직업　⑩ 신용점수

6. 2장에 소개된 R 코드를 실제로 실행하여 결과를 확인해 보시오.

연습문제 풀이

1.
```
> x = trunc(runif(600)*6)+1
> length(x[x == 2])
[1] 106
```

2.
```
> x = rnorm(1000000, mean=100, sd=15)
> length(x[x >= 120]) / 1000000
[1] 0.091478
```

3. CRAN의 Task Views에서 Machine Learning을 찾으면 아래와 같은 방대한 내용을 확인할 수 있다.

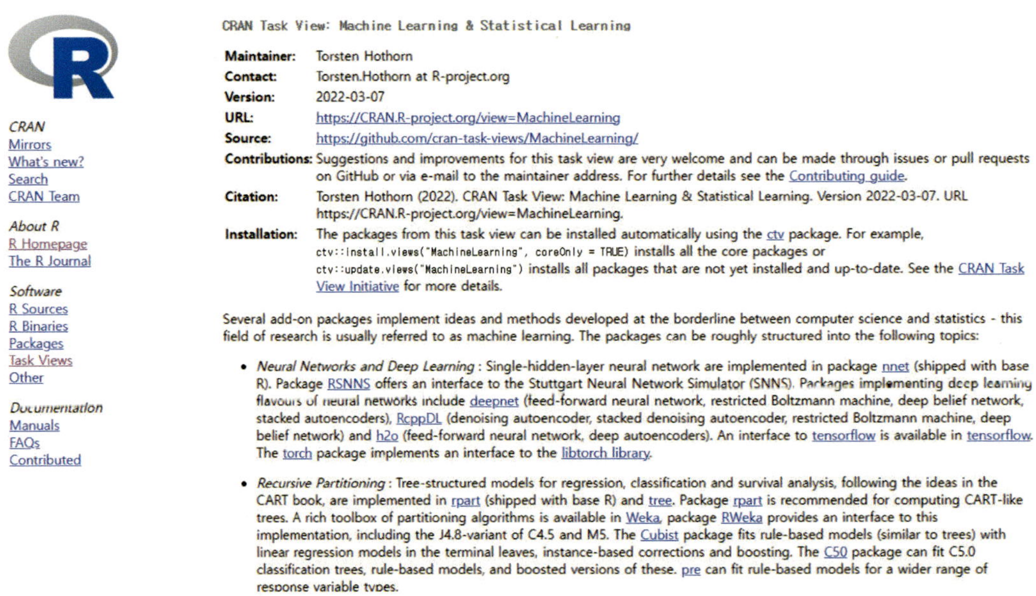

CRAN
Mirrors
What's new?
Search
CRAN Team

About R
R Homepage
The R Journal

Software
R Sources
R Binaries
Packages
Task Views
Other

Documentation
Manuals
FAQs
Contributed

CRAN Task View: Machine Learning & Statistical Learning

Maintainer: Torsten Hothorn
Contact: Torsten.Hothorn at R-project.org
Version: 2022-03-07
URL: https://CRAN.R-project.org/view=MachineLearning
Source: https://github.com/cran-task-views/MachineLearning/
Contributions: Suggestions and improvements for this task view are very welcome and can be made through issues or pull requests on GitHub or via e-mail to the maintainer address. For further details see the Contributing guide.
Citation: Torsten Hothorn (2022). CRAN Task View: Machine Learning & Statistical Learning. Version 2022-03-07. URL https://CRAN.R-project.org/view=MachineLearning.
Installation: The packages from this task view can be installed automatically using the ctv package. For example, `ctv::install.views("MachineLearning", coreOnly = TRUE)` installs all the core packages or `ctv::update.views("MachineLearning")` installs all packages that are not yet installed and up-to-date. See the CRAN Task View Initiative for more details.

Several add-on packages implement ideas and methods developed at the borderline between computer science and statistics - this field of research is usually referred to as machine learning. The packages can be roughly structured into the following topics:

- *Neural Networks and Deep Learning* : Single-hidden-layer neural network are implemented in package nnet (shipped with base R). Package RSNNS offers an interface to the Stuttgart Neural Network Simulator (SNNS). Packages implementing deep learning flavours of neural networks include deepnet (feed-forward neural network, restricted Boltzmann machine, deep belief network, stacked autoencoders), RcppDL (denoising autoencoder, stacked denoising autoencoder, restricted Boltzmann machine, deep belief network) and h2o (feed-forward neural network, deep autoencoders). An interface to tensorflow is available in tensorflow. The torch package implements an interface to the libtorch library.
- *Recursive Partitioning* : Tree-structured models for regression, classification and survival analysis, following the ideas in the CART book, are implemented in rpart (shipped with base R) and tree. Package rpart is recommended for computing CART-like trees. A rich toolbox of partitioning algorithms is available in Weka, package RWeka provides an interface to this implementation, including the J4.8-variant of C4.5 and M5. The Cubist package fits rule-based models (similar to trees) with linear regression models in the terminal leaves, instance-based corrections and boosting. The C50 package can fit C5.0 classification trees, rule-based models, and boosted versions of these. pre can fit rule-based models for a wider range of response variable types.

4. 온도는 등간척도이므로 거리(차이)에 대한 의미는 있지만, 의미있는 원점을 가지고 있지 않으므로 비율척도는 될 수가 없다. 따라서 "2배 덥다" 라는 표현은 잘못된 것이며 "10°C 차이가 난다" 라고 표현하는 것이 올바른 표현이다.

5. ① 명목척도 ② 서열척도 ③ 비율척도 ④ 비율척도 ⑤ 비율척도
⑥ 비율척도 ⑦ 등간척도 ⑧ 비율척도 ⑨ 명목척도 ⑩ 등간척도

CHAPTER 03
데이터의 표현

3.1 데이터의 시각화

범주형 데이터

데이터가 명목척도 형태인 범주형 데이터의 경우, R은 팩터형 클래스로 설정되어 있어야 한다. 만일 데이터가 문자형일 경우는 팩터형으로 강제 변환시킨 후 분석을 진행하여야 한다. 범주형 데이터에 대한 모든 분석은 각 범주에 몇 개의 데이터가 있는지를 의미하는 **도수(frequency)**를 기반으로 이루어진다. 도수에서 파생된 개념인 **상대도수(relative frequency)**는 도수에 총 데이터 수를 나눈 값, 즉 총 데이터에서 각 범주가 해당하는 도수의 비율로 정의된다.

예를 들어, 대학생 9명을 랜덤으로 선택하여 성별과 혈액형을 조사하였더니 다음과 같은 데이터가 나타났다고 가정하자.

(남자, B형), (여자, A형), (남자, O형), (남자, AB형), (여자, A형),
(남자, B형), (여자, AB형), (남자, A형), (여자, B형)

각 범주에 대한 빈도를 조사하여 정리한 표를 **도수분포표(frequency table)**라 부르며, R에서는 'table()' 함수에 의하여 도수분포표가 만들어진다. 이 경우 'table'이라는 객체가 만들어진다. 위의 예제에서는, 성별/혈액형/성별과 혈액형 도수분포표, 총 3종류의 도수분포표 작성이 가능하며, 이에 대한 R코드를 보면 다음과 같다.

```
> gender = c('M', 'F', 'M', 'M', 'F', 'M', 'F', 'M', 'F')
> Btype = c('B', 'A', 'O', 'AB', 'A', 'B', 'AB', 'A', 'B')
> table(gender)
gender
F M
4 5
> table(Btype)
Btype
 A AB  B  O
 3  2  3  1
> table(gender, Btype)
        Btype
gender A AB B  O
      F 2  1  1  0
      M 1  1  2  1
> typeof(table(Btype))   > mode(table(Btype))    > class(table(Btype))
"integer"                  "numeric"                 "table"
```

그림 3-1 범주형 데이터를 위한 막대그래프와 원형그래프

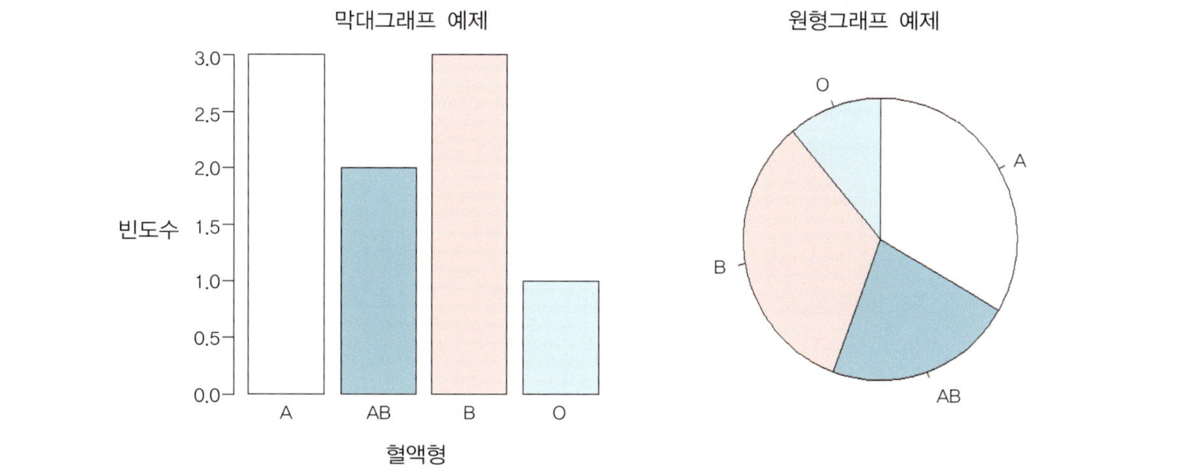

범주형 데이터를 표현하는 대표적인 그래프로 **막대그래프**(bar chart)와 **원형그래프**(pie chart)가 있다. 막대그래프는 'barplot()' 함수에 의하여, 원형그래프는 'pie()' 함수에 의하여 [그림 3-1]과 같이 그릴 수 있다.

```
> barplot(table(Btype), xlab="혈액형", ylab="빈 도 수", main="막대그래프 예제")
> pie(table(Btype), main = "원형그래프 예제", clockwise=TRUE)
```

범주형 데이터는 순서가 없으므로 어떠한 값을 먼저 나열하여도 문제가 되지 않는다. 즉, 분포라는 개념이 없다는 것이다. R에서는 팩터형 변수의 수준에 대한 순서를 지정할 때, 편의상 알파벳 순으로 나열한다. 예제에서도 혈액형의 값에 순서를 지정할 때 'A'에서 'O'까지 알파벳 순으로 나열된 것을 확인할 수 있다. 막대그래프의 경우 [그림 3-1]과 같이 막대기가 세로형 모습이 있는데 이를 **수직형 막대그래프**(vertical bar chart)라고 한다. 막대기가 가로형 모습이 있을 수 있는데 이를 **수평형 막대그래프**(horizontal bar chart)라고 하며, R에서는 'horiz=TRUE' 옵션을 설정하여 수평형 막대그래프를 그릴 수 있다. 'xlab=' 와 'ylab=' 옵션은 x축과 y축에 대한 이름을 설정하는 옵션이다. 막대그래프에서 y축을 도수로 나타낼 수도 있고 상대도수로도 나타낼 수 있다. 상대도수는 도수에 총 데이터 수를 나눈 값이므로, 'table(Btype)' 대신 'table(Btype)/length(Btype)'로 코딩하면 쉽게 얻을 수 있다.

원형그래프의 경우는 각 범주의 상대도수가 원형의 360도에 대한 각도 비율과 일치하도록 그린 그래프를 의미한다. 'clockwise=TRUE' 옵션은 알파벳 순으로 설정한 범주값을 시계방향으로 움직이면서 그래프를 그리라는 명령어이다. 여러 범주형 변수를 막대그래프로 표현하는 경우, 막대기를 누적해서 쌓아올리는 **적층형 막대그래프**(stacked bar chart)가 있고, 각 변수에 대한 막대기를 옆으로 나열하는 **그룹형 막대그래프**(grouped bar chart)가 있다. R에서는 적층형 막대그래프가 디폴트이며, 그

룹형 막대그래프를 그리고자 하는 경우는 다음과 같이 'beside=TRUE' 옵션을 추가하면 된다. R의 legend() 함수는 그래프의 범례를 만들어 주는 함수로 'topright'는 범례의 위치를 오른쪽 위에 그리라는 옵션이다. 상대도수 기반 그룹형 막대그래프에 대한 R코드를 살펴보면 다음과 같다.

```
> barplot(table(gender, Btype)/9, ylab="상 대 도 수", main="막대그래프 예제",
  col=c("white","gray"), beside=TRUE)
> legend("topright", c("Female","Male"), fill=c("white", "gray"))
```

이탈리아 경제학자 파레토(Pareto, 1843~1923)는 범주형 데이터를 막대그래프로 표현하는 경우 관심이 없는 불필요한 모든 범주까지 표시되는 문제점을 없애고자, 중요한 범주로 취급되는 높은 도수 또는 상대도수를 먼저 그리는 방법을 제안하였다. 이러한 그래프를 그의 이름을 따서 **파레토 차트(pareto chart)**라고 한다. R에서는 'qcc' 패키지를 통하여 파레토 차트를 그릴 수 있으며, 이 경우 각 범주별 도수, 누적도수, 상대도수, 누적 상대도수 값이 크기 순으로 보여준다. 이에 대한 R코드를 살펴보면 다음과 같다([그림 3-2] 참조).

```
> library(qcc)
> pareto.chart(table(Btype), main='파레토차트 예제', col=gray.colors(4))
Pareto chart analysis for table(Btype)
         Frequency   Cum.Freq.   Percentage   Cum.Percent.
   A      3.00000     3.00000     33.33333     33.33333
   B      3.00000     6.00000     33.33333     66.66667
   AB     2.00000     8.00000     22.22222     88.88889
   O      1.00000     9.00000     11.11111    100.00000
```

그림 3-2 여러 범주형 변수의 표현과 파레토 차트

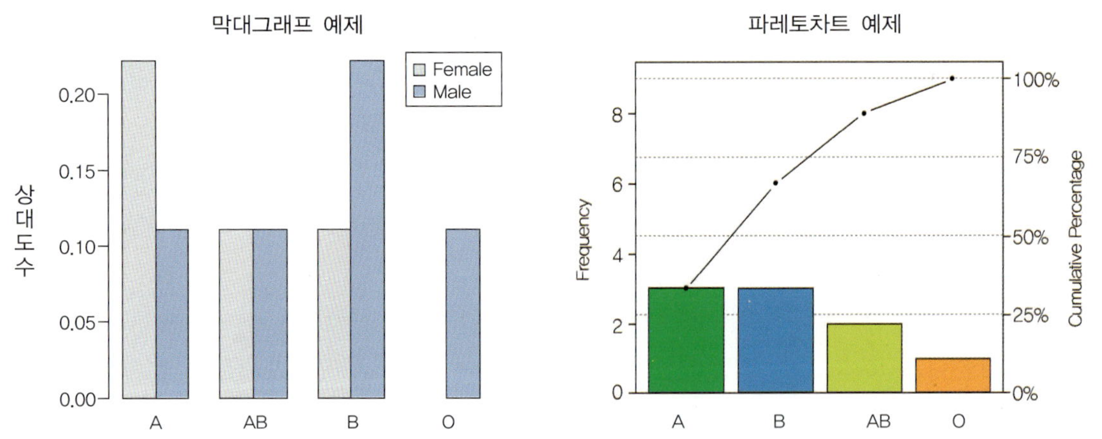

그림 3-3 다양한 분포형태

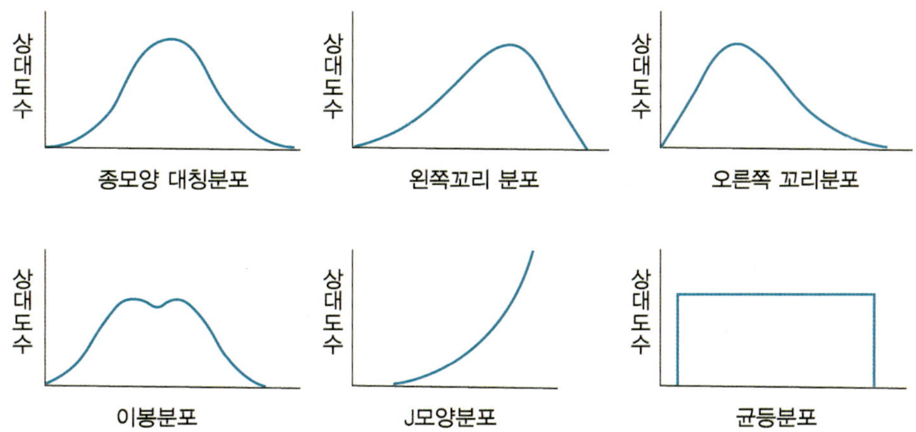

수량형 데이터

수량형 데이터는 순서와 거리를 갖는 척도이므로 데이터의 분포를 확인하는 것은 중요하다. [그림 3-3]은 **대칭분포**(symmetric distribution), **왼쪽꼬리 분포**(skewed to the left), **오른쪽꼬리 분포**(skewed to the right), 분포의 봉우리가 2개인 **이봉분포**(bimodal distribution), **J모양분포**, **균등분포**(uniform distribution) 등의 다양한 형태의 분포모습을 보여주고 있다. 수량형 데이터의 분포를 파악하기 위해서는 다양한 종류의 그래프가 있으며 하나씩 살펴보면 다음과 같다.

점도표

점도표(dot plot)는 데이터를 수직선 위에 점으로 데이터 값을 표시하는 그래프를 말한다. 계급구간이 있는 경우, 해당 계급구간에 데이터를 점으로 쌓아올리면서 분포의 특성을 보여주는 그래프이다. 점도표는 50개 이하인 적은 수의 데이터에 대한 분포 특성을 파악하는 데 유용하다고 알려져 있다. 점도표에서는 계급구간을 어떻게 설정하느냐에 따라 분포모양이 다르게 보일 수 있으므로 다양한 형태의 계급구간을 보고 적절한 계급구간을 설정하는 것이 중요하다.

R에서는 'ggplot2' 패키지의 'ggplot()+geom_dotplot()' 함수를 이용하여 점도표를 그릴 수 있는데, 이 경우 고정된 계급구간 폭을 설정하기 위하여 히스토그램을 기반으로 하는 'histodot' 옵션을 사용하였고, 고정된 계급구간 폭을 1로 설정하는 'binwidth=1' 옵션을 사용하였다. 아래 'KmPer1L.csv' 데이터 파일은 32종류의 자동차로부터 측정된 1리터에 주행할 수 있는 평균거리를 측정한 값으로 콤마로 데이터가 분리된 텍스트 파일인 csv(comma-separated values) 포맷으로 구성되어 있다. R에서는 'read.csv()' 함수를 이용하여 다음과 같이 데이터 프레임을 만들 수 있다.

```
> # install.packages("ggplot2")
> library(ggplot2)
> DF1 = read.csv("KmPer1L.csv")
> ggplot(DF1, aes(x=KPL)) + geom_dotplot(method='histodot', binwidth=1)
```

또한, dotchart() 함수를 이용하면 2차원 점도표를 그릴 수 있다([그림 3-4] 참조).

```
> dotchart(DF1$KPL, labels = DF1$CarName)
```

그림 3-4 두 가지 형태의 점도표

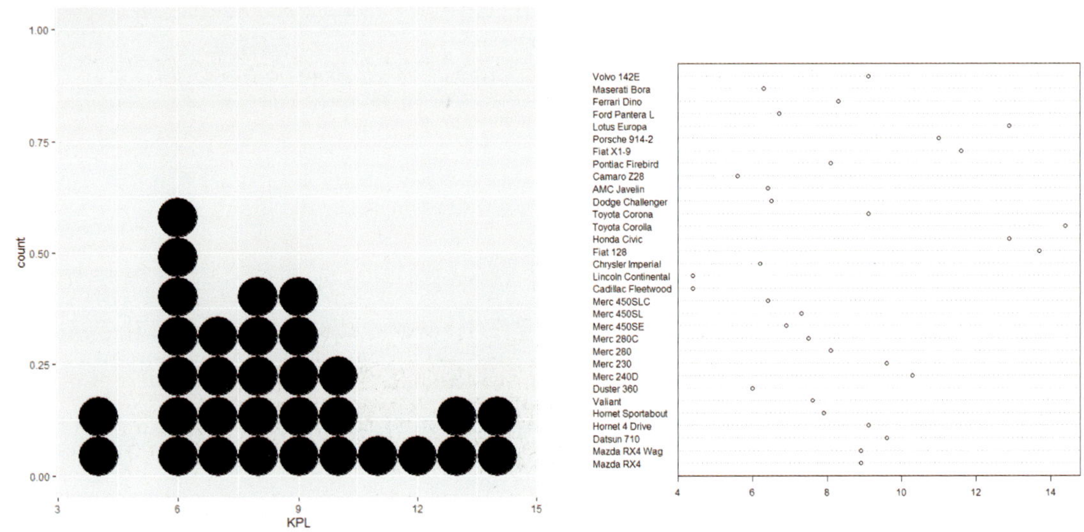

도수분포표

수량형 데이터에서 **도수분포표**란 적당한 계급구간을 만들고, 그 구간에 속한 데이터의 도수를 측정하여 표로 정리한 것을 말한다. R에서는 자동으로 계급구간을 만들고 그 구간을 팩터형 변수로 변환시켜 도수를 측정하는 과정을 거치는데, 이러한 과정은 cut()[1)] 함수와 table() 함수를 통해 이루어진다. cut() 함수는 수량형 데이터를 계급구간으로 나누어 팩터형 값으로 변환시키는 역할을 한다. 예를 들어, 'cut(x1, breaks=seq(2, 5, by=1))'는 2부터 5까지 1만큼 증가하는 분리점으로 계급구간이 3개 만들어진다는 의미이며, x1 변수의 데이터 값들은 앞에서 만들어진 팩터형 변수인 계급구간으로 바뀌게 된다. 만일 x1의 첫 번째 값이 3.8이라면, 이 값은 앞에서 정의한 두 번째 범주에 해당하는 계급구간, '$3 < x1 \le 4$' 또는 '(3,4]' 에 속하게 되므로 팩터형 변수값인 '(3,4]'으로 바뀌게 된다. 모든 값이 팩터형 값으로 바뀌게 되면 x1 값은 수량형 데이터가 아닌 팩터형 데이터가 되어

---

1) cut() 함수는 숫자를 팩터형으로 바꾸는 'Convert Numeric to Factor'를 의미한다.

table() 함수를 통해 다음과 같이 도수분포표를 만들수 있게 된다.

```
> table( cut(DF1$KPL, breaks=seq(4, 16, by=2)) )
  (4,6]   (6,8]  (8,10]  (10,12]  (12,14]  (14,16]
    4      11     10       3        3        1
```

히스토그램

수량형 데이터를 계급구간으로 나누어 범주형 데이터의 막대그래프 모습으로 나타낸 그래프를 **히스토그램(histogram)**이라고 한다. 히스토그램의 막대기는 막대그래프와는 다르게 서로 붙어있어야 하며, 막대기의 면적은 도수 또는 상대도수와 일치하여야 한다. 만일 계급구간의 폭이 일정하다면 막대기의 높이는 도수 또는 상대도수와 일치하게 된다. 히스토그램은 데이터의 분포특성을 파악하는데 매우 유용한 그래프이지만, 계급구간을 어떻게 잡느냐에 따라 분포의 특성이 매우 다양하게 보이기 때문에 적절한 계급구간의 설정은 중요하다.

이제 동일한 데이터로 다양한 히스토그램의 모습을 그려보도록 하자. R에서 계급구간을 나누는 방법은 크게 2가지로 구분할 수 있다. 첫 번째 방법은 'cut()' 함수를 이용하여 계급구간의 끝점을 지정하는 것이다. 이 경우 디폴트 설정으로 왼쪽 끝점은 열린 상태, '<'이고, 오른쪽 끝점은 닫힌 상태인 '≤'이 된다. 즉, 데이터를 n 등분하는 경우, 총 n+1 개의 끝점이 필요한데 이 값을 직접 지정하는 방법이 여기에 해당한다. 만일 설정된 계급구간에 모든 데이터를 포함하고 있지 않았으면 '일부 데이터가 세어지지 않았습니다' 라는 에러메시지와 함께 그리기를 중단한다.

두 번째 방법은 계급구간 수를 지정하는 방법으로 이 옵션을 선택하면, 데이터의 최소값과 최대값을 찾아 이 값을 기초로 일정한 계급구간 폭을 갖는 계급구간을 자동으로 설정하여 그래프를 그린다.

R에서는 화면을 분할하여 여러 그래프를 한꺼번에 그릴 수 있는데, 이는 'par (mfrow=)' 옵션을 통하여 구현된다. par() 함수는 'Graphical Parameters'를 의미하는 함수로 여러 그래프를 한 그림에 그리는 설정을 포함하여 그래프의 색, 마진 등 다양한 그래프 설정을 위하여 만들어진 함수이다. 'par(mfrow=c(3,2))'의 의미는 6개의 그래프를 3개의 행과 2개의 열 형태로 하나씩 그리라는 의미이며, 그래프들은 행부터 채워지게 된다.

히스토그램에 사용할 자료는 54,532개 소기업을 대상으로 조사한 신용점수(변수명: Score)와 현재 기업의 상태(변수명: Budo, 0:불량, 1:우량)를 기록한 텍스트 파일로 "CreditScore.txt"에 저장되어 있다. 첫 줄은 변수명이 입력되어 있으며(header=TRUE), 데이터는 공백으로 분리되어 있으므로 'read.table()' 함수를 이용하여 다음과 같이 데이터를 읽었다.

```
> CR = read.table("CreditScore.txt", header=TRUE)
> par(mfrow=c(2, 2)) # 2행, 2열 형태로 4개의 그래프를 한꺼번에 그리도록 설정
> hist(CR$Score) # ① 그래프, 아무 옵션이 없는 디폴트상태의 히스토그램
> hist(CR$Score, xlab="", main="", breaks=seq(from=200, to=1200, by=10)) # ② 그래프
```

```
> hist(CR$Score, freq=F, xlab="Credit Score", main="", breaks=100, xlim= (400,1000,50))
> polygon(density(CR$Score), lwd=2) # ③ 그래프
> plot(density(CR$Score), xlim=c(500,900), xlab="Credit Score", main="", lwd=2)
```

[그림 3-5]를 보면 총 4개의 그래프가 있는데, ①번 히스토그램은 R의 디폴트 값을 이용하여 만들어진 그래프이다. ②번 히스토그램은 200에서 1200까지 10씩 증가시키면서 계급구간을 만들라는 의미이며, 이 경우 왼쪽은 열린 구간, 오른쪽은 닫힌 구간이 된다. 즉, 첫 번째 계급구간은 '200 < 값 ≤210' 또는 '(200,210]'이 되며, 이러한 계급구간이 '1190 < 값≤1200' 또는 '(1190,1200]'까지 이어지게 된다. ③번 그래프는 계급구간을 직접 설정하는 것이 아니라 계급구간 수를 지정한 것으로, 데이터의 최소값과 최대값을 기준으로 100등분하여 계급구간을 설정하라는 의미이다(breaks=100). 또한, Y축을 도수가 아닌 상대도수로 표기하라는 옵션(freq=FALSE)을 사용하였고, X축에 이름을 설정하고, X축 범위를 재조정하여 히스토그램을 조금 더 크게 볼 수 있게 만들었다.

그림 3-5 동일한 데이터에 대한 다양한 히스토그램

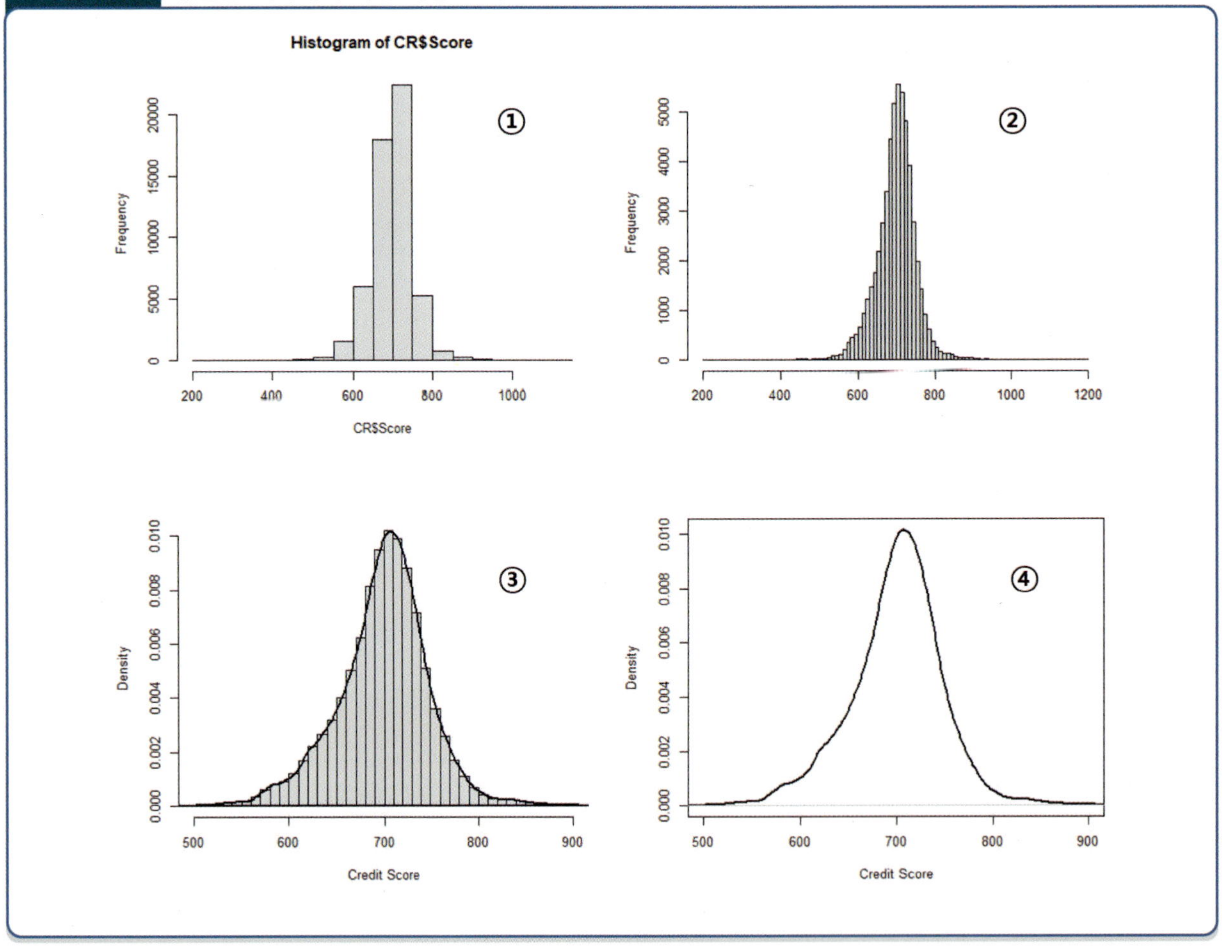

③번과 ④번 그래프에서 특징적인 것은 'density()' 함수를 사용하였다는 것이다. 이 함수는 **커널 밀도 추정(kernel density estimation)**이라는 방법을 이용하여 상대도수 기반 히스토그램에 해당하는 데이터의 밀도를 부드럽게 연결하여 만들어진 곡선값을 제공한다. 커널밀도 추정법에 대한 자세한 내용은 이 책의 범위를 벗어나므로 생략하기로 한다. 'polygon()' 함수는 커널밀도 추정을 통해 계산된 데이터의 밀도값을 직선으로 연결해 주는 명령어로 기존의 그래프를 지우지 않고 덧칠하여 그려준다. 이때 데이터의 밀도값을 연결하는 직선을 2배의 굵기로 그리라는 옵션으로 'lwd=2'를 사용하였다. ④번 그래프는 plot() 함수를 이용하여 데이터의 밀도만을 그린 그래프로 히스토그램을 조금 더 쉽게 알아보기 위하여 만든 형태라고 볼 수 있다.

줄기-잎 그림

줄기-잎 그림(stem-and-leaf plot)은 히스토그램과 비슷한 역할을 하지만, 데이터 값을 직접 확인할 수 있다는 장점이 있다. R에서는 'stem()' 함수를 이용하여 그릴 수 있다. 여기서는 88명의 시험점수를 기록한 'ExamScore.txt' 데이터를 이용하여 줄기-잎 그림을 그려보았다.

```
> Score = scan("ExamScore.txt")
Read 88 items
> stem(Score)
  The decimal point is 1 digit(s) to the right of the |
  4 | 44
  4 | 55777
  5 | 0000000333
  5 | 6666689999
  6 | 22244
  6 | 5555557778888888
  7 | 000001133344444
  7 | 66666789999
  8 | 000022
  8 | 558888
  9 | 11
```

위의 줄기-잎 그림을 살펴보면, 88명의 시험점수를 오름차순의 크기순으로 나열한 것으로 '| 의 오른쪽은 1단위입니다.'라고 적혀있다. 줄기(stem)와 잎(leaf) 사이로 '|'가 있어서 줄기와 잎을 분리되어 있음을 알 수 있다. 앞에서 언급한 듯이 '|' 오른쪽, 잎단위는 1단위이고, 따라서 왼쪽, 줄기단위는 10단위가 된다. 잎에 해당되는 숫자들을 살펴보면 작은 숫자에서 큰 숫자의 순으로 오름차순으로 나열되어 있음을 확인할 수 있으며, 같은 데이터 값을 갖는 경우는 그 개수만큼 쌓아 올려지고 있음을 확인할 수 있다. 따라서 줄기와 잎의 숫자를 결합하면 원자료의 개별 관측값이 형성된다. 예를 들어, 90점대의 점수는 줄기에 해당하는 9와 잎에 해당하는 1이 결합하여 9×10+1로 계

산된 91점이 2명 있으며, 최고 점수임을 확인할 수 있다. 줄기-잎 그림은 줄기의 기준을 어떻게 잡느냐에 따라 다양한 모습으로 나타날 수 있으며, R에서는 'scale' 옵션을 이용하여 조정할 수 있다.2)

누적분포함수

확률변수가 정의되고 이에 따라 확률이 정해지면, 확률변수 값이 특정값보다 같거나 작을 확률을 계산할 수 있는데, 이를 **누적분포함수(cumulative distribution function; cdf)**라 하고 다음과 같이 정의한다.

$$F(x) = \Pr(X \le x)$$

또한, 단순히 데이터의 밀도만을 가지고 만들어진 누적분포함수를 **경험적 누적분포함수(empirical cumulative distribution function; ecdf)**라 한다. R에서는 'ecdf()' 함수를 이용하여 경험적 누적분포함수 값을 계산할 수 있는데, 이 함수는 데이터를 크기순으로 나열한 후, 데이터 값에서 대략 '1/n'씩 점프가 이루어지는 **계단함수(step function)** 형태로 나타난다. 경험적 누적분포함수 값을 얻기 위한 R코드는 아래와 같으며, 이에 대한 결과는 [그림 3-6]에 있다.

```
plot(ecdf(Score), verticals=TRUE, main="Empirical CDF", xlab="")
```

그림 3-6 계단함수 형태인 경험적 누적분포함수

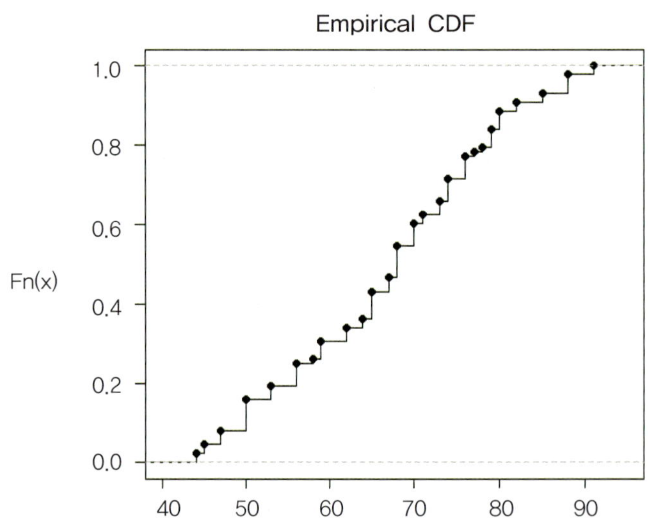

2) 계급구간을 반으로 줄여 줄기-잎 그림 길이를 2배로 늘리고 싶으면 'scale=2' 옵션을 사용하면 된다.

3.2 데이터의 요약

데이터 분포의 특성을 나타내는 수치로 데이터의 중심을 나타내는 집중경향치, 데이터 중심으로부터 퍼져있는 정도를 나타내는 산포도, 데이터 분포의 비대칭성을 나타내는 비대칭도, 극단값의 정도와 중심에 대한 데이터 집중도를 나타내는 첨도가 있다.

집중경향치(central tendency)는 데이터의 중심을 측정하는 척도로서 대표적인 수치로 평균, 중앙값, 최빈값이 있다. [그림 3-7]의 ①은 서로 다른 집중경향치를 갖는 두 분포를 그린 그래프이다. **산포도**(dispersion)는 관측값들이 중심으로부터 얼마나 퍼져 있는지를 나타내는 척도로써, 대표적인 수치로 분산이나 표준편차, IQR 등이 있다. [그림 3-7]의 ② 그래프를 보면, 서로 다른 산포도를 갖는 두 분포를 확인할 수 있다. **비대칭도**(skewness)는 분포의 중심에서 데이터가 좌우로 어느 정도 치우쳐져 있는지를 나타내는 척도로, **대칭분포**(symmetric distribution), 긴 오른쪽 꼬리를 갖는 **오른쪽 꼬리분포**(skewed to the right distribution), 긴 왼쪽 꼬리를 갖는 **왼쪽 꼬리분포**(skewed to the left distribution)가있다. [그림 3-7]의 ③ 그래프는 서로 다른 비대칭도에 따라 분포의 모양이 어떻게 다른지 보여주고 있다. 마지막으로 데이터가 분포의 중심으로 얼마만큼 집중되어 있는지, 또는 얼마나 극단값이 많아 꼬리가 두꺼운지를 나타내는 척도로 **첨도**(kurtosis)가 있다. 첨도는 앞으로 우리가 배울 **정규분포**(normal distribution)를 기준으로 비교되는데, 정규분포와 비슷한 첨도를 **보통첨도**

그림 3-7 다양한 특성을 가진 분포들

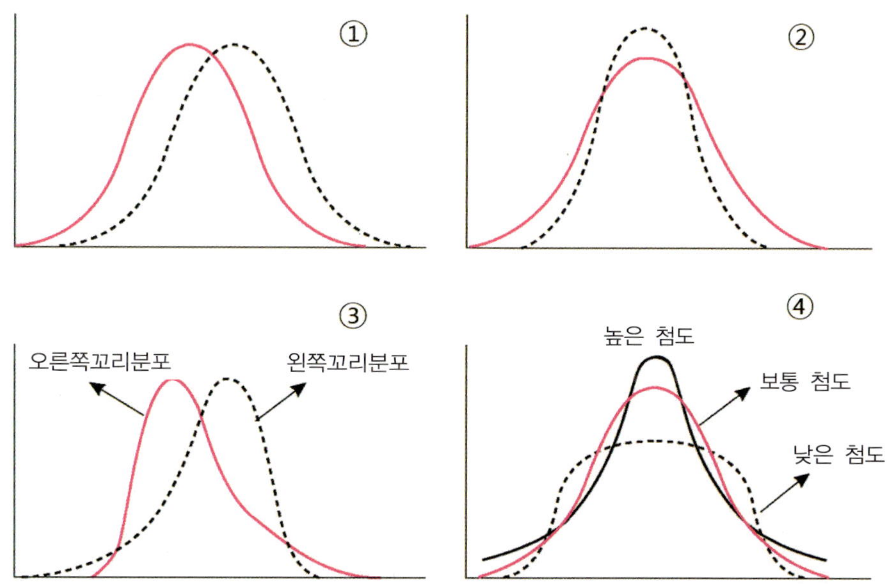

(mesokurtic)라고 부르며, 꼬리가 두껍고 중심에 대한 집중도가 높은 경우, 즉 데이터가 중심에서 급격하게 밀도가 증가하는 분포를 **높은 첨도**(leptokurtic), 꼬리가 짧고 집중도가 낮은 분포를 **낮은 첨도**(platykurtic)라고 부른다. [그림 3-7]의 ④ 그래프는 서로 다른 첨도를 갖는 분포의 모양에 대한 특성을 나타내고 있다.

집중경향치

집중경향치는 전체 데이터를 대표하는 값으로 분포의 중심이 어디에 있는가를 말해 준다. 집중경향치로 많이 사용되는 수치로는 우리가 이미 잘 알고 있는 산술평균, 중앙값, 최빈값이 있다. **산술평균**(arithmetic mean)은 가장 많이 사용되는 수치로 데이터 밀도에 대한 무게중심(重心)을 나타낸다. 만일 모집단으로부터 산술평균을 계산하였다면 **모평균**(population mean), 모집단이 아닌 표본 또는 데이터로부터 산술평균을 계산하였다면 **표본평균**(sample mean)이라고 부르며, 각각 μ , $\overline{X}_n$으로 표기한다. 이를 수식으로 표현하면 다음과 같다.

$$\mu = \frac{1}{N}\sum_{i=1}^{N} X_i \quad , \qquad \overline{X_n} = \frac{1}{n}\sum_{i=1}^{n} X_i$$

- **중앙값**(median)은 데이터의 가운데를 나타내는 분포의 중심(中心)을 나타내는 수치이다. 중앙값은 데이터를 크기순으로 나열하였을 때 가운데에 위치하는 관측값으로 데이터 수가 홀수이면 한가운데 위치한 수가 되고, 짝수이면 가운데 있는 두 수의 평균으로 정의된다. 예를 들어, (1, 2, 3) 데이터가 있다면 중앙값은 2가 되지만 (1, 2, 3, 4)의 경우 중앙값은 가운데 두 수의 평균이 2.5가 된다.
- **최빈값**(mode)은 데이터에서 발생빈도가 가장 높은 관측값, 즉, 도수가 가장 많은 관측값으로 정의된다. 평균이나 중앙값과는 달리 수량 데이터뿐만 아니라 범주형 데이터에서도 적용될 수 있는 특징을 가지고 있다. 최빈값은 여러 개의 값을 가질 수 있으며, 일반적으로 분포의 가장 높은 지점을 의미한다. [그림 3-3]에서 나타난 이봉분포는 최빈값이 2개라는 의미로, 봉우리가 2개라는 것이다. [그림 3-5]의 신용점수 데이터에서 계급구간을 100개로 정하였을 경우, 밀도가 가장 높은 최빈값은 아래의 R코드를 통하여 705.9점임을 확인할 수 있다.

```
> CS.D=density(CR$Score); CS.D$x[which.max(CS.D$y)]
[1] 705.9324
```

여기서 'density()' 함수를 통해 만들어진 CS.D 이름의 객체는 'density' 라는 클래스를 갖는 객체로써, x값과 이에 해당하는 데이터의 밀도 y값을 가지고 있다. 'which.max()' 함수는 밀도가 가장 높은 값을 찾아 이에 대한 인덱스를 제공하는 함수이고, 이러한 인덱스를 이용하여 x값을 찾으면 그 값이 최빈값이 된다.

평균값과 중앙값이 다르다는 것은 분포의 모양이 비대칭이라는 것을 의미한다. 만일 비대칭분포의 형태가 오른쪽 꼬리분포를 가지면 평균은 중앙값보다 크게 되면서 최빈값은 일반적으로 작아지게 된다. 만일 왼쪽 꼬리분포를 가지면 평균은 중앙값보다 작게되면서 최빈값은 일반적으로 크게 된다. 만일 분포가 좌우대칭이면 평균, 중앙값은 같은 값을 가지게 된다([그림 3-8] 참조).

평균은 **극단값(outlier)**에 영향을 많이 받기 때문에, 극단값이 많이 있는 데이터의 경우는 주의하여 사용해야 한다. 즉, 평균을 계산하기 전에 데이터의 분포를 보고, 심한 극단값으로 평균이 왜곡되어 나타나지 않은 지 먼저 검토하는 과정이 필요하다. 반면에 중앙값은 극단값에 영향을 받지 않는 안정적인 대표값을 제공한다. 즉, 중앙값은 극단값에 큰 영향을 받지 않는 **강건성(robustness)**을 가지고 있다. 하지만, 수학적 전개의 용이성, 계산의 편리성으로 인하여 평균이 많이 활용되고 있으며, 통계적 추론과정에서도 평균은 중요한 역할을 하고 있지만, 강건성이 부족하여 극단값에 의하여 결과가 쉽게 왜곡되기 때문에 주의해야 한다.

평균, 중앙값, 최빈값 이외에 다양한 형태의 집중경향치가 있다. **가중평균(weighted mean)**은 평균을 취하고자 하는 값에 가중치를 할당하여 계산된 평균을 의미한다. 예를 들어, 과목에 학점을 부여하기 위하여 중간시험 가중을 30%, 기말시험 가중을 50%, 숙제와 수업참여도 비중을 각각 10%씩 할당하여 총 점수를 계산하여, 이에 따라 학점을 부여하였다면 이는 가중평균에 해당한다. 가중평균의 수식은 다음과 같다.

그림 3-8 분포모양에 따른 평균, 중앙값, 최빈값의 변화

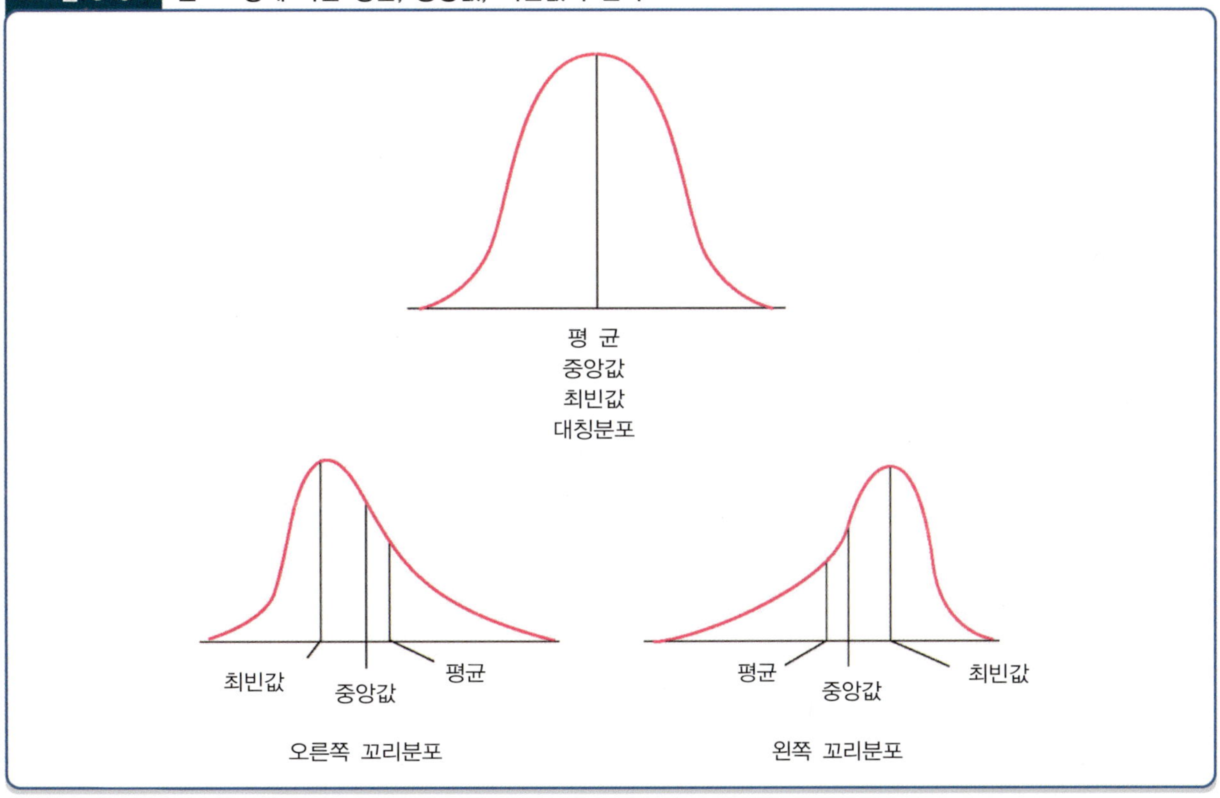

$$\overline{X_n} = \sum_{i=1}^{n} w_i X_i \ , \quad where \quad \sum_{i=1}^{n} w_i = 1$$

기하평균(geometric mean; GM)은 모든 관측값을 곱하여 관측값의 수만큼의 근에 대한 값으로 정의된다. 기하평균은 수익률, 변화율, 성장률과 같은 데이터의 경우 자주 사용되는 집중경향치로 수식은 다음과 같다.

$$GM = \sqrt[n]{X_1 \times X_2 \times \cdots \times X_n}$$

예를 들어, 100억원을 운용하는 펀드 매니저가 1년 동안 자산을 잘 운용하여 200억원의 자산가치로 상승하였다면 100억원 이익을 얻었으므로 수익률은 100%가 된다. 만일 다음 해에 자산운용을 잘못하여 다시 100억원으로 되돌아 갔다면, 200억원에서 100억원으로 가치가 하락하였으므로 수익률은 －50%가 된다. 이 펀드매니저는 2년 동안 100억원 자산에서 수익을 하나도 올리지 못했지만 평균 수익률을 계산하면 100%와 -50%의 평균인 25%의 수익이 발생한 것처럼 보인다. 이처럼 산술평균은 수익률에 대하여 왜곡된 수치를 제공한다.

이제 기하평균을 계산하여 보자. 기하평균은 음수값을 허용하지 않으므로 수익률에 1을 더하여 나중에 빼주는 방식을 사용하기로 한다. 첫 해는 100% 수익률이므로 (1+1)로 잡고, 두 번째 해는 -50% 수익률이므로 (1−0.5)로 잡은 후, 두 수를 곱하고 제곱근을 계산하면 1의 값이 계산된다. 앞에서 더해준 1을 빼주면, 결국 우리가 원하는 올바르게 계산된 0% 수익률이 나타나게 된다. 즉, 비율에 대한 평균을 계산하는 경우는 기하평균이 매우 중요한 역할을 하게 된다.

조화평균(harmonic mean; HM)은 데이터 값의 역수를 취하여 평균을 구한 후에 다시 역수를 취하여 계산하는 방식으로 수식은 다음과 같다.

$$HM = \left(\frac{1}{n}\sum_{i=1}^{n}\frac{1}{X_i}\right)^{-1} = \frac{n}{\frac{1}{X_1} + \frac{1}{X_2} + \cdots + \frac{1}{X_n}}$$

조화평균은 구간별 평균에 대한 전체 평균을 계산하는 경우 유용하게 사용된다. 예를 들어, 2Km 거리를 시속 1km/h로 갔다가, 돌아올 때는 시속 2km/h로 왔다면, 가는데 2시간, 오는 데 1시간 걸린 상황이므로 총 3시간 걸려서 왕복한 셈이 된다. 이에 대한 산술평균을 계산하면 시속 평균 1.5km/h이 되고 왕복 4km 거리를 다녀왔으므로 2.67시간이 걸린 것으로 잘못된 평균값을 제공하게 된다. 조화평균을 계산하면, 구간별로 서로 다른 평균속력, 시속 1km/h와 시속 2km/h로 달렸으므로, 1과 1/2의 평균, 3/4의 역수값 4/3(km/h)가 조화평균값이 된다. 이 평균속력으로 3시간을 이용하였다면 정확하게 4km를 이동하였다는 것이 되므로 조화평균 값이 정확한 평균속력이라고 말할 수 있다.

그 이외에도 사분위수, 십분위수, 백분위수가 있다. **사분위수(quartile)**는 데이터를 4 등분하여 경계점에 해당하는 값을 말한다. **제1사분위수**(Q_1, first quartile; lower quartile)는 데이터를 오름차순으로 나열하여 하위 25%에 해당하는 위치에 있는 수이고, **제2사분위수**(Q_2)는 데이터의 50%에 해당하는 위치, 즉 중앙값을 의미하며, **제3사분위수**(Q_3, third quartile, upper quartile)는 데이터의 상위 25%에 해당하는 위치에 있는 수를 의미한다. 데이터의 대략적인 분포를 파악하기 위하여 사용되는 **5개 주요 통계량**(five number summary)이 있는데, 이는 3개의 사분위수와 최소값과 최대값을 포함한 수치를 말한다. R에서는 'summary()' 함수를 이용하여 데이터 값의 주요 통계량을 볼 수 있는데, R에서는 추가적으로 평균값을 함께 보여준다.

```
> summary(Score)
   Min.  1st Qu.  Median   Mean  3rd Qu.   Max.
  44.00   57.50    68.00  67.08   76.00   91.00
```

데이터를 10등분한 경계점을 **십분위수**(decile)라고 한다. 여기서도 제1십분위수부터 시작하여 제9십분위수까지 있다. 데이터를 100등분한 경계점을 **백분위수**(percentile)라고 부르며, 여기서도 제1백분위수부터 제99백분위수까지 있다. 일반적으로 누적확률에 해당하는 데이터 값을 **분위수**(quantile)라 부르며, R에서는 'quantile()' 함수에 의하여 구현된다. 분위수함수와 누적분포함수는 서로 역함수관계를 갖는다. 예를 들어, 시험성적, 80점의 경험적 누적확률값이 얼마인지, 그리고 90%에 해당하는 점수와 25%에 해당하는 점수가 얼마인지를 R을 통하여 확인해 보도록 하자.

```
> Fn=ecdf(Score); Fn(80)
[1] 0.8863636
```

```
> quantile(Score, probs=c(0.9, 0.25))
 90%  25%
82.0 57.5
```

평균은 극단값에 민감하여 안정적인 대표값을 제시하지 못하는 강건성의 문제를 지적하였었다. 이러한 문제점을 해결하기 위하여 나타난 개념이 **절사평균**(trimmed mean)이다. R에서는 mean() 함수의 'trim=0.1'과 같은 옵션을 주면 계산할 수 있다. 이 경우, 상위 10% 데이터와 하위 10% 데이터를 제거하고 가운데에 속하는 80% 데이터만을 이용하여 평균을 계산하게 된다. 이에 대한 R코드를 보면 다음과 같다.

```
> mean(Score)
[1] 67.07955
```

```
> mean(Score, trim=0.1)
[1] 67.08333
```

산포도

산포도란 분포의 퍼져있는 정도를 의미한다. 예를 들어, 어느 강의 평균 수심이 1m라는 정보만을 가지고 강을 건넌다고 생각해 보자. 이 경우 강의 실제 수심은 어떤 곳은 20cm일 수도 있고 어떤 곳은 3m가 넘을 수도 있으므로, 평균 수심이 1m라는 정보만을 믿고 아무 준비없이 강을 건넜다가는 낭패를 볼 수 있다. 따라서 안전한 도하를 위해서는 수심에 대한 평균뿐만 아니라 그 기복도 알 필요가 있다. 이 경우 산포도란 강수심에 대한 기복이 어느 정도인지 제공하는 척도가 된다. 또한, 산포도는 추정값이나 예측값의 정확도를 측정하는 도구로도 활용되고 있으며, 이를 **표준오차**(standard error)라고 부른다.

산포도를 측정하는 대표적인 수치로는 범위, 평균절대편차, 분산 또는 표준편차, 변동계수가 있다. 이에 대하여 자세히 알아보면 다음과 같다.

범위(range)는 산포도를 나타내는 가장 단순한 수치로 데이터의 가장 큰값과 가장 작은 값의 차이로 정의된다. 범위는 쉽게 계산할 수 있고 쉽게 이해할 수 있다는 장점이 있으나 극단값에 매우 민감하다는 단점을 가지고 있다. 극단값에 민감하다는 단점을 극복하기 위해 만들어진 것이 **사분위수 범위**(interquartile range; IQR)이다. 사분위수 범위란 데이터를 크기순으로 나열하여 상위 25%, 하위 25%를 버리고 가운데 50%만의 데이터를 가지고 계산한 범위를 말하는 것으로 Q_3-Q_1으로 정의된다. 이와 비슷한 개념으로 **십분위수 범위**(interdecile range; IDR)는 데이터를 크기순으로 나열하여 상위 10%, 하위 10%를 버리고 계산한 범위로 D_9-D_1으로 정의된다.

데이터 값이 평균으로부터 떨어진 거리(차이)를 **편차**(deviation)라고 한다. 편차의 합은, 플러스 값과 마이너스 값이 서로 상쇄되어 항상 0이 된다. 하지만, 편차에 절대값을 취하여 평균을 계산하면 0이 아닌 산포도를 나타내는 수치가 된다. 이를 **평균절대편차**(mean absolute deviation; MAD)라 부르며 식은 다음과 같다.

$$MAD = \frac{1}{n}\sum_{i=1}^{n}\left|X_i - \overline{X}_n\right|$$

평균절대편차는 데이터의 퍼짐정도를 요약하는 훌륭한 수치이기는 하지만, 절대값 함수를 사용하기 때문에 수학적 전개가 편하지 못하다는 단점을 가지고 있다.

분산(variance)은 평균으로부터 떨어진 거리인 편차의 제곱에 대한 평균으로 정의된다. 분산은 편차의 제곱을 취하였기 때문에 데이터의 단위도 함께 제곱으로 바뀐다는 문제점을 가지고 있다. 예를 들어, 데이터 단위가 길이를 나타내는 'cm'이었다면, 분산의 단위는 면적을 나타내는 cm^2이 된다는 것이다. 이러한 문제점을 해결하기 위하여 분산에 제곱근을 취하여 원래 상태의 데이터 단위로 바꾼 수치가 **표준편차**(standard deviation)이다. 평균과 표준편차는 단위가 같으므로 편하게 더하거나 뺄 수 있지만, 평균과 분산은 단위가 다르므로 더하거나 빼는 연산을 할 수 없다.

만일 모집단으로부터 분산을 계산하였다면 **모분산**(population variance), **모표준편차**(population standard deviation)라고 부르며 각각, σ^2, σ 으로 표기한다. 만일 모집단이 아닌 표본 또는 데이터로부터 계산되었다면 **표본분산**(sample variance), **표본표준편차**(sample standard deviation)라고 부르며 각각 S^2, S로 표기한다. 여기서 표본분산 S^2을 계산하는 경우는 $n-1$로 나눈다는 것을 명심하기 바란다.

모분산 : $\sigma^2 = \frac{1}{N}\sum_{i=1}^{N}(X_i - \mu)^2$ 　　　　모표준편차 : $\sigma = \sqrt{\sigma^2}$

표본분산 : $S^2 = \frac{1}{n-1}\sum_{i=1}^{n}(X_i - \overline{X_n})^2$ 표본표준편차 : $S = \sqrt{S^2}$

산포도를 측정할 때, 가끔은 평균값을 반영하여 상대적 크기를 파악하고자 하는 경우가 있다. 예를 들어, 주식가격 분석에서 주가의 표준편차를 변동성 또는 리스크라 부르는데, 이는 주가분석에서 매우 중요한 수치이다. A주식은 평균주가가 10만원, 표준편차 1만원이고, B주식은 평균주가가 1만원, 표준편차 5천원이라고 하자. 그렇다면, A주식의 표준편차가 크므로 B주식보다 변동성(리스크)이 더 큰주식이라고 말할 수 있을까? 다시 말하면, 주식 A가 평균주가 10만원에서 1만원 움직이는 것과 주식 B가 평균주가 1만원에서 5천원 움직이는 것을 비교하였을 때 어느 주식이 더 많이 움직였다고 말할 수 있을까? 결론적으로 말하자면, 두 주식은 평균적으로 움직이는 스케일이 다르므로 A주식의 1만원 움직임은 큰 변화가 아니지만, B주식의 5천원 움직임은 매우 큰 움직임이라고 말할 수 있다. 따라서, A주식보다는 오히려 B주식의 변동성(리스크)이 훨씬 크다고 말할 수 있다.

이러한 문제는 투자금액의 1원당 변동성이 어느 정도인지를 파악하는 것으로 해결할 수 있다. 이러한 상황에서 사용할 수 있는 것이 **변동계수**(coefficient of variation; CV)이며, 다음과 같이 정의된다.

$$\text{변동계수} : CV = \frac{\text{표준편차}}{\text{평균}} (\times 100)$$

즉, 변동계수는 데이터의 1단위당 측정되는 산포도의 의미를 가지고 있다. 또한, 변동계수는 표준편차와 평균의 단위는 동일하므로 서로 상쇄되어 단위가 없는 수치(unitless)가 된다. 앞의 예제에서 주식 A의 변동계수는 10%가 되고, 주식 B의 변동계수는 50%가 되므로, 비록 주식 A의 표준편차가 더 크게 나타났지만, 주식 B의 변동성은 주식 A의 변동성보다 5배 더 크다고 말할 수 있다.

다양한 산포도 측정을 위한 R코드를 살펴보면 다음과 같다.

```
> diff(range(Score))                       > IQR(Score)
[1] 47                                     [1] 18.5
> mean(abs(Score-mean(Score)))             > mad(Score, constant=1)
[1] 10.07412                               [1] 9
> var(Score)          > sd(Score)          > sd(Score)/mean(Score) * 100
[1] 152.0051          [1] 12.32903         [1] 18.37972
```

R에서 'range()' 함수는 데이터의 최대값과 최소값을 제공하므로 두 값의 차이를 계산하라는 'diff()' 함수를 이용하여 범위를 계산하였다. 또한, 사분위수 범위는 R에서 'IQR()' 함수가 제공되기 때문에 간단하게 계산할 수 있다. 평균절대편차는 편차를 계산하여 절대값을 취하고 이에 대한 평균을 계산하여 값을 얻을 수 있다.

R의 'mad()' 함수가 있는데 이 함수는 편차를 평균이 아닌 중앙값을 기준으로 계산하고 절대값을 취한 뒤, 평균이 아닌 중앙값을 찾는 과정을 거치는 함수로 우리가 배운 MAD 개념과 조금 차이가 있다. R의 'mad()' 함수를 풀어서 작성하면 1.4826 × 'median(abs(Score-median(Score)))'으로 코

딩할 수 있다. 'mad()' 함수는 표준편차에 대한 추정값을 제공하기 위하여 MAD값에 1.4826 값을 곱하는 것이 디폴트로 설정되어 있다. 만일 이러한 조정없이 MAD값을 그대로 보고 싶다면, 'constant=1' 옵션을 사용하여 1.4826 대신 1을 곱하게 함으로써 원하는 값을 얻을 수 있다. 표본분산은 'var()' 함수로, 표본표준편차는 'sd()' 함수로 값을 얻을 수 있으며, 변동계수는 'sd()/mean()' 식으로 값을 얻을 수 있다.

비대칭도와 첨도

앞에서 평균과 중앙값이 비슷하면 분포가 좌우대칭 분포일 가능성이 크고, 평균이 중앙값보다 크게 나타나는 경우는 평균이 큰값의 영향을 받았기 때문에 나타나는 현상으로 오른쪽 꼬리분포일 가능성이 크다고 설명하였다. 또한, 평균이 중앙값보다 작게 나타나는 경우는 평균이 절대값이 큰 음수값(작은 값)의 영향을 받았기 때문에 나타나는 현상으로 왼쪽 꼬리분포일 가능성이 크다고 설명하였다.

하지만, 더욱 정확하게 분포의 치우쳐진 방향, 즉 **비대칭도**를 측정하는 2개의 수치가 있다. 첫 번째 비대칭도는 분포의 3차 모멘트개념을 이용하여 만들어진 것으로, 모 비대칭도인 γ_1 과 표본 비대칭도인 $\widehat{\gamma_1}$는 다음과 같이 계산된다.

$$\text{모 비대칭도:}\quad \gamma_1 = E\left[\left(\frac{X-\mu}{\sigma}\right)^3\right], \qquad \text{표본 비대칭도:}\quad \widehat{\gamma_1} = \frac{m_3}{S^3}$$

여기서, m_3 는 분포의 3차 표본중심적률이고, S는 표본표준편차로 다음과 같이 정의된다.

$$m_3 = \frac{1}{n}\sum_{i=1}^{n}(X_i - \overline{X}_n)^3, \quad S = \sqrt{\frac{1}{n-1}\sum_{i=1}^{n}(X_i - \overline{X}_n)^2}$$

두 번째 비대칭도는 평균과 중앙값의 차이를 이용하여 측정하는 **피어슨 비대칭계수**(Pearson's coefficient of skewness; Pearson's CS)로 다음과 같이 정의된다.

$$\text{피어슨 비대칭계수} = 3 \times \frac{\text{평균}-\text{중앙값}}{\text{표본 표준편차}}$$

비대칭도의 값이 0이면 대칭분포, 양수이면 오른쪽 꼬리분포, 음수이면 왼쪽 꼬리분포라는 특징을 가지고 있으며, 이를 계산하기 위한 R코드는 다음과 같다.

```
library(moments)
> skewness(Score)
[1] -0.1104328
```

```
> 3*(mean(Score)-median(Score))/sd(Score)
[1] -0.2239724
```

R에서는 3차 적률기반 비대칭도를 계산하기 위해서는 'moment'라는 패키지를 설치해야 하며 이 패키지 안에 있는 'skewness()' 함수를 이용하여 계산할 수 있다. 피어슨 비대칭계수는 평균과 표준편차 및 중앙값을 이용하여 식을 만들어 값을 얻을 수 있다.

시험점수의 비대칭도는 0으로부터 어느 정도 떨어진 크기의 음수값이 나타났으므로 확실한 왼쪽 꼬리분포를 갖는다고 판단할 수 있다. 피어슨의 비대칭계수는 중앙값을 이용하기 때문에, 안정적인 비대칭도 수치를 제공한다는 특징을 가지고 있다. 따라서 최근에는 적률방식보다 피어슨 비대칭계수를 더 자주 활용하고 있다. 하지만 분포의 실제 모습은 오른쪽 꼬리분포인데 피어슨 비대칭계수가 음수값을 가질 수도 있으니 주의를 가지고 사용하여야 한다.

비대칭도와 함께 분포의 특성을 알려주는 수치로 **첨도**가 있다. 높은 첨도는 극단치가 많으므로 꼬리가 두껍고 중심에는 밀도가 높아 데이터가 중심으로 급격하게 밀집되어 있는 특징을 가지고 있다. 즉, 두꺼운 꼬리와 중심에 집중된 데이터 밀도는 높은 첨도의 중요한 특징이라 말할 수 있다. 첨도가 큰값을 가지면, 꼬리가 두꺼우면서 데이터 밀도가 중심을 향해 가파르게 증가하는 뾰족한 형태를 취하게 되지만, 낮은 첨도의 경우는 꼬리가 짧으면서 분포의 봉우리가 평평한 모습을 가지게 된다. 정규분포를 기준으로 하여, 큰 값의 첨도를 '**높은 첨도(leptokurtic)**'라 부르며, 정규분포와 비슷한 첨도를 '**중간첨도(mesokurtic)**', 꼬리가 짧고 봉우리가 평평한 첨도를 '**낮은 첨도(platykurtic)**'라 부른다. 첨도는 **피어슨의 첨도(Pearson's kurtosis)**를 주로 사용하는데 이에 대한 수식과 R 사용법을 알아보면 다음과 같다.

모 첨도: $\text{Kurt}[X] = E\left[\left(\frac{X-\mu}{\sigma}\right)^4\right]$, 표본첨도: $\text{Kurt}[X] = \frac{m_4}{S^4}$

여기서, m_4 는 분포의 4차 표본중심적률이고, s 는 표본표준편차로 다음과 같이 정의된다.

$$m_4 = \frac{1}{n}\sum_{i=1}^{n}(X_i - \overline{X}_n)^4 \text{ 이고, } S = \sqrt{\frac{1}{n-1}\sum_{i=1}^{n}(X_i - \overline{X}_n)^2}$$

```
> moments::kurtosis(Score)
[1] 2.181658
```

R에서는 'kutosis()' 함수를 통하여 첨도를 계산한다. 여기서 '::' 기호는 'library()' 함수를 따로 부르지 않고 'moments' 패키지에 있는 'kutosus()' 함수를 직접 사용하는 경우 사용되는 R코드이다. 보통 첨도는 첨도값이 대략 3을 중심으로 2.5에서 3.5 사이를 의미한다. 이 범위밖을 벗어나면 높은 첨도 또는 낮은 첨도로 구분할 수 있다. 이 예제에서는 첨도가 2.2 정도로 나타났으므로, 시험점수 분포는 꼬리가 짧고 중심의 데이터 밀집도가 낮아 봉우리가 평평한 특징을 갖는 낮은 첨도의 특징을 가지고 있다고 판단할 수 있다.

3.3 데이터의 탐색

상자-수염 그림

데이터 특성을 파악하기 위하여 많이 사용되는 **5개 주요 통계량**은 데이터를 오름차순으로 나열하였을 경우, 최소값, 하위 25%에 해당하는 제1사분위수(Q_1), 중앙값(Q_2), 상위 25%에 해당하는 제3사분위수(Q_3), 그리고 최대값으로 구성되어 있으며 앞에서 설명하였다. 이러한 5개의 주요 통계량을 효과적으로 표현하기 위하여 만들어진 그래프가 **상자그림(box plot)** 또는 **상자-수염 그림(box-whiskers plot)**이다. 상자-수염 그림을 그리는 방법은 다음과 같다.

① 먼저, 수직선 위에 제1사분위수 Q_1과 제3사분위수 Q_3의 값을 양끝으로 하는 박스를 그린다. 이때 박스의 양쪽 끝부분을 **힌지(hinge)**라고 한다. 이 박스의 폭은 $Q_3 - Q_1$으로 분포의 사분위수 범위, IQR이 된다.

② 박스 안으로 중앙값에 해당하는 위치에 선을 긋는다.

③ 박스의 양쪽 끝, 즉 힌지로부터 시작하여 박스의 바깥쪽 방향으로 선[3]을 긋는다. 이 선의 길이는 일반적으로 사분위수 범위의 1.5배(=1.5×IQR)로 한다. 왼쪽 방향의 힌지에 대한 선을 **안쪽 하한선(Lower Inner Fence)**라고 부르며, 오른쪽 힌지의 선을 **안쪽 상한선(Upper Inner Fence)**라고 한다. 만일 **안쪽선(inner Fence)**밖에 위치한 데이터가 존재하면, 그 위치에 'o'로 표시한다. 이러한 데이터 값을 **약한 극단값(mild outlier)**이라고 부른다.

④ 만일 데이터 값이 양쪽 힌지로부터 사분위수 범위의 3배(=3×IQR)밖에 존재하면 **강한 극단값(extreme outliers)**리고 부르며, 심각한 이상치로 취급한다. 양쪽 힌지로부터 사분위수 범위의 3배에 해당하는 경계선을 각각 **바깥쪽 상한선(Upper Outer Fence)**, **바깥쪽 하한선(Lower Outer Fence)**이라 부른다. 이를 수식으로 정리하면 다음과 같다([그림 3-9] 참조).

---

3) 이 선을 메기의 수염과 같다고 하여 'whiskers'라고 부른다.

그림 3-9 상자–수염 그림의 구조

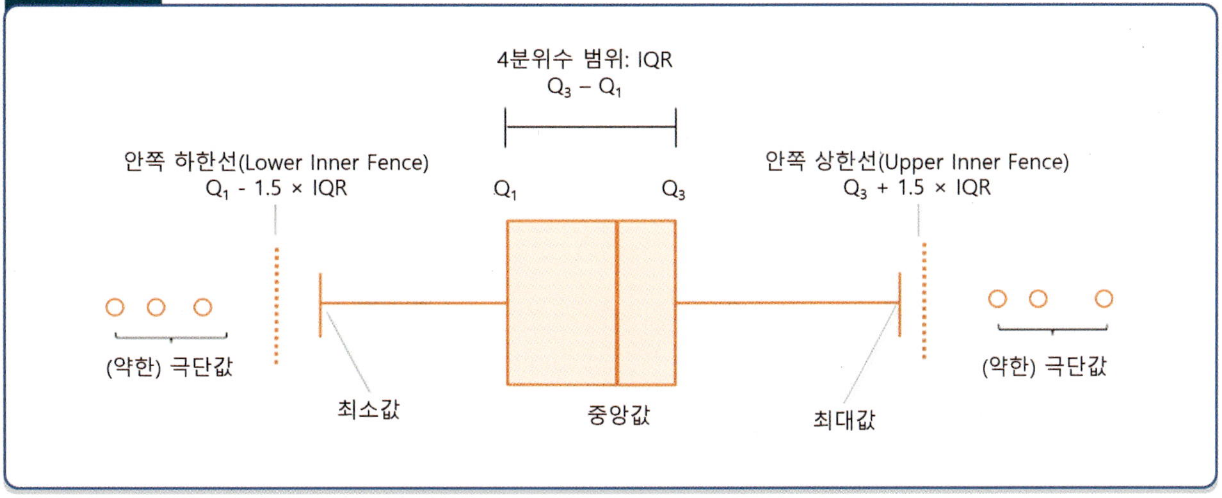

안쪽 하한선: $Q_1 - 1.5 \times IQR$　　　안쪽 상한선: $Q_3 + 1.5 \times IQR$

바깥쪽 하한선: $Q_1 - 3 \times IQR$　　　바깥쪽 상한선: $Q_3 + 3 \times IQR$

R에서는 'boxplot()' 함수를 통해 상자–수염 그림을 그릴 수 있다. 이 경우 수염의 길이를 지정할 수 있는데, 디폴트 값은 **안쪽 경계선(Inner Fence)**에 해당하는 IQR의 1.5배이다. 또한, 세로형태의 상자그림이 디폴트이다. 앞에서 설명한 시험점수 데이터는 낮은 첨도를 가지면서 꼬리가 짧고, 봉우리가 평평한 특징을 가지고 있으므로 수염이 짧게 나타날 것으로 예상할 수 있다. 따라서 몇 개의 데이터 값들을 보기 위하여 IQR의 0.5배에 해당하는 'range=0.5' 옵션과 가로형태의 상자 그림을 요구하는 'horizontal= TRUE' 옵션을 사용하여 다음과 같이 R코드를 만들었고, 이에 대한 결과가 [그림 3-10]에 나타나 있다.

```
boxplot(Score, xlab='시험점수', range=0.5, horizontal=TRUE)
```

그림 3-10 IQR의 0.5배 수염을 가진 상자–수염 그림

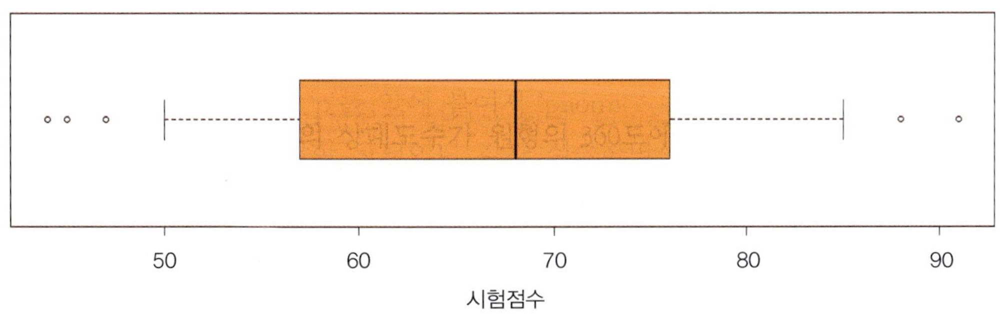

평균 – 표준편차관계

분포의 중심을 나타내는 평균과 산포도를 나타내는 표준편차는 데이터와 단위가 동일하므로 더하기와 빼기가 가능하다는 것을 앞에서 배웠다. 이러한 사실을 바탕으로 확률이론에서는 몇 가지 유명한 법칙이 있는데, 첫 번째는 체비셰프의 법칙이고, 두 번째는 경험에 의한 법칙이며, 세 번째는 대수의 법칙이다.

체비셰프의 법칙

체비셰프의 법칙(Chebyshev's Rule)은 '데이터가 평균으로부터 k배의 표준편차 밖으로 벗어나는 확률은 $1/k^2$보다 클 수 없다'라는 확률법칙이다. 이를 수식으로 표현하면 다음과 같다.

$$\Pr(|X-\mu| \geqq k\sigma) \leqq 1/k^2$$

이를 다르게 표현하면 평균으로부터 k배의 표준편차 안에 있는 데이터의 비율은$(1-1/k^2)$ 보다 커야 한다는 의미이다.

$$\Pr(|X-\mu| \leqq k\sigma) \geqq 1-1/k^2$$

$k=2$ 인 경우, 체비셰프의 법칙을 적용하면, 데이터가 평균을 중심으로 2배 표준편차 이내에 있을 확률은 최소 75% $(= 1-1/2^2)$보다는 반드시 커야 한다는 것이다. 이는 데이터가 평균을 중심으로 2배 표준편차밖으로 벗어나는 비율은 아무리 높아도 25%를 넘지 못한다는 의미이다. k=4 인 경우는 데이터가 평균을 중심으로 4배 표준편차 이내에 있을 확률은 최소 15/16, 즉 93.75%$(= 1-1/4^2)$ 보다는 반드시 커야한다는 것이다. 이는 데이터가 평균을 중심으로 4배 표준편차밖으로 벗어나는 비중이 아무리 높아도 6.25%를 넘기지 못한다는 의미를 가지고 있다.

경험에 의한 법칙

만일 데이터 분포의 모양이 대략적으로 평균을 중심으로 좌우대칭이면서, 종모양 형태를 따른다면, **경험에 의한 법칙**(Empirical Rule, Rule of Thumb, Normal Approximation)을 적용할 수 있다. 경험에 의한 법칙은 다음과 같은 내용이다.

- 데이터의 대략 68%는 평균으로부터 ±1배의 표준편차 이내에 있다.
- 데이터의 대략 95%는 평균으로부터 ±2배의 표준편차 이내에 있다.
- 데이터의 99% 이상, 즉 거의 모든 데이터는 평균으로부터 ±3배의 표준편차 이내에 있다.

예를 들어, 시험점수의 평균이 70점이고, 표준편차가 10으로 나타났다면, 대략 95%의 학생은 50점~90점 사이에 있다고 말할 수 있으며, 90점은 상위 2.5%에 해당하는 점수라고 말할 수 있다. 또한 거의 모든 학생들은 40점~100점 사이에 있다는 의미이며, 만일 40점 이하의 점수를 받은 학생이 있다면, 상당히 심각한 극단값의 점수라고 판단할 수 있다.

[참고] 경험에 의한 법칙을 통해 알 수 있는 사실

인간의 지적능력을 측정하는 지능지수 IQ (Intelligence Quotient)는 다양한 방법으로 측정될 수 있다. 그중 가장 많이 알려진 웩슬러 검사법에 의한 IQ 점수는 평균 100, 표준편차가 15를 따르는 것으로 알려져 있다. 그렇다면, 경험에 의한 법칙에 따라 다음과 같은 사실을 확인할 수 있다.

✓ IQ 점수 130은 상위 2.5%에 해당한다.
✓ IQ 점수 85는 하위 16% 또는 상위 84%에 해당한다.
✓ IQ 점수가 55 이하라면 심각한 지적장애가 있는 점수이다.
✓ IQ 점수 145 이상이라면 일반적 인간지능으로는 볼 수 없는 매우 높은 지능이다.

대수의 법칙

라플라스의 정리로도 잘 알려진 **대수의 법칙**(Law of Large Numbers)은 데이터 수를 증가시키게 되면, 데이터의 평균, 즉 표본평균은 모평균으로 수렴하고, 표본평균에 대한 표준편차, 즉 표준오차는 0으로 수렴하여 정확도가 100%에 가깝게 접근한다는 법칙을 말한다. 여기서 언급하는 '수렴'은 수학적 수렴이 아니라 확률적 수렴을 의미한다. 대수의 법칙에 따른 확률적 수렴이란, 예를 들어 공정한 동전을 여러번 던졌을 경우 앞면이 나타나는 상대도수가 1/2에 수렴한다는 의미다. 확률적 수렴에 대한 자세한 내용은 나중에 다시 언급하기로 한다.

데이터의 스케일링

데이터 분석에서 자주 발생하는 문제 중 하나는 데이터 스케일에 대한 불일치이다. 예를 들어, x_1, x_2 변수를 이용하여 y를 예측하는 모형을 만들고 싶다고 가정하자. 그런데 x_1은 0과 1사이의 값을 가지고 있으며, x_2는 1백만~10억 사이의 값을, y는 -10~10 사이의 값을 가지고 있다면, 이러한 원자료를 가지고 분석을 진행하는 경우, 컴퓨터는 계산하는 과정에서 큰 반올림 오차(round off error) 문제를 발생시킨다. 따라서 이러한 계산오차를 줄이기 위하여 데이터 스케일링 작업이 필요하다. 데이터의 스케일링 방법으로 다양한 방법들이 있지만 대표적인 방법으로 표준화와 정규화가 있다.

표준화

표준화(standardization)란 데이터를 평균 0, 표준편차 1로 바꾸는 변환을 의미한다. 데이터의 평균을 0으로 바꾸기 위해서는 데이터에 평균을 빼면되고, 표준편차를 1로 바꾸기 위하여 표준편차로 나누어 주면된다. 데이터를 표준화한 값을 ***Z*값**(Z value)이라고 하며, 수식으로 표현하면 다음과 같다.

$$Z\text{ 값} = \frac{X-\mu}{\sigma}\ ,\quad \text{데이터로 계산하는 경우}\quad Z\text{ 값} = \frac{X-\overline{X}_n}{S}$$

정규화

정규화(normalization)란 데이터의 범위를 강제적으로 0과 1사이로 만드는 변환을 의미한다. 즉, 최소값은 0, 최대값은 1로 변환하는 방법으로 **최소-최대 정규화**(min-max normalization)라 부르며 표현식은 다음과 같다.

$$\frac{X - \text{최소값}}{\text{최대값} - \text{최소값}}$$

그 이외의 스케일링

표준화와 정규화 이외에 다양한 스케일링 방법이 존재한다. 만일 자료가 10~10억까지 퍼져있으면서 엄청나게 큰 수가 몇 개 있으면 분석에서 상당히 부담스러울 수밖에 없다. 이 경우 로그변환을 하면 큰 수의 스케일이 줄어들어 문제를 해결할 수 있다. 또한, 표준화 계산과정에서 평균 대신 중앙값을 사용하고, 표준편차 대신 사분위수 범위인 IQR을 사용하여 변환하는 방법도 있는데 이러한 변환을 **로버스트 스케일러**(robust scaler)라고 한다. 만일 데이터에 극단값이 너무 많아 분포의 모습이 매우 이상한 형태라면, 데이터 값을 포기하고 **순위**(rank)로 변환하여 분석하는 것도 유용한 스케일링 방법 중의 하나이다. 다음은 R의 'scale()' 함수를 사용하여 데이터를 스케일링하는 R코드이다.

```
> x=1:5
> scale(x)[,] #standardization (표준화)
[1] -1.2649111 -0.6324555  0.0000000  0.6324555  1.2649111
> scale(x, center=min(x), scale=diff(range(x)))[,] #normalization (정규화)
[1] 0.00 0.25 0.50 0.75 1.00
> scale(x, center=median(x), scale=IQR(x))[,] # robust scaler (로버스트 스케일러)
[1] -1.0 -0.5  0.0  0.5  1.0
> rank(x) # rank scaling (순위로 변환)
[1] 1 2 3 4 5
```

예를 들어, 시험점수의 평균이 70점이고 표준편차가 10점, 최소점수가 40점, 최대점수가 100점이고, 중앙값이 70점, 사분위수 범위가 5점으로 나타났다고 하자. 만일 나의 점수가 90점이었다면, 표준화된 Z값은 2가 되며, 정규화된 값은 5/6=0.83이 되며, 로버스트 스케일러 값은 4가 된다. 즉 90점의 의미는 평균으로부터 2배의 표준편차만큼 높은 점수여서 Z값이 2가 되는 것이며, 경험에 의한 법칙에 따른 상위 2.5%에 해당하며, 체비셰프 법칙에 따르면 아무리 못해도 상위 12.5% 정도에는 속한다는 의미이다. 또한, 90점은 중앙값으로부터 4배의 사분위수 범위만큼 높은 점수이므로 극단값에 속하는 높은 점수라고 판단할 수 있다.

주요 용어

[3.1] 도수, 상대도수, 도수분포표, 막대그래프, 원형그래프, 파레토 차트, 대칭분포, 왼쪽꼬리분포, 오른쪽 꼬리분포, 이봉분포, 커널밀도추정, 줄기-잎 그림, 누적분포함수(cdf), 경험적 누적분포함수(empirical cdf)

[3.2] 집중경향치, 산포도, 비대칭도, 첨도, 산술평균, 기하평균, 조화평균, 모평균, 표본평균, 중앙값, 최빈값, 극단값, 강건성, 사분위수, 5개 주요 통계량, 평균절대편차, 분산, 표준편차, 변동계수, 사분위수 범위, 편차, 모분산, 모표준편차, 표본분산, 표본표준편차, 변동계수, 피어슨 비대칭계수, 피어슨의 첨도

[3.3] 상자-수염 그림, 힌지, 약한 극단값, 강한 극단값, 체비셰프의 법칙, 경험에 의한 법칙, 대수의 법칙, 표준화, 정규화, 로버스트 스케일러

연습문제

1. 3장에 소개된 R 코드를 실제로 실행하여 결과를 확인해 보시오.

2. 본문에서 언급한 시험점수 데이터, Score를 경험적 누적분포함수를 이용하여 평균 70점, 표준편차 10점의 완벽한 정규분포를 따르는 점수로 변환시켜 보시오.

3. 3장에 있는 데이터 파일 'aapl.csv'은 2000년 1월 3일부터 2013년 4월 24일까지의 애플사의 3347 영업일에 대한 일일 주식가격 종가와 일별 종가에 대한 로그수익률을 csv(comma-separated values) 파일포맷으로 기록한 파일이다. 애플사 일일 주식가격 로그수익률(변수명: Return)에 대한 분포 특징을 설명하시오.

4. 2번 문제의 로그수익률 데이터에 대하여 극단값을 확인하여 보시오. 또한, 경험에 의한 법칙에 따라 95% 수준구간이 어느 정도 잘 맞는지 판단하고, 그 이유에 대하여 설명하시오.

5. 범주형 데이터를 도수분포표로 정리할 때, 누적도수를 계산하는 것은 의미가 없다. 그 이유를 설명하여라.

6. 다음 문장의 참 거짓을 구분하시오.

① 오른쪽 꼬리분포일 경우, 평균은 중앙값보다 크다.

② 분산을 제곱근한 것을 표준편차라 하며, 표준편차 단위는 평균의 단위와 같다.

③ 분산은 수량 데이터뿐만 아니라 범주형 데이터에서도 적용될 수 있다.

④ 최빈값은 수량 데이터뿐만 아니라 범주형 데이터에서도 적용될 수 있다.

⑤ 변동계수의 단위는 평균의 단위와 같으며, 자료의 대표값인 평균의 크기를 감안하여 산포도를 측정하는 척도이다.

⑥ 평균은 극단값에 민감한 강건성(robust) 성질을 가지고 있다.

⑦ 분산이 '0'이라는 것은 모든 관측값이 동일하다는 것을 의미한다.

⑧ Z 값은 특정 관측값이 평균으로부터 몇 배의 표준편차 만큼 떨어져 있는가를 측정하는 위치의 척도이다.

⑨ 모분산은 편차제곱을 데이터 수로 나누지만, 표본분산은 편차제곱을(데이터 수−1)로 나누어 계산한다.

⑩ 경험적 누적분포함수는 데이터 값에서 대략 '1/n'씩 점프가 일어나는 계단함수이다.

연습문제 풀이

2. 시험점수에 대한 경험적 누적분포함수(empirical cdf)를 구한 다음, 이를 평균 70, 표준편차가 10인 정규분포로 매칭시켜 이에 해당하는 점수를 잡으면 된다. R의 ecdf() 함수는 1/n 씩 증가하는 계단함수로써 최대값에서는 누적확률 값으로 1을 제공하므로 정규분포에서 Inf 값이 제공된다. 이러한 문제점을 해결하기 위하여 ecdf() 함수값에 0.01을 빼서 Inf 값을 피하게 만들었다. R코드를 살펴보면 다음과 같다.

```
> Fn=ecdf(Score)
> EmpiricalCDF = Fn(Score) - 0.01
> Transformed_Score = qnorm(EmpiricalCDF, mean=70, sd=10)
> plot(density(Transformed_Score), main="Normal Score with mean=70, sd=10")
```

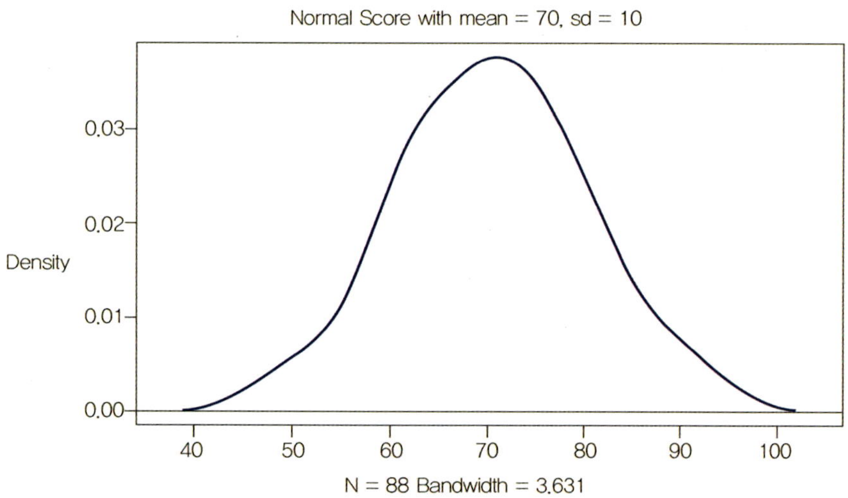

3.

```
> AAPL = read.csv("aapl.csv", h=T); Rt = AAPL$Return
> summary(Rt)
      Min.    1st Qu.     Median       Mean    3rd Qu.       Max.
-0.7310334 -0.0133349  0.0007761  0.0008031  0.0154131  0.1302500
> sd(Rt);                          IQR(Rt)
[1] 0.0305103                      [1] 0.02874795
> moments::skewness(Rt);           3*(mean(Rt)-median(Rt))/sd(Rt)
[1] -4.234365                      [1] 0.002653904
> moments::kurtosis(Rt)
[1] 103.734
> boxplot(Rt, xlab='Log Return', range=3, horizontal=TRUE)
```

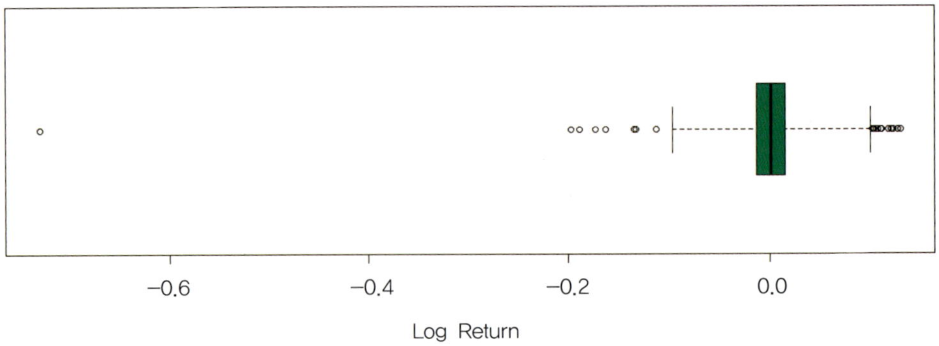


```
> hist(Rt, freq=F, xlab="Log Return", main="", breaks=100)
```

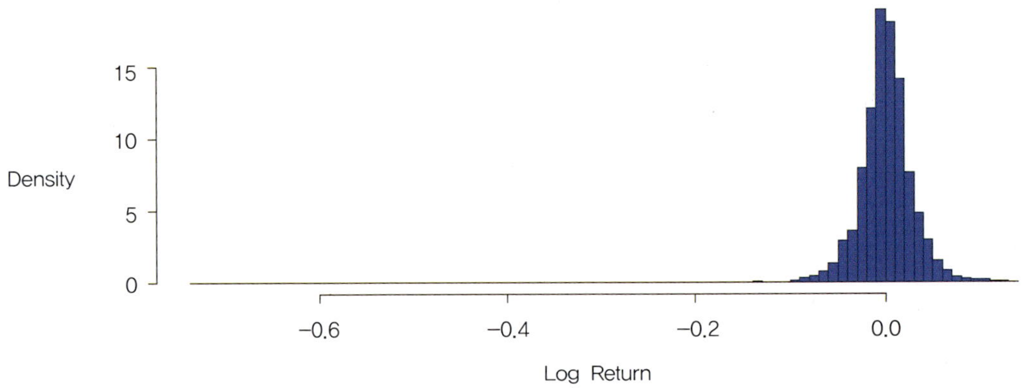

애플주식에 대한 수익률을 살펴보면, 평균과 중앙값이 모두 약 0.08% 수준으로 매우 높은 일일 수익률을 보여주고 있지만, 주식가격폭락이 가끔 발생하여 매우 긴 왼쪽 꼬리분포를 가지고 있다. 최악의 폭락은 73%까지 떨어진 경우이며, 최대상승은 13%로 나타나고 있다. 이러한 사실로부터 애플주가는 천천히 오르지만, 하락장에서는 급격하게 폭락한다는 사실을 확인할 수 있다. 산포도를 보면 표준편차, IQR 모두 대략 3% 정도로 매우 높은 수치이다. 즉, 주가의 변동폭이 큰, 높은 변동성을 가진 주식으로 판단된다.

분포의 비대칭도를 보면 매우 특이한 현상을 발견할 수 있는데, 3차 모멘트 기반 비대칭도에서는 강한 왼쪽 꼬리분포를 보여주고 있지만 (비대칭도: −4.23) 중앙값과 평균을 기반으로 하는 피어슨의 비대칭도에서는 0에 가까운, 즉 대칭분포에 가까운 약간의 오른쪽 꼬리분포성향(비대칭도: 0.003)을 보이고 있다. 이러한 현상은 상승하는 날이 많아서 두꺼운 오른쪽 꼬리분포를 가지고 있지만, 심한 폭락장이 종종 나타나 긴 왼쪽 꼬리분포가 동시에 나타나기 때문에 발생하는 현상이라 볼 수 있다. 즉, 긴 왼쪽 꼬리분포이면서 평균이 중앙값보다 큰 매우 특이한 분포를 가졌다고 말할 수 있다. 첨도를 보면 103.7로 높은첨도, 즉 leptokurtic 분포를 갖는 것을 확인할 수 있다. 매우 두껍고 긴 꼬리분포와 데이터 밀도가 중앙으로 매우 급격하게 집중되고 있는 분포이다.

4.

```
> Q13 = quantile(Rt, prob=c(0.25, 0.75))
> LOF = Q13[[1]] - 3*IQR(Rt); UOF = Q13[[2]] + 3*IQR(Rt)
> length(Rt[ (Rt<LOF) | (Rt>UOF) ])
[1] 22
> AAPL[ (Rt<LOF) | (Rt>UOF), ]
           Date   Close     Return
9      2000-01-13  23.84  0.1042426
41     2000-03-01  32.10  0.1281166
...
2238 2008-11-24   91.60  0.1183017
3285 2013-01-24 447.89 -0.1318806
```

힌지에서 3배의 IQR을 벗어나는 바깥쪽 하한선(Lower Outer Fence)과 바깥쪽 상한선(Upper Outer Fence)을 기준으로 데이터를 살펴보면 총 3347 관측값 중 22개가 강한 극단값에 해당되고 있음을 확인할 수 있다. 이중 하락에 해당하는 강한 극단값은 8건이녀, 나머지 14건은 상승의 강한 극단값으로 확인되었다.

```
> LB = mean(Rt)-2*sd(Rt);   UB = mean(Rt)+2*sd(Rt)
> length(Rt[ (Rt>=LB) & (Rt<=UB) ]) / length(Rt)
[1] 0.9611592
```

경험에 의한 법칙에 따르면 평균으로부터 2배의 표준편차 이내에 있는 데이터의 비중이 대략 95%는 되어야 한다는 것이다. 실제로 검사를 해 보니 전체 데이터의 96%를 차지하는 것으로 나타났다. 이처럼 예상보다 조금 높은 비중을 차지하는 이유는 높은 첨도를 가진 분포로써 평균을 중심으로 데이터 밀도가 높은 상태를 유지하기 때문이라고 설명할 수 있다.

5. 범주형 데이터는 명목척도로 순서가 없고, 크기나 거리의 개념도 갖고 있지 않은 척도이다. 따라서 데이터를 순서있게 나열하는 것은 불가능하며, 순서있는 나열할 수 없으므로 누적도수를 계산하는 것도 의미가 없다.

6. ① 참　② 참　③ 거짓　④ 참　⑤ 거짓　⑥ 거짓　⑦ 참　⑧ 참　⑨ 참　⑩ 참

CHAPTER 04

두 변수의 관계분석

4.1 범주형 데이터의 관계분석

분할표와 주변비율

범주형 데이터들에 대한 변수들의 관계를 파악하는 것은, 간단하게 보이지만, 분석이 제한적이면서 까다롭다. 행으로 나타내는 변수1의 범주를 왼쪽에 (x 변수), 열로 나타내는 변수2의 범주를 위쪽에 놓고 (y 변수), 2차원 형태의 테이블로 만든다. 이 테이블에서 변수1에 해당하는 범주 (i번째 행)와 변수2에 해당하는 범주 (j번째 열)가 교차하는 영역을 셀(cell)이라고 한다. 그리고 이 테이블의 각 셀에 빈도수(f_{ij})를 기록한 것을 분할표(contingency table)[1]라 한다. 분할표는 범주형 데이터 분석에 기본이 되는 개념으로, 범주형 데이터가 주어졌을 때, 어떠한 변수가 변수1이고, i번째 행과 j번째 열의 범주가 어떠한 것인지 정확하게 파악하는 것이 중요하다. [그림 4-1]은 이러한 분할표의 구조를 설명하고 있다.

그림 4-1 분할표의 구성

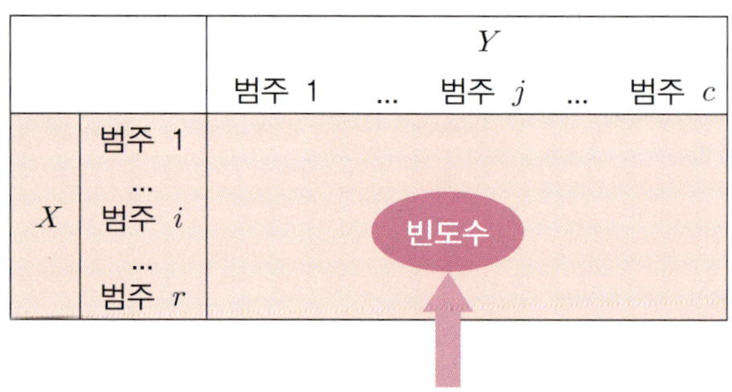

f_{ij}: 변수1은 범주 i값을 갖고, 변수2는 범주 j값을 갖는 빈도 수

범주형 데이터 분석은 주로 **빈도수**(frequencies), **비율**(proportions), **주변값**(marginals), **시각화**(visualization)를 중심으로 분석이 이루어진다. 빈도수는 특정 범주에 속한 데이터의 수를 의미하며, 비율은 전체 데이터 수에서 특정 범주의 빈도수가 차지하는 비율을 의미한다. 주변값은 특정 범주를 고정한 후, 즉 행이나 열을 고정한 후 이를 기준으로 계산된 비율을 의미한다. 또한, 범주형 데이터에 대한 특징을 파악하기 위하여 다양한 통계량과 시각화방법을 사용하는데, 3장에서 언급한 막대그래프도 이러한 시각화에 활용되는 중요한 그림이 된다.

---

1) 분할표는 3장에서 언급한 도수분포표와 비슷한 테이블이다. 그러나 도수분포표의 주요목적은 데이터를 정리하는 것이고, 분할표는 여러 변수의 관계를 분석하는 목적이라는 측면에서 구분된다.

여기서 사용할 데이터는 세 지역 매장에서 판매한 제품의 수에 대한 자료인데, 총 3개의 변수로 구성되어 있다. 분할표의 행에 해당하는 제1변수와 열에 해당하는 제2변수는 각각 성별과 지역이며, 제3변수는 결혼상태이다. 이러한 설정을 바탕으로 분할표를 정리하면 다음과 같다.

<table>
<tr><td colspan="4"></td><td colspan="3">지역</td></tr>
<tr><td colspan="4"></td><td>강서</td><td>강남</td><td>강동</td></tr>
<tr><td rowspan="4">결혼
상태</td><td rowspan="2">결혼</td><td rowspan="2">성별</td><td>남자</td><td>190</td><td>638</td><td>188</td></tr>
<tr><td>여자</td><td>197</td><td>692</td><td>210</td></tr>
<tr><td rowspan="2">미혼</td><td rowspan="2">성별</td><td>남자</td><td>183</td><td>686</td><td>175</td></tr>
<tr><td>여자</td><td>239</td><td>717</td><td>242</td></tr>
</table>

우리는 3장에서 'table()' 함수를 이용하여 도수분포표 또는 분할표를 만들 수 있었다. 예제에서 소개된 3차원 분할표를 'SalesT'라는 테이블 객체로 만들어 보면 다음과 같다.

```
> Freq = c(190, 638, 188, 197, 692, 210, 183, 686, 175, 239, 717, 242)
> Region = rep(c('Gang1S', 'Gang2N', 'Gang3D'), 4)
> Marital = c(rep('Married', 6), rep('Single', 6))
> Gender = rep(c(rep('1Male', 3), rep('2Female', 3)), 2)
> SalesT = xtabs(Freq ~ Gender + Region + Marital)
> SalesT
, , Marital = Married

                    Region
  Gender      Gang1S      Gang2N      Gang3D
   1Male        190         638         188
  2Female       197         692         210
, , Marital = Single

                    Region
  Gender      Gang1S      Gang2N      Gang3D
   1Male        183         686         175
  2Female       239         717         242
```

데이터를 팩터형으로 입력하는 과정에서 범주형 변수의 입력값 순서는 R 내부에서 알파벳 순으로 정하기 때문에, 이에 대한 원하는 순서를 유지하기 위하여 '강서'는 'Gang1S' 로 하고 '강동'은 'Gang3D'로 입력하였다. 3장에서는 'table()' 함수를 통하여 직접 세는 방법을 취했지만, 이번 데이터의 경우는 이미 세어져 있는 빈도수가 데이터로 제시되어 있으므로 빈도수를 직접 입력하여 분할표를 만들었다. 빈도수가 데이터로 제공된 경우에는 'xtabs()' 함수를 통하여 '빈도수 ~ 제1변수 + 제2변수 + 제3변수' 형태의 포뮬러로 지정해 주어야 한다. 만들어진 객체, 'SalesT'는 table 클래스 객체이면서 xtabs 클래스 객체가 된다.

만일 빈도수가 아닌 상대도수 또는 비율로 데이터를 보고싶다면 'prop.table()' 함수를 이용하여 다음과 같이 비율을 볼 수 있다.

```
> round(prop.table(SalesT), 3)
, , Marital = Married

                    Region
Gender        Gang1S      Gang2N      Gang3D
  1Male        0.044       0.146       0.043
  2Female      0.045       0.159       0.048
, , Marital = Single

                    Region
Gender        Gang1S      Gang2N      Gang3D
  1Male        0.042       0.157       0.040
  2Female      0.055       0.165       0.056
```

여기서 'round()' 함수는 소수점을 지정해 주는 함수로 소수점 이하 3자리까지를 출력하라는 옵션이다. 이제 주변값을 이용한 수치계산을 알아보도록 하자. 주변값은 **주변빈도수(marginal frequencies)**와 **주변비율(marginal proportion)**이 있다. 주변빈도수를 알고자 하는 경우는 'margin.table ()' 함수를 이용하여 값을 얻을 수 있다. 예를 들어, 지역과 결혼여부를 합치고 성별만을 가지고 분할표를 만들고자 한다면, 제1변수에 해당하는 1의 값을 지정하거나 직접 다음과 같이 변수이름을 지정하면 된다.

```
margin.table(SalesT, 1)  또는 margin.table(SalesT, "Gender")
```

만일 제3변수인 결혼여부만 합치고, 제1변수와 제2변수 모두에 대한 분할표를 주변비율로 보고자 한다면, R코드는 다음과 같다.

```
margin.table(SalesT, c(1,2)) / sum(SalesT)
```

주변비율에 대한 값은 앞에서 언급한 'prop.table()'을 통해서도 동일하게 얻을 수 있는데, 이때 'margin'이라는 옵션을 사용하면 된다. 제1변수인 성별의 수준별로 주변비율을 얻고자 하는 경우는 다음과 같은 R코드를 사용한다.

```
prop.table(SalesT, margin = 1) 또는 prop.table(SalesT, margin = "Gender")
```

제1변수인 성별에 따른 주변비율은 남자인 경우를 100%로 놓고, 지역과 결혼여부가 각각 어느 정도의 비율로 퍼져있는지를 보여주게 된다. 만일 남녀의 비율이 각각의 지역과 결혼여부 수준에서 어떻게 퍼져있는지를 보고자 한다면, 제2변수와 제3변수가 각 수준별로 100%씩 고정되어 있어야 하면서, 성별에 따라 비율이 계산되어야 하므로 margin에 대한 설정을 제2변수와 제3변수 모두를 설정해야 한다. 이에 대한 R코드와 결과는 다음과 같다.

```
> round(prop.table(SalesT, margin = c(2,3)), 3)
, , Marital = Married

                Region
   Gender     Gang1S     Gang2N     Gang3D
   1Male       0.491      0.480      0.472
   2Female     0.509      0.520      0.528
, , Marital = Single

                Region
   Gender     Gang1S     Gang2N     Gang3D
   1Male       0.434      0.489      0.420
   2Female     0.566      0.511      0.580
```

두 범주형 변수의 시각화

범주형 데이터의 시각화는 다양한 형태의 막대그래프를 통하여 보여줄 수 있다고 언급하였다. 이러한 다양한 그래프는 'ggplot2' 패키지를 통하여 그릴 수 있는데 이를 조금 더 자세히 살펴보면 다음과 같다.

```
library(ggplot2)
SalesDF = data.frame(Gender, Region, Marital, Freq)
ggplot(SalesDF, aes(x = Region, fill = Gender)) +  # ①번 그래프
  geom_bar(position = "stack", aes(weight=Freq/sum(Freq)*100)) +
  labs(y = "Percent", x = "Region", title = "Stacked Bar Chart")
ggplot(SalesDF, aes(x = Region, fill = Gender)) + # ②번 그래프
  geom_bar(position = "dodge", aes(weight=Freq)) +
  labs(x = "Region", title = "Grouped Bar Chart")
ggplot(SalesDF, aes(x = Region, fill = Gender)) + # ③번 그래프
  geom_bar(position = "fill", aes(weight=Freq)) +
  labs(y="Marginal Proportion", x="Region", title="Segmented Bar Chart")
```

먼저 'ggplot2'라는 패키지에 대하여 알아보자. ggplot2 패키지를 이용한 그래프는 3단계로 이루어지며, 각 단계는 '+'로 연결된다. 첫 번째 단계는 x축과 y축을 지정하는 ggplot() 단계이다. 두 번째 단계는 그래프 종류를 설정하는 단계로 기하학을 의미하는 'geometry' 약자를 따서 'geom_'을 시작한다. 세 번째 단계는 그래프를 장식하는 단계로 배경색, x축에 라벨링, 그래프 제목 등을 설정할

수 있다.

함수 ggplot()의 첫 번째 파라메터는 그리고자 하는 변수를 포함하고 있는 데이터프레임을 지정하는 것이다(SalesDF). 그다음 파라메터로 멋진 그래프를 그려주는 '미적감각이 있는'이라는 의미를 갖는 단어, aesthetic 앞글자를 따서 'aes()' 옵션을 사용한다. 이 옵션은 x축, y축을 지정하면서 fill 옵션을 통하여 제3의 변수까지 지정할 수 있다. 두 번째 단계에서 제공하는 대표적인 그래프 종류는 다음과 같다.

geom_point(): 산점도 geom_line(): 선그래프 geom_boxplot: 상자그림
geom_histogram(): 히스토그램 geom_bar(): 막대그래프 geom_density: 밀도그림

범주형 데이터이므로 막대그래프를 선택하면, 어떠한 종류의 막대그래프를 사용할 것인지 지정해야 한다. 3장에서 언급한 바와 같이 막대그래프의 종류는 다양하다. 누적해서 쌓아올리는 **적측형 막대그래프**(stacked bar chart)의 경우는 position="stack" 옵션을 사용한다. 이에 대한 그래프결과는 [그림 4-2] ①에 있다. 제3변수에 대한 값을 막대기를 옆으로 나열하는 **그룹형 막대그래프**(grouped bar chart)의 경우는 position= "dodge" 옵션을 사용한다. 이에 대한 그래프 결과는 [그림 4-2] ②에 있다. 마지막으로 x축 변수인 지역에 대한 주변비율을 보여주는 **세그먼트 막대그래프**(segmented bar chart)가 있다. 여기서 지역에 대한 주변비율이란, 각 지역에 대한 수준을 100%로 놓고, 100% 중 제3변수가 차지하는 비율을 의미한다. x축 변수에 대한 주변비율을 보여주는 세그먼트 막대그래프의 경우는 position="fill" 옵션을 사용한다 ([그림 4-2] ③ 참조). 가중치에 빈도수를 나타내는 변수인 Freq를 지정하여 빈도수를 반영하였다. '+'로 연결한 다음 마지막 3단계에서는 x축과 y축의 라벨링, 그래프 제목 등을 'labs()' 함수를 이용하여 설정하였다 ([그림 4-2]).

범주형 데이터에 대한 다른 형태의 시각화 그래프로 **모자이크 그래프**(mosaic graph)가 있다. 모자이크 그래프는 R의 범주형 데이터 시각화 패키지인 vcd (visualizing categorical data)의 'mosaic()' 함수를 통해 구현할 수 있다. 모자이크 그래프는 각 변수값[2]의 조합이 하나의 직사각형을 형성하는데, 그 직사각형 면적은 전체 데이터에서 차지하는 비율, 즉 상대도수가 된다. 또한, 직사각형의 가로와 세로길이는 해당 변수값이 전체에서 차지하는 비율이 된다.

여기서는 타이타닉 데이터를 이용하여 모자이크 그래프를 그려보도록 하겠다. 1912년 4월 14일 북대서양에서 침몰한 타이타닉호는 탑승인원 2,224명 중 1514명이 사망하였고, 710명이 생존한 거대한 사건이었다, 모자이크 그래프에 사용할 'titanic891.csv' 파일은 탑승자 891명에 대한 파일로 다음과 같은 내용이 포함되어 있다.

2) 범주형 자료에서는 변수값을 수준(level)이라고 한다. 하지만 이 책에서는 변수값과 수준을 혼용하여 사용하기로 한다.

그림 4-2 ggplot을 이용한 다양한 막대그래프

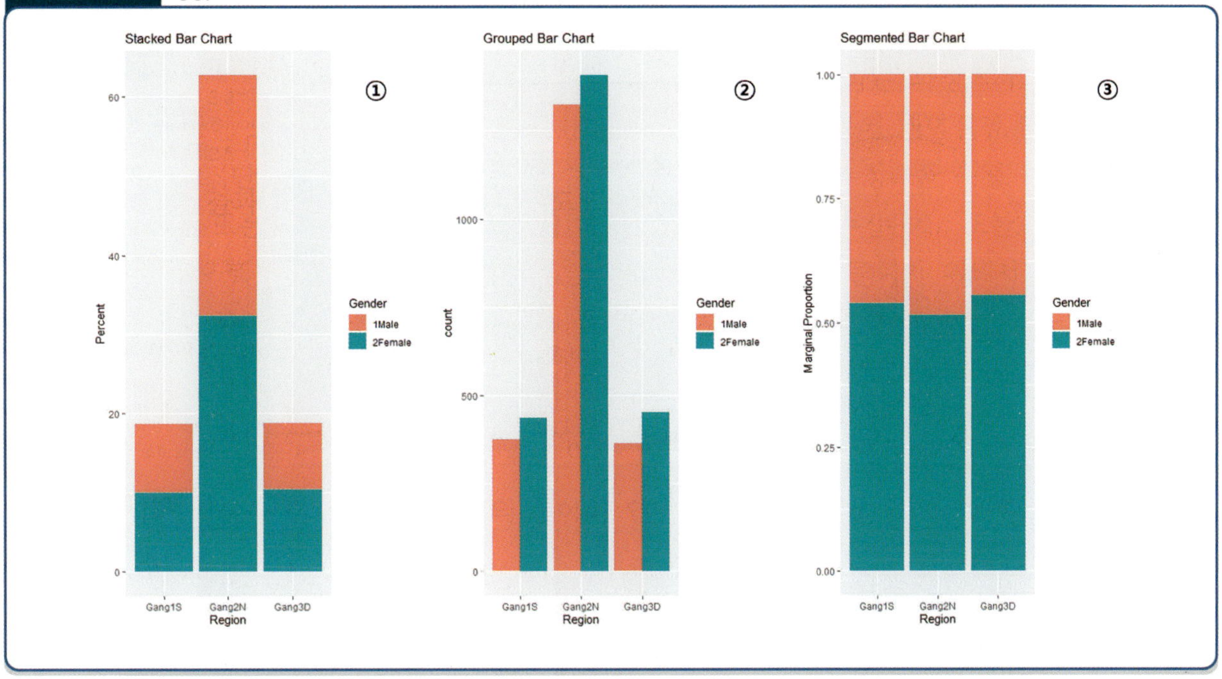

Survived : 0 = 사망, 1 = 생존
Name
Age : 나이
Fare : 승객요금
Ticket : 티켓번호
Parch : 타이타닉 호에 동승한 부모 / 자식의 수
Embarked : 탑승지, C = 셰르부르, Q = 퀸즈타운, S = 사우샘프턴

Pclass : 1 = 1등석, 2 = 2등석, 3 = 3등석
Sex : male = 남성, female = 여성
SibSp : 타이타닉 호에 동승한 자매 / 배우자의 수
Cabin : 방호수

이 데이터의 성별, 좌석등급과 생존이 어떠한 관계가 있는지를 모자이크 그래프를 이용하여 파악하여 보자. 이에 대한 R코드는 다음과 같다.

```
>Titanic = read.csv('titanic891.csv', h=T)
>TitanicT = xtabs( ~ Survived + Pclass + Sex, Titanic)
>library(vcd)
>mosaic(TitanicT, shade=TRUE, legend=T)
```

먼저 R코드를 살펴보자. 데이터 파일을 csv 형식으로 'Titanic' 이라는 이름의 데이터프레임을 만든 후, 'xtabs()' 함수를 이용하여 'TitanicT' 이름의 테이블 객체를 만들었다. 이때 빈도수 데이터는 따로 없으므로 포뮬러의 왼쪽부분은 공백으로 남겨놓아야 한다. 'vcd' 패키지를 연결한 다음, mosaic() 함수를 이용하여 그래프를 그렸다. 여기서 한 가지 특이한 옵션은 'shade=TRUE' 옵션을 사용하였다는 것이다. 이 옵션은 평균 빈도수에 비하여 높은 빈도수이면 파란색 계열로, 낮은 빈도

그림 4-3 타이타닉 데이터의 모자이크 그래프

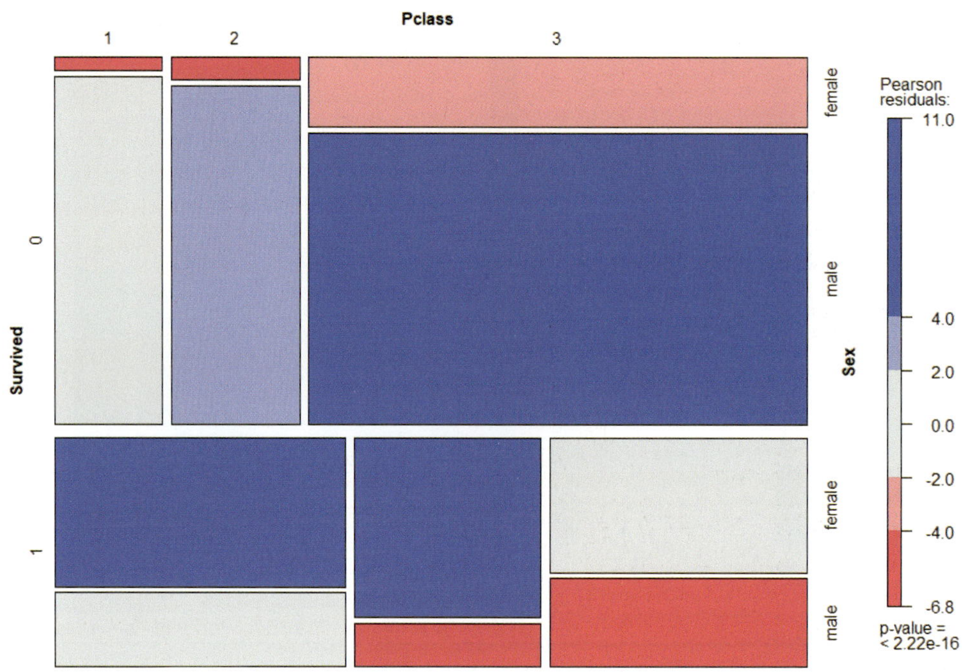

수이면 붉은색 계열로, 만일 평균 빈도수와 비슷한 빈도수를 가지면 회색계열로 색을 표시하라는 옵션이다. 그리고 이에 대한 범례를 표시하라는 옵션이 'legend=' 옵션이다. [그림 4-3] 오른쪽을 보면 범례가 표시되면서 피어슨의 잔차 통계량과 대응되는 p값에 대한 언급이 있는데, 이에 관한 내용은 11장 범주형 데이터 분석에서 다루기로 한다.

이제 [그림 4-3]을 보면서 어떠한 사람들이 많이 죽었는지를 살펴보도록 하자. 이 경우, 사망한 사람을 나타내는 범주형 변수 Survived 값이 0인 경우에서 평균 기대값보다 크게 나타나는 파란색 계열의 모자이크를 찾으면 된다. 가장 뚜렷하게 나타난 그룹은 3등급 좌석의 남자그룹이며, 그다음으로 2등급 좌석의 남자로 나타났다. 그렇다면 반대로 어떠한 사람들이 적게 죽었는지 살펴보도록 하자. 이 경우는 범주형 변수 Survived 값이 0인 경우에서 빨간색 계열의 모자이크를 찾으면 된다. 가장 뚜렷하게 나타난 그룹은 1등급과 2등급 좌석의 여자로 나타났으며, 그다음으로 3등급 좌석의 여자로 나타났다. 이처럼 모자이크 그래프를 활용하면, 여러 범주형 변수의 관계와 특징을 쉽게 파악할 수 있다.

심프슨의 파라독스

심프슨의 파라독스(Simpson's paradox)는 데이터 분석에서 자주 나타날 수 있는 오류로, 세부적으로 구분된 하위그룹의 분석결과가 통합하였을 경우의 분석결과와 다르게 나타나는 현상을 말한다. 즉,

개별적으로 세분화되어 나타난 **결합비율**(joint proportion) 결과와 통합하여 나타난 **주변비율** 결과가 다르게 나타나는 오류를 의미한다. 예를 들어, 세부적으로 구분된 하위그룹에서는 A 제품이 좋다는 결과가 나왔는데, 통합해서 보면 B 제품이 더 좋다는 결과가 나타나는 모순된 결과가 나타나는 것이 심프슨의 파라독스이다.

조금 더 구체적인 예를 들어보자. A 제품구입에 중요한 요인으로 성별과 소득이 있으며, 모두 범주형 변수로, 이에 대한 빈도수를 나타내는 분할표는 다음과 같다고 하자.

소득이 높은 경우

	구입	비구입	구매율
남자	18	12	60%
여자	7	3	70%

소득이 낮은 경우

	구입	비구입	구매율
남자	2	8	20%
여자	9	21	30%

이 데이터를 살펴보면, 소득이 높은 경우 전반적으로 구매율이 높게 나타나고 있으며, 소득수준과 관계없이 여자가 남자보다 구매율이 높은 것으로 나타난다. 이제 소득을 통합한 성별에 대한 **주변 빈도수**(marginal frequency)를 알아보면 다음과 같다.

통합된 자료

	구입	비구입	구매율
남자	20	20	50%
여자	16	24	40%

동일한 데이터이지만, 통합하여 보면 앞의 결과와는 정반대로 남자가 여자보다 구매율이 높은 것으로 나타나는 모순된 결과가 발생하였다. 이러한 현상을 심프슨의 파라독스라고 한다. 그렇다면, 이러한 모순된 결과가 왜 나타났는지, 그리고 어떤 결과가 맞는 것인지 살펴보도록 하자. 소득이 포함된 세분화된 데이터에 따르면 남자와 여자의 구매율은 다음과 같이 나타나야 한다.

$$\text{남자의 구매율} : 60\%\times1/2+20\%\times1/2=40\%$$
$$\text{여자의 구매율} : 70\%\times1/2+30\%\times1/2=50\%$$

하지만, 높은 구매율을 갖는 소득이 높은 그룹에서는 남자가 전체 40명 중 30명을 차지하고 있으며, 낮은 구매율을 갖는 소득이 낮은 그룹에서는 여자가 전체 40명 중 30명을 차지하고 있음을 확인할 수 있다. 주변비율을 계산하기 위하여 소득을 통합하는 과정에서 성별에 따른 데이터 불균형이 이루어져, 예상하지 못한 가중치가 만들어져서 실제로는 다음과 같은 잘못된 결과가 나타나게 된다.

$$\text{남자의 구매율} : 60\%\times30/40+20\%\times10/40=50\%$$

여자의 구매율: 70%×10/40+30%×30/40=40%

즉, 성별과 소득을 기준으로 만들어진 세분화된 하위그룹의 결과는 성별에 대한 주변비율의 결과와 순서가 뒤바뀌어 완전 다르게 나타난 것이다. 성별의 주변비율을 계산하기 위하여 소득을 통합하는 과정에서 성별에 따른 데이터의 불균형으로 소득-성별에 대한 범주에 의도하지 않은 가중치가 적용되어 잘못된 결과가 나타난 것이다.

심프슨 파라독스가 적용된 실제사례를 살펴보도록 하자. 미국 연방정부는 미국 남부에 있는 플로리다주 법원을 대상으로 흑인에 대한 인종차별에 따른 불공정한 판결로 고발하는 사건이 발생하였다. 이에 대하여 플로리다주 법원은 1976년에서 1977까지 사형판결을 내린 데이터를 다음과 같이 공개하였다.

가해자-인종	사형-Yes	사형-No	사형비율
백 인	19	141	11.9%
흑 인	17	149	10.2%

이 자료를 보면 확실히 백인에 대한 사형집행 비율이 11.9%로 흑인의 사형집행 비율(10.2%) 보다 더 높은 것으로 확인된다. 따라서 이 테이블을 보면 흑인에 대한 인종차별에 따른 불공정한 판결이 발생하지 않은 것처럼 보인다. 하지만, 피해자 인종을 함께 세분화하여 보면 결론은 다르게 나타난다.

피해자가 백인인 경우

가해자-인종	사형-Yes	사형-No	사형비율
백 인	19	132	12.6%
흑 인	11	52	17.5%

피해자가 흑인인 경우

가해자-인종	사형-Yes	사형-No	사형비율
백 인	0	9	0%
흑 인	6	97	5.8%

피해자 인종에 따른 세분화된 분할표를 살펴보면, 피해자 인종과는 관계없이 흑인에 대한 사형집행 비율은 압도적으로 높게 나타나고 있다. 또한, 피해자가 백인이면 사형비율이 매우 높다는 사실, 그리고 피해자가 흑인인 경우는 사형비율이 매우 낮게 나타난다는 사실을 확인할 수 있다. 이러한 상반된 결과를 보여주는 심프슨의 파라독스 원인을 살펴보면, 흑인이 백인을 가해하는 비율은 그렇게 높지 않아 이에 따른 낮은 가중치가 적용되어 통합하는 과정에서 낮은 가중치로 인한 결과의 왜곡이 발생한 것이다.

결과적으로, 피해자가 백인인 경우의 살인사건에서는 법원이 훨씬 심각한 사건으로 받아들여 사형비율이 매우 높게 나타났다. 가해자가 백인인 경우 사형비율이 매우 낮게 났으며, 특별히 백인이 흑인을 가해하는 경우는 0%에 해당하는 낮은 사형비율을 보이고 있다. 이와는 대조적으로 흑인이 백인을 가해하는 경우는 매우 높은 17.5% 사형비율을 보이고 있다. 또한, 흑인이 흑인을 가해하는 경우가 전체적으로 높은 비율을 차지하고 있으며, 이 경우 낮은 사형비율이 흑인 전체의 사형비율을 낮추고 있다고 해석할 수 있다. 결국, 이러한 사실을 근거로 플로리다주 법원의 판결은 흑인에 대한 인종차별이 존재할 가능성이 높다고 판단할 수 있다.

이처럼, 심프슨 파라독스는 결과에 영향을 미치는 중요한 변수의 누락과 함께, 데이터의 불균형으로 인하여 발생하는 문제로, 데이터를 불균형적으로 잘못 수집하여 발생하는 **표본선택 바이어스(sample selection bias)** 문제와도 관련이 있다. 이러한 문제는 중요한 변수의 고려와 함께, 가중치를 조정하는 방법으로 해결할 수 있다.

4.2 수량형 데이터의 관계분석

산점도

두 수량형 변수의 관계를 분석하는 경우, 가장 많이 사용하는 그래프는 **산점도(scatter plot)**일 것이다. 여기서는 ggplot2 패키지를 이용한 다양한 산점도를 그려보도록 하자. 여기에 사용되는 데이터는 시각화 도구인 'Gapminder'로부터 얻은 샘플 데이터로 1952년부터 2007년까지 142개국에서 조사한 평균수명과 1인당 평균 GDP값으로 총 1,704개 데이터로 구성되어 있으며, 'ExpLife.csv' 파일로 저장되어 있다. 'geom_point()' 함수는, 산점도 그래프에서 점에 대한 색을 지정하는 'color', 점 크기를 지정하는 'size', 점의 모양을 설정하는 'shape', 점에 대한 투명성을 지정하는 'alpha'에 대한 설정이 있다. 먼저 데이터를 읽고 디폴트 설정으로 산점도를 그려보면 아래의 R코드와 함께 출력그래프는 [그림 4-4]의 ①번 그림과 같다.

그림 4-4 디폴트로 그려진 산점도와 정성이 들어간 산점도

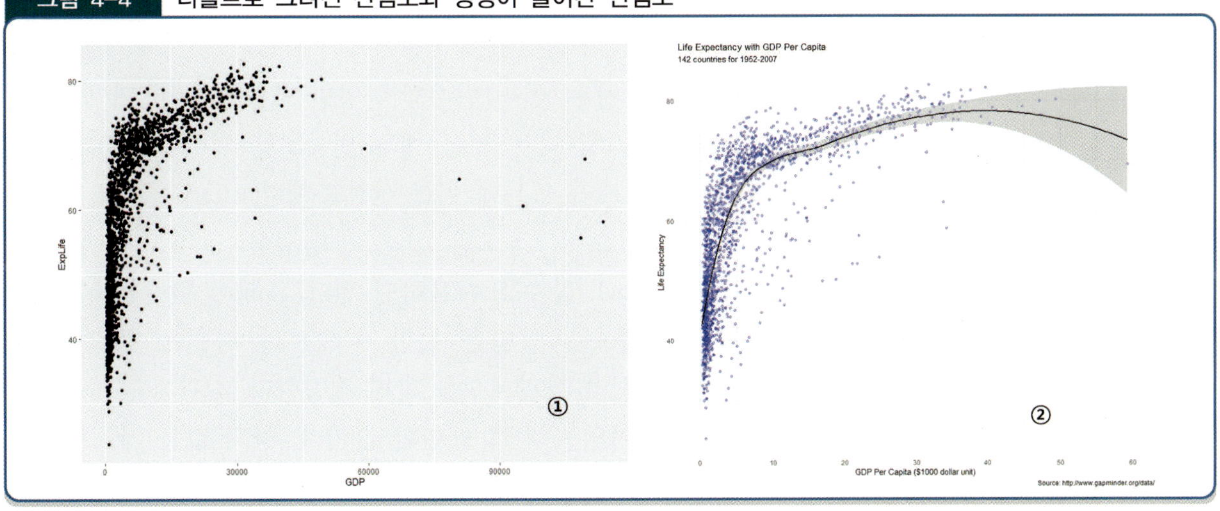

```
EL = read.csv("ExpLife.csv", h=T)
ggplot(EL, aes(GDP, ExpLife)) + geom_point()
```

이제 조금 더 정교한 산점도를 그려보자. 그래프에 제목과 부제목을 넣고, x축과 y축에 대한 설명도 넣고, 아랫부분에는 자료원에 대한 설명도 넣으면서 추세선도 넣는 산점도를 그리는 R코드를 만들어 보면 다음과 같으며, 출력은 [그림 4-4]의 ②번 그래프와 같다.

```
ggplot(EL, aes(GDP/1000, ExpLife)) + geom_point(color="blue", alpha = .3) +
   geom_smooth(method="loess", color="black") +
   scale_x_continuous(breaks=seq(0, 60, 10), limits = c(0, 60)) +
   labs(x = "GDP Per Capita ($1000 dollar unit) ", y = "Life Expectancy",
       title = "Life Expectancy with GDP Per Capita",
       subtitle = "142 countries for 1952-2007",
       caption = "Source: http://www.gapminder.org/data/") +
   theme_minimal()
```

위의 R코드를 살펴보면, 먼저 x축의 스케일을 1000으로 나눔으로써 천달러 단위로 축단위를 변환시켰다. 그리고 점의 색을 파란색으로 설정하면서 알파값에 0.3을 주어 데이터의 밀도가 적은 곳은 옅게, 밀도가 높은 곳은 진하게 만들도록 조정하였다. 다음으로 'geom_smooth()' 함수는 데이터의 추세선을 그려주는 명령어로 디폴트 방법인 loess (locally estimated scatterplot smoothing)를 사용하라는 의미이고, 추세선에 대한 95% 신뢰구간을 그리도록 하는 것은 디폴트 설정이므로 특별한 지정을 하지 않았다. 'scale_x_continuous()' 함수를 이용하여 x축에 대한 스케일을 조정하였고, x축, y축에 대한 설명, 그래프의 제목 및 부제목 등을 labs() 함수를 이용하여 지정하였다. 마지막으로 theme_minimal() 함수를 불러서 배경화면을 옅게 만들어 그래프가 조금 더 부각될 수 있게 만들었다.

산점도 행렬

관계를 파악하고자 하는 변수가 여러 개 있는 경우, 여러 변수의 다양한 조합에 대한 관계를 2개의 변수로 제한된 수십 개의 산점도를 통하여 살펴본다는 것은 매우 번거로운 일이다. 이때, 모든 가능한 조합의 산점도를 한꺼번에 보여주는 그래프가 있는데 이를 **산점도 행렬(sctterplot matrix)**이라고 한다. R에서는 'pairs()' 함수로 그릴 수 있으며, 정교한 산점도 행렬을 그리고자 한다면, 'Performance Analytics' 패키지의 'chart.Correlation()' 함수를 사용하면 된다. pairs() 함수는 'panel=panel.smooth' 옵션으로 산점도 행렬과 함께 loess 방법을 통한 추세선도 지원을 하고 있다. 'chart.Correlation()' 함수는 추가적으로 히스토그램과 상관계수를 함께 제공한다. **상관계수(correlation coefficient)**란 두 변수의 직선관계를 -1에서 1 사이의 수치로 표현한 값이다. 양의 값을 가지면 x의 증가가 y의 증가를 가져오는 특징을 가지며, 이를 '두 변수는 양의 상관관계가 있다'라고 말한다.

그림 4-5 오존 데이터에 대한 산점도 행렬

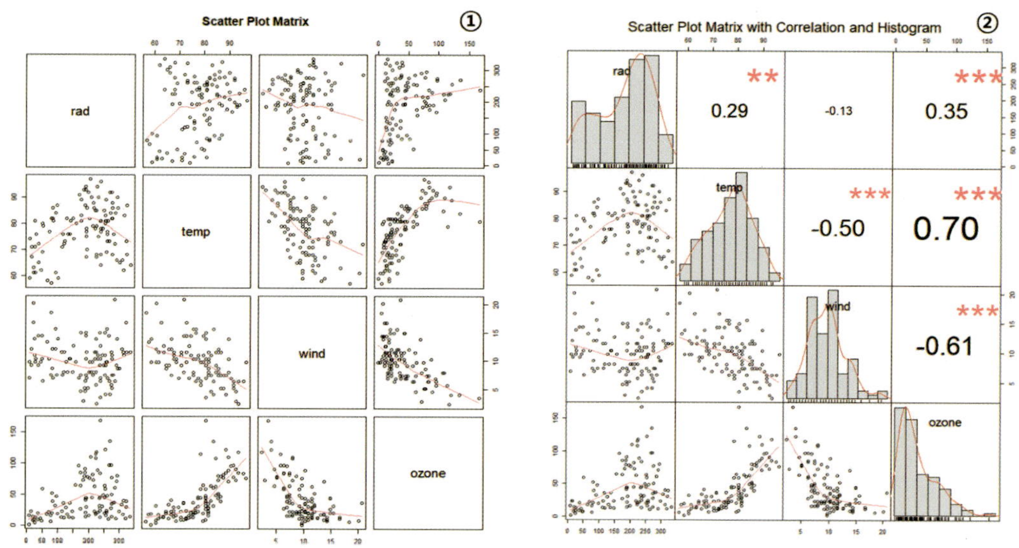

만일 상관계수가 음의 값을 가지면 x의 증가가 y를 감소시키는 특징을 가지며, 이를 '음의 상관관계'라고 말한다. 상관계수가 0 근처에 있으면, x의 증가나 감소가 y값에 영향을 미치지 않는다는 의미이거나, x와 y가 관계는 있지만 직선관계가 아닌 비선형적 관계라는 의미로 '상관관계가 없다'라고 말한다.

본 예제에서 사용하는 데이터는 1973년 뉴욕의 공기질을 측정한 값으로 오존량, 방사선량, 바람의 세기, 화씨단위의 기온측정 값으로 기록되어 있는 데이터로, 'ozone.txt' 이름으로 저장되어 있다. pairs() 함수를 이용하여 나타난 산점도 행렬은 [그림 4-5]의 ①번 그래프이며, chart.Correlation() 함수를 이용하여 나타난 산점도 행렬은 [그림 4-5]의 ②번 그래프이다.

```
OzoneDF = read.table("ozone.txt", h=T)
pairs(OzoneDF, panel=panel.smooth, main="Scatter Plot Matrix")
library(PerformanceAnalytics)
chart.Correlation(OzoneDF)
mtext("Scatter Plot Matrix with Correlation and Histogram", cex=1.5, line=3)
```

[그림 4-5]에 그려진 오존데이터의 산점도 행렬을 살펴보면, 오존과 기온과는 밀접한 관계를 가지고 있으며, 상관계수도 가장 높은 0.7의 값으로 양의 상관관계를 보여주고 있다. 즉, 기온이 올라가면 오존의 양도 증가한다는 사실을 확인할 수 있다. 상관계수의 절대값이 크게 나타나는 다른 변수는 오존과 바람의 관계로 상관계수가 -0.6으로 음의 상관관계를 보여주고 있다. 따라서 오존에 영향을 미치는 중요한 변수로 기온과 바람세기를 꼽을 수 있다.

그렇다면 '오존과 바람세기의 관계는 기온과 관계없이, 항상 -0.6의 음의 상관관계를 계속 유지하고 있는 것일까?' 하는 의문을 제기할 수 있다. 다시 말하면, 추운날씨에도 오존과 바람세기의 관계는 높은 음의 상관관계를 유지할 것이냐는 의문이다. 이러한 문제는 기온을 특정 수준으로 고정시킨 상태에서 오존과 바람의 관계를 알아보는 산점도를 이용하여 확인할 수 있는데, 이러한 산점도를 조건부 산점도(conditional plot)라고 한다. 즉, 기온이 일정범위 안에 있다는 조건 아래서 오존과 바람의 산점도를 그려보는 것이다. R에서 조건부 산점도는 'coplot()' 함수를 이용하여 그릴 수 있다. 이 함수에서는 디폴트로 기온을 최소값과 최대값을 기준으로 6개 구간으로 나누며 (옵션: number=6), 각 구간은 위, 아래 각각 50%씩 겹친구간으로 설정한다 (옵션: overlap= 0.5). 이에 대한 R코드와 그래프 결과를 살펴보면 다음과 같다.

```
coplot(ozone~wind|temp, OzoneDF, panel=panel.smooth)
```

'coplot' 함수의 [그림 4-6]은 기온을 조건으로 y축은 오존, x축은 바람으로 하는 조건부 산점도를 'ozone ~ wind | temp' 형태로 표현하고 있다. 기온은 디폴트인 6개 구간으로 나누었으므로 6개의 조건부 산점도가 제공되는데, 가장 낮은 기온은 왼쪽아래의 ①번 영역이며, 기온이 올라가면서 오른쪽으로 산점도가 그려지고, 가장 높은 기온의 구간은 ⑥번 영역으로 오른쪽 위쪽의 산점도가

그림 4-6 오존과 바람의 기온에 대한 조건부 산점도

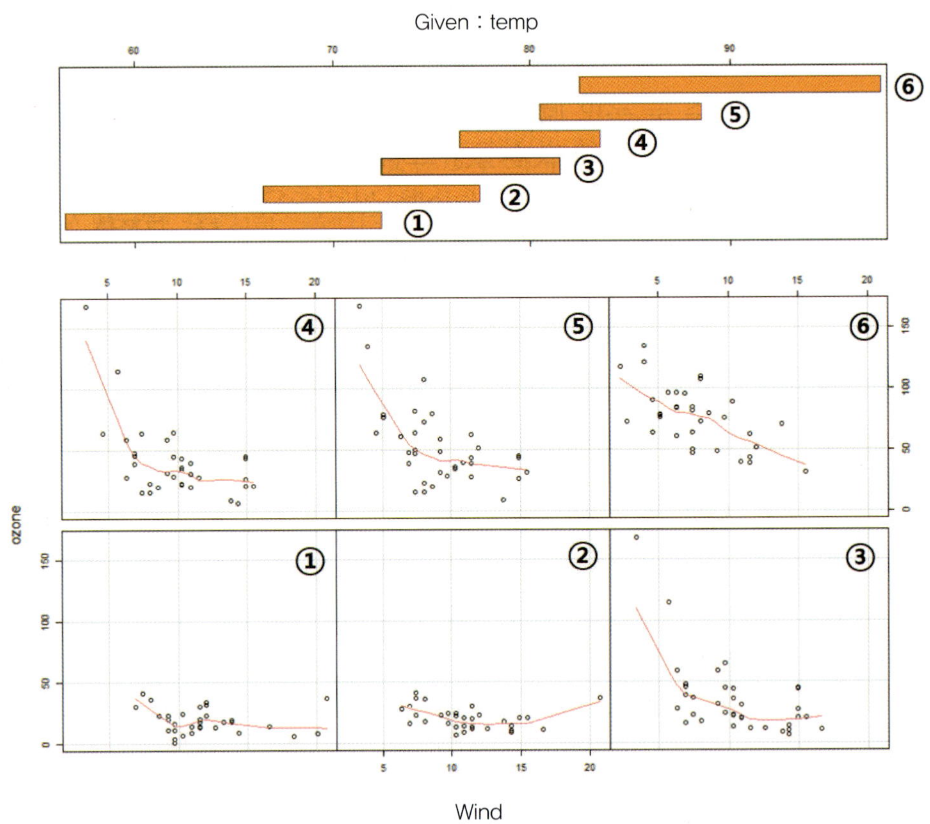

된다.

여기서 특이한 점은 낮은 기온인 ①번 영역과 ②번 영역에서는 오존과 바람의 관계가 거의 존재하지 않는다는 것이다. 즉, 높은 기온에서는 바람이 오존에 큰 영향을 미치지만, 낮은 기온에서는 바람의 영향력이 거의 존재하지 않는다는 것이다. 이처럼 기온에 따라 오존에 대한 바람의 영향력이 변하는 경우, '기온과 바람세기 사이에는 **상호작용효과**(interaction effect)가 존재한다.'라고 표현하며, '기온은 바람세기의 영향력을 변화시키는 **조절효과**(moderating effects) 역할을 한다.'라고 표현한다. 이와 같이 조건부 산점도는 관심있는 변수(오존)에 영향을 미치는 두 변수(기온과 바람세기)의 상호작용효과나 조절효과를 파악하기 위한 유용한 그래프이다.

4.3 범주형/수량형 데이터의 관계분석

범주형 변수와 수량형 변수 사이의 관계분석은 먼저 '관계'란 무엇인지에 대한 정의로부터 시작한다. '두 변수 사이에 관계가 없다'라는 의미는 범주형 변수의 각 수준에서 나타나는 수량형 변수의 분포가 동일하다는 의미이다. 이를 조금 더 축소해서 말하면 각 수준에서 나타나는 평균 또는 비율이 동일하다는 것이다. 따라서 각 수준에서 분포가 다르거나, 평균 또는 비율이 다르게 나타난다면 두 변수 사이에는 연관성이 존재하는 것이다.

예를 들어, '성별은 우리 회사 제품 선호도에 영향을 미치는 중요한 요인이다' 라는 의미는 성별과 선호도 사이에 관계가 존재한다는 의미이며, 남자의 선호도 분포, 평균, 구매비율은 여자의 선호도 분포, 평균, 구매비율과 다르다는 의미이다. 성별과 선호도의 관계를 조금 더 깊게 설명하고자 한다면, 남녀별 분포, 평균, 비율이 어떻게 다른지를 파악하고, 무슨 이유로 이러한 차이가 발생하였는지를 논리적으로 설명하고, 이를 바탕으로 어떠한 광고나 마케팅 전략을 잡는것이 타당한지를 끌어낼 수 있어야 한다. 결국, 올바른 해석을 위해서는 관계에 대한 의미를 이해하는 통계적 지식과 함께 해당 분야의 전문지식이 필요하므로, 같은 데이터를 분석하여도 개인역량에 따라 해석적인 측면에서 큰 차이가 나타난다.[3)]

이분형 데이터의 관계분석

범주형 변수의 수준 수가 2개인 데이터를 **이분형 데이터**(binary data)라 한다. 이분형 데이터의 예로 '고객의 이탈여부', '환자의 생존여부', '제품의 구입여부' 등이 이에 해당한다. 여기서 사례로 사

3) 결과해석 측면에서 통계분석은 '어떠한 차이가 존재하는가?'라는 문제에 집중하지만, 데이터 사이언스에서는 '이러한 차이가 무슨 의미이며, 그래서 무엇을 해야 하는가?'라는 문제를 포함하고 있다.

용하는 이분형 데이터는 도산기업과 정상기업의 신용점수를 가지고 있는 'CreditScore.txt' 데이터이다. 이 경우, 데이터 분석의 주요목적은 기업의 상태와 신용점수 간의 관계, 즉, 도산/정상기업에 대한 두 분포가 어떻게 다른지 살펴보는 것이다. 분포의 특징을 보여주는 5개의 주요 통계량은 R의 'summary ()' 함수를 통하여 얻을 수 있다. 하지만, 단순히 신용점수(변수명: Score) 분포를 파악하는 것이 아니라, 기업의 상태를 나타내는 팩터형 변수(변수명: Budo) 상태에 따라, 도산기업과 정상기업을 따로 집계[4)]하여 분포를 비교분석하는 것이 필요하기 때문에 약간의 사전작업이 필요하다.

팩터형 변수의 수준별 데이터를 구분하여 집계하기 위하여 R에서는 'agreggate()' 함수를 사용한다. 먼저 데이터를 읽고, 데이터프레임에 있는 Budo라는 변수를 팩터형 변수로 변환시킨 후, 이에 대한 수준값을 'Bad/Good'으로 지정한다. 그다음 CR 데이터프레임에 있는 변수 Score를 Budo 수준별 집계를 하는 'aggregate()' 함수를 사용하는데, 집계에는 'summary()' 함수를 사용하였다. 마지막으로 Budo의 수준별 상자-수염 그림을 그려보았다. 이에 대한 R코드를 살펴보면 다음과 같다.

```
> CR = read.table("CreditScore.txt", h=T)
> CR$Budo=as.factor(CR$Budo); levels(CR$Budo)=c("Bad", "Good")
> aggregate(Score~Budo, CR, summary)
  Budo Score.Min. Score.1st Qu. Score.Median Score.Mean Score.3rd Qu. Score.Max.
1 Bad   227.0000   673.0000     703.0000     698.8887    728.0000      982.0000
2 Good  554.0000   705.0000     731.0000     740.1319    763.0000     1139.0000
> boxplot(Score~Budo, data=CR, main="우불량 기업의 신용점수", xlab="Credit Score", ylab="",
  range=3, horizontal=TRUE)
```

신용점수에 대한 상자-수염 그림은 'boxplot(Score, CR)'로 그릴 수 있지만, 우량기업, 불량기업별로 각각의 상자-수염 그림을 보고자 하는 경우는 'boxplot(Score~Budo, CR)'의 형태로 요청해야 한다. 신용점수 데이터에는 극단값이 많이 관찰되므로, 강한 극단값에 해당하는 3배의 사분위수 범위

그림 4-7 우불량 기업의 신용점수 상자-수염 그림

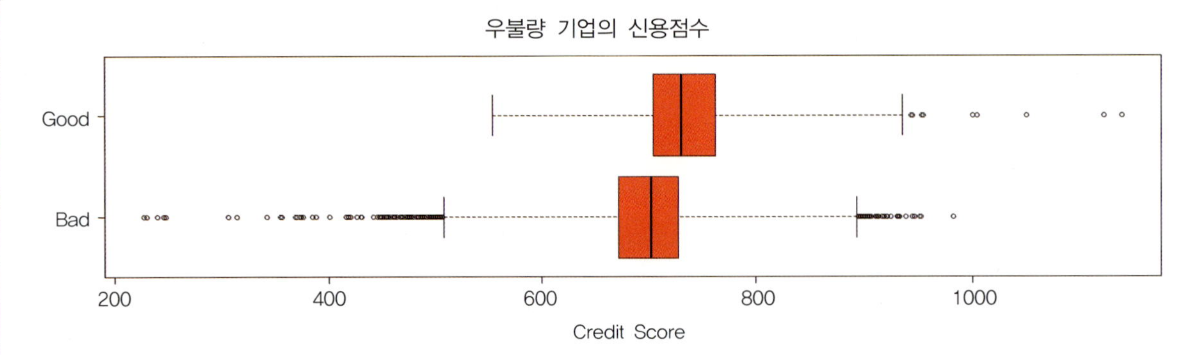

4) 데이터를 그룹별로 '집계'한다는 의미를 영어로는 'aggregate'라 한다.

(=3×IQR)를 수염으로 상자그림을 그리라는 옵션인 'range=3'을 사용하였다. [그림 4-7]의 상자-수염 그림을 살펴보면, 우량기업이 불량기업보다 전반적으로 높은 신용점수를 보여주고 있지만, 불량기업의 산포도가 우량기업의 산포도에 비해 다소 크게 나타나 두 분포의 겹치는 구간이 많다는 것을 확인할 수 있다.

신용점수별 기준을 대략 잡아보면, 730점 이상이면 우량기업에 속할 것으로 예측할 수 있지만, 700점~730점은 회색지역으로 불량기업으로 의심할 수 있는 영역이고, 700점 이하이면 불량기업에 속할 가능성이 조금 높다고 판단할 수 있다.[5] 하지만, 두 분포는 상당부분이 겹쳐있어서 우량/불량을 뚜렷하게 구분하는 변별력은 다소 낮다고 판단할 수 있다.

다음으로 **커널밀도추정**을 이용한 우량/불량기업에 대한 분포를 그리는 R코드를 살펴보면 다음과 같다. 'Score' 변수에 대한 분포는 팩터형 변수인 'Budo' 수준에 따라 그려지며, 배경이 흰색바탕인 'theme_classic()'을 사용하였다. x축에 대한 스케일과 범위를 설정한 후, x축과 그래프의 제목을 설정하였다. 마지막으로 제목은 폰트사이즈 16에 볼드체로 설정하면서 제목의 위치를 가운데로 지정하기 위하여 'hjust=0.5' 옵션을 사용하였다([그림 4-8] 참조).

그림 4-8 우불량 기업에 대한 신용점수 분포

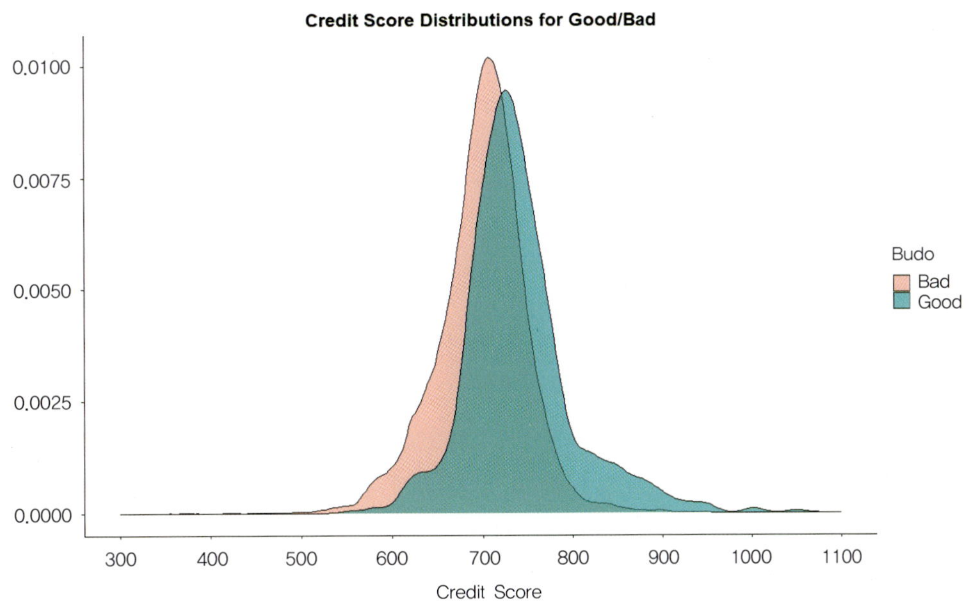

5) 신용점수 기준에 대한 해석은 분석하는 입장, 즉 오류에 대한 손실크기를 어떻게 설정하느냐에 따라 다르게 평가될 수 있다. 여기에서는 불량기업을 잘못하여 우량기업으로 취급하였을 때 나타나는 손실이 우량기업을 불량기업으로 취급한 손실보다 크다는 설정하에 보수적으로 판단한 것이다.

```
ggplot(CR, aes(Score, fill=Budo)) + theme_classic() +
  scale_x_continuous(breaks=seq(300, 1100, 100), limits=c(300, 1100))+
  geom_density(alpha=0.5) + labs(x ="Credit Score", y="") +
  ggtitle("Credit Score Distributions for Good/Bad") +
  theme(plot.title = element_text(size=18, face="bold", hjust=0.5))
```

다분형 데이터의 관계분석

범주형 변수의 수준 수가 3개 이상인 경우를 **다분형 데이터**(multinomial data)라 한다. 다분형 데이터가 수량형 데이터를 만나는 경우, 여러 개의 상자-수염 그림을 나열하여 이에 대한 특징을 알아볼 수 있는데, 여기서는 'ggplot2' 패키지를 이용한 **바이올린 플롯**(violin plot)과 **상자-수염 그림**을 혼합한 그래프를 그려보도록 하겠다.

여기에서 사용되는 데이터는 파일이름이 'SilwoodWeather.txt'인 공백으로 분리된 텍스트 파일로 영국 남동지역의 Silwood Park 지역에서 1987년에서 2005년까지 조사한 날씨 데이터이다. 데이터는 하루 최고기온(변수명: upper), 하루 최저기온(변수명: lower), 하루 강수량(변수명: rain), 해당 월(변수명: month), 해당 연도(변수명: yr)로 총 6940개 데이터로 구성되어 있다. 하루 최고기온과 최저기온을 각각 새로운 관측값으로 구성하여 새로운 변수명 'temp'를 만들고 싶다면, 그래프를 그리기 전에 다음과 같은 작업이 필요하다.

```
W = read.table("SilwoodWeather.txt", h=T)
W1 = W[,c(1,4)]; colnames(W1)[1]="temp"
W2 = W[,c(2,4)]; colnames(W2)[1]="temp"
WW = rbind(W1, W2)
```

먼저 'read.table()' 함수를 이용하여 데이터를 읽어 데이터프레임, W를 만들고 W의 첫 번째와 네 번째 열에 해당하는 하루 최고기온과 해당 월로 구성된 새로운 데이터프레임, W1을 만든 후 변수명을 'upper'에서 'temp'로 바꾼다. 이와 비슷한 방법으로 두 번째와 네 번째 열에 해당하는 하루 최저기온과 해당 월로 구성된 새로운 데이터프레임, W2를 만든 후 변수명을 'lower'에서 'temp'로 바꾼다. 이렇게 만든 두 개의 데이터프레임, W1과 W2를 행으로 묶는 함수 'rbind()'를 적용시키면, 최종적으로 최저기온과 최고기온이 포함된 총 13880개의 기온데이터가 새롭게 만들어진다. 이제 13880개의 데이터를 이용하여 바이올린 플롯과 상자-수염 그림을 합친 그래프를 그려보자.

```
ggplot(WW, aes(x=as.factor(month), y=temp)) + theme_bw() +
  geom_violin() + geom_boxplot(width=0.2) +
  labs(x ="Month", y="Daily Upper Temperature") +
  ggtitle("Daily Temperature at Silwood Park: 1987-2005")
```

변수명 'month'는 1월에서 12월을 나타내는 수치로 입력되어 있으므로 R에서는 수량데이터로 인

식하고 있다. 이를 팩터형 변수로 변환시키기 위하여 'as.factor(month)'를 사용하였다. 바탕화면을 흰색배경으로 하는 'theme_bw()'을 적용하였고, 데이터의 분포를 보기 위하여 바이올린 플롯, 'geom_violin()' 함수를 사용하였다. 바이올린 플롯의 분포 안에 상자-수염 그림을 넣기 위하여 'geom_boxplot()'을 사용하였고, 상자의 폭을 전체 크기의 0.2배으로 만들어 폭을 좁게 그리도록 설정하였다. 다음으로 x축, y축에 대한 설명과 그래프 제목을 설정하였다. 이에 대한 그래프를 살펴보면 [그림 4-9]와 같다.

[그림 4-9]를 보면서 관찰해야 하는 주요 포인트는, 중앙값의 월별 변화, 바이올인 플롯을 통한 분포의 형태 변화, 꼬리부분의 모습, 극단값의 존재여부 등이다. 예를 들어, 5월부터 9월까지는 이봉분포를 가지면서 최고기온과 최저기온이 뚜렷하게 나타나고 있으며, 6월에서 8월까지는 오른쪽 꼬리분포로 나타났으므로 최고기온이 갑자기 높은 날들이 발생할 가능성이 클것으로 예상한다. 10월부터 3월까지는 왼쪽 꼬리분포로 최저기온이 갑자기 낮게 나타날 가능성이 클 것으로 확인된다. 또한, 10월에서 1월까지는 낮은 극단값이 있으므로 평소와는 다른 강추위가 가끔 나타날 것으로 판단할 수 있다. 하루 온도차가 가장 크게 나타나는 달은 바이올린 플롯에서 가장 길게 그려진 5월이며, 그 다음으로 4월과 8월이다. 반대로, 하루 온도차가 가장 짧은 달은 12월로 나타나고, 그 다음으로는 1월과 2월이다. 이처럼 바이올린 플롯은 범주형 변수의 수준별로 수량형 변수의 분포가 어떻게 변하는지 쉽게 파악할 수 있는 정보를 제공한다.

그림 4-9 Silwood 지역의 월별 하루기온분포

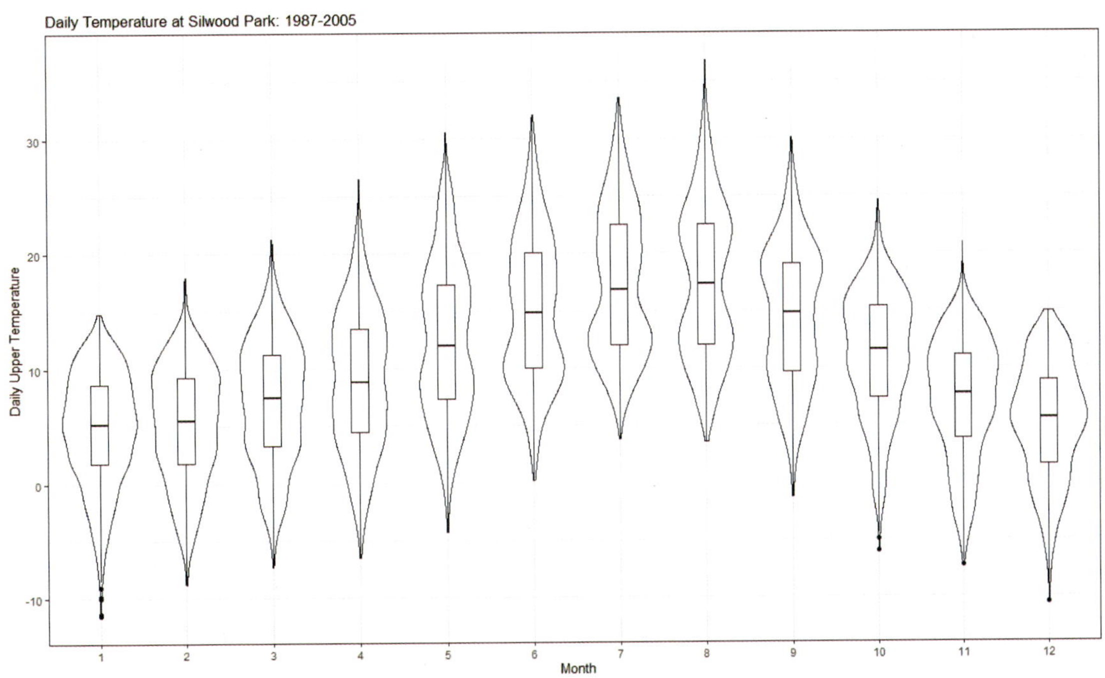

주요 용어

(4.1) 분할표, 빈도수, 비율, 주변값, 시각화, 주변빈도수, 주변비율, 막대그래프, 적측형 막대그래프, 그룹형 막대그래프, 세그먼트 막대그래프, 모자이크 그래프, 심프슨의 파라독스, 결합비율, 표본선택 바이어스

(4.2) 산점도, 산점도 행렬, 상관계수, 조건부 산점도, 상호작용효과, 조절효과

(4.3) 이분형 데이터, 커널밀도추정, 다분형 데이터, 바이올린 플롯, 상자-수염 그림

연습문제

1. 4장에 소개된 R 코드를 실제로 실행하여 결과를 확인해 보시오.

2. 본문에서 소개한 미국 연방정부의 플로리다주 법원에 대한 인종차별 사건에서 가해자 인종, 백인/흑인에 따라 사형비율, 11.9%와 10.2%가 어떻게 계산되었는지 설명하시오.

3. 1973년, 미국 연방정부는 버클리 캘리포니아 주립대학교(University of California, Berkeley)가 대학원 입학과정에서 성차별이 이루어졌다고 고발하였다. 연방정부에서 제시한 근거는 다음과 같다.

		입학 여부		
		입학 허가	입학 거절	입학률
성별	남자	1198	1493	44.5%
	여자	557	1278	30.4%

이를 변호하기 위하여 대학교 측은 6개 주요 학과에 대한 입학 데이터를 공개하였으며, 이에 대한 자료는 'berkely.csv' 파일에 저장되어 있다. 이 파일에 저장된 변수는 다음과 같다.

Admit: 입학허가상태 (Admitted/Rejected)　　Gender: 성별 (Male/Female)

Dept: 6개 주요 학과 (A, B, C, D, E, F)　　Freq: 빈도수

버클리 대학교가 입학과정에서 실제로 성차별이 이루어졌는지를 판단하시오.

4. 두 종류의 약, DrugA 와, DrugB,에 대한 효능을 파악하기 위하여 시간에 따른 (변수명: time) 약에 대한 효과 (변수명: effect)를 측정하여, 'DrugA.txt', 'DrugB.txt' 파일에 각각 저장하였다. 두 종류의 약이 시간에 따른 약의 효능측면에서 어떠한 다른 특징을 가졌는지 그래프를 통하여 분석하시오.

연습문제 풀이

2. 인종차별에 대한 플로리다주 법원사건의 데이터는 피해자 인종이 매우 중요한 요인이지만 이를 통합하는 과정에서 가중치가 작용하여 통합결과가 왜곡되는 사건이 발생한 것이다. 가해자가 백인인 경우, 피해자가 백인인 경우와 흑인인 경우의 총 빈도수는 각각 151명과 9명으로 총 160명이다. 또한, 가해자가 흑인인 경우, 피해자가 백인인 경우와 흑인인 경우의 총 빈도수는 각각 63명과 103명으로 총 166명이다. 따라서 이 비율을 가중치로 하여 피해자의 인종을 통합하면 다음과 같은 결과가 나타난다.

   가해자가 백인인 경우 : $12.6 \times 151/160 + 0 \times 9/160 = 11.9(\%)$
   가해자가 흑인인 경우 : $17.5 \times 63/166 + 5.8 \times 103/166 = 10.2(\%)$

   즉, 피해자 인종을 통합하는 과정에서 가해자가 백인인 경우는 피해자가 백인, 흑인에 각각 94.4%, 5.6%의 가중치가 할당되었으며, 가해자가 흑인인 경우는 피해자가 백인, 흑인에 각각 38%, 62%의 가중치가 할당되어서 심프슨의 파라독스 문제가 발생하여 왜곡된 결과가 나타난 것이다.

3. 먼저 데이터를 읽은 후, 주변 빈도수(marginal frequency)를 계산하여 문제에서 제시한 데이터와 같은지 확인해 본다.

```
> BK = read.csv("berkely.csv", h=T)
> BK$Gender <- factor(BK$Gender, levels=c("Male","Female"))
> BKT = xtabs(Freq ~ Gender + Admit + Dept, data=BK)
> margin.table(BKT, c(1,2))
        Admit
Gender     Admitted    Rejected
  Male       1198        1493
  Female     557         1278
```

   참고로 Gender 변수의 범주에 대한 순서는 알파벳에 따르면 Female이 Male보다 먼저 와야 하지만, 'factor()' 함수를 이용하여 강제로 Male을 먼저 올 수 있도록 순서를 바꾸어서 테이블에서도 Male이 먼저 나오게 되었다.

```
library(ggplot2)
BK$GenDept=paste(BK$Dept,'-',BK$Gender)
BK$Admit < - factor(BK$Admit, levels=c("Rejected","Admitted"))
ggplot(BK, aes(x = GenDept, fill = Admit)) + theme_bw() +
  geom_bar(position = "fill", width=0.6, aes(weight=Freq)) +
  labs(y="Admission Rate in Graduate School", x="Department and Gender")
```

여기서는 성별과 6개 학과를 묶는 새로운 변수 GenDept를 'paste()' 함수를 이용하여 만들었다. 예를 들어, Dept 변수의 A와 Gender 변수의 Male이 '-' 문자와 합쳐져서 A-Male 값이 새롭게 만들어지는 것이다. 따라서 GenDept 변수는 총 12개의 범주를 가지게 된다. 그 다음으로 Admit 변수의 범주 순서를 Rejected 수준이 먼저 올 수 있도록 조정하였다.
이에 대한 결과를 살펴보면 다음과 같다.

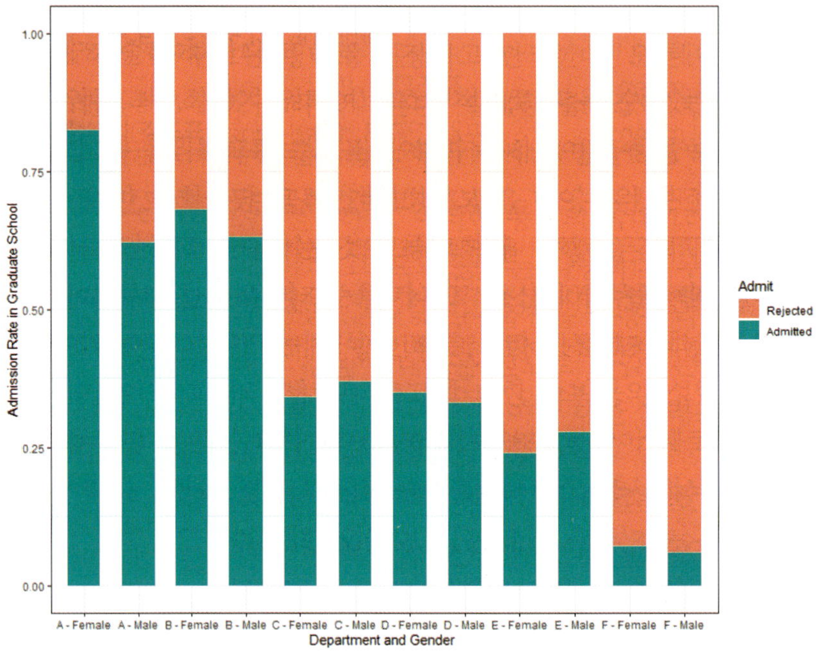

위의 세그먼트 막대 그래프를 살펴보면 A학과, B학과는 전반적으로 입학률이 높으면서 여자의 입학률이 남자의 입학률보다 훨씬 높다는 사실을 확인할 수 있다. 반면에 C학과와 E학과는 입학률이 낮으면서 남자의 입학률이 조금 높은 것으로 나타났다. 또한, D학과와 F학과는 입학률이 낮으면서 여자의 입학률이 조금 높은 것으로 나타났다. 요약하면, 경쟁률이 낮은 학과에서는 여성 입학 비율이 높게 나타났으며, 경쟁률이 높은 학과에서는 성별에 따른 입학률의 차이가 그렇게 크게 나타나지 않았다. 이러한 사실을 염두에 두고 학과별 지원자에 대한 남자/여자 비율을 알아보도록 하자.

```
ggplot(BK, aes(x = Dept, fill = Admit)) + theme_bw() +
  geom_bar(position = "stack", width=0.7, aes(weight=Freq)) +
  labs(y = "Frequency", x = "Department", title = "Stacked Bar Chart")
```

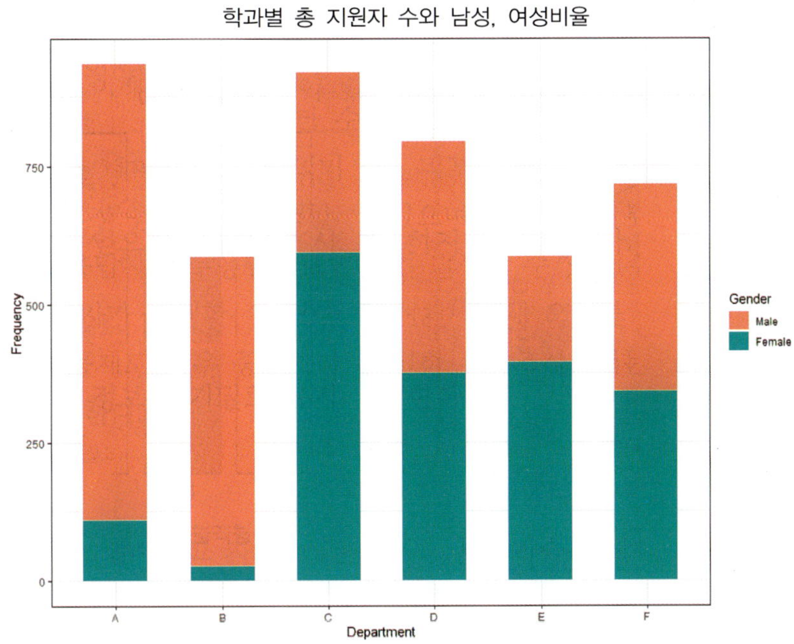

위의 그래프를 보면 통합된 결과가 무슨 이유로 왜곡되어 나타났는지 원인이 밝혀진다. 경쟁률이 낮아 쉽게 입학할 수 있는 A학과와 B학과의 경우는 여자 지원자가 매우 낮게 나타났으며, 경쟁률이 높은 나머지 학과, C학과~F학과는 여자 지원자가 많아서 학과를 통합하는 과정에서 높은 가중치가 할당되었음을 확인할 수 있다.

요약하면, 경쟁률이 높은 학과에 많은 여자 지원자가 몰려서 많은 여자 지원자가 거절을 당하였으며, 경쟁률이 낮은 학과에는 많은 남자 지원자들이 몰려 상대적으로 적은 남자 지원자가 거절을 당하는 결과가 발생하였고, 학과를 통합하는 과정에서 이러한 가중치가 적용되어 왜곡된 결과가 나타난 것이다. 결국, 버클리대학교의 성차별의 사건은 심프슨 파라독스에 따른 왜곡된 결과로 혐의가 없다고 결론내릴 수 있다.

4. plot() 함수를 통해 DrugA에 대한 그래프를 그리고 빨간색으로 지정하였다. 그 그래프 위에 points() 함수를 통해 DrugB에 대한 데이터를 파란색으로 그렸으며, 각각의 포인트는 디폴값인 'pch=1'에 해당하는 'ㅇ'을 사용하였다. 마지막으로 추세선은 직선(linear model)을 적용한 lm() 함수를 사용하였고, 이러한 추세선을 abline() 함수를 이용하여 선굵기를 2배로 하는 'lwd=2' 옵션을 설정하여 그렸다. 이에 대한 R코드를 보면 다음과 같다.

```
DA = read.table("DrugA.txt", h=T)
plot(DA$time, DA$effect, col="red", xlab="Response Time", ylab="Effect",
    main="Effects of DrugA and DrugB over Response Time")
abline(lm(DA$effect ~ DA$time), , col="red", lwd=2)
DB = read.table("DrugB.txt", h=T)
points(DB$time, DB$effect, col="blue")
abline(lm(DB$effect ~ DB$time), col="blue", lwd=2)
legend("topleft", legend=c("Drug A","Drug B"), pch=c(1,1), col=c("red","blue"))
```

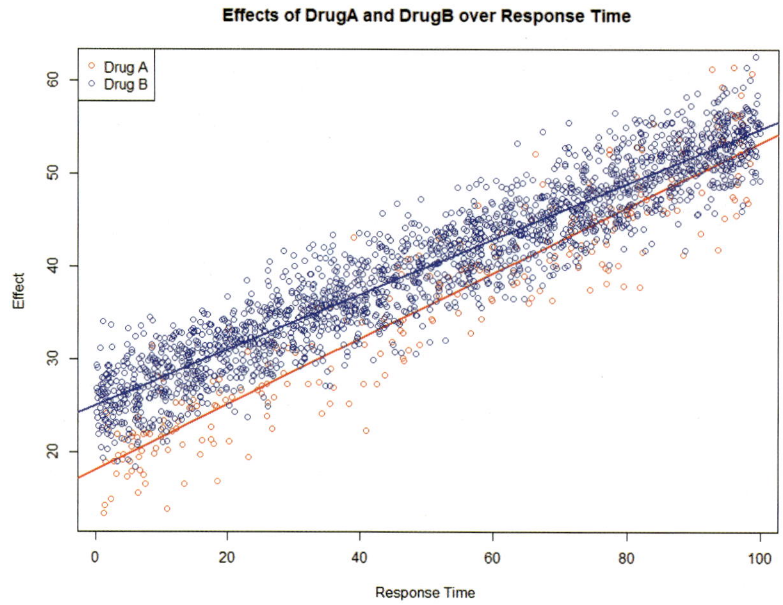

그래프를 살펴보면, DrugB의 약 효과가 DrugA 보다 위에 있으므로 더 좋은 것 같이 보이지만, 시간에 따른 효과변화를 나타내는 기울기를 보면 DrugA의 약효과가 더 좋다고 볼 수 있다. 즉, DrugB보다 DrugA가 시간에 따른 약효과가 더 빠르게 나타나고 있다고 말할 수 있다. 또한, DrugB는, DrugA와 비교하였을 경우, 시작시점을 나타내는 0 시점부터 효과가 높은 상태에서 시작되었으므로 두 약을 비교하기 위하여 처음 시점은 동등하게 시작해야 하는 원칙을 무시한 상태에서 연구가 진행되어 연구설계 측면에서 문제가 있다고 판단할 수 있다.

CHAPTER 05

확률이야기

5.1 확률이란?

확률이란 불확실성을 0과 1 사이의 수치로 표현한 것을 의미한다. 확률이 0에 가까우면 발생할 가능성이 낮은 상태이고, 1에 가까우면 발생할 가능성이 높은 상태를 의미한다. 이러한 불확실성에 대한 정보를 정보공학에서는 **엔트로피(entropy)**로 표현하는데, 불확실성이 크면 엔트로피는 높다고 표현하고, 불확실성이 작으면 엔트로피는 낮다고 말한다. 물리학에서 '빅뱅이론에 따르면 우주의 팽창은 엔트로피 증가의 결과입니다'라는 표현은 우주가 처음에는 불확실성이 낮은 질서정연한 상태이었지만, 시간이 지나면서 넓은 공간에 입자들이 골고루 퍼져 서로가 많이 섞여있는 혼돈의 상태, 즉 불확실성이 증가한 상태로 변해가고 있다는 의미이다. 확률이 0이나 1 근처에 있으면 불확실성이 낮은 상태로 엔트로피가 작은 상태이며, 확률이 0.5 근처에 있으면 불확실성이 높은 상태로 엔트로피가 높다는 것을 의미한다. 이러한 확률 또는 엔트로피는 일상생활에서 이미 많이 활용되고 있다. 엔트로피 개념은 인공지능이나 데이터 사이언스 영역에서 자주 언급되는 개념이니 잘 기억해 두기를 바란다. 이제 우리의 관심주제인 확률을 가지고 이야기하여 보자. 확률은 다음과 같이 활용될 수 있다.

- 내일 비가 올 확률
- A사 고객이 이탈할 확률
- 대출받은 A 기업이 부도날 확률
- 위암환자가 3년 동안 생존할 확률
- 야구경기에서 이길 확률
- 고객이 A사 제품을 구매할 확률
- 신제품이 1년 이내 고장날 확률
- S사 주가가 오를 확률
- 유전자 검사를 통하여 나타난 친자일 확률
- 카지노 게임에서 이길 확률

하지만 불확실성을 나타내는 확률은 수학적으로 접근하기에는 너무 추상적인 개념이므로, 이를 조금 더 구체적으로 정의할 필요가 있다. 동전 던지는 실험예제를 통하여 확률에 대한 다양한 해석을 살펴보도록 하자.

고전적 해석

확률의 첫 번째 해석은 고전적 해석이다. 고전적 해석은 동전을 던졌을 때 나타나는 결과인 앞면과 뒷면 확률에 같은 확률을 부여하는 방식을 의미한다. 확률합이 1이 된다는 조건을 추가하면, 앞면의 확률은 다음과 같이 1/2이 될 수밖에 없다.

$$\Pr(\text{앞면}) = \Pr(\text{뒷면}), \quad \Pr(\text{앞면}) + \Pr(\text{뒷면}) = 1 \quad \Rightarrow \quad \Pr(\text{앞면}) = \Pr(\text{뒷면}) = 1/2$$

즉, 앞면의 확률과 뒷면의 확률이 서로 다를 이유가 없으므로 같은 확률을 할당한다는 것이 고전적 해석의 주요 내용이다. 이를 베르누이의 **불충분한 이유의 원리**(principle of insufficient reason) 또는 **무차별의 원리**(principle of indifference)라 한다. 다른 예로 주사위를 던지는 실험에서 확률의 고전적 해석을 적용하면, '1'의 눈이 나올 확률은 1/6이 된다. 일반적으로 n개의 가능한 결과를 가진 실험에서는, 고전적 해석에 따르면 모든 확률은 동일하게 $1/n$이 되어야 한다. 이러한 확률은, 동전에 대한 정보가 없어서 동일한 확률을 부여하는 것이기 때문에 **선험적 확률**(a priori probability)[1)]이라고 한다.

이러한 확률의 고전적 해석은 몇 가지 문제점을 가지고 있다. 먼저, 확률을 정의하고 싶은데 이에 관한 설명은 하지 않고 '동일한 확률로 할당한다'라는 확률 할당방법에 대하여 설명함으로써 올바른 확률의 정의를 설명하지 못한다는 것이다. 또한, 같은 확률을 할당하지 못하는 상황에서는 이러한 정의를 적용할 수 없다는 문제점도 가지고 있다. 예를 들어, 내일 비가 올 확률은 고전적 정의에 따르면 무조건 1/2이 되어야 한다.

이러한 문제점에도 불구하고 확률의 고전적 해석은 확률을 해석하는 가장 오래된 개념이며, 확률과 관련된 문제를 해결할 때 가장 많이 사용되는 방법이다.

빈도적 해석

확률의 두 번째 해석은 **빈도적 해석**이다. 빈도적 해석은 '유사한 조건 아래 동일한 과정을 수 없이 반복하였을 경우 (예를 들어, 동전을 수 없이 던졌을 경우) 특정한 사건이 일어나는 (앞면이 나타나는) **상대도수**(relative frequency)'를 확률로 정의한다. 여기서 상대도수란 총 횟수에서 특정 사건이 나타나는 사건 수에 대한 비율을 의미한다. 예를 들어 동전을 10번 던져서 앞면이 6번 나타났다면 상대도수는 6/10, 즉 0.6이 된다. 상대도수는 실험해야지만 얻어질 수 있는 수치이므로, 빈도적 해석으로 설명되는 확률을 **경험적 확률**(empirical probability)이라 부른다.

확률의 빈도적 해석에 따르면 동전 앞면이 나올 확률이 1/2이라는 의미는 '동전을 유사한 조건 아래서 무수히 많이 던졌을 경우 앞면이 나올 상대도수는 대략 1/2이다.'라고 설명할 수 있다. 이러한 개념은 극한과 수렴의 개념을 포함하고 있다. 하지만 수학에서 정의하는 극한 (lim)개념은 사용할 수 없고, 확률적 극한 (plim)을 사용해야 한다. 즉, n을 동전을 던진 횟수라 하고, x를 앞면이 나온 수라고 하였을 경우 다음과 같이 'plim' 기호를 사용하여 접근해야 한다.[2)]

---

1) 선험적 확률은 **사전확률**(prior probability)과 혼용해서 사용하기도 하지만 약간의 개념적 차이가 존재한다. 선험적 확률은 경험적 확률의 반대개념으로 정보없이 순수한 논리적 추론에 따라 확률을 할당하는 방식을 의미한다. 반면에 사전확률은 사건이 발생하기 전 상태에서 수집된 모든 사전정보, 논리적 추론과 더불어 전문가의 지식 및 신념이 반영된 확률을 의미한다.

2) 수학에서 말하는 극한의 개념은 n이 점점 커지면서 x/n값은 반드시 1/2에 점점 가까워져야 한다. 하지만 동전을 던지는 실험의 경우, 동전 던진 횟수가 증가한다고 상대도수인 x/n값이 반드시 1/2에 더 가까워진다는 보장을 받지 못하므로 수학적 극한조건을 만족하지 못하게 된다.

$$잘못된 표현 : \lim \frac{x}{n} = \frac{1}{2}, \quad 올바른 표현 : \text{plim} \frac{x}{n} = \frac{1}{2}$$

빈도적 해석은 동전을 여러번 던졌을 경우 상대도수가 확률에 근접해야 한다는 확률법칙인 **대수의 법칙**(Law of Large Numbers)을 기반으로 전개되고 있으므로 이론적으로 잘 정립된 해석이라고 볼 수 있다. 하지만, 확률의 빈도적 해석의 경우도 몇 가지 문제점을 찾아볼 수 있다.

첫 번째 문제점으로 빈도적 정의에서 표현하는 '유사한 조건'이라는 의미가 애매한 표현이다. 완벽하게 같은 조건이라면 결과도 같아야 하므로, 환경이 조금씩은 달라야 하는데, 어느 정도까지 다른 환경이 허용될 수 있냐는 것이다. 두 번째 문제점으로는 '수 없이 반복'이라는 의미가 너무 추상적이라는 것이다. 즉, 백만번을 '수 없이 반복'이라 표현할 수 있는지, 천 번을 '수 없이 반복'이라 표현할 수도 있는지가 모호하다는 것이다. 세 번째 문제점으로는 동전을 백만번을 던졌을 경우, 상대도수가 1/2에 어느 정도 가까운지 확인할 방법이 없다는 것이다. 따라서 확률의 빈도적 해석은, 실험을 통하여 확률을 확인한다고 설명하지만, 실제로는 실험을 통하여 확인할 수 없는 개념적인 정의라고 말할 수 있다. 마지막으로 지적되는 네 번째 문제점은 '내일 비가 올 확률' 또는 '프로젝트가 성공할 확률' 등과 같이 반복할 수 없어 실험을 통한 상대도수 계산이 불가능하므로, 확률적용이 불가능하다는 것이다.

이러한 문제점에도 불구하고 확률의 빈도적 해석은 대수의 법칙을 기반으로 만들어진 이론적으로 탄탄한 해석이며, 우리가 앞으로 배우는 확률분포나 통계적 추측에서도 중요한 역할을 하는 개념이다. 실제로 동전을 던져보거나, 컴퓨터 시뮬레이션을 통하여 동전 앞면에 대한 상대도수를 살펴보면, 신기하게도 1/2 근처의 값으로 확률적 수렴하는 것을 확인할 수 있다([그림 5-1] 참조). 다음은 R을 이용하여 1000번의 동전 던지는 실험을 진행하는 시뮬레이션 코드이다.

```
yy = rep(0, 1000)
x = runif(1000); xx = ifelse(x>0.5, 1, 0)
for (i in 1:1000) yy[i] = mean(xx[1:i])
plot(yy, xlab='Number of Trials', ylab='Relative Frequency',
  main='Law of Large Numbers Simulation', type='l', ylim=c(0,1), lwd=2 )
abline(h=0.5)
```

주관적 해석

확률의 세 번째 해석은 주관적 해석이다. 주관적 해석은 객관적인 정보를 기초로 특정한 사건에 대한 자신 또는 전문가가 생각하는 믿음의 정도를 0에서 1 사이의 수치로 표현한 수치가 확률이라는 것이다. 예를 들어, 기상청 안내자가 '내일 비가 올 확률은 80%입니다'라고 표현하였다면, 이는 객관적인 기상정보와 기상전문가들의 지식을 바탕으로 만들어진 믿음의 결과라 볼 수 있으므로 주관적 해석에 따른 확률이라고 말할 수 있다. 도박을 하는 경우에도 이와 비슷한 상황이다. 내가 가

그림 5-1 컴퓨터 시뮬레이션을 통한 동전 던지기 실험

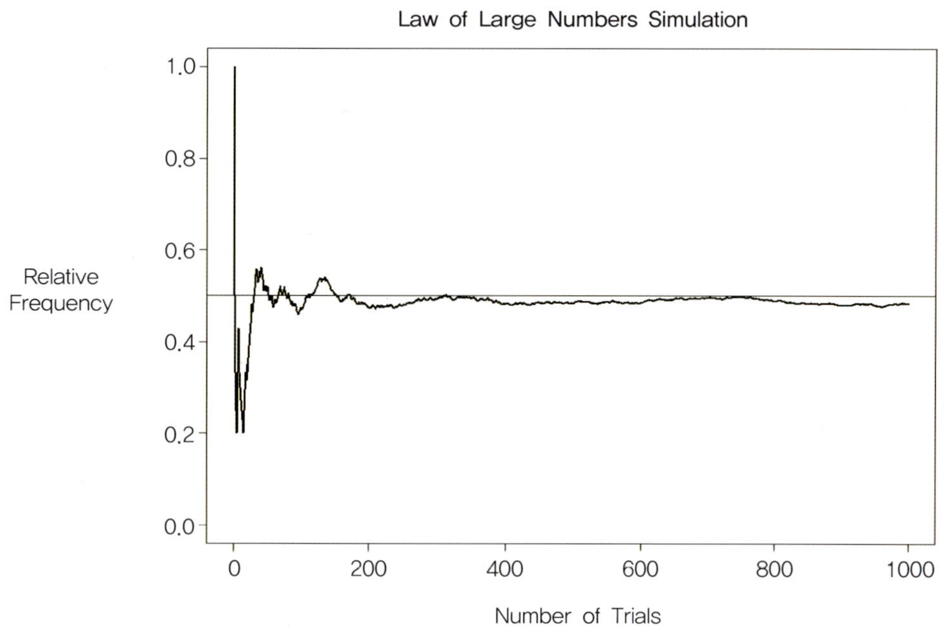

지고 있는 카드와 주변에 보이는 카드, 상대방의 행동 등을 관찰하면서 자신의 경험과 믿음이 결합하여 게임을 진행하게 되는데, 여기에도 주관적 확률의 의미가 포함되어 있다.

확률의 주관적 해석은 개인적 경험을 통한 의견이 포함되어 있으므로 바이어스가 포함될 수밖에 없다. 예를 들어, 우리나라 날씨를 예측하는 경우 다양한 곳에서 다양한 예측이 발표되는 것을 보면, 전문가의 의견이 항상 일치하는 것만은 아니라는 것이다. 결국 개인적 견해 차이로 인하여 일관된 결과를 얻을 수 없고, 이에 따라 학문이나 이론에 대한 체계적으로 접근이 쉽지 않다는 것이 주관적 해석의 가장 큰 약점으로 꼽힌다. 또한, 확률에서는 지켜져야 하는 기본적인 확률법칙이 있는데, 이를 위배하지 않고 체계적으로 확률을 부여하는 것은 쉽지 않다는 것이 주관적 해석의 두 번째 문제점으로 꼽힌다.

확률의 주관적 해석은 모든 불확실성 문제를 확률로 할당할 수 있다는 강력한 장점을 가지고 있다. 따라서 내일 비가 내릴 확률에 대한 분석, 전쟁에 이길 확률에 대한 분석, 프로젝트가 성공할 확률에 대한 분석 등 다양한 문제에서 적용할 수 있다. 또한, 전문가들이 모여서 '내일 비가 올 확률은 80%입니다'라는 사실을 합의하고, 확률의 기본법칙을 이해하면서 확률값을 부여한다면, 앞에서 언급한 문제점을 어느 정도는 해결할 수 있을 것이다. 주관적 해석에 따라 형성된 확률을 **주관적 확률**(subjective probability) 또는 이 분야의 선구자인 18세기 통계학자 토머스 베이즈의 이름을 따서 **베이지안 확률**(Bayesian probability)이라 부른다.

5.2 세는 방법

이 장에서는 경우의 수를 계산하는 기본적인 법칙과 고전적 정의에 따라 확률을 계산하는 방법을 배운다. 확률의 고전적 정의는 다음과 같이 정의된다.

어떠한 실험에서 N개의 가능한 결과가 있고, 특정한 사건 A가 m개의 가능한 결과를 가지고 있다면, 개별사건에 대한 확률은 $1/N$이 되므로, 사건 A에 대한 확률은 다음과 같다.

$$\Pr(A) = \frac{m}{N}$$

곱의 법칙

경우의 수를 계산하는 가장 기본이 되는 **곱의 법칙(rule of product; multiplication principle)**은 다음과 같다.

[조건 1] 전체 실험이 k개로 구분된다.
[조건 2] 앞부분 결과와 상관없이 뒷부분 경우의 수가 결정된다.

위의 [조건 1], [조건 2]를 만족하고, k개로 구분된 경우의 수를 각각 $m_1, m_2, \cdots, m_k$라고 하면, 전체 경우의 수는 다음과 같다.

$$m_1 \times m_2 \times \cdots \times m_k$$

예를 들어, 아래 그림과 같이 A지점에서 C 지점까지의 경로는 A지점에서 B지점까지의 경로와 B 지점에서 C지점까지의 경로로 나누어져 있고, 앞경로의 결과가 뒤경로의 결과에 영향을 미치지 않는다면, 곱의 법칙을 적용할 수 있다. A지점에서 B지점까지 가는 경우의 수는 2가지이고 B지점에서 C지점 가는 경우의 수가 3가지이므로, A지점에서 C지점까지 가는 총 경우의 수는 2×3=6가지가 된다.

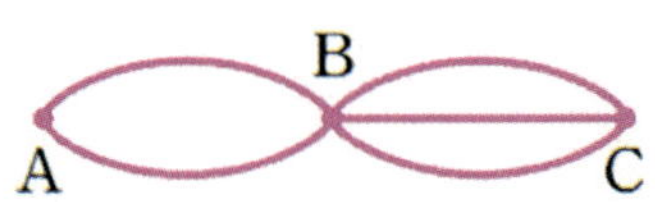

만일 n개 중에서 k개를 복원추출[3]하는 경우의 수를 생각하면, 매번 추출할 때마다 n개의 경

3) 복원추출은 하나를 뽑고, 뽑은 것을 다시 원래상태로 복원시킨 후 다음 것을 뽑는 방법으로 중복을 허용한 추출을

그림 5-2 순열에 대한 설명

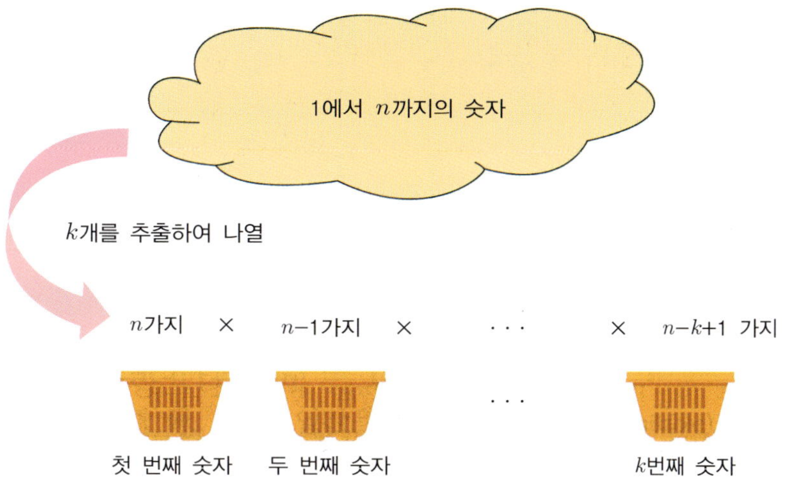

우의 수가 생기고, 이러한 과정이 k번 발생하므로 총 경우의 수는 n^k이 된다. 예를 들어, 동전 6번 던지는 결과에 대한 경우의 수는, 2개의 가능한 결과가 총 6번 반복되어 나타나므로 곱의 법칙에 의하여 $2^6=64$가 된다.

그렇다면, n개 중에서 k개를 비복원추출로 뽑아, 순서를 가지고 나열하는 경우의 수를 생각해 보자. 이러한 상황의 경우의 수를 **순열(permutation)**이라고 하며, $P_{n,k}$로 표기한다, 순열은 n개 중에서 k개를 뽑는 상황이므로 $n \geq k$ 조건 아래서 곱의 법칙에 따라 다음과 같이 계산된다 ([그림 5-2] 참조).

$$P_{n,k} = n \times (n-1) \times \cdots \times (n-k+1)$$

이제 **팩토리얼(factorial)** 함수를 정의하고 이를 이용하여 순열을 표현해 보자. n팩토리얼은 $n!$으로 표현하고 다음과 같이 정의한다.

$$n! = n \times (n-1) \times (n-2) \times \cdots \times 2 \times 1 \quad (\text{단, } 0! = 1)$$

순열을 팩토리얼 함수로 표현하면 다음과 같다.

$$P_{n,k} = \frac{n!}{(n-k)!}$$

특별히, n개 중에서 n개를 뽑아 나열하는 경우의 수는 $P_{n,n}$이 되고 그 값은 $n!$이 된다.

의미한다. 반면에, 비복원추출은 하나를 뽑을 때 이미 뽑은 것들을 제외한 상태에서 다음 것을 뽑는 방법으로 중복을 허용하지 않는 추출을 의미한다.

n개 중에서 k개를 비복원추출로 뽑는 경우의 수를 **조합**(combination)이라고 하며, $\binom{n}{k}$ 라고 표기한다(단, $n \geq k$). 순열과 조합의 공통점은 n개 중에서 비복원추출 방법으로 k개를 뽑는다는 것이다. 조합은 뽑는 것으로 끝나지만, 순열은 이를 나열하는 경우의 수가 추가된다는 차이점이 있다. 예를 들어, $\{1, 2, 3\}$ 3개의 수에서 2개를 뽑는 경우의 수를 나열해 보면 다음과 같다.

조합의 경우: $\{1, 2\}$, $\{1, 3\}$, $\{2, 3\}$: 총 3가지
순열의 경우: $\{1, 2\}$, $\{2, 1\}$, $\{1, 3\}$, $\{3, 1\}$, $\{2, 3\}$, $\{3, 2\}$: 총 6가지

따라서 순열은 조합으로 숫자를 뽑은 후, 이를 순서있게 나열한 경우의 수를 곱한 값이 되며, 이를 수식으로 표현하면 다음과 같다.

$$P_{n,k} = \binom{n}{k} \times P_{k,k} = \frac{n!}{(n-k)!} \quad \Rightarrow \quad \binom{n}{k} = \frac{n!}{(n-k)!\,k!} = \binom{n}{n-k}$$

예를 들어, $P_{3,2} = \binom{3}{2} P_{2,2}$ 관계가 성립되어, $\binom{3}{2} = P_{3,2}/P_{2,2}$ 관계가 성립되며, 조합의 정의된 식에 의하여 $\binom{3}{2} = \binom{3}{1} = 3$이 된다. 이는 3개에서 2개를 뽑는 경우의 수와 3개에서 1개를 뽑아 2개를 선택하지 않는 경우의 수는 같다는 것이다. 마지막으로 조합에는 다음과 같은 관계식이 성립한다.

$$\binom{n}{k} = \binom{n-1}{k} + \binom{n-1}{k-1}$$

이 식의 수학적 증명보다는 의미에 대하여 알아보도록 하자. 5개 숫자 {1, 2, 3, 4, 5}에서 2개를 뽑는 경우의 수는 $\binom{5}{2}$ 임을 확인할 수 있다. 여기서 2개의 숫자를 뽑을 때 {5}를 뽑을 수도 있고, 뽑지 않을 수도 있다. {5}를 뽑지 않은 경우는 나머지 {1, 2, 3, 4}에서 2개를 뽑는 경우가 되므로 $\binom{4}{2}$가지 수가 되고, {5}를 뽑는 경우는 나머지 {1, 2, 3, 4}에서 1개만 뽑으면 되므로 $\binom{4}{1}$가지 수가 된다. 따라서 다음의 등식이 성립된다.

$$\binom{5}{2} = \binom{4}{2} + \binom{4}{1}$$

생일 문제 (Birthday Problem)

30명 학생 중에서 최소 2명 이상 학생 생일이 같을 확률은? (단, 1년=365일)

위의 생일 문제에서는 최소한 2명 이상의 학생이 생일이 같을 확률이니, 반대의 경우를 생각하여, 30명 모두 생일이 다를 확률을 계산하여 1에서 빼주면 된다. 30명에 대한 총 가능한 생일 경우의 수는 365^{30}이며, 30명 모두 생일이 다를 경우의 수는 365일 중에서 비복원추출로 30개를 뽑는 경

우의 수이므로, $P_{365,30}$ 가 된다. 따라서 정답은 다음과 같다.

$$1 - \frac{P_{365,30}}{365^{30}}$$

R에서는 팩토리얼을 계산하는 'factorial()' 함수와 조합을 계산하는 'choose()' 함수가 있다. 위의 문제를 팩토리얼 함수로 계산하면 다음과 같이 문제가 발생한다.

```
> 1-factorial(365)/factorial(365-30)/365^30
[1] NaN
```

그 이유는, 2장에서 설명한 바와 같이 R은 모든 수를 double precision으로 처리하는데, 이 방법은 64비트로 숫자를 표현하면서 최대 1.8×10^{308}까지 표현할 수 있고, 유효숫자는 16자리까지 가능하기 때문이다. 'factorial(170)'은 7.26×10^{306}이며, 팩토리얼 171부터는 'Inf'로 취급되어 더 이상 계산이 불가능한 상황이 발생하게 된다. 따라서, 'Inf/Inf' 형태가 되어 'NaN'값이 제공되는 것이다. 하지만, 조합함수를 사용하면 이에 대한 확률을 다음과 같이 계산할 수 있다.

```
> 1-choose(365,30)*factorial(30) / 365^30
[1] 0.7063162
```

즉, 30명이 모인 자리에서 같은 생일이 최소 2명 이상 나올 확률은 대략 70.6%로 생각보다 높은 확률이 나타남을 확인할 수 있다.

이항정리

어떠한 수 x, y 그리고 자연수 n 에 대하여, $(x+y)^n$ 을 전개하였을 때, $x^k y^{n-k}$ 항의 계수를 생각하여 보자.

$$\begin{aligned}(x+y)^n &= (x+y)\times(x+y)\times(x+y)\times\cdots\times(x+y)\\ &\quad\ 1\text{번항}\ \times 2\text{번항}\ \times 3\text{번항}\times\cdots\times\ n\,\text{번항}\end{aligned}$$

$x^k y^{n-k}$ 항은 n 개의 항을 전개하는 과정에서 x 가 k 번 선택되고 y 가 $n-k$ 번 선택되었다는 의미이고, 이러한 차수를 만족하는 경우의 수는 $\binom{n}{k}$개가 있다. 따라서 $x^k y^{n-k}$ 항의 계수는 $\binom{n}{k}$ 가 된다. 이를 일반화시키면 다음과 같은 **이항정리(binomial theorem)**가 만들어진다.

$$(x+y)^n = \sum_{k=0}^{n} \binom{n}{k} x^k y^{n-k}$$

여기서 $\binom{n}{k}$를 **이항계수**(binomial coefficient)라 한다.

만일 $x=y=1$ 이라면, 이항정리로부터 다음과 같은 관계식이 성립된다.

$$2^n = (1+1)^n = \binom{n}{0} + \binom{n}{1} + \cdots + \binom{n}{n} = \sum_{k=0}^{n} \binom{n}{k}$$

이 식에 대한 의미를 생각해 보자. 만일 {1, 2, 3}이라는 3개의 숫자를 이용하여 만들 수 있는 모든 가능한 집합이 몇 개인지를 알아보면, 1이 선택되는 경우와 선택되지 않는 경우 2가지, 2가 선택되는 경우와 선택되지 않는 경우 2가지, 3이 선택되는 경우와 선택되지 않는 경우 2가지에 곱의 법칙을 적용하면 2^3=8임을 알 수 있다. 이는 3개 숫자에서 하나도 뽑지 않는 경우의 수 $\binom{3}{0}=1$, 한개를 뽑는 경우의 수 $\binom{3}{1}=3$, 두 개를 뽑는 경우의 수 $\binom{3}{2}=3$ 과 마지막으로 세개 모두를 뽑는 경우의 수 $\binom{3}{3}=1$ 가 합쳐져서 8이 된다는 의미와 동일하다는 것이다.

만일 $x=p$, $y=1-p$ 로 설정하면 이항정리는 다음 식으로 표현된다.

$$(p+(1-p))^n = 1 = \sum_{k=0}^{n} \binom{n}{k} p^k (1-p)^{n-k}$$

여기서 나타나는 식, $\binom{n}{k} p^k (1-p)^{n-k}$ 은 모든 합이 1이 되는 확률의 조건을 만족하면서, 앞으로 배울 **이항분포**(binomial distribution)에서 확률을 나타내는 중요한 식이 된다.

예를 들어, 동전을 열번 던져 앞면이 정확하게 3번 나올 확률을 알아보자. 확률의 고전적 정의에 따르면 곱의 법칙에 따라 총 경우의 수는 2^{10}이고, 앞면이 정확하게 3번 나올 경우의 수는 $\binom{10}{3}$이므로 확률은 다음과 같이 계산된다.

$$\frac{\binom{10}{3}}{2^{10}} = 0.1172$$

이제 이항분포를 이용하여 문제에 접근해 보자. 동전을 던졌을 경우 앞면이 나올 확률이 1/2이고 뒷면이 나올 확률은 (1-1/2)이다. 만일 동전을 열번 던져서 처음 세 번은 연속으로 앞면이 나왔고 나머지 일곱번은 연속으로 뒷면이 나왔다면, 이에 대한 확률은 $(1/2)^3 \times (1-1/2)^7$이 되고, 열번 중에서 세번의 앞면이 나오는 경우의 수는 $\binom{10}{3}$이므로 이항분포에 따른 p=1/2에 해당하는 확률은 다음과 같이 된다.

$$\binom{10}{3} \times \left(\frac{1}{2}\right)^3 \times \left(1-\frac{1}{2}\right)^7 = 0.1172$$

다른 예를 들어보자. A 제품에 대한 구매확률이 1/6이고, 고객 10명이 매장을 방문하였을 경우, 정확하게 3명이 A 제품을 구매할 확률은 이항분포에 따른 $p=1/6$에 해당하는 경우로 다음과 같이 계산된다.

$$\binom{10}{3} \times \left(\frac{1}{6}\right)^3 \times \left(1-\frac{1}{6}\right)^7 = 0.1550$$

이항분포는 통계학뿐만 아니라 빅데이터 분석, 데이터 사이언스, 인공지능 영역에서 매우 중요한 분포이므로 잘 기억하기 바란다. 이에 대한 자세한 내용은 7장에서 언급하기로 한다.

5.3 확률의 기본법칙

여기서는 확률의 공리부터 시작하여 조건부확률의 정의, 베이즈정리를 배우도록 한다. 먼저 몇 가지 용어를 배워보도록 하자. **실험(experiment)**이란 '미리 확실히 알지 못하는 결과를 관측하는 과정'으로 정의한다. 즉, **불확실성(uncertainty)**이 포함되어 있어야 한다는 것이다. 동전을 던지거나 주사위를 던져 결과를 관찰하는 것은, 어떠한 결과가 나타날지 미리 알지 못하기 때문에 실험이 될 수 있다. 일단, 실험이 구성되면 이에 대한 모든 가능한 결과를 나열할 수 있게 되는데 이를 **표본공간(sample space)**이라 부르고 S라고 표기한다. 표본공간은 집합으로 표현된다. 예를 들어, 주사위를 던지는 실험의 경우 표본공간은 다음과 같다.

$$S=\{1,\ 2,\ 3,\ 4,\ 5,\ 6\}$$

표본공간 S를 구성하는 한개의 값을 **표본점(sample point)**이라 부르고 영문 소문자 s로 표기한다. s는 항상 S의 구성요소이므로 $s \in S$로 표현할 수 있다. **사건(event)**은 표본공간의 부분집합으로 정의되며, 영문 대문자로 표기한다. 예를 들어, A라는 사건을 $A=\{1,\ 2,\ 3,\ 4\}$ 같이 정의할 수 있으며, 이 경우 $A \subseteq S$ 조건을 만족하여야 한다. 또한, 표본공간 자체도 사건이 될 수 있다. 모든 확률은 사건을 입력변수로 하여 0에서 1 사이의 값으로 출력되는 함수이다. 즉, 명확한 사건에 대한 정의가 없이는 확률을 계산할 수 없다. 예를 들어, 동전을 던져서 앞면이 나오는 사건을 B라고 정의하는 경우, 이에 대한 확률은 0.5가 되며, $\Pr(B)=0.5$로 표기한다. 이러한 구조를 설명하면 다음과 같다.

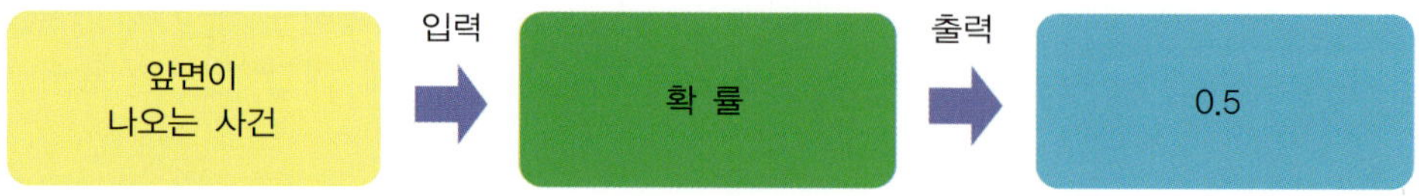

표본점이 없는 사건을 **공사건(null event; empty event)**이라 부르고 $\varnothing$ 또는 $\{\}$으로 표기한다.

사건의 연산

사건의 연산은 집합의 연산과 비슷하여 합집합과 곱집합에 대응되는 합사건과 곱사건이 있다. 임의의 두 사건 A와 B에 대하여 **합사건(union event)**은 'A 또는 B에 속한 모든 표본점'으로 정의되며, $A \cup B$로 표현한다.

$$A \cup B = \{s \in S \mid s \in A \ \text{ 또는 } \ s \in B\}$$

합사건은 다음과 같은 성질이 있다.

$$A \cup B = B \cup A; \quad A \cup A = A; \quad A \cup \varnothing = A; \quad A \cup S = S;$$
$$(A \cup B) \cup C = A \cup (B \cup C) = A \cup B \cup C; \quad A \subset B \Rightarrow A \cup B = B$$

여러 사건이 나열되었을 때, 이를 **사건열(sequence of event)**이라 하고, $A_1, A_2, \cdots, A_n$이라고 표기한다. 유한개의 사건으로 구성된 경우를 유한사건열이라 하고, 합사건은 다음과 같이 표현한다.

$$A_1 \cup A_2 \cup \cdots \cup A_n = \{s \in S \mid s \in A_i, \text{ 적어도 하나의 } i\} = \bigcup_{i=1}^{n} A_i$$

무한개의 사건으로 구성된 경우를 무한사건열이라 하고, 합사건은 다음과 같이 표현한다.

$$A_1 \cup A_2 \cup \cdots = \bigcup_{i=1}^{\infty} A_i$$

임의의 두 사건 A와 B에 대하여 **곱사건(intersection event)**은 'A와 B 모두에 속한 표본점'로 정의되며, $A \cap B$로 표현한다.

$$A \cap B = \{s \in S \mid s \in A \ \text{ 이고 } \ s \in B\}$$

곱사건에는 다음과 같은 성질이 있다.

$$A \cap B = B \cap A; \quad A \cap A = A; \quad A \cap \varnothing = \varnothing; \quad A \cap S = A;$$
$$(A \cap B) \cap C = A \cap (B \cap C) = A \cap B \cap C; \quad A \subset B \Rightarrow A \cap B = A$$

$A_1, A_2, \cdots, A_n$ 를 임의의 사건열이라고 할 때, 곱사건은 다음과 같이 표현한다.

$$A_1 \cap A_2 \cap \cdots \cap A_n = \{s \in S \mid s \in A_i, \text{ 모든 } i \text{ 에 대하여}\} = \bigcap_{i=1}^{n} A_i$$

$A_1, A_2, \cdots$ 를 무한 사건열이라 하면, 곱사건은 다음과 같이 표현한다.

$$A_1 \cap A_2 \cap \cdots = \bigcap_{i=1}^{\infty} A_i$$

사건 A 에 대한 **여사건(complement event)**은 'A 이외의 모든 표본점'로 정의되며, 다음과 같이 표현한다.

$$A^c = \{s \in S \mid s \notin A\}$$

여사건은 다음과 같은 성질을 가지고 있다.

$(A^c)^c = A$; $\varnothing^c = S$; $S^c = \varnothing$; $A \cup A^c = S$;

$A \cap A^c = \varnothing$; $(A \cup B)^c = A^c \cap B^c$; $(A \cap B)^c = A^c \cup B^c$

임의의 두 사건 A 와 B 에 대하여 **차사건(subtration event)**은 'A 에서 B 에 해당하는 요소를 제외한 표본점'로 정의되며, 다음과 같이 표현한다.

$$A - B = A \cap B^c = \{s \in S \mid s \in A \text{ 이고 } s \notin B\} = A - (A \cap B)$$

차사건은 다음과 같은 성질을 가지고 있다.

$$A - B \neq B - A; \qquad A = (A - B) \cup (A \cap B)$$

마지막으로 두 사건 A 와 B 가 공통된 부분이 없는 경우를 **상호배반사건(mutually exclusive event; disjoint event)**이라고 한다. 즉, 다음과 같이 정의한다.

$$A \text{ 사건과 } B \text{ 사건이 상호배반사건} \Leftrightarrow A \cap B = \varnothing$$

예를 들어, 동전을 던졌을 경우 '앞면이 나오는 사건'과 '뒷면이 나오는 사건'은 상호배반사건이다. 왜냐하면, 두 사건이 동시에 발생할 수 없기 때문이다. 상호배반사건을 만족하면 합사건에 대한 확률은 개별확률의 합으로 표현될 수 있다. 또한, A 사건과 A^c 사건은 항상 상호배반사건이며, $A - B$ 사건과 $A \cap B$ 사건도 항상 상호배반사건임을 쉽게 확인할 수 있다. 따라서 다음과 같은 관계식이 성립한다.

$$\Pr(S) = \Pr(A) + \Pr(A^c); \qquad \Pr(A) = \Pr(A - B) + \Pr(A \cap B)$$

여기서 한 가지 주의할 것은 상호배반사건과 다음 절에서 배울 **독립사건**(independent event)과 쉽게 혼동될 수 있다는 것이다. 독립사건이란 두 사건이 서로 연관성이 없다는 의미이므로 사실상 반대되는 개념이다. 예를 들어, 동전을 던졌을 경우 '앞면이 나오는 사건'이 나타났다면, '뒷면이 나오는 사건'은 발생되지 않았다는 의미이므로 상호배반사건이지만 두 사건은 높은 연관성을 가지고 있으므로 독립사건이 될 수 없다.

확률의 공리

앞 절에서 설명하였듯이 확률은 매우 다양하게 해석될 수 있다. 하지만, 확률이론의 논리적 전개를 위해서는 확률의 수학적 정의가 필요한데 이를 **확률의 공리**(axioms of probability)라고 한다. 즉, 확률의 공리를 기초로 다양한 수학적 전개와 확률이론이 전개된다. 확률의 공리는 다음과 같다.

표본공간 S와 임의의 사건 A에 대하여, 확률 $\Pr(\cdot)$는 다음 조건을 만족하여야 한다.

(공리 1) $\Pr(A) \geq 0$, 확률의 비음수성(non-negativity)

(공리 2) $\Pr(S) = 1$, 확률의 정규화 (normalization)

(공리 3) 무한 배반사건열 $A_1, A_2, \cdots$ 에 대하여, 다음 등식이 성립한다.

$$\Pr\left(\bigcup_{i=1}^{\infty} A_i\right) = \sum_{i=1}^{\infty} \Pr(A_i)\text{, 확률의 가산가법성(countable additivity)}$$

확률의 3가지 공리를 바탕으로 다음과 같은 성질을 유도할 수 있다.

[정리 1] $\Pr(\varnothing) = 0$

만일 (공리 3)에서 무한배반사건열 $A_1, A_2, \cdots = \varnothing$으로 설정하면 다음 관계식이 성립함으로 알 수 있다.

$$\Pr\left(\bigcup_{i=1}^{\infty} A_i\right) = \sum_{i=1}^{\infty} \Pr(A_i) \Leftrightarrow \Pr(\varnothing) = \sum_{i=1}^{\infty} \Pr(\varnothing)$$

(공리 1)에 의하면 모든 확률은 0보다 같거나 커야 하는데 위의 조건을 만족하는 실수는 $\Pr(\varnothing) = 0$ 밖에 없으므로 [정리 1]이 증명된다.

[정리 2] 두 사건 A와 B가 상호배반사건이라면 $\Pr(A \cup B) = \Pr(A) + \Pr(B)$

(공리 3)에서 무한배반사건열을 $A_1 = A$, $A_2 = B$, $A_3 = A_4 = \cdots = \varnothing$으로 설정하면,

$$\Pr\left(\bigcup_{i=1}^{\infty} A_i\right) = \Pr(A \cup B) = \Pr(A) + \Pr(B) + \sum_{i=3}^{\infty} \Pr(\varnothing)$$

[정리 1]에 의하여 $\Pr(\varnothing) = 0$ 이므로 [정리 2]가 증명된다.

[정리 3] 유한배반사건열 $A_1, A_2, \cdots, A_n$ 에 대하여

$$\Pr\left(\bigcup_{i=1}^{n} A_i\right) = \sum_{i=1}^{n} \Pr(A_i)$$

이는 [정리 2]를 일반화한 것으로 확률의 **유한가법성(finite additivity)**이라고 부른다.

[정리 4] 임의의 사건 A 에 대하여, $\Pr(A^c) = 1 - \Pr(A)$

A 와 A^c 는 상호배반사건이며, $A \cup A^c = S$ 이 되어 (공리 2)에 의하여 확률은 1이 된다. [정리 2]를 적용하면,

$1 = \Pr(A \cup A^c) = \Pr(A) + \Pr(A^c)$ 이 되므로 [정리 4]가 증명된다.

[정리 5] 임의의 사건 A 에 대하여, $0 \leqq \Pr(A) \leqq 1$

(공리 1)에 의하여 모든 확률은 0보다 같거나 크므로 1보다 같거나 작다는 성질만 증명하면 된다. 만일 $\Pr(A) > 1$ 을 만족하는 어떤 사건 A 가 존재한다고 가정하자. 그러면 [정리 4]에 의하여 $\Pr(A^c)$ 는 반드시 음수값을 가져야 하고 이는 (공리 1)에 어긋나기 때문에 모순이 발생한다. 따라서 어떠한 확률도 1보다 큰값을 가질 수 없게 된다.

[정리 6] 두 사건 A 와 B 에 대하여 $A \subset B$ 이면, $\Pr(A) \leqq \Pr(B)$ 이다.

만일 사건 B 가 사건 A 를 포함하고 있다면 사건 B 는 상호배반인 두 사건 A 와 $B-A$ 로 나눌 수 있다. 따라서 [정리 2]에 의하여 다음 식이 성립한다.

$$\Pr(B) = \Pr(A \cup (B-A)) = \Pr(A) + \Pr(B-A)$$

그런데 (공리 1)에 따라 $\Pr(B-A)$ 는 0보다 같거나 크므로 $\Pr(B)$ 는 $\Pr(A)$ 보다 항상 같거나 클 수밖에 없다.

[정리 7] 두 사건 A 와 B 에 대하여 $\Pr(A \cup B) = \Pr(A) + \Pr(B) - \Pr(A \cap B)$ 이다.

사건 A 는 상호배반사건 $A-B$ 와 $A \cap B$ 으로 나누어지고, 사건 B 도 상호배반사건 $B-A$ 와 $A \cap B$ 으로 나누어진다. 또한, 사건 $A \cup B$ 는 상호배반사건 $A-B$, $A \cap B$, $B-A$ 으로 나누어진다. 따라서 유한가법성을 가진 [정리 3]을 적용하면 다음과 같은 관계식이 성립한다.

$$\Pr(A) + \Pr(B) = \Pr(A - B) + \Pr(A \cap B) + \Pr(B - A) + \Pr(A \cap B)$$
$$\Pr(A \cup B) = \Pr(A - B) + \Pr(A \cap B) + \Pr(B - A)$$

따라서 $\Pr(A \cup B) = \Pr(A) + \Pr(B) - \Pr(A \cap B)$가 성립된다. 이러한 성질을 **확률의 가산법칙(addition rule for probability)**이라고 한다.

조건부확률과 독립사건

사건 B가 일어났다는 조건 아래서 사건 A가 일어날 확률을 **조건부확률(conditional probability)**이라 부르고 다음과 같이 정의한다. (단, $\Pr(B) > 0$)

$$\Pr(A|B) = \frac{\Pr(A \cap B)}{\Pr(B)}$$

조건부확률은 새로운 정보인 사건 B가 발생하였을 경우 사건 A에 대한 확률이 어떻게 변화되어 계산되는지를 설명하고 있다. 여기서 새로운 정보인 사건 B가 발생하기 전에 나타나는 확률인 $\Pr(A)$를 **사전확률(prior probability)**이라고 한다. 다음으로 새로운 정보인 사건 B가 발생한 이후에 나타나는 확률은 $\Pr(A|B)$되며, 이를 **사후확률(posterior probability)**이라고 한다. 즉, 조건부확률은 사후확률을 계산하는 공식으로 새로운 정보가 추가되었을 때 확률(사후확률)이 어떻게 변하는지를 설명한 식이라고 해석할 수 있다.

예를 들어, S전자 주식가격이 오를 사건을 A사건이라 정의하자. 이 경우 $\Pr(A)$는 사전확률이 된다. 그런데 S전자는 이번 분기실적이 투자분석가의 예상을 뛰어넘는 높은 영업이익을 달성하였다고 발표하였다. 이 사건을 B사건이라 정의하자. 사건 B의 발생으로 인하여 S전자 주식가격 오를 확률, $\Pr(A|B)$는 증가할 것이고, 이러한 조건부확률은 사후확률이 된다. 이를 그림으로 설명하면 [그림 5-3]과 같다.

조건부확률의 정의로부터 양변에 $\Pr(B)$를 곱하면, 확률이론에서 중요하게 취급되는 **확률의 곱셈법칙(multiplicative rule of probability)**이 만들어진다.

$$\Pr(A \cap B) = \Pr(A|B) \times \Pr(B) = \Pr(B|A) \times \Pr(A)$$

만일, S전자의 실적발표에도 불구하고 주식시장이 반응하지 않고 주식가격이 오를 확률이 변화되지 않아 사전확률과 사후확률이 같다면, 즉 $\Pr(A) = \Pr(A|B)$조건이 만족된다면, 두 사건을 **독립사건(independent event)**이라고 한다. 독립사건이라는 의미는 두 사건이 서로 관계가 없다는 의미로써 새로운 정보가 추가되어도 확률의 변화가 발생하지 않는다는 의미이다. 독립사건이 되기 위한 조건, $\Pr(A) = \Pr(A|B)$는 아래와 같은 식으로 다르게 표현할 수도 있다.

$$\Pr(A|B) = \frac{\Pr(A \cap B)}{\Pr(B)} = \Pr(A) \quad \Leftrightarrow \quad \Pr(A \cap B) = \Pr(A) \times \Pr(B)$$

그림 5-3 사전확률과 사후확률의 이해

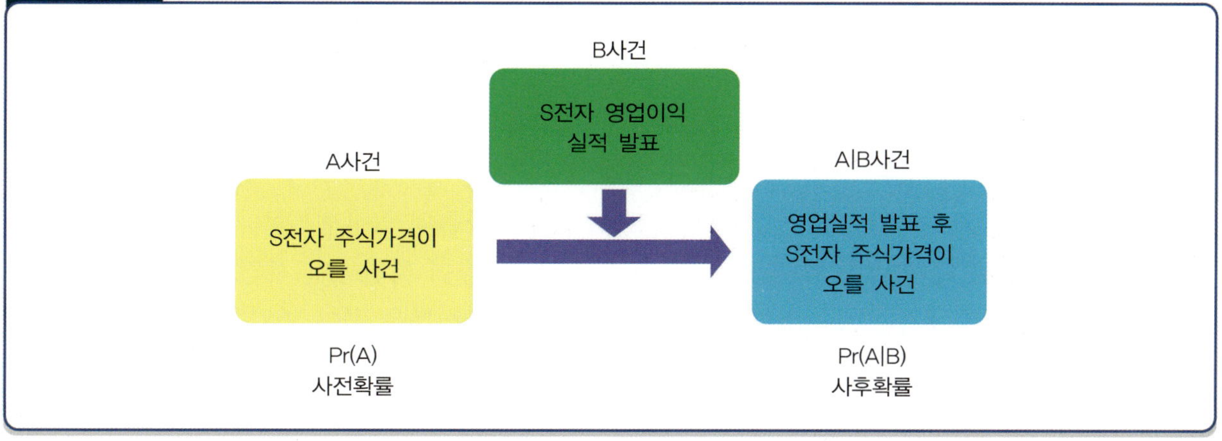

요약하면, 다음의 표현은 같은 의미이다.

두 사건 A, B 가 독립 $\Leftrightarrow \Pr(A|B) = \Pr(A) \Leftrightarrow \Pr(A \cap B) = \Pr(A) \times \Pr(B)$

또한, 두 사건 A, B 가 독립이면, 두 사건 (A^c, B), (A, B^c), (A^c, B^c) 모두 독립사건이 된다. 독립사건의 반대의미는 '두 사건 간에 서로 연관성이 있거나 서로 영향을 미친다'라는 의미이며, 이를 **종속사건**(dependent event)이라고 한다.

주사위를 던지는 실험에서 사건 A를 {2,4,6}의 눈이 나오는 사건이라 하고, 사건 B를 {1, 2, 3, 4}의 눈이 나오는 사건이라고 하자. 이제 두 사건이 독립사건인지를 확인하여 보자. 먼저 사전확률은 6개 가능성 중에서 3개의 가능성을 사건 A가 차지하는 비율이므로, $\Pr(A) = 3/6$으로 계산이 된다. 사후확률인 $\Pr(A|B)$ 계산은 두 가지 방법으로 접근할 수 있다. 첫 번째 방법은 사건 B {1, 2, 3, 4}가 발생하였다는 조건 아래서 사건 A, {2, 4, 6}이 나타나는 확률이므로 4개 중 6을 제외한 2개, {2, 4}가 나타날 확률로 계산되어 2/4가 된다. 첫 번째 방법은 간단하지만, 복잡한 문제의 경우, 이러한 방식으로 쉽게 해결할 수 없다는 문제점을 가지고 있다. 두 번째 방법은 조건부확률의 정의를 이용하여 다음과 같이 계산하는 방법이다.

$$\Pr(A|B) = \frac{\Pr(A \cap B)}{\Pr(B)} = \frac{2/6}{4/6} = \frac{1}{2} \qquad (\because \ A \cap B = \{2,4\} \text{ 이므로})$$

결국, 사전확률과 사후확률은 같으므로 두 사건은 독립사건이라고 볼 수 있다. 이러한 독립사건은 다음과 같이 해석할 수 있다. 주사위를 던져서 사건 A가 나타나면 이기는 게임을 한다고 가정하자. 즉, 이 게임에 이길 확률은 1/2이 된다. 주사위는 던져졌고, 서로 주사위의 결과를 확인하려고 할 때 주사위 결과를 미리 본 어떤 사람이 새로운 정보를 주겠다고 하면서 사건 B가 발생하였다는 정보를 제공하였다. 이 경우 사건 B에 대한 정보는 이 게임에 이길 확률인, 1/2을 변화시킬 수 없으므로 쓸모없는(또는 관계없는) 정보가 된다는 것이다. 이는 마치 주사위 게임을 하고 있는데 전혀 관계없는 'S전자 주식가격이 급등한 사건'에 대한 정보를 제공하는 것과 같은 상황이라 말할 수 있다는 것이다.

이제 확률의 곱셈법칙에 대한 예제를 살펴보자. 주머니 속에 빨간공 r개, 파란공 b개가 있다고 하자. 2개 공을 비복원추출로 뽑았을 경우 첫 번째 뽑은 공이 빨간공이고 두 번째 뽑은 공이 파란공일 확률을 구해보자. 이 문제는 간단한 문제로 보이지만 확률의 곱셈법칙을 제대로 이해하지 못하면 해결할 수 없는 문제이다. 다시 말하면, 첫 번째 뽑은 공이 빨간공일 사건, A를 정하고 확률을 계산한 다음, 사건 A가 발생하였다는 조건 아래서 두 번째 뽑은 공이 파란공일 확률을 계산하는 확률의 곱셈법칙이 적용되어야 한다. 두 번째 뽑은 공이 파란공일 사건을 B라 하면, 확률의 곱셈법칙에 의하여 다음과 같이 계산된다.

$$\Pr(A \cap B) = \Pr(A) \times \Pr(B|A) = \frac{r}{r+b} \times \frac{b}{r+b-1}$$

5.4 베이즈정리와 응용

베이즈정리(Bayes theorem)는 확률이론에서 가장 중요한 정리 중 하나로 사전확률을 바탕으로 사후확률이 어떻게 계산되는지를 알려주는 확률법칙이다. 예를 들어, 영업이익을 초과달성했다는 새로운 정보가 추가되었을 경우, S전자 주식가격이 오를 확률은 베이즈정리로 계산될 수 있다. 또한, 베이즈정리는 조건부확률의 사건순서가 뒤바뀔 때, 즉, $\Pr(B|A)$를 이용하여 $\Pr(A|B)$를 계산하고자 하는 경우, 적용될 수 있다. 예를 들어, 현재 코로나 검사약은 코로나 환자에게 적용하면 95% 정확성을 가지고 양성반응을 나타낸다고 하자. 어떤 검사대상자가 이 검사약으로 양성반응이 나타났다면, 이 대상자가 코로나 환자일 확률은 베이즈정리를 이용하여 계산할 수 있다. 이를 조건부확률로 표현하면 다음과 같다.

$$\Pr(\text{양성반응} \mid \text{코로나 환자}) = 0.95 \quad \Rightarrow \quad \Pr(\text{코로나 환자} \mid \text{양성반응}) = ?$$

베이즈정리는 약간의 복잡한 식으로 구성되어 있는데, 표본공간의 분할을 이해하고 이를 기반으로 만들어진 전확률 정리를 알면 쉽게 유도할 수 있다. 먼저 표본공간의 분할에 대하여 알아보자.

전확률 정리

다음 두 조건을 만족하는 n개의 사건열 $A_1, A_2, \cdots, A_n$ 를 **표본공간의 분할**(partition of the sample space)이라고 한다.

[조건 1] $A_1, A_2, \cdots, A_n$ 는 유한배반 사건열이다. 즉, $A_i \cap A_j = \varnothing$, $(i \neq j)$

[조건 2] $A_1 \cup A_2 \cup \cdots \cup A_n = \bigcup_{i=1}^{n} A_i = S$ (여기서 S는 표본공간)

어떠한 사건열이 표본공간의 분할이라는 의미는 사건열이 상호배반이면서 표본공간 전체를 덮고있어야 한다는 것이다([그림 5-4] 참조). 우리가 피자를 나누어 먹을 때를 생각해 보자. 피자는 일반적으로 8조각으로 나누어져 있는데, 이 조각들은 서로 겹쳐진 부분이 없고 전체를 다시 모으면 하나의 완성된 피자가 되므로 '피자의 분할'이라고 말할 수 있다. 임의의 사건 A에 대하여, 사건열 A, A^c는 항상 표본공간의 분할이 된다.

그림 5-4 표본공간의 분할

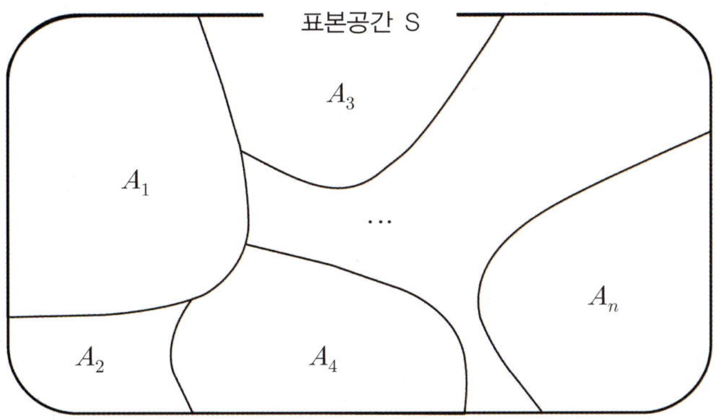

이제 **전확률 정리**(theorem of total probability)에 대하여 알아보도록 하자. 만일 임의의 사건 B가 표본공간의 분할로 만들어진 사건열과 연관되어 있다면, [그림 5-5]에서 보는 바와 같이, 사건 B는 상호배반사건열의 합사건으로 표현될 수 있다.

$$B = (A_1 \cap B) \cup (A_2 \cap B) \cup \cdots \cup (A_n \cap B) = \bigcup_{i=1}^{n} (A_i \cap B)$$

그림 5-5 **전확률 정리의 이해**

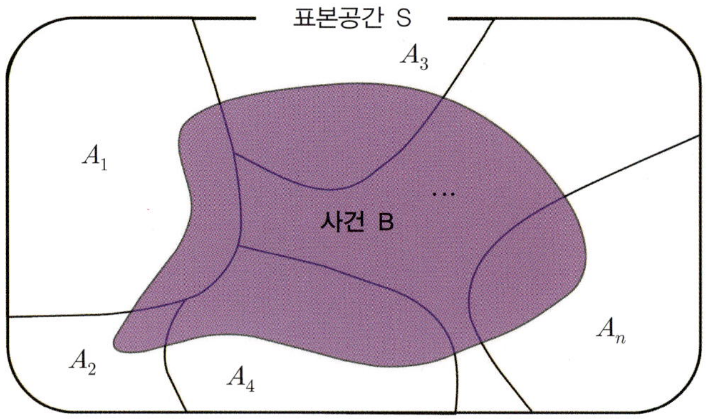

다시 말하면, 유한배반사건열 $\{A_i \cap B\}$는 사건 B의 분할이 된다는 것이다. 이는 확률의 유한가법성에 의하여 다음과 같이 표현될 수 있다.

$$\Pr(B) = \Pr\left(\bigcup_{i=1}^{n}(A_i \cap B)\right) = \sum_{i=1}^{n}\Pr(A_i \cap B)$$

그런데, 확률의 곱셈법칙에 의하여 $\Pr(A_i \cap B) = \Pr(B|A_i) \times \Pr(A_i)$ 이므로 최종적으로 전확률 정리공식이 유도된다.

전확률 정리

사건열 $A_1, A_2, \cdots, A_n$ 이 표본공간의 분할이면, 임의의 사건 B에 대하여 다음 등식이 성립한다.

$$\Pr(B) = \sum_{i=1}^{n}\Pr(B|A_i) \times \Pr(A_i)$$

사건 A와 A^c은 항상 표본공간의 분할이므로, 임의의 사건 B에 대하여 전확률 정리를 적용하면, 다음의 식이 유도된다.

$$\Pr(B) = \Pr(B|A) \times \Pr(A) + \Pr(B|A^c) \times \Pr(A^c)$$

이제 두 가지 예제를 통하여 전확률 정리가 어떻게 활용되는지 알아보도록 하자.

[예제 1] 반도체를 생산하는 S전자는 3개의 공장을 가지고 있다. 첫 번째 공장은 전체의 20%를 생산하고 있으며 불량률은 1%로 알려져 있다. 두 번째 공장은 전체의 30%를 생산하고 있으며 불량률은 2%, 세 번째 공장은 전체의 50%를 생산하고 있으며 불량률은 3%로 알려져 있다. S전자가 생산하는 반도체의 전체 불량률은 얼마인가?

사건 B를 불량품일 사건으로 정의한다면, 우리가 원하는 답은 불량률 $\Pr(B)$이 된다. 이 확률을 직접 계산하는 것은 어렵지만, 3개의 공장으로 나누어 전확률 정리를 적용하면 확률을 계산하는 것은 가능하다. 사건열 $\{A_i\}$를 i번째 공장에서 반도체가 생산되는 사건이라고 정의한다면, 모든 반도체는 3개 공장 중 한 곳에서 생산되므로 표본공간의 분할이라 볼 수 있으므로, 다음과 같이 표현할 수 있다.

첫 번째 공장: $\Pr(A_1)=0.2$; $\Pr(B|A_1)=0.01$
두 번째 공장: $\Pr(A_2)=0.3$; $\Pr(B|A_2)=0.02$
세 번째 공장: $\Pr(A_3)=0.5$; $\Pr(B|A_3)=0.03$

전확률 정리를 적용하면 전체 불량률은 다음과 같이 계산된다.

$$\Pr(B)=\sum_{i=1}^{3}\Pr(B|A_i)\times\Pr(A_i)=0.01\times0.2+0.02\times0.3+0.03\times0.5=0.023$$

즉, 전체 불량률은 2.3%가 된다는 것이다. 이 값은 3개 공장의 불량률을 생산량에 따라 가중평균한 값이다. 세 번째 공장은 많은 제품을 생산함에 따라 가중치가 높아지면서 높은 불량률(3%)에 따라 전체 불량률이 높게 나타났음을 확인할 수 있다. 이처럼 전확률 정리는 확률의 곱셈법칙을 기반으로 확률의 가중평균 형태로 보인다. 이제 다음 예제를 통하여 전확률 정리의 다른 의미를 살펴보도록 하자.

[예제 2] 주머니 속에 빨간공 r개, 파란공 b개가 있다고 하자. 첫 번째 공은 뽑아 그냥 버리고, 두 번째 뽑힌 공이 빨간공일 확률을 구하여라.

이 문제에서는 첫 번째 공이 어떤 공이었느냐에 따라 두 번째 공이 빨간공일 확률이 결정되기 때문에 이에 대한 확률을 직접 계산하는 것은 불가능하다. 하지만, 만일 첫 번째 뽑은 공이 빨간공이었다고 가정하면, 두 번째 공을 뽑을 때 주머니 안에는 총 $r+b-1$개의 공과 그중에서 $r-1$개의 빨간공이 있을 것이므로 확률계산이 가능하게 된다. 사건 A를 첫 번째 뽑은 공이 빨간공일 사건이라 정하면, A^c사건은 자동으로 첫 번째 뽑은 공이 파란공일 사건이 되면서 두 사건열은 표본공간의 분할이 된다. 사건 B를 두 번째 공이 빨간공일 사건이라 정하면 전확률 정리에 따라 다음과 같이 계산된다.

$$\begin{aligned}\Pr(B) &= \Pr(B|A)\times\Pr(A)+\Pr(B|A^c)\times\Pr(A^c)\\ &= \frac{r-1}{r+b-1}\times\frac{r}{r+b}+\frac{r}{r+b-1}\times\frac{b}{r+b}\\ &= \frac{r(r-1+b)}{(r+b-1)(r+b)}=\frac{r}{r+b}\end{aligned}$$

이처럼 두 번째 공이 빨간공일 확률을 직접 계산하는 것은 어렵지만, 전확률 정리를 이용하면 쉽게 계산할 수 있다. 여기서 주목할 점은 전확률 정리를 통해 나타난 확률도 결국은 조건부확률의 가중평균 형태라는 것이다. 이제 전확률 정리가 이해하였으면, 베이즈정리로 넘어가 보자.

베이즈정리

베이즈정리(Bayes theorem)는, $\Pr(B|A)$를 이용하여 사전확률인 $\Pr(A)$와 대비되는 사후확률인 $\Pr(A|B)$을 계산하는 확률법칙이다. 반도체 생산에 관련된 (예제 1)의 문제를 생각해 보자. 첫 번째 공장에서 불량품이 나타날 확률 $\Pr(B|A_1)$는 문제에서 주어져 있으므로 0.01로 쉽게 구할 수 있다. 이번에는 두 사건의 순서를 바꾸어 보도록 하자. 만일 제품이 불량품으로 판명되었을 경우, 이 불량품이 첫 번째 공장에서 생산되었을 확률, $\Pr(A_1|B)$을 계산하고자 한다면 이 문제는 베이즈정리문제가 된다. 이 문제는 조건부확률의 두 사건이 뒤바뀐형태로 해석할 수도 있고, 사전확률–사후확률 관계로도 설명할 수 있다. 즉, 사전확률 $\Pr(A_1)$는 첫 번째 공장에서 제품이 생산될 확률이고, 첫 번째 공장에서는 전체 제품의 20%를 차지하므로 0.2의 확률을 가지게 된다. 만일 뽑힌 제품이 불량품이라는 추가적인 정보가 나타났다면, 불량률이 높은 세 번째 공장에서 제품이 생산되었을 확률은 높아지게 되며, 불량률이 낮은 첫 번째 공장에서 생산되었을 확률은 낮아지게 되는데,[4] 이렇게 계산된 확률은 사후확률이 된다. 그렇다면, 이러한 사후확률을 계산하는 확률법칙 베이즈정리에 대하여 알아보도록 하자.

베이즈정리

사건열 $A_1, A_2, \cdots, A_n$은 표본공간 S의 분할이라 하자. 임의의 사건 B에 대하여, 다음 등식이 성립한다.

$$\Pr(A_j|B) = \frac{\Pr(B|A_j) \times \Pr(A_j)}{\sum_{i=1}^{n} \Pr(B|A_i) \times \Pr(A_i)}$$

베이즈정리는 조건부확률의 정의를 이용하여 분자는 확률의 곱셈법칙을, 분모는 전확률 정리를 적용하면 다음과 같이 쉽게 증명될 수 있다.

$$\Pr(A_j|B) = \frac{\Pr(A_j \cap B)}{\Pr(B)}$$

분자의 경우 : $\Pr(B|A_j) \times \Pr(A_j)$

분모의 경우 : $\sum_{i=1}^{n} \Pr(B|A_i) \times \Pr(A_i)$

4) 베이즈정리를 이용하여 사후확률을 계산하면, 사전확률 0.2에서 0.087로 크게 줄어든다.

따라서 베이즈정리는 따로 암기할 필요없이, 그동안 배운 확률의 법칙을 그대로 적용하면 해결된다. 다음의 세 가지 예제를 통하여 베이즈정리를 이해해보도록 하자. 베이즈정리를 올바르게 적용하기 위해서는 문제를 이해하고, 이에 대한 적절한 사건을 정의하는 것이 중요하다. 즉, 사건을 제대로 정의하면 베이즈 문제를 간단하게 해결할 수 있다.

[예제 3] 앞에서 언급한 [예제 1]을 다시 생각해 보자. 반도체를 생산하는 S전자는 3개의 공장을 가지고 있다. 첫 번째 공장은 전체의 20%를 생산하고 있으며 불량률은 1%로 알려져 있다. 두 번째 공장은 전체의 30%를 생산하고 있으며 불량률은 2%, 세 번째 공장은 전체의 50%를 생산하고 있으며 불량률은 3%로 알려져 있다. 한 개의 제품을 뽑았는데 불량품으로 판정되었다. 그 제품이 첫 번째 공장에서 생산되었을 확률을 구하여라.

사건 B를 불량품일 사건으로 정하고 사건열 $\{A_i\}$를 i 번째 공장에서 반도체가 생산되는 사건이라고 정의하면, 불량품인 조건 아래서 첫 번째 공장에서 생산되는 확률, $\Pr(A_1|B)$을 계산하는 것이 주어진 문제이다. 조건부확률 정의에 따라 분자는 $\Pr(A_1 \cap B)$이 되고 분모는 전체 불량률을 나타내는 $\Pr(B)$가 된다. [예제 1]에서는 전확률 정리를 이용하여 분모에 대한 확률은 다음과 같이 이미 계산되었다.

$$\Pr(B) = \sum_{i=1}^{3} \Pr(B|A_i) \times \Pr(A_i) = 0.01\times0.2+0.02\times0.3+0.03\times0.5=0.023$$

분자는 확률의 곱셈법칙에 의하여 다음과 같이 계산된다.

$$\Pr(A_1 \cap B) = \Pr(B|A_1) \times \Pr(A_1) = 0.01 \times 0.2 = 0.002$$

결국 최종확률 $\Pr(A_1|B)$ 은 다음과 같이 계산된다.

$$\Pr(A_1|B) = \frac{\Pr(A_1 \cap B)}{\Pr(B)} = \frac{0.002}{0.023} \approx 0.087$$

즉, 아무런 정보가 없었던 상황에서는 첫 번째 공장에서 생산한 제품이 뽑힐 확률은 20%이었지만 (사전확률), 뽑힌 제품이 불량품이라는 정보가 추가된 이후 이 제품이 첫 번째 공장에서 생산되었을 확률은 8.7%로 (사후확률) 크게 낮아졌다.

[예제 4] 임상실험 결과, 새롭게 개발된 코로나 검사키트는 코로나 환자에게 적용하면 80% 적중률을 가지고 양성반응을 보여주었다. 이러한 수치, 80%를 **민감도(sensitivity)**라고 부른다. 새로운 코로나 검사키트를 정상인에게 적용하면 97% 적중률을 가지고 음성반응을 보여주었다. 이러한 수치, 97%를 **특이도(specificity)**라고 부른다. 질병관리본부에서 발표한 자료에 따르면, 코로나 환자는 2022년 2월 기준 인구 10만명당 193명이 발병되는 것으로 보고하고 있다. 어떤 사람이 새롭게 개발된 코로나 검사키트에

서 양성반응으로 나타났다면, 이 사람이 실제로 코로나 환자일 확률은 얼마인가? (참고로, 이러한 확률 즉 양성반응의 검사자가 실제 코로나 환자일 확률을 **양성 예측도**(PPV; positive predictive value)라고 부른다.)

이 문제는 코로나 환자에 대한 사전확률은 주어져 있고, 사후확률을 계산하는 베이즈정리문제이다. 표본공간의 분할에 대한 사건열로 코로나 환자일 사건, A 그리고 코로나 환자가 아닌 정상인일 사건, A^c로 사건을 정의하고 접근한다. 만일 사건 B를 추가적인 정보에 해당하는 양성반응일 사건으로 정하면, 사건 B^c는 음성반응일 사건이 된다. 이제 문제에서 주어진 확률값을 정의된 사건으로 표현하면 다음과 같다.

$$\Pr(B|A)=0.80\ ;\quad \Pr(B^c|A^c)=0.97\ ;\quad \Pr(A)=193/10\text{만}$$

이제 전확률 정리를 이용하여, 베이즈정리의 분모부분인 양성반응이 나타날 확률, $\Pr(B)$을 계산해 보자.

$$\begin{aligned}\Pr(B) &= \Pr(B|A)\times\Pr(A)+\Pr(B|A^c)\times\Pr(A^c)\\ &= 0.80\times193/100000+(1-0.97)\times(1-193/100000)\approx0.0315\end{aligned}$$

베이즈정리의 분자는 확률의 곱셈법칙에 의하여 $\Pr(A\cap B)=\Pr(B\mid A)\times\Pr(A)$이므로 최종 확률은 다음과 같이 계산된다.

$$\Pr(A|B)=\frac{\Pr(A\cap B)}{\Pr(B)}=\frac{0.8\times193/100000}{0.0315}\approx0.0490$$

이 문제를 해결하면서 놀라운 사실을 확인할 수 있다. 새롭게 개발되어 성능이 좋다는 코로나 검사키트에서 양성반응이 나왔다고 하더라도 실제 코로나 환자일 확률은 4.9%밖에 안 된다는 것이다. 이는, 코로나 병 자체가 아무리 많이 퍼져있다고 하여도, 사전확률이 197/100000으로 낮아서 나타나는 현상이다. 따라서 코로나 검사키트로 양성반응이 나타났다면 코로나 환자일 확률이 0.193%에서 4.9%로 급격하게 증가하였지만, 그래도 4.9%밖에 안 되므로 추가적인 정밀검사를 받는 것이 현명할 것이다. 여기서 정상임에도 불구하고 양성반응이 나타나는 경우를 **거짓된 양성반응**(false positive) 또는 **거짓된 알람**(false alarm)이라고 부르며 (1−양성예측도) 값이 된다. 코로나 환자임에도 불구하고 음성반응이 나타나는 경우를 **거짓된 음성반응**(false negative)이라 부르며, 의학계에서는 거짓된 음성반응을 훨씬 심각하게 받아들인다.

[예제 5] 주머니 속에 앞면과 뒷면이 있는 정상적인 동전 4개와 두면 모두 앞면만 있는 비정상적인 동전 1개가 있다고 하자. 주머니 속에서 동전 한 개를 꺼내어 3번 던졌더니 3번 모두 앞면이 나왔다면, 꺼낸 동전이 비정상적인 동전일 확률을 계산하여라.

주머니 속에는 5개의 동전이 있고 그중에는 앞면만 있는 비정상적인 동전 1개가 있다. 따라서 주머니 속에서 동전 1개를 꺼냈을 경우 이 동전이 비정상적인 동전일 확률은 사전확률로써 1/5 이다. 이제 뽑힌 동전에 대한 새로운 정보가 주어졌다. 동전을 던졌더니 3번 모두 앞면이 나왔다는 것이다. 만일 동전을 던져서 한번이라도 뒷면이 나왔다면 그 순간 뽑힌 동전이 비정상적인 동전일 사후확률은 0이 된다. 하지만 3번 모두 앞면이 나왔다는 정보는 뽑힌 동전이 비정상적인 동전일 가능성이 매우 크다는 것을 의미한다. 물론, 정상적인 동전에서도 3번 연속 앞면이 나올 수 있으므로 100% 확신할 수는 없을 것이다.

이 문제는 비정상적인 동전에 대한 사후확률을 계산하는 문제이므로, 먼저 표본공간의 분할에 해당하는 사건열로 비정상적인 동전일 사건, A 그리고 정상적인 동전일 사건, A^c로 사건을 정의하고 진행하여야 한다. 만일 사건 B를 추가적인 정보에 해당하는 사건, 동전을 3번 던졌더니 3번 모두 앞면이 나온 사건으로 정한다면 다음과 같이 확률을 정할 수 있다.

$$\Pr(B|A) = 1\,; \qquad \Pr(B|A^c) = \frac{1}{2}\times\frac{1}{2}\times\frac{1}{2} = \frac{1}{8}\,; \qquad \Pr(A) = \frac{1}{5}$$

이제 전확률 정리를 이용하여 3번 모두 앞면이 나올 확률, $\Pr(B)$을 계산해 보자.

$$\Pr(B) = \Pr(B|A)\times\Pr(A) + \Pr(B|A^c)\times\Pr(A^c) = 1\times\frac{1}{5} + \frac{1}{8}\times\frac{4}{5}$$

또한 베이즈정리의 분자는 $\Pr(A\cap B) = \Pr(B|A)\times\Pr(A)$ 이므로, 비정상적인 동전에 대한 사후확률은 다음과 같이 계산된다.

$$\Pr(A|B) = \frac{\Pr(A\cap B)}{\Pr(B)} = \frac{1\times\frac{1}{5}}{1\times\frac{1}{5}+\frac{1}{8}\times\frac{4}{5}} = \frac{2}{3} \approx 0.667$$

즉, 비정상적인 동전에 대한 사전확률 1/5에서 새로운 정보가 추가되면서 사후확률은 2/3로 증가하였다.

이 문제를 조금 더 확장하여 뽑힌 동전이 정상적인 동전인지, 아니면 비정상적인 동전인지를 판단하는 **의사결정문제**(decision science problem)라고 생각하여 보자.[5] 이러한 의사결정문제의 경우, 사후확률을 계산하기 전에 먼저 결정해야 할 부분이 있다. 그것은 사후확률값이 어느 정도 이상이어야 비정상적인 동전으로 판단할 것인지를 설정하는 **분류기준값**(cut-off value)을 정하는 일이다. 만일 특별한 기준이 없다면 디폴트값으로 분류기준값을 0.5로 설정할 수 있다. 즉, 사후확률이 0.5보다 크게 나오면 비정상적인 동전으로 분류하겠다는 규칙을 정한다는 것이다. 하지만 정상적인 동전임에도 불구하고 잘못하여 비정상적인 동전이라고 판단하는 오류가 매우 심각하다면[6] 분류기준을 조

5) 이 문제에 대한 한 가지 접근방법으로 다음 절에서 소개하는 나이브 베이즈 방법이 있다.
6) 이러한 오류를 제1종 오류(Type I error)라고 하며, 8장에서 자세하게 언급하기로 한다.

금 더 높게 만들어 0.7정도로 설정할 수 있다. 결국, 뽑힌 동전이 어떤 동전인지를 판단하는 의사결정문제는, 잘못 판단하는 오류가 어느 정도 심각한지를 파악하여 이에 따라 분류기준값을 정하고, 이를 사후확률과 비교하는 과정으로 의사결정문제를 접근한다.

[예제 5]에서 사후확률이 2/3로 계산되었으므로, 만일 분류기준값을 0.5로 설정되었다면, 뽑힌 동전은 비정상적인 동전일 것이라고 결정내리게 된다. 하지만, 분류기준값을 0.7로 설정하는 경우에는 사후확률이 0.7보다 크지 못하므로, 정상적인 동전이라고 결정내리게 된다. 이러한 종류의 문제를 **분류문제**(classification problem)라고 부르며, 다음 절에 소개하는 나이브 베이즈가 데이터 사이언스 분야에서 유용하게 사용되는 방법 중 하나이다.

5.5 나이브 베이즈와 연관규칙

이제 확률의 기본법칙과 베이즈정리를 이용하여 인공지능 분야에서 응용되고 있는 나이브 베이즈와 연관규칙에 대한 기본원리를 이해하여 보자.

나이브 베이즈

데이터 사이언스에서 많이 적용되는 문제 중 하나로 **분류문제**가 있다. 분류문제는 어떠한 카테고리에 속하는지를 예측하는 문제로 다음과 같은 질문에 답해줄 수 있다.

- 지금 방문한 고객이 물건을 사는 고객일까 아니면 그냥 지나가는 고객일까?
- 머리가 아픈 증상을 가진 환자인데, 어떤 종류의 질병일까?
- 방금 들어온 메일이 스팸메일일까 아니면 정상메일일까?
- 얼굴 이미지 분석결과로 나타난 이 사람이 '김철수'인가?
- 이 기업이 1년 이내에 도산할 기업일까? 아니면 정상기업으로 남을까?

이러한 분류문제를 해결하는 방법 중 한 가지로 베이즈정리를 이용한 **나이브 베이즈**(naive Bayes) 방법이 있다. 앞에서 언급한 [예제 3] 문제를 분류문제로 바꾸어서 접근해 보자.

[예제 6] 반도체를 생산하는 S전자는 3개의 공장을 가지고 있다. 첫 번째 공장은 전체의 20%를 생산하며 불량률은 1%로 알려져 있다. 두 번째 공장은 전체의 30%를 생산하며 불량률은 2%, 세 번째 공장은 전체의 50%를 생산하며 불량률은 3%로 알려져 있다. 한 개의 제품을 뽑았는데 불량품으로 판정되었다면 이 제품이 어느 공장에서 생산되었는지 판단하여라.

사건 B를 불량품일 사건으로 정하고 사건열 $\{A_i\}$를 i번째 공장에서 반도체가 생산되는 사건이라고 하자. 전확률 정리에 따라 불량품일 사건 B에 대한 확률은 다음과 같이 계산된다.

$$\Pr(B) = \sum_{i=1}^{3} \Pr(B|A_i) \times \Pr(A_i) = 0.01\times0.2+0.02\times0.3+0.03\times0.5=0.023$$

이제 사건 B를 조건으로 하는 i번째 공장에서 반도체가 생산되는 확률을 계산하여 보자.

$$\Pr(A_1|B) = \frac{\Pr(B|A_1)\times\Pr(A_1)}{\Pr(B)} = \frac{0.01\times0.2}{0.023} \approx 0.087$$

$$\Pr(A_2|B) = \frac{\Pr(B|A_2)\times\Pr(A_2)}{\Pr(B)} = \frac{0.02\times0.3}{0.023} \approx 0.261$$

$$\Pr(A_3|B) = \frac{\Pr(B|A_3)\times\Pr(A_3)}{\Pr(B)} = \frac{0.03\times0.5}{0.023} \approx 0.652$$

결국, $\Pr(A_3|B)$가 3개의 카테고리 중에서 가장 높은 확률 65.2%로 나타났으므로, 이 제품은 세 번째 공장에서 생산된 제품이라고 판단하게 된다. 여기서 한 가지 주목할 점은 $\Pr(B)=0.023$는 분류에 아무 역할을 하지 않고 단지 수치를 0에서 1사이로 정규화시켜 주어 확률합을 1로 바꾸어 주는 스케일 조정 역할만 한다는 것이다. 즉, 어렵게 $\Pr(B)$를 계산할 필요없이 다음과 같이 사후확률에 비례하는 값만 계산하면 된다.

$$\Pr(A_1|B) \propto \Pr(B|A_1)\times\Pr(A_1) = 0.01\times0.2=0.002$$

$$\Pr(A_2|B) \propto \Pr(B|A_2)\times\Pr(A_2) = 0.02\times0.3=0.006$$

$$\Pr(A_3|B) \propto \Pr(B|A_3)\times\Pr(A_3) = 0.03\times0.5=0.015$$

여기서 $\Pr(B|A_i)$를 나이브 베이즈에서는 **우도(likelihood)**라고 부른다. 결국, 다음과 같이 정리할 수 있다.

$$\text{사후확률} \propto \text{우도} \times \text{사전확률}$$

여기서 불량품이라는 정보를 제공하는 사건 B는 분류를 위한 정보를 의미하는데, 이에 대한 정보가 많아지면 우도가 복잡해진다. 이러한 정보는 데이터로 표현될 수 있는데, 이를 **독립변수(independent variable)** 또는 **특성(feature)**이라 하고 분류에 해당하는 변수를 **종속변수(dependent variable)**라 부른다. 분류(또는 종속변수)를 위한 독립변수가 많아지면 우도값 계산이 어려워진다. 이러한 문제를 극복하기 위하여 전문적 지식이나 경험이 없는 상태를 나타내는 의미인 **나이브(naive)**라는 표현을 쓰면서 **조건부 독립(conditional independence)**이라는 가정 아래서 우도값을 계산하게 된다. 조건부 독립이란, 특정 카테고리를 조건으로 고정하였을 경우, 모든 독립변수 또는 특성이 독립이라는 의미이다. 즉, 개별적인 우도값의 곱으로 전체 우도값을 계산될 수 있다는 의미이다. 그러면 다음 예제를 통하여 이러한 내용이 어떻게 전개되는지 알아보도록 하자.

[예제 7] 다음 자료는 10명의 자동차 소유주에게 자신이 보유한 자동차에 대한 만족/불만족을 조사한 가상적인 자료이다. 아래의 사례에 해당하지 않은 검은색 SUV, 국내차를 소유한 차주의 만족/불만족을 판단하여라.

사례번호	차량색	차량유형	국내/수입	만족/불만족
1	검은색	세단형	국내차	만족
2	검은색	세단형	국내차	불만족
3	검은색	세단형	국내차	만족
4	검은색	세단형	수입차	만족
5	검은색	SUV	수입차	불만족
6	흰색	세단형	국내차	불만족
7	흰색	세단형	수입차	만족
8	흰색	SUV	수입차	만족
9	흰색	SUV	수입차	불만족
10	흰색	SUV	국내차	불만족

문제에서 제공되는 데이터는 4개의 변수로 구성되어 있다. 분류를 위하여 만들어진 종속변수는 만족/불만족변수이며, 이를 위하여 정보를 제공하는 역할을 하는 독립변수 또는 특성은 차량색, 차량유형, 국내/수입을 나타내는 3개 변수이다. 만족/불만족에 대한 사전확률은 특별한 정보가 주어져 있지 않으므로, 데이터를 통해 얻기로 한다. 즉, 총 10개 사례 중에서 5 사례가 만족이고 나머지 5 사례가 불만족이므로 사전확률은 각각 0.5씩 설정하기로 하겠다. 사후확률은 우도값과 사전확률의 곱으로 계산되지만, 사전확률이 균등하게 0.5로 할당되므로 우도값에 의하여 사후확률의 크기가 결정된다. 이를 수식으로 표현하면 다음과 같나.

$$\Pr(\text{만족} \mid \text{검정, SUV, 국내}) = \frac{\Pr(\text{검정, SUV, 국내} \mid \text{만족}) \times \Pr(\text{만족})}{\Pr(\text{검정, SUV, 국내})}$$

$$\propto \Pr(\text{검정, SUV, 국내} \mid \text{만족})$$

결국, 우도에 해당하는 $\Pr(\text{검정, SUV, 국내} \mid \text{만족})$과 $\Pr(\text{검정, SUV, 국내} \mid \text{불만족})$의 크기를 비교하여 더 큰값에 해당하는 카테고리로 결정하면 된다. 하지만 현재의 데이터 정보로는 우도값을 계산하는 것이 불가능하므로 나이브에 해당하는 조건부 독립을 추가로 가정하여 계산하기로 한다. 이 문제에서 조건부 독립이란 만족 또는 불만족이라는 조건 아래서 3개의 독립변수–차량색, 차량유형, 국내/수입 여부–가 모두 서로 독립이라는 의미이다. 이를 이용하여 우도값을 계산하면 다음과 같다.

$$\Pr(\text{검정, SUV, 국내} \mid \text{만족}) \propto \Pr(\text{검정} \mid \text{만족}) \times \Pr(\text{SUV} \mid \text{만족}) \times \Pr(\text{국내} \mid \text{만족})$$

$$\propto \frac{3}{5} \times \frac{1}{5} \times \frac{2}{5} = \frac{6}{125} = 0.048$$

$$\Pr(\text{검정, SUV, 국내} \mid \text{불만족}) \propto \Pr(\text{검정} \mid \text{불만족}) \times \Pr(\text{SUV} \mid \text{불만족}) \times \Pr(\text{국내} \mid \text{불만족})$$

$$\propto \frac{2}{5} \times \frac{3}{5} \times \frac{3}{5} = \frac{8}{125} = 0.144$$

예를 들어, Pr(검정 | 만족)은 총 5건의 만족사례 중에서 검은색이 3개이므로 3/5의 값을 갖게 된다. 결국 조건부 독립성을 가정한 상태에서 나이브 베이즈 값을 계산하면, 만족의 경우, 0.048 보다 불만족의 경우, 0.144가 크게 계산되었으므로 이 차주는 검은색, SUV, 국내차량에 대하여 불만족상태가 될 것이라고 추측할 수 있다.

만일 독립변수가 나이, 소득 등과 같은 연속형 변수일 경우에는 정규분포와 같은 특정한 분포를 가정하여 우도값을 계산한다. 많이 사용되는 방법으로 **가우시안 나이브 베이즈(Gaussian naive Bayes)** 방법이 있는데 이는 정규분포를 이용한 방법이다.[7] 나이브 베이즈 방법은 데이터사이언스 및 인공지능 분야에서 복잡한 계산과정없이 쉽게 해결할 수 있다는 장점을 가지고 있으므로 자주 사용되는 방법 중 하나이다. 하지만, 조건부 독립이라는 나이브한 가정을 바탕으로 계산되기 때문에 이를 만족하지 못하는 경우 잘못된 결과가 나타날 수 있다는 비판을 받고 있다. 최근에는 조건부 독립을 완화하는 변형된 형태의 나이브 베이즈 방법이 소개되고 있다. 조건부 독립가정을 없앨 수 있는 방법론이 제공된다면 확률이론에 맞는 완벽한 분류방법으로 인정받게 될 것이다.

연관규칙

연관규칙(association rule)이란 범주형 변수들의 상호관계(또는 연관성)을 파악하는 방법이다. 처음에는 쇼핑할 때 장바구니에 들어 있는 품목 간 상호관계를 파악하는 문제에서 사용되었으므로 **장바구니 분석(market-basket analysis)**이라 부르기도 한다. 고객이 매장을 방문하였을 때, 판매시점 정보를 관리하는 **POS시스템(Point Of Sales system)**을 통하여 구매한 품목이 저장되어 있다고 하자([그림 5-6] 참조). 만일 두 품목. 예를 들어 빵과 우유가 상호관계가 없는 독립관계라면 확률적으로 다음과 같은 관계를 가져야 한다.

$$\Pr(\text{우유} \mid \text{빵}) = \Pr(\text{우유})$$

다시 말하면, 빵을 구매했다는 정보는 우유를 살 확률에 전혀 영향을 미치지 못하게 되어 두 확률이 같아야 한다는 것이다. 만일, 빵과 우유의 관계가 독립이 아닌 종속관계로 존재하여 두 확률

7) 정규분포(normal distribution)를 종종 가우시안분포(Gaussian distribution)라 부르기도 한다.

이 매우 다르게 나타난다면, 이 두 확률의 비율은 두 품목의 관계성을 나타내는 훌륭한 수치가 될 수 있다. 이 값을 **리프트(lift)**라고 한다. 즉, 빵과 우유의 연관성을 나타내는 리프트는 다음과 같이 정의된다.

$$\text{리프트} = \frac{\Pr(\text{우유}|\text{빵})}{\Pr(\text{우유})} = \frac{\Pr(\text{우유}\cap\text{빵})}{\Pr(\text{우유})\times\Pr(\text{빵})} = \frac{\Pr(\text{빵}|\text{우유})}{\Pr(\text{빵})}$$

리프트의 정의를 통하여 확인할 수 있듯이, 빵과 우유의 리프트는 우유와 빵의 리프트와 같으며 리프트 값이 1에 가깝다면 독립관계를 의미하고, 1보다 작거나 큰정도에 따라 두 품목 간 종속관계의 정도가 나타난다.[8)]

그 다음으로 리프트 값이 얼마나 믿을 수 있는 수치인지를 나타내는 몇 가지 척도를 소개하고자 한다. 만일 우유를 구매할 확률, Pr(우유)이 0.001이고, 조건부확률 Pr(우유|빵)이 0.01로 나타났다면 리프트 값은 10으로 매우 높은 연관성이 있는 것 같아 보인다. 하지만, 조건부확률 Pr(우유|빵) 자체가 1%로 매우 작은 수치이므로 사실상 리프트 값에 대한 의미가 없어지게 된다. 즉, 조건부확률의 작은 값에 리프트 값은 쉽게 흔들릴 수 있기 때문에 높은 리프트 값을 가졌다 하여도 그 신뢰도가 떨어지게 된다. 따라서, 연관규칙에서는 조건부확률값을 **신뢰도(confidence)**라 하고 다음과 같이 정의한다.

$$\text{신뢰도} = \Pr(\text{우유}|\text{빵}) = \frac{\Pr(\text{우유}\cap\text{빵})}{\Pr(\text{빵})}$$

만일 우유와 빵에 대한 거래건수가 충분하지 못하다면, 부족한 거래정보로 인하여 리프트 값은 안정적이지 못하고 쉽게 왜곡될 수 있을 것이다. 따라서 충분한 거래건수를 확인하는 것은 안정적 리프트 값을 얻는 과정에서 매우 중요하다고 볼 수 있다. 우유와 빵에 대한 거래건수 비율을 **지지도(support)**라 하며, 다음과 같이 정의된다.

그림 5-6 장바구니와 POS시스템

8) 리프트 값에 대한 일반적인 기준은 없으나, 대략 3보다 크거나 0.35보다 작으면 연관성이 높다고 판단한다.

$$\text{지지도} = Pr(\text{우유} \cap \text{빵})$$

신뢰도, 지지도에 대한 기준은 상황에 따라 변하며 상대적인 수치라는 점을 지적하고 싶다. 즉, 지지도가 1%인 경우, 1억건에서는 1백만건을 의미하므로 매우 의미있는 지지도라 볼 수 있지만, 1천건에서는 10건을 의미하므로 매우 낮은 지지도라 판단할 수 있기 때문이다.

[예제 8] A매장은 하루 평균 1만건 정도의 거래가 이루어지는 것으로 알려져 있다. 1년 동안 10개 매장의 거래, 3천 6백만건을 조사한 결과 우유를 구매한 건수는 3백 6십만건, 빵을 구매한 건수는 6백만건, 우유와 빵을 동시에 구매한 건수는 3백만건으로 확인되었다. 우유와 빵의 연관규칙 분석을 진행하여라.

먼저 연관규칙에 사용되는 지지도는 우유와 빵을 동시에 구매한 비율이므로, 전체 3천 6백만건에서 3백만건에 해당하는 비율 8.3%가 된다. 신뢰도는 조건부확률, 빵을 구매한 고객, 6백만건 중 우유를 구매한 고객, 3백만건의 비율이므로 50%가 된다. 이 정도의 수치이면 두 품목의 연관성을 측정하는 리프트 값이 어느 정도 믿을 수 있는 수치라고 판단할 수 있다. 리프트 값은 앞에서 계산한 조건부확률 50%와, 우유를 구입한 비조건부확률 3천 6백만건 중에서 3백 6십만건이 차지하는 비율로 다음과 같이 계산된다.

$$\text{리프트} = \frac{Pr(\text{우유}|\text{빵})}{Pr(\text{우유})} = \frac{3\text{백만}/6\text{백만}}{3\text{백 }6\text{십만}/36\text{백만}} = 5$$

만족스러운 지지도와 신뢰도는 리프트 값이 믿을 만한 수치라는 것을 나타내고 있으며, 리프트 값이 5라는 의미는 조건부확률이 5배 증가하였다는 것으로 우유와 빵의 연관성이 높다는 것을 보여주고 있다. 따라서 만일 우유를 구매하는 사람을 찾고자 한다면, 10명 중 한 명, 10%로 찾기 힘들겠지만, 빵을 구매한 사람 중에서 찾으면, 50%의 높은 확률로 우유구매할 고객을 쉽게 찾을 수 있다.

빅데이터나 데이터 사이언스에서 많이 사용되는 연관규칙은 연관성이 높은 품목을 확인하여, 제품진열을 새롭게 구성하거나, 특정 제품을 구매한 고객에게 추가로 다른 제품을 판매하는 **교차판매(cross selling)**나, 리프트 값을 이용하여 적절한 품목을 묶어서 판매하는 **번들링(bundling)** 서비스가 가능하다. 그 외에도 연관규칙은 인터넷 쇼핑몰에서 제공하는 상품추천 서비스, 웹페이지들의 연관성 분석, 보험사기 예측, 해커침입 예방, 생물학에서 나타나는 DNA 정보를 분석하는 **생물정보학(bioinformatics)** 영역에서도 다양하게 응용되고 있다.

주요 용어

(5.1) 확률, 엔트로피, 확률의 고전적 해석, 불충분한 이유의 원리, 무차별의 원리, 선험적 확률, 확률의 빈도적 해석, 경험적 확률, 확률적 극한, 대수의 법칙, 주관적 확률, 베이지안 확률

(5.2) 곱의 법칙, 복원추출, 비복원추출, 순열, 팩토리얼, 조합, 이항정리, 이항계수, 이항분포

(5.3) 실험, 불확실성, 표본공간, 표본점, 사건, 합사건, 곱사건, 사건열, 공사건, 여사건, 상호 배반사건, 독립사건, 확률의 공리, 확률의 유한가법성, 확률의 가산법칙, 조건부확률, 사전확률, 사후확률, 확률의 곱셈법칙, 독립사건, 종속사건

(5.4) 베이즈정리, 표본공간의 분할, 전확률 정리, 민감도, 특이도, 양성예측도, 거짓된 양성반응, 거짓된 알람, 거짓된 음성반응, 의사결정문제, 분류기준값, 분류문제

(5.5) 나이브 베이즈, 우도, 독립변수, 특성, 종속변수, 가우시안 나이브 베이즈, 연관규칙, 장바구니분석, POS시스템, 리프트, 신뢰도,

연습문제

1. 1에서 n까지의 자연수 중에서 임의로 5개 숫자를 비복원추출로 뽑았을 때, 5개 뽑힌 수 중에서 2가 포함되지 않을 확률은 얼마인가? (단, $n \geq 6$)

2. 상자 1에는 4개의 흰공과 5개의 검은공이 있다. 상자2에는 5개의 흰공과 4개의 검은공이 있다. 상자 1에서 임의로 공을 하나 꺼내어 상자2에 넣은 후, 상자 2에서 임의로 공을 하나 꺼냈을 때, 이 공이 흰공일 확률을 계산하여라.

3. n개의 부품으로 구성된 전자제품이 있다. n개의 부품 중 어느 한 개라도 작동하지 않으면 전자제품은 작동하지 않는다. 각 부품의 고장은 독립적으로 발생하며, 불량률이 모두 α로 알려져 있다. 이 전자제품의 불량률은 얼마인가?
만일 10개의 독립적인 부품으로 구성된 전자제품에서 부품에 대한 불량률이 모두 5%라면 이 전자제품의 불량률은 얼마인가?

4. $(x+y)^{100}$ 식을 전개하였을 경우 $x^{47} \times y^{53}$의 계수는 얼마인가?

5. 앞면 나올 확률이 1/3인 동전을 100번 던졌을 경우, 앞면의 수가 정확하게 47번 나타날 확률은 얼마인가?

6. 어느 회사에서 인턴사원을 선발하는데 지원자의 80%가 여성으로 나타났고 20%는 남성으로 나타났다. 또한, 여성지원자 중 50%가 대학을 졸업한 지원자이었고, 전체 지원자 중에서 50%가 대학을 졸업한 지원자로 나타났다. 지원자가 남성이면서 대학을 졸업하지 않았을 비율은 얼마인가?

7. [예제 4]에서 언급한 코로나 검사키트는 80%의 민감도와 97%의 특이도를 가지고 있었다. 또한, 코로나 발병률은 인구 10만명당 193명으로 보고 되었다. 다음 물음에 답하여라.

(1) 어떤 사람이 이 검사키트에서 음성반응이 나왔다면, 이 사람이 정상일 확률인 음성예측도(NPV; negative predictive value)를 계산하시오.

(2) 질병관리본부는 양성반응을 받은 검사자가 코로나 환자일 비율인 양성예측도가 73.6%라고 발표하였다. 하지만 (예제 4)의 베이즈정리에 따른 계산결과를 보면, 양성반응 검사자가 실제로 코로나 환자일 양성예측도는 4.9%로 나타나 실제 73.6% 확률과는 매우 큰 차이를 보였다. 그 이유에 대하여 설명하여라. 그리고 만일 양성예측도 73.6%가 정확한 수치라면 어떠한 확률부분이 수정돼야 하는가?

8. 다음은 6건의 판매데이터에 대한 R을 이용한 연관규칙 분석결과이다.

{라면, 맥주, 우유}, {라면, 고기, 우유}, {라면, 과일, 고기},
{고기, 맥주, 우유}, {라면, 고기, 우유}, {과일, 우유}

(1) 연관규칙을 실행하는 아래의 R코드에 대하여 설명하시오.

(2) R에서 나타난 결과인 '고기'와 '라면'에 대한 지지도, 신뢰도, 커버리지, 리프트, 카운트 결과값을 직접 계산하여 확인하여라.

```
> library(arules)
> 판매내역 = read.transactions("연관규칙_연습문제.txt", format="basket", sep=",")
> 판매내역
transactions in sparse format with 6 transactions (rows) and 5 items (columns)
> 라면_연관관계=apriori(판매내역, parameter=list(supp=0.3, conf=0.1, minlen=2,
    maxlen=2), appearance=list(rhs="라면"))
> inspect(라면_연관관계)
     lhs        rhs     support  confidence  coverage   lift   count
[1] {고기} => {라면}    0.5        0.75      0.6666667  1.125    3
[2] {우유} => {라면}    0.5        0.60      0.8333333  0.900    3
```

연습문제 풀이

1. 1~n 에서 5개 숫자를 뽑는 경우의 수: $\binom{n}{5} = \frac{n!}{(n-5)!\,5!}$

1~n에서 2를 뺀 5개 숫자를 뽑는 경우의 수: $\binom{n-1}{5} = \frac{(n-1)!}{(n-6)!\,5!}$

확률을 계산하면, $\frac{\binom{n-1}{5}}{\binom{n}{5}} = \frac{(n-1)!}{(n-6)!\,5!} \times \frac{(n-5)!\,5!}{n!} = 1 - \frac{5}{n}$

2. (사건 정의)

A_1 : 상자1에서 뽑힌 공이 흰공일 사건, A_2 : 상자 2에서 뽑힌 공이 흰공일 사건
A_1과 A_1^c 는 표본공간의 분할이므로, 전확률 정리를 적용하면,

$$\begin{aligned}\Pr(A_2) &= \Pr(A_2 \mid A_1) \times \Pr(A_1) + \Pr(A_2 \mid A_1^c) \times \Pr(A_1^c) \\ &= \frac{6}{6+4} \times \frac{4}{9} + \frac{5}{5+5} \times \frac{5}{9} = \frac{49}{90}\end{aligned}$$

3. 이 전자제품이 작동하려면 모든 부품이 살아있어야 한다. 따라서 전자제품이 작동할 확률은 $(1-\alpha)^n$ 이 된다. 따라서 이 전자제품이 작동하지 않을 확률은 $1-(1-\alpha)^n$이 된다.
이 문제에 10개 부품과 5%의 불량률을 대입하면 전자제품에 대한 불량률은 다음과 같다.
$1-(1-0.05)^{10} = 0.4013$

4. $\binom{100}{47} \approx 8.44 \times 10^{28}$ > choose(100,47) ⇒ [1] 8.441349e+28

5. 앞면의 수가 47번, 뒷면의 수가 53번 나타날 확률은 $(1/3)^{47} \times (2/3)^{53}$이 $\binom{100}{47}$개 있다는 의미이므로, 확률은 다음과 같이 계산된다.

$$\binom{100}{47}\left(\frac{1}{3}\right)^{47}\left(\frac{2}{3}\right)^{53} \approx 0.0015$$

6. (사건 정의)

여: 지원자가 여성일 사건   졸: 지원자가 대학졸업자인 사건
문제에서 주어진 확률: Pr(여) = 0.8   Pr(졸) = 0.5   Pr(졸|여) = 0.5

대학을 졸업하지 못한 사건에 대한 확률을 전확률 정리에 적용하면,

$$\Pr(\text{졸}^c) = \Pr(\text{졸}^c \mid \text{여})\Pr(\text{여}) + \Pr(\text{졸}^c \mid \text{여}^c)\Pr(\text{여}^c)$$
$$\Leftrightarrow\ 0.5 = 0.5 \times 0.8 + \Pr(\text{졸}^c \cap \text{여}^c)$$

따라서 남자이면서 대학을 졸업하지 못한 비율은 $\Pr(\text{졸}^c \cap \text{여}^c)$으로 0.1이 된다.

7. [예제 4]와 동일하게 사건을 다음과 같이 정의하자.

A : 코로나 환자일 사건, B : 양성반응일 사건

주어진 확률값을 정의된 사건으로 표현하면 다음과 같다.

$$\Pr(B|A) = 0.80\ ; \quad \Pr(B^c|A^c) = 0.97\ ; \quad \Pr(A) = 193/\ 10\text{만}$$

(1) 전확률정리를 이용하면, 음성반응일 확률을 다음과 같이 계산할 수 있다.

$$\Pr(B^c) = \Pr(B^c|A) \times \Pr(A) + \Pr(B^c|A^c) \times \Pr(A^c)$$
$$= 0.20 \times 193/100000 + 0.97 \times (1-193/100000) \approx 0.9685$$

베이즈정리의 분자는 $\Pr(A^c \cap B^c) = \Pr(B^c \mid A^c) \times \Pr(A^c)$ 이므로

$$\Pr(A^c|B^c) = \frac{\Pr(A^c \cap B^c)}{\Pr(B^c)} = \frac{0.97 \times (1-193/100000)}{0.9685} \approx 0.9996$$

따라서 양성예측도는 99.96%이다.

(2) 4.9%의 양성예측도는 모든 사람이 해당 코로나 검사키트로 반응을 조사하는 경우 나타나는 확률이다. 하지만 실제로는 코로나 증상이 나타나는 사람들이 코로나검사를 받기 때문에, 코로나 검사자들의 실제 코로나 환자일 사전확률은 10만명당 193명이 아니라 이 보다 훨씬 높은 확률이 될 것이다. 즉, 일반인을 대상으로 코로나 검사를 하는 것이 아니라 코로나로 의심되는 사람들을 대상으로 코로나 검사가 진행되기 때문에 코로나 환자일 가능성이 훨씬 크다는 것이다. 다시 말하면, 코로나 환자로 의심되는 사람만을 대상으로 검사가 진행되는 표본선택 바이어스가 발생하여 사전확률이 바뀌게 되고, 사전확률이 바뀜에 따라 사후확률의 의미를 갖는 양성예측도도 바뀌게 되는 것이다. 사전확률을 a 라고 표현하면, 관찰된 양성예측도 73.6%과는 다음과 같은 관계식이 성립된다.

$$\Pr(A|B) = \frac{\Pr(A \cap B)}{\Pr(B)} = \frac{0.8 \times a}{0.8 \times a + 0.03 \times (1-a)} \approx 0.736$$
$$\Leftrightarrow (0.8 - 0.736 \times 0.8 + 0.736 \times 0.03)\, a = 0.736 \times 0.03 \quad \Leftrightarrow\ a = 0.09465$$

따라서 일반인을 대상으로 하였을 경우는 코로나 환자에 대한 사전확률은 0.193% 이지만, 코로나검사를 받는 사람을 대상으로 분석하는 경우는 사전확률이 약 9.5%로 증가하게 된다.

8. (1) R코드에 대한 설명:

연관규칙 분석을 위하여 'arules'라는 패키지를 불러온 후, 'read.transactions()' 함수를 이용하여 거래 데이터를 읽어서 '판매내역' 이름의 transactions 클래스의 객체를 만들었다. '판매내역' 객체는 6건의 판매와 5개의 거래 품목으로 구성되어 있는데, 데이터구조는 다음과 같은 'sparse format'으로 구성되어 있다. 데이터 객체 '판매내역'에 대한 연관규칙을 실행하는 경우 'apriori()' 함수를 사용한다. 관심있는 거래가 '라면' 품목이므로 연관규칙에서 적용되는 우변항에 '라면'을 놓고, 많은 연관규칙 중에서 지지도가 0.3 이상, 신뢰도가 0.1 이상을 선택하여 보여주는 옵션을 선택하였으며, 거래 품목은 2개로 제한하였다. 위의 조건을 만족한 규칙의 결과 값은 'inspect()' 함수를 이용하여 출력할 수 있다. 이제 'inspect()' 함수의 결과에 대하여 알아보도록 하자.

	고기	과일	라면	맥주	우유
거래 1	0	0	1	1	1
거래 2	1	0	1	0	1
거래 3	1	1	1	0	0
거래 4	1	0	0	1	1
거래 5	1	0	1	0	1
거래 6	0	1	0	0	1

(2) 결과값에 대한 확인

먼저 지지도(support)는 고기와 라면을 모두 선택한 거래건수로 데이터를 보면 거래 2, 거래 3, 거래 5에서 이러한 사건이 나타난다. 총 3건이므로 지지도는 3/6=0.5의 값을 확인할 수 있다.

다음으로 신뢰도(confidence)는 고기를 구입했다는 조건 아래서 라면을 구입하는 조건부 확률로, 고기를 포함한 거래 중에서 고기와 라면을 선택한 비율을 계산하면 된다. 고기를 포함한 거래는 거래 2, 거래 3, 거래 4, 거래 5로 총 4건이며, 이 중에서 고기와 라면을 모두 선택한 거래건수는 거래 2, 거래 3, 거래 5, 총3건이므로 신뢰도는 3/4=0.75가 된다.

커버리지는 'LHS−support' 라고 부른다, 이 문제에서는 조건에 해당하는 고기가 전체거래에서 차지하는 비중이 된다. 고기를 포함한 거래는 거래 2, 거래 3, 거래 4, 거래 5로 총 4건이므로 전체 비율은 4/6=0.67이 된다. 커버리지는 라면의 구입여부를 판단하여 리프트 값을 계산하는 과정에서 적용되는 거래의 비율이 된다. 즉, 고기−라면의 연관규칙을 적용하는 비율이 된다는 것이다. 다시 말하면, 고기를 포함하지 않은 거래 33%는 고기−라면 연관규칙에 전혀 적용되지 않는, 관계가 없는 거래라는 의미이다.

리프트(lift)는 라면을 포함한 거래인 거래 1, 거래 2, 거래 3, 거래 5, 총4건의 비율, 즉 비조건부 확률 4/6=0.67과 고기를 포함한 거래 중에서 고기와 라면을 선택한 비율, 즉 조건부확률을 나타내는 신뢰도인 3/4=0.75의 비율로 0.75/0.67=1.125 값을 가지게 된다.

마지막으로 count는 고기와 라면을 모두 선택한 거래건수로 데이터를 보면 거래 2, 거래 3, 거래 5로 총3건의 거래가 확인되었기 때문에 3의 결과값을 제공하는 것이다.

CHAPTER 06

확률변수의 이해

6.1 확률변수와 확률분포

확률변수

확률변수(random variable)는 어떠한 사건을 숫자로 대응시켜 주는 함수이다. 예를 들어, 동전 한 개를 던지는 실험에서 나타날 수 있는 모든 가능한 사건은 앞면 또는 뒷면이다. 이 경우 앞면의 사건을 1, 뒷면의 사건을 0으로 규칙을 정한다면, 이러한 규칙은 확률변수가 된다. 이를 함수의 형태로 표현하면 다음과 같다.

함수식 표현 : X(앞면 사건) $= 1$,　　　　X(뒷면 사건) $= 0$

간단한 표현 : $X = 1$,　　　　$X = 0$

확률변수는 함수이므로 함수식 표현이 올바르지만, 표현을 간단하게 만들기 위하여 '$X=1$'과 같은 간단한 표현방식을 사용한다. 또한, 확률변수는 영문 대문자로 표현하는 것이 일반적이며, 확률변수가 취하는 값은 영문 소문자로 표현한다. 예를 들어, $\Pr(X=x)$는 확률변수 X가 x값을 취할 확률을 의미한다. 표본공간을 S, 실수공간을 R이라고 표기하면, 확률변수 X는 표본공간을 실수공간으로 연결하는 함수로써 $X : S \Rightarrow R$이라고 표현할 수 있다([그림 6-1] 참조).

확률변수는 **이산형 확률변수**(discrete random variable)와 **연속형 확률변수**(continuous random variable)로 나누어진다. 이산형 확률변수는 동전 던지는 실험과 같이 확률변수가 취할 수 있는 값이 유한하거나, 무한히 많더라도 셀 수 있을 정도로 무한한 경우에 해당된다. 반면에, 연속형 확률변수는 연속적인 값을 취하는 형태로 셀 수 없이 무한한 값을 갖는 경우를 말한다.

예를 들어, 오전 9시부터 오후 6시까지 어느 오프라인 매장을 방문하는 고객수를 확률변수 X라 정의한다면, X가 취할 수 있는 값은 셀 수 있으므로 이산형 확률변수가 된다. 반면에, 매장을 방문

그림 6-1 확률변수의 의미

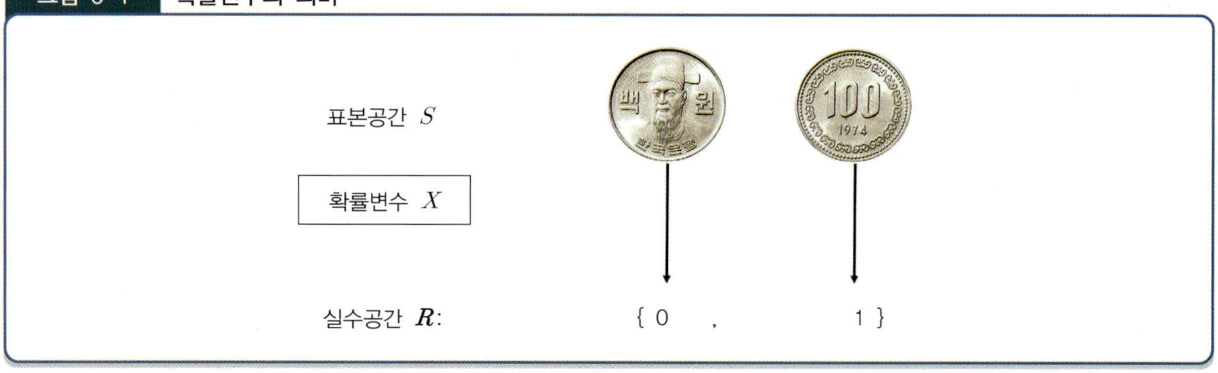

하는 고객과 고객 간의 시간간격을 확률변수 X라 정의한다면, 이 경우는 셀 수 없이 많은 값이 존재하므로 연속형 확률변수가 된다.

확률분포

확률분포(probability distribution)란 확률변수가 취하는 값과 그 값에 대응된 확률을 표나 그래프 또는 함수로 표현한 것을 의미한다. 이산형 확률변수의 확률분포는 **이산형 확률분포**(discrete probability distribution)라 하며, **확률질량함수**(pmf; probability mass function), $f(x)$로 표현한다. 연속형 확률변수의 확률분포는 **연속형 확률분포**(continuous probability distribution)라 하며 **확률밀도함수**(pdf; probability density function), $f(x)$로 표현한다.

이산형 확률분포

이산형 확률변수 X는 셀 수 있는 값을 가지므로 확률변수가 취하는 값은 $x_1, x_2, \cdots$ 형태로 표현할 수 있다.

이산형 확률분포인 확률질량함수는 다음 세 조건을 만족해야 한다.

[조건 1] 모든 x에 대하여, $0 \leq f(x) \leq 1$

[조건 2] R을 실수공간이라고 할 때, $\sum_{x \in R} f(x) = 1$

[조건 3] $f(x) = \Pr(X = x)$

예를 들어, 공정한 동전 2개를 던져 앞면이 나오는 수를 확률변수 X라 정의하자. 이 경우, 사건 (앞면, 앞면)은 확률변수 값 2에 대응되며, 사건 (앞면, 뒷면)과 사건 (뒷면, 앞면)은 확률변수 값 1에 대응되고, 사건 (뒷면, 뒷면)은 확률변수 값 0에 대응된다. 따라서 확률질량함수 $f(x)$는 다음과 같이 만들어진다.

$$f(x) = \begin{cases} 1/4, & x = 0, 2 \\ 1/2, & x = 1 \\ 0, & \text{나머지} \end{cases}$$

누적분포함수(cdf; cumulative distribution function) $F(x)$는 x보다 같거나 작을 확률, $\Pr(X \leq x)$로 정의된다. 따라서 앞에서 언급한 확률변수 X에 대한 누적분포함수는 다음과 같다.

$$F(x) = \begin{cases} 1, & x \geq 2 \\ 3/4, & 1 \leq x < 2 \\ 1/4, & 0 \leq x < 1 \\ 0, & x < 0 \end{cases}$$

그림 6-2 확률질량함수와 누적분포함수

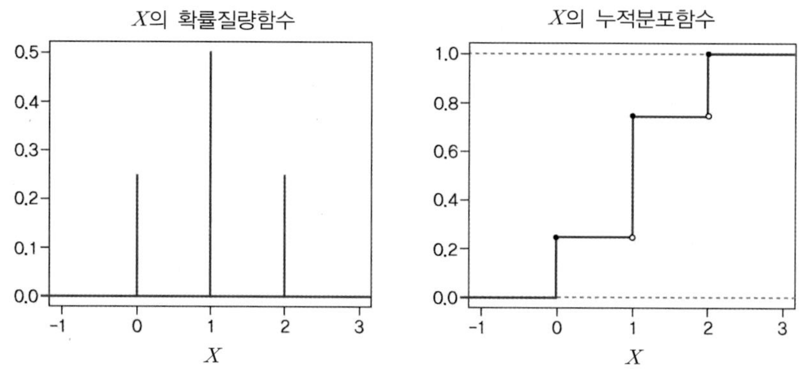

확률질량함수 $f(x)$와 누적분포함수 $F(x)$를 그래프로 확인하면 [그림 6-2]와 같다.[1)]

누적분포함수 $F(x)$는 모든 실수공간, R에서 정의된 함수로써 다음과 같은 성질을 가지고 있다.

[성질 1] $F(x)$는 비감소함수(non−decreasing function)이다. 즉,

$$x_1 \leqq x_2 \Rightarrow F(x_1) \leqq F(x_2)$$

[성질 2] $\lim_{x \to \infty} F(x) = F(\infty) = 1, \quad \lim_{x \to -\infty} F(x) = F(-\infty) = 0$

[성질 3] $F(x)$는 오른쪽 연속함수(right−continuous function)이다. 즉,

$$F(x^+) = \lim_{\substack{y \to x \\ y > x}} F(y) = F(x)$$

이러한 세 가지 성질은 누적분포함수의 정의 $\Pr(X \leqq x)$로부터 설명될 수 있다. 이산형 누적분포함수는 다음과 같이 계산된다.

$$F(x) = \Pr(X \leqq x) = \sum_{y \leqq x} \Pr(X = y)$$

만일 구간에 대한 확률을 알고자 한다면, 다음과 같이 누적분포함수의 차이로 계산할 수 있다.

$$\Pr(a < X \leqq b) = F(b) - F(a)$$

---

1) [그림 6-2]에 대한 R코드는 다음과 같다.

```
pmf=c(0, 1/4, 1/2, 1/4, 0)
plot(-1:3, pmf, type='h', lwd=3, main='X의 확률질량함수', xlab='X', ylab='')
abline(h=0, lwd=3)
X=c(0, 1, 1, 2)
plot(ecdf(X), verticals=TRUE, lwd=2, main='X의 누적분포함수', xlab='X', ylab='')
points(0,0, lwd=1.5); points(1,0.25, lwd=1.5); points(2,0.75, lwd=1.5)
```

그림 6-3 연속형 확률변수의 확률할당 방식

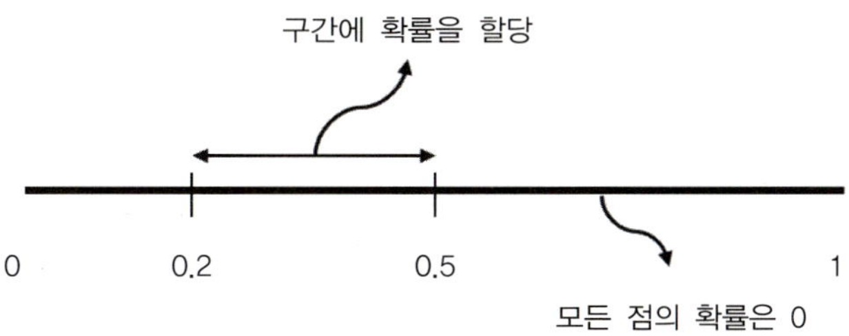

연속형 확률분포

연속형 확률변수 X의 경우는 셀 수 없이 무한한 값을 가지므로 이산형 확률변수와 같이 x_1, $x_2, \cdots$ 형태로 표현할 수 없다. 따라서 확률을 할당하는 방식이 이산형 확률분포와는 다르게 접근되어야 한다. 예를 들어, 0과 1 사이에서 하나의 숫자를 뽑는 실험을 생각해 보자. 여기서 이산형 확률분포의 개념을 적용한 확률질량함수를 생각해 보면, 0과 1 사이에는 셀 수 없이 무한한 숫자가 존재하므로, 뽑힌 숫자는 $1/\infty$가 되어 0이 된다. 즉, 모든 점은 확률이 0이 되어야 하며, 이러한 모든 점을 합하면, 확률의 두 번째 공리에 따라 1이 되어야 한다. 따라서 앞에서 정의한 확률질량함수의 개념으로는 연속형 확률변수에 대한 확률을 표현할 수 없는 상황이 되어 버린다.

따라서 연속형 확률분포의 경우는, 확률질량함수와 같이 확률변수 값에 확률을 할당할 수 없으므로, 구간에 확률을 할당하는 방식을 취한다. 예를 들어, 0.3값에 대하여 확률을 할당하는 것이 아니라, 0.2에서 0.5사이에 있을 구간에 대하여 확률을 할당한다는 것이다([그림 6-3] 참조).

그렇다면 구간에 확률을 어떠한 방식으로 할당할 것인가? 0.2에서 0.5사이 구간에 대한 확률은 0.3이 될 수도 있고, 0.8이 될 수도 있으므로 이에 대한 확률을 할당하는 방법이 필요하게 된다. 즉, 모든 가능한 구간에 확률을 할당해야 하는데, 이때 사용되는 개념이 **확률밀도함수**이다. 확률밀도함수는 확률질량함수와 마찬가지로 모든 실수공간 R에서 정의되어 있는 함수이며, 구간이 정해지면 정적분으로 표현되는 확률밀도함수의 면적으로 확률을 표현한다. 이를 정리하면 다음과 같다.

연속형 확률변수 X 의 확률밀도함수 $f(x)$는 다음의 3가지 조건을 만족해야 한다.

[조건 1] $f(x) \geq 0\ ,\quad -\infty < x < \infty$

[조건 2] $\int_{-\infty}^{\infty} f(x)\, dx = 1$

[조건 3] 임의의 수 a, b에 대하여, $\Pr(a \leq X \leq b) = \int_a^b f(x)dx$

그림 6-4 확률밀도함수의 일반적인 모습

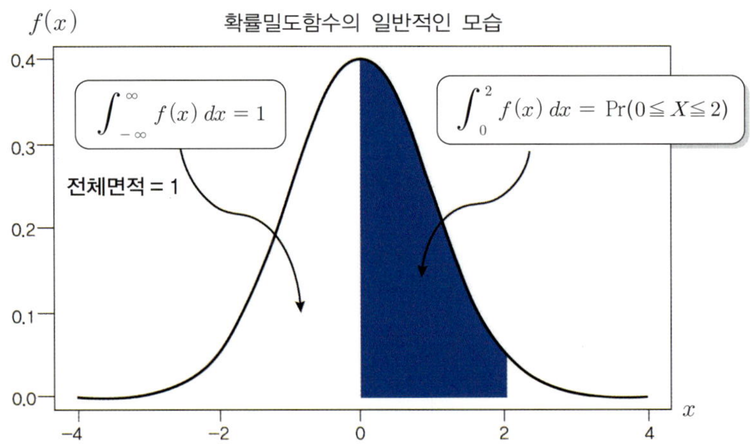

확률밀도함수 $f(x)$의 일반적인 형태는 [그림 6-4]와 같다. 확률밀도함수는 확률을 의미하는 것이 아니므로 1보다 작아야 한다는 조건이 필요없지만, 전체면적은 1이 되어야 한다. 또한, 한점에 대한 면적은 0이므로 확률도 0이 된다. 따라서 다음과 같은 관계가 성립한다.

$$\Pr(a \leqq X \leqq b) = \Pr(a < X \leqq b) = \Pr(a \leqq X < b) = \Pr(a < X < b)$$

또한, 연속형 확률변수에 대한 누적분포함수는 다음과 같이 계산한다.

$$F(x) = \Pr(X \leqq x) = \int_{-\infty}^{x} f(t)\,dt$$

예를 들어, 0에서 0.5 사이에 무작위로 숫자를 뽑는 실험을 생각해 보자. 이를 **균등분포(uniform distribution)**라고 부르며, 연속형 확률분포에서 가장 간단한 분포이다. 균등분포에 대한 확률밀도함수와 누적분포함수는 다음과 같으며, 그래프로 표현하면 [그림 6-5]와 같다.

그림 6-5 균등분포의 확률밀도함수와 누적분포함수

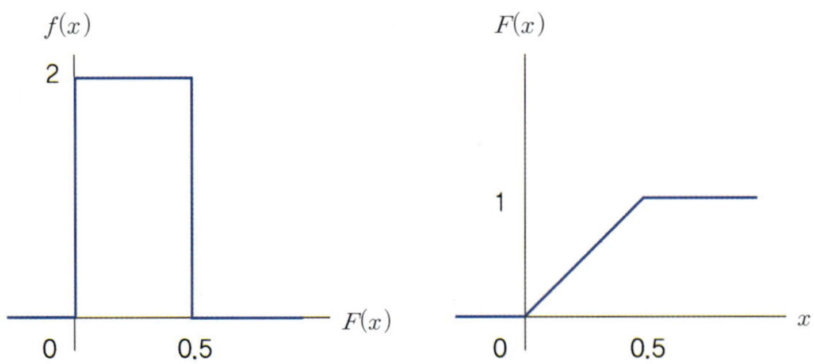

$$f(x) = \begin{cases} 2, & 0 \leq x \leq 0.5 \\ 0, & \text{나머지} \end{cases} \qquad F(x) = \begin{cases} 1, & x > 0.5 \\ 2x, & 0 \leq x \leq 0.5 \\ 0, & x < 0 \end{cases}$$

R에서는 구간 0에서 1사이의 균등분포를 'unif'로 표현한다. 균등분포로부터 무작위로 숫자를 추출하고 싶으면 **난수**(random number)의 약자인 'r'을 앞에 붙여서 'runif()'함수를 사용하고, 몇 개의 난수를 추출할지 숫자를 괄호 안에 넣어준다. 예를 들어, 5개의 난수를 구간 0에서 1사이의 균등분포로부터 추출하고 싶다면, 'runif(5)'라고 표현하면 된다. 누적분포함수는 확률을 제공한다는 의미에서 앞에 'p'를 붙여서 함수 'punif()'를 사용한다. 만일 확률질량함수 값이나 확률밀도함수 값을 알고 싶다면 밀도의 density 앞글자, 'd'를 붙여서 'dunif()'를 사용한다. 누적분포함수의 역함수형태로 누적분포함수 값이 주어진 상태에서 확률변수의 값을 알고싶다면 이를 나타내는 **분위수**(quantile)의 앞글자, 'q'를 붙여서 'qunif()' 함수를 사용한다. 또한 0에서 1구간의 균등분포가 아닌 특정한 구간에서의 균등분포를 지정하고 싶으면 'min='과 'max='를 설정한다.

예를 들어, 구간 0에서 0.5 사이의 균등분포로부터 5개의 난수를 생성하는 문제를 생각하여 보자. 그리고 0.3보다 작을 확률인 누적분포함수 값인 0.6, 즉 $\Pr(X \leq 0.3) = F(0.3) = 0.6$을 확인하고, 0.3에 대한 확률밀도함수 값인 2, $f(0.3) = 2$를 확인해 보자. 마지막으로, 상위 10% (또는 누적분포함수가 90%)에 해당하는 확률변수 값, 0.45를 찾는 R코드를 살펴보면 다음과 같다.

```
> runif(5, min=0, max=0.5) # 난수생성
[1] 0.4684132 0.1511861 0.1700834 0.1183986 0.1741348
> punif(0.3, min=0, max=0.5) # 누적분포함수 값
[1] 0.6
> dunif(0.3, min=0, max=0.5) # 확률밀도함수 값
[1] 2
> qunif(0.9, min=0, max=0.5) # 0.9에 해당하는 확률변수 값
[1] 0.45
```

6.2 확률변수의 요약

확률변수를 요약하는 대표적인 수치로 분포의 중심을 나타내는, 평균을 의미하는 **기대값**(expected value)과 분포의 퍼져있는 정도를 나타내는 **분산**(variance), 그리고 분산의 제곱근으로 정의되는 **표준편차**(standard deviation)가 있다. 이 책의 3.2절에서는 데이터를 요약하는 방법으로 평균과 분산 또는 표준편차를 소개하였다. 여기서는 데이터가 아닌 확률변수, X와 확률분포 $f(x)$를 기반으로 만들어진 이론적 기대값과 분산, 표준편차의 성질에 대하여 설명하도록 하겠다.

기대값

확률변수 X의 기대값은 확률변수 값에 확률이 가중평균된 수치로 $E(X)$ 또는 μ[2]로 표기한다. 또한, 확률변수의 기대값은 확률분포의 특징인 분포의 중심을 나타내는 **모수(parameter)**로 취급되며, **모평균(population mean)**의 의미를 가지고 있다. 이산형 확률변수와 연속형 확률변수는 확률에 대한 접근방법이 다르므로 구분하여 기대값 정의가 이루어진다.

이산형 확률변수의 경우, 확률변수 X와 확률질량함수 $f(x)$에 대하여 기대값은 다음과 같이 정의된다.

$$E(X) = \mu = \sum_{\text{모든 } x} x\,\Pr(X = x) = \sum_{\text{모든 } x} x\,f(x)$$

예를 들어, 공정한 동전 2개를 던져 앞면이 나오는 수를 확률변수 X라 정의한다면, 기대값은 다음과 같이 계산된다.

$$E(X) = \mu = \sum_{\text{모든 } x} x\,f(x) = 0 \times \frac{1}{4} + 1 \times \frac{1}{2} + 2 \times \frac{1}{4} = 1$$

연속형 확률변수의 경우는 확률변수 X와 확률밀도함수 $f(x)$에 대하여 기대값은 다음과 같이 정의된다.

$$E(X) = \int_{-\infty}^{+\infty} x\,f(x)\,dx$$

예를 들어, 구간 0에서 0.5 사이에서 숫자를 하나 선택하는 균등분포로 이루어진 확률변수 X가 있다면 기대값은 다음과 같이 계산된다.

$$E(X) = \mu = \int_{0}^{0.5} x\,2\,dx = x^2 \Big]_0^{0.5} = 0.5^2 - 0^2 = 0.25$$

이처럼 확률변수에 대한 기대값은 상수이며 μ라 표기하기도 한다. 확률변수의 함수 $g(X)$에 대한 기대값은 다음과 같이 정의된다.

이산형 확률변수의 경우, $E(g(X)) = \sum_{\text{모든 } x} g(x)\,f(x)$

연속형 확률변수의 경우, $E(g(X)) = \int_{-\infty}^{+\infty} g(x)\,f(x)\,dx$

2) '뮤'로 읽으며, 영문으로는 mu이다

예를 들어, 공정한 동전 2개를 던져 앞면이 나오는 수를 확률변수 X라 하면, $4\sqrt{X}$ 에 대한 기대값은 다음과 같다.

$$E(4\sqrt{X}) = \sum_{x=0}^{2} 4\sqrt{x}\, f(x) = 0\times\frac{1}{4}+4\times\frac{1}{2}+4\sqrt{2}\times\frac{1}{4} = 2+\sqrt{2}$$

이제 기대값의 몇 가지 성질에 대하여 알아보도록 하자.

[성질 4] 상수 c 에 대하여, $E(c) = c$ 이다.

만일 확률변수 X가 연속형 확률변수라면, 모든 확률밀도함수 $f(x)$ 에 대하여 상수 5에 대한 기대값은 다음과 같다.

$$E(5) = \int_{-\infty}^{+\infty} 5\, f(x)\, dx = 5\int_{-\infty}^{+\infty} f(x)\, dx = 5$$

만일 확률변수 X가 이산형 확률변수라면, 모든 확률질량함수 $f(x)$에 대하여 상수 5에 대한 기대값은 다음과 같다.

$$E(5) = \sum_{\text{모든 } x} 5\, f(x) = 5\sum_{\text{모든 } x} f(x) = 5$$

[성질 5] 확률변수 X에 대하여 $E(aX+b) = aE(X)+b$이다.

예를 들어, 동전 2개를 던져 베팅한 금액의 앞면 수 만큼을 배수로 보상받는 게임을 생각해 보자. 동전 2개를 던져 앞면이 나오는 수를 확률변수 X 라 하면, 우리는 앞에서 이에 대한 기대값 $E(X)=1$ 임을 이미 확인하였다. 만일 100원을 베팅금액으로 하여 이 게임에 참여하였다면, 수익금을 나타내는 새로운 확률변수 Y는 $100X-100$으로 표현될 수 있다. 그리고 이에 대한 기대수익금은 다음과 같다.

$$E(Y) = E(100X-100) = 100\,E(X)-100 = 0$$

여기에서 나타난 기대수익금 0원은 이번 게임에서 0원으로 예측된다는 의미보다는 대수의 법칙에 의하여, 이러한 게임을 무수히 반복하였을 때 평균적으로 벌수 있는 수익금이 0원이라는 의미로 해석하는 것이 타당하다.

[성질 6] 확률변수 $X_1, X_2, \cdots, X_n$에 대하여 확률변수 합에 대한 기대값은 기대값의 합과 같다. 즉, 다음 관계가 성립한다.

$$E(X_1+X_2+\cdots+X_n) = E(X_1)+E(X_2)+\cdots+E(X_n)$$

예를 들어, 확률변수 X의 기대값 $E(X)=3$이고, 확률변수 Y의 기대값 $E(Y)=5$이면, 새로운 확률변수 $2X+3Y$에 대한 기대값은 다음과 같다.

$$E(2X+3Y)=2E(X)+3E(Y)=21$$

[성질 7] 확률변수 $X_1, X_2, \cdots, X_n$가 서로 독립이면, 확률변수 곱에 대한 기대값은 기대값의 곱과 일치한다. 즉, 다음 관계가 성립된다.

$$E(X_1 X_2 \cdots X_n) = E(X_1)E(X_2)\cdots E(X_n)$$

예를 들어, 확률변수 X, Y가 서로 독립이면 다음 관계식이 성립한다.

$$E(XY) = E(X)E(Y)$$

이러한 기대값의 [성질 7]로부터 알 수 있는 사실은, 두 확률변수 X, Y가 서로 독립이 아닌 종속관계에 있으면, 확률변수 곱에 대한 기대값은 기대값의 곱과 일치하지 않으며, $E(XY)-E(X)E(Y)$ 즉, 두 값의 차이가 크면 클수록 두 확률변수의 종속관계는 더 크다고 생각할 수 있다. 이 부분은 다음 절에 소개되는 두 확률변수의 연관성 또는 종속관계의 정도를 나타내는 공분산과 밀접한 관계가 있으므로 잘 기억하기를 바란다.

분산과 표준편차

확률분포가 평균을 중심으로 얼마만큼 퍼져있는지를 알기 위한 산포도의 개념은 분포의 특징을 파악하는 데 매우 중요하다. 평균으로부터 떨어진 확률변수 값의 차이, $X-\mu$를 편차라고 하는데, 이에 대한 기대값은 다음 관계식에 의하여 '+'값과 '−'값이 서로 상쇄되어, 항상 0이 되어 산포도의 역할을 하지 못한다.

$$E(X-\mu) = E(X)-\mu = 0$$

앞에서 설명한 바와 같이, 편차 $X-\mu$에 대한 평균 크기를 계산하고자 한다면, 이 과정에서 '+'값과 '−'값이 서로 상쇄되기 때문에, 편차에 절대값을 취하거나 제곱함수를 적용하여 모든 값을 '+'값으로 만들면 산포도 측정이 가능하게 된다. 여기서 절대값 함수는 수학적 전개가 어려운 관계로 수학적 전개가 편한 제곱함수적용을 선호하게 되는데, 이렇게 만들어진 산포도 개념이 분산이다.

즉, 확률변수 X의 분산은 확률변수값과 기대값의 차이, 즉 편차에 대한 제곱의 기대값으로 정의되며, $Var(X)$ 또는 σ^2 [3]으로 표기한다. 또한, 확률변수의 분산은 확률분포의 특징인 산포도를 나

3) '시그마 제곱'으로 읽으며, 영문으로는 'sigma square'이다

타내는 모수로 취급되며, **모분산**(population variance)의 의미를 가지고 있다. 이산형 확률변수와 연속형 확률변수는 확률에 대한 접근방법이 다르므로 구분하여 분산에 대한 정의가 이루어진다.

이산형 확률변수의 경우, 확률변수 X와 확률질량함수 $f(x)$에 대하여 분산은 다음과 같이 정의된다.

$$Var(X) = E\left[(X-\mu)^2\right] = \sum_{\text{모든 } x} (x-\mu)^2 f(x)$$

예를 들어, 공정한 동전 2개를 던져 앞면이 나오는 수를 확률변수 X라 정의한다면, 분산은 기대값 $\mu=1$을 알고 있는 상태에서, 다음과 같이 계산된다.

$$Var(X) = (0-1)^2 \times \frac{1}{4} + (1-1)^2 \times \frac{1}{2} + (2-1)^2 \times \frac{1}{4} = \frac{1}{2}$$

연속형 확률변수의 경우, 확률변수 X와 확률밀도함수 $f(x)$에 대하여 분산은 다음과 같이 정의된다.

$$Var(X) = E\left[(X-\mu)^2\right] = \int_{-\infty}^{+\infty} (x-\mu)^2 f(x)\, dx$$

예를 들어, 구간 0에서 0.5 사이에서 숫자를 하나 선택하는 균등분포로 이루어진 확률변수 X가 있다면, 기대값은 0.25이므로 분산은 다음과 같이 계산된다.

$$\begin{aligned} Var(X) &= E\left[(X-\mu)^2\right] = \int_{0}^{0.5} (x-0.25)^2\, 2\, dx \\ &= \frac{2}{3}(x-0.25)^3 \Big]_0^{0.5} = \frac{2}{3}\left(\frac{1}{4}\right)^3 + \frac{2}{3}\left(\frac{1}{4}\right)^3 = \frac{1}{48} \approx 0.0208 \end{aligned}$$

사실 적분계산을 직접 한다는 것은 간단한 작업은 아니며, 잘못 계산될 위험도 많으므로 매우 조심스러운 과정이다. 이 경우 R을 이용하면 간단하게 적분값을 얻을 수 있다. 먼저 적분대상이 되는 함수를 정의하고, 'integrate()' 함수에 정의된 함수의 범위를 지정해 주면된다.

```
> f = function(x) { (x-0.25)^2 * 2 }
> integrate(f, lower = 0, upper = 0.5)
0.02083333 with absolute error < 2.3e-16
```

분산의 문제점은 3.2절에서도 설명하였듯이, 데이터에 제곱을 취한 관계로 분산의 단위는 데이터 단위의 제곱이라는 것이다. 따라서 분산에 제곱근으로 취하여 산포도의 단위를 다시 데이터 단위로 바꾸어 줄 필요가 있는데 이때 만들어진 산포도를 **표준편차** 또는 **모표준편차**라고 부르며, $\sigma(X)$

또는 σ로 표현한다.

$$(\text{모})\ \text{표준편차}:\ \sigma(X) = \sqrt{Var(X)}$$

이제 분산의 몇 가지 성질에 대하여 알아보도록 하자.

[성질 8] 분산이 0이라는 의미는 확률변수 X가 취하는 값이 상수 c인 한 가지라는 의미이다. 즉, 다음 관계가 성립한다.

$$Var(X) = 0 \Leftrightarrow \Pr(X=c) = 1$$

[성질 9] 확률변수 X에 대하여 $Var(aX+b) = a^2\,Var(X)$이다.

[성질 9–1] 확률변수 X에 대하여 $\sigma(aX+b) = a\,\sigma(X)$이다.

분산의 정의로부터 $Var(aX+b)$는 다음과 같이 표현될 수 있어서 [성질 9]를 쉽게 증명할 수 있다.

$$Var(aX+b) = E\left[(aX+b-a\mu-b)^2\right] = a^2E\left[(X-\mu)^2\right]$$

예를 들어, 앞에서 설명한 게임 동전 2개를 던져 베팅한 금액의 앞면 수 만큼을 배수로 보상받는 게임을 생각해 보자. 동전 2개를 던져 앞면이 나오는 수를 확률변수 X라 하면, 우리는 앞에서 이에 대한 분산은 1/2임을 이미 확인하였다. 만일 100원을 베팅금액으로 하여 이 게임에 참여하였다면, 수익금을 나타내는 새로운 확률변수 Y는 $100X-100$으로 표현될 수 있으며, 이에 대한 수익금의 분산과 표준편차는 다음과 같다.

$$Var(Y) = Var(100X-100) = 100^2\,Var(X) = 5000\,(\text{원})^2$$
$$\sigma(Y) = \sigma(100X-100) = 100\,\sigma(X) = 100/\sqrt{2} \approx 70.71(\text{원})$$

[성질 10] 확률변수 X에 대하여 분산은 제곱의 기대값에서 기대값의 제곱에 대한 차이와 일치한다. 즉, 다음 관계식이 성립한다.

$$Var(X) = E(X^2) - [E(X)]^2 = E(X^2) - \mu^2$$

분산의 정의로부터 다음과 같이 [성질 3]을 쉽게 증명할 수 있다.

$$Var(X) = E\left[(X-\mu)^2\right] = E\left[X^2 - 2X\mu + \mu^2\right] = E(X^2) - \mu^2$$

[성질 11] 확률변수 $X_1, X_2, \cdots, X_n$이 서로 독립이라면 확률변수합에 대한 분산은 각 확률변수 분산의 합과 같다. 즉, 다음 관계가 성립된다.

$$Var(X_1 + \cdots + X_n) = Var(X_1) + \cdots + Var(X_n)$$

만일 서로 독립인 확률변수 $X_1, X_2, \cdots, X_n$이 모두 동일한 분산 σ^2을 갖는다면, 확률변수의 평균에 대한 분산은 다음과 같이 계산된다.

$$Var\left(\frac{X_1 + \cdots + X_n}{n}\right) = \frac{1}{n^2}\,[\,Var(X_1) + \cdots + Var(X_n)\,] = \frac{1}{n}\sigma^2$$

위의 식은 앞으로 배울 통계적 추론에서 중요한 식이니 잘 기억하기 바란다.

6.3 두 확률변수의 연관성

결합확률분포

지금까지 우리는 한 개의 확률변수와 이에 대한 분포를 주제로 공부하였다. 그러나 때때로 두 개 이상의 확률변수를 동시에 관찰하면서 분포를 분석하고, 확률변수 간의 관계를 파악하는 과정이 필요할 때가 있다. 예를 들어, '주가와 환율은 어떠한 관계가 있을까?', '성별에 따라 우리 회사 제품의 선호도가 다르게 나타날까?', '새로 개발된 신약이 기존 약보다 효과가 더 있을까?', '매출액이 감소하는 원인이 무엇일까?'라는 질문은 두 변수의 관계분석이 필요한 문제이다. 이러한 질문은 두 개 이상의 확률변수가 연관된 다소 복잡한 문제로 우리가 배운 한 개의 확률변수를 분석하는 방법으로는 해결하기 어렵다.

두 개의 확률변수 X와 Y가 있을 때 확률변수 X가 x 값을 취하고, 동시에 확률변수 Y가 y값을 취할 확률을 두 확률변수의 **결합확률분포(joint probability distribution)**라 하고, $f(x,y)$로 표현한다. 이러한 결합확률분포는 이산형 확률변수와 연속형 확률변수로 구분하여 정의된다.

이산형 결합확률분포

두 이산형 확률변수 (X, Y)는 셀 수 있는 값을 가지므로 확률변수가 취하는 값은 (x_1, y_1), (x_2, y_2), $\cdots$ 형태로 표현할 수 있다. 이산형 결합확률분포는 **결합확률질량함수(joint pmf; joint probability mass function)**, $f(x, y)$로 표현되면서, $\Pr(X=x, Y=y)$로 정의된다.

결합확률질량함수는 다음 두 조건을 만족해야 한다.

[조건 1] 모든 (x, y)에 대하여, $0 \leq f(x,y) \leq 1$

[조건 2] R^2을 2차원 실수공간이라고 할 때, $\sum_{(x,y) \in R^2} f(x,y) = 1$

결합확률질량함수를 기반으로 한 개의 확률변수에 대한 분포를 파악하고자 하는 경우, 이러한 분포를 **주변확률질량함수**(marginal pmf; marginal probability mass function)라고 한다. 두 이산형 확률변수 (X, Y)와 결합확률질량함수 $f(x, y)$가 주어졌을 때, X에 대한 주변확률질량함수 $f_X(x)$와 Y에 대한 주변확률질량함수 $f_Y(y)$는 다음과 같이 정의된다.

$$f_X(x) = \sum_{y \in R} f(x, y) \quad , \quad f_Y(y) = \sum_{x \in R} f(x, y)$$

여기서 한 가지 주의할 점은 결합확률질량함수 $f(x, y)$를 이용하여 X에 대한 주변확률질량함수 $f_X(x)$와 Y에 대한 주변확률질량함수 $f_Y(y)$는 파악할 수 있지만, 반대로 X에 대한 주변확률질량함수와 Y에 대한 주변확률질량함수를 이용하여 결합확률질량함수를 파악할 수는 없다는 것이다. 하지만, 예외적으로 만일 두 확률변수가 독립이라면 다음 관계식을 이용하여 결합확률질량함수를 유도할 수 있다.

$$\text{두 확률변수 } X, Y \text{는 서로 독립} \Leftrightarrow f(x, y) = f_X(x) \times f_Y(y)$$

결합확률질량함수를 기반으로 한 개의 확률변수값이 주어졌을 때, 그 값을 조건으로 다른 확률변수에 대한 분포를 파악하는 경우 이러한 분포를 **조건부 확률질량함수**(conditional pmf; conditional probability mass function)라고 한다. 즉, 두 이산형 확률변수 (X, Y)와 결합확률질량함수 $f(x, y)$가 주어졌을 때, 확률변수 Y가 y값을 가진다는 조건 아래서 X에 대한 조건부 확률질량함수, $f_{X|Y}(x|y)$는 다음과 같이 정의된다.

$$f_{X|Y}(x \mid y) = \frac{f(x, y)}{f_Y(y)} \Leftrightarrow \Pr(X=x \mid Y=y) = \frac{\Pr(X=x, Y=y)}{\Pr(Y=y)}$$

이러한 조건부 확률질량함수의 정의는 5.3절의 확률이론에서 배운 조건부확률의 정의를 확장한 개념이다. 즉, 조건부 확률질량분포란 어떤 확률변수의 값이 주어졌을 때, 이를 조건으로 만들어진 다른 확률변수의 확률분포를 말하는 것이다.

두 이산형 확률변수 X, Y가 독립이라는 것은 5.3절의 확률이론에서 언급한 바와 같이, 확률변수 Y의 결과가 확률변수 X가 취하는 값에 대한 확률에 아무런 영향을 미치지 않는다는 의미로 이러한 관계를 '두 확률변수는 서로 연관성이 없다'라고 표현한다. 이러한 확률의 의미를 주변확률질량함수와 조건부 확률질량함수로 표현하면 다음과 같다.

$$\Pr(X=x \mid Y=y) = \Pr(X=x) \Leftrightarrow \Pr(X=x,\ Y=y) = \Pr(X=x) \times \Pr(Y=y)$$
$$f_{X|Y}(x \mid y) = f_X(x) \quad \Leftrightarrow f(x,y) = f_X(x) \times f_Y(y)$$

예를 들어, 다음과 같은 결합확률질량함수가 있다고 가정하자.

X \ Y	1	2	3	4
1	0.1	0	0.1	0
2	0.3	0	0.1	0.2
3	0	0.2	0	0

이 경우, 결합확률질량함수를 나타내는 $f(3,\ 2)=0.2$임을 확인할 수 있으며, 주변확률질량함수를 나타내는 $f_X(2)=0.6$임을 확인할 수 있다, 또한, 조건부 확률질량함수를 나타내는 $f_{X\mid Y}(2 \mid 1)$ $=0.3/0.4=0.75$임을 확인할 수 있다. $f_{X|Y}(2 \mid 1) \neq f_X(2)$이므로 두 확률변수는 독립이 아니라고 말할 수 있다. 또한, X에 대한 주변확률질량함수 $f_X(x)$와 $Y=1$이라는 조건 아래서 만들어진 X에 대한 조건부 확률질량함수, $f_{X|Y}(x \mid 1)$는 다음과 같다.

$$f_X(x) = \begin{cases} 0.2\,, & x=1,3 \\ 0.6\,, & x=2 \\ 0, & \text{나머지} \end{cases} \quad , \quad f_{X|Y}(x|1) = \begin{cases} 1/4\,, & x=1 \\ 3/4\,, & x=2 \\ 0, & \text{나머지} \end{cases}$$

연속형 결합확률분포

두 연속형 확률변수 $(X,\ Y)$는 셀 수 없이 무한한 값을 가지므로 이산형 결합확률분포와 같이 한 점인 $(x_i,\ y_i)$에 확률을 할당할 수 없고, 구간에 확률을 할당하여야 한다.

결합확률밀도함수(joint pdf; joint probability density function)는 $f(x,\ y)$로 표현되면서, 다음과 같은 3가지 조건을 만족해야 한다.

[조건 1] $f(x,y) \geq 0\ , \quad -\infty < x, y < \infty$

[조건 2] $\int_{-\infty}^{\infty}\int_{-\infty}^{\infty} f(x,y)\ dx\,dy = 1$

[조건 3] $\Pr\ (a \leq X \leq b,\ c \leq Y \leq d) = \int_c^d \int_a^b f(x,y)\,dx\,dy$

결합확률밀도함수 $f(x,\ y)$는 x축과 y축이 평면을 형성하면서, 이 평면상에서 함수값이 나타나므로 3차원 형태의 입체그래프이거나 **등고선(contour)** 형태의 그래프로 표현이 가능하다. R을 이용하여 3차원 그래프를 그리기 위해서는 먼저 x축과 y축에 대한 범위와 값을 설정해 주고, 각 x값과 y값에 대하여 $f(x, y)$값을 행렬형태로 제공하여야 한다. 이처럼 함수값을 행렬의 형태로 제공하는 함수가 'outer()' 함수이다. 다음의 R코드는 다변량 정규분포 및 t분포를 제공하는 'multi−variate normal and t distribution'의 약자인 'mnormt' 패키지의 다변량 정규분포의 결합확률밀도함수 $f(x, y)$값을 제공하는 'dmnorm()' 함수를 이용하여 확률변수 X, Y 모두 평균이 0이고 표준편차가 1인 표준정규분포를 따르면서 두 확률변수의 상관계수가 0.5인 결합확률밀도함수의 3차원 그래프를 'persp()' 함수를 이용하여 그린 것이다.

```
> library(mnormt)
> mu = c(0, 0) # 이변량 정규분포의 평균
> sigma = matrix(c(1, 0.5, 0.5, 1), nrow = 2) # 분산-공분산 행렬
> f = function(x, y) dmnorm(cbind(x, y), mu, sigma)
> x = seq(-3, 3, 0.1); y = seq(-3, 3, 0.1)
> pdf = outer(x, y, f)
> persp(x, y, pdf, theta=15, expand=0.7, col="lightblue")
```
[4]

[그림 6-6]의 두 번째 그림은 'image()' 함수를 이용하여 등고선을 그린 그래프이다. 그래프를 보다 정밀하게 그리기 위하여 x값과 y값을 조금 더 세밀하게 나누어 $f(x, y)$값을 계산하였다. 두 확률변수는 독립이 아닌 상관계수 0.5의 값을 가지므로 결합확률밀도함수 $f(x, y)$의 단면도가 원이 아닌 타원형태임을 확인할 수 있다.

```
> x = seq(-3, 3, 0.01); y = seq(-3, 3, 0.01)
> pdf = outer(x, y, f)
> image(x, y, pdf, col=hcl.colors(12,"Oslo"))
```
[5]

그림 6-6 이변량 정규분포의 결합확률밀도함수

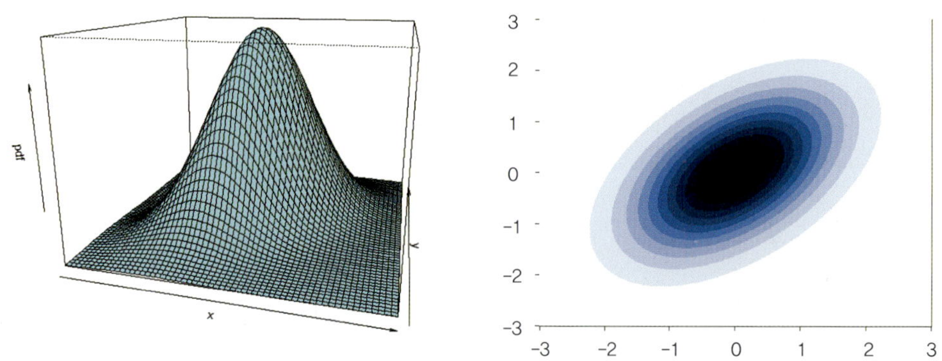

4) 그래프를 15도 회전하고, z축의 길이를 70%로 축소하고 색상을 밝은 파란색으로 설정하라는 옵션을 선택하였다.
5) hcl.colors() 함수를 이용하여 등고선은 12개로 설정하고, 바탕을 하얀색으로부터 시작하여 청색계열로 강도를 조정하는 'Oslo'옵션의 색상을 선택하였다.

결합확률밀도함수를 기반으로 한 개의 확률변수에 대한 분포를 파악하고자 하는 경우, 이러한 분포를 **주변확률밀도함수(marginal pdf; marginal probability density function)**라고 한다. 두 연속형 확률변수 $(X,\ Y)$와 결합확률밀도함수 $f(x,\ y)$가 주어졌을 때, X에 대한 주변확률밀도함수 $f_X(x)$와 Y에 대한 주변확률밀도함수 $f_Y(y)$는 다음과 같이 정의된다.

$$f_X(x) = \int_{-\infty}^{\infty} f(x,y)\,dy \ ,\ f_Y(y) = \int_{-\infty}^{\infty} f(x,y)\,dx$$

이산형 결합확률분포와 마찬가지로, 결합확률밀도함수 $f(x,\ y)$를 이용하여 X에 대한 주변확률밀도함수 $f_X(x)$와 Y에 대한 주변확률밀도함수 $f_Y(y)$를 파악할 수 있지만, 반대로 두 확률변수의 주변확률밀도함수를 이용하여 결합확률밀도함수를 파악할 수는 없다. 하지만, 만일 두 확률변수가 독립이라면 다음의 관계식을 이용하여 주변확률밀도함수를 이용하여 결합확률밀도함수를 유도할 수 있다.

$$\text{두 확률변수 } X,\ Y\text{는 서로 독립} \ \Leftrightarrow f(x,y) = f_X(x) \times f_Y(y)$$

결합확률밀도함수를 기반으로 한 개의 확률변수값이 주어졌을 때, 그 값을 조건으로 다른 확률변수에 대한 분포를 파악할 수 있는데 이러한 분포를 **조건부 확률밀도함수(conditional pdf; conditional probability density function)**라고 한다. 즉, 두 연속형 확률변수 $(X,\ Y)$와 결합확률밀도함수 $f(x,\ y)$가 주어졌을 때, 확률변수 Y가 y값을 가졌다는 조건 아래서 X에 대한 조건부 확률밀도함수 $f_{X|Y}(x|y)$는 다음과 같이 정의된다.

$$f_{X|Y}(x \mid y) = \frac{f(x,y)}{f_Y(y)} \quad \Leftrightarrow \quad f(x,y) = f_{X|Y}(x \mid y)\, f_Y(y)$$

예를 들어, 다음과 같은 결합확률밀도함수가 있다고 가정하자.

$$f(x,y) = \begin{cases} cx^2y\,, & x^2 \le y \le 1 \\ 0 & , \text{나머지} \end{cases}$$

위의 결합확률밀도함수는 $x^2 \le 1$ 범위를 가지면서 y 값은 $x^2 \le y \le 1$ 범위에서 cx^2y 값을 가져야 하므로 다음 조건을 만족하여야 한다.

$$\int_{-1}^{1}\int_{x^2}^{1} cx^2y\,dy\,dx = 1$$

위의 적분을 계산하여 c 값을 찾는 것은 가능하겠지만, R을 이용하여 수치해석적으로 접근하여 계산하면 무리없이 c 값을 찾을 수 있다. 이 경우 R의 'Practical Numerical Math Functions'의 약자인 'pracma' 패키지를 이용하여 이중적분을 계산하는 'integral2()' 함수를 이용하면 된다.

```
> library(pracma)
> f = function(x, y) x^2 * y
> ymin = function(x) x^2
> v = integral2(f, -1, 1, ymin, 1)
> 1/v$Q
[1] 5.25
```

여기서 변수 Q는 함수 'integral2()'에서 제공하는 적분값이다. 적분값의 역수를 취하면 c값인 5.25를 얻을 수 있으며, 이 값은 전체 체적을 1로 만드는 **정규화 상수(normalizing constant)**가 된다.

다음으로 확률변수 X가 Y보다 클 확률에 대하여 알아보자. 확률변수 Y는 음수값을 갖지 못하므로 확률변수 X 또한 음수값을 가지면 안 되므로 범위는 0에서 1 사이의 구간으로 설정되어야 한다. 또한, 확률변수 Y는 x^2 보다 커야한다는 원래조건과 확률에 대한 조건 x보다 작아야 한다는 조건이 추가되므로 X가 Y보다 클 확률은 다음과 같은 수식으로 표현할 수 있다.

$$\Pr(X \geq Y) = \int_0^1 \int_{x^2}^{x} 5.25\, x^2\, y\, dy\, dx$$

이에 대한 확률계산을 위한 R코드를 작성하면 다음과 같다.

```
> f = function(x, y) 5.25 * x^2 * y
> ymin = function(x) x^2
> ymax = function(x) x
> integral2(f, 0, 1, ymin, ymax)$Q
[1] 0.15
```

즉, 확률변수 X가 Y보다 클 확률값은 0.15가 된다.

다음으로 확률변수 X가 Y에 대한 주변확률밀도함수 $f_X(x)$와 $f_Y(y)$를 그려보도록 하자. $f_X(x)$는 x값이 주어졌을 경우 y에 대한 적분이고, y의 적분범위는 x^2보다 커야 한다. 또한, $f_Y(y)$는 y값이 주어졌을 경우 x에 대한 적분이므로 $x^2 \leq y$조건에 따라 x의 적분범위는 $-\sqrt{y}$와 $\sqrt{y}$ 사이에 있어야 한다. 따라서 다음과 같이 수식을 표현할 수 있다.

$$f_X(x) = \int_{-\infty}^{\infty} f(x,y)\, dy = \int_{x^2}^{1} 5.25\, x^2\, y\, dy\,, \quad -1 \leq x \leq 1$$

$$f_Y(y) = \int_{-\infty}^{\infty} f(x,y)\, dx = \int_{-\sqrt{y}}^{\sqrt{y}} 5.25\, x^2\, y\, dx\,, \quad 0 \leq y \leq 1$$

위의 적분식을 풀어서 주변확률밀도함수를 함수식 형태로 표현이 가능하다. 하지만 모든 적분문제가 함수식의 형태로 풀리는 것은 아니다. 따라서 여기서는 R을 이용하여 이러한 적분값을 계산하고, 이에 따라 'plot()' 함수를 이용하여 주변확률함수가 어떠한 모습을 가졌는지 알아보도록 하자.

```
# X에 대한 주변확률밀도함수 (y에 대한 적분)
> x = seq(-2, 2, 0.01); fX = rep(0, 401)
> for(i in 101:301) {
+       f = function(y) 5.25 * x[i]^2 * y
+       fX[i] = integrate(f, lower = x[i]^2, upper = 1)$value }
> plot(x, fX, type = 'l', lwd = 2, main = 'Marginal pdf of X')

# Y에 대한 주변확률밀도함수 (x에 대한 적분)
> y = seq(-1, 2, 0.01); fY = rep(0, 301)
> for(i in 101:201) {
+     f = function(x) 5.25 * x^2 * y[i]
+     fY[i] = integrate(f, lower = -sqrt(y[i]), upper = sqrt(y[i]))$value }
> plot(y, fY, type = 'l', lwd = 2, main = 'Marginal pdf of Y')
```

여기서 변수 value는 함수 'integral()'에서 제공하는 적분값을 제공하는 변수이다. 확률변수 X가 Y에 대한 주변확률밀도함수 $f_X(x)$와 $f_Y(y)$그래프에 대한 결과는 [그림 6-7]에 나타나 있다.

다음으로 확률변수 Y값이 0.5라는 조건이 있을 경우 나타나는 조건부 확률밀도함수, $f_{X|Y}(x|0.5)$에 대하여 알아보자. 이 경우 $f_{X|Y}(x|0.5)$는 $f(x,\ 0.5)$와 비례관계를 가지면서, 이에 대한 정규화 상수가 $1/f_Y(0.5)$가 될 것이다.

$$f_{X|Y}(x|0.5) = \frac{f(x, 0.5)}{f_Y(0.5)} \propto x^2, \quad -\sqrt{0.5} \leqq x \leqq \sqrt{0.5}$$

이 경우 정규화 상수는 다음의 R코드에 의하여 간단하게 계산될 수 있다.

그림 6-7 두 확률변수에 대한 주변확률밀도함수

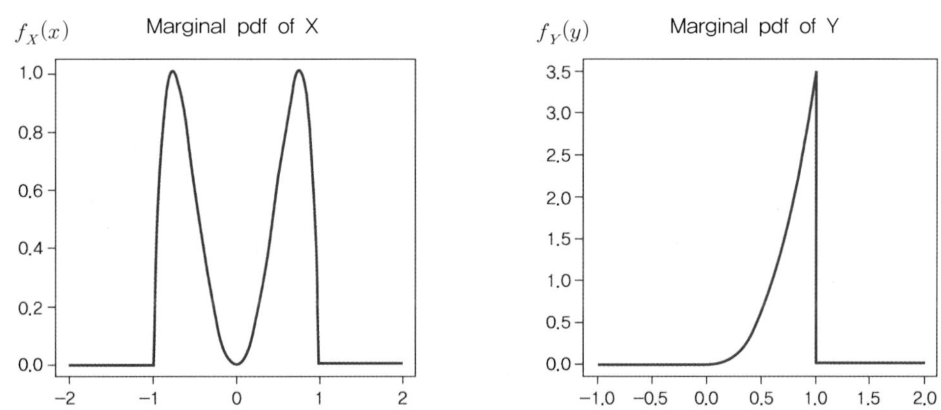

```
> f = function(x) { x^2 }
> 1/integrate(f, lower = -sqrt(0.5), upper = sqrt(0.5))$value
[1] 4.242641
```

따라서 확률변수 Y 값이 0.5라고 주어졌을 경우 나타나는 조건부 확률밀도함수 $f_{X|Y}(x|0.5)$ 는 다음과 같다.

$$f_{X|Y}(x, 0.5) = \begin{cases} 4.24\, x^2, & -\sqrt{0.5} \le x \le \sqrt{0.5} \\ 0, & \text{나머지} \end{cases}$$

공분산과 상관계수

두 확률변수의 **연관성**(measure of association)은 두 확률변수가 독립적이지 않은 종속관계의 정도를 나타내는 의미이며, 하나의 확률변수값이 다른 확률변수값에 영향을 미치는 정도를 의미하기도 한다. 이러한 두 확률변수의 연관성은 크게 직선적 관계를 갖는 **선형적 연관성**(linear association)과 연관성은 있지만 직선적 관계를 갖지 않는 **비선형적 연관성**(nonlinear association)으로 구분할 수 있다. 비선형적 연관성은 다양한 형태의 비선형적 관계가 존재하므로 여기서는 선형적 연관성을 중심으로 연관성 개념을 다루기로 한다.

두 확률변수 X, Y에 대한 선형적 연관성을 나타내는 수치로 **공분산**(covariance)이 있다. 공분산은 $\text{Cov}(X, Y)$로 표기하며 두 확률변수의 편차 $(X-\mu_X)$와 $(Y-\mu_Y)$의 곱에 대한 기대값으로 정의된다. 이를 수식으로 표현하면 다음과 같다.

$$\text{Cov}(X, Y) = E\left[(X-\mu_X)(Y-\mu_Y)\right]$$

여기시 μ_X 와 μ_Y 는 두 확률변수 X, Y에 대한 각각의 기대값을 의미한다. 그렇다면 공분산의 정의로부터 이에 대한 의미를 알아보도록 하자. 만일 두 확률변수 X, Y가 양의 방향으로 선형적 연관성을 가지고 있다면, 그 의미는 X가 커지면 Y도 커지는 성향이 있고, X가 작아지면 Y도 작아지는 성향이 있다는 것이다. 이를 두 확률변수에 대한 편차로 생각하면, $(X-\mu_X)$와 $(Y-\mu_Y)$의 곱은 '+' 와 '+'가 곱해지는 상황이거나 '−' 와 '−'가 곱해지는 상황이 되어 양의 값을 가지게 된다.

만일 두 확률변수 X, Y가 음의 방향으로 선형적 연관성을 가지고 있다면, 그 의미는 X가 커지면 Y는 작아지는 성향이 나타나 편차인 $(X-\mu_X)(Y-\mu_Y)$의 곱은 '+' 와 '−'가 곱해지는 상황이 되어 음의 값을 가지게 된다. 또한 X가 작아지면 Y는 커지는 성향이 나타나 두 편차의 곱은 '−' 와 '+'가 곱해지는 상황이 되어 음의 값을 가지게 된다. 즉, 공분산의 값이 양수이면 두 확률변수는 같은 방향으로 움직이는 성향이 있다는 의미이며, 공분산의 값이 음수이면, 두 확률변수는 서로 반대방향으로 움직이는 성향이 있다는 의미이다. 이러한 특징을 가진 공분산은 다음과 같은 성질을 갖는다.

[성질 12] $\mathrm{Cov}(X, Y) = E(XY) - \mu_X \mu_Y$

공분산의 정의로부터 다음 관계식이 성립한다.

$$\begin{aligned}\mathrm{Cov}(X, Y) &= E\left[(X-\mu_X)(Y-\mu_Y)\right] \\ &= E\left[XY - X\mu_Y - \mu_X Y + \mu_X \mu_Y\right] \\ &= E(XY) - E(X)\mu_Y - \mu_X E(Y) + \mu_X \mu_Y (\text{그런데 } E(X) = \mu_X,\ E(Y) = \mu_Y \text{이므로}) \\ &= E(XY) - \mu_X \mu_Y\end{aligned}$$

[성질 13] 두 확률변수 X, Y가 서로 독립이면, $\mathrm{Cov}(X, Y) = 0$이다.

만일 두 확률변수가 서로 독립이면, 기대값의 [성질 4]로부터 두 확률변수의 곱에 대한 기대값은 두 확률변수 기대값의 곱과 일치하게 되므로, 즉 $E(XY) = \mu_X \mu_Y$가 성립되어, 공분산 [성질 12]에 의하여, 공분산은 0이 된다.

[성질 14] $\mathrm{Cov}(aX+b, cY+d) = ac\,\mathrm{Cov}(X, Y)$

두 확률변수 $aX+b$, $cY+d$ 를 공분산 정의에 적용하면, 다음의 관계식이 성립한다.

$$\begin{aligned}\mathrm{Cov}(aX+b, cY+d) &= E\left[(aX+b-a\mu_X-b)(cY+d-c\mu_Y-d)\right] \\ &= acE\left[(X-\mu_X)(Y-\mu_Y)\right] = ac\,\mathrm{Cov}(X, Y)\end{aligned}$$

[성질 15] $Var(X \pm Y) = Var(X) + Var(Y) \pm 2\,\mathrm{Cov}(X, Y)$

분산의 정의로부터 다음과 같은 관계식이 성립한다.

$$\begin{aligned}Var(X \pm Y) &= E\left[(X \pm Y - \mu_X \mp \mu_Y)^2\right] \\ &= E\left[((X-\mu_X) \pm (Y-\mu_Y))^2\right] \\ &= E\left[(X-\mu_X)^2 + (Y-\mu_Y)^2 \pm 2(X-\mu_X)(Y-\mu_Y)\right] \\ &= Var(X) + Var(Y) \pm 2\,\mathrm{Cov}(X, Y)\end{aligned}$$

여기서 공분산에 대한 한 가지 질문이 생길 수 있다. 만일 두 확률변수의 공분산이 100이라면 어느 정도의 선형적 양의 관계를 나타내는 것일까? 이에 대한 대답은 '모른다' 이다. 왜냐하면, 공분산은 확률변수값에 대한 단위와 스케일에 의존하기 때문이다. 예를 들어, 똑같은 자료라도 'cm' 단위로 측정한 자료와 'm' 단위로 측정한 자료는 공분산 값이 다르므로 공분산 수치만을 가지고 두 확률변수의 연관성을 파악하는 것은 어렵다.

이러한 문제를 해결하기 위하여 만들어진 수치가 **상관계수**(correlation coefficient)이다. 상관계수는 두 확률변수를 표준화[6] 변환을 통하여, 변수를 평균 0, 표준편차 1로 바꾸어 주어 단위를 없앤 후 (unitless), 표준화된 두 확률변수에 대한 공분산을 계산한 수치로써, $Corr(X, Y)$, $\rho(X, Y)$[7] 또는 약자로 ρ로 표기한다. 표준화된 공분산, 상관계수의 식은 공분산의 [성질 3]에 의하여 다음과 같이

6) 표준화는 3장의 데이터의 스케일링에서 언급되었다.

7) 그리스 17번째 문자인 ρ(rho)는 '로' 라고 읽는다.

유도된다.

$$\rho(X, Y) = \text{Cov}\left(\frac{X-\mu_X}{\sigma_X}, \frac{Y-\mu_Y}{\sigma_Y}\right) = \frac{\text{Cov}(X, Y)}{\sigma_X \sigma_Y}$$

[성질 16] $\text{Cov}(X, Y) = \rho(X, Y)\sigma_X \sigma_Y$

[성질 16]는 상관계수의 정의로부터 간단하게 유도된다.

[성질 17] 두 확률변수 X, Y가 서로 독립이면, $\rho(X, Y) = 0$ 이다.

공분산의 [성질 13]에 의하여 두 확률변수 X, Y 가 서로 독립이면 $\text{Cov}(X, Y) = 0$ 이므로 $\rho=0$ 이 된다. 하지만, 반대의 경우는 성립하지 않는다. 즉, $\rho=0$은 두 확률변수 사이에 선형적(직선적) 관계가 존재하지 않는다는 의미이지, 두 확률변수가 관계가 없다는 의미는 아니기 때문이다. 두 확률변수는 비선형적 관계를 가질 수 있으며, 공분산이나 상관계수는 이러한 비선형적 관계를 검출하지 못하여 0의 값을 제공할 수 있다.

[성질 18] 상관계수 ρ는 $-1 \leqq \rho \leqq 1$ 이다.

[성질 19] 두 확률변수 X, Y가 완벽한 선형관계인 $Y = aX + b$ 일 경우, $a > 0$ 이면 $\rho=1$, $a < 0$ 이면 $\rho=-1$이 된다.

[성질 20] $\rho(aX+b, cY+d)$ 는 $ac > 0$ 인 경우 $\rho(X, Y)$이며, $ac < 0$ 인 경우 $-\rho(X, Y)$가 된다.

상관계수에 대한 [성질 9]로부터 상관계수의 절대값은 확률변수의 선형변환에 영향받지 않는 **스케일 불변성(scale invariance)** 특징을 가지고 있다고 말할 수 있다. 예를 들어, 어떠한 자산에 대한 평가를 달러단위로 하는 경우와 원화단위로 하는 경우 동일한 상관계수를 제공한다는 것이다. 하지만, ac의 부호에 영향을 받아 상관계수의 부호는 바뀔 수 있다.

[예제] 표준화된 두 확률변수 X, Y가 서로 독립일 경우, 확률변수 X와 $X + aY$에 대한 상관계수를 구하시오.

표준화된 확률변수는 평균이 0이고, 표준편차가 1이므로 $\mu_X = \mu_Y = 0$이고 $\sigma_X = \sigma_Y = 1$이 된다. 또한, $X + aY$ 에 대한 분산은 다음과 같다.

$$Var(X+aY) = Var(X) + a^2\, Var(Y) = 1 + a^2$$

X와 $X + aY$에 대한 공분산은 다음과 같다.

$$\text{Cov}(X, X+aY) = \text{Cov}(X, X) + a\,\text{Cov}(X, Y) = 1$$

여기서 $\text{Cov}(X, X) = Var(X)$ 이며, 독립에 대한 가정이 있으므로 $\text{Cov}(X, Y) = 0$ 이다. 따라서 두 확률변수 X와 $X + aY$에 대한 상관계수는 다음과 같다.

$$\rho(X, X+aY) = \frac{\text{Cov}(X, X+aY)}{\sigma_X \ \sigma_{X+aY}} = \frac{1}{\sqrt{1+a^2}}$$

만일 상관계수 0.7을 만족하는 a값을 찾고자 한다면, 다음의 식을 통하여 계산할 수 있다.

$$\frac{1}{\sqrt{1+a^2}} = 0.7 \Leftrightarrow 1+a^2 = \frac{1}{0.7^2} \Leftrightarrow a = \sqrt{\frac{1}{0.7^2} - 1} \approx 1.02$$

공분산을 계산하는 R의 함수는 'cov()'이며, 상관계수를 계산하는 함수는 'cor()'이다. 이제 'rnorm()' 함수를 이용하여 평균이 0이고 표준편차가 1인 정규분포로부터 난수를 추출하여 상관계수가 0.7인 양의 상관관계를 갖는 산점도와 상관계수가 -0.7인 음의 상관관계를 갖는 산점도를 그려보도록 하자([그림 6-8] 참조).

```
> x=rnorm(1000); yy=rnorm(1000); y=x+1.02*yy
> cov(x,y) # 공분산(이론적인 값:1)
[1] 1.045434
> cor(x,y) # 상관계수(이론적인 값 : 0.7)
[1] 0.7180206
> plot(x, y, xlab="", ylab="", main="Correlation Coefficient : 0.7")
> abline(h=0, v=0, lwd=2)
> plot(x, -y, xlab="", ylab="", main="Correlation Coefficient : - 0.7")
> abline(h=0, v=0, lwd=2)
```

그림 6-8 양의 상관관계와 음의 상관관계를 갖는 산점도

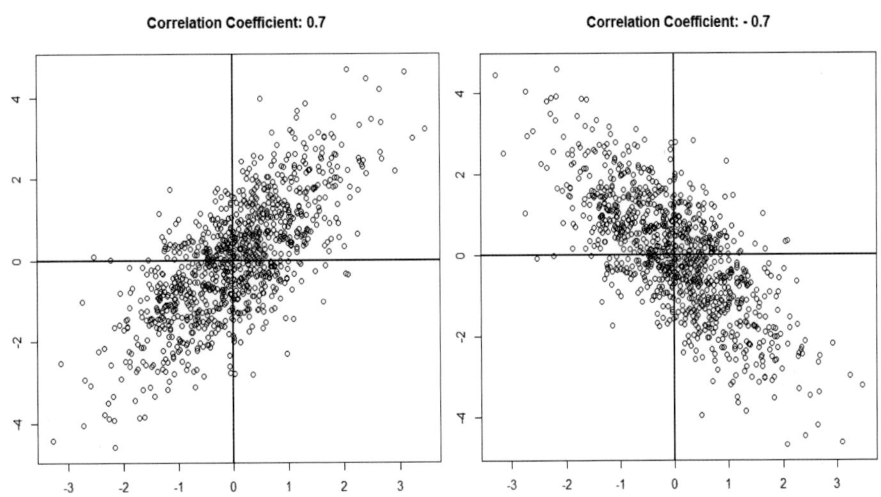

공분산이나 상관계수를 해석할 때 주의해야 할 사항은, 앞에서도 언급하였듯이 공분산과 상관계수는 선형적 관계만을 나타내는 것으로 비선형적 관계는 파악하지 못한다는 것이다. 따라서 두 확률변수가 독립으로 연관성이 없게 나타나면 공분산이나 상관계수는 당연히 0이 되겠지만, 공분산이나 상관계수가 0이라고 해서 두 확률변수가 연관성이 없다고 결론내리는 것은 위험하다. 다음의 두 그래프는 독립인 두 확률변수의 산점도와 상관계수가 0에 가깝지만 뚜렷한 비선형적 연관성을 가진 경우를 구분해서 산점도를 보여주고 있다([그림 6-9] 참조).

```
> x=rnorm(1000); y1=rnorm(1000); y2=x^2/10 + 0.1*y1
> cor(x,y1) # 독립인 두 변수에 대한 상관계수 (이론적인 값: 0)
[1] -0.01154002
> cor(x,y2) # 비선형적 관계, 하지만 상관계수는 0의 값을 제공
[1] 0.02981406
> plot(x, y1, xlab="", ylab="", main="Correlation Coefficient: 0")
> abline(h=0, v=0, lwd=2)
> plot(x, y2, xlab="", ylab="", main="Correlation Coefficient: 0")
> xx=seq(-4,4,0.01); lines(xx, xx^2/10, lwd=2)
```

• 그림 6-9 독립관계와 비선형적 관계

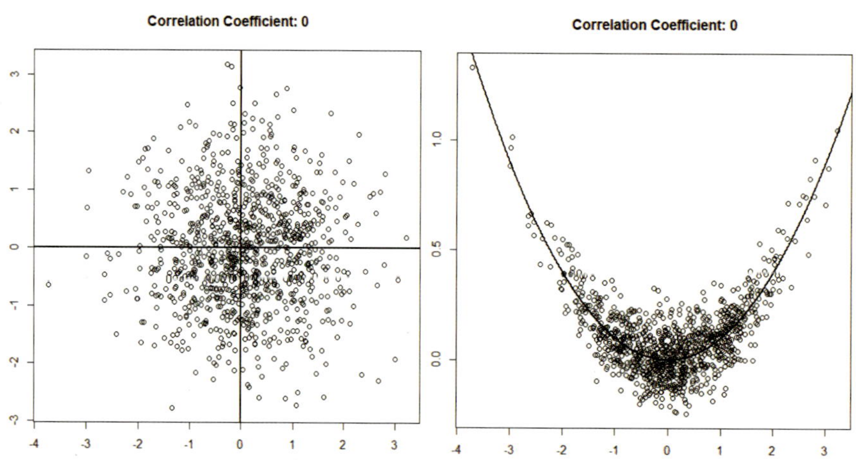

금융산업에서의 리스크 관리

자산을 운용하는 펀드 매니저에게 리스크관리는 매우 중요한 업무 중 하나이다. 리스크는 투자자산에 대한 미래의 불확실성을 나타내는 개념으로, 리스크를 나타내는 하나의 개념으로 **변동성(volatility)**이 있고, 이를 나타내는 대표적인 수치로 수익률에 대한 **표준편차**가 있다. '변동성이 증가하여 리스크가 높은 상태이니 투자에 유의하셔야 합니다'라는 의미는 최근 수익률에 대한 표준편차가 증가하여 등락폭이 커졌으므로 큰 손실이 발생할 확률이 높아진 상황이니 유의하라는 의미이다.

높은 수익률에 낮은 변동성을 갖는 투자는 모든 펀드 매니저가 찾는 가장 바람직한 목표이지만, 현실적으로 그러한 자산을 찾는다는 것은 간단한 일이 아니다. 그렇다면, 수익률은 그대로 유지하면서 변동성을 낮추는 방법은 없을까? 정답부터 말하자면, 딱 한 가지 방법이 존재한다. 그것은 적당한 포트폴리오를 구성하여 자산을 여러 곳에 분산투자하는 것이다. 분산투자를 하게 되면 수익률을 유지한 상태에서 변동성을 낮출 수 있다. 이러한 효과를 '포트폴리오를 통한 분산효과'라고 부르며, 다음 예제를 통하여 이러한 효과가 어느 정도인지를 살펴보도록 하자.

[예제] A주식은 1년 평균 수익률 5%에 표준편차 1.5%로 알려져 있으며, B주식도 1년 평균 수익률 5%에 표준편차 1.5%로 알려져 있다. 또한, 두 주식에 대한 상관계수는 −0.1로 알려져 있다. (1) A주식에 100억원을 투자한 경우의 1년 평균수익과 변동성, (2) A주식과 B주식에 각각 50억원씩 투자한 경우의 1년 평균수익과 변동성을 계산하여라.

A주식에 대한 수익률을 확률변수 X라 하고, B주식에 대한 수익률을 확률변수 Y라 하자. 만일 A주식에 100억원을 투자한 경우의 1년 평균수익과 변동성은 다음과 같다.

$$\text{1년 평균수익}:\ E(100\text{억원}\ X) = 100\text{억원}\ E(X) = 5\text{억원}$$
$$\text{1년 변동성}:\ \sqrt{Var(100\text{억원}\ X)} = 100\text{억원}\ \sqrt{Var(X)} = 1.5\text{억원}$$

만일 A주식과 B주식에 각각 50억원씩 분산투자를 한 경우, 1년 평균수익은 다음과 같다.

$$E(50\text{억원}\ X + 50\text{억원}\ Y) = 50\text{억원}\ E(X) + 50\text{억원}\ E(Y) = 5\text{억원}$$

다음으로 분산을 계산하여 보자.

$$\begin{aligned} & Var(50\text{억원}\ X+50\text{억원}\ Y) \\ & =(50\text{억원})^2\ \sigma_X^2+(50\text{억원})^2\ \sigma_Y^2+2(50\text{억원})^2\rho\sigma_X\sigma_Y \\ & =(50\text{억원})^2\ 0.015^2+(50\text{억원})^2\ 0.015^2+2(50\text{억원})^2(-0.1)(0.0.15)(0.015) \\ & =1.0125(\text{억원})^2 \end{aligned}$$

따라서 두 자산을 50억원씩 분산투자한 포트폴리오의 1년 변동성은 다음과 같다.

$$\sqrt{Var(50\text{억원}\,X+50\text{억원}\,Y)} \approx 1.006\text{억원}$$

결국, A주식과 B주식에 각각 50억원씩 분산투자하게 되면, 평균 수익률은 5억원으로 동일하게 유지하면서 변동성은 감소되어, 대략 0.5억원 정도의 포트폴리오 분산효과를 얻게 된다.

주요 용어

(6.1) 확률변수, 이산형 확률변수, 연속형 확률변수, 확률분포, 이산형 확률분포, 확률질량함수, 연속형 확률분포, 확률밀도함수, 누적분포함수, 균등분포, 난수, 분위수,

(6.2) 기대값, 분산, 표준편차, 모평균, 모분산, 모표준편차

(6.3) 결합확률분포, 결합확률함수, 주변확률함수, 조건부 확률함수, 정규화 상수, 연관성, 선형적 연관성, 비선형적 연관성, 공분산, 상관계수, 스케일 불변성, 변동성

연습문제

1. 공정한 동전을 던져서 결과가 앞면이 나오면 100원의 수익이 발생하고, 뒷면이 나오면 50의 손실이 발생하는 게임을 생각해 보자.

(1) 확률변수를 정의하여라.

(2) 확률분포를 기술하고 그래프로 그려라.

(3) 기대값, 분산, 표준편차를 계산하여라.

2. 확률변수 X는 다음과 같은 확률밀도함수를 가지고 있다.

$$f(x) = \begin{cases} c\,(1-x^4), & |x| \leq 1 \\ 0, & \text{나머지} \end{cases}$$

(1) 정규화 상수 c값을 구하여라.

(2) $\Pr(|x| \leq 1/2)$ 는 얼마인가?

(3) 기대값과 분산을 구하여라.

3. 다음은 현재 투자하고 있는 A 주식과 B주식의 수익률에 대한 결합확률질량함수이다.

A \ B	−5% (손실)	0%	10% (수익)
−5% (손실)	0.1	0.3	0.1
5% (수익)	0.2	0.2	0.1

(1) 확률변수 X, Y를 정의하여라.
(2) 주변 확률함수를 구하여라.
(3) $\Pr(X \geq Y)$ 와 $\Pr(X+Y>0)$ 에 대한 확률을 구하여라.
(4) 두 확률변수 X, Y는 독립인가?
(5) X, Y에 대한 공분산과 상관계수를 구하여라.

4. 확률변수 X는 A자산에 대한 가치로 0에서 1 사이의 균등분포를 따르는 것으로 알려져 있다. 확률변수 Y는 A자산 가치로부터 나타나는 수익률로 0에서 확률변수 X에서 실현된 자산가치 사이에서 균등분포를 따르는 것으로 알려져 있다. 즉, 확률변수 X는 0에서 1 사이의 균등분포로부터 자산가치가 결정되며, 이를 통해서 실현된 값이 x라면 확률변수 Y는 0에서 x 사이의 균등분포로부터 자산수익률이 결정되는 구조를 가지고 있다는 것이다.

(1) X의 주변확률밀도함수와 Y의 조건부 밀도함수를 구하여라.
(2) 두 확률변수 X, Y에 대한 결합확률밀도함수를 구하여라.
(3) Y의 주변확률밀도함수를 그려라.
(4) $\Pr(0.3 < X \leq 0.5,\ Y \geq 0.4)$에 대한 확률을 구하여라.
(5) 두 확률변수 X, Y는 독립인가?
(6) 두 확률변수 X, Y에 대한 공분산과 상관계수를 구하여라.

[참고]
(3)번 문제의 적분문제를 풀어보면, Y의 주변확률밀도함수는 다음과 같이 정리된다.

$$f_Y(y) = \begin{cases} -\log(y), & 0 < y \leq 1 \\ 0, & \text{나머지} \end{cases}$$

연습문제 풀이

1. (1) X : 동전 게임에서 나타나는 수익 또는 손실금액

(2) $f(x) = \begin{cases} 0.5\,, & x=100\,,\,-50 \\ 0 & ,\ \text{나머지} \end{cases}$

```
pmf=c(0, 1/2, 1/2, 0)
plot(c(-100,-50,100,150), pmf, type='h', lwd=3, main='X의 pmf')
abline(h=0, lwd=3)
```

(3) $E(X) = 100\times 1/2 + (-50)\times 1/2 = 25(\text{원})$

$Var(X) = (100-25)^2\times 1/2 + (-50-25)^2\times 1/2 = 75^2\,(\text{원})^2$

$\sigma(X) = 75\,(\text{원})$

2. (1)
```
> f1 = function(x) { 1-x^4 }
> 1/integrate(f1, lower = -1, upper = 1)$value
[1] 0.625
```

따라서, $c=0.625$

(2)
```
> f2 = function(x) { 0.625*(1-x^4) }
> integrate(f2, lower = -1/2, upper = 1/2)$value
[1] 0.6171875
```

따라서 $\Pr(|x| \leqq 1/2) \approx 0.6172$

(3)
```
> f3 = function(x) { x*0.625*(1-x^4) }
> integrate(f3, lower = -1, upper = 1)$value
[1] 0
```

따라서, $E(X) = 0$

```
> f4 = function(x) { x^2*0.625*(1-x^4) }
> integrate(f4, lower = -1, upper = 1)$value
[1] 0.2380952
```

따라서, $Var(X) \approx 0.2381$

3. (1) X: A주식에 대한 수익률, Y: B주식의 수익률

(2) $f_X(x) = \begin{cases} 0.5\,, & x=-0.05\,,\ 0.05 \\ 0\,, & \text{나머지} \end{cases}$, $f_Y(y) = \begin{cases} 0.3\,, & x=-0.05 \\ 0.5\,, & x=0 \\ 0.2\,, & x=0.1 \\ 0\,, & \text{나머지} \end{cases}$

(3) $\Pr(X \geqq Y) = 0.1+0.2+0.2 = 0.5$

$\Pr(X+Y > 0) = 0.1+0.2+0.1 = 0.4$

(4) $f_{X|Y}(0.05|0) = 0.4 \neq 0.5 = f_X(0.05)$

따라서 두 확률변수 X, Y는 독립이 아니다.

(5) $\mu_X = (-0.05)\times 0.5 + 0.05\times 0.5 = 0$

$\sigma^2(X) = (-0.05)^2\times 0.5 + (0.05)^2\times 0.5 = 0.05^2$, $\sigma(X) = 0.05$

$\mu_Y = (-0.05)\times 0.3 + 0.1\times 0.2 = 0.005$

$\sigma^2(Y) = (-0.05-0.005)^2\times 0.3 + (0-0.005)^2\times 0.5$

$+ (0.1-0.005)^2\times 0.2 = 0.002725$, $\sigma(Y) \approx 0.0522$

$\mathrm{Cov}(X,Y) = (-0.05)\times(-0.05-0.005)\times 0.1 + \cdots$

$\cdots + (0.05)\times(0.1-0.005)\times 0.1 = -0.00025$

$$\rho(X,Y) = \frac{-0.00025}{0.05\times 0.0522} \approx -0.0958$$

4. (1) $f_X(x) = \begin{cases} 1, & 0 < x \leqq 1 \\ 0, & \text{나머지} \end{cases}$, $f_{Y|X}(y|x) = \begin{cases} 1/x, & 0 < y \leqq x \\ 0, & \text{나머지} \end{cases}$

(2) $f(x,y) = f_{Y|X}(y|x)\times f_X(x) = \begin{cases} 1/x, & 0 < y \leqq x \leqq 1 \\ 0, & \text{나머지} \end{cases}$

(3) $f_Y(y) = \begin{cases} \displaystyle\int_y^1 1/x\, dx, & 0 < y \leq 1 \\ 0, & \text{나머지} \end{cases}$

(Note) $\displaystyle\int_y^1 1/x\, dx$ 는 수학적으로 적분하면 $-\log(y)$ 이다.

Y의 주변확률밀도함수를 그리기 위한 R코드는 다음과 같다.

```
y=seq(-1, 2, 0.01); fY=rep(0, 301)
for(i in 102:201) {
    f = function(x) 1/x
    fY[i] = integrate(f, lower=y[i], upper=1)$value
    }
plot(y, fY, type='l', lwd=2, main='Marginal pdf of Y')
```

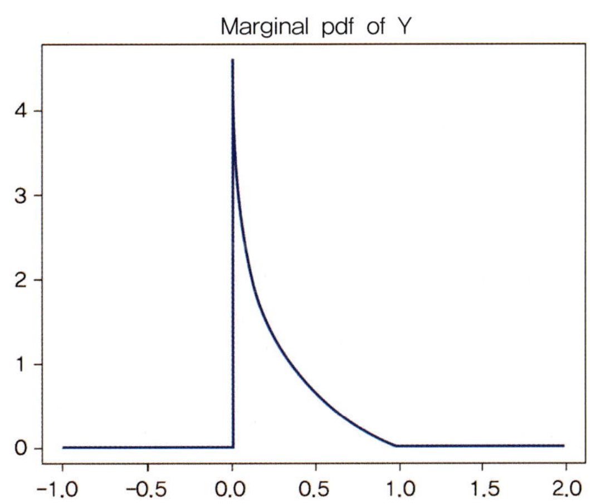

(4) $\Pr(0.3 < X \leqq 0.5\,,\ Y \geqq 0.4) = \int_{0.3}^{0.5}\int_{0.4}^{x} 1/x \times I(x \geqq y)\, dy\, dx$

여기서 지시함수(Indicator function) $I(\cdot)$은 다음과 같이 정의된다.

$$I(x \geqq y) = \begin{cases} 1\ , \text{for } x \geqq y \\ 0\ , \text{for } x < y \end{cases}$$

이 값을 계산하기 위한 R코드는 'ifelse()' 함수를 이용하여 다음과 같이 계산할 수 있다.

```
> f = function(x, y) ifelse(x>=y, 1/x, 0)
> ymax = function(x) x
> integral2(f, 0.3, 0.5, 0.4, ymax)$Q
[1] 0.01074258
```

따라서 $\Pr(0.3 < X \leqq 0.5\,, 0.4 < Y \leqq 0.7) \approx 0.0107$ 이다.

(5) 확률변수, Y의 범위는 확률변수, X에 의존하므로 두 확률변수는 종속관계라고 볼 수 있다. 이는 다음과 같은 관계식으로부터 확인이 된다.

$f(x,y) \neq f_X(x) \times f_Y(y)$

(6)
```
> fX1 = function(x) x
> integrate(fX1, lower=0, upper=1)$value
[1] 0.5
> fX2 = function(x) (x-0.5)^2
> integrate(fX2, lower=0, upper=1)$value
[1] 0.08333333
> sqrt(integrate(fX2, lower=0, upper=1)$value)
[1] 0.2886751
```

따라서, $E(X) = 0.5$, $Var(X) = 0.0833$, $\sigma(X) = 0.2887$

R의 이중 적분 함수, 'integral2()'를 이용하여 직접 계산하는 방법

```
> f = function(y, x) 1/x
> fY1 = function(y, x) y/x
> ymin = function(y) y
> integral2(fY1, 0, 1, ymin, 1)$Q
[1] 0.25
> fY2 = function(y, x) (y-0.25)^2/x
> integral2(fY2, 0, 1, ymin, 1)$Q
[1] 0.0486111
> sqrt(integral2(fY2, 0, 1, ymin, 1)$Q)
[1] 0.2204793
```

문제에서 주어진 Y의 주변확률밀도함수를 이용하는 경우,

```
> fY1 = function(y) y * (-log(y))
> integrate(fY1, lower=0, upper=1)$value
[1] 0.25
> fY2 = function(y) (y-0.25)^2 * (-log(y))
> integrate(fY2, lower=0, upper=1)$value
[1] 0.04861111
> sqrt(integrate(fY2, lower=0, upper=1)$value)
[1] 0.2204793
```

따라서, $E(Y) = 0.25$, $Var(Y) = 0.0486$, $\sigma(Y) = 0.2205$

```
> fXY = function(x,y) (x-0.5) * (y-0.25) * (1/x)
> ymax = function(x) x
> integral2(fXY, 0, 1, 0, ymax)$Q
[1] 0.04166667
```

따라서 $\mathrm{Cov}(X,Y) = 0.0417$, $\rho(X,Y) = \dfrac{\mathrm{Cov}(X,Y)}{\sigma_X \times \sigma_Y} \approx 0.6547$

CHAPTER 07

다양한 확률분포

7.1 이산형 확률분포

우리는 6장에서 이산형 확률변수는 셀 수 있는 값을 가지며, $\Pr(X=x)$가 $f(x)$로 정의되는 확률질량함수를 통하여 확률분포가 만들어진다고 배웠다. 여기서는 다양한 모습의 이산형 확률변수와 이산형 확률분포에 대하여 알아보도록 하자.

베르누이 분포

다음의 세 가지 조건을 만족하는 시행을 **베르누이 시행(Bernoulli trial)**이라고 한다.

[조건 1] 시행의 결과는 두 가지 (성공, 실패) 중 하나이다.
[조건 2] 각 시행에서 성공에 대한 확률은 항상 일정한 p이다.
[조건 3] 각 시행은 서로 독립이다.

베르누이 시행은 이산형 확률분포의 가장 간단한 형태로 동전을 한 번 던지는 과정을 반복하는 시행으로 생각하면 된다. 여기서 확률변수 X는 동전을 한 번 던졌을 경우 앞면이 나타날 확률 p를 가지고 앞면이 나타났다면 '1'의 값을 할당하고, $1-p$의 확률로 뒷면이 나타났다면 '0'의 값을 할당하는 베르누이 확률변수로 정의되며, 이에 대한 분포를 **베르누이 분포(Bernoulli distribution)**라고 한다, 이때 확률변수 X에 대한 확률질량함수는 다음과 같이 정의된다.

$$f(x) = \begin{cases} 1-p & , \ x=0 \\ p & , \ x=1 \\ 0 & , \ \text{나머지} \end{cases} \quad \text{또는} \quad \begin{cases} p^x(1-p)^{1-x} & , \ x=0,1 \\ 0 & , \ \text{나머지} \end{cases}$$

베르누이 확률변수 X에 대한 평균과 분산은 기대값과 분산의 정의에 따라 다음과 같이 유도된다.

$$E(X) = 0\times(1-p) + 1\times p = p$$
$$Var(X) = (0-p)^2\times(1-p) + (1-p)^2\times p = p(1-p)$$

즉, 베르누이 확률변수의 평균은 확률 p가 되고, 분산은 가능한 두 가지 결과에 대한 확률의 곱, $p(1-p)$가 된다. 베르누이 확률변수는 '앞면이 나올 확률이 p인 동전을 한 번 던지는 시행'으로 생각하면 된다.

이항분포

특정 사건(앞면)이 나타날 확률이 p인 독립적인 베르누이 시행을 n번 반복하였을 경우 나타난 특정 사건(앞면)의 수를 확률변수 X라 하면, 이 확률변수는 **이항분포(binomial distribution)**를 따르는 이항확률변수라고 하며, $X \sim B(n, p)$라 표기한다. 앞에서 설명한 베르누이 분포는 확률 p에 의하여 분포가 결정되지만, 이항분포는 확률 p와 베르누이 시행을 시도한 총횟수인 n으로 분포가 결정된다. 이항분포는 '앞면이 나올 확률이 p인 동전을 n번 던지는 시행'으로 생각하면 된다.

예를 들어, 앞면이 나올 확률이 0.2인 동전을 3번 던져 나타나는 앞면의 수를 확률변수 X라 정의한다면, 이 확률변수는 이항분포를 따르게 되며, $X \sim B(3, 0.2)$라 표기할 수 있고, 확률변수가 취할 수 있는 값은 $x=0, 1, 2, 3$이 된다. 또한, 앞에서 배운 베르누이 분포는 동전을 한번 던지는 이항분포의 특별한 형태로 $X \sim B(1, p)$로 표기할 수 있다.

이제 앞면이 나올 확률이 0.2인 동전을 3번 던졌을 때, 2번 앞면이 나오는 확률 $\Pr(X=2)$, 또는 확률질량함수 $f(2)$에 대하여 알아보자. 3번 던졌을 때 앞면이 2번 나오는 경우의 수는 3개 중 2개를 뽑는 조합 $\binom{3}{2}=3$가지이며, 각각의 경우 확률은 동일하게 $0.2^2 \times 0.8$이 되므로, [그림 7-1]에서 설명한 바와 같이, 최종확률은 0.096이 된다.

이를 일반화시키면 다음과 같은 확률질량함수를 얻을 수 있다.

$$f(x) = \begin{cases} \binom{3}{x} 0.2^x \, 0.8^{3-x} & , \ x = 0, 1, 2, 3 \\ 0 & , \ \text{나머지} \end{cases}$$

앞면 나올 확률이 p인 동전을 n번 던졌을 때, x번 앞면이 나오는 확률 $\Pr(X=x)$, 또는 확률질량함수 $f(x)$는 다음과 같이 일반화시켜 정리할 수 있다.

그림 7-1 앞면이 2번 나오는 확률, $f(2)$의 계산

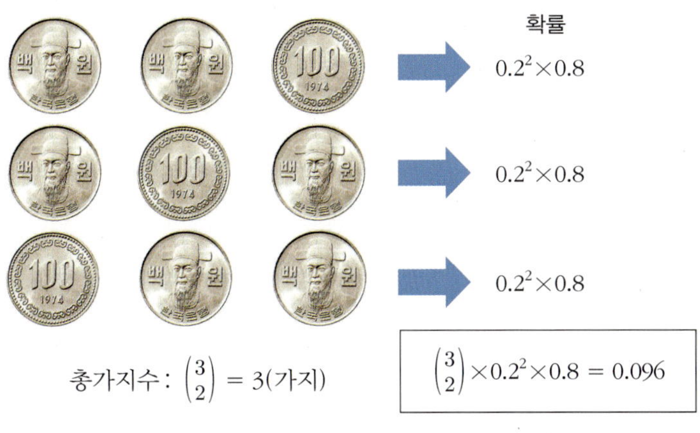

$$f(x) = \begin{cases} \binom{n}{x} p^x (1-p)^{n-x} &, x = 0, 1, \cdots, n \\ 0 &, \text{나머지} \end{cases}$$

이제, 이항확률변수 X에 대한 평균과 분산에 대하여 알아보자. 앞에서 설명한 바와 같이 이항확률변수는 베르누이 확률변수 X_i를 독립적으로 n번 반복적으로 시행한 것으로 취급할 수 있으므로 다음과 같은 관계식이 성립한다.

동일한 확률 p를 갖는 베르누이 분포를 따르는 서로 독립인 베르누이 확률변수 $X_1, X_2, \cdots, X_n$에 대하여 다음 관계가 성립한다.

$$X_1 + X_2 + \cdots + X_n = X \sim B(n, p)$$

다시 말하면, 동일한 베르누이 분포를 따르는 베르누이 확률변수의 합은 이항확률변수가 된다는 것이다. 우리는 이미 베르누이 확률변수의 기대값은 p이고, 분산은 $p(1-p)$ 임을 확인하였다. 따라서 기대값의 성질과 독립인 확률변수에 대한 분산의 성질에 의하여 $X \sim B(n, p)$에 대한 기대값과 분산은 다음과 같이 유도된다.

$$E(X) = E(X_1) + E(X_2) + \cdots + E(X_n) = np$$
$$Var(X) = Var(X_1) + Var(X_2) + \cdots + Var(X_n) = np(1-p)$$

예를 들어, 공정한 동전을 100번 던져 나타나는 앞면의 수를 확률변수 X라 하면, 이 확률변수는 이항확률변수가 되며, $X \sim B(100, 1/2)$으로 표기할 수 있다. 이 경우 기대값과 분산, 표준편차는 다음과 같다.

$$E(X) = np = 50,\ Var(X) = np(1-p) = 25\ ,\ \sigma_X = 5$$

이항분포는 R에서 binomial distribution의 약자로 'binom'이라 표기한다. 따라서 확률질량함수를 계산하고자 하는 경우는 'dbinom()' 함수를 사용하며, 누적분포함수를 계산하는 경우는 'pbinom()' 함수를 사용하며, 분위수[1])를 알고자 하는 경우는 'qbinom()' 함수를 사용하며, 난수를 생성하고자 하는 경우는 'rbinom()' 함수를 사용한다.

앞면이 나올 확률이 0.2인 동전을 3번 던졌을 경우 나타나는 앞면의 수를 확률변수 X라 정의했을 때, 확률질량함수 $\Pr(X=2) = f(2)$, 누적분포함수 $\Pr(X \le 1) = F(1)$, 0.9에 해당하는 분위수, 마지막으로 실제로 동전을 던졌을 경우 나타나는 확률변수값 (난수) 2개를 제공하는 R코드를 살펴보면 다음과 같다.

---

1) 분위수는 주어진 확률에 해당하는 확률변수값으로 정의된다. 하지만, 이산형 확률변수의 경우 정확하게 떨어지지 않으므로, '누적분포함수 값이 주어진 확률과 같거나 초과하는 확률변수값 중의 최소값'으로 분위수를 정의한다. 이를 수식으로 표현하면 다음과 같다. $\underset{x}{\operatorname{argmin}} \Pr(X \le x) \ge p$

```
> dbinom(2, 3, 0.2) # X~B(3, 0.2)에서 Pr(X=2) 또는 f(2)
[1] 0.096
> pbinom(1, 3, 0.2) # Pr(X≤1) 또는 F(1)
[1] 0.896
> qbinom(0.9, 3, 0.2) # Pr(X≤x)≥0.9를 만족하는 최소값x
[1] 2
> rbinom(2, 3, 0.2) # X~B(3, 0.2)에서 난수 2개 생성
[1] 1 2
```

이항분포는 $p=0.5$일 경우 대칭분포를 가지며, p가 0에 가까우면 오른쪽 꼬리분포 p가 1에 가까우면 왼쪽 꼬리분포를 갖는다. 이에 대한 분포를 살펴보면 [그림 7-2]와 같다.

[그림 7-2]를 그리는 과정에서 활용할 수 있는 R의 'sapply()'에 대하여 알아보도록 하자, 확률변수 X에 대한 분포를 $B(10, 0.5)$로 가정한 상태라면 (두 번째 그림), 확률변수가 취할 수 있는 값은 0에서 10까지 총 11개가 있으며, 이에 대하여 각각의 'dbinom()' 값이 필요하게 된다. 하지만, 이러한 함수를 11번 반복하여 값을 계산하는 코딩은 매우 번거로운 일이 된다. 이때 x값을 하나씩 설정하는 것이 아니라, 벡터형태로 한꺼번에 지정하고 함수를 지정하여 한번에 처리하는 함수가 있는데, 이 함수가 'sapply()' 함수이다. 이 경우, 'sapply(0:10, function(x) dbinom(x, 10, 0.5))'라고 코딩하면, 0부터 10 사이의 모든 정수값에 대하여 funxtion(x)로 정의된 'dbinom(x, 10, 0.5)' 함수가 적용되어 벡터나 행렬의 형태로 함수값이 출력된다. 이를 이용한 [그림 7-2]의 두 번째 그림에 대한 R코드를 살펴보면 다음과 같다.

```
pmf=sapply(0:10, function(x) dbinom(x, 10, 0.5))
plot(0:10, pmf, type='h', lwd=3, main='B(10, 0.5)의 확률질량함수', xlab='', ylab='', ylim=c(0,0.3))
abline(h=0, lwd=3)
```

그림 7-2 p값 변화에 따른 이항분포 확률질량함수

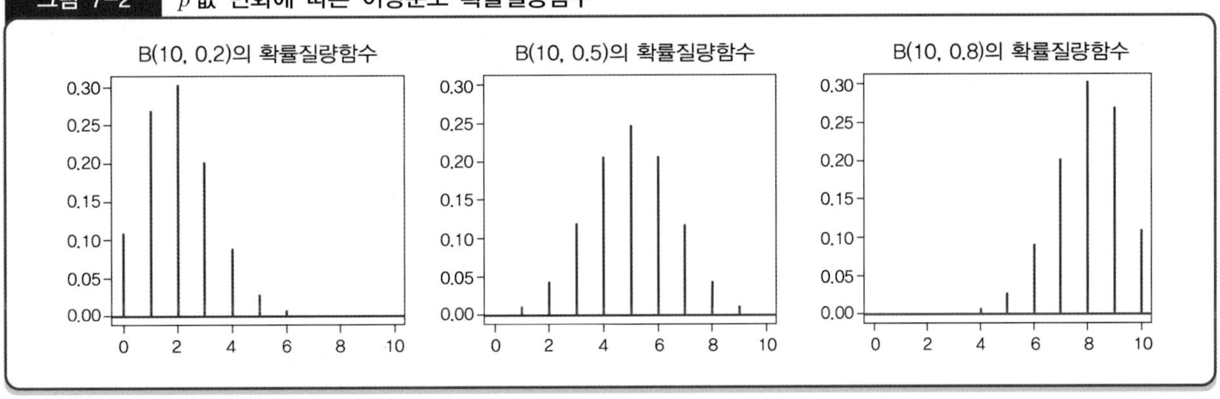

초기하분포

이항분포는 각 시행이 동일한 베르누이 분포를 가지고 있으며, 시행들은 서로 독립적임을 가정하고 있다. 즉, 매 시행에서 성공할 확률은 p로 일정하다. 예를 들어, 주머니 속에 하얀공 10개, 검은공 5개 있는 상황에서 3개의 공을 뽑았을 때 나타나는 하얀공의 수를 확률변수 X라 하자. 이 경우 공을 한개 뽑을 때마다 뽑은 공을 주머니 속에 다시 넣어 원상태로 되돌리고 진행하는 **복원추출(sampling with replacement)**의 경우는 매번 동일한 하얀공의 비율, 2/3가 유지되므로 베르누이 분포를 따르게 되어 이항분포의 조건을 만족하게 된다. 따라서 확률변수 X는 $n=3$이고 $p=2/3$를 갖는 이항분포를 따르게 된다.

이제 동일한 주머니에서 공을 한개 뽑을 때마다 뽑은 공을 주머니 속에 다시 넣지않고 제외한 상태에서 두 번째 공을 뽑는 **비복원추출(sampling without replacement)**의 경우를 생각하여 보자. 이 경우 두 번째 뽑힌 공이 하얀공일 확률은 첫 번째 뽑힌 공이 하얀공이었다면 9/14가 될 것이며, 첫 번째 뽑힌 공이 검은공이었다면 확률은 10/14이 될 것이다. 즉, 앞의 결과에 따라 두 번째 뽑힌 공에 대한 확률이 바뀌어 반복되는 시행이 독립이어야 한다는 조건과, 일정한 확률 p를 유지하여야 한다는 이항분포의 두 가지 조건을 모두 만족하지 못하게 된다.

이처럼, 이항분포를 적용할 수 없는 비복원추출 상황에서 적용할 수 있는 분포가 **초기하분포(hypergeometric distribution)**이다. 초기하분포는 주머니 속에 있는 하얀공의 수, $a=10$과 검은공의 수, $b=5$ 그리고 주머니 안에서 꺼내기로 예정된 공의 수, $n=3$을 가지고 분포가 결정되며, 이 경우 n개의 꺼낸 공중에서 하얀공의 수를 확률변수 X로 정의한다. 그렇다면 이 상황에서 하얀공이 2개 선택될 확률, 즉 $\Pr(X=2)$ 또는 $f(2)$에 대하여 알아보자.

주머니 안에 총 15개의 공이 있고, 이 중에서 3개의 공을 뽑았으니 총 가능한 경우의 수는 $\binom{15}{3}=455$가 된다. 이제 하얀공이 2개와 검은공 1개가 선택되는 총 경우의 수를 생각해 보자. 하얀공 10개 중 2개가 선택되는 경우의 수는 $\binom{10}{2}=45$가지이며, 이와 동시에, 검은공 5개 중 1개가 선택되는 경우의 수는 $\binom{5}{1}=5$가지가 된다. 곱의 법칙에 의하여 두 가지 수가 곱해지면 총 가지 수는 225가지가 된다. 따라서 확률은 다음과 같이 계산된다.

$$\Pr(X=2)=f(2)=\frac{\binom{10}{2}\times\binom{5}{1}}{\binom{15}{3}}=\frac{225}{455}\approx 0.4945$$

이제 초기하분포의 일반화된 확률질량함수 $f(x)$에 대하여 알아보자. 주머니 안에 a개의 하얀공이 있고, b개의 검은공이 있다고 하자. 총 $a+b$개 공이 있는 주머니에서 n개의 공을 뽑았을 경우 나타나는 하얀공의 수를 확률변수 X라 하면, 이 확률변수에 대한 확률질량함수는 다음과 같다.

$$f(x) = \begin{cases} \dfrac{\binom{a}{x}\binom{b}{n-x}}{\binom{a+b}{n}}, & x = 0, 1, 2, \cdots, n \ (n \leq a) \\ 0, & \text{나머지} \end{cases}$$

초기하분포를 따르는 확률변수의 기대값과 분산은 다음과 같다.

$$E(X) = n\frac{a}{a+b} = np$$
$$Var(X) = \frac{a+b-n}{a+b-1}\left[n\times\frac{a}{a+b}\times\frac{b}{a+b}\right] = \left(\frac{N-n}{N-1}\right)\times np(1-p)$$

여기서, N은 주머니 안의 공의 수 $a+b$를 나타내며, p는 주머니 안에 있는 하얀공의 비율인 $\frac{a}{a+b}$이다.

만일, 주머니 안의 공의 수 N이 뽑는 공의 수인 n보다 많이 클 경우에는 $(N \gg n)$[2] 공을 추출할 때마다 변화되는 하얀공의 비율은 매우 미미하게 움직일 것이므로 이항분포의 조건에 근접하게 되어 초기하분포는 이항분포에 근사하게 된다. 즉, 이항분포의 기대값 np와 분산 $np(1-p)$를 그대로 사용하여도 큰무리가 없다는 것이다. 하지만, 모집단의 수 N이 크지않아 표본의 수 n이 모집단의 수의 5%를 초과하게 된다면, 이항분포를 가정한 분산 $np(1-p)$는 적합하지 않게 되며, **유한모집단 수정계수**(finite populationcorrection factor)라 부르는 $\left(\frac{N-n}{N-1}\right)$을 곱하여 분산값을 보정하여야 한다.

앞에서 언급한 예제, 주머니 속에 있는 하얀공의 수, $a=10$과 검은공의 수, $b=5$ 그리고 주머니 안에서 꺼내는 공의 수, $n=3$인 상태에서, 꺼낸 공 3개 중에서 하얀공의 수를 확률변수 X라 하고, 이 문제에 대한 기대값과 분산을 복원추출과 비복원추출로 나누어 계산하여 보면 다음과 같다.

복원추출:

$$E(X) = 3\times\frac{2}{3} = 2, \quad Var(X) = 3\times\frac{2}{3}\times\frac{1}{3} = \frac{2}{3} \approx 0.67$$

비복원추출:

$$E(X) = 3\times\frac{2}{3} = 2, \quad Var(X) = \left(\frac{15-3}{15-1}\right)\times 3\times\frac{2}{3}\times\frac{1}{3} = \frac{4}{7} \approx 0.57$$

여기서, 유한모집단 수정계수는 12/14가 된다.

R에서는 초기하분포를 hypergeometric distribution의 약자로 'hyper'라 표기한다. 앞에서 언급한 예제, $a=10$, $b=5$, $n=3$인 경우 하얀공이 2개 있을 확률인 확률질량함수 $\Pr(X=2) = f(2)$, 누적

2) 일반적으로 N이 뽑는 공의 수인 n보다 대략 20배 이상일 경우를 이에 해당한다고 판단한다.

분포함수 $\Pr(X \leq 1) = F(1)$, 초기하분포의 누적확률 0.3에 해당하는 분위수, 마지막으로 실제로 이 주머니에서 공을 3개 뽑는 실험을 5번 반복하였을 경우 나타나는 확률변수값 (난수) 5개를 제공하는 R코드를 살펴보면 다음과 같다.

```
> dhyper(2, 10, 5, 3) # a=10, b=5, n=3 의 f(2)
[1] 0.4945055
> phyper(1, 10, 5, 3) # Pr(X≤1) 또는 F(1)
[1] 0.2417582
> qhyper(0.3, 10, 5, 3) # Pr(X≤x)≥0.3를 만족하는 최소 x값
[1] 2
> rhyper(5, 10, 5, 3) # 초기하분포의 난수 5개 생성
[1] 3 3 1 1 2
```

포아송분포

포아송분포(poisson distribution)는 정해진 시간이나 공간에서 발생하는 사건의 수를 확률변수로 표현한 분포를 의미한다. 예를 들어, 다음과 같은 확률변수는 포아송분포에 적용될 수 있다.

- 고객센터에 하루동안 방문한 고객수
- 야구경기 한 게임에서 나타난 안타수
- 1m×1m 넓이의 목재합판에서 나타난 흠집수
- 대한민국에서 1년 동안 발생한 위암환자수
- A전쟁에서 발생한 비전투군인 1일 사망자수
- 혈액 $1cc$에서 나타난 백혈구의 수

포아송분포를 따르는 확률변수의 특징은 일정한 시간이나 지역 또는 양이 주어진 상태에서 관찰을 통하여 '횟수'나 '개수'로 확률변수값이 표현된다는 특징을 가지고 있다. 한 의학논문에서 "공업지역인 A지역에서 발생한 오염된 공기는 폐암발생을 10% 증가시키는 것으로 확인되었다"라는 보고가 있었는데 이러한 연구결과를 얻기 위한 데이터 분석도 포아송분포와 관련된 연구라고 볼 수 있다.

포아송분포를 따르는 확률변수는 다음 3가지 조건을 만족하여야 한다.

[조건 1] 독립성 : 겹치지 않는 두 구간에서 발생하는 사건수는 서로 영향을 받지 않는 독립이어야 한다.

[조건 2] 일정성 : 겹치지 않는 두 구간에서 발생하는 단위구간 내 사건의 수에 대한 분포는 동일해야 하며, 분포는 오직 구간의 길이에만 의존하여야 한다.

[조건 3] 비집락성 : 짧은 시간 내에 2개 이상의 사건이 동시에 발생하는 경우는 거의 발생하지 않는다.

포아송분포는 주어진 시간이나 공간내에 발생하는 평균사건의 수, λ[3]에 의하여 분포모양이 결정된다. 평균 발생건수 λ를 갖는 포아송분포를 따르는 확률변수 X가 x번 발생할 확률질량함수와 기대값, 분산은 다음과 같다.

$$f(x) = \begin{cases} \dfrac{e^{-\lambda}\lambda^{x}}{x!}, & x = 0, 1, 2, \cdots \\ 0, & \text{나머지} \end{cases} \quad, \ E(X) = \lambda \ , \ Var(X) = \lambda$$

[예제] A회사의 고객센터는 10분당 평균 3건의 민원요청이 들어오는 것으로 알려져 있다. 20분 동안 한번도 민원요청이 들어오지 않을 확률은 얼마인가?

이 경우, 10분당 평균 3건의 민원요청이 들어오는 것이므로, 구간이 2배로 늘어난 20분의 경우 포아송분포의 [조건 2], 일정성 조건과 구간에 비례한다는 조건에 따라 평균 6건, 즉 $\lambda=6$이 된다. 따라서 확률변수 X는 20분 동안 들어오는 민원요청 건수로 평균이 6이 포아송분포를 따르게 된다. 그러므로 한번도 민원요청이 들어오지 않을 확률은 다음과 같이 계산된다.

$$P(X=0) = f(0) = \frac{e^{-6}\, 6^{0}}{0!} \approx 0.0025$$

이번에는 30분 동안 12건 이상 민원요청이 들어올 확률을 알아보자. 이 경우 10분당 평균 3건의 민원요청이 들어오는 것이고, 구간이 3배로 늘어난 30분이므로 평균 9건이 되어 $\lambda=9$가 된다. 따라서 확률변수 X는 30분 동안 들어오는 민원요청건수로 평균이 9인 포아송분포를 따르게 된다. 확률변수 X가 취할 수 있는 가능한 값은 0부터 ∞ 이므로 이 문제에 대한 확률을 직접 계산하는 것은 어렵고 다음과 같이 여사건을 이용하여 확률을 계산해야 한다.

$$P(X \geqq 12) = 1 - P(X \leqq 11) = \sum_{x=0}^{11} \frac{e^{-9}\, 9^{x}}{x!} \approx 0.197$$

R에서 포아송분포는 poisson distribution의 약자로 'pois'라 표기한다. 앞에서 언급한 예제, 20분 동안 한번도 민원요청이 들어오지 않을 확률인 확률질량함수 $\Pr(X=0)=f(0)$, 누적분포함수를 이용한 30분 동안 12건 이상 민원요청이 들어올 확률 $1-\Pr(X \leqq 11)$, 포아송분포의 누적확률 0.8에 해당하는 분위수, 마지막으로 10분 동안 나타나는 민원건수에 대한 확률변수값 (난수) 5개를 제공하는 R코드를 살펴보면 다음과 같다.

---

3) λ는 11번째 Greek 문자로 '람다'라고 읽으며, 영문으로 lambda라 표기한다.

그림 7-3 λ =0.5, 2, 5를 갖는 포아송분포 확률질량함수

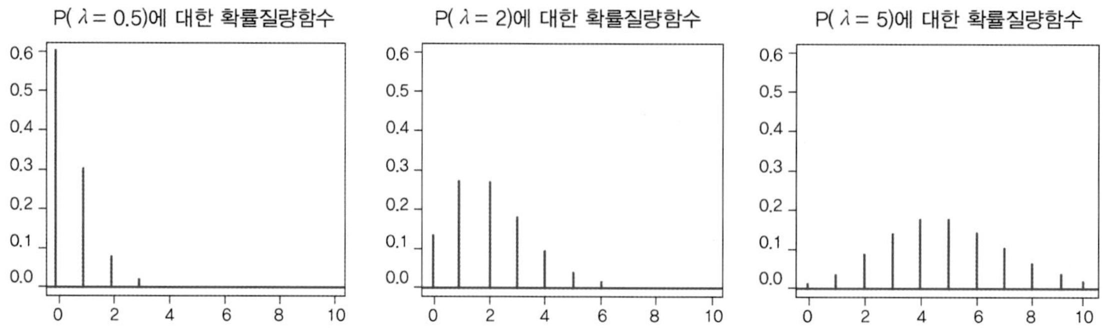


```
> dpois(0, 6) # λ=6 에 대한 f(0)
[1] 0.002478752
> 1-ppois(11, 9) # λ=9 에 대한 Pr(X≥12) 또는 1-F(11)
[1] 0.1969916
> qpois(0.8, 9) # Pr(X≤x)≥0.8를 만족하는 최소 x값
[1] 11
> rpois(5, 3) # λ=3 인 포아송분포의 난수 5개 생성
[1] 1 2 1 3 1
```

[그림 7-3]은 서로 다른 평균 빈도수를 나타내는 λ값 $\lambda = 0.5, 2, 5$를 갖는 포아송분포 확률질량함수를 보여주고 있다. $\lambda = 0.5$의 경우는 0에서 매우 높은 확률을 나타내는 긴 오른쪽 꼬리분포를 보여주고 있지만, λ값이 증가하여 5에 가까워지면 5를 중심으로 대칭분포를 보여주면서 낮은 확률로 퍼져있는 것을 확인할 수 있다. 이러한 그래프에 대한 R코드를 살펴보면 다음과 같다.

```
> pmf=sapply(0:10, function(x) dpois(x, 0.5))
> plot(0:10, pmf, type='h', lwd=3, main='P(λ=0.5)에 대한 확률질량함수', xlab='', ylab='', ylim=c(0,0.6))
> abline(h=0, lwd=3)
```

포아송분포와 이항분포의 관계

포아송분포를 따르는 확률변수는 제한된 시간이나 지역 또는 양이 주어진 상태에서 사건이 발생하는 횟수로 정의한다고 앞에서 설명하였다. 예를 들어, 확률변수 X를 1분 동안 발생하는 어떤 사건의 횟수로 정의하고, 평균 발생건수 λ를 갖는 포아송분포를 따른다고 가정하자. 그리고 0분에서 1분 사이를 [그림 7-4]에서 보인 바와 같이 n등분하였다고 하자. 만일 n을 크게 하면 각 구간은 매우 짧은 구간이 될 것이고, 포아송분포의 [조건 3], 비집락성 조건에 따라 2개 이상의 사건이 동시에 집중해서 나타나지는 않으므로 n과 $p = \lambda/n$를 갖는 이항분포를 따르는 조건을 만족하게 된다.

따라서 1분 동안 평균 발생건수 λ의 포아송분포에서 1분을 n등분하고, n을 크게 잡는 경우 [그

그림 7-4 포아송분포와 이항분포의 관계

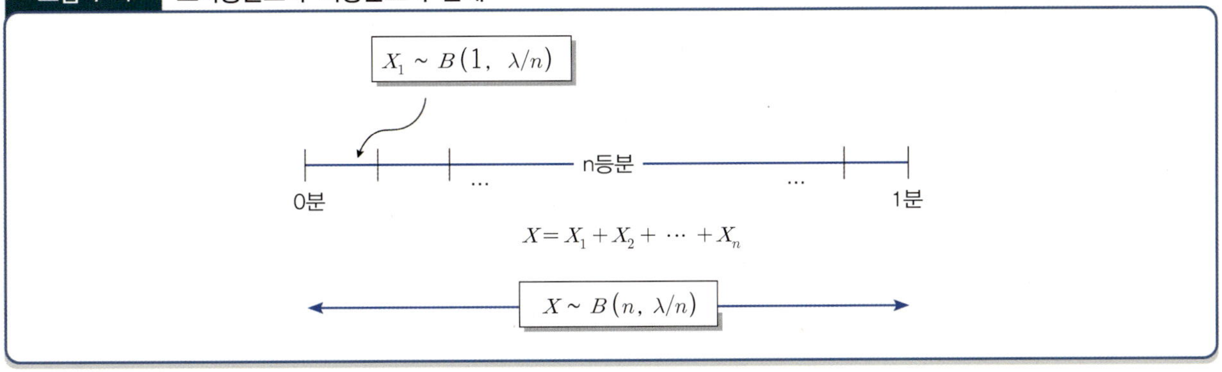

림 7-4]에서 보인 그림과 같이, 포아송분포는 n과 확률이 0에 가까운 $p = \lambda/n$를 갖는 이항분포, $B(n,\ \lambda/n)$에 근사할 수 있게 된다. 반대로 n과 p를 갖는 이항분포 $B(n,\ p)$의 경우 n이 크고 p가 0에 가까운 값이라면, $\lambda = np$인 포아송분포로 근사할 수 있게 된다.

[예제] 질병관리청에서는 2022년 2월 27일 기준 신규코로나 확진자 수는 10만 명당 4명으로 발표하였다. 3만 명이 모인집회에서 코로나 확진자가 2명 이상 나타날 확률은 얼마인가?

이 경우 확률변수 X는 3만명 집회에서 나타난 신규 코로나 확진자 수로 정의되며, $n = 30000$, $p = 4/100000$을 갖는 이항분포를 따르게 된다. R에서는 모든 수치를 '64bits double precision'으로 취급하여 정확하고 큰수를 처리하는 편이지만, 최고의 한계가 170! 이다. 즉, 171! 이상이 되는 숫자는 너무 커서 취급하지 못하고 'Inf'로 처리한다. 따라서 이항분포의 확률질량함수를 이용하여 직접적으로 확률을 계산하는 것은 불가능하다. 하지만, 포아송분포로 근사하면 간단하게 확률을 계산할 수 있다. 이 경우 포아송분포에 적용되는 평균 빈도수는 다음과 같다.

$$\lambda = n\,p = 30000 \times \frac{4}{100000} = 1.2$$

이에 대한 확률을 R을 이용하여 계산하면 다음과 같다.

```
> factorial(171)
[1] Inf
> 1-ppois(1, 1.2)
[1] 0.3373727
> 1-pbinom(1, 30000, 4/100000)4)
[1] 0.3373742
```

4) R에서 이항분포확률을 계산하는 'pbinom()' 함수를 사용할 때, factorial 함수를 직접 사용하지 않고 'Stirling's formula'라는 근사식을 이용하여 확률을 계산한다. 따라서 여기에 제공된 값도 정확한 값이 아닌 근사식을 이용한 근사확률이다.

따라서 3만명이 모인집회에서 코로나 확진자가 2명 이상 나타날 확률은 0.3374이다.

7.2 연속형 확률분포

연속형 확률변수는 셀 수 없이 무한하게 많은 값을 가지므로, $\Pr(X=x)$의 값은 모두 0이 되어 이산형 확률변수와 같이 하나의 값에 확률을 할당하지 못하고 구간에 확률을 할당해야 한다고 앞에서 배웠다. 또한 확률밀도함수 $f(x)$에 대응되는 구간에 대한 면적, 즉 정적분 형태의 $\int_a^b f(x)\,dx$으로 확률을 할당한다고 배웠다. 여기서는 통계학에서 가장 중요하게 다루는 대표적 연속형 분포인 정규분포와 지수분포에 대하여 알아보도록 하겠다.

정규분포

수학계 최고의 거장으로 알려진 가우스(C. Gauss; 1777~1855)는 수많은 물리실험을 진행하면서 발생하는 무작위성으로 나타난 측정오차에 대한 데이터를 수집하여 분석하면서 이에 적합한 확률분포를 만들었는데, 이 분포를 **가우스분포(Gauss distribution)**라고 불렀다. 그 이후, 가우스분포는 다양한 학문분야에 알려지면서 무작위로 나타난 오차에 대한 분석으로 활용되었다. 특별히 통계학 분야에서는 일반적이고 정상적인 오차에 대한 분포라는 의미에서 **정규분포(normal distribution)**라는 이름을 사용하였고, 지금은 통계적 추론과정에서 기초가 되는 중요한 분포로 자리잡게 되었다. 가우스가 연구한 것처럼 대부분 사회현상이나 자연현상에서 실제로 나타나는 **무작위성(randomness)**형태의 측정오차는 **종모양(bell-shaped)** 형태의 정규분포를 따르는 것으로 확인되면서, 정규분포가 더욱 중요한 분포로 자리매김하게 되었다.

정규분포는 평균 μ와 분산 σ^2에 의하여 결정되는 분포로, $X \sim N(\mu, \sigma^2)$라 표기하며, 다음과 같은 확률밀도함수를 갖는다.

$$f(x) = \frac{1}{\sqrt{2\pi}\,\sigma} e^{-\frac{1}{2\sigma^2}(x-\mu)^2}, \quad -\infty \leq x \leq +\infty$$

R에서 정규분포는 normal distribution의 약자로 'norm'이라 표기한다. 따라서 확률밀도함수를 계산하고자 하는 경우는 'dnorm()', 누적분포함수를 계산하고자 하는 경우는 'pnorm()', 분위수 값을 얻고자 하는 경우는 'qnorm()', 난수를 얻고자 하는 경우는 'rnorm()' 함수를 사용한다. 평균 μ가 100이고, 분산 σ^2이 15^2인 정규분포에 대한 확률밀도함수가 [그림 7-5]에 나타나 있으며, 이 그래프에 대한 R코드는 다음과 같다.

```
> curve(dnorm(x,100,15), 40, 160, main=expression("N(100,15"^2*") 확률밀도함수"), xlab='', ylab='', lwd=3)
```

위의 R코드를 살펴보면 'plot()' 함수 대신 'curve()' 함수를 사용하였다. 이 함수는 좌표값 대신에 x에 대한 'dnorm()' 함수식을 직접 넣어주었으며, 평균이 100, 표준편차가 15임을 명시하였고, 그래프를 그릴 곡선에 대한 x축값의 범위를 40에서 160 사이로 직접 지정하였다. 또한 그래프 제목에 첨자인 15^2를 표현하기 위하여 'expression()' 함수를 사용하였으며, 문자열과 문자열을 연결하기 위하여 '*'을 사용하였다.

이제 [그림 7-5]에서 나타난 정규분포의 확률밀도함수 형태에 대하여 알아보자. 정규분포의 확률밀도함수는 전체적으로 종모양의 형태를 가지고 있으며, 평균 100을 중심으로 **좌우대칭**(symmetric)인 곡선이다. 이러한 의미는 평균 100을 중심으로 한쪽에 대한 분포가 확인되면 나머지 한쪽은 자연스럽게 파악될 수 있다는 의미이다. 예를 들어, 80보다 작을 확률은 120보다 클 확률과 같은 $F(80)=1-F(120)$ 관계가 성립한다는 의미이다. 또한 평균 100인 지점이 중앙값이 되고 확률밀도함수의 가장 큰값에 해당하는 최빈값이 된다. 즉, 정규분포에서는 평균값, 중앙값, 최빈값이 항상 일치한다는 특징을 가지고 있다. 누적분포에 대한 확률을 알고자 하는 경우, R의 'pnorm()'함수를 이용하여 확률값을 쉽게 얻을 수 있다.

정규분포를 결정하는 평균 μ는 분포의 중심을 나타내는 **위치모수**(location parameter)가 되며, 분산 σ^2은 평균으로부터 얼마만큼 퍼져있는지를 나타내는 **척도모수**(scale parameter)가 된다. 또한, 평균 μ, 분산 σ^2을 갖는 정규분포를 따르는 확률변수 X는 다음과 같은 평균과 표준편차의 관계를 가지고 있다.

그림 7-5 $\mu=100$, $\sigma^2=15^2$인 정규분포의 확률밀도함수

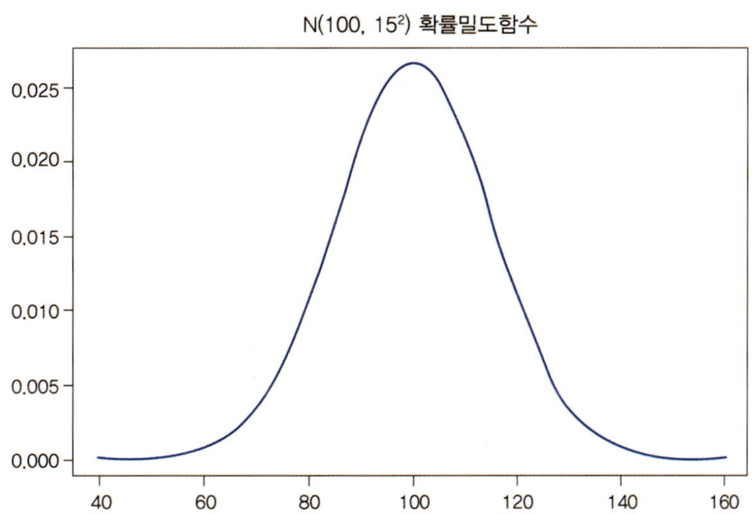

$$\Pr(\mu-\sigma \leqq X \leqq \mu+\sigma) = 68.27\%$$
$$\Pr(\mu-2\sigma \leqq X \leqq \mu+2\sigma) = 95.45\%$$
$$\Pr(\mu-3\sigma \leqq X \leqq \mu+3\sigma) = 99.75\%$$

[성질 1] 만일 확률변수 X가 평균 μ, 분산 σ^2를 갖는 정규분포를 따른다면, 새로운 확률변수 $aX+b$는 평균 $a\mu+b$, 분산 $a^2\sigma^2$을 갖는 정규분포를 따른다.

이러한 특징은 기대값의 성질 $E(aX+b) = aE(X)+b$과 분산의 성질, $Var(aX+b)= a^2 Var(X)$로부터 유도될 수 있다. 하지만, $aX+b$가 정규분포를 따른다는 사실에 대한 증명은 간단하지 않으므로 증명없이 받아들이기로 한다.

표준정규분포

표준정규분포(standard normal distribution)는 정규분포를 대표하는 분포로 평균이 0이고 분산이 1인 정규분포를 말한다. 표준정규분포를 따르는 확률변수는 특별히 Z로 표기한다. 즉, $Z \sim N(0,1)$이다. 표준정규분포에 대한 확률밀도함수는 일반정규분포 확률밀도함수에 $\mu=0$, $\sigma=1$을 대입하여 만들어진 함수로 다음과 같다.

$$f(x) = \frac{1}{\sqrt{2\pi}} e^{-\frac{1}{2}x^2}, \quad -\infty \leqq x \leqq +\infty$$

정규분포의 [성질 1]에 따라 모든 정규분포는 표준정규분포로 변환시킬 수 있는데, 이를 **정규분포의 표준화(standardizing a normal distribution)**라 한다.

[성질 2] 평균이 μ이고 분산이 σ^2인 정규분포를 따르는 확률변수 X를 표준정규분포를 따르는 확률변수 Z로 변환하고자 한다면, 정규분포의 [성질 1]에 따라, 다음과 같이 변환하면 된다.

$$X \sim N(\mu, \sigma^2) \;\Rightarrow\; Z = \frac{X-\mu}{\sigma} \sim N(0, 1)$$

또한, 표준정규분포를 따르는 확률변수 Z를 평균이 μ이고 분산이 σ^2인 정규분포를 따르는 확률변수 X로 변환하고자 한다면, 다음과 같이 변환하면 된다.

$$Z \sim N(0, 1) \;\Rightarrow\; X = \mu+\sigma Z \sim N(\mu, \sigma^2)$$

[예제] 어느 적성검사의 점수는 평균이 80점이고 표준편차가 5점인 정규분포를 따르는 것으로 알려져 있다. 한 응시자가 70점의 점수를 받았다면 표준화된 Z값은 얼마인가? 또한, 이 점수를 평균이 70점이고 표준편차가 10점인 정규분포로 바꾸고자 하는 경우 이에 해당하는 점수는 얼마인가?

응시자의 점수가 70점이므로 (70-80)/5의 관계식에 의하여 표준화된 점수 Z값은 -2가 된다. 다시 말하면, 70점은 평균 80점을 중심으로 표준편차의 2배만큼 왼쪽 방향으로 떨어져 있다는 의미이다. 또한, 70점을 평균이 70점이고 표준편차가 10점인 정규분포로 바꾸고자 한다면, Z값을 이용하여 $70+(-2)\times 10$이 되어 50점이 해당하는 점수가 된다.

표준정규분포는 정규분포의 대표함수로 취급되기 때문에 표준정규분포를 따르는 확률변수를 Z라고 표기함과 동시에, 이에 대한 누적분포함수 $\Pr(Z \leq z)$도 특별하게 취급받아 $\Phi(z)$[5]라 표기한다.

[예제] $X \sim N(5, 2^2)$를 갖는 확률변수 X에 대하여 $\Pr(1 < X < 8)$ 확률을 표준정규분포의 누적분포함수인 $\Phi(\cdot)$로 표현하시오.

$$\begin{aligned}\Pr(1 < X < 8) &= \Pr\left(\frac{1-5}{2} < \frac{X-5}{2} < \frac{8-5}{2}\right) \\ &= \Pr(-2 < Z < 1.5) = \Phi(1.5) - \Phi(-2)\end{aligned}$$

지수분포

지수분포(exponential distribution)는 포아송분포와 역관계에 있는 분포이다. 즉, 일정한 시간이나 공간 내에 발생하는 사건의 수가 포아송분포를 따른다면, 사건이 발생한 시간간격이나 공간의 간격은 지수분포를 따르게 된다. 예를 들어, 일정시간을 정해놓고 병원에 찾아오는 환자의 수를 관찰한다면 포아송분포를 따르게 되는 것이지만, 병원에 찾아오는 환자와 환자 사이에 관찰된 도착시간 간격은 지수분포를 따르게 된다는 것이다. 이제 조금 더 구체적으로 이야기를 전개해 보도록 하자.

단위시간에 평균적으로 λ개의 사건이 발생하는 포아송분포를 따르는 확률변수가 있다고 가정하자. 그리고 확률변수 X를 0부터 시작하여 첫 번째 사건이 발행하는 시간간격이라고 정의하자. 이 경우 $\Pr(X > x)$라는 의미는 x단위시간 동안 첫 번째 사건이 발생하지 않았다는 의미이므로, x단위시간 동안의 λx를 평균으로 하는 포아송분포를 따르면서 한번도 사건이 발생하지 않았을 확률, 즉 0이 될 확률이 된다. 따라서 확률변수 X에 대한 누적분포함수는 다음과 같이 유도된다.

$$\Pr(X > x) = \left.\frac{e^{-\lambda x}(\lambda x)^k}{k!}\right|_{k=0} = e^{-\lambda x}$$

$$\Rightarrow \Pr(X \leq x) = F(x) = 1 - \Pr(X > x) = 1 - e^{-\lambda x}$$

이와 같이, 포아송분포의 시간간격을 나타내는 확률변수 X의 분포, 지수분포에 대한 누적분포함수는 포아송분포를 이용하여 자연스럽게 유도된다. 누적분포함수의 미분함수 형태인 확률밀도함수와 기대값, 분산은 다음과 같다.

---

5) Φ 는 Greek의 21번째 대문자로 '파이'라고 읽고 영문으로는 Phi로 표기한다.

$$f(x) = \begin{cases} \lambda e^{-\lambda x} & , x > 0 \\ 0 & , \text{나머지} \end{cases}$$

$$E(X) = \frac{1}{\lambda}, \qquad Var(X) = \frac{1}{\lambda^2}$$

여기서 단위시간당 평균 λ만큼 사건이 발생한다는 의미는 한 사건이 발생할 평균 단위시간은 $1/\lambda$ 단위시간이라는 의미로 해석할 수 있다. 예를 들어, 1분당 평균 2건이 발생하는 포아송분포는 평균 0.5분, 즉 30초를 평균으로 하는 지수분포를 따른다는 것이다.

R에서는 지수분포를 exponential distribution의 약자로 'exp'라고 표현한다. 즉, 확률밀도함수는 'dexp()' 함수를 사용하고, 누적분포함수에서는 'pexp()', 분위수 함수에는 'qexp()', 난수생성에서는 'rexp()' 함수를 사용한다. [그림 7-6]은 다양한 λ값에 대한 지수분포의 확률밀도함수를 보여주고 있다.[6)]

그림 7-6 λ= 2, 1, 0.5에 대한 지수분포의 확률밀도함수

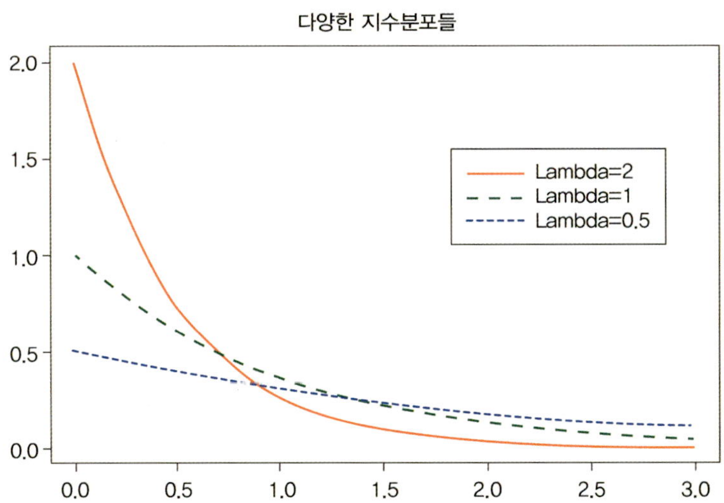

[예제] 어느 시골 보건소에서는 운영시간 오전 9시부터 오후 5시까지 하루 평균 3명의 환자가 내원한다고 알려져 있다. 첫 번째 환자가 12시 이전에 내원할 확률은 얼마인가?

보건소의 운영시작 시간인 오전 9시부터 첫 번째 환자가 방문한 시간간격을 확률변수 X라 하

6) 이에 대한 R코드를 살펴보면 다음과 같다.

```
x=seq(0,3,0.001); y1=dexp(x, 2); y2=dexp(x, 1); y3=dexp(x, 0.5)
plot(x, y1, type='l', lwd=2, xlab='', ylab='', lty=1, main="다양한 지수분포들" )
lines(x, y2, lwd=2, lty=2); lines(x, y3, lwd=2, lty=3)
legend(2, 1.5,legend=c("Lambda=2", "Lambda=1", "Lambda=0.5"), lty=c(1,2,3))
```

면, 단위시간당 환자의 평균 방문횟수는 하루 8시간에 평균 3명이므로 3/8 명이 되고, 12시 이전이라면 3시간 이하일 확률이 되어 R함수. 'pexp(3, 3/8)'을 통해 대략 0.68의 확률을 갖게 된다.

정규성 검토: 정규확률도

데이터에 대한 통계적 추론을 진행하는 경우, 데이터가 정규분포를 따른다는 가정을 점검하는 **정규성(normality)** 검토가 필요한 경우가 있다. 데이터에 대한 정규성을 검토하는 간단한 방법으로는 (1) 히스토그램을 그려 모양이 종모양 형태임을 확인하는 방법이 있고, (2) 평균과 표준편차를 계산하여 평균을 중심으로 ±1배의 표준편차는 대략 68%의 자료가 포함됨을 확인하고, ±2배의 표준편차는 대략 95%의 자료, ±3배의 표준편차는 대략 99%의 자료를 포함하고 있는지를 확인하는 방법이 있다. 이러한 방법들은 대략적으로 정규성을 확인하는 방법이며, 보다 정교한 그래프를 이용하여 정규성을 확인하는 방법으로 **정규확률도(normal probablity plot)**가 있다. 정규확률도를 이해하려면 먼저 **Q-Q plot(quantile-quantile plot)**에 대한 이해가 필요하다.

Q-Q plot

간단한 예제를 통하여 Q-Q plot에 대한 개념을 알아보도록 하자. 예를 들어, 'rnorm(3,100,15)' 함수를 통하여 평균 100, 표준편차 15의 정규분포로부터 얻은 3개의 난수값, (124, 108, 92)이 있다고 하자.[7] 이제 3개의 데이터 값이 평균 100, 표준편차 15의 정규분포로부터 발생한 데이터인지를 확인하는 Q-Q plot에 대하여 알아보도록 하자.

평균 100, 표준편차 15인 정규분포로부터 발생하는 가장 기대되는 3개의 데이터를 꼽으라면, [그림 7-7]에 나타난 바와 같이 분포를 균등하게 4등분하여 나타난 3개의 경계점이 될 수 있을 것이다.[8] 정규분포에서 확률이 0.25가 되는 구간의 경계점을 찾아보면 'qnorm(c(0.25,0.5,0.75), 100, 15)' 함수에 의하여 (89.88, 100, 110.12) 값이 나타난다. 만일 실제 데이터 값이 이 값과 비슷하다면 데이터는 평균 100, 표준편차 15인 정규분포로부터 발생하였다고 판단할 수 있을 것이다.

여기서 평균 100, 표준편차 15인 정규분포로부터 균등하게 확률 0.25씩 나누어 얻은 경계값인 (89.88, 100, 110.12)을 **이론적 분위수(theoretical quantile)**라 부르며, 오름차순으로 정리된 데이터 값 (92, 108, 124)을 **표본분위수(sample quantile)**라 부른다. 그리고 가정된 정규분포로부터 만들어진 이론적 분위수를 x축에 놓고, 데이터로부터 얻은 표본분위수를 y축으로 놓고 그려진 산점도를 Q-Q plot이라고 한다.

---

7) 여기서는 쉬운 설명을 위하여 3개 데이터만을 가지고 Q-Q plot을 그리지만 실제로는 훨씬 많은 데이터를 가지고 그린다.

8) 주어진 분포에 대하여 기대되는 값을 계산하는 방법은 책에서 설명한 방법과 같이 분포를 $(n+1)$등분하여 경계점을 찾는 방법 이외에 다양한 다른 방법이 존재한다. R에서는 총 9가지 방법을 제공하고 있으며, 지금 설명하는 방법은 그중에서 6번째 방법이다. 이에 대한 자세한 내용은 생략하겠지만, 9번째 방법이 이론적으로 가장 최적이라고 알려져 있다. 하지만, 각 방법에 대한 장단점이 있고, 학자들마다 의견이 다르다. R의 함수로 'quantile(x, probs = c(0.25, 0.5, 0.75), type=9)' 형태로 사용할 수 있다.

그림 7-7 정규분포를 4등분한 값

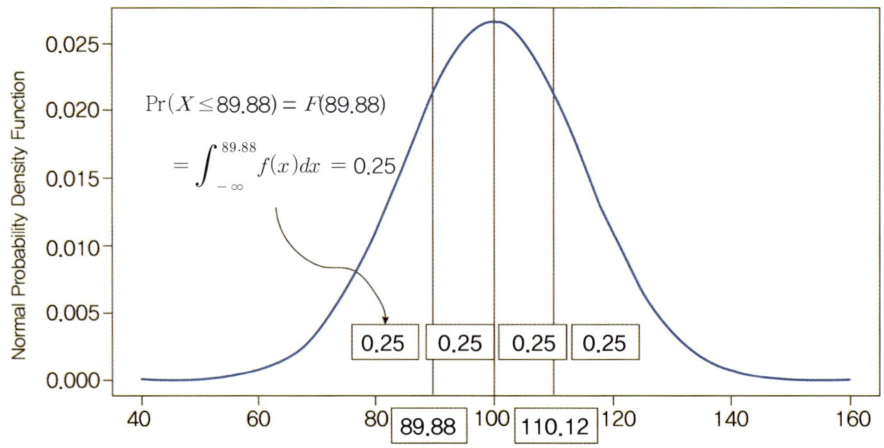

이론적 분위수와 표본분위수는 서로 비슷한 값을 가져야 가정된 정규분포로부터 추출되었다고 판단할 수 있을 것이다. 따라서 이를 쉽게 파악하기 위하여 참조 직선인 $y=x$ 직선을 그려 점들이 직선으로부터 어느 정도 벗어났는지를 파악함으로써 가정된 정규분포에 어느 정도 가까운지를 알 수 있게 된다([그림 7-8] 참조).

이러한 과정을 조금 더 일반적으로 설명하면, 평균 μ, 표준편차 σ를 갖는 정규분포를 가정한 상태에서 만들어진 Q-Q plot은 오름차순으로 정렬한 데이터 값인 표본분위수를 y축으로 하고, 평균 μ, 표준편차 σ를 갖는 정규분포의 확률분포를 $n+1$등분하여 얻어진 경계값인 이론적 분위수를 x축으로 하여 만들어진 산점도이다. 두 분위수 값이 서로 비슷한 값을 갖는지를 확인하기 위하여, $y=x$ 직선그래프를 참조선으로 그려, 점들이 이 직선으로부터 어느 정도 벗어났는지를 검토함으로써 추출된 데이터는 평균 μ, 표준편차 σ를 갖는 정규분포와 어느 정도 가까운지를 판단할 수 있게 한다.

이미 그려진 Q-Q plot 상에 추가적으로 직선을 그리고자 한다면, 'abline()' 함수를 사용한다. 여기서 a는 절편을 의미하며, b는 기울기를 의미한다. 즉, 'abline(a=0, b=1)' 또는 'abline(0,1)'을 이용하면, $y=x$ 참조 직선을 Q-Q plot 상에 추가로 그릴 수 있다. [그림 7-8]에 대한 R코드를 살펴보면 다음과 같다. 여기서 'pch=19'는 좌표에 해당하는 지점에 '•'문자를 사용하여 표시하라는 옵션이다.

```
> y = c(92, 108, 124); x = c(89.88, 100, 110.12)
> plot(x,y, xlab="Theoretical Quantile", ylab="Sample Quantile", main="QQ plot with 3 Data",
  pch=19, xlim=c(70,130), ylim=c(70,130))
> abline(a=0, b=1, lwd=2)
```

그림 7-8 3개 데이터에 대한 Q-Q plot

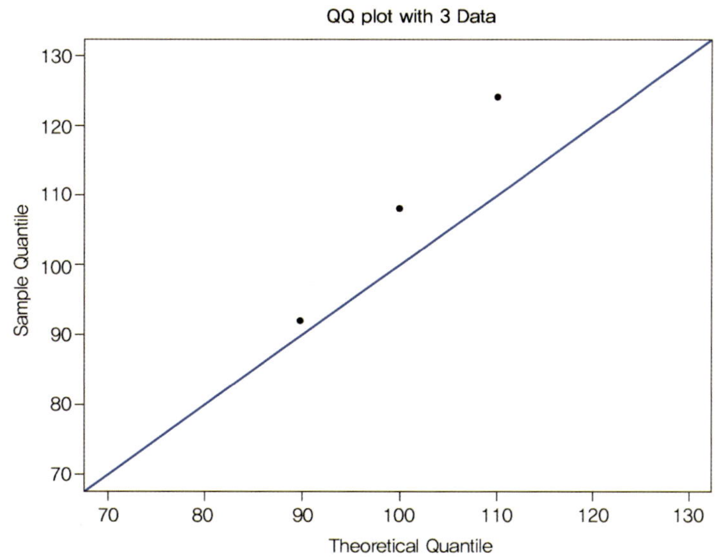

정규확률도

데이터가 특정 분포 평균 100, 표준편차 15인 정규분포를 따르는지에 대해 검증하고자 하는 경우, Q-Q plot은 유용하게 사용될 수 있다고 앞 절에서 설명하였다. 그러나 데이터의 정규성 검토를 위하여 Q-Q plot을 적용하고자 한다면 평균과 표준편차를 미리 알고 있어야한다는 부담이 존재한다. 하지만 정규분포의 [성질 1]에 따르면, 확률변수 X가 정규분포를 따를 때 **선형변환**(linear transformation) $aX+b$도 정규분포를 따른다는 사실을 배웠다. 또한, 이러한 성질을 이용하여 모든 정규분포는 표준정규분포로 변환시킬 수 있다고 배웠다.

따라서 평균 100, 표준편차 15의 정규분포를 기반으로 만들어진 이론적 분위수는 표준정규분포를 기반으로 만들어진 이론적 분위수와 직선관계, 즉 $X = 100+15Z$ 관계를 가진다. 그러므로 만일 데이터가 정규성을 가진다면 평균 100, 표준편차 15의 정규분포를 사용하지 않고, 대신 표준정규분포에 대한 이론적 분위수를 사용한다면, 표본 분위수와 직선관계를 가져야 할 것이다. 여기서 특별히 표준정규분포로부터 계산된 이론적 분위수를 **정규점수**(normal score)라고 한다.

즉, Q-Q plot을 그리는 과정에서 요구되는 평균 100, 표준편차 15와 같은 특정한 정규분포를 설정하지 않고, 표준정규분포를 대상으로 4등분하여 경계값을 찾아보면 'qnorm(c(0.25,0.5,0.75))'[9] 함수에 의하여 정규점수 (−0.6745, 0, 0.6745) 값이 나타남을 확인할 수 있다. 이를 이론적 분위수로 하여 표본분위수와 함께 만들어진 산점도를 정규확률도라고 한다. R에서는 'qqnorm()' 함수를 이용하여 정규확률도를 그릴 수 있다. 이러한 점들은 결국 직선주위에 있어야 하므로 최적의 기준직선을 그려주는 것이 필요한데, 이를 처리해 주는 함수가 'qqline()'이다([그림 7-9] 참조). 이에 대한

9) 'qnorm()' 함수의 디폴트 분포함수는 표준정규분포이므로, 평균과 표준편차를 지정하지 않아도 된다.

그림 7-9 3개 데이터에 대한 정규확률도

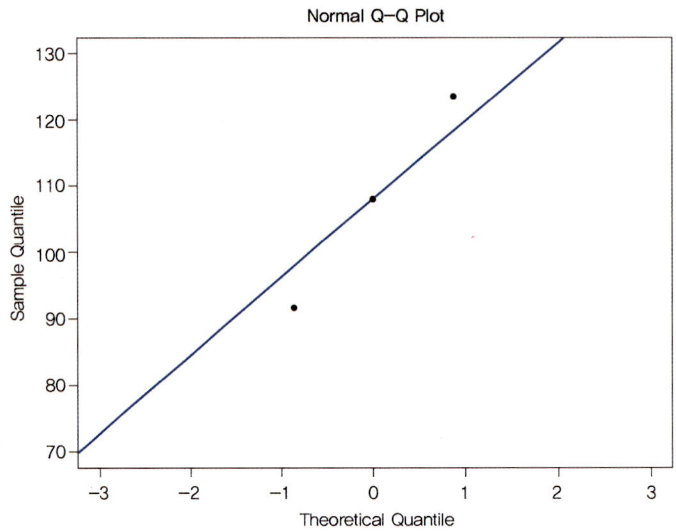

R코드를 살펴보면 다음과 같다.

```
> y = c(92, 108, 124)
> qqnorm(y, xlim=c(-3,3), ylim=c(70,130), pch=19)
> qqline(y, lwd=2)
```

이러한 정규확률도의 전개과정을 정리하여 보자. 먼저 데이터를 오름차순으로 나열하고 이 값을 $x_{(1)}, x_{(2)}, \cdots, x_{(n)}$라고 표기한다. 즉, $x_{(1)}$은 자료중에서 가장 작은 값을 의미하며, $x_{(n)}$는 자료중에서 가징 큰값을 의미한다, 또한 $x_{(k)}$는 $k-$번째 삭은 값을 의미한다. 만일 데이터가 평균 μ, 표준편차 σ인 정규분포로부터 나왔다면, 표준정규분포의 누적분포함수 $\Phi(\cdot)$를 이용하여 다음과 같은 경험적 확률을 계산할 수 있다.

$$\Phi\left(\frac{x_{(k)}-\mu}{\sigma}\right) = \frac{k}{n+1} \quad ^{10)}$$

데이터에 대응하는 경험적 확률이 계산되면, 이 확률을 기반으로 표준정규분포기반 정규점수 $z_{(k)}$를 계산한다.

$$\Phi^{-1}\left(\frac{k}{n+1}\right) = z_{(k)} = \frac{x_{(i)}-\mu}{\sigma} \Rightarrow x_{(k)} = \mu + \sigma z_{(k)}$$

10) 앞에서 언급하였듯이 이 방법은 책에서 설명한 type=6 방법이다. R의 type=9는 가장 많이 사용하는 방법으로, 불편추정량이라는 좋은 추정량 성질을 가지고 있다. 계산식은 다음과 같다.
$\Phi\left(\frac{x_{(k)}-\mu}{\sigma}\right) = \frac{k-3/8}{n+1/4}$. R의 디폴트방법은 type=7이며, 이 방법은 $\Phi\left(\frac{x_{(k)}-\mu}{\sigma}\right) = \frac{k-1}{n-1}$ 이다.

여기서 $x_{(k)}$는 정규확률도의 y축 좌표에 해당하는 표본분위수가 되며, 정규점수 $z_{(k)}$는 x축에 해당하는 이론적 분위수가 된다. 만일 데이터가 정규성을 가지고 있다면, 이 점들은 절편이 μ, 기울기가 σ인 직선근처에 놓이게 된다.

정규확률도를 그리는 절차를 정리하면 다음과 같다.

- 자료를 오름차순으로 정리한다.
- 오름차순으로 정리한 데이터, $x_{(k)}$에 대한 경험적 확률을 계산한다.
- 경험적 확률에 대응하는 표준정규분포에서의 분위수, 즉 정규점수 $z_{(k)}$를 계산한다.
- $x_{(k)}$를 y축, $z_{(k)}$를 x축으로 하는 산점도인 정규확률도를 그린다.
- 정규확률도에 직선을 그려서 산점도의 특성을 파악한다.

이제 정규확률도를 어떻게 읽는지에 대하여 알아보도록 하자. 만일 데이터가 정규분포를 따른다면 Q-Q plot은 이론적 분위수와 표본분위수가 비슷해야 하므로 '$y = x$' 직선그래프 근처에 점들이 모여있으면 된다. [그림 7-10] 왼쪽 그림은 평균 100, 표준편차 15인 정규분포를 따르는 데이터에 대한 Q-Q plot을 보여주고 있다. 정규확률도는 표준정규분포를 기반으로 만들어진 Q-Q plot이기 때문에 직선의 형태만 유지하면 된다. 이 경우 데이터기반 최적의 직선을 구하여 참조직선을 그래프에 넣으면 정규성 여부를 판단하는 데 도움이 된다([그림 7-10] 오른쪽 그림 참조).

그림 7-10 정규분포를 따르는 데이터의 Q-Q plot과 정규확률도

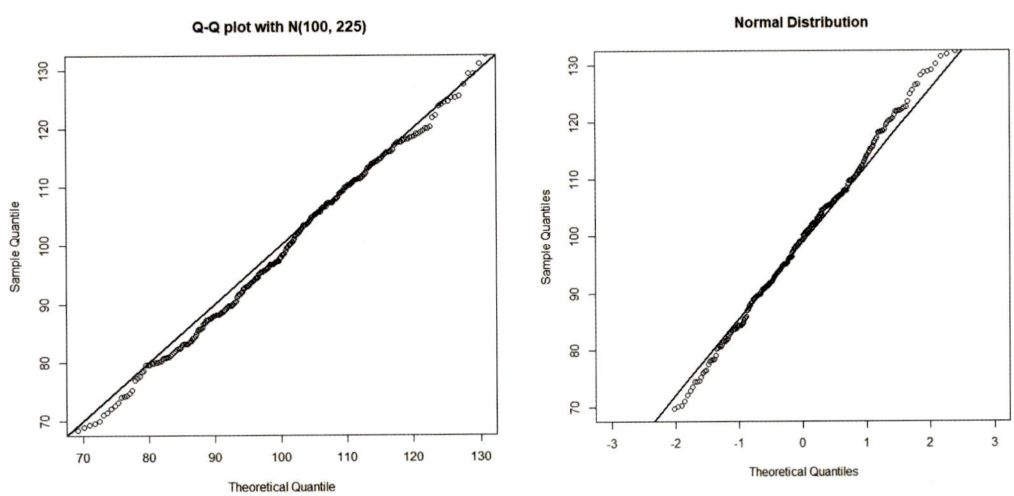

그림 7-11 긴 꼬리와 짧은 꼬리분포의 정규확률도

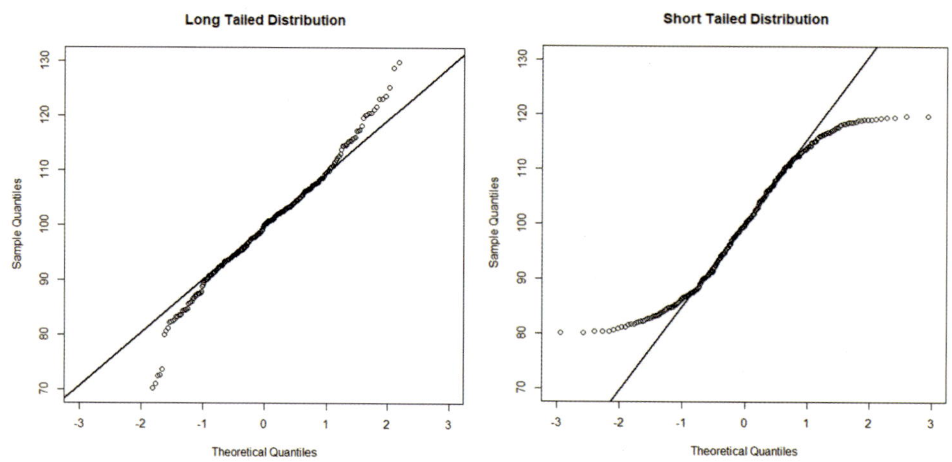

[그림 7-11] 왼쪽 그림은 데이터가 양쪽으로 긴 꼬리분포를 갖는 형태의 정규확률도이다. 이러한 형태를 '누운 S자' 형태라고 부르는데, 분포의 오른쪽 영역에서는 직선위에 점들이 있어서 정규분포의 형태보다 훨씬 큰값을 보여주고 있으며, 분포의 왼쪽 영역에서는 직선아래 점들이 있어서 정규분포의 형태보다 훨씬 작은 값이 형성되어 있음을 확인할 수 있다. 반대로 데이터가 짧은 꼬리분포를 갖는 경우는 'S'자 형태의 모습을 보이면서, 데이터가 분포의 오른쪽 영역에서는 작은 값을 보여주고 있으며, 분포의 왼쪽 영역에서는 큰값을 보여주고 있음을 확인할 수 있다([그림 7-11] 왼쪽 그림 참조).

그림 7-12 긴 왼쪽꼬리와 긴 오른쪽 꼬리분포의 정규확률도

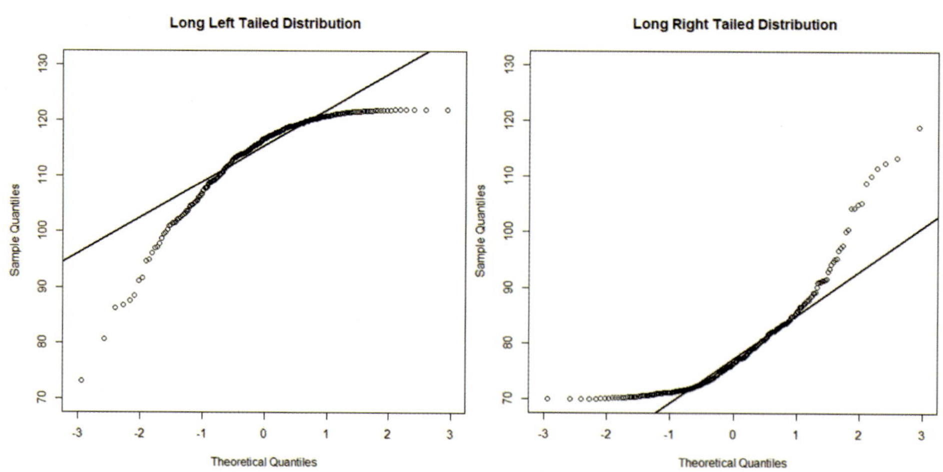

긴 왼쪽 꼬리분포를 가지면서 상대적으로 짧은 오른쪽 꼬리분포를 갖는 경우는 오른쪽 영역에서는 작은 값을 보여주면서, 분포의 왼쪽 영역에서도 작은 값을 보여주고 있어 그래프가 [그림 7-12] 왼쪽 그림과 같이 나타난다. 만일 데이터가 긴 오른쪽 꼬리분포를 가지면서 상대적으로 짧은 왼쪽 꼬리분포를 갖는 경우는 [그림 7-12] 오른쪽 그림과 같이, 분포의 오른쪽 영역에서는 큰 값을 보여주면서 직선의 위쪽에 점들이 모여있는 것을 확인할 수 있으며, 분포의 왼쪽 영역에서도 큰값을 보여주고 있어 직선의 위쪽에 점들이 모여있는 것을 확인할 수 있다.

주요 용어

(7.1) 베르누이 시행, 베르누이 분포, 이항분포, 복원추출, 비복원추출, 초기하분포, 유한모집단 수정계수, 포아송분포

(7.2) 가우스분포, 정규분포, 표준정규분포, 지수분포, 정규성, 정규확률도, 이론적 분위수, 표본분위수, 정규점수

연습문제

1. A은행은 주택담보대출로 1000명의 대출자를 보유하고 있으며, 1인당 평균 대출금액은 5000만원으로 확인되었다. 과거 5년 동안의 자료를 분석하면, 주택담보대출의 1년 부도율은 평균 0.7%로 나타났다. A은행은 1년 뒤 발생할 부도자 수와 손실금액에 대하여 준비하려고 한다. (단, 부도가 발생하면 원금 100%가 손실된다고 가정한다.)

(1) 확률변수를 정의하고 확률분포를 기술하여라.

(2) 기대값, 분산, 표준편차를 계산하여라.

(3) 이항분포의 포아송분포 근사가 가능한가? 가능하다면 1년 뒤 10명의 부도자가 나타나 5억원의 손실이 발생할 확률을 이항분포와 포아송분포를 이용하여 계산하고 두 값을 비교하여라.

(4) 5% 확률로 나타날 수 있는 최악의 손실은 얼마인가? 이항분포와 포아송분포를 이용하여 계산하고 두 값을 비교하여라.

2. 상자 안에 불량제품 5개와 정상제품 95개가 들어 있다. 이 상자에서 3개의 제품을 뽑았을 경우 다음 물음에 답하여라.

(1) 총경우의 수는 얼마인가?

(2) 선택된 3개 제품 중 1개가 불량제품일 경우의 수는 얼마인가?

(3) 선택된 3개 제품 중 1개가 불량제품일 확률은 얼마인가?

(4) 확률변수 X를 선택된 3개 제품 중 불량제품의 수라고 정의한다면, 이에 대한 확률분포를 그리시오.

3. 어느 콜센터에서는 1초당 평균 0.2회 수신하는 것으로 알려져 있다. 확률변수 X 를 1분당 수신횟수라고 하였을 경우 다음 물음에 답하여라.

(1) 확률변수 X는 어떠한 분포를 따르는가?

(2) 확률변수 X에 대한 기대값과 표준편차를 구하여라.

(3) 1분에 수신횟수가 10회 나타날 확률을 수식으로 표현하여라.

(4) 1분에 수신횟수가 10회 이상 나타날 확률을 계산하여라.

4. 어느 농구선수의 자유투 성공율은 80%로 알려져 있다. 이번 시즌에 총 120번의 자유투를 시도하였을 경우 다음 물음에 답하여라.

(1) 이 문제에 관련된 확률변수를 정의하여라.

(2) 이 확률변수는 어떠한 분포를 따르는가?

(3) 자유투 성공횟수가 90번을 초과하고 (90이 포함되지 않음) 105번 이하 (105는 포함)일 확률을 계산하여라.

(4) 정규근사가 가능한 지를 확인하여라.

(5) 정규근사가 가능한 경우, (3)번 문제에 대한 연속수정계수를 적용한 경우와 적용하지 않은 경우의 확률을 계산하여 (3)번 정답과 비교하여라.

5. 대한민국 남성의 키에 대한 제1사분위수 값은 170cm로 알려져 있다. 대한민국 남자 200명을 무작위로 뽑아 키를 조사하였다.

(1) 확률변수 X 를 200명 중 170cm 이상의 남자 수하고 정의할 경우 확률분포와 기대값, 분산을 계산하시오.

(2) 200명 중 170cm 이상의 남자 수가 150명 이상이 나타날 확률을 구하시오.

(3) 200명 중 170cm 이상의 남자비율이 p_0 보다 클 확률이 0.05보다 작게 만드는 최소값 p_0는 얼마인가?

6. 7장에 있는 데이터 파일 'NormalCheck.csv'파일은 서울 A지역의 500명 고등학생을 대상으로 측정한 IQ검사 데이터이다. 정규확률도를 그려서 분포의 모양을 확인하고, 이를 히스토그램을 통하여 확인하시오.

(참고: 데이터를 읽을 때, 한 개의 변수값만 옆으로 나열되어 있으므로 다음과 같이 읽어야 한다.

```
IQ = scan('NormalCheck.csv', sep=',')
```

연습문제 풀이

1. (1) X : 1년 뒤 발생할 부도자 수

Y = 5000 만원 $\times X$: 1년 뒤 발생할 손실금액

확률변수 X는 $B(1000, 0.007)$ 즉, $n=1000$, $p=0.007$ 인 이항분포를 따른다.

(2) $E(X) = np = 1000 \times 0.007 = 7$(명)

$E(Y)$ =5천만원$\times E(X)$ = 3억 5천만원

$Var(X) = np(1-p) = 1000 \times 0.007 \times 0.993 = 6.951$, $\sigma_X = \sqrt{6.951} = 2.6365$(명)

$Var(Y)$ = (5천만원)^2 $Var(X)$ = (5천만원)$^2 \times 6.951$

$\sigma_Y = \sqrt{(5\text{천만원})^2 \times 6.951}$ = 1억 3천 2백만원

(3) n이 크고 p가 작으므로 이항분포의 포아송분포 근사가 가능하다.

이항분포로 계산된 값: dbinom(10, 1000, 0.007) = 0.07101792

$\lambda=7$ 포아송분포 근사로 계산된 값: dpois(10,7) = 0.07098327

(4) 이항분포를 가정하였을 경우 확률 0.95에 대한 분위수:

qbinom(0.95, 1000, 0.007) = 12

포아송분포를 가정하였을 경우 분위수: qpois(0.95,7) = 12

즉, 5% 확률로 나타나는 최악의 부도자 수는 두 분포 모두 12명으로 나타나며, 따라서 5%의 확률로 나타나는 최악의 손실금액은 6억원이다.

2. (1) ${}_{100}C_3$ = choose(100,3) = 161700

(2) ${}_5C_1 \times {}_{95}C_2$ = choose(5,1) * choose(95,2) = 22325

(3) 22325/161700=0.1380643 또는 dhyper(1,5,95,3) = 0.1380643

(4)
```
pmf = sapply(0:3, function(x) dhyper(x, 5, 95, 3))
plot(0:3, pmf, type='h', lwd=3, main='초기하분포 확률질량함수',
    xlab='', ylab='', xlim=c(-1,4))
abline(h=0, lwd=3)
```

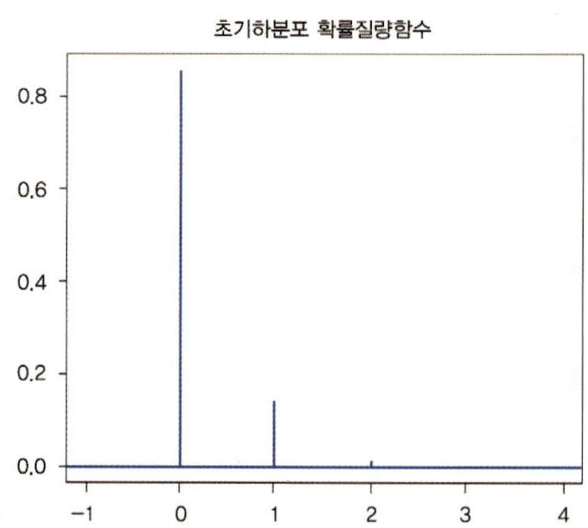

3. (1) 확률변수 X는 모수 $\lambda = 12$인 포아송분포를 따른다.

(2) $E(X) = \lambda = 12$, $Var(X) = \lambda = 12$

(3) $f(10) = \dfrac{12^{10} \times e^{-12}}{10!} = 0.1048373$

Note: dpois(10, 12)=0.1048373

(4) 1−ppois(9, 12) = 0.7576078

4. (1) 확률변수 X: 120번 자유투에서 성공한 횟수

(2) $n=120$, $p=0.8$인 이항분포, $X \sim B(120, 0.8)$

(3) $\Pr(90 < X \leqq 105) = 0.882$

pbinom(105, 120, 0.8) - pbinom(90, 120, 0.8) = 0.8818576

(4) $np = 120 \times 0.8 \geq 5$ 이고, $n(1-p) = 120 \times 0.2 \geq 5$ 이므로 이항분포의 정규근사가 가능하다.

(5) $X \sim B(120, 0.8)$이므로 정규분포 $N(96, 19.2)$ 로 근사

연속수정계수를 적용하지 않은 경우의 정규근사 확률

$\Pr(90 < X \leqq 105)$

$\approx$ pnorm(105,96,sqrt(19.2))-pnorm(90, 96, sqrt(19.2)) = 0.8945584

연속수정계수를 적용하는 경우의 정규근사 확률

$\Pr(90 < X \leqq 105) = \Pr(X \leqq 105) - \Pr(X \leqq 90)$

$\approx$ pnorm(105.5,96,sqrt(19.2))-pnorm(90.5,96,sqrt(19.2))=0.8902197

따라서 연속수정계수를 적용하였을 경우 조금 더 정확한 확률을 제공하는 것을 확인할 수 있다.

5. (1) 제1사분위수는 하위 25%를 의미하므로 모집단에서 170cm보다 큰사람의 비율은 0.75가 된다. 따라서 확률변수 X는 모수 $n=200$, $p=0.75$를 갖는 이항분포를 따르며, $X \sim B(200, 0.75)$, 기대값은 $200 \times 0.75 = 150$(명) 분산은 $200 \times 0.75 \times 0.25 = 37.5$가 된다.

(2) $\Pr(X \geq 150) = 1 - \Pr(X \leq 149)$ 이므로

1-pbinom(149,200,0.75) = 0.5379058

(3) $\Pr(X/200 \geq p_0) \leqq 0.05 \Leftrightarrow \Pr(X \geq 200 \times p_0) \leqq 0.05$

$\Leftrightarrow \Pr(X \leqq 200 \times p_0) \geqq 0.95$

qbinom(0.95,200,0.75) = 160, pbinom(160,200,0.75) = 0.9594958

pbinom(159,200,0.75) = 0.9421502

따라서 $p_0 = 160/200 = 0.8$이다.

6. 정규확률도와 히스토그램에 대한 R코드를 보면 다음과 같다.

```
IQ = scan('NormalCheck.csv', sep=',')
qqnorm(IQ)
qqline(IQ, lwd=2)
hist(IQ, freq=F, xlab="", main="Normal Check Data", breaks=25)
polygon(density(IQ), lwd=2)
```

정규확률도를 보면 분포의 오른쪽 영역에서는 낮은 값을 가지면서 급격히 꺾어지는 짧은 오른쪽 꼬리분포를 보여주고 있으며, 반대로 분포의 왼쪽 영역에서는 매우 낮은 값을 보이면서 긴 왼쪽 꼬리분포를 보여주고 있어 정규분포와는 다른 형태의 왼쪽 꼬리분포(skewed to the left)를 가지고 있음을 확인할 수 있다.

이러한 모습은 히스토그램을 통해서도 확인할 수 있다.

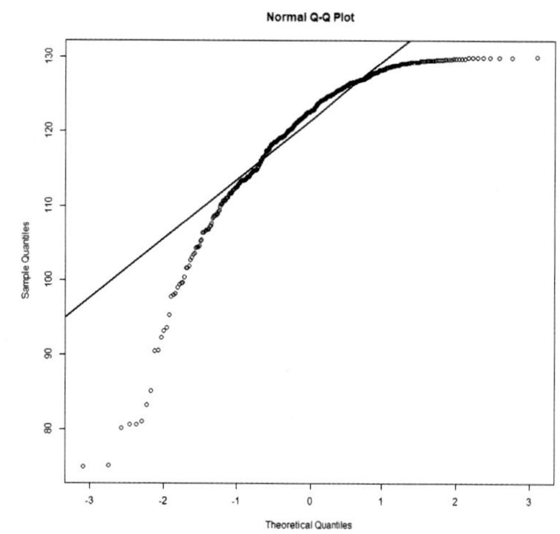

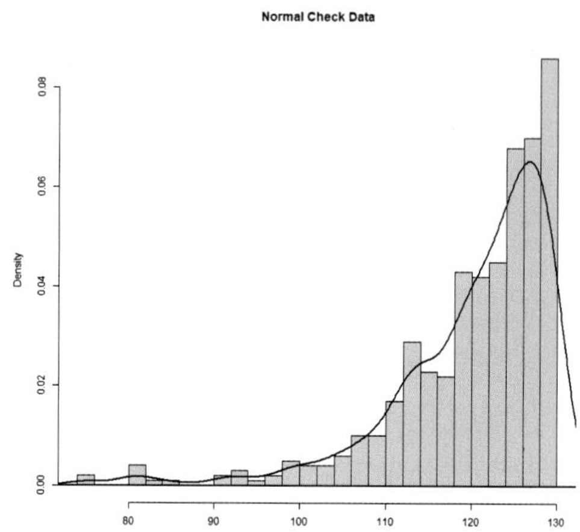

CHAPTER 08

표본분포

8.1 통계적 추론의 이해

주요 용어

모집단으로부터 무작위로 선택한 **표본**(sample) 또는 **데이터**(data)를 분석하여 모집단의 특징을 파악하는 것을 **통계적 추론**(statistical inference)이라고 한다. 통계적 추론이 올바르게 진행되려면 데이터가 모집단을 잘 대표하여 모집단의 특성을 잘 반영하고 있어야 한다. 만일 데이터가 모집단의 특성을 제대로 반영하지 못하게 되면, **표본선택 바이어스**(sample selection bias) 문제가 발생하게 되며, 통계적 추론결과는 왜곡되어 나타나게 된다. 데이터를 잘못 수집하여 표본선택 바이어스 문제가 발생하게 되면, 잘못된 분석결과가 나타나기 때문에 시간과 비용을 고려하였을 때, 차라리 아무것도 하지 않는 편이 더 나을 수도 있다.

따라서 모집단의 특성을 잘 대표할 수 있도록 데이터를 어떻게 수집하였는지를 확인하고 검토하는 과정은 통계적 추론에 앞서 중요하다고 말할 수 있다. 모집단의 특성을 잘 반영하도록 데이터 수집에 대하여 계획을 세우고, 실행하는 것을 **샘플링**(sampling)이라고 한다. 이 책에서는 올바른 샘플링과정을 통하여 모든 데이터가 모집단의 특징을 충분히 반영하였다고 가정하고 추론에 대한 통계이론을 전개하기로 한다. 이를 다르게 표현하면, 모든 표본 또는 데이터는 모집단으로부터 확률적으로 공정한 과정을 거쳐 수집되었다고 가정하는데, 이를 **무작위표본**(random sample)이라고 부른다. 무작위표본은 복원추출을 확장한 개념인데 이에 대한 자세한 내용은 다음 절에서 자세하게 다루기로 한다.

통계적 추론을 위해서는 연구대상이 되는 **모집단**(population)에 대한 정의가 명확해야 하며, 모집단에 대한 특성을 나타내는 **모수**(parameter)가 미리 정의되어 있어야 한다. 즉, 통계적 추론이 일반적인 추론과 다른 점은 모집단과 모수가 명확하게 정의되어 있다는 것이다. 예를 들어, '대한민국 국민이 생각하는 현 정부에 대한 지지율'이 연구주제라고 한다면, 모집단은 대한민국 국민이 될 것이고, 모수는 현 정부에 대한 지지율이 될 것이다. 또한, 대한민국 국민을 어떻게 세분화하여 데이터를 수집할 것인지에 대한 문제는 샘플링 영역이 된다. 만일 '대한민국 21대 대통령 선거에서 나타나는 A후보의 득표율'이 연구주제라면 모집단은 해당 연도 대한민국의 유권자 중 투표에 참여하는 사람이 될 것이며, 모수는 A 후보의 득표율이 될 것이다. 모수는 모르는 값이며 고정된 상수로 취급한다.

통계적 추론은 크게 **추정**(estimation)과 **통계적 가설검정**(statistical hypothesis testing)으로 나누어진다. 추정은 모수에 대한 추론으로, 데이터를 통하여 만들어지는 식을 기반으로 분석이 진행되는데 이러한 식을 **통계량**(statistic)이라고 부른다. 데이터는 수집되기 이전까지는 확률변수로써 취급되며, 따라서 분포를 가지고 있다. 모든 통계량은 데이터를 기반으로 만들어진 식이므로 이 또한 확률변수로써 분포를 가지게 된다. 특별히 통계량의 분포를 **표본분포**(sampling distribution)라고 한다. 표본분포에 대한 표준편차는 모수에 대한 통계량의 정확도를 의미하는 수치로 **표준오차**(standard error) 또는 **표본오차**(sampling error)라 부른다. 표준오차 또는 표본오차는 모집단 전체를 조사하지 않고, 표본을 뽑았기 때문에 발생하는 오차로 작을수록 모수를 더 정확하게 예측한다는 의미이다. 데이터 수를 **표본크기**(sample size)라고 하며 표본크기가 클수록 표본오차는 작아진다. **전수조사**(complete enumeration) 또는 **센서스**(census; **인구조사**)는 표본을 추출하지 않고 모집단 전체를 조사하는 방법을 의미한다. 전수조사의 경우 표본을 뽑지 않았기 때문에 표본오차는 항상 0이 된다. 모수를 추정하는 과정에서 나타나는 오차에서 표본오차를 제외한 나머지 모든 오차를 **비표본오차**(non-sampling error)라 부른다. 전수조사의 경우, 표본오차는 0이 된다는 장점이 있지만, 비표본오차가 커질 수 있으며, 시간과 비용이 많이 들고 혈액검사나 제품에 대한 수명검사 등과 같은 파괴성 검사에는 적용할 수 없다는 단점을 가지고 있다.[1)]

통계적 가설검정은 모수에 대하여 두 가설을 설정하고, 데이터를 기반으로 어떠한 가설이 타당

그림 8-1 통계적 추론의 개념적 이해

- 확률적으로 무자위로 데이터 추출
- 통계학문영역 : 샘플링(Sampling)
- 데이터 : 복원추출된 무작위표본
- 모집단을 잘 대표해야 함
- 표본선택 바이어스를 줄여야 함

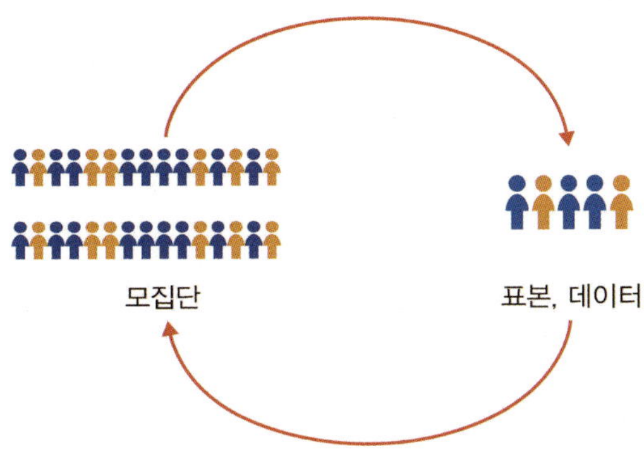

- 모집단과 모수에 대한 사전적 정의 필요
- 데이터 분석을 통한 모집단 특성(모수) 파악
- 통계학문영역 : 통계적 추론(Statistical Inference)
- 추정과 가설검정으로 구분
- 모집단이 아니기 때문에 표본오차가 존재
- 데이터가 많아지면 표본오차는 감소
- 통계적 추론은 표본분포를 기반으로 진행됨
- 무작위표본이 아닌 경우, 추론은 왜곡될 수 있음

1) 예를 들어, 혈액검사를 전수조사한다는 의미는 피를 표본으로 추출하는 것이 아니라 전부 뽑아 검사한다는 의미이므로 현실적으로 불가능한 검사가 된다.

한지를 선택하는 방법으로 유일하게 과학적 방법으로 인정받는 의사결정방법이다. 즉, 통계적 가설검정을 거치지 않으면 과학적 접근방법이라고 말할 수 없다는 것이다. 통계적 가설검정은 하나의 가설을 가정하고, 데이터를 통하여 가정된 가설이 어느 정도 타당한지를 확률적으로 판단하여 가설의 선택여부를 판단한다. 또한, 통계적 가설검정은 데이터를 기반으로 가설의 사실여부를 판단하는 과학적 방법이므로, 데이터로 접근하는 모든 학문분야에서 반드시 알아야 하는 중요한 주제이다. [그림 8-1]은 통계적 추론에 대한 개념을 정리한 그림이다. 이러한 개념을 바탕으로 다음의 사례를 생각해 보자.

A대학교 학생에 대한 평균키를 파악하고자 100명의 학생을 무작위로 선택하여 데이터를 수집하는 연구를 생각해 보자. 이 경우, 연구대상이 되는 모집단은 연구시점에서 등록된 A대학교 재학생이 되며, 모집단의 특성을 나타내는 모수는 **모평균**(population mean), μ가 된다. 참고로 이 책에서 주로 다루는 모수는 모평균 이외에 **모분산**(population variance) σ^2, **모표준편차**(population standard deviation) σ, **모비율**(population proportion) p가 있다. 모수로 취급되는 모평균은 모르는 상수이며, 이 값을 알기 위하여 우리는 모집단의 일부인 표본 또는 데이터를 수집하는 것이다.

데이터를 수집한 이후 데이터는 상수값으로 기록되지만, 수집되기 이전에는 데이터 값을 모르는 상태이므로 확률변수로 취급한다. 통계적 추론에서는 데이터를 수집하기 이전 상태인 확률변수로 취급하여 통계이론을 전개한다. 이는 마치 주사위를 던지기 전에는 주사위 눈에 대한 결과가 확률변수로, 예를 들어 3의 눈이 나올 확률이 1/6이 되지만, 주사위를 던져 3의 결과가 나왔다면, 3이라고 값이 기록되면서 더 이상 확률의 의미를 부여할 수 없는 상수로 취급되는 원리와 비슷하다. 통계적 추론은 주사위를 던지기 이전 상태에서 결과를 확률변수로 취급하여 이론을 전개한다는 의미이다.

A대학교에서 표본으로 선택된 표본크기 100명 학생의 키는 표본 또는 데이터가 되며, 이를 바탕으로 100개의 확률변수 $X_1, X_2, \cdots, X_{100}$가 만들어지게 된다. 모평균을 파악하기 위하여 수집된 데이터를 모두 더하여 데이터의 수로 나누는 평균을 계산하는 함수식을 **표본평균**(sample mean) $\overline{X}_n$이라 하며, 이러한 함수식을 일반적으로 통계량이라 부른다. 표본평균은 확률변수의 함수식$(X_1 + X_2 + \cdots + X_{100})/100$으로 구성되어 있으므로, 표본평균 또한 확률변수로 취급되면서 분포를 가지게 된다. 통계량인 표본평균의 분포를 표본분포라고 하며, 표본평균 분포에 대한 표준편차를 표준오차 또는 표본오차라 부른다. 우리가 앞으로 배우는 통계량에는 모평균, μ에 대응하는 표본평균 $\overline{X_n}$이 있으며, **모분산**(population variance) σ^2에 대응하는 **표본분산**(sample variance) S^2이 있고, **모표준편차**(population standard deviation) σ에 대응하는 **표본표준편차**(sample standard deviation) S가 있으며, **모비율**(population proportion) p에 대응하는 **표본비율**(sample proportion) $\hat{p}$이 있다. 또한, 마지막으로 **모상관계수**(population correlation coefficient) ρ에 대응하는 **표본상관계수**(sample correlation coefficient) r이 있다. 이와 같은 내용으로 모수와 통계량의 특징을 정리하면 다음과 같다.

모수	통계량
모집단의 특성을 나타내는	확률변수인 표본으로 구성된 식
상수로 취급	확률변수로 취급
모집단 크기를 N이라 표시	표본크기를 n이라 표시
표본오차 : 0,	표본오차 : > 0 (측정 가능)
비표본오차 : 클수 있음	비표본오차 : 통제가능
모평균 : $\mu = \frac{1}{N}(X_1 + X_2 + \cdots + X_N)$	표본평균 : $\overline{X_n} = \frac{1}{n}(X_1 + X_2 + \cdots + X_n)$
모분산 : $\sigma^2 = \frac{1}{N}\sum_{i=1}^{N}(X_i - \mu)^2$	표본분산 : $S^2 = \frac{1}{n-1}\sum_{i=1}^{n}(X_i - \overline{X_n})^2$
모표준편차 : $\sigma = \sqrt{\sigma^2}$	표본표준편차 : $S = \sqrt{S^2}$
모비율 : $p = \frac{X}{N}$	표본비율 : $\hat{p} = \frac{x}{n}$
모상관계수 : $\rho = \frac{\mathrm{Cov}(X, Y)}{\sigma_X \sigma_Y}$	표본상관계수 : $r = \frac{\sum_{i=1}^{n}\left[(X_i - \overline{Y}) \times (Y_i - \overline{Y})\right]}{\sqrt{\sum_{i=1}^{n}(X_i - \overline{X})^2}\sqrt{\sum_{i=1}^{n}(Y_i - \overline{Y})^2}}$

정규 확률변수의 성질

우리는 6장에서 연속형 확률변수는 셀 수 없는 무한한 값을 가지며, 확률밀도함수를 이용하여 구간에 대한 면적으로 확률을 할당한다고 배웠다. 또한 7장에서 대표적인 연속형 확률분포인 정규분포를 학습하였고, 모든 정규분포는 표준정규분포로 변환이 가능하다는 정규분포의 표준화에 대하여 배웠다. 여기서는 표준정규분포에 대한 간단한 표기법을 익히고, 일반 정규분포를 따르는 확률변수로 구성된 함수식이 만들어졌을 경우, 이에 대한 함수식이 어떠한 분포를 갖는지를 알아보도록 하자.

표준정규분포를 따르는 확률변수 Z가 어떠한 값보다 클확률이 α인 확률변수값을 z_α라 표기한다. 이를 그래프로 표현하면 [그림 8-2]와 같다. 또한, 표준정규분포에 대한 누적분포함수의 역함수인 $\Phi^{-1}(\cdot)$를 이용하여 z_α관계식으로 살펴보면 다음과 같다.

$$\Pr(Z > z_\alpha) = \alpha \iff \Phi(z_\alpha) = 1 - \alpha \iff \Phi^{-1}(1-\alpha) = z_\alpha$$

여기서 주요 z_α값을 알아보면, $z_{0.05} = 1.645$, $z_{0.025} = 1.96$이다.

이제 정규분포를 따르는 n개의 확률변수들의 합에 대한 분포를 알아보도록 하자.

그림 8-2 표준정규분포의 z_α에 대한 의미

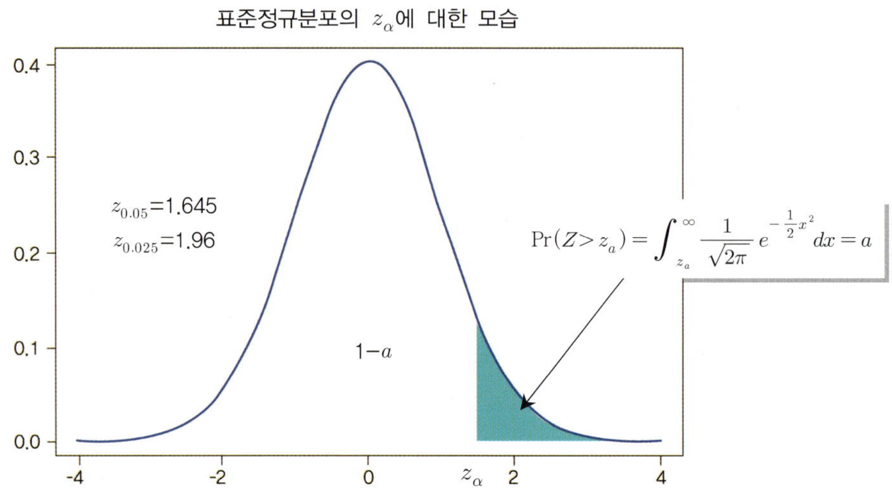

[성질 1] 만일 n개의 확률변수 $X_1, X_2, \cdots, X_n$가 서로 독립이면서 각각 평균 μ_i, 분산 σ_i^2를 갖는 정규분포를 따른다면 확률변수의 합에 대한 분포는 정규분포를 따르며, 평균은 $\sum_{i=1}^{n}\mu_i$이고 분산은 $\sum_{i=1}^{n}\sigma_i^2$이 된다.

$$X_1 + X_2 + \cdots + X_n \sim N\left(\sum_{i}^{n}\mu_i, \sum_{i=1}^{n}\sigma_i^2\right)$$

[예제 1] 한국 국가통계포털 KOSIS의 발표에 따르면 2019년 기준 20대 후반 (25세~29세)의 한국 남성의 키는 2019년 기준, 평균 175.1cm, 표준편차는 5.56cm로 보고되어 있다. 또한, 같은 시점 기준, 여성의 키는 평균 163.3cm, 표준편차는 5.19cm로 보고되어 있다. 한쌍의 남녀가 만났을 때, 여성의 키가 남성의 키보다 클 확률을 표준정규분포의 누적분포함수인 $\Phi(\cdot)$ 형태로 표현하고, 이에 대한 확률을 계산하여라. (단, 두 그룹의 분포는 정규분포를 따르며, 서로 독립이라고 가정한다.)

확률변수 W를 여성의 키라하고, 확률변수 M을 남성의 키라 한다면, 문제에서 요구하는 확률은 $\Pr(W > M) = \Pr(W - M > 0)$이 된다. 그리고 여성과 남성 키 차이에 대한 분포는 정규분포의 가정과 독립이라는 가정 아래 다음과 같다.

$$W - M \sim N(163.3 - 175.1, 5.19^2 + 5.56^2) \equiv N(-11.8, 7.6^2)$$

$$\Pr(W - M > 0) = \Pr\left(\frac{W - M + 11.8}{7.6} > \frac{0 + 11.8}{7.6}\right)$$

$$\approx \Pr(Z > 1.55) = 1 - \Phi(1.55) \approx 0.06$$

$1-\Phi(1.55)$에 대한 확률값은 R의 '1−pnorm(1.55)'[2] 명령어로 0.06의 값을 얻을 수 있다. 따라서 20대 후반 커플 중에서 여성이 남성보다 키가 클 확률은 대략 6% 정도라고 말할 수 있다.

무작위표본에 대한 정의

만일 n개의 확률변수 $X_1, X_2, \cdots, X_n$가 서로 독립이면서 분포가 동일할 경우 이러한 확률변수를 **무작위표본** (random sample) 또는 iid (independent and identically distributed)[3] 라고 부른다.

무직위표본은 통계적 추론을 전개하기 위하여 요구되는 중요한 가정이다. 다시 말하면, 통계적 데이터분석은 무작위표본의 특징을 가진 데이터라는 가정 아래 분석이 진행된다.

[성질 2] 만일 n개의 확률변수 $X_1, X_2, \cdots, X_n$이 $N(\mu, \sigma^2)$ 분포를 따르는 무작위표본 (또는 iid) 이라면, n개의 확률변수에 대한 평균인 표본평균 $\overline{X}_n$은 평균이 μ, 분산이 σ^2/n을 갖는 정규분포를 따른다.

$$\frac{1}{n}(X_1 + X_2 + \cdots + X_n) = \overline{X}_n \sim N\left(\mu, \frac{1}{n}\sigma^2\right)$$

정규분포의 [성질 2]는 앞으로 배울 통계적 추론과정에서 매우 중요한 성질이므로 잘 기억해 두기를 바란다.

[예제 2] A대학교 학생의 키는 평균 170cm, 표준편차가 5cm인 정규분포를 따르는 것으로 알려졌다. 무작위표본으로 선택된 100명 학생에 대한 평균키가 168cm 보다 작게 나타날 확률을 $\Phi(\cdot)$ 함수로 표현하고, 확률을 계산하여라.

정규분포의 [성질 2]에 따라 표본평균 $\overline{X}_n$은 $N(170, 5^2/100)$의 분포를 따르게 된다. 따라서 다음과 같은 관계식이 성립한다.

$$\begin{aligned}\Pr(\overline{X}_n \leq 168) &= \Pr\left(\frac{\overline{X}_n - 170}{\sqrt{5^2/100}} \leq \frac{168-170}{0.5}\right) \\ &= \Pr(Z \leq -4) = \Phi(-4) \approx 0.00003\end{aligned}$$

---

2) 이는 정규분포를 표준화하지 않고 '1−pnorm(0, −11.8, 7.6)' 명령어로 직접 계산할 수 있다.

3) 엄격하게 정의하면 무작위표본은 모집단에 속해 있는 모든 요소가 동일한 확률을 가지고 무작위로 뽑힌 데이터를 의미한다. 따라서 무작위표본은 복원추출뿐만 아니라 비복원추출의 의미도 포함하고 있다. 무작위표본의 한 형태로 복원추출의 개념인 iid를 생각할 수 있다. 하지만, 모집단 크기가 큰 경우 두 방법에 큰 차이가 나타나지 않으므로, 이 책에서는 구분하지 않고 동일한 개념으로 취급하기로 한다.

이에 대한 확률값은 'pnorm(-4)' 명령어에 의하여 얻을 수 있다. 여기서 한 가지 생각해 볼 문제가 있다. 그것은 100명의 데이터에 대한 표본평균 값이 168cm 이하로 나타날 확률은 거의 0에 가깝다는 것이다. 만일 실제로 100명 학생에 대한 평균값이 168cm가 나왔다면, 거의 확률적으로 불가능한 값이 나타났으므로, 100명의 데이터를 근거로 A대학교 학생의 평균키가 170cm라고 설정한 기본 가정은 잘못된 것이라고 말할 수 있다.

그렇다면, 어느 정도의 낮은 확률이 나타나야 가설을 기각할 수 있을까? 여기에는 특별한 이론적 근거는 없지만 통계학에서 사용하는 일반적인 기준은 5%이다.[4)] 이러한 낮은 확률의 기준을 **유의수준(significant level)**이라고 한다. 그렇다면 다음 예제를 통하여 5%에 해당하는 표본평균에 대한 구체적인 수치를 확인하여 보자.

[예제 3] A 대학교 학생의 키는 평균 170cm, 표준편차가 5cm인 정규분포를 따른다고 알려져 있다. 하지만 다른 단체에서는 A 대학교 학생의 평균키가 170cm에 못 미칠 것이라고 주장하고 있다. 이를 검정하기 위하여 무작위표본으로 선택된 100명 학생에 대한 평균키를 조사하였다. 표본평균 키가 170cm라고 가정하였을 때, 100명에 대한 표본평균 키가 어느 정도보다 작아야 낮은 확률의 기준인 확률 5%가 되는지 확인하여라.

정규분포의 [성질 2]에 따라 표본평균 $\overline{X}_n$은 $N(170,\ 5^2/100)$의 분포를 따르게 되므로 다음과 같은 관계식이 성립한다.

$$\Pr(\overline{X}_n \leq x) = \Pr\left(\frac{\overline{X}_n - 170}{0.5} \leq \frac{x-170}{0.5}\right)$$

$$= \Pr(Z \leq -z_{0.05}) = \Phi(-z_{0.05}) = 0.05$$

$$\frac{x-170}{0.5} = -1.645 \quad \Leftrightarrow \quad x = 170 - 1.645 \times 0.5 = 169.18\,(\text{cm})$$ [5)]

만일 100명의 학생에 대한 평균키를 조사하였더니 실제로 표본평균값이 169.18cm 보다 작게 나타났다면, 평균키가 170cm라는 가정 아래 데이터가 확률 5%보다 낮은 확률로 나타났으므로 A 대학교 학생들의 평균키가 170cm라는 주장은 의심받게 된다. 즉, 100명의 데이터를 근거로 판단하였을 때, 다른 단체가 주장한 170cm보다 작을 것이라는 주장을 받아드리는 것이 합리적이고 과학적인 의사결정이라는 것이다. 이러한 확률적 전개는 통계적 추측의 하나인 통계적 가설검정에서 중요한 개념이니 잘 기억하기를 바란다.

이제 조금 더 응용하여 표본의 크기를 결정하는 문제를 알아보도록 하자.

---

4) 현대 통계학의 아버지라 불리는 피셔(R.A. Fisher; 1890~1962)는 희박한 확률로 0.05를 사용하였지만, 이 값에 특별한 의미를 부여하지는 않았다. 즉, 20번에 한번꼴로 발생하는 사건은 당연하지 않은 희박한 사건으로 보았다는 것이다.

5) 이 값은 정규분포를 표준화하지 않고, R 함수 'qnorm(0.05,170,0.5)' 명령어를 이용하여서도 직접 값을 얻을 수 있다.

[예제 4] $X_i \sim N(\mu, 3^2)$를 갖는 무작위표본 $X_1, X_2, \cdots, X_n$에 대하여, 표본평균에 대한 편차, $|\overline{X}_n - \mu|$가 1 이내에 있을 확률을 0.95 이상으로 높이고자 한다면, 몇 개의 표본 수를 확보해야 하는가?

정규분포의 [성질 2]에 따라 표본평균, $\overline{X}_n$은 $N(\mu, 3^2/n)$의 분포를 따르게 된다. 따라서 다음과 같은 관계식이 성립한다.

$$\Pr(-1 < \overline{X}_n - \mu < 1) = \Pr\left(\frac{-1}{3/\sqrt{n}} < \frac{\overline{X}_n - \mu}{3/\sqrt{n}} < \frac{1}{3/\sqrt{n}}\right)$$
$$= \Pr\left(\frac{-1}{3/\sqrt{n}} < Z < \frac{1}{3/\sqrt{n}}\right) \geq 0.95$$

확률 0.95를 만족하기 위해서는 오른쪽과 왼쪽 꼬리영역에 각각 0.025씩 확률을 할당하면, $1/(3/\sqrt{n})$은 $z_{0.025} = 1.96$보다 크게 나타나야 한다. 따라서 요구하는 표본수는 다음과 같이 계산된다.

$$\frac{1}{3/\sqrt{n}} \geq 1.96 \quad \Leftrightarrow \quad n \geq (3 \times 1.96)^2 \approx 34.6$$

결국 표본크기는 최소 35개 이상은 되어야 표본평균에 대한 편차, $|\overline{X}_n - \mu|$가 1이내에 있을 확률이 0.95보다 크게 된다. 이러한 과정은 약효과를 검증하는 임상실험이나 그룹간 차이를 파악하는 비즈니스 문제에서 많이 활용되고 있지만, 모집단에 대한 분산을 미리 알고있어야 한다는 단점을 가지고 있는 방법이다. 이 경우, 경험에 의한 법칙에 따르면 $\pm 3\sigma$범위에서 대부분의 데이터가 커버되기 때문에 데이터의 최대값과 최소값을 뺀 자료의 범위에 6을 나눈값을 σ 값으로 대체하여 사용하기도 한다.

8.2 표본분포의 이해

표본분포의 기본개념

표본분포는 무작위표본으로부터 만들어진 통계량의 분포를 의미한다. 표본분포의 표준편차는 표준오차 또는 표본오차라고 부르며, 통계량의 정확도를 나타내는 중요한 수치이다. 예를 들어, A 대학교 학생의 키는 평균 170cm, 표준편차가 5cm인 정규분포를 따르는 것으로 알려져 있다고 가정하자. 이 경우, 무작위표본으로 선택한 100명 학생에 대한 평균키인 표본평균 통계량에 대한 분포,

즉 표본분포는 앞에서 배운 정규분포의 [성질 2]에 따라 $N(170,\ 5^2/100)$, 즉 평균 170cm, 표준편차가 0.5cm인 정규분포를 따르게 되며, 모평균을 알기 위하여 만들어진 통계량 표본평균의 표준오차는 0.5cm가 된다. 즉, 표준오차 0.5cm는 모수인 모평균을 추정하기 위한 통계량인 표본평균의 정확도를 의미한다. 정확도가 높으면 표준오차는 작은 값을 가질 것이고, 정확도가 낮으면 표준오차는 큰값을 가질 것이다.

그렇다면 모평균추정을 위하여 정확도가 높은 표본평균을 얻기 위해서는 어떠한 조건이 필요할까? 이를 살펴보기 위해서는 표본평균의 표준오차를 살펴볼 필요가 있다. 표본평균의 표준오차는 $\sigma/\sqrt{n}$이므로 표준오차를 작게 만들고 싶으면 모집단의 모표준편차인 σ가 작거나 표본크기를 나타내는 n이 크면 된다. 즉, 표본평균의 정확도는 두 가지 요인, σ와 n에 의하여 결정된다는 의미이다.

모집단 크기가 작은 유한모집단에서는 표본분포가 어떠한 형태로 나타나는지 알아보도록 하자.

[예제 5] 모집단 크기가 3인 {1, 2, 3}으로 모집단이 구성되어 있다고 하자. 표본크기 2인 무작위표본에 대한 표본평균의 표본분포를 구하고, 이에 대한 표준오차를 계산하여라.

모집단으로부터 표본크기가 2인 무작위표본을 뽑았을 경우 (복원추출) 나타나는 모든 가능한 조합과 이에 대응하는 표본평균 값을 나열하면 다음과 같다.

$$(1,\ 1) \Rightarrow \bar{x} = 1,\ (1,\ 2) \Rightarrow \bar{x} = 1.5,\ (1,\ 3) \Rightarrow \bar{x} = 2$$
$$(2,\ 1) \Rightarrow \bar{x} = 1.5,\ (2,\ 2) \Rightarrow \bar{x} = 2,\ (2,\ 3) \Rightarrow \bar{x} = 2.5$$
$$(3,\ 1) \Rightarrow \bar{x} = 2,\ (3,\ 2) \Rightarrow \bar{x} = 2.5,\ (3,\ 3) \Rightarrow \bar{x} = 3$$

따라서 표본평균에 대한 분포, 표본분포의 확률질량함수는 다음과 같다.

$$f(x) = \begin{cases} 1/9, & x = 1,3 \\ 2/9, & x = 1.5, 2.5 \\ 3/9, & x = 2 \\ 0, & \text{나머지} \end{cases}$$

또한, 무작위표본에 대한 기대값은 2가 되므로 분산은 다음과 같다.

$$1^2 \times 2/9 + 0.5^2 \times 4/9 + 0^2 \times 3/9 = 1/3$$

따라서 표준오차는 $1/\sqrt{3} \approx 0.58$이다.

[예제 6] 0에서 1 사이의 균등분포로부터 얻은 무작위표본 10개의 평균에 대한 표본분포와 표준오차를 R의 시뮬레이션을 이용하여 구하시오.

시뮬레이션을 위한 R코드에 대하여 알아보도록 하자.

```
xbar = rep(0, 100000)
for (i in 1:100000)
  xbar[i] = mean(runif(10))
hist(xbar, xlab="", freq=F, main="", breaks=seq(from=0, to=1, by=0.01))
polygon(density(xbar), lwd=2)
sd(xbar)
```

먼저 10만 개의 배열을 만들어 0으로 채운 xbar라는 변수를 만들고, 'for' 문장을 이용하여 i 값을 1부터 10만까지 변화시키면서 반복을 한다. 'runif(10)'은 0에서 1 사이 구간에서 10개의 난수를 생성하라는 명령어이고, 이를 통하여 결과물은 10개의 값이 나타난다. 10개의 난수에 대한 평균을 계산하는 'mean()' 함수를 취하면 하나의 표본평균 값이 나타나게 되고, 이러한 결과를 10만번 반복하여 결과값을 xbar 함수에 저장한다. 그 이후 'hist()' 함수와 'density()' 함수를 이용하여 표본분포를 그리면 [그림 8-3]의 오른쪽 그래프가 나타난다. 표준오차는 대략 0.09로 나타나는 것을 확인할 수 있다.

우리는 정규분포의 [성질 2]를 통하여 정규분포를 따르는 정규확률변수의 평균은 다시 정규분포를 따른다는 것을 배웠다. 그렇다면 모집단이 정규분포를 따르지 않을 때는 표본평균의 분포는 어떻게 될까? [그림 8-3]을 살펴보면, 모집단이 균등분포를 따르는 경우 평균에 대한 표본분포는 모집단분포와는 전혀 다른 형태로, 오히려 정규분포에 가까운 분포를 따르고 있는 특이한 현상을 발견할 수 있다. 이러한 특이한 현상을 정리한 것이 중심극한정리이다.

그림 8-3 모집단 분포와 표본분포

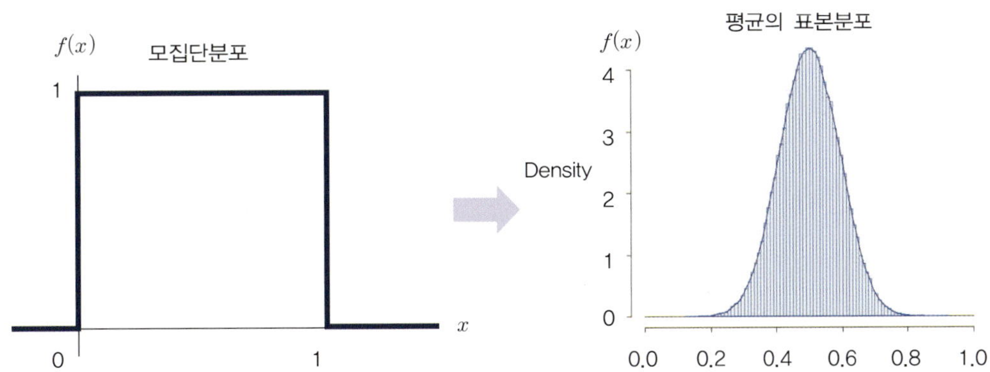

중심극한정리

중심극한정리(Central Limit Theorem; CLT)는 통계학에서 중요한 정리 중 하나로 통계적 추론에 관한 이론적 근거를 보여주기 위하여 자주 언급되는 정리이다. 우리는 정규분포의 [성질 2]에 의하여,

만일 모집단분포가 정규분포를 따른다면 표본평균의 분포도 정규분포를 따른다는 것을 배웠다. 그렇다면 만일 모집단이 정규분포를 따르지 않는다면 표본평균에 대한 분포인 표본분포는 어떻게 될까? 중심극한정리는 n이 어느 정도 크다면, 모집단의 분포와 관계없이 표본평균의 분포는 정규분포를 따른다는 것이 주요 내용이다.

중심극한정리

평균이 μ, 분산이 σ^2인 임의의 분포를 갖는 모집단으로부터 무작위표본인 확률변수 $X_1, X_2, \cdots, X_n$를 추출하였을 경우, n이 어느 정도 크다면 (대략 $n \geq 30$), 표본평균 $\overline{X}_n = \frac{1}{n}\sum_{i=1}^{n} X_i$ 의 분포는, 근사적으로 평균 μ, 분산 σ^2/n인 정규분포를 따른다. 또한, 무작위표본의 합인 $\sum_{i=1}^{n} X_i$의 분포는 근사적으로 평균 $n\mu$, 분산 $n\sigma^2$인 정규분포를 따른다, 이를 수식으로 표현하면 다음과 같다.

충분히 큰 표본크기 n에 대하여,

$$\overline{X}_n \simeq N(\mu, \sigma^2/n) \;\Leftrightarrow\; Z = \frac{\overline{X}_n - \mu}{\sigma/\sqrt{n}} \simeq N(0, 1)$$

$$\sum_{i=1}^{n} X_i \simeq N(n\mu, n\sigma^2) \;\Leftrightarrow\; Z = \frac{\sum_{i=1}^{n} X_i - n\mu}{\sqrt{n}\,\sigma} \simeq N(0, 1)$$

이러한 중심극한정리는 n이 어느 정도 큰 경우, 이산형 확률분포를 포함한 모든 확률변수에 대한 평균이나 합에 대한 표본분포를 정규분포로 근사할 수 있다는 이론적 근거를 제시하고 있다. 그렇다면, 베르누이 확률변수의 합 형태인 이항분포는 중심극한정리를 이용하여 어떻게 정규분포로 근사하는지를 알아보도록 하자.

이항분포의 정규근사

우리는 성공할 확률이 p인 베르누이 시행을 n번 반복하였을 때 나타나는 성공횟수의 분포는 이항분포를 따른다는 것을 배웠다. 하지만 이러한 이항분포는 확률을 계산하는 과정에서 팩토리알 항이 있어서 n이 조금이라도 커지면 정확한 확률계산이 매우 어렵다고 알려져 있다. 하지만, 우리는 7장에서 만일 n이 크고 p가 0에 가깝다면, 이항분포는 포아송분포로 근사할 수 있다는 성질로부터 확률을 쉽게 계산할 수 있었다. 만일 n이 크고 p가 0.5 근처에 있으면 포아송분포로 근사할 수 없는 상황이 된다.

이 경우, 성공을 1, 실패를 0으로 설정한 베르누이 분포를 따르는 확률변수 $X_1, X_2, \cdots, X_n$의 합, $\sum_{i=1}^{n} X_i$은 성공횟수를 나타내는 확률변수가 되며 이항분포를 따르게 된다, 베르누이 분포를 따르는 확률변수 X_i는 기대값 p와 분산 $p(1-p)$를 갖게되므로 중심극한정리에 의하여, n 이 어느 정도 크다면 $\sum_{i=1}^{n} X_i$은 근사적으로 평균 np, 분산 $np(1-p)$인 정규분포를 따르게 된다. 또한, 표본비율을 나타내는 $\hat{p} = \overline{X}_n = \frac{1}{n}\sum_{i=1}^{n} X_i$은, 평균이 p, 분산이 $p(1-p)/n$인 정규분포를 근사적으로 따르게 된다. 이러한 사실을 **이항분포의 정규근사(normal approximation to binomial distribution)**라고 한다. 여기서 'n이 어느 정도 커야 하는가?'에 대한 문제는 특별하게 정해진 기준은 없지만, 대략 $np \geq 5$이고 $n(1-p) \geq 5$ 조건을 만족하면 이항분포의 정규근사조건이 만족된 것으로 판단한다.

이항분포의 정규근사

확률변수 X가 이항분포 $B(n,p)$를 따르고, $np \geq 5$, $n(1-p) \geq 5$ 조건을 만족한다면, 다음과 같이 정규분포로 근사할 수 있다.

$$X \sim B(n,p) \quad \Rightarrow \quad X \simeq N(np, np(1-p))$$
$$\Leftrightarrow Z = \frac{X-np}{\sqrt{np(1-p)}} \simeq N(0,1)$$
$$\Leftrightarrow \hat{p} = X/n \simeq N\left(p, \frac{p(1-p)}{n}\right)$$
$$\Leftrightarrow Z = \frac{X/n-p}{\sqrt{p(1-p)/n}} \simeq N(0,1)$$

하지만, 이항분포의 정규근사를 적용할 때, 한 가지 문제점이 발생한다. 이항분포는 이산형 확률분포로 확률질량함수를 이용하여 한 점에 확률을 부여하는 방식을 취하지만, 정규분포는 연속형 확률분포로 확률밀도함수를 이용하여 구간에 확률을 할당하는 방식을 취하기 때문에 특정한 점에 대한 확률은 0이 되어 확률계산에 차이가 발생한다는 것이다.

즉, 정규분포에서는 $\Pr(X \leq x) = \Pr(X < x)$ 이지만, 이항분포에서는 $\Pr(X \leq x) \neq \Pr(X < x)$ 이라는 의미이다. 이러한 이산형 확률분포와 연속형 확률분포의 차이를 보정하기 위하여 해당 점이 포함되는 경우는 구간을 0.5만큼 늘려주고, 점이 포함되지 않는 경우는 0.5만큼을 줄여주는 다음과 같은 **연속수정계수(continuity correction factor)**를 사용하면, 근사확률은 더욱 정확해 진다.

$$\Pr(X \leq x) \Rightarrow \Pr(X \leq x+0.5) \qquad \Pr(X < x) \Rightarrow \Pr(X \leq x-0.5)$$
$$\Pr(X \geq x) \Rightarrow \Pr(X \geq x-0.5) \qquad \Pr(X > x) \Rightarrow \Pr(X \geq x+0.5)$$

[예제 7] 공정한 동전을 100번 던져서 나타나는 앞면의 수를 확률변수 X라 하자. 앞면의 수가 40번 이하로 나타날 확률을 이항분포를 이용하여 계산하고, 정규근사를 통한 확률도 계산하여라. 정규근사를 사용하는 경우, 연속수정계수를 사용한 경우와 사용하지 않은 경우를 구분하여 값이 얼마나 차이가 나는지

확인하여라.

$X \sim B(100,\ 1/2)$이므로 'pbinom(40,100,0.5)' 함수를 사용하면 확률이 0.0284임을 확인할 수 있다. 표본크기 n이 충분히 커서 중심극한정리 적용이 가능한, 즉 이항분포의 정규분포근사조건을 만족하는지를 점검해 보자. $n=100$이고, $p=0.5$인 상황에서 $np \geq 5$이고 $n(1-p) \geq 5$이므로 이항분포를 정규분포로 근사할 수 있다는 판단을 할 수 있게 된다. X는 평균 50, 분산 25의 정규분포로 근사할 수 있으므로 연속수정계수를 사용하지 않은 확률값은 'pnorm(40,50,5)' 함수를 사용하면 0.0228로 이항분포를 이용하여 계산한 확률 0.0284값과 다소 차이가 나는 수치임을 확인할 수 있다. 만일 연속수정계수를 적용하였다면, 40이 포함되어 있으므로 0.5를 더해서 구간을 넓혀주어 'pnorm(40.5,50,5)'로 표시할 수 있으며, 확률은 0.0287로 이항분포를 기반으로 계산한 확률과 매우 비슷한 확률값이 나타났음을 확인할 수 있다. 결국 연속수정계수는 이산형 확률변수인 이항분포를 연속형 확률변수인 정규분포로 근사하는 경우 매우 중요한 작용을 한다고 말할 수 있다.

만일 이 동전이 공정한 동전인지를 확인하고자 이러한 실험을 진행하였다고 하자. 그리고 이 동전을 100번 던졌더니 실제로 40번 앞면이 나타났다고 가정하자. 40번 이하로 앞면이 나타날 확률은 앞에서 계산한 바와 같이, 2.8%로 낮은 확률이므로 매우 드문 사건이 발생하였다고 설명할 수 있다. 이렇게 드문 사건이 발생하였다는 의미는 앞에서 우리가 가정한 공정한 동전이라는 설정 즉, 확률이 1/2이라는 가정을 의심하게 만든다. 즉, 실험결과에서 나타난 데이터를 기반으로 판단하였을 때, 앞면이 나올 확률이 낮은 불공정한 동전일 가능성이 높아진다는 것이다. 그리고 '이 동전은 공정한 동전이 아닐 것이다'라는 가설을 받아들이는 것이 데이터기반 과학적이고 합리적인 판단일 것이다.

다시 말하면, 어떠한 가설을 가정하고 데이터를 기반으로 확률을 계산한 다음, 확률이 너무 낮게 나타나는 경우, 드문 사건으로 판단하여 '미리 설정한 가설에 문제가 있다'라고 판단하는 것이 통계적 가설검정의 기본원리이다. 보통 희박한 확률에 대한 기준을 5%로 설정하므로, 이처럼 5% 이하로 데이터가 나타나게 되면, 공정한 동전이라는 가설을 의심하게 되고, '공정한 동전이다'라는 주장을 기각하는 판단을 하게 된다. 이러한 개념은 10장에서 언급하는 통계적 가설검정에서 중요한 개념이니 잘 기억해 두기를 바란다.

8.3 표본분포와 관련된 분포

우리는 앞절에서 정규분포를 기반으로 하는 표본평균에 대한 표본분포를 중심으로 통계이론을 학습하였다. 여기서는 정규분포를 기반으로 통계량인 표본분산 S^2와 관련된 분포인 χ^2-분포,[6] t

6) χ 는 22번째 Greek 문자로 '카이'라고 읽으며, χ^2는 '카이제곱'이라 읽고 영문으로 chi-square라고 표기한다.

$-$분포, $F-$분포에 대하여 알아보도록 한다.

χ^2-분포

무작위표본으로 구성된 확률변수 $X_1, X_2, \cdots, X_n$에 대한 함수식인 표본분산 S^2은 모분산을 추정하기 위하여 만들어진 통계량으로 다음과 같이 정의된다.

$$S^2 = \frac{1}{n-1}\sum_{i=1}^{n}(X_i - \overline{X}_n)^2$$

모집단을 위한 표본분산 S^2에 대한 분포는 χ^2-분포와 관련되어 있다. 먼저 χ^2-분포에 대한 정의를 알아보고, 이 분포가 표본분산 S^2의 표본분포와 어떠한 관계를 갖고있는지 알아보도록 하자.

χ^2-분포의 정의

표준정규분포 $N(0,1)$를 따르는 무작위표본 $Z_1, Z_2, \cdots, Z_n$에 대하여, 새로운 확률변수 $V = Z_1^2 + Z_2^2 + \cdots + Z_n^2$는 자유도가 n인 카이제곱분포를 따르며, $\chi^2(n)$으로 표기한다.

$$V = Z_1^2 + Z_2^2 + \cdots + Z_n^2 \sim \chi^2(n)$$

예를 들어, 확률변수 X가 평균 μ, 분산 σ^2인 정규분포를 따른다면, 확률변수를 표준화하여 제곱하면 자유도가 1인 χ^2-분포를 따르게 된다.

$$\left(\frac{X-\mu}{\sigma}\right)^2 = Z^2 = V \sim \chi^2(1)$$

χ^2-분포는 자유도 n에 의하여 결정되는 분포로 자유도만 결정되면 정확한 확률을 계산할 수 있다. 또한, 표준정규 확률변수의 제곱에 대한 합 형태로 정의되므로 음수값을 가질 수 없다. χ^2-분포의 확률밀도함수는 복잡한 함수식이므로 생략하기로 하며, 기대값과 분산은 다음과 같다.

$$E(X) = n, \qquad Var(X) = 2n$$

[성질 3] 평균 μ, 분산 σ^2인 정규분포를 갖는 모집단으로부터 무작위표본인 확률변수 $X_1, X_2, \cdots, X_n$를 추출하였을 경우, 표본평균인 $\overline{X}_n = \frac{1}{n}\sum_{i=1}^{n}X_i$은 평균 μ, 분산 σ^2/n인 정규분포를 따르므로 표준화하며 제곱하면 자유도가 1인 χ^2-분포를 따른다.

$$\left(\frac{\overline{X}_n - \mu}{\sigma / \sqrt{n}}\right)^2 = \frac{n\,(\overline{X}_n - \mu)^2}{\sigma^2} = Z^2 = V \sim \chi^2(1)$$

R에서 χ^2 −분포는 chi−square distribution의 약자로 'chisq'라 표기한다. 따라서 확률밀도함수를 계산하고자 하는 경우는 'dchisq()', 누적분포함수를 계산하고자 하는 경우는 'pchisq()', 분위수 값을 얻고자 하는 경우는 'qchisq()', 난수를 얻고자 하는 경우는 'rchisq()' 함수를 사용한다. 자유도가 1, 3, 5인 χ^2 −분포에 대한 확률밀도함수의 R코드는 다음과 같으며, 그래프는 [그림 8-4]에 나타나 있다.

그림 8-4 χ^2−분포에 대한 확률밀도함수

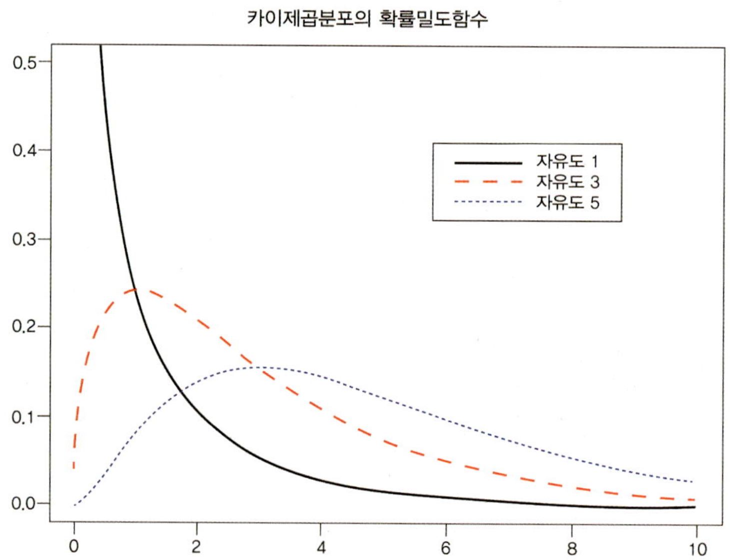


```
x=seq(0.01, 10, 0.01); y1=dchisq(x, 1); y3=dchisq(x, 3); y5=dchisq(x, 5)
plot(x, y1, xlab='', type='l', ylab='', lwd=2, lty=1,  ylim=c(0,0.5),
    main='카이제곱분포의 확률밀도함수')
lines(x, y3, type='l', col="red", lwd=2, lty=2)
lines(x, y5, type='l', col="blue", lwd=2, lty=3)
legend(6, 0.4, legend=c("자유도 1","자유도 3", "자유도 5"), lty=c(1,2,3),
   col=c("black", "red","blue"))
```

[예제 8] 확률변수 X가 평균 4, 표준편차가 2인 정규분포를 따를 때, $\Pr(-11 \leq X^2 - 8X \leq 10)$에 대한 확률을 구하시오.

$$X^2 - 8X = X^2 - 8X + 16 - 16 = (X-4)^2 - 16 \text{ 이므로,}$$

$$\Pr(-11 \leq X^2 - 8X \leq 10) = \Pr(-11 \leq (X-4)^2 - 16 \leq 10)$$

$$= \Pr\left(\frac{-11+16}{2^2} \le \frac{(X-4)^2}{2^2} \le \frac{10+16}{2^2}\right) = \Pr(1.25 \le V \le 6.5)$$

여기서, 확률변수 V는 표준정규 확률변수 Z의 제곱이므로 자유도가 1인 χ^2-분포를 따르게 된다. 따라서 R 코드 'pchisq(6.5,1)−pchisq(1.25,1)'에 따라 확률값은 0.253이 된다.

다음으로 χ^2-분포의 분위수 표현방법에 대하여 알아보도록 하자. χ^2-분포의 분위수는 표준정규분포의 표현방법 z_α와 마찬가지로 자유도가 n 인 χ^2-분포의 꼬리부분확률이 α 인 분위수를 $\chi^2_\alpha(n)$이라 표현한다. 예를 들어, 자유도가 5인 χ^2-분포에 대한 $\chi^2_{0.05}(5)$는 R의 함수 'qchisq(0.95, 5)'에 의하여 11.07이 되며, $\chi^2_{0.95}(5)$는 R의 함수 'qchisq(0.05, 5)'에 의하여 1.15가 된다. 이를 그래프로 표현하면 [그림 8-5]와 같다.[7)]

그림 8-5 $\chi^2_{0.05}(5)$와 $\chi^2_{0.95}(5)$에 대한 설명

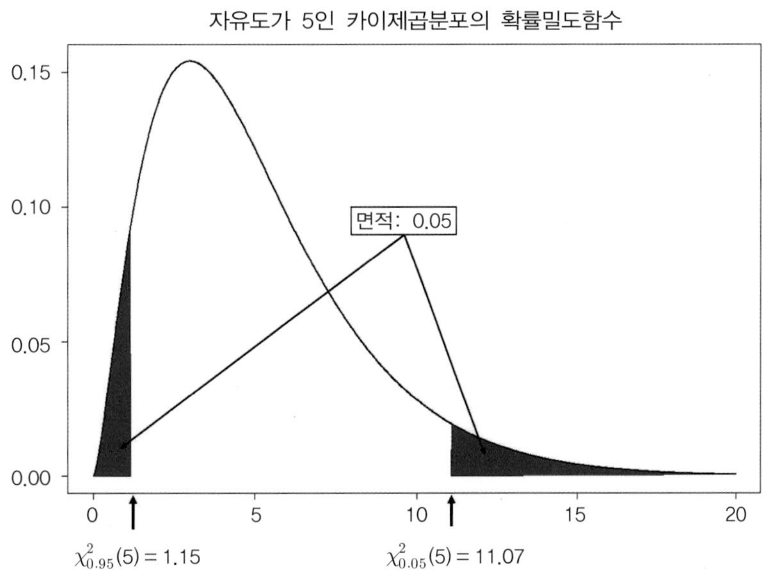

[성질 4] χ^2-분포의 가법성 성질

(1) 자유도가 n_1인 χ^2-분포를 따르는 확률변수 V_1이 있고, 자유도가 n_2인 χ^2-분포를 따르는 확률변수 V_2가 있으면서 두 확률변수가 독립이라면, 새로운 확률변수 $V_3 = V_1 + V_2$는 자유도가 $n_1 + n_2$인 χ^2-분포를 따른다.

---

7) 이에 대한 R코드는 다음과 같다.

```
x=seq(0,20,0.01); y=dchisq(x,5); x1=qchisq(0.05, 5); x2=qchisq(0.95, 5)
plot(x, y, xlab='', type='l', ylab='', lwd=2, main='자유도가 5인 카이제곱분포의 확률밀도함수')
polygon(c(x2,x[(x>x2)]), c(0,y[(x>x2)]), col="gray")
polygon(c(x[(x<x1)],x1), c(y[(x<x1)],0), col="gray")
```

$$V_3 = V_1 + V_2 \sim \chi^2(n_1 + n_2)$$

(2) 자유도가 n_3인 χ^2-분포를 따르는 확률변수 V_3가 있고, 자유도가 n_2인 χ^2-분포를 따르는 확률변수 V_2 가 있으면서 $V_1 = V_3 - V_2$ 가 성립하면서 두 확률변수 V_1와 V_2가 서로 독립이라면, 새로운 확률변수 V_1은 자유도가 $n_3 - n_2$ 인 χ^2-분포를 따른다. (단, $n_3 > n_2$)

$$V_1 = V_3 - V_2 \sim \chi^2(n_3 - n_2)$$

[성질 4]의 (1)은 **χ^2-분포의 가법성 성질**(additive property of chi square distribution)이라고 부른다. 이러한 성질은 카이제곱분포의 정의를 생각하면 쉽게 이해할 수 있다. 즉, 자유도가 n_1인 χ^2-분포라는 의미는 n_1개의 표준정규 확률변수에 대한 제곱합으로 분포가 만들어졌다는 의미이고, 자유도가 n_2인 χ^2-분포라는 의미는 n_2개의 표준정규 확률변수에 대한 제곱합으로 분포가 만들어졌다는 의미이므로, 두 확률변수가 독립이라는 가정 아래, 두 확률변수의 합으로 만들어진 새로운 확률변수 $V_3 = V_1 + V_2$는 $n_1 + n_2$개의 표준정규 확률변수에 대한 제곱합으로 구성되었을 것이라고 생각할 수 있다. 따라서, 두 확률변수 V_1과 V_2가 상호독립이라는 가정 아래, V_3는 자유도가 $n_1 + n_2$인 χ^2-분포를 따르게 되는 것이다.

이러한 χ^2-분포의 가법성 성질은, 독립이라는 가정 아래 χ^2-분포를 따르는 두 확률변수의 차이로 재구성할 수 있으며, 이러한 내용이 [성질 4]의 (2)에 해당하는 성질이다. 이제 본격적으로 표본분산 S^2에 대한 표본분포를 알아보도록 하자.

[성질 5] 평균 μ, 분산 σ^2인 정규분포를 갖는 모집단으로부터 무작위표본인 확률변수 X_1, $X_2, \cdots, X_n$ 를 추출하였을 경우, 표준화된 확률변수의 제곱합은 자유도 n인 χ^2-분포를 따른다.

$$\sum_{i=1}^{n} \left(\frac{X_i - \mu}{\sigma} \right)^2 \sim \chi^2(n)$$

[성질 5]에 대한 내용은 χ^2-분포의 정의를 통하여 쉽게 설명될 수 있다. 즉, 일반 정규분포를 따르는 확률변수 X_i를 표준화하여 n개의 표준정규 확률변수에 대하여 제곱합을 하였으니, χ^2-분포의 정의에 의하여 자유도 n인 χ^2-분포를 따르게 되는 것이다.

[성질 6] 평균이 μ, 분산이 σ^2인 정규분포를 갖는 모집단으로부터 무작위표본인 확률변수 $X_1, X_2, \cdots, X_n$과 표본평균 $\overline{X}_n$은 다음 관계식이 성립한다.

$$\sum_{i=1}^{n}(X_i-\mu)^2 = \sum_{i=1}^{n}(X_i-\overline{X}_n)^2+n(\overline{X}_n-\mu)^2$$

[성질 6]은 표본분산의 분포를 파악하기 위한 중요한 식으로 다음과 같이 전개된다.

$$\begin{aligned}\sum_{i=1}^{n}(X_i-\mu)^2 &= \sum_{i=1}^{n}(X_i-\overline{X}_n+\overline{X}_n-\mu)^2\\ &= \sum_{i=1}^{n}(X_i-\overline{X}_n)^2+\sum_{i=1}^{n}(\overline{X}_n-\mu)^2+2\sum_{i=1}^{n}(X_i-\overline{X}_n)(\overline{X}_n-\mu)\\ &= \sum_{i=1}^{n}(X_i-\overline{X}_n)^2+n(\overline{X}_n-\mu)^2+2(\overline{X}_n-\mu)\sum_{i=1}^{n}(X_i-\overline{X}_n)\end{aligned}$$

여기서 $\sum_{i=1}^{n}(X_i-\overline{X}_n)=0$이므로 [성질 5]에 대한 식이 증명된다.

[성질 7] 평균 μ, 분산 σ^2인 정규분포를 갖는 모집단으로부터 무작위표본인 확률변수 $X_1, X_2, \cdots, X_n$에 대하여 다음과 같은 관계가 성립한다.

$$\frac{(n-1)S^2}{\sigma^2} \sim \chi^2(n-1)$$

여기서 표본분산 $S^2 = \frac{1}{n-1}\sum_{i=1}^{n}(X_i-\overline{X}_n)^2$이다.

[성질 6]의 식에 σ^2 을 나누면 다음과 같은 식이 된다.

$$\sum_{i=1}^{n}\frac{(X_i-\mu)^2}{\sigma^2} = \sum_{i=1}^{n}\frac{(X_i-\overline{X}_n)^2}{\sigma^2}+\frac{n(\overline{X}_n-\mu)^2}{\sigma^2}$$

여기서 왼쪽항은 확률변수 X_i를 표준화하여 제곱한 확률변수를 n개 더한 것이므로, 자유도 n인 χ^2-분포를 따르게 된다. 또한 오른쪽 항의 두 번째 식은 표준화된 표본평균을 제곱한 식이므로 [성질 3]으로부터 자유도 1인 χ^2-분포를 따른다고 증명한 바 있다. 결국 [성질 4]의 카이제곱분포의 가법성 성질 (2)에 의하여 나머지 항은 자유도가 $n-1$인 χ^2-분포를 따르게 된다.[8)]

---

8) [성질 7]을 완벽하게 증명하기 위해서는 식(1) 오른쪽 항의 두 식이 서로 독립이라는 추가적인 증명이 필요하다. 오른쪽 항의 첫 번째 식은 표본분산인 S^2과 연관되어 있고, 두 번째 식은 표본평균인 $\overline{X}_n$과 연관되어 있다. 그리고 이에 대한 독립성은 'Basu의 정리'에 의하여 증명된다. 이에 대한 증명은 생략하겠지만 내용은 다음과 같다.

(Basu의 정리)

'정규분포를 따르는 무작위표본에 대하여 $\overline{X}_n$과 S^2은 서로 독립이다.'

$$\sum_{i=1}^{n} \frac{(X_i - \overline{X}_n)^2}{\sigma^2} = \frac{(n-1)\, S^2}{\sigma^2} \sim \chi^2(n-1)$$

[예제 9] 평균 μ, 표준편차 10인 정규분포로부터 표본의 크기가 10인 무작위표본이 있을 때, 이에 대한 표본분산 S^2이 200보다 클 확률은 얼마인가?

$$\Pr(S^2 \geq 200) = \Pr\left(\frac{(10-1)\, S^2}{10^2} \geq \frac{(10-1)\, 200}{10^2}\right) = \Pr(V \geq 18)$$

여기서 확률변수 V는 자유도가 9인 χ^2-분포를 따르는 확률변수를 의미한다. 따라서, R함수 '1−pchisq(18,9)'에 의하여 0.035 값이 된다.

[성질 8] 평균 μ_X, 분산 σ^2인 정규분포로부터 표본크기 n인 무작위표본 X_1, X_2, ⋯, X_n이 있다고 하자. 또한 이와 독립적으로 구성된 새로운 모집단 평균 μ_Y, 그리고 공통된 분산 σ^2을 갖는 정규분포로부터의 표본크기 m인 무작위표본, $Y_1, Y_2, \cdots, Y_m$이 있을 때, S_X^2, S_Y^2, S_p^2을 다음과 같이 정의된다.

$$S_X^2 = \frac{1}{n-1}\sum_{i=1}^{n} (X_i - \overline{X}_n)^2, \quad S_Y^2 = \frac{1}{m-1}\sum_{i=1}^{m} (Y_i - \overline{Y}_m)^2$$

$$S_p^2 = \frac{1}{n+m-2}\left[\, (n-1)\, S_X^2 + (m-1)\, S_Y^2 \,\right]$$

이 경우, 다음과 같은 관계가 성립한다.

$$\frac{(n+m-2)\, S_p^2}{\sigma^2} \sim \chi^2(n+m-2)$$

[성질 7]에 따르면 다음 두 확률변수는 χ^2-분포를 따르면서 서로 독립임을 문제조건에서 확인할 수 있다.

$$\frac{(n-1)\, S_X^2}{\sigma^2} \sim \chi^2(n-1) \ , \quad \frac{(m-1)\, S_Y^2}{\sigma^2} \sim \chi^2(m-1)$$

두 확률변수는 독립이므로 [성질 4]의 카이제곱분포의 가법성 성질 (1)에 의하여 다음 관계가 성립한다.

$$\frac{(n-1)S_X^2}{\sigma^2} + \frac{(m-1)S_Y^2}{\sigma^2} = \frac{(n+m-2)\, S_p^2}{\sigma^2} \sim \chi^2(n+m-2)$$

정규분포를 따르는 독립된 두 모집단을 분석하는 경우, 두 모집단이 섞여있는 상태에서 이를 대표하는 표본분산 S_p^2에 대한 분포를 파악하여야 통계적 추론이 가능하다. 일반적으로, 혼합된 표본분산 S_p^2에 대한 근사적인 분포는 찾을 수 있지만, 정확한 분포는 아직 알려지지 않고 있다. 이러한 문제를 **베렌-피셔 문제(Behrens-Fisher problem)**라고 한다. 하지만, 만일 두 모집단의 모분산이 같다고 가정한다면, [성질 8]에 의하여 표본분산에 대한 분포를 정확하게 찾을 수 있다. 따라서 여러 모집단 그룹을 비교분석하는 과정에서 모분산이 동일하다는 가정은 데이터 분석에서 점검해야 하는 중요한 절차중 하나가 된다. 이를 **등분산성 가정(equal variance assumption)**이라고 한다. 여기서 공통된 분산 σ^2을 알기 위하여 만들어진 통계량 S_p^2을 **합동추정량(pooled estimator)**이라고 부른다.

[예제 10] 새롭게 출시한 제품에 대한 만족도를 남성 4명, 여성 6명에게 물어보았더니 10점 만점에 남성 응답자는 (1, 2, 3, 4), 여성 응답자는 (5, 6, 7, 8, 9, 10)으로 답변하였다. 등분산성을 가정하였을 경우, 공통된 모분산에 대한 합동추정량인 S_p^2 를 계산하여라. 또한 S_p^2 과 관련된 분포를 확인하여라.

$S_p^2 = \frac{1}{n+m-2}\left[\,(n-1)\,S_X^2 + (m-1)\,S_Y^2\,\right]$임을 상기하면서 다음의 R코드로 σ^2에 대한 합동추정량인 S_p^2를 얻을 수 있다.

```
> x = 1:4 ; y = 5:10
> n = length(x); m = length(y)
> Sx = var(x); Sy = var(y)
> Sp = ((n-1)*Sx + (m-1)*Sy) / (n+m-2); Sp
[1] 2.8125
```

또한, $8\,S_p^2/\sigma^2$ 은 자유도 8인 χ^2-분포를 따른다.

t-분포

우리는 평균 μ, 분산 σ^2인 정규분포로부터 얻은 무작위표본의 표본평균인 $\overline{X}_n$은 평균 μ, 분산 σ^2/n인 정규분포를 따르므로, 표준화하면 표준정규분포를 따른다는 사실을 앞에서 배웠다. 이를 **표본평균의 표준화**라고 한다.

$$Z = \frac{\overline{X}_n - \mu}{\sigma/\sqrt{n}} \sim N(0, 1)$$

이 경우, σ를 알지 못하여 σ대신 앞에서 언급한 표본분산을 제곱근한 통계량인 표본표준편차 S를 넣으면 어떻게 될까? 이 경우 σ는 상수이지만 S는 확률변수로, 불확실성을 나타내는 분포를 가지고 있으므로 전체적으로 불확실성은 더 커질 것이다. 하지만, 데이터가 많아지면 S는 σ로 수렴하면서 두 값은 비슷한 값을 가질 것이므로 표준정규분포와 비슷한 분포를 가질 것이다. 결론부터 말하자면, Z의 식에서 σ대신 S를 대입한 분포는 표준정규분포와 비슷하지만, 분산이 1보다 큰 형태의 분포로 자유도가 $n-1$인 $t-$분포를 따르게 된다. 표준화과정에서 σ대신 S를 넣은 변환을 표본평균의 **스튜던트화**(studentization)라고 한다.

$$T = \frac{\overline{X}_n - \mu}{S/\sqrt{n}} \sim t(n-1)$$

이제 $t-$분포에 대한 정의를 먼저 알아보고, 이 분포가 통계량 T와 어떠한 관계가 있는지 알아보자.

$t-$분포의 정의

표준정규분포 $N(0,1)$을 따르는 확률변수 Z와, 이와는 독립인 자유도가 n인 χ^2-분포를 따르는 확률변수 V가 있을 때, 다음 식은 확률변수 T라 표기하고 자유도가 n인 $t-$분포로 정의한다.

$$T = \frac{Z}{\sqrt{V/n}} \sim t(n)$$

일명 스튜던트 $t-$분포라 부르는 이 분포는 고셋(W.S. Gosset, 1876~1937)에 의하여 소개되었는데, 이는 그의 다른 이름인 스튜던트(Student)라는 필명으로 논문에 처음 소개되면서 알려졌다. $t-$분포는 정규분포를 가정한 모집단에서 얻은 표본크기가 작은, 즉 자유도 n이 작은 무작위표본에 대한 통계적 추론에서 유용하게 활용된다. 표본크기가 커서 자유도 n이 큰 경우에는 앞에서 언급한 바와 같이 $t-$분포는 표준정규분포에 근사하게 된다.

$t-$분포는 자유도 n에 의하여 결정되는 분포로, 자유도만 결정되면 정확한 확률을 계산할 수 있다. 또한, 표준정규분포와 비슷한 모습을 가지고 있으므로, 대칭분포를 가지면서 평균은 0이고 분산은 1보다 큰 두꺼운 꼬리분포의 모습을 가지게 된다. 이는 σ대신 확률변수로 취급되는 추정량인 S가 들어감으로써 불확실성이 더 커져서 나타난 현상이라고 이해하면 된다. $t-$분포에 대한 확률밀도함수는 복잡한 함수식이므로 생략하고, 기대값과 분산을 정리하면 다음과 같다.

$$E(T) = 0, \qquad Var(T) = \frac{n}{n-2}, \quad (n > 2)$$

R에서 $t-$분포는 약자로 't'라 표기한다. 따라서 확률밀도함수를 계산하고자 하는 경우는 'dt()', 누적분포함수를 계산하고자 하는 경우는 'pt()', 분위수 값을 얻고자 하는 경우는 'qt()', 난수를 얻고

그림 8-6 표준정규분포와 $t(3)$분포의 비교

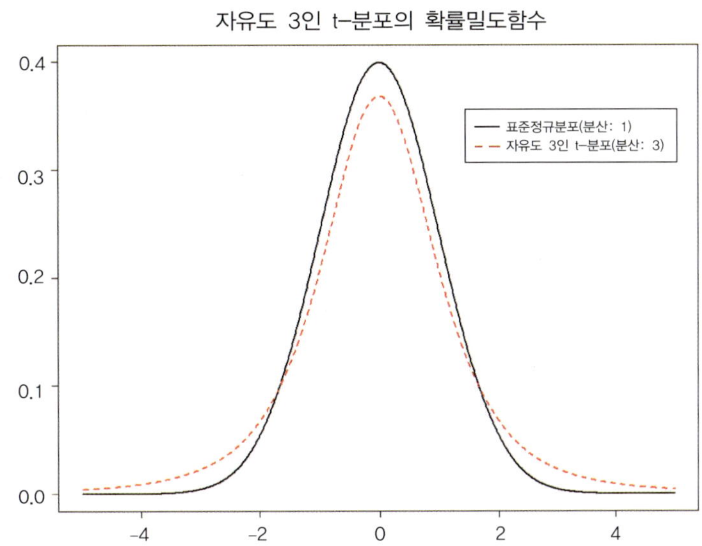

자 하는 경우는 'rt()' 함수를 사용한다. 자유도가 3인 $t-$분포에 대한 확률밀도함수와 표준정규분포에 대한 확률밀도함수를 비교하는 R코드는 다음과 같으며, 그래프는 [그림 8-6]에 나타나 있다.

```
x=seq(-5, 5, 0.01); y1=dt(x, 3); y2=dnorm(x)
plot(x, y2, xlab='', type='l', ylab='', lwd=2, main='자유도 3인 t-분포의 확률밀도함수')
lines(x, y1, type='l', col="red", lwd=2, lty=2)
legend(2, 0.35, legend=c("표준정규분포 (분산:1)", "자유도 3인 t-분포 (분산:3)"), lty=c(1,2), col=c("black","red"))
```

다음으로 $t-$분포의 분위수 표현방법에 대하여 알아보도록 하자. 이는 표준정규분포의 표현방법 z_α와 마찬가지로 자유도가 n인 $t-$분포의 꼬리부분 확률이 α인 분위수를 $t_\alpha(n)$이라 표현한다. 예를 들어, 자유도가 3인 $t-$분포에 대한 $t_{0.05}(3)$는 R의 함수 'qt(0.95, 3)'에 의하여 2.353이 되며, $t_{0.95}(3)$는 대칭분포이므로 -2.353이 된다. 이를 그래프로 표현하면 [그림 8-7]과 같다.[9)]

9) 이에 대한 R코드는 다음과 같다.

```
x=seq(-6,6,0.01); y=dt(x, 3); x1=qt(0.05, 3); x2=qt(0.95, 3)
plot(x, y, xlab='',type='l',ylab='', lwd=2, main='자유도가 3인 t분포의 확률밀도함수')
polygon(c(x2,x[(x>x2)],6), c(0,y[(x>x2)],0), col="gray")
polygon(c(x[(x<x1)],x1,-6), c(y[(x<x1)],0,0), col="gray")
abline(v=0)
```

그림 8-7 자유도가 3인 $t(3)$분포의 분위수 표현

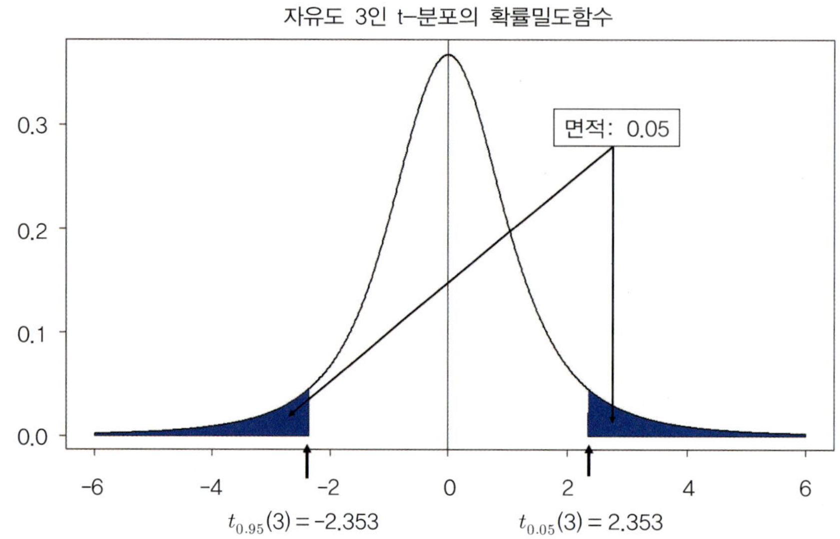

[예제 11] 자유도가 5인 $t-$분포를 따르는 확률변수 T에 대하여 $t_{0.025}(5)$에 대한 값을 구하면서, 표준정규분포의 분위수인 $z_{0.025}$ 와 비교하여라. 또한 확률변수 T 에 대하여, 확률 0.95를 커버할 수 있는 가장 짧은 구간을 구하여라.

$t_{0.025}(5)$은 R의 'qt(0.975,5)' 함수에 의하여 2.57임을 확인할 수 있다. 이는 'qnorm(0.975)'에 의한 $z_{0.025}$ 값, 1.96과 비교하면 훨씬 큰값임을 확인할 수 있다. 이러한 $t-$분포의 분위수 값은 자유도가 증가하면서 계속 감소하면서 $z_{0.025}$ 값, 1.96으로 수렴하게 될 것이다. 또한, $\Pr(a \leqq T \leqq b) = 0.95$를 만족하는 최소구간 $[a, b]$는 양쪽꼬리를 0.025씩 할당하는 $t_{0.025}(5)$에 해당하는 부분이 되므로 최소길이를 갖는 구간은 [-2.57, 2.27]이 된다.

$$\Pr(-t_{0.025}(5) \leqq T \leqq t_{0.025}(5)) = 0.95$$

[예제 12] 확률변수 $Z_1, Z_2, \cdots, Z_6$ 를 표준정규분포로부터 얻은 무작위표본이라고 하자. 아래 식이 $t-$분포를 따르기 위한 상수 c 를 구하여라. 또한, R을 이용한 시뮬레이션으로 확률밀도함수를 그려보고 실제 $t-$분포의 확률밀도함수와 비교하면서 평균과 분산을 확인하여라.

$$c\left(\frac{Z_4 + 2Z_5 + 3Z_6}{\sqrt{Z_1^2 + Z_2^2 + Z_3^2}}\right) \sim t(\cdot)$$

여기서 확률변수 Z_i 들은 서로 독립이므로, $t-$분포정의에 무리없이 적용할 수 있다. 먼저 분자를 살펴보면 다음과 같은 관계가 성립한다.

$$Z_4 + 2\,Z_5 + 3\,Z_6 \sim N(0,\,1^2+2^2+3^2)$$
$$\Leftrightarrow \frac{Z_4 + 2\,Z_5 + 3\,Z_6}{\sqrt{14}} \sim N(0,\,1)$$

분모의 경우는 다음과 같은 관계가 성립한다.

$$\sqrt{V/n} = \sqrt{(Z_1^2 + Z_2^2 + Z_3^2)/3}\ ,\ \text{여기서}\ V \sim \chi^2(3)$$

따라서 해당 식은 자유도가 3인 t-분포를 따르게 되며 c값은 $\sqrt{3/14}$ 으로 대략 0.463이 된다. 자유도가 3인 t-분포의 평균은 0이며 분산은 3이 된다. R을 이용한 10만번 반복한 시뮬레이션 코드는 다음과 같다.

```
T = rep(0, 100000)
for (i in 1:100000) { Z = rnorm(6)
  T[i] = sqrt(3/14)*(Z[4]+2*Z[5]+3*Z[6])/sqrt(Z[1]^2+Z[2]^2+Z[3]^2) }
mean(T); var(T)  # 평균: -0.005761581, 분산: 3.015051
hist(T, breaks=500, freq=F, xlim=c(-10,10), ylim=c(0,0.4), xlab='', main='예제의 시뮬레이션 결과')
x=seq(-10,10,0.01)
lines(x, dt(x,3), lwd=2)
```

이제 모집단의 분포가 정규분포를 따르지만, 모표준편차 σ를 모르고 표본크기가 작은 상황에서 t-분포가 어떻게 활용되는지 알아보도록 하자.

그림 8-8 예제의 시뮬레이션 결과와 t(3)분포

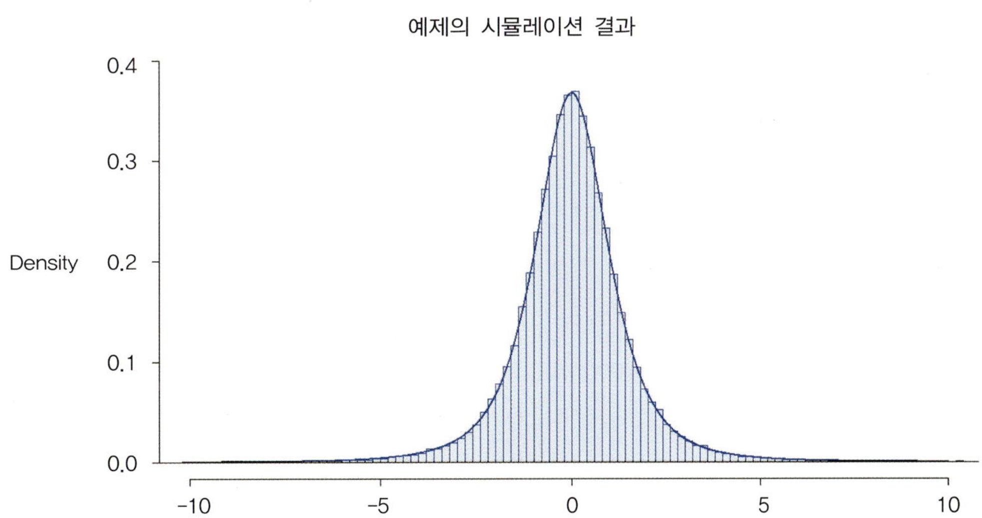

[성질 9] 평균 μ, 분산 σ^2인 정규분포를 갖는 모집단으로부터 무작위표본인 확률변수 $X_1, X_2, \cdots, X_n$에 대하여 스튜던트화된 표본평균의 분포는 자유도 $n-1$인 $t-$분포를 갖는다.

$$T = \frac{\overline{X}_n - \mu}{S/\sqrt{n}} \sim t(n-1)$$

[성질 9]에 대한 설명은 우리가 앞에서 배운 두 가지 사실로부터 쉽게 설명할 수 있다.

$$Z = \frac{\overline{X}_n - \mu}{\sigma/\sqrt{n}} \sim N(0,1) \quad , \quad V = \frac{(n-1)S^2}{\sigma^2} \sim \chi^2(n-1)$$

위의 식을 자유도 $n-1$인 $t-$분포에 적용하면 다음과 같다.

$$T = \frac{Z}{\sqrt{V/n}} = \frac{\dfrac{\overline{X}_n - \mu}{\sigma/\sqrt{n}}}{\sqrt{\dfrac{(n-1)S^2}{\sigma^2(n-1)}}} = \frac{\overline{X}_n - \mu}{S/\sqrt{n}} \sim t(n-1)$$

확률변수 T를 만드는 과정에서 모분산 σ가 분자, 분모에서 서로 상쇄된다는 점이 중요한 포인트이다. 또한, 자유도 $n-1$인 $t-$분포를 따르기 위해서는 추가적으로 표본평균 $\overline{X}_n$과 표본분산 S^2이 서로 독립이라는 조건이 필요한데, 이 부분은 앞에서 언급한 Basu의 정리에 의하여 독립성이 증명되었다고 가정하고 넘어가기로 한다.

[예제 13] 평균 0이고 표준편차 σ인 정규분포로부터 표본의 크기가 10인 무작위표본에 대하여, 표본분산 S^2은 9로 나타났다. 10개의 데이터에 대한 표본평균이 2보다 크면, 예제에서 주어진 가정인 평균 0을 거짓이라고 판단하고자 한다. 실제로 평균은 0이지만 표본평균이 2보다 크게 나타나 예제에서 주어진 가정인 평균 0을 거짓이라고 판단할 확률은 얼마인가?

이 예제는 $N(0, \sigma^2)$를 가정하였을 경우, $\overline{X}_n$가 2보다 크게 나타날 확률을 계산하는 문제이다. 이를 식으로 표현하면 다음과 같다.

$$\Pr(\overline{X}_n > 2) = \Pr\left(\frac{\overline{X}_n}{S/\sqrt{n}} > \frac{2}{S/\sqrt{n}}\right) = \Pr\left(T > \frac{2}{3/\sqrt{10}}\right)$$

여기서 확률변수 T는 자유도가 9인 $t-$분포를 따르게 된다. 따라서 R 함수 '1−pt (2/(3/sqrt(10)), 9)'를 적용하면 0.032가 나타나게 된다. 즉 평균이 0이라고 가정하였을 경우, 표본크기 10인 무작위표본에 대한 표본평균이 2가 나타났다면 확률적으로 거의 발생할 수 없는 사건이 벌어진 것이므로 평균 0이라는 가정은 의심받게 된다. 만일 0.05에 해당하는 표본평균의 값을 알고자 한다면 다음의 식을 통하여 해결할 수 있다.

$$\frac{\overline{x}}{3/\sqrt{10}} = t_{0.05}(9) \approx 1.833 \quad \Rightarrow \quad \overline{x} \approx 1.739$$

여기서 1.833은 R의 함수 'qt(0.95, 9)'를 이용하여 얻어진 값이다. 즉, 10개의 표본평균이 1.739보다 크게 나타나면 확률이 0.05 아래로 떨어지는 드문 사건이 나타났으므로 평균이 0이라는 가정을 의심하게 된다. 여기서 미리 설정한 확률 0.05는 **유의수준**이 되며, 자세한 내용은 10장 통계적 가설검정에서 언급하기로 한다.

[성질 10] 첫 번째 모집단인 평균 μ_X, 분산 σ^2인 정규분포로부터의 표본크기 n인 무작위표본, $X_1, X_2, \cdots, X_n$이 있으며, 독립적으로 구성된 두 번째 모집단인 평균 μ_Y, 공통된 분산 σ^2을 갖는 정규분포로부터 표본크기 m인 무작위표본, $Y_1, Y_2, \cdots, Y_m$이 있을 때, S_X^2, S_Y^2, S_p^2을 다음과 같이 정의된다.

$$S_X^2 = \frac{1}{n-1}\sum_{i=1}^{n}(X_i - \overline{X_n})^2, \quad S_Y^2 = \frac{1}{m-1}\sum_{i=1}^{m}(Y_i - \overline{Y}_m)^2$$

$$S_p^2 = \frac{1}{n+m-2}\left[(n-1)S_X^2 + (m-1)S_Y^2\right]$$

이 경우, 두 모집단의 표본평균 차이에 관련된 다음의 식은 자유도 $n+m-2$인 $t-$분포를 따른다.

$$T = \frac{(\overline{X}_n - \overline{Y}_m) - (\mu_X - \mu_Y)}{S_p\sqrt{\frac{1}{n} + \frac{1}{m}}} \sim t(n+m-2)$$

[성질 10]은 두 모집단에 대한 평균의 차이를 분석하고자 하는 경우, 모집단이 정규분포를 따른다는 가정과 앞에서 언급한 등분산성 가정을 바탕으로 표본크기가 작고 공통 모분산인 σ^2을 모를 때, 활용될 수 있는 유용한 통계이론이다. 먼저 표본평균의 분포를 알려주는 [성질 2]에 의하여 다음과 같은 사실을 확인할 수 있다.

$$\overline{X}_n \sim N(\mu_X, \sigma^2/n), \ \overline{Y}_m \sim N(\mu_Y, \sigma^2/m) \ \text{(서로 독립)}$$

$$\Rightarrow \overline{X}_n - \overline{Y}_m \sim N(\mu_X - \mu_Y, \sigma^2/n + \sigma^2/m)$$

$$\Rightarrow Z = \frac{(\overline{X}_n - \overline{Y}_m) - (\mu_X - \mu_Y)}{\sigma\sqrt{\frac{1}{n} + \frac{1}{m}}} \sim N(0, 1)$$

또한, [성질 8]에 의하여 등분산성을 가정한 공통된 σ^2에 대한 합동추정량 S_p^2관련된 분포는 다음과 같음을 확인할 수 있다.

$$V = \frac{(n+m-2)\,S_p^2}{\sigma^2} \sim \chi^2(n+m-2)$$

이를 $t-$분포의 정의에 적용하면 다음과 같이 된다.

$$T = \frac{Z}{\sqrt{V/n}} = \frac{\dfrac{(\overline{X}_n - \overline{Y}_m) - (\mu_X - \mu_Y)}{\sigma\sqrt{\dfrac{1}{n}+\dfrac{1}{m}}}}{\sqrt{\dfrac{(n+m-2)\,S_p^2}{\sigma^2\,(n+m-2)}}}$$

$$\Leftrightarrow \quad T = \frac{(\overline{X}_n - \overline{Y}_m) - (\mu_X - \mu_Y)}{S_p\sqrt{\dfrac{1}{n}+\dfrac{1}{m}}} \sim t(n+m-2)$$

[예제 14] 새롭게 출시한 제품에 대한 만족도를 남자 4명, 여자 3명에게 물어보았더니 10점 만점에 남자 응답자는 (4, 6, 8, 10), 여자 응답자는 (1, 3, 5)로 답변하였다. 남자의 제품에 대한 선호도 평균과 여자의 제품에 대한 선호도 평균이 차이가 없다고 가정하였을 경우, 남자의 평균이 더 높게 나타나면서 평균 차이가 데이터에서 나타난 것과 같이 (남자평균 7 – 여자평균 3) 4 이상 차이가 발생할 확률은 얼마인가? (단, 두 그룹의 모분산은 동일하다는 등분산성을 가정한다.)

먼저 공통된 분산 σ^2에 대한 합동 추정량 S_p^2를 계산하고 $t-$값을 계산한 후 확률을 계산하는 R 코드를 살펴보면 다음과 같다.

```
x = c(4,6,8,10); y = c(1,3,5); n=4; m=3
Sx = var(x); Sy = var(y)
Sp = ((n-1)*Sx + (m-1)*Sy) / (n+m-2); Sp # Sp 값은 5.6 이다.
T = (mean(x)-mean(y)) / sqrt(Sp*(1/n + 1/m)) # T 값은 2.213이다.
1-pt(T, n+m-2) # 최종 확률은 0.0389 이다.
```

따라서 최종확률은 0.0389가 나타나게 된다. 이 정도의 확률이면 유의수준을 0.05로 설정하였을 경우 매우 드문 사건이 발생했으리라고 생각할 수 있다. 따라서, 신제품에 대한 선호도는 남녀별로 다르다고 판단할 수 있으며, 남자가 여자보다 제품에 대한 선호도가 더 높다고 말할 수 있다.

$F-$분포

우리는 두 모집단의 평균차이를 분석하는 과정에서 모분산이 같아야 한다는 등분산성의 가정을 기반으로 표본분포를 유도하였다. 이처럼 평균차이를 분석하는 경우, 두 모집단의 분산이 같은 지에 대한 분석은 중요할 수 있는데, 이때 활용되는 것이 $F-$분포이다. $F-$분포는 정규분포를 따르는 두 모집단에 대한 표본분산의 비율에 대한 표본분포이다. 먼저 $F-$분포에 대한 정의를 알아보도록 하자.

$F-$분포의 정의

자유도가 n_1인 χ^2-분포를 따르는 확률변수 V_1과 이와 독립적으로 만들어진 자유도가 n_2인 χ^2-분포를 따르는 확률변수 V_2가 있는 경우, 아래와 같이 정의된 확률변수 F는 분자자유도 n_1, 분모자유도 n_2를 갖는 $F-$분포를 따른다.

$$F = \frac{V_1/n_1}{V_2/n_2} \sim F(n_1, n_2)$$

$F-$분포는 두 개의 자유도, 분자자유도 n_1과 분모자유도 n_2에 의하여 결정되는 분포로, 두 개의 자유도만 결정되면 정확한 확률을 계산할 수 있다. $F-$분포에 대한 확률밀도함수는 복잡한 함수식이므로 생략하기로 하고 기대값, 분산을 정리하면 다음과 같다.

$$E(F) = \frac{n_2}{n_2-2}, \quad (n_2 > 2), \quad Var(F) = \frac{2\,n_2^2(n_1+n_2-2)}{n_1(n_2-2)^2(n_2-4)}, \quad (n_1 \geqq 1, n_2 > 4)$$

R에서는 $F-$분포를 약자로 'f'라 표기한다. 따라서 확률밀도함수를 계산하고자 하는 경우는 'df()', 누적분포함수를 계산하고자 하는 경우는 'pf()', 분위수 값을 얻고자 하는 경우는 'qf()', 난수를 얻고자 하는 경우는 'rf()' 함수를 사용한다. 분자자유도와 분모자유도가 (1, 1), (5, 2), (100, 100)인 $F-$분포에 대한 확률밀도함수를 그려보는 R코드는 다음과 같으며, 그래프는 [그림 8-9]에 나타나 있다.

```
x=seq(0.01, 4, 0.01); y1=df(x, 1,1); y2=df(x, 5,2); y3=df(x, 100,100)
plot(x, y1, xlab='', type='l', ylab='', lwd=3, lty=1,  ylim=c(0,2.5), main='다양한 F-분포의 확률밀도함수')
lines(x, y2, type='l', col="red", lwd=3, lty=2)
lines(x, y3, type='l', col="blue", lwd=3, lty=3)
legend(2.5,   2,   legend=c(expression(list(n[1]==1,n[2]==1)),   expression(list(n[1]==5,n[2]==2)),
expression(list(n[1]==100,n[2]==100))), lty=c(1,2,3), col=c("black", "red","blue"))[10]
```

[그림 8-9]를 보면, $F-$분포는 항상 양수의 값을 가지며, 분포가 대칭이 아닌 오른쪽 꼬리분포를 보여주고 있으며, 자유도에 따라 다른 분포형태를 보여주고 있고, 자유도가 커지면서 정규분포와 비슷한 종모양 형태를 보인다는 특징을 가지고 있다.

10) R에서는 다양한 수학기호를 사용하고자 하는 경우는 'experssion()' 함수를 사용한다. 아래첨자를 사용하고자 하는 경우는 '[ ]'으로 묶어서 사용한다. 또한, 여러 개의 단위를 한꺼번에 묶을 때는 'list()' 함수를 사용한다.

그림 8-9 다양한 F-분포의 확률밀도함수

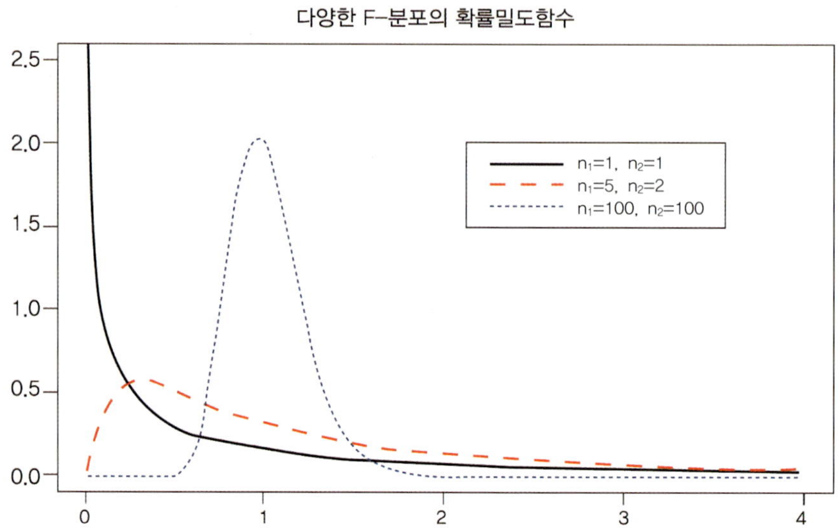

다음으로 F-분포의 분위수 표현방법에 대하여 알아보도록 하자. 이는 표준정규분포의 표현방법 z_α와 마찬가지로 자유도가 (n_1, n_2)인 F-분포의 꼬리부분 확률이 α인 분위수를 $F_\alpha(n_1, n_2)$라 표현한다. 예를 들어, 자유도가 (10, 10)인 F-분포에 대한 $F_{0.05}(10, 10)$은 R의 함수 'qf(0.95, 10, 10)'에 의하여 2.98이 된다. 마찬가지로 $F_{0.95}(10, 10)$의 값은 0.336이 된다. 이를 그래프로 표현하면 [그림 8-10]과 같다. 그런데 이 두 값은 서로 역수의 관계가 있는 것으로 보인다. 즉, $F_{0.05}(10, 10) \times F_{0.95}(10, 10) = 1$이 된다는 것이다. 이러한 관계가 과연 우연일까? 다음의 F-분포성질에 대하여 알아보도록 하자.

[성질 11] 확률변수 F가 $F(n_1, n_2)$ 분포를 따른다면, 확률변수 F의 역수는 $F(n_2, n_1)$분포를 따른다.

$$F \sim F(n_1, n_2) \Rightarrow \frac{1}{F} \sim F(n_2, n_1)$$

[성질 11]은 F-분포의 정의로부터 쉽게 유도될 수 있다. 즉, 자유도가 n_1인 χ^2-분포를 따르는 확률변수 V_1과 이와 독립인 자유도가 n_2인 χ^2-분포를 따르는 확률변수 V_2가 있는 경우, 다음의 관계식이 성립하기 때문이다.

그림 8-10 $F(10,\ 10)$분포의 분위수 표현

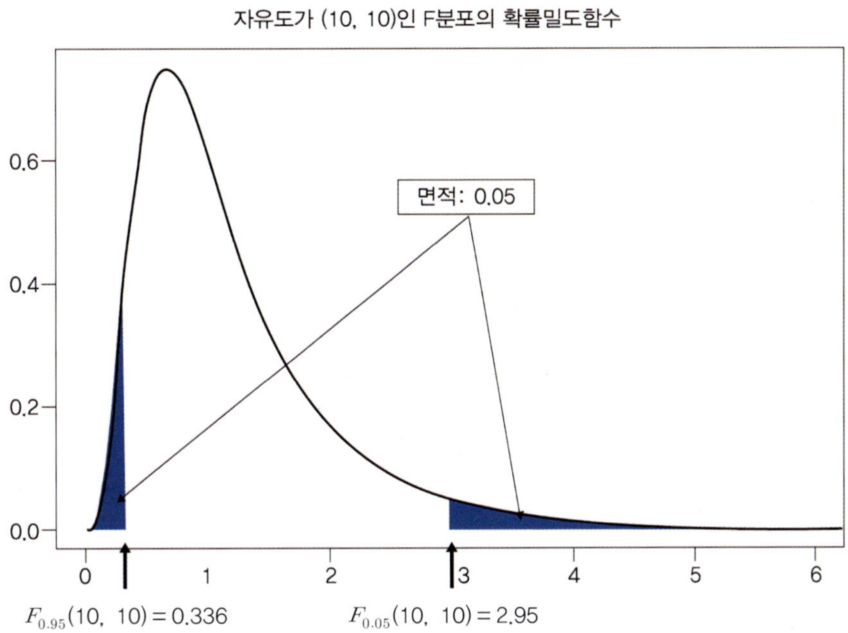

$$F = \frac{V_1/n_1}{V_2/n_2} \sim F(n_1, n_2) \quad \Leftrightarrow \quad \frac{1}{F} = \frac{V_2/n_2}{V_1/n_1} \sim F(n_2, n_1)$$

[성질 12] 두 확률분포 $F(n_1, n_2)$, $F(n_2, n_1)$에 대하여 다음 관계가 성립한다.

$$F_\alpha(n_1, n_2) = \frac{1}{F_{1-\alpha}(n_2, n_1)}$$

$F(n_1, n_2)$분포를 따르는 확률변수를 F라 한다면, 분위수 정의에 따라 다음과 같은 관계가 성립한다.

$$\Pr(F > F_\alpha(n_1, n_2)) = \alpha \quad \Leftrightarrow \quad \Pr\left(\frac{1}{F} < \frac{1}{F_\alpha(n_1,\ n_2)}\right) = \alpha$$

$$\Leftrightarrow \quad \Pr\left(\frac{1}{F} > \frac{1}{F_\alpha(n_1,\ n_2)}\right) = 1 - \alpha$$

[성질 11]에 의하여 $1/F$는 $F(n_2, n_1)$분포를 따르므로 분위수 정의에 따라 다음 식이 성립한다.

$$F_{1-\alpha}(n_2, n_1) = \frac{1}{F_\alpha(n_1, n_2)}$$

[예제 15] $F_{0.05}(5,4) = \dfrac{1}{F_{0.95}(4,5)}$임을 확인하여라.

다음의 R코드를 통하여 쉽게 두 개의 값이 같음을 확인할 수 있다.

```
> qf(0.95, 5, 4); 1/qf(0.05, 4, 5) # 결과값: 6.256057
```

[성질 13] 첫 번째 모집단 평균 μ_X, 분산 σ_X^2인 정규분포로부터의 표본크기 n인 무작위표본 $X_1, X_2, \cdots, X_n$이 있다. 이와 독립적으로 구성된 두 번째 모집단 평균 μ_Y, 분산 σ_Y^2을 갖는 정규분포로부터의 표본크기 m 인 무작위표본, $Y_1, Y_2, \cdots, Y_m$이 있을 때, 두 표본분산 S_X^2, S_Y^2의 비율과 관련된 다음의 식은 분자자유도 $n-1$, 분모자유도 $m-1$을 갖는 $F-$분포를 따른다.

$$\frac{S_X^2 / \sigma_X^2}{S_Y^2 / \sigma_Y^2} \sim F(n-1, m-1)$$

여기서 S_X^2, S_Y^2을 다음과 같이 정의한다.

$$S_X^2 = \frac{1}{n-1}\sum_{i=1}^{n}(X_i - \overline{X}_n)^2, \quad S_Y^2 = \frac{1}{m-1}\sum_{i=1}^{m}(Y_i - \overline{Y}_m)^2$$

[성질 13]에 대한 설명은 $F-$분포의 정의로부터 쉽게 유도될 수 있다. [성질 7]에 따르면 다음과 같은 관계가 성립한다.

$$V_1 = \frac{(n-1)S_X^2}{\sigma_X^2} \sim \chi^2(n-1), \quad V_2 = \frac{(m-1)S_Y^2}{\sigma_Y^2} \sim \chi^2(m-1)$$

따라서, $F = \dfrac{V_1/(n-1)}{V_2/(m-1)} = \dfrac{S_X^2/\sigma_X^2}{S_Y^2/\sigma_Y^2} \sim F(n-1, m-1)$

[예제 16] 평균 μ_X, 분산 2^2인 정규분포로부터의 표본크기 10인 무작위표본을 얻고, 이와 독립적으로 구성된 평균 μ_Y, 분산 3^2을 갖는 정규분포로부터의 표본크기 10인 무작위표본을 얻었을 때, $\Pr(S_X^2 \le c\, S_Y^2) = 0.95$ 를 만족하는 c값을 구하여라.

[성질 13]으로부터 다음의 사실을 확인할 수 있다.

$$\frac{S_X^2/2^2}{S_Y^2/3^2} \sim F(9,9) \Leftrightarrow \Pr\left(\frac{S_X^2/2^2}{S_Y^2/3^2} \le F_{0.05}(9,9)\right) = 0.95$$

$$\Leftrightarrow \quad \Pr\left(S_X^2 \leqq F_{0.05}(9,9)/3^2 \times 2^2 \times S_Y^2\right) = 0.95$$

따라서 c값은 R코드 'qf(0.95, 9, 9)/9*4'에 의하여 1.413이 된다.

[예제 17] 평균 μ_X, 분산 σ^2인 정규분포로부터의 표본크기 10인 무작위표본을 얻었고, 이와 독립적으로 구성된 평균 μ_Y, 공통된 분산 σ^2을 갖는 정규분포로부터의 표본크기 10인 무작위표본을 얻었을 때, S_X^2이 S_Y^2보다 2배 이상 클 확률을 계산하여라.

이 문제는 $\Pr(S_X^2 > 2\,S_Y^2)$확률을 계산하는 문제이다. 여기서는 등분산성을 가정하여 공통된 모분산을 가지고 있으므로 서로 상쇄되어 다음과 같은 분포를 가지게 된다.

$$\frac{S_X^2}{S_Y^2} \sim F(9,9) \;\Rightarrow\; \Pr\left(\frac{S_X^2}{S_Y^2} > 2\right) = \Pr(F > 2)$$

여기서 확률변수 F는 자유도 (9,9)인 $F-$분포를 따르게 되므로, R의 함수식 '1－pf (2,9,9)'에 의하여 확률은 0.158이 된다.

[성질 14] 자유도가 n인 $t-$분포를 따르는 확률변수 T가 있을 때, 새로운 확률변수 T^2은 $F(1,n)$분포를 따른다.

자유도가 n인 $t-$분포의 정의는 표준정규분포를 따르는 확률변수 Z와 독립적 관계를 갖는 자유도가 n인 χ^2-분포를 따르는 확률변수 V의 비율로써 만들어진다. 이 경우 확률변수 T^2의 분자는 Z^2이 되어 자유도가 1인 χ^2-분포를 따르는 확률변수가 되며, 분모는 그대로 자유도가 n인 χ^2-분포가 되어 $F(1,n)$분포를 따르게 된다. 이를 수식으로 표현하면 다음과 같다.

$$T = \frac{Z}{\sqrt{V/n}} \;\Leftrightarrow\; T^2 = \frac{Z^2/1}{V/n} \sim F(1,n)$$

[참고] 자유도의 개념

연속형 확률분포에서 χ^2-분포, $t-$분포, $F-$분포는 **자유도(degrees of freedom)**에 의하여 분포가 결정된다고 설명하였다. 이 분포들은 앞으로 공부하게 될 통계적 추측과 통계분석 모형에서 중요하게 취급되는 분포이므로 자유도의 개념과 함께 기억해야 하는 중요한 분포이다.

일반적으로 모집단의 특성을 파악하기 위하여 무작위표본 형태의 데이터를 수집하게 되는데, 통계적 추측의 정확성은 모집단에서 추출한 표본크기에 의하여 결정된다. 즉, 모집단 크기가 N인 모집단에서 표본크기가 n인 무작위표본을 얻었다면, 통계적 추측의 정확성은 n이 N에 가까울수록 높아질 것이다. 자유도의 개념은 통계적 추측에 대한 정확성을 나타내는 표본크기 n과 밀접한 관련이 있다.

일반적으로 오차 또는 분산에 대한 자유도는 '$n-$(추정된 모수의 수)'로 계산된다. 예를 들어, 모분산 σ^2을 알고자 한다면, 모분산은 $(X-\mu)^2$에 대한 기대값이므로 모평균 μ를 미리 알아야 모분산을 계산할 수 있다. 하지만 모평균 μ는 일반적으로 알 수 없는 모수이므로 모분산과 관련된 통계적 추측, 표본분산을 위해서는 μ를 표본평균으로 먼저 추정해야 한다. 따라서 사전적으로 추정해야 하는 모수의 수는 1이 되므로 자유도는 $n-1$이 된다. 만일 모평균 μ를 정확하게 알고 있다면 모분산에 관련된 자유도는 n이 된다.

이러한 자유도 개념의 다른 해석으로 '표본의 자유스러운 정도'로 설명된다. 만일 우리가 모집단으로부터 n개의 데이터를 수집하였다면, 이 데이터는 n개의 자유스럽게 움직이는 관측값들로 구성되었다고 말한다. 하지만 이 표본에 어떠한 제약식을 추가한다면 n개의 관측값들은 더 이상 자유스럽지 못하게 되어, 일부는 자유스러운 값을 가질 수 있으나 나머지 데이터는 제약식 조건을 맞추어야 하므로 자유스럽게 움직이지 못하고 특정값을 가져야만 한다.

모분산 σ^2을 추정하는 문제에서 모분산을 추정하기 위하여 미리 모평균 μ를 추정해야 한다. 모평균 μ를 추정하기 위하여 표본평균 $\overline{X}_n$을 사용하여야 하는데, 표본평균을 사용함으로써 자유도 1개를 잃어버려 데이터의 자유도는 n에서 $n-1$로 줄어들게 된다는 것이다. 예를 들어, 데이터가 (1, 2, 3)으로 구성되어 있다면, 이 데이터의 자유도는 3이 된다. 하지만, 평균값 2를 사용하였다면, 데이터는 (1, 2)만 알고있어도 마지막 데이터는 평균값 2를 맞추기 위하여 반드시 3이 되어야 하는 제약조건이 붙기 때문에 데이터의 자유도는 2로 줄어들게 된다. 따라서 모분산 σ^2을 추측하기 위하여 사용되는 표본분산 S^2의 자유도는 $n-1$이 되는 것이다. 이러한 표본의 자유스러운 정도를 나타내는 자유도의 개념은 통계분석 모형에서도 비슷하게 설명될 수 있다.

통계분석 모형인 분산분석이나 회귀분석의 경우, 자유도는 $n-$(모형에서 사용하는 추정된 모수의 수)로 표현할 수 있다. 예를 들어, n개의 관측값 (x_i, y_i)로 구성된 데이터로부터 $y=a+bx$ 형태의 통계적 모형을 설정하였다면 이 모형에 대한 오차 또는 분산은 a와 b를 추정한 이후에 계산을 할 수 있으므로 모형에서 사용하는 추정된 모수의 수가 2가 되고, 모형오차(분산)에 대한 자유도는 $n-2$가 된다.

주요 용어

(8.1) 표본, 데이터, 통계적 추론, 표본선택 바이어스, 샘플링, 무작위표본, 모집단, 모수, 추정, 통계적 가설검정, 통계량, 표본분포, 표준오차, 표본오차, 표본크기, 전수조사, 센서스, 비표본오차, 모평균, 모분산, 모표준편차, 모비율, 표본평균, 표본분산, 표본표준편차, 표본비율, 무작위표본, iid, 재현성 문제, 유의수준

(8.2) 중심극한정리, 이항분포의 정규근사, 연속수정계수

(8.3) 카이제곱분포, 카이제곱분포의 가법성 성질, Basu의 정리, 베렌-피셔문제, 등분산성 가정, 합동추정량, t-분포, 표본평균의 표준화, 표본평균의 스튜던트화, 유의수준, F-분포, 자유도

연습문제

1. 8장에 소개된 R코드를 실행하고, 결과를 확인하여라.

2. (8.1절에서 소개된 예제) 한국 국가통계포털 KOSIS의 발표에 따르면 2019년 기준 20대 후반 (25세~29세)의 한국 남성의 키는 2019년 기준 평균 175.1cm, 표준편차는 5.56cm로 보고되어 있다. 또한, 같은 시점 기준, 여성의 키는 평균 163.3cm, 표준편차는 5.19cm로 보고되어 있다. 확률변수 W를 여성의 키라 하고, 확률변수 M을 남성의 키라 한다면, 여자와 남자의 키차이에 대한 분포는 정규분포의 가정과 독립이라는 가정 아래 다음과 같다는 사실을 배웠다.

$$W - M \sim N(163.3 - 175.1,\ 5.19^2 + 5.56^2) \equiv N(-11.8,\ 7.6^2)$$

R 시뮬레이션을 이용하여 이러한 사실을 확인하여라. 또한 여성의 키가 남성의 키보다 클 확률, 0.06을 시뮬레이션을 통하여 확인하여라.

3. 중심극한정리를 시뮬레이션하고 이에 대한 히스토그램과 함께 근사 정규확률밀도함수의 그래프를 함께 그려서 비교하는 R함수를 만들어라. 또한, $\chi^2(5)$분포와 $F(5,\ 10)$분포에 표본크기가 10인 경우를 적용하여 결과를 확인하여라.

(참고) R의 함수는 다음과 같은 형태를 갖는다.

```
함수명 = function(인자1, 인자2, ...) {
```

```
    함수 본문
    return(반환값)  # 생략가능
    }
```

여기서, χ^2 − 분포는 자유도가 1개이지만, F − 분포의 경우는 자유도 2개를 요구한다. 이처럼 인자수가 정해지지 않은 경우를 가변인자라고 하며 이 경우는 '...'을 사용하여 '함수명 = function(...)'을 사용하여 가변인자를 구현할 수 있다.

4. 어느 농구선수의 자유투 성공율은 80%로 알려져 있다. 이번 시즌에 총 120번의 자유투를 시도하였을 경우 다음 물음에 답하여라.

1) 이 문제에 관련된 확률변수를 정의하여라.
2) 이 확률변수는 어떠한 분포를 따르는가?
3) 자유투 성공횟수가 90번을 초과하고 (90이 포함되지 않음) 105번 이하 (105는 포함)일 확률을 계산하여라.
4) 정규근사가 가능한 지를 확인하여라.
5) 정규근사가 가능한 경우, (3)번 문제에 대한 연속수정계수를 적용한 경우와 적용하지 않은 경우의 확률을 계산하여 (3)번 정답과 비교하여라.

5. 다음은 미국 은행산업과 컴퓨터 산업에서 무작위로 추출한 일부 은행과 컴퓨터 기업의 자기자본이익률(ROE; Return On Equity)에 대한 자료이다. 두 산업의 ROE는 서로 독립이며, 정규분포를 따르고, 등분산성을 가정하고 두 산업의 모평균 ROE가 무작위표본의 표본평균과 같다고 가정하였을 경우, 양수가 되는 평균차이에 대한 분포를 그리고 0보다 작을 확률을 구하여라. (파일이름: Return.xlsx)

(참고) R에서 엑셀파일은 다음과 같이 읽어 데이터프레임으로 바꾼다.

```
library(readxl)  # 먼저 'install.packages("readxl")'를 통해 패키지 설치
Ex5_df = read_excel("Return.xlsx")
```

(참고) 자기자본 이익률, ROE는 (당기순이익/자본총액)×100으로 계산되며, 기업이 자본을 이용하여 얼마만큼의 이익을 냈는지를 나타내는 지표이다.

연습문제 풀이

2. R코드와 결과는 다음과 같다.

```
hist(D, freq=F, xlab='', breaks=100)
x=seq(-40,20,0.01); lines(x, dnorm(x,-11.8,7.6), lwd=2)
D = rep(NA,100000)
for (i in 1:100000) D[i] = rnorm(1,163.3,5.19)-rnorm(1,175.1,5.56)
mean(D); sd(D); length(D[D>0])/100000
# -11.77703, 7.62298, 0.06068
hist(D, freq=F, xlab='', breaks=100, main='Simulation and
   Theoretical Distributions')
x=seq(-40,20,0.01); lines(x, dnorm(x,-11.8,7.6), lwd=2)
```

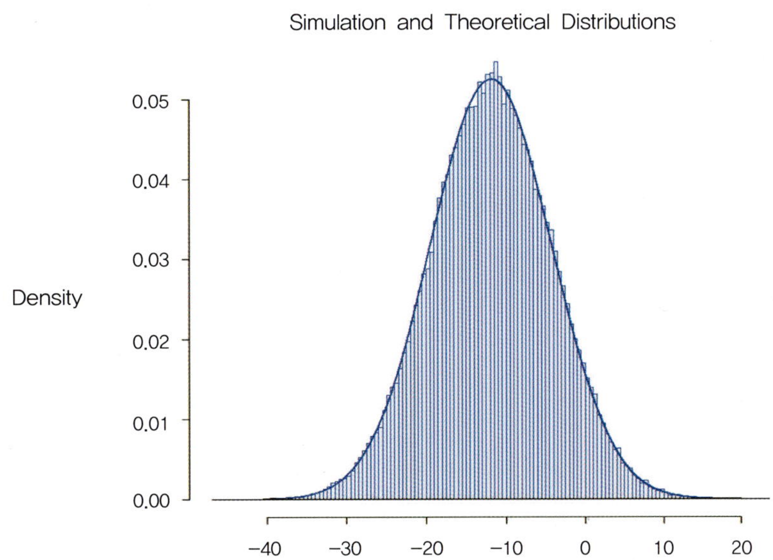

3. 다음과 같이 R코드를 작성할 수 있다.

```
CLT_Simulation = function(p_dist, m, s, n, ...) {
   Xbar = rep(NA, 100000)
   for(i in 1:100000) Xbar[i] = mean(p_dist(n,...))
   hist(Xbar, freq=F, breaks=100, ylab='Density', xlab='', col="skyblue",
      main='Simulation Results')
   lines(density(Xbar), col='black', lwd=2)
   curve(dnorm(x, m, s/sqrt(n)), min(Xbar), max(Xbar), col = 'red',
      lwd=2, add=TRUE) }
```

```
par(mfrow=c(1,2)) # 플롯의 파라메터 설정(한 그래프에 옆으로 2개 플롯)
CLT_Simulation(rchisq, m=5, s=sqrt(2*5), n=10, df=5)
CLT_Simulation(rf, m=10/8, s=2*100*13/(5*64*6) , n=10, df1=5, df2=10)
```

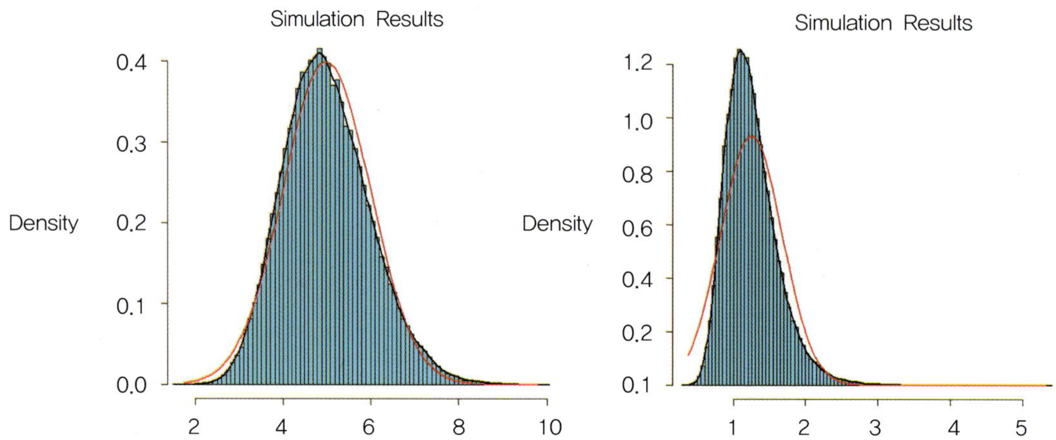

4. (1) 확률변수 X: 120번 자유투에서 성공한 횟수

(2) $n=120$, $p=0.8$인 이항분포, $X \sim B(120,\ 0.8)$

(3) $\Pr(90 < X \leqq 105) = 0.882$

pbinom(105, 120, 0.8) − pbinom(90, 120, 0.8) = 0.8818576

(4) $np = 120 \times 0.8 \geqq 5$이고, $n(1-p) = 120 \times 0.2 \geq 5$이므로 이항분포의 정규근사가 가능하다.

(5) $X \sim B(120,\ 0.8)$이므로 정규분포 $N(96,\ 19.2)$로 근사

연속수정계수를 적용하지 않은 경우의 정규근사 확률

$\Pr(90 < X \leqq 105)$

$\approx$ pnorm(105,96,sqrt(19.2)) − pnorm(90, 96, sqrt(19.2)) = 0.8945584

연속수정계수를 적용하는 경우의 정규근사 확률

$\Pr(90 < X \leqq 105) = \Pr(X \leqq 105) - \Pr(X \leqq 90)$

$\approx$ pnorm(105.5,96,sqrt(19.2)) − pnorm(90.5,96,sqrt(19.2)) = 0.8902197

따라서 연속수정계수를 적용하였을 경우 조금 더 정확한 확률을 제공하는 것을 확인할 수 있다.

5. 먼저 다음과 같이 “readxl” 패키지를 설치한 후, library를 통해 패키지를 연결하고 데이터를 읽어 Ex5_df 이름의 데이터프레임을 만든다.

```
# install.packages("readxl")
library(readxl)
Ex5_df = read_excel("Return.xlsx")
```

그다음 변수이름을 간단하게 만들기 위하여 'Rb', 'Rc' 로 새로운 변수를 생성한다. 이때 결측값인 'NA' 값이 있으므로 이를 제거할 필요가 있다. R의 'is.na()' 함수는 결측값 여부를 묻는 논리형 함수로 결측값일 경우 TRUE값이 출력된다. '!'는 'NOT'의 의미로 이를 적용하면 결측값은 모두 'FALSE'가 된다.

```
Rb = Ex5_df$RETURN1; Rb = Rb[!is.na(Rb)]
Rc = Ex5_df$RETURN2; Rc = Rc[!is.na(Rc)]
```

은행산업의 ROE 표본평균은 15.06이고 컴퓨터산업의 ROE 표본평균은 14.145이므로 양수를 만들기 위하여 은행산업 평균에서 컴퓨터산업 평균을 빼는 것으로 하자. 이 경우 표본평균을 모평균이라고 가정하였으므로, 두 모평균의 차이는 다음과 같이 된다.

```
> mu_d=mean(Rb)-mean(Rc); mu_d
[1] 0.9186364
```

은행산업의 무작위표본에 대한 표본평균을 $\overline{X}_n$이라 하고, 컴퓨터산업의 무작위표본에 대한 표본평균을 $\overline{Y}_m$이라 할 때, 다음의 확률변수 T는 자유도가 $n+m-2$ 인 $t-$분포를 따르게 된다.

$$T = \frac{(\overline{X}_n - \overline{Y}_m) - 0.9186364}{S_p\sqrt{\frac{1}{n}+\frac{1}{m}}} \sim t(n+m-2)$$

먼저 확률변수 T의 분모에 해당하는 평균차이에 대한 표준오차를 계산하면 다음과 같다.

```
> n=length(Rb); m=length(Rc)
> Sx = var(Rb); Sy = var(Rc)
> Sp = ((n-1)*Sx + (m-1)*Sy) / (n+m-2)
> stderr = sqrt(Sp*(1/n + 1/m)); stderr
[1] 0.6567801
```

따라서 $\overline{X}_n - \overline{Y}_m = 0.9186364 + 0.6567801$ times T 관계식이 성립한다. 따라서 $\overline{X}_n - \overline{Y}_m$에 대한 확률밀도함수는 다음과 같이 그려진다.

```
t=seq(-4, 4, 0.01); Diff=mu_d+stderr*t; Density=dt(t,n+m-2)
plot(Diff, Density, type="l", lwd=2, main="Mean Difference Distribution", xlab="Xbar(Bank) - Ybar(Computer)")
polygon(c(Diff[(Diff<0)],0), c(Density[(Diff<0)],0), col="gray")
```

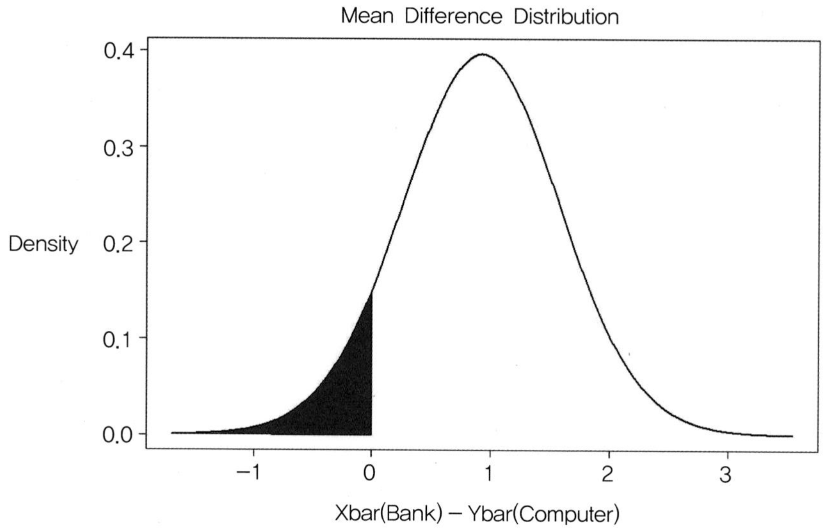

표본평균의 차이가 0보다 작을 확률은 다음과 같이 계산된다.

$$\Pr\left(\overline{X}_n - \overline{Y}_m < 0\right) = \Pr\left(\frac{\overline{X}_n - \overline{Y}_m - 0.9186364}{0.6567801} < \frac{0 - 0.9186364}{0.6567801}\right)$$
$$= \Pr\left(T < \frac{0 - 0.9186364}{0.6567801}\right)$$

따라서 다음 R코드를 통하여 평균의 차이가 0보다 작게 나타날 확률은 0.0848이 된다.

```
> pt(-mu_d/stderr, n+m-2)
[1] 0.08480496
```

CHAPTER 09

추 정

무작위표본으로부터 얻은 데이터를 기반으로 모집단의 특성을 파악하는 과정을 **통계적 추론**(statistical inference)이라고 한다. 통계적 추론을 다르게 설명하면 모수를 알기 위하여 통계량을 이용하여 데이터를 분석하는 과정을 의미한다. 우리는 8장에서 통계량 분포인 표본분포, 즉 표본평균 및 표본분산의 분포에 대하여 학습하였다. 이러한 통계량은 모집단의 특성을 나타내는 모수인 모평균, 모비율, 모분산을 추측하기 위하여 만들어진 확률변수로 구성된 식이다. 하지만 표본분포는 모수를 알고 있는 상태에서 만들어진 통계량의 분포이므로 모수를 모르는 일반적인 상황에서 정확한 표본분포를 확인하기 어렵다는 한계점을 가지고 있다. 이제부터는 모수를 모르는 상황에서 데이터를 기반으로 모수를 어떻게 분석하는지를 알아보도록 하자. 일반성을 유지하기 위하여 이제부터는 모수는 θ, 통계량은 $\hat{\theta}$[1]으로 표기하겠다.

표본분포의 표준편차로 정의되는 **표준오차**(standard error)는 모수와 통계량의 차이, $\theta - \hat{\theta}$에 대한 확률적 분석을 가능하게 만들어주는 중요한 개념으로 통계적 추론의 기초가 된다. 표본분포와 표준오차에 바탕을 둔 통계적 추론의 예를 들어 보도록 하자. 예를 들어, 내년도 우리나라 경제성장률을 추측하고자 한다면, 통계적 추론은 다음과 같은 질문에 답할 수 있다.

① 우리나라의 내년 경제성장률을 몇 %로 추정할 수 있을 것인가?
② 내년도 우리나라에서 관찰될 실제 경제성장률이 포함될 구간을 계산할 수 있는가? 그리고, 이 구간이 실제 경제성장률을 포함한다고 어느 정도 확신할 수 있는가?
③ 만일 한국은행에서 '내년도 경제성장률은 2%가 될 것입니다'라고 발표하였을 경우 이러한 주장에 대한 반박할 증거를 데이터 분석을 통하여 제공할 수 있겠는가?
④ 경제성장률 예측을 위하여 만들어진 통계적 모형은 적합한 모형이라고 판단할 수 있겠는가?

이 책에서는 통계적 추론을 세 가지 형태로 구분하여 설명하고자 한다. 첫 번째 형태는 이번 9장에서 언급하는 **추정**(estimation)이다. 내년에 발생할 우리나라 경제성장률을 하나의 값으로 추측하는 것을 **점추정**(point estimation)이라고 부르며, 질문 ①에 대한 답변을 얻을 수 있는 추론이다. 또 다른 하나는 경제성장률이 어떤 구간에 속할지를 추측하는 **구간추정**(interval estimation)으로 질문 ②에 대한 답변을 얻을 수 있는 추론이다.

두 번째 형태는 어떠한 주장 또는 **가설**(hypothesis)을 미리 설정해 놓고, 이 가설을 기각할만한 충분한 증거가 데이터를 통해 확인될 수 있는지를 판단하는 **가설검정**(hypothesis testing)이다. 이 경우, 미리 설정된 가설을 기반으로 표본분포를 구성하여 데이터에 대한 확률적 가능성을 계산하여 판단한다. 이러한 가설검정과정을 통하여 질문 ③에 대한 답변을 얻을 수 있다. 이에 대한 자세한 내용은 10장과 11장에서 자세하게 다루기로 한다.

마지막 세 번째 형태는 '경제성장률 예측'과 같은 특정한 목적을 위하여 구성된 **통계적 모형**(statistical model)을 구축하고, 가설검정을 진행하면서 모형의 적합도를 파악하여 분석모형에 대한

1) θ는 그리스의 8번째 문자로 '쎄타'라 읽으며, 영문으로는 'theta'이다. $\hat{\theta}$은 쎄타에 모자를 씌웠다고 해서 '쎄타햇'이라고 읽는다.

의미를 해석하고 예측하는 과정이다. 이러한 과정을 통하여 질문 ④에 대한 답변을 얻을 수 있다. 이에 대한 자세한 내용은 12장, 13장에서 자세하게 다루기로 한다.

9.1 좋은 추정량의 성질

모집단에는 모수 θ가 있으며, 이를 파악하기 위하여 모집단으로부터 데이터 형태의 무작위표본을 수집하게 된다. 무작위표본은 확률변수로 취급되며, 무작위표본으로 구성된 확률함수식을 통계량 $\hat{\theta}$이라 표기하고, 이에 대한 분포를 표본분포라 한다. 특별히 θ를 위하여 만들어진 통계량 $\hat{\theta}$을 **추정량**(estimator)이라고 부른다. 또한, 추정량을 통해 계산된 값을 **추정값**(estimate)이라고 부른다. 이 값은 실제 데이터를 대입하여 계산된 상수이므로 더 이상 확률변수로 취급되지 않는다.

예를 들어, A대학교 학생의 평균키를 알기 위하여, 무작위표본 X_i를 수집하였다고 가정하자. 이 경우, 모수에 해당하는 θ는 모평균 μ가 되며, μ에 대한 추정량 $\hat{\theta}$은 표본평균 $\overline{X}_n$ 이 된다. 또한 표본분포는 $\hat{\theta}$에 대한 분포, 즉 표본평균 $\overline{X}_n$의 분포가 된다. 표본평균에 대한 분포인 표본분포는 표본크기가 어느 정도 크다면 중심극한정리에 의하여 정규분포를 따르게 되며, 표준오차는 $\sigma/\sqrt{n}$ 이 된다. 또한, 무작위표본으로부터 얻은 데이터 값은 x_i로 표기하며 이를 통해 계산된 평균값이 168.3cm로 나타났다면 이러한 실현화된 추정값은 $\overline{x}$로 표기한다. 이제 이러한 기본개념을 바탕으로 바람직한 추정량은 어떠한 모습일 지에 대하여 알아보도록 하자.

불편성

예를 들어, 국가대표 사격선수를 선발한다고 가정해 보자. 어떤 선수가 사격에서 정확하게 한번 과녁을 맞혔다면, 그 한번을 가지고 우수한 선수라고 말할 수 있을까? 물론 아니다. 우수한 사격선수를 선발하기 위해서는 여러 번의 사격데이터를 가지고 평균적으로 과녁에 어느 정도 잘 맞히는지를 판단하여야 한다. 여기서 '여러 번의 시도'와 '평균적 과녁으로부터의 거리'의 개념이 **기대값**(expectation) 또는 '평균'의 개념이다.

좋은 추정량의 성질도 마찬가지이다. 무작위표본으로 구성된 확률변수인 추정량 $\hat{\theta}$는 평균적으로 얼마만큼 참값 θ에 가까운지를 분석하는 것이 좋은 추정량의 중요한 성질이라 말할 수 있다. $\hat{\theta}$의 평균 또는 기대값이 참값인 θ와 일치하는 성질을 **불편성**(unbiasedness)이라고 하며, 이러한 불편성을 만족하는 추정량 $\hat{\theta}$을 **불편추정량**(unbiased estimator)이라 한다.

모수 θ에 대하여, $E(\hat{\theta}) = \theta$을 만족하는 추정량 $\hat{\theta}$을 불편추정량이라 한다.

무작위표본으로부터 얻은 모평균 μ에 대한 추정량, 표본평균 $\overline{X}_n$은 다음과 같은 관계이므로 μ에 대한 불편추정량이 된다.

$$E(\overline{X}_n) = \frac{1}{n}\sum_{i=1}^{n} E(X_i) = \frac{1}{n}\sum_{i=1}^{n} \mu = \mu$$

확률변수 X가 이항분포를 따르는 경우, $X \sim B(n,p)$ 모비율 p에 대한 추정량인 표본비율 $\hat{p}$은 X/n로 정의된다. 다음과 같은 관계이므로 $\hat{p}$은 p에 대한 불편추정량이 된다.

$$E(\hat{p}) = E\left(\frac{X}{n}\right) = \frac{1}{n}E(X) = \frac{1}{n}np = p$$

무작위표본으로부터 얻은 모분산 σ^2에 대한 추정량인 표본분산 S^2은 σ^2에 대한 불편추정량이 된다.

$$\frac{(n-1)S^2}{\sigma^2} \sim \chi^2(n-1)$$

$$\Rightarrow E\left(\frac{(n-1)S^2}{\sigma^2}\right) = n-1 \quad \Rightarrow \quad E(S^2) = \sigma^2$$

여기서 왜 표본분산 S^2의 식에서 n이 아닌 $n-1$로 나누어 주어야 하는 이유가 밝혀진다. 그 이유는 S^2이 σ^2에 대한 불편성을 유지하기 위하여 $n-1$로 나누는 것이다.

유효성

이제 추정량과 모수의 차이인 오차 $\hat{\theta}-\theta$에 대하여 알아보자. 만일 $\hat{\theta}$이 θ에 불편추정량이면 $E(\hat{\theta}-\theta)$은 양수와 음수가 서로 상쇄되어 0이 될 것이다. 만일 $\hat{\theta}$이 θ에 불편추정량이 아니라면, $\hat{\theta}$의 기대값과 참값인 θ차이는 0이 아닌 어떠한 값을 가지게 되며, 이러한 차이 $E(\hat{\theta}) - \theta$를 **바이어스(bias)**라고 부른다. 결국 다음 식에 의하여 오차의 제곱평균을 나타내는 $E\left[(\hat{\theta}-\theta)^2\right]$은 분산과 바이어스 제곱으로 나누어진다.

$$\begin{aligned}
E\left[(\hat{\theta}-\theta)^2\right] &= E\left[(\hat{\theta}-E(\hat{\theta})+E(\hat{\theta})-\theta)^2\right] \\
&= E\left[(\hat{\theta}-E(\hat{\theta}))^2\right] + \left[E(\hat{\theta})-\theta\right]^2 + 2\,(E(\hat{\theta})-E(\hat{\theta}))\,(E(\hat{\theta})-\theta) \\
&= E\left[(\hat{\theta}-E(\hat{\theta}))^2\right] + \left[E(\hat{\theta})-\theta\right]^2 \\
&= Var(\hat{\theta}) + (\text{바이어스})^2
\end{aligned}$$

즉, 오차를 제곱하여 평균을 낸 $E\left[(\hat{\theta}-\theta)^2\right]$는 추정량의 분산 $Var(\hat{\theta})$과 바이어스의 제곱의 합으로 구성된다는 것이다.

좋은 추정량이 되려면 추정량의 정확도를 나타내는 수치인 오차에 대한 제곱평균, $E\left[(\hat{\theta}-\theta)^2\right]$이 작아야 한다는 원칙이 필요한데, 이러한 성질을 **유효성(efficiency)**이라고 한다. 만일 $\hat{\theta}$가 불편추정량이라면 바이어스는 0이 되어, 오차에 대한 제곱평균은 추정량의 분산과 일치하게 된다. 따라서 불편추정량 $\hat{\theta}$의 표본분포에 대한 표준편차인 표준오차는 추정량 $\hat{\theta}$의 θ에 대한 정확도를 나타내는 중요한 척도가 된다.

두 불편추정량 θ_1, θ_2에 대하여, θ_1에 대한 표준오차가 θ_2에 대한 표준오차보다 더 작다면, 추정량 θ_1이 추정량 θ_2보다 유효하다고 한다.

$$\text{표준오차}\ (\theta_1) < \text{표준오차}\ (\theta_2) \quad \Rightarrow \quad \theta_1\text{이 } \theta_2\text{보다 더 유효}$$

좋은 추정량을 선택하고자 하는 경우, 가끔은 불편성과 유효성 사이에 서로 충돌하는 경우가 존재한다. 즉, 불편성을 강조하다 보니 유효성이 약해지고, 유효성을 강조하게 되면 불편성이 약해지는 상황이 존재한다. 통계학에서는 불편성을 중요한 추정량의 성질로 강조하는 경향이 있다. 따라서 불편성을 유지하면서 가장 좋은 유효성, 즉 표준오차가 최소가 되는 추정량을 **최소분산 불편추정량(Minimum Variance Unbiased Estimator: MVUE)**이라고 부르며, 가장 좋은 추정량으로 취급한다. 우리가 사용하는 추정량이 표본평균 $\overline{X}_n$, 표본비율 $\hat{p}$, 표본분산 S^2은 최소분산 불편추정량으로 불편추정량이면서 불편추정량 중에서 최소의 표준오차를 만족하는 추정량이다. 이러한 최소분산 불편추정량에 대한 표준오차에 대하여 알아보도록 하자.

무작위표본으로부터 얻은 모평균 μ에 대한 추정량, 표본평균 $\overline{X}_n$에 대한 표준오차는 다음과 같다.

$$Var\,(\overline{X}_n) = \frac{1}{n^2}\sum_{i=1}^{n} Var\,(X_i) = \frac{1}{n}\sigma^2 \ \Rightarrow \ \text{표준오차}(\overline{X}_n) = \frac{\sigma}{\sqrt{n}}$$

확률변수 X가 이항분포를 따르는 경우 $X \sim B(n, p)$, 모비율 p에 대한 추정량인 X/n로 정의되는 표본비율 $\hat{p}$에 대한 표준오차는 다음과 같다.

$$Var\,(\hat{p}) = Var\left(\frac{X}{n}\right) = \frac{1}{n^2}Var\,(X) = \frac{p(1-p)}{n} \ \Rightarrow \ \text{표준오차}(\hat{p}) = \sqrt{\frac{p(1-p)}{n}}$$

무작위표본으로부터 얻은 모분산 σ^2에 대한 추정량, 표본분산 S^2에 대한 표준오차는 다음과 같다.

$$\frac{(n-1)S^2}{\sigma^2} \sim \chi^2(n-1) \Rightarrow Var\left(\frac{(n-1)S^2}{\sigma^2}\right) = 2(n-1)$$

$$\Rightarrow Var(S^2) = \frac{2\sigma^4}{n-1} \Rightarrow \text{표준오차}(S^2) = \sigma^2\sqrt{\frac{2}{n-1}}$$

일치성

좋은 추정량이 가져야 하는 또 다른 성질 중 하나는 표본크기가 커지면 커질수록 추정량 $\hat{\theta}$은 참값인 θ에 가까워져야 한다는 것이다. 이러한 추정량의 성질을 **일치성(consistency)**라고 한다. 그리고 이러한 조건을 만족하는 추정량을 **일치추정량(consistent estimator)**라고 한다. 여기서 가까워진다는 의미는 수학적 수렴이 아니라 확률적 수렴을 의미하는 것으로 구분해서 이해하여야 한다.

수학적 수렴은 n이 증가하면서 일관되게 하나의 값으로 가까워진다는 것을 의미한다. 예를 들어, $1/n$의 경우 n이 증가하면서 1/100, 1/1000 … 형태로 0에 점점 다가가므로 '0으로 수렴한다'라고 표현한다. 하지만, 확률변수 $\hat{\theta}$의 경우는 n이 증가하면서 θ에 점점 가까워지는 것을 보장받지는 못한다. 동전 던지는 실험을 예로 들면, 동전 10번 던졌을 때 정확하게 5번이 앞면이 나와 참값인 1/2과 일치할 수도 있고, 100번 던졌을 때 48/100이 나와서 참값인 1/2로부터 멀어질 수도 있기 때문이다. 따라서 n이 증가한다고 해서 반드시 1/2에 점점 더 가까워진다고 보장받지 못한다는 것이다. 결국 일치성을 설명할 때는, 수학적 수렴개념을 사용하지 못하고, 확률적 수렴을 사용하여야 한다. 확률적 수렴을 의미하는 일치추정량의 정의는 다음과 같다.

$n \to \infty$일 때, 임의의 $\epsilon > 0$에 대하여 다음 조건을 만족하면 $\hat{\theta}$은 θ의 일치추정량이라고 한다.

$$\Pr(|\hat{\theta} - \theta| \leq \epsilon) \to 1 \quad \text{또는} \quad \operatorname*{plim}_{n\to\infty} \hat{\theta} = \theta$$

우리가 다루고 있는 추정량인 표본평균, 표본비율, 표본분산은 모두 불편추정량이다. 또한, n이 증가하면서 표준오차가 0으로 수렴하면서, 불편추정량의 성질에 의하여 표본분포가 참값인 θ로 집중되므로, 일치추정량이 된다.

9.2 모수에 대한 추정

모평균에 대한 추정

표본평균 $\overline{X}_n$는 모평균 μ에 대한 추정량으로 최소분산 불편추정량 특징을 갖는다고 배웠다. 또한, 정규분포를 따르는 모집단의 경우, 표본평균은 평균 μ, 표준오차 $\sigma/\sqrt{n}$을 갖는 정규분포를 따른다고 배웠다. 하지만 표준오차를 알기 위해서는 모표준편차 σ를 알아야 한다. 만일 σ를 모른다면 모표준편차에 대한 추정량 표본표준편차인 S를 사용할 수 있으며, 이 경우 표준오차의 추정량 $S/\sqrt{n}$을 사용하게 된다.

[예제 1] 우리나라 대학교 1학년 남학생들의 평균키를 알기 위하여 5명 학생의 키를 조사하였더니 다음과 같은 자료를 얻었다.

173, 171, 178, 171, 167 (단위: cm)

(1) 모표준편차가 5로 알려진 상태에서 모수를 정의하고, 모수에 대한 추정량과 표준오차를 계산하여라.

이 경우, 모수는 우리나라 대학교 1학년 남학생들의 평균키를 나타내는 모평균 μ이며, σ는 5로 알려진 상태이므로 다음의 R코드를 통하여 추정량과 표준오차를 계산할 수 있다.

```
> x = c(173, 171, 178, 171, 167)
> mean(x); 5/sqrt(5) # 표본평균과 표준오차
[1] 172 # 모평균에 대한 추정값, 표본평균
[1] 2.236068 # 표본평균에 대한 표준오차
```

(2) 모표준편차를 모르는 상태에서, 모수에 대한 추정량과 표준오차를 계산하여라.

모표준편차를 모르는 상태에서 모수에 대한 추정량이 변하지는 않는다. 따라서 표본평균값 $\overline{x}$인 172(cm)가 되며, 표준오차는 $s/\sqrt{n}$으로 다음과 같이 계산된다.

```
> sd(x)/sqrt(5)
[1] 1.788854  # 표본평균에 대한 표준오차 추정량
```

그동안 우리는 모평균에 대한 점추정에 대하여 알아보았다. 이제 모평균에 대한 구간추정문제를 살펴보도록 하자. 구간을 추정하는 경우, 먼저 어느 정도의 확신을 가지고 이 구간에 모수가 포함

될 것인지를 정해야 하는데 이러한 수치를 **신뢰수준(confidence level)**이라고 한다. 신뢰수준을 99%와 같이 높게 잡으면, 추정된 구간은 99%의 확신을 가지고 모수를 포함시켜야 하므로 구간폭이 넓어질 수밖에 없다. 반대로 너무 낮은 신뢰수준을 적용하게 되면, 구간폭이 좁아지기는 하지만, 모수가 포함될 확신이 너무 적어지기 때문에 의미가 없을 수 있다. 일반적으로 95% 신뢰수준을 많이 사용한다. 신뢰수준을 정한 후 추정된 구간을 **신뢰구간(confidence interval)**이라고 한다.

이제 표준정규분포를 따르는 확률변수 Z에 대한 신뢰수준 $100(1-\alpha)\%$에 해당하는 신뢰구간을 생각해 보자. 이 경우 신뢰구간은 $1-\alpha$확률을 나타내는 구간이어야 하며, 최소길이의 구간이 되어야 하므로 양쪽 꼬리부분에 대한 확률은 $\alpha/2$가 되어야 한다. 따라서 신뢰구간은 $(-z_{\alpha/2}, z_{\alpha/2})$이 된다. 이에 대한 그래프가 [그림 9-1]에 나타나 있다.

만일 모표준편차 σ를 알고있다면, 표본평균의 표준화를 통하여 다음과 같이 모평균 μ에 대한 신뢰수준 $100(1-\alpha)\%$ 신뢰구간을 유도할 수 있다.

그림 9-1 **표준정규분포의 100(1−α)% 신뢰구간**[2)]

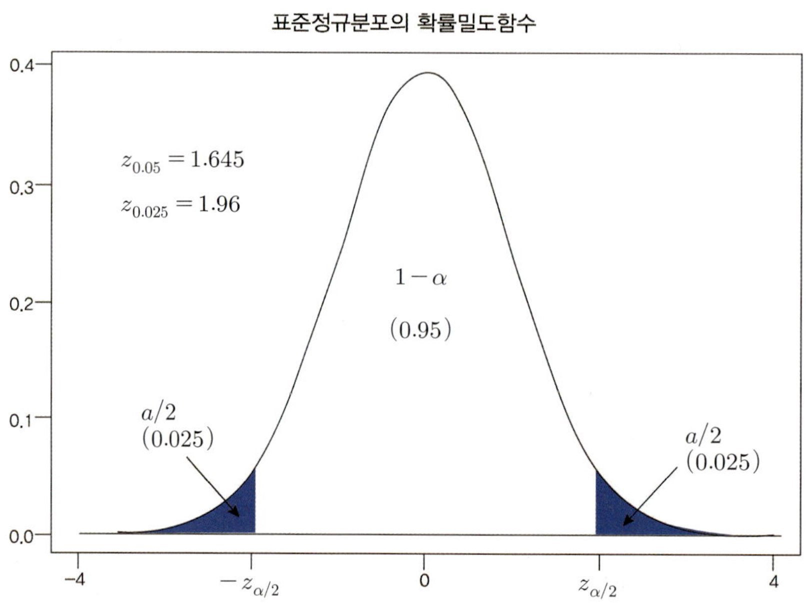

2) [그림 9-1]에 대한 R코드는 다음과 같다.

```
x=seq(-4,4,0.01); y=dnorm(x); x1=qnorm(0.025); x2=qnorm(0.975)
plot(x, y, xlab='', type='l', ylab='', lwd=2, main='표준정규분포의 확률밀도함수')
polygon(c(x2,x[(x>x2)]), c(0,y[(x>x2)]), col="gray")
polygon(c(x[(x<x1)],x1), c(y[(x<x1)],0), col="gray")
```

$$\Pr\left(-z_{\alpha/2} \leqq Z \leqq z_{\alpha/2}\right) = 1-\alpha$$

$$\Leftrightarrow \Pr\left(-z_{\alpha/2} \leqq \frac{\overline{X}_n - \mu}{\sigma/\sqrt{n}} \leqq z_{\alpha/2}\right) = 1-\alpha$$

$$\Leftrightarrow \Pr\left(\overline{X}_n - z_{\alpha/2}\,\sigma/\sqrt{n} \leqq \mu \leqq \overline{X}_n + z_{\alpha/2}\,\sigma/\sqrt{n}\right) = 1-\alpha$$

$$\Rightarrow \text{신뢰수준 } 100(1-\alpha)\% \text{ 신뢰구간: } \overline{X}_n \pm z_{\alpha/2}\,\sigma/\sqrt{n}$$

[예제 2] 우리나라 대학교 1학년 남학생들의 키를 조사한 (예제 1) 데이터에서 모표준편차가 5로 알려진 경우, 모평균에 대한 95% 신뢰구간을 구하여라.

우리나라 대학교 1학년 남학생들의 평균키를 모평균으로 하는 신뢰수준 95%(α=5%)에 대한 신뢰구간을 다음과 같이 계산된다.

```
> mean(x) + c(qnorm(0.025), qnorm(0.975)) * 5/sqrt(5)
[1] 167.6174 176.3826
```

즉, 95% 신뢰구간은 (167.62cm, 176.38cm)가 된다.

다음으로 자유도가 n인 $t-$분포를 따르는 확률변수 T에 대한 신뢰수준 100(1−α)%신뢰구간을

그림 9-2 $t-$분포의 100(1−α)% 신뢰구간[3]

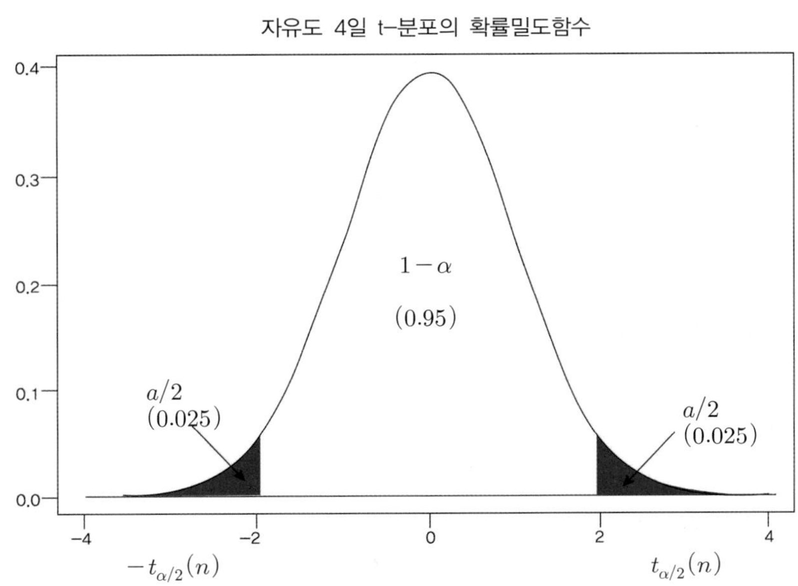

3) [그림 9-2]에 대한 R코드는 다음과 같다.

```
x=seq(-5,5,0.01); y=dt(x,4); x1=qt(0.025,4); x2=qt(0.975,4)
plot(x, y, xlab='',type='l',ylab='',lwd=2,main='자유도 4인 t-분포의 확률밀도함수')
polygon(c(x2,x[(x>x2)],5), c(0,y[(x>x2)],0), col="gray")
polygon(c(-5,x[(x<x1)],x1), c(0,y[(x<x1)],0), col="gray")
```

생각해 보자. 같은 방법으로 신뢰구간은 $1-\alpha$확률을 나타내는 구간이어야 하며, 최소길이의 구간이 되어야 하므로 양쪽 꼬리부분에 대한 확률은 $\alpha/2$가 되어야 한다. 따라서 신뢰구간은 $(-t_{\alpha/2}(n), t_{\alpha/2}(n))$이 된다. 이에 대한 그래프가 [그림 9-2]에 나타나 있다.

정규분포를 따르는 모집단으로부터 무작위표본을 추출하는 경우, 만일 모표준편차 σ를 모르고 있다면, 스튜던트화된 표본평균은 자유도 $n-1$인 $t-$분포를 따르므로, 모평균 μ에 대한 신뢰수준 $100(1-\alpha)\%$ 신뢰구간은 다음과 같이 유도된다.

$$\Pr(-t_{\alpha/2}(n-1) \leqq T \leqq t_{\alpha/2}(n-1)) = 1-\alpha$$
$$\Leftrightarrow \Pr\left(-t_{\alpha/2}(n-1) \leqq \frac{\overline{X}_n - \mu}{S/\sqrt{n}} \leqq t_{\alpha/2}(n-1)\right) = 1-\alpha$$
$$\Leftrightarrow \Pr(\overline{X}_n - t_{\alpha/2}(n-1)S/\sqrt{n} \leq \mu \leq \overline{X}_n + t_{\alpha/2}(n-1)S/\sqrt{n}) = 1-\alpha$$
$$\Rightarrow 100(1-\alpha)\% \text{ 신뢰구간: } \overline{X}_n \pm t_{\alpha/2}(n-1)\, S/\sqrt{n}$$

[예제 3] 우리나라 대학교 1학년 남학생들의 키를 조사한 (예제 1) 데이터에서 모표준편차가 알려지지 않은 경우, 모평균에 대한 95% 신뢰구간을 구하여라.

모표준편차가 알려지지 않은 경우, 우리나라 대학교 1학년 남학생들의 평균키에 대한 95% 신뢰구간은 다음과 같이 계산된다.

```
> mean(x) + c(qt(0.025,4), qt(0.975,4)) * sd(x)/sqrt(5)
[1] 167.0333 176.9667
```

즉, 95% 신뢰구간은 (167.03cm , 176.97cm)가 된다. [예제 2]의 결과와 비교하면, 모표준편차를 모르기 때문에 나타난 불확실성으로 인하여 신뢰구간 폭이 8.8cm에서 9.9cm로 조금 더 커졌음을 확인할 수 있다.

모집단이 정규분포를 따른다는 가정 아래, 만일 모표준편차 σ를 모르고 있지만 표본크기 n이 큰 경우, 스튜던트화된 표본평균의 분포는 정규분포로 근사하게 된다. 또한, 모집단의 분포를 모른다고 하여도, 표본크기가 어느 정도 크다면($n \geqq 30$), 중심극한정리에 의하여 스튜던트화된 표본평균의 분포는 근사적으로 정규분포를 따른다는 사실을 배웠다. 사실 자유도가 큰 $t-$분포는 표준정규분포와 큰 차이가 없으므로 표준정규분포를 이용하여 신뢰구간을 계산하여도 큰 문제가 되지는 않는다. 즉, 모표준편차 σ를 모르고 있지만 표본크기 n이 큰 경우는, 중심극한정리에 따라 모평균 μ에 대한 신뢰수준 $100(1-\alpha)\%$에 대한 신뢰구간을 다음과 같이 접근하여도 무방하다.

$$\overline{X}_n \pm z_{\alpha/2}\, S/\sqrt{n}$$

[예제 4] 평균 168cm, 표준편차 5cm인 모집단 분포로부터 표본크기 50인 무작위표본인 데이터를 생성하고, 이 데이터를 기반으로 중심극한정리를 적용하여, 모평균에 대한 95% 신뢰구간을 구하여라. 또한, 사용된 $z_{\alpha/2}$ 값과 $t_{\alpha/2}(n-1)$값을 비교하여 얼마나 비슷한 값인지 확인하여라

다음 R코드 결과를 살펴보도록 하자.

```
> x = rnorm(50, 168, 5)
> mean(x) + c(qnorm(0.025), qnorm(0.975)) * sd(x)/sqrt(50)
[1] 166.6902 169.3086
> c(qnorm(0.975), qt(0.975,49), qt(0.975,49)-qnorm(0.975))
[1] 1.95996398 2.00957524 0.04961125
```

먼저 중심극한정리를 적용하여 정규분포를 기반으로 분석한 모평균 μ에 대한 95% 신뢰구간은 (166.7cm, 169.3cm)로 나타났으며, 이 구간은 모평균인 168cm를 포함하고 있음을 확인할 수 있다. 다음으로 $z_{0.025}$는 1.96이고, 자유도가 49인 $t-$분포의 $t_{0.025}(49)$는 2.01로 대략 0.05정도 차이가 나타남을 확인할 수 있다.

모비율에 대한 추정

확률변수 X가 모수 n, p인 이항분포를 따를 때, 모비율 p에 대한 추정에 대하여 알아보자. 여기서 표본비율 $\hat{p} = X/n$는 모비율 p에 대한 추정량으로 최소분산 불편추정량이면서, 표본크기 n이 커지면 표본비율 $\hat{p}$은 모비율 p에 확률적으로 수렴하는 일치추정량의 특징을 가지고 있다. 또한, 이항분포의 확률변수 X는 베르누이 분포의 확률변수합으로 표현될 수 있으므로, 표본비율 $\hat{p}$은 표본평균 형태가 되어, n이 어느정도 크다면, 중심극한정리에 의하여 정규분포로 근사할 수 있다. 일반적으로 $np \geq 5$이고 $n(1-p) \geq 5$조건을 만족하면 표본크기가 크다고 판단하여 정규분포 근사로 문제를 해결할 수 있다.

그렇다면 확률변수 X가 이항분포를 따르는 경우, X와 표본비율 $\hat{p}$에 대한 기대값과 분산에 대하여 복습해 보자.

$$X \sim B(n,p) \Rightarrow E(X) = np,\ \ Var(X) = np(1-p)$$

$$\Rightarrow E\left(\frac{X}{n}\right) = p\,,\ Var\left(\frac{X}{n}\right) = \frac{p(1-p)}{n}$$

$$\Rightarrow \hat{p} = \frac{X}{n} \ \dot{\sim}\ N\left(p\,,\ \frac{p(1-p)}{n}\right)$$

여기서 한 가지 문제가 발생한다. 그것은 표본비율 $\hat{p}$에 대한 분산이 우리가 모르는 상수인 모비율 p로 구성되어 있다는 것이다. 이를 해결하기 위하여 두 가지 방법이 있다. 첫 번째 방법은 표본

비율 $\hat{p}$은 모비율 p의 일치추정량으로, 표본크기 n이 어느 정도 크다면 표본비율은 모비율에 확률적 수렴을 하는 것으로 알려져 있으므로, 모비율 p 대신 표본비율 $\hat{p}$을 대입하여 분산을 추정할 수 있다. 두 번째 해결방법은 함수 $p(1-p)$는 이차포물선 함수로 $p=1/2$일 때 최대값 1/4을 갖는다. 따라서 분산을 보수적으로 나타나는 최대값 1/4로 설정하여 분산을 추정할 수 있다. 표본비율 $\hat{p}$에 대한 표준오차 추정량 $\hat{\sigma}(\hat{p})$는 다음과 같이 정리된다.

$$\text{첫 번째 방법: } \hat{\sigma}(\hat{p}) = \sqrt{\frac{\hat{p}(1-\hat{p})}{n}}, \quad \text{두 번째 방법: } \hat{\sigma}(\hat{p}) = \sqrt{\frac{1}{4n}}$$

통계분석적 측면에서 보면 일치추정량인 $\hat{p}$을 이용한 첫 번째 방법이 더욱 참값에 가까울 것으로 판단할 수 있다. 두 번째 방법은 표준오차를 간단하게 계산하는 방법으로, 사회과학 분야에서 많이 사용하는 방법이다. 특별히, 신문에서 여론조사를 발표하는 경우 제시된 표준오차는 두 번째 방법을 주로 사용한다. 이 책에서는 조금 더 정확할 것이라고 기대하는 첫 번째 방법의 표준오차를 사용하여 접근하기로 한다.

이제 모비율 p에 대한 신뢰수준 $100(1-\alpha)\%$에 해당하는 신뢰구간을 알아보자. 신뢰구간은 $1-\alpha$ 확률을 나타내는 구간이므로 양쪽 꼬리부분에 대한 확률은 $\alpha/2$가 되어, 구간은 $(-z_{\alpha/2}, z_{\alpha/2})$이 된다. 따라서 모비율 p에 대한 $100(1-\alpha)\%$ 신뢰구간은 다음과 같다.

$$\begin{aligned}
&\Pr\left(-z_{\alpha/2} \leqq Z \leqq z_{\alpha/2}\right) = 1-\alpha \\
&\Leftrightarrow \Pr\left(-z_{\alpha/2} \leqq \frac{\hat{p}-p}{\sqrt{\frac{\hat{p}(1-\hat{p})}{n}}} \leqq z_{\alpha/2}\right) = 1-\alpha \\
&\Leftrightarrow \Pr\left(\hat{p}-z_{\alpha/2}\sqrt{\frac{\hat{p}(1-\hat{p})}{n}} \leq p \leq \hat{p}+z_{\alpha/2}\sqrt{\frac{\hat{p}(1-\hat{p})}{n}}\right) = 1-\alpha \\
&\Rightarrow 100(1-\alpha)\% \text{ 신뢰구간: } \hat{p} \pm z_{\alpha/2}\sqrt{\frac{\hat{p}(1-\hat{p})}{n}}
\end{aligned}$$

[예제 5] 대통령 선거에서 A후보의 득표율을 알기 위하여 2,500명을 조사한 결과 1,500명이 A후보를 지지한 것으로 나타났다. 관련된 확률변수와 분포 및 모수를 기술하고, 모수에 대한 점추정량과 표준오차를 계산하여라. 또한, A후보 득표율에 대한 95% 신뢰구간을 구하여라.

응답자 2,500명 중 A후보를 지지하겠다고 응답한 응답자 수를 확률변수 X라 정의하면, X는 n이 2,500이고 모수가 p인 이항분포를 따르는 확률변수가 된다. 여기서 모수 p는 A후보의 실제 득표율로 아직은 모르는 상수이다. 모수 p에 대한 추정량은 표본비율 $\hat{p}$이며 추정값은 X/n인 0.6이 되고 표준오차는 다음과 같다.

```
> phat=1500/2500; shat=sqrt(phat*(1-phat)/2500); shat
[1] 0.009797959
```

또한, 모비율인 A후보의 득표율에 대한 신뢰수준 95%에 대한 신뢰구간을 다음과 같이 계산된다.

```
> c(qnorm(0.025,phat,shat),qnorm(0.975,phat,shat))
[1] 0.5807964 0.6192036
```

즉, A후보의 득표율은 신뢰수준 95%에서 (58.1%, 61.9%) 신뢰구간을 형성하고 있다. 다시 말하면, 95%의 확신을 가지고 실제 득표율이 이 범위내에 있다고 볼 수 있으며, 아무리 못 받아도 58.1% 득표율은 얻을 수 있으며, 잘 받으면 61.9%까지 득표율을 얻을 수 있다고 말할 수 있다.

모분산에 대한 추정

표본분산 S^2은 모분산 σ^2에 대한 추정량으로 최소분산 불편추정량 특징을 갖는다고 배웠다. 또한, 평균 μ, 분산 σ^2인 정규분포를 따르는 모집단으로부터 무작위표본이 만들어졌을 경우, 표본분산과 관련된 확률변수 V는 다음과 같이 자유도가 $n-1$인 χ^2-분포를 따른다고 배웠다.

$$V = \sum_{i=1}^{n}\left(\frac{X_i - \overline{X}_n}{\sigma}\right)^2 = \frac{(n-1)\,S^2}{\sigma^2} \sim \chi^2(n-1)$$

여기서 확률변수 V에 대한 평균은 $n-1$, 분산은 $2(n-1)$이 된다. 따라서 확률변수 S^2에 대한 분산은 다음과 같이 계산된다.

$$Var\left(\frac{(n-1)\,S^2}{\sigma^2}\right) = 2(n-1) \Rightarrow Var(S^2) = \frac{2\,\sigma^4}{n-1}$$

표본분산에 대한 분산은 우리가 모르는 상수인 σ^4의 함수로 되어 있으므로 이를 추정량 S^4로 대체하여 표준오차를 계산하면 다음과 같다.

$$\text{표본분산 } S^2 \text{의 표준오차 추정량} : \sqrt{\frac{2}{n-1}}\ S^2$$

이제 자유도가 n인 χ^2-분포를 따르는 확률변수 V에 대한 신뢰수준 $100(1-\alpha)$%에 해당하는 신뢰구간을 생각해 보자. 이 경우, 앞의 경우와 마찬가지로 신뢰구간은 $1-\alpha$ 확률을 나타내는 구간이어야 하며, 따라서 양쪽 꼬리부분에 대한 확률은 $\alpha/2$가 되어야 한다. 즉, 신뢰구간은 [그림 9-3]에 나타난 바와 같이$\left(\chi^2_{1-\alpha/2}(n)\,,\ \chi^2_{\alpha/2}(n)\right)$이 된다.[4)]

---

4) [그림 9-3]에 대한 R코드는 다음과 같다.

```
x=seq(0,20,0.01); y=dchisq(x,4); x1=qchisq(0.025,4); x2=qchisq(0.975,4)
plot(x,y,xlab='',type='l',ylab='',lwd=2,main='자유도 4인 카이제곱분포의 확률밀도함수')
polygon(c(x2,x[(x>x2)],20), c(0,y[(x>x2)],0), col="gray")
polygon(c(0,x[(x<x1)],x1), c(0,y[(x<x1)],0), col="gray")
```

그림 9-3 χ^2-분포의 100(1−α)% 신뢰구간

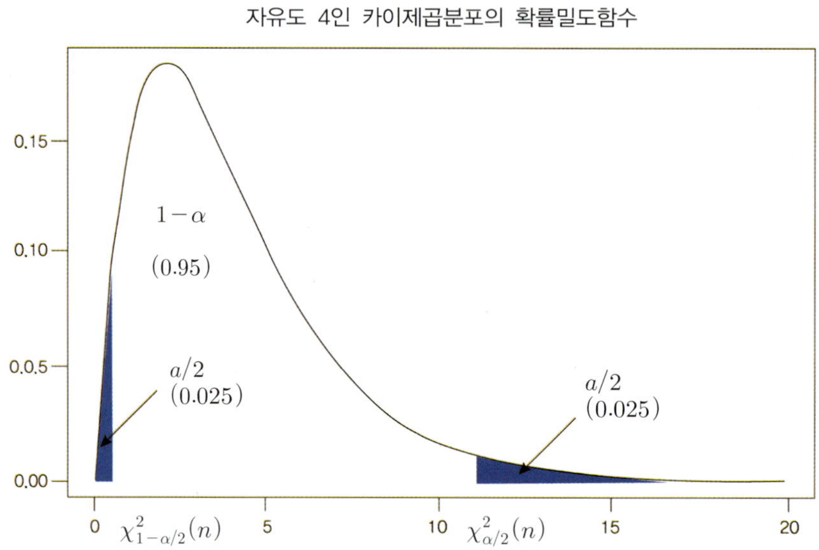

이제 모분산 σ^2에 대한 신뢰수준 $100(1-\alpha)\%$ 신뢰구간을 알아보도록 하자.

$$\Pr\left(\chi^2_{1-\alpha/2}(n-1) \leqq V \leqq \chi^2_{\alpha/2}(n-1)\right) = 1-\alpha$$

$$\Leftrightarrow \Pr\left(\chi^2_{1-\alpha/2}(n-1) \leqq \frac{(n-1)S^2}{\sigma^2} \leqq \chi^2_{\alpha/2}(n-1)\right) = 1-\alpha$$

$$\Leftrightarrow \Pr\left(\frac{(n-1)S^2}{\chi^2_{\alpha/2}(n-1)} \leqq \sigma^2 \leqq \frac{(n-1)S^2}{\chi^2_{1-\alpha/2}(n-1)}\right) = 1-\alpha$$

$$\Rightarrow 100(1-\alpha)\% \text{ 신뢰구간}: \left(\frac{(n-1)S^2}{\chi^2_{\alpha/2}(n-1)}, \frac{(n-1)S^2}{\chi^2_{1-\alpha/2}(n-1)}\right)$$

[예제 6] A 정밀기계 공장에서 제공하는 부품은 표준편차가 2mm를 넘지 않도록 요구하고 있다. 만일 표본으로 수집된 데이터의 표준편차가 2mm를 넘을 것이라는 뚜렷한 증거가 발생하면, 해당 부품을 모두 폐기 처리하려고 한다. 표본 20개를 무작위로 뽑아 조사한 결과 표본표준편차는 $\sqrt{5}$ mm로 나타났다. 다음 물음에 답하여라.

1) 관련된 모수를 기술하여라.
2) 모수에 대한 점추정량과 표준오차는?
3) 모수의 신뢰수준 95%에 대한 신뢰구간은?
4) 이 데이터를 분석하였을 때, A 공장의 부품이 표준편차 2mm를 초과한다는 뚜렷한 증거를 확인할 수 있었는가?

1) 관련된 모수는 부품의 모표준편차이지만, 모표준편차에 대한 추론은 복잡하므로[5] 같은 개념인 모분산을 이용하여 접근하기로 한다. 즉, 모수는 A 정밀기계 공장에서 제공하는 부품의 분산이 된다.

2) 모수인 모분산의 추정량은 표본분산으로 추정값은 5이며 표준오차는 다음과 같다.

```
> sqrt(2/(20-1)) * 5  # 표본분산의 표준오차
[1] 1.622214
```

3) 모분산 σ^2에 대한 95% 신뢰구간은 다음과 같다.

```
> c(19*5/qchisq(0.975,19) , 19*5/qchisq(0.025,19)) # 95% 신뢰구간
[1]  2.891728 10.666348
```

4) 표준편차가 2mm를 넘기면 안 된다는 의미는 분산이 4 이상을 넘기면 안 된다는 의미와 같다. 앞의 문제에서 모분산은 신뢰수준 95%의 확신을 가지고 (2.89, 10.67) 구간에 있을 것이라고 하였고, 이 구간은 분산값 4를 포함하고 있다. 따라서 20개의 데이터를 통하여 분석한 결과, 표준편차가 2mm를 초과한다는 뚜렷한 증거를 찾을 수 없다는 결론을 내릴 수 있다.

9.3 신뢰구간의 이해와 응용

신뢰구간의 의미

모집단의 분포가 정규분포인 무작위표본으로부터, 모분산을 알고 있는 상태에서, 모평균에 대한 신뢰수준 95% 신뢰구간에 대한 의미에 대하여 알아보자. 이 경우 다음과 같은 확률적 관계가 성립한다.

$$\Pr\left(\overline{X}_n - z_{0.025}\sigma/\sqrt{n} \le \mu \le \overline{X}_n + z_{0.025}\sigma/\sqrt{n}\right) = 0.95$$

여기서 주의할 사항은 표본평균 $\overline{X}_n$은 확률변수이고 모평균 μ는 상수라는 것이다. 즉, 구간의 상한값과 하한값이 확률변수인 **무작위구간**(random interval)이 된다는 것이다. 다음 예제를 통하여 무작위구간에 대한 개념을 이해하여 보자.

5) 표본분산과 관련된 분포가 χ^2−분포인 것처럼, 표본표준편차와 관련된 분포는 χ−분포이다. 이에 관한 내용은 연습문제에서 다루도록 한다.

[예제 7] 공정한 주사위를 던져 나타난 눈의 수를 확률변수 X라 하자. 모평균에 대한 신뢰구간을 $X \pm 1$이라고 설정하는 경우, 이 무작위구간에 대한 신뢰수준을 구하여라. 또한, 주사위를 던진 결과, 2의 눈이 나왔다면 이에 대한 신뢰구간은 어떻게 해석해야 하는지를 기술하여라.

공정한 주사위를 던지는 경우, 모든 확률은 동일하므로 모평균 μ는 1에서 6까지의 평균인 3.5가 된다. 따라서 다음의 무작위구간에 대한 확률을 계산하는 문제가 된다.

$$\Pr(X-1 \leqq 3.5 \leqq X+1)$$

주사위 눈이 {3, 4}일 경우 모평균 3.5를 포함하고 있고, {1, 2, 5, 6}은 모평균을 포함하고 있지 않으므로, 확률은 2/6가 되어, 신뢰수준은 1/3이 된다.

만일 주사위를 던진 결과 2의 눈이 나타났다면, 주사위의 눈을 나타내는 결과 값은 더 이상 확률변수 X가 될 수 없고, 상수값을 갖는 x가 된다. 다시 말하면, 다음과 같은 결과가 되어 버린다.

$$\Pr(x-1 \leqq \mu \leqq x+1) = \Pr(1 \leqq 3.5 \leqq 3) = 0$$

즉, 주사위를 던져 어떠한 결과값이 나타났다면, 무작위구간은 더 이상 확률적 의미를 가질 수 없는 특정한 구간이 되면서, 모평균인 3.5를 포함하거나 포함하지 않거나 둘 중의 하나인 형태로 바뀌게 된다. 일반적으로, 데이터를 관찰하여 확률변수에 값을 입력하는 순간, 확률로 표현된 무작위구간은 신뢰수준 1/3의 신뢰구간으로 바뀌게 되는 것이다.

이제 이러한 문제를 신뢰구간에 적용하여 보자. 무작위표본으로 얻은 표본평균 $\overline{X}_n$은 확률변수이며, 따라서 이렇게 만들어진 구간은 무작위구간 형태로 존재하게 된다. 하지만, 관찰된 데이터를 기반으로 계산된 표본평균 값 $\overline{x}$과 이 값을 기반으로 만들어진 신뢰구간은 더 이상 확률변수가 될 수 없으며, 계산된 신뢰구간은 모평균 μ를 포함하거나 포함하지 않거나 둘 중의 하나인 형태로 나타나게 된다. 결국 계산된 신뢰구간에 대한 신뢰수준은 확률의 의미를 가질 수 없으므로, '모평균이 포함되어 있을 것이라는 확신의 정도'의 개념으로 이해하여야 한다. 즉, 신뢰구간이 만들어진 상태에서 95%라는 의미는 확률은 사용할 수 없으므로 확신의 정도를 나타내는 개념인 신뢰수준이라는 새로운 용어를 만들어 사용하게 되는 것이다.

그렇다면, [예제 2]에서 '대학교 1학년 남학생의 평균키에 대한 신뢰수준 95% 신뢰구간은 (167.62cm, 176.38cm)으로 나타났다'라는 의미는 무엇일까? 앞에서 설명하였듯이, 확률변수와 관련된 것이 아니므로, 이 구간 안에 실제 모평균 μ가 포함되거나 포함되지 않거나 둘 중의 하나의 형태로만 존재하게 된다. 그러나, 이러한 신뢰구간을 여러 개 만들어 관찰한다면 평균적으로 100번 중 95개는 모평균을 포함한다는 의미로 신뢰수준 95%을 설명할 수 있다. 다음의 시뮬레이션 예제를 통하여 이러한 사실을 확인해 보도록 하자.

[예제 8] 평균 100, 표준편차가 10인 정규분포로부터 표본크기 15인 무작위표본을 추출하여, 이에 대한 신뢰수준 95% 신뢰구간을 20개 만드시오. 그리고 20개의 신뢰구간 중에서 몇 개의 신뢰구간이 모평균 100을 포함하고 있는지 확인하여라.

다음의 R코드를 살펴보면, 평균 100, 표준편차가 10인 정규분포로부터 표본크기 15인 난수를 발생하여 평균을 계산하여 변수명 'xbar'에 저장한다. 그리고 이 표본평균 값을 이용하여 신뢰수준 95% 신뢰구간을 20개 생성하는 R코드이다.

```
xbar = rep(0,20)
for(i in 1:20) xbar[i] = mean(rnorm(15, 100, 10))
L95 = xbar + qnorm(0.025) * 10 / sqrt(15)
U95 = xbar + qnorm(0.975) * 10 / sqrt(15)
plot(1:20, xbar, ylim=c(85,115), xlab="무작위표본 반복횟수", ylab="95% 신뢰구간", main="20개의
    무작위구간", pch=16)
for(i in 1:20)  arrows(x0=i, y0=L95[i], x1=i, y1=U95[i], code=3, angle=90, length=0.15)
abline(h=100, lwd=2)
```

여기서 plot() 함수에 사용되는 'pch=16'은 'plot character'의 약자로 해당 좌표에 16번째 문자인 '•'를 표시하라는 의미이다. R에서는 총 25개의 다양한 pch 모양을 제공하고 있다. [그림 9-4]는 R에서 제공하는 다양한 pch와 이에 대응하는 번호를 보여주고 있다.

또한, arrows() 함수는 시작점 좌표 (x0, y0)에서 끝점 좌표 (x1, y1)까지 화살표를 그리는 함수이다. 'code=3'는 양쪽끝을 모두 화살표를 표시하라는 옵션이며, 'angle=90'은 화살표 촉을 '↓'에서 90도로 세워서 '⊥'로 바꾸고 촉길이를 0.15정도로 짧게하라는 옵션이다.

그림 9-4 다양한 pch 모양들

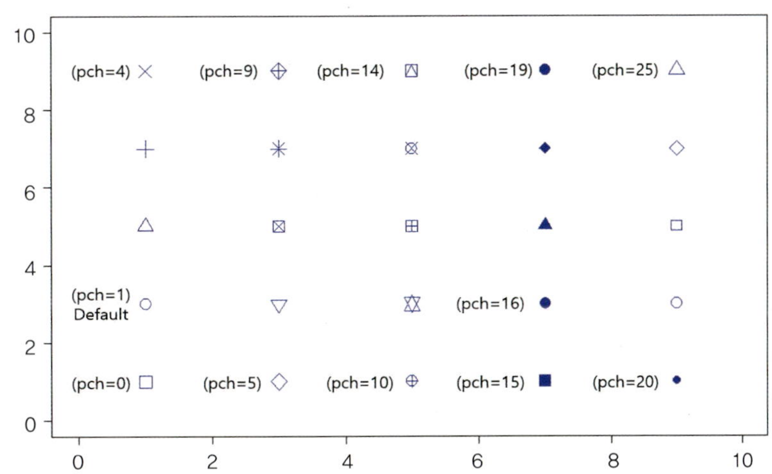

그림 9-5 신뢰구간의 의미

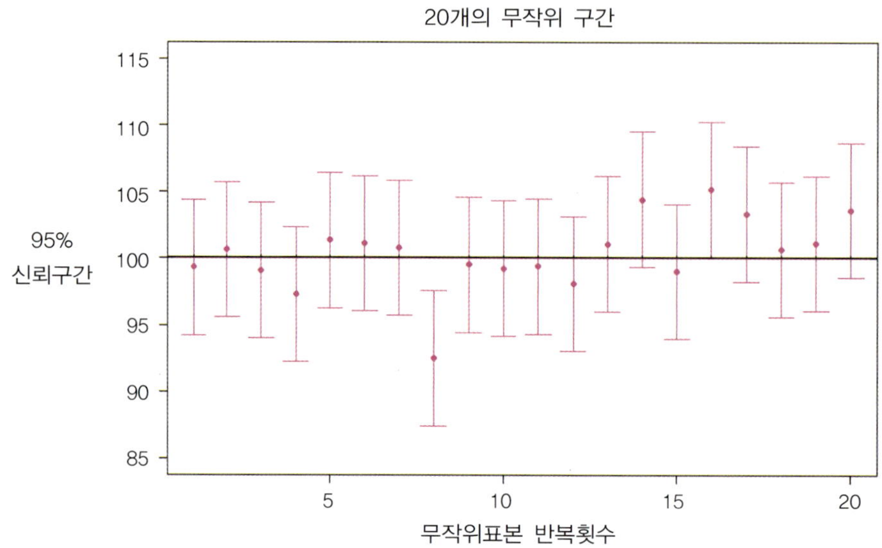

시뮬레이션을 통하여 20개의 무작위 신뢰구간을 살펴보면 [그림 9-5]와 같다. 모평균에 대한 20개 신뢰구간 중 19개는 모평균 100을 포함하고 있으며, 8번째 무작위표본 1개가 모평균을 포함하고 있지 않아 95%의 확률로 모평균을 포함하고 있음을 확인할 수 있었다. 이처럼 신뢰수준은 여러 개의 신뢰구간을 고려하였을 경우, 무작위구간이 모평균을 포함할 확률을 의미한다. 하지만 일반적으로는 하나의 무작위표본으로부터 한 개의 신뢰구간을 사용하므로 신뢰수준의 의미를 확률로 판단하기에는 무리가 있다.

표본크기의 결정

모수를 파악하기 위하여 데이터를 수집하는 경우, 가장 먼저 결정해야 하는 사항은 몇 개의 데이터를 수집할 것인지, 즉 표본크기를 결정하는 것이다. 표본크기의 결정에 우선적으로 고려해야 하는 사항은 시간과 비용이다. 예를 들어, 신제품에 대한 소비자의 의견을 알아보고자 한다면, 가급적 많은 소비자를 조사하면 좋겠지만, 너무 많은 소비자를 조사한다면 많은 시간과 비용이 발생하여 어려움을 겪을 수 있다. 즉, 소비자 100만명을 대상으로 1년 동안 신제품에 대한 의견을 물어본다면, 비용도 증가하고, 1년 뒤의 소비자 취향이 바뀔 수 있으므로 문제가 발생한다는 것이다. 즉, 현재의 소비자 취향을 적은 비용으로 빠르게 파악하여 신제품을 개발할 수 있는 것은 비즈니스 경쟁역량 측면에서 매우 중요하다고 볼 수 있다. 하지만 표본크기의 결정문제에서는 시간과 비용의 고려가 전부만은 아닐 것이다.

모평균 추정을 위한 표본크기 결정

데이터 수집을 위한 설계과정에서 적은 비용과 빠른 시간만을 강조할 수는 없다. 왜냐하면, 그렇게 설계하다 보면 추정량의 정확도가 떨어지기 때문이다. 그렇다면 정확도를 어느 정도 유지한 상황에서 표본크기를 결정하는 문제를 생각해 보도록 한다. 먼저 정확도를 어떠한 방식으로 접근할 것인가의 문제부터 살펴보도록 하자.

우리는 모평균 μ의 신뢰수준 $100(1-\alpha)\%$에 대한 신뢰구간은 다음과 같이 만들어진다는 사실을 배웠다.

$$\overline{X}_n \pm z_{\alpha/2}\,\sigma / \sqrt{n}$$

이러한 신뢰구간의 구조를 살펴보면, 표본평균 $\overline{X}_n$을 중심으로 $z_{\alpha/2}\,\sigma / \sqrt{n}$ 만큼이 더해지고 빼지고 있음을 알 수 있다 이 경우, $z_{\alpha/2}\,\sigma / \sqrt{n}$를 **허용오차(margin of error)**[6]라 부르며, **신뢰구간의 폭**은 $2 \times z_{\alpha/2}\,\sigma / \sqrt{n}$, 즉 허용오차의 2배가 된다. 만일 최대 허용오차를 A로 설정하였다면 이를 만족하는 표본크기는 다음과 같이 된다.

$$z_{\alpha/2}\frac{\sigma}{\sqrt{n}} \leqq A \;\Rightarrow\; n \geqq \left(\frac{z_{\alpha/2} \times \sigma}{A}\right)^2$$

[예제 9] A 회사는 자사제품에 대한 전구의 평균수명을 추정하고자 한다. 이 전구의 최소, 최대수명은 대략 1,900시간에서 2,200시간으로 알려져 있다. 95% 신뢰수준에서 최대 허용오차를 25시간 (또는 신뢰구간 폭을 50시간) 이내로 만들고자 한다면, 이러한 정확도를 유지하기 위하여 요구되는 표본크기는 어느 정도인가?

주어진 정확도에 대한 요구사항을 만족하기 위한 표본크기의 결정문제는 $z_{\alpha/2}$를 계산하기 위한 신뢰수준, 최대 허용오차 A그리고 모표준편차 σ가 필요하다. 문제에서 신뢰수준은 95%라 하였으니 $z_{0.025}$는 1.96이 되어 이 값을 사용하면 된다. 최대허용오차는 문제에서 25(시간)으로 주어져 있으므로 A의 값에 25를 대입하면 된다. 하지만, 모표준편차 σ에 대한 정보는 문제에서 주어지지 않았으므로 대략적인 추정이 필요하다. 아직 데이터를 뽑기전이라 데이터를 기반으로 σ를 추정한다는 것은 다소 무리가 있어 보인다. 이 경우, 평균의 $\pm 3\sigma$범위에서 99% 이상의 대부분의 데이터를 커버한다는 경험에 의한 법칙을 적용하면 대략적인 σ를 추정할 수 있다. 최소수명과 최대수명이 대략 1,900시간, 2,200시간으로 알려져 있고, 데이터를 커버하는 구간폭이 6σ가 되므로, 이러한 사실을 이용하여 다음과 같이 σ를 추정할 수 있다.

$$\hat{\sigma} = \frac{\text{최대값} - \text{최소값}}{6} = \frac{2200-1900}{6} = 50$$

---

6) 허용오차를 한계오차라 부르기도 한다.

이제 σ의 추정값이 50으로 추정되었으니, 주어진 정확도를 만족하는 표본크기를 계산할 수 있게 된다.

$$n \geq \left(\frac{z_{0.025} \times \hat{\sigma}}{A}\right)^2 \Rightarrow n \geq \left(\frac{1.96 \times 50}{25}\right)^2 = 15.37$$

따라서 표본크기는 최소 16이상은 되어야 주어진 정확도, 95% 수준에서 최대 허용오차 25(시간) 이내를 맞출 수 있다.

모비율 추정을 위한 표본크기 결정

모비율에 대한 정확도를 표현하는 방식은 모평균 접근방식과 매우 유사하다. 모비율 p에 대한 신뢰수준 $100(1-\alpha)\%$에 대한 신뢰구간은 다음과 같이 만들어진다는 사실을 배웠다.

$$\hat{p} \pm z_{\alpha/2}\sqrt{\frac{\hat{p}(1-\hat{p})}{n}} \quad \text{또는} \quad \hat{p} \pm z_{\alpha/2}\sqrt{\frac{1}{4n}}$$

모비율에 대한 신뢰구간을 살펴보면, 표본비율 $\hat{p}$을 중심으로 허용오차만큼 더해지고 빼지고 있음을 알 수 있다. 여기서 나타나는 문제는 모비율이나 표본비율에 대한 정보가 존재하지 않는다는 것이다. 만일 최대 허용오차를 A로 설정하였다면, 이를 만족하는 표본크기는 다음과 같이 된다.

표본비율 $\hat{p}$에 대한 정보가 있는 경우,

$$z_{\alpha/2}\sqrt{\frac{\hat{p}(1-\hat{p})}{n}} \leq A \Rightarrow n \geq \frac{z_{\alpha/2}^2 \times \hat{p}(1-\hat{p})}{A^2}$$

표본비율 $\hat{p}$에 대한 정보가 전혀없는 경우,

$$z_{\alpha/2}\sqrt{\frac{1}{4n}} \leq A \Rightarrow n \geq \frac{z_{\alpha/2}^2}{4A^2}$$

[예제 10] 어느 여론조사기관에서는 정부의 정책지지율을 평가하기 위하여 표본설계를 진행하고 있다.

(1) 95% 신뢰수준에서 1% 이상 오차가 나타나지 않게 하기 위해서는 어느 정도의 표본을 조사하여야 하는가?

(2) 과거 경험에 의하면 국정지지율은 65% 정도 나오는 것으로 확인되었다. 이러한 정보를 이용하여 표본의 크기를 정하고자 한다면 어느 정도의 표본을 조사하여야 하는가?

문제 (1)의 경우는 표본비율에 대한 사전정보가 없으므로 가장 보수적인 상황인 $p=1/2$일 때, 최대값 $p(1-p)=1/4$이 되는 상황을 대입하여 접근하면 다음과 같다.

$$n \geq \frac{z_{\alpha/2}^2}{4A^2} = \frac{1.96^2}{4\,(0.01)^2} = 9{,}604$$

따라서 요구하는 정확도 95% 신뢰수준에서 1%의 최대 허용오차를 유지하려면 최소 9,604개 이상의 표본을 뽑아야 한다는 결론을 내릴 수 있다.

문제 (2)의 경우, 표본비율에 대한 정보가 65% 정도로 알려져 있으므로 다음 식을 이용하여 표본크기를 줄일 수 있다.

$$n \geq \frac{z_{\alpha/2}^2 \times \hat{p}\,(1-\hat{p}\,)}{A^2} = \frac{1.96^2 \times 0.65 \times 0.35}{A^2} = 8739.64$$

따라서 표본크기가 8,740이면 요구되는 정확도를 유지할 수 있다. 이처럼 표본비율에 대한 사전적인 정보가 있으면 표본크기를 9,604에서 8,740으로 줄일 수 있게 된다. 즉, 표본비율에 대한 사전적 정보를 활용한다면, 동일한 정확도를 요구하는 상황에서, 표본의 크기를 줄일 수 있으므로 결과적으로 시간과 비용을 절약할 수 있게 된다.

주요 용어

통계적 추론. 표준오차, 추정, 점추정, 구간추정, 가설, 가설검정, 통계적 모형

[9.1] 추정량, 추정값, 기대값, 불편성, 불편추정량, 바이어스, 유효성, 최소분산 불편추정량(MVUE), 일치성, 일치추정량, 확률적 수렴

[9.2] 신뢰수준, 신뢰구간

[9.3] 무작위구간, 신뢰수준, 허용오차, 신뢰구간의 폭

연습문제

1. 9장에 소개된 R코드를 실행하여 결과를 확인하여라.

2. 확률변수 V가 자유도 n 인 χ^2-분포를 따를 때, 확률변수 $\sqrt{V}$는 자유도 n 인 $\chi-$분포를 따르게 되며, 평균과 분산은 다음과 같다.

$$\text{평균}: \mu = \sqrt{2}\frac{\Gamma((n+1)/2)}{\Gamma(n/2)}, \quad \text{분산}: \sigma^2 = n - \mu^2$$

여기서 $\Gamma(x)$[7]는 x가 자연수일 경우는 $(x-1)!$로 계산되며, 자연수가 아닐 경우는 다음의 적분값으로 정의된다.

$$\Gamma(x) = \int_0^\infty t^{x-1} e^{-t}\,dt$$

R에서는 'gamma()' 함수로 표현된다. 예를 들어, gamma(4)는 3!이므로 6의 값이 제공된다.

(1) 정규분포로부터 추출된 무작위표본에 대하여, 앞에 소개된 $\chi-$분포를 이용하여, 모표준편차 σ에 대한 불편추정량 $\hat{\sigma}$을 구하여라.

(2) 데이터 {1, 2, 3, 4, 5}에 대한 표본표준편차 S와 (1)에서 구한 불편추정량 $\hat{\sigma}$값을 계산하고, 두 값을 비교하여라.

(3) 평균이 0이고 표준편차가 2인 정규분포로부터 추출된 표본크기 5인 무작위표본에 대하여

---

7) Γ는 3번째 Greek 대문자로 '감마'라고 읽으며, gamma라고 표기한다.

표준편차의 추정량 $\hat{\sigma}$이 불편추정량임을 시뮬레이션을 통하여 확인하여라.

3. 어느 서비스센터에서 고객의 평균응대시간을 파악하기 위하여, 100명의 고객을 대상으로 응대시간을 조사하였더니 평균은 32분 표준편차는 4분으로 나타났다.

(1) 이 문제와 관련된 모수, 확률변수, 확률분포에 대하여 기술하여라.

(2) 모수에 대한 신뢰수준 99% 신뢰구간을 구하여라.

(3) 과거 경험에 의하면 표준편차는 5분으로 알려져 있다. 신뢰수준 95%에서 최대 허용오차를 1분으로 하고자 하는 경우, 표본크기를 얼마나 해야 하는가?

4. A회사 제품의 판매율을 파악하기 위하여, 매장에 방문한 2,000명을 조사한 결과, 165명이 A회사 제품을 구매한 것으로 파악되었다.

(1) 이 문제와 관련된 모수, 확률변수, 확률분포에 대하여 기술하여라.

(2) 모수에 대한 추정값을 계산하고, 신뢰수준 95%에 대한 오차한계를 구하여라.

(3) 모수에 대한 정보가 전혀 없는 경우, 신뢰수준 90%로 최대 허용오차를 0.04로 하고자 한다면 표본크기는 얼마나 잡아야 하는가?

5. 평균이 0, 분산이 4인 정규분포로부터 추출된 표본크기 5인 무작위표본에 대하여, σ^2에 대한 95% 신뢰구간을 20개 만들었을 경우, 몇 개의 신뢰구간이 참값인 4를 포함하고 있는지 그래프를 통하여 확인하여라.

연습문제 풀이

2. (1) 표본분산 S^2 은 χ^2-분포과 관련되어 있으므로, 표본표준편차는 다음과 같음을 확인할 수 있다.

$$\sqrt{\frac{(n-1)\,S^2}{\sigma^2}} \sim \chi\,(n-1),\ \text{기대값 : } \mu = \sqrt{2}\,\frac{\Gamma\,(\,n/2\,)}{\Gamma\,(\,(n-1)/2\,)}$$

$$\Rightarrow\ \frac{\sqrt{n-1}}{\sigma}\,E(S) = \mu \ \Rightarrow\ \frac{\sqrt{n-1}}{\mu}\,E(S) = \sigma$$

따라서 σ 에 대한 불편추정량은 다음과 같다.

$$\hat{\sigma} = \sqrt{\frac{n-1}{2}}\,\frac{\Gamma\,(\,(n-1)/2\,)}{\Gamma\,(\,n/2\,)}\,S$$

(2) 다음의 R코드를 통하여 S 는 1.58, $\hat{\sigma}$ 은 1.68로 $\hat{\sigma}$ 이 조금 더 큰값을 제공한다는 사실을 확인할 수 있다.

```
> x=1:5; sd(x)
[1] 1.581139
> sqrt(4/2)*gamma(2)/gamma(2.5)*sd(x)
[1] 1.682088
```

(참고) $\hat{\sigma}$에 대한 분산은 다음과 같다.

$$\frac{(n-1)}{\sigma^2}\,Var\,(S) = (n-1)-\mu^2 \ \Rightarrow\ Var\,(S) = \left(1-\frac{\mu^2}{n-1}\right)\sigma^2$$

따라서 $\sigma\widehat{(S)} = \sqrt{1-\frac{\mu^2}{n-1}}\,S$

```
> mu=sqrt(2)*gamma(2.5)/gamma(2); sqrt(1-mu^2/4)*sd(x)
[1] 0.5395069
```

따라서 $\hat{\sigma}$에 대한 표준오차는 0.54가 된다.

(3) $\hat{\sigma}$에 대한 기대값은 불편추정량이므로, 2가 되어야 한다.

```
> s = rep(0,100000)
> for(i in 1:100000) s[i] = sqrt(4)/mu*sd(rnorm(5,0,2))
> mean(s)
[1] 2.000321
```

10만 번의 시뮬레이션 결과, $\hat{\sigma}$는 평균이 2에 가까이 나타나므로 불편추정량임을 확인할 수 있다.

3. (1) 모수: 고객을 대상으로 응대하는 평균시간(모평균, μ)

확률변수: ① 고객에 응대하는 시간, ② 100명의 고객응대시간 평균

확률분포: ① 고객응대 시간에 대해서는 분포가 알려지지 않았음.

② 중심극한정리에 의하여 정규분포를 따른다.

(2) μ에 대한 99% 신뢰구간은 $\overline{X}_n \pm z_{0.005}\,\sigma / \sqrt{n}$ 이므로 다음과 같다.

```
> c(32+qnorm(0.005)*4/10, 32+qnorm(0.995)*4/10)
[1] 30.96967 33.03033
```

(3) $n \geq \left(\frac{z_{\alpha/2} \times \sigma}{A}\right)^2$ 이므로 $n \geq \left(\frac{z_{0.025} \times 5}{1}\right)^2$ 이 되어야 한다.

```
> (qnorm(0.975)*5)^2
[1] 96.03647
```

따라서 표본크기는 최소 97은 되어야 한다.

4. (1) 모수 : 매장을 방문한 고객 중 A회사 제품을 구매한 고객비율(모비율, p)

확률변수 : ① 매장을 방문한 2,000명의 고객 중 A회사 제품을 구매한 고객의 수 X, ② 매장을 방문한 2,000명의 고객 중 A회사 제품을 구매한 고객의 비율 $\hat{p}$

확률분포 : ① n이 2,000, p를 모수로 하는 이항분포, ② 표본비율 $\hat{p}$는 중심극한정리에 의하여 정규분포를 따른다.

(2) 모비율 p 에 대한 추정값, $\hat{p}$ 은 165/2000 = 0.0825, 신뢰수준 95%에 대한 오차한계는 $z_{\alpha/2}\sqrt{\frac{\hat{p}(1-\hat{p})}{n}}$,

$z_{0.025}\sqrt{\frac{0.0825(1-0.0825)}{2000}}$ 이므로 다음과 같이 0.012이다.

```
> qnorm(0.975)*sqrt(0.0825*(1-0.0825)/2000)
[1] 0.01205766
```

(3) $n \geq \frac{z_{\alpha/2}^2}{4A^2}$ 이므로 $n \geq \frac{z_{0.05}^2}{4(0.04)^2}$ 이 되어야 한다.

```
> qnorm(0.95)^2 / (4*0.04^2)
[1] 422.7412
```

따라서 표본크기는 최소 423은 되어야 한다.

5. 모분산에 대한 20개의 무작위 신뢰구간을 생성하는 R코드와 그래프는 다음과 같다.

```
S2 = rep(0,20)
for(i in 1:20) S2[i] = var(rnorm(5, 0, sqrt(4)))
L95 = 4*S2/qchisq(0.975,4)
U95 = 4*S2/qchisq(0.025,4)
plot(1:20, S2, ylim=c(0,80), xlab="무작위표본 반복 횟수", ylab="95% 신뢰구간", main="모분산에 대한
    20개의 무작위구간", pch=16)
```

```
for(i in 1:20)  arrows(x0=i, y0=L95[i], x1=i, y1=U95[i], code=3, angle=90, length=0.15)
abline(h=4, lwd=2)
```

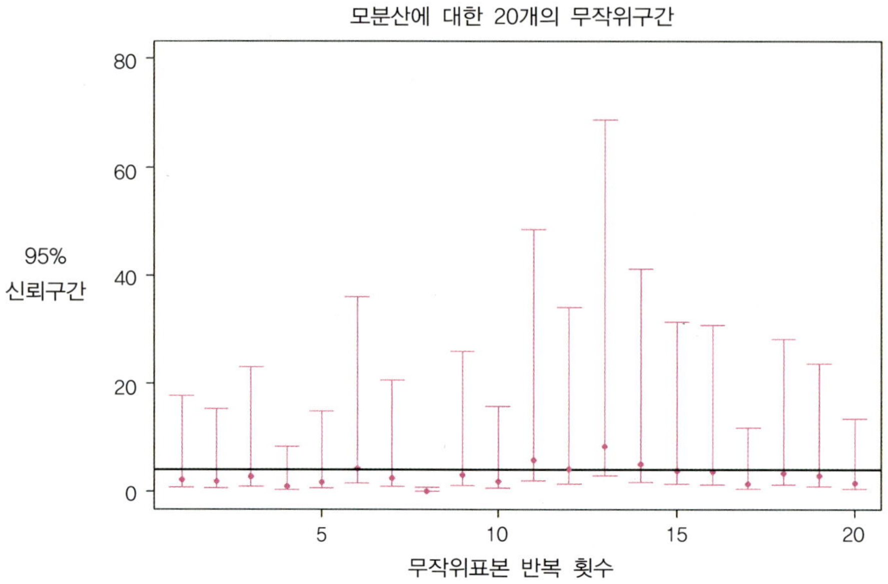

20개 무작위 신뢰구간에서 1개가 참값인 4을 포함하지 않아 대략 95%의 적중률을 가지고 있음을 확인할 수 있다. 또한, 모분산의 신뢰구간은, χ^2-분포의 특성에 따라, 매우 긴 오른쪽 구간을 가지고 있음을 확인할 수 있다.

CHAPTER 10

가설검정

통계적 가설검정(statistical hypothesis testing)은 두 개의 가설, 귀무가설과 대립가설을 설정하고 어느 가설이 합당한지를 판단하는 합리적이고 과학적인 의사결정방법이다. 그러나 합리적인 의사결정방법으로 취급되는 통계적 가설검정은, 우리의 일반적인 생각과는 달리 두 개의 가설을 공정하게 놓고 판단하는 것이 아니라 하나의 가설에 강한 편향적 선호도를 주고 이에 대한 반대증거를 찾는 과정으로 진행된다. 이러한 과정은 법정에서 '무죄추정의 원칙'에 따라 무죄에 강한 편향적 선호도를 주고 판사나 배심원이 유죄 · 무죄를 판단하는 과정과 매우 흡사하다. 다음의 사례를 통하여 가설검정의 개념을 이해해보도록 하자.

10.1 가설검정의 이해

가설검정의 원리를 설명하기 위하여 O. J. 심슨 사건을 예로 들어 생각하여 보자. 1994년 6월 12일 미국 로스앤젤레스에서 살인사건이 발생하였다. 그리고 1주일 후 도주하는 용의자를 끝까지 추격하여 체포하였는데 놀랍게도 그는 유명한 미식축구 선수이자 엔터테이너인 O. J. 심슨이었다. 피해자는 전처인 니콜 브라운 심슨으로 막대한 위자료에 대한 소송이 진행 중이었다. 이 살인사건에 대한 재판은 세기의 재판(trial of the century)이라 불리며 전 세계 사람들의 관심을 끌었다. 심슨은 드림팀이라고 불리는 최고의 변호인단을 구성하여 재판을 진행하였다. 심슨은 결국 무죄판결을 받았고 진범은 지금까지 밝혀지지 않은 상태이다. 1995년 러시아 옐친 대통령이 미국방문을 하였을 때, 클린턴 대통령에게 '심슨이 범인이라고 생각합니까?'라고 물어보았다는 일화가 있을 정도로 유명한 사건이었다.

이제 이러한 살인사건에서 여러분은 죄의 유무를 가리는 판사 또는 배심원이라고 가정하고 문제를 접근해 보자. 배심원은 변호인측과 검찰측으로부터, 서로 동시에 발생할 수 없는, 상호 배반적인 두 가지 주장을 듣게 된다.

> 가설 1 : O. J. 심슨은 전처를 살해하지 않았다.
> 가설 2 : O. J. 심슨은 전처를 살해하였다.

두 가지 주장 중에서 한 가지 결정을 내려야 하는 판사 또는 배심원은 다음과 같은 두 가지 오류를 범할 수 있다.

> 오류 1 : O. J. 심슨이 결백함에도 불구하고, 유죄라고 판결내리는 경우
> 즉, 가설 1이 참임에도 불구하고 가설 1을 기각하는 오류
> 오류 2 : O. J. 심슨이 아내를 살해하였지만, 무죄라고 판결내리는 경우

즉, 가설 1이 거짓임에도 불구하고 가설 1을 선택하는 오류

오류에 대한 심각성을 생각했을 경우, 오류 2보다는 억울하게 살인자로 취급받아 엄청난 형량을 받아야 하는 오류 1이 훨씬 심각하다고 볼 수 있다. 따라서 우리나라 헌법에서는 '형사피고인은 유죄의 판결이 확정될 때까지는 무죄로 추정된다.'라는 무죄추정원칙을 명시하고 있다. 이는 두 가설을 공정하게 판단하는 것이 아니라, 가설 1에 강한 편향적 선호를 준 상태에서 재판을 진행한다는 것을 의미한다. 즉, 가설 1을 일단 기본적으로 참이라고 가정하고, 가설 1을 중심으로 문제에 접근한다는 것이다.

일단 가설 1이 참이라고 가정하고, 웬만하면 가설 1을 지키려고 노력하면서 의사결정을 진행한다. 하지만, 가설 2를 지지해 주는 결정적 증거가 나타나는 경우는 할 수 없이 가설 1을 기각하고 가설 2를 선택하게 된다. 따라서 'O. J. 심슨은 무죄다.'라는 최종적 판결의 의미는 실제로 O. J. 심슨이 무죄라는 의미가 아니라, '검찰측은 O. J. 심슨이 아내를 살해하였다는 결정적인 증거를 제시하지 못하였기 때문에 유죄판결을 내리지 못하였다'는 의미로 해석되어야 한다. 즉, O. J. 심슨이 무죄라는 사실은 입증된 것이 아니라, 단지 유죄라는 사실을 입증하지 못한 것뿐이라는 의미이다.

재판에서 무죄선고를 받은 O. J. 심슨은 실제로 검찰측에 손해배상을 청구하는 민사소송을 진행하였다. 이 경우 가설 1과 가설 2는 바뀌게 되면서, 손해배상을 받기 위해서는 자신이 무죄라는 사실을 입증해야 하는 상황에 접하게 된다. 여기서 O. J. 심슨은 유죄를 받아, 손해배상을 받지 못하게 되었다. 이는 O. J. 심슨이 유죄라는 것이 아니라, 무죄입증에 실패하였기 때문에 그렇게 표현한 것이다.

통계적 가설검정에서도 이러한 원리가 그대로 적용된다. 즉, 현재 그대로의 상태를 나타내는 'status quo'[1)]에 **귀무가설**(null hypothesis), H_0를 설정하여 편향적 선호도를 부여한다. 즉, 귀무가설을 기각할만한 뚜렷한 증거가 없으면, 가급적 귀무가설을 유지하려고 노력한다는 것이다. 귀무가설에 반대되는 가설을 **대립가설**(alternative hypothesis), H_1이라고 한다. 대립가설은 일반적으로 status quo의 반대개념으로 변화나 새로운 주장에 관련된 가설을 의미한다.

만일 데이터가 귀무가설이 참이라고 보기에는 너무 맞지 않은 형태로 나타났다면, 이는 대립가설이 참이라는 강력한 증거가 되므로 귀무가설을 기각하게 된다. 즉, 데이터를 통하여 귀무가설을 기각하고, 대립가설을 받아들일 만한 충분한 증거를 확보하였다면, 대립가설을 채택하여 받아들이게 된다. 만일 데이터를 통해 귀무가설을 기각할만한 충분한 증거를 확인하지 못하였다면, 귀무가설을 기각시키지 못하는 의사결정을 내리게 된다. 여기서 귀무가설을 기각할만한 충분한 증거를 확인하지 못하였다는 의미는 귀무가설 참이라는 증거를 확보하였다는 의미는 아니므로 '귀무가설을 채택한다'라는 말을 사용하면 안 된다. 즉, 귀무가설을 기각할만한 충분한 증거가 나타나지 않았

---

1) 라틴어 문장인 'status quo'(스테터스 쿠오)는 영어로 'existing state of affairs' 즉, '현재 상황', '현상유지'의 의미를 지니고 있으며, 새로운 것을 시도하는 혁신, 변화의 반대말이다. 귀무가설 설정에 핵심이 되는 문장으로, 변화 속에서 지금의 상태를 유지하려는 태도를 대표하는 개념이다.

으므로 반드시 '귀무가설을 기각할 수는 없다(can't reject H_0)'라고 표현하여야 한다.

예를 들어, 공정한 동전이 아니라는 주장에 대하여 status quo는, 일상적으로 생각하는 공정한 동전이라는 주장이 될 것이고 이러한 주장이 귀무가설이 될 것이다. 만일 해당 동전을 10번 던졌더니 10번 모두 앞면이 나왔다면, 정상적인 동전의 앞면이 10번 나올 확률은 $(1/2)^{10}$인 0.00098로 대략 1000번에 한번꼴로 나타나는 현상으로 매우 낮은 수치이다. 이러한 사실을 통하여 정상적인 동전이라는 귀무가설을 기각하는데 충분한 증거가 될 것이다. 따라서 데이터를 근거로 판단하였을 경우, '공정한 동전이라는 귀무가설을 기각한다.'라고 판단하는 것이 합리적 의사결정이 된다. 만일 10번 중 7번이 앞면으로 나타났다면, 앞면이 많이 나타나는 동전이라고 의심은 가겠지만, 그렇다고 귀무가설을 기각시킬만한 충분한 증거가 있다고 단정 지을 수 없으므로 '귀무가설을 기각하지는 못한다.'라는 표현으로 결론내리는 것이 합리적 의사결정이 된다. 여기서 비록 귀무가설을 기각하지는 못했지만, 이러한 결정이 공정한 동전이라는 사실을 입증한 것이 아님을 기억해야 한다.

이제 이러한 합리적 의사결정이 확률과 결합하여 어떻게 전개되는지, 통계적 가설검정절차를 통하여 알아보도록 하자.

10.2 통계적 가설검정의 3단계

통계적 추측의 한 주제인 통계적 가설검정에 대한 전개과정에 대하여 알아보도록 하자.

1단계 : 가설의 설정

통계적 가설검정은 모수의 값이 얼마일 것이라고 주장하는 **통계적 가설**(statistical hypothesis)에 대한 적합성 여부를 무작위표본 형태인 데이터를 이용하여 판단하는 과정을 말한다. 따라서 통계적 가설 이전에 반드시 모수에 대한 정의가 이루어져야 하며, 모수에 대한 구체적인 수치가 통계적 가설에서 제공되어야 한다.

(통계적 가설이 될 수 없는 가설)
H : 우리나라 성인 남자의 신장이 많이 커졌다.
(통계적 가설이 되는 경우)
모평균 μ를 우리나라 성인 남자의 평균신장이라고 할 때,
H : $\mu > 170$cm

간단한 사례를 통하여 통계적 가설검정에 대한 전개과정을 살펴보도록 하자. 예를 들어, 우리나라 성인 남자들의 평균신장이 170cm라는 주장이 있으며, 이러한 주장에 대한 적합성 여부를 데이터를 통하여 판단하고자 한다. 여기서 첫 번째로 설정해야 하는 부분은 모수를 정의하고 이에 적합한 통계적 가설을 만드는 것이다. ① 이 문제에서 모수는 앞에서 언급한 바와 같이, 우리나라 성인 남자의 평균신장을 나타내는 모평균 μ가 된다. 그 다음으로는, ② 설정된 모수를 이용하여 통계적 가설인 귀무가설과 대립가설을 수립하는 것이다.

귀무가설을 설정하는 원칙은 'status quo'개념에 따라 설정하는 것이지만, 또 다른 원칙으로 모수가 구체적인 수치로 표현될 수 있어야 한다는 것이다. 왜냐하면 통계적 가설검정은 귀무가설이 참이라고 가정하고 통계적 가설검정이 진행되기 때문에 귀무가설이 $\mu \neq 170$cm 형태로 주어지게 된다면, μ값을 어떠한 값으로 설정해야 할지 모르기 때문이다. 따라서 귀무가설은 'status quo' 개념이 포함되어 있으면서, 모수가 구체적으로 설정될 수 있는 문장이어야 한다. 따라서 귀무가설을 $\mu = 170$cm로 설정하는 것이 일반적이다. 만일 귀무가설이 $\mu \leqq 170$cm 형태로 설정하였다면, 대립가설에 가장 가까운 보수적인 형태인 $\mu = 170$cm를 가정하고 접근하는 것이 일반적이기 때문에, 결국은 처음부터 귀무가설을 $\mu = 170$cm로 설정한 것과 동일한 가설검정 과정을 거치게 된다.

대립가설은 연구의 목적을 잘 이해하고 설정하여야 한다. 만일 연구문제의 '평균이 170cm인지를 확인하기 위하여...' 라는 표현을 하였다면 대립가설은 $\mu \neq 170$cm 형태가 되어야 한다. 즉, 귀무가설을 기각하기 위해서는 평균이 170cm보다 클수도 있고, 작을 수도 있다는 것이다. 이러한 형태의 대립가설을 제1형의 대립가설, 또는 **양측검정(two-sided test)**이라고 한다. 만일 연구자가 평균이 170cm보다 클 것으로 생각하고 있으므로 평균이 170cm보다 큰쪽에는 관심이 있지만, 작은쪽에는 관심이 없는 경우, 대립가설을 $\mu > 170$cm 형태로 설정할 수 있다. 이러한 형태의 대립가설을 제2형의 대립가설이라 하며 **단측검정(one-sided test)**이라고 한다. 이 경우에는 평균이 170cm보다 큰 쪽에만 관심이 있으므로 귀무가설을 기각시키기 위한 영역도 평균이 큰쪽으로만 만들어져야 한다.

만일 연구자가 평균이 170cm보다 못할 것으로 생각하고, 따라서 평균이 170cm보다 작은쪽에 관심이 있으며 큰쪽은 관심이 없는 경우, 대립가설을 $\mu < 170$cm 형태로 설정할 수 있다. 이러한 형태의 대립가설을 제3형의 대립가설이라 부르며 또 다른 형태의 단측검정이 된다. 이 경우, 평균이 작은쪽에만 관심이 있으므로 귀무가설을 기각시키기 위한 영역도 평균 170cm보다 작은쪽으로만 만들어져야 한다.

제1형 대립가설 : H_1: $\mu \neq 170$cm, 양측검정

  표본평균 $\overline{X}_n$이 170cm 보다 많이 크거나 작을 때 귀무가설 기각

제2형 대립가설 : H_1: $\mu > 170$cm, 단측검정

  표본평균 $\overline{X}_n$이 170cm 보다 많이 클때 귀무가설 기각

제3형 대립가설 : H_1: $\mu < 170$cm, 단측검정

  표본평균 $\overline{X}_n$이 170cm 보다 많이 작을 때 귀무가설 기각

제2형의 대립가설에서는 일반적인 귀무가설 형태는 H_0 : μ=170cm이지만, 모평균이 170cm보다 작은 부분은 관심이 없고 큰쪽에만 관심이 있다. 다시 말하면, 표본평균 값이 170cm보다 많이 떨어져 있어도 작은쪽으로 떨어져 있다면, 이 영역은 관심이 없는 지역이므로 귀무가설을 기각시키지 못한다는 것이다. 이러한 이유로 귀무가설을 μ=170cm 형태로 설정하는 것도 가능하지만, H_0 : $\mu \leq$170cm형태의 모습도 가능하며, 두 형태 모두 동일하게 취급된다. 즉, 귀무가설을 H_0 : $\mu \leq$170cm 형태로 설정하여도 H_0: μ=170cm 형태로 설정한 가설검정과 동일하게 진행된다는 것이다.

이와 같은 논리로 제3형의 대립가설에서는 일반적인 귀무가설 형태가 H_0: μ=170cm이지만, 모평균이 170cm보다 큰부분은 관심이 없고, 작은쪽에만 관심이 있다. 만일 표본평균값이 170cm보다 많이 떨어져 있어도 큰쪽으로 떨어져 있다면, 이 영역은 관심이 없는 지역이므로 귀무가설을 기각시키지 못한다는 것이다. 이러한 이유로 귀무가설을 170cm 형태로 설정하는 것도 가능하지만 H_0: $\mu \geq$170cm 형태로 설정하는 것도 가능하며, 가설검정에서는 두 형태 모두 동일하게 취급된다. 즉, 귀무가설 H_0: $\mu \geq$170cm와 H_0: μ=170cm는 가설검정에서 동일하게 취급된다는 것이다.

이 예제에서는 평균이 170cm까지는 안될 것으로 생각하고 있으며, 따라서 대립가설이 단측검정 형태의 제3형 대립가설인 μ < 170cm로 설정한다고 가정하고 문제를 접근하기로 한다.

가설검정 1단계의 다음 과정은 ③ **유의수준(significant level)**을 설정하는 것이다. 우리는 앞에서 귀무가설 H_0와 대립가설 H_1에 대한 설정을 마무리했다. 통계적 가설검정을 통하여 최종적으로 의사결정을 내릴 때, 두 종류의 오류를 범할 수 있다. 통계적 가설검정에서는 귀무가설을 중요하게 생각하므로, 귀무가설이 참이지만 잘못하여 귀무가설을 기각시키는 오류를 심각하게 생각하며 이를 **제1종오류(Type I error)**라고 한다. 이와 반대로, 조금은 덜 심각한 오류인 귀무가설이 거짓이지만 잘못하여 귀무가설을 기각하지 못하는 오류를 **제2종오류(Type II error)**라고 한다. 제1종오류에 대한 확률을 α라 표기하며, 제2종오류에 대한 확률을 β라 표기한다. 통계적 가설검정을 진행하는 과정에서 우리가 중요하게 생각하는 제1종오류에 대한 최대허용 확률값을 설정해야 하는데, 이 확률값을 유의수준이라고 한다.[2)]

$$\Pr(\text{제1종오류}) = \Pr(H_0 \text{ 기각} \mid H_0 \text{ 참}) = \alpha$$
$$\Pr(\text{제2종오류}) = \Pr(H_0 \text{ 기각못함} \mid H_0 \text{ 거짓}) = \beta$$

유의수준은 우리가 심각하게 생각하는 경우로, 귀무가설이 참이지만 잘못하여 귀무가설을 기각하는 제1종오류확률을 허용하는 한계치를 의미한다. 현대통계학의 아버지라 불리는 피셔(R. A. Fisher; 1890~1962)는, 대부분의 통계적 가설검정에서 유의수준을 5%로 사용하였지만, 이 값에 특별한 의미를 부여하지는 않았다. 하지만, 피셔가 5%로 유의수준을 사용한 이후, 모든 통계분석에서

2) 이산형 확률변수의 경우, 유의수준과 제1종오류에 대한 확률 α는 조금 다르게 나타날 수 있다. 하지만, 하지만 연속형 확률변수의 경우는 유의수준을 α로 정확하게 맞추는 것이 가능하므로 동일하게 취급하기도 한다.

는 특별한 언급이 없으면, 유의수준 5%로 잡는 것을 관례화되었다.[3] 제1종오류에 대한 확률 α를 더 낮추고 싶다면 유의수준을 1%로 설정할 수 있으며, 이는 우리가 통제 못 하는 제2종오류에 대한 확률 β를 증가시키게 된다. 반대로 제1종오류의 확률을 조금 더 높이고 싶으면 10%로 설정할 수 있으며, 이 경우 제2종오류에 대한 확률 β를 낮출 수 있게 된다. 이와 같이 α를 낮추면 β가 올라가며, α를 높은 수준으로 허용하면 β는 내려가게 된다.

그렇다면, 유의수준을 10%로 올리거나 1%로 낮춘다는 것은 어떠한 의미인지를 알아보자. 앞에서 소개한 O. J. 심슨 재판의 경우 살인범의 용의자로 기소되었으므로 제1종오류는 매우 심각한 오류가 될 수 있다. 왜냐하면 결백한 사람이 살인죄의 누명을 쓰고 엄청난 형량을 감수해야 하기 때문이다. 이 경우 우리는 귀무가설에 더 많은 편향적 선호를 주면서 귀무가설을 함부로 기각하지 못하도록 설정을 할 수 있는데 이것이 유의수준을 1%로 낮추는 것과 동일한 의미이다. 유의수준을 낮추게 되면 제2종오류에 대한 확률이 증가하게 되는 문제점이 발생한다. 즉, 제1종오류를 낮추면 살인을 저지른 범죄자가 무죄판정을 받고 쉽게 풀려날 수 있는 제2종오류가 커지게 된다는 것이다.

제1종오류에 대한 허용확률인 유의수준을 높인다는 의미는 제1종오류를 어느 정도 허용하면서, 제2종오류에 대한 확률을 낮게 유지하겠다는 의미이다. 피해자 유족들은 O. J. 심슨을 상대로 손해배상 청구소송을 진행하였다. 이러한 민사소송 재판은 형사재판과는 달리 제1종오류가 심각하지 않으므로, 유의수준을 어느 정도 허용하면서 제2종오류에 대한 확률을 낮추어, 두 확률을 비슷하게 함께 낮추는 균형잡힌 의사결정을 내릴 수 있는 역할을 하게 된다. 이 재판에서는 형사재판과는 다르게, 피해자 유족들이 승소하여 O. J. 심슨의 혐의가 인정되는 재판결과를 얻게 된다.

또 다른 예로 은행의 대출심사 과정을 생각해 보자. 은행입장에서는 두 가지 오류를 범할 수 있다. 첫 번째 오류는 잘못된 신청자에게 대출을 승인하는 대출원금을 받지 못하는 사건이 발생하는 오류이다. 두 번째 오류는 정상적으로 이자와 원금을 갚는 신청자에게 대출을 거절하여 이자에 대한 이익을 얻지 못하는 오류이다. 잘못된 신청자에게 대출을 승인하여 원금손실이 발생하는 오류는 대출을 거절하여 이자를 받지 못하는 오류보다 훨씬 심각하므로 첫 번째 오류를 제1종오류로 설정하는 것이 타당하다. 즉, 귀무가설은 '대출금을 제대로 갚지 못하는 신청자일 것이다'라고 설정하고 이에 대한 반대증거를 찾으려고 노력하는 접근이 대출심사에서 가장 합리적인 의사결정방법이라는 것이다.

만일 10억원 대출신청을 심사하는 경우는, 손실이 매우 크므로 귀무가설에 강한 편향적 선호도

---

3) 대부분 통계학자는, 특별한 상황이 아니면 유의수준을 5%로 설정하는 것을 무리없이 받아들인다. 하지만 최근 통계학, 경제학, 교육학, 심리학, 의학에 종사하는 과학자 72명은 새로운 발견에 대한 검증의 유의수준을 5%가 아닌 0.5%로 낮추어야 한다고 주장하면서 많은 논란이 되었다. 왜냐하면, 유의수준을 0.5%로 낮춘다면, 5% 유의수준으로 검증되었던 많은 기존 연구에 상당한 변화가 나타나기 때문이다. 즉, 통계적으로 입증되었다고 생각한 많은 이론이 더 이상 통계적으로 입증되지 못하는 이론으로 바뀌기 때문이다. 이러한 논란은 과학자들이 자신의 이론을 주장하기 위하여 통계적 검정과정에서 충분히 엄격하게 진행되지 않았다는 비판에서 시작되었다. 이러한 주장은, 낮은 유의수준 설정을 통하여 쉽게 재현되지 않아야 하는데, 5%의 기준은 상대적으로 높은 유의수준으로 쉽게 재현될 수 있는 문제점을 가지고 있다는 것이다. 이러한 문제를 **재현성 문제**(reproducibility problem)라고 한다.

를 부여하여야 한다. 이러한 의미는 귀무가설이 기각되어 대출이 실행되기 위해서는 귀무가설에 반대되는 강한증거가 있어야 한다는 것이다. 이러한 의미는 유의수준을 평상시보다 낮추어 진행한다는 의미이다. 이제 100만원 대출신청을 심사하는 경우를 생각해 보자. 제1종오류는 대출이 실행되었지만 갚지 않아서 손실이 발생하는 경우이다. 제1종오류에 대한 손실비용은 100만원으로, 은행입장에서는 그다지 큰 금액은 아니므로, 고객확보차원에서 유의수준을 높여서 귀무가설에 반대되는 엄격한 증거를 요구하지 않고, 쉽게 대출을 승인하도록 유도하는 것이 합리적인 운영방법일 것이다. 이러한 원리로 통계적 가설검정이 전개된다.

따라서, 통계적 가설검정 1단계에서 나타나는 귀무가설, 대립가설에 대한 설정은 제1종오류와 제2종오류의 형태를 분석하면서 설정되어야 한다. 또한, 귀무가설에 대한 편향적 선호도 또는 제1종오류에 대한 심각성은 유의수준이라는 확률을 통하여 설정된다. 다음 예제를 통하여 가설설정에 대한 중요성을 알아보도록 하자.

[예제 1] 과자봉지에 400g의 내용물이 표시되어 있는데, 최근 과자의 양이 적어졌다고 불평하는 소비자들이 많아졌다. 이를 확인하기 위하여 해당 회사는 과자봉지에 대한 내용물 무게를 조사하여 일부 소비자가 재기한 불평에 대한 근거가 있는지를 판단하고자 한다. 이 문제에 대하여 귀무가설과 대립가설을 어떻게 설정할 것인지에 대하여 논의하시오.

[예제 1]에서 우리가 검정해야 하는 모수는 '과자봉지에 있는 내용물 평균용량'을 나타내는 모평균 μ가 된다. 이 경우, 소비자측과 회사측의 주장에 대한 검정이므로, 두 가지 형태의 단측검정에 해당하는 대립가설을 고려할 수 있다. 즉, 제2형의 형태인 $H_1 : \mu > 400$mg와 제3형의 형태인 $H_1 : \mu < 400$mg이다. 그렇다면 제2형과 제3형의 대립가설에 대하여 제1종오류는 어떻게 설명될 수 있는지 살펴보도록 하자.

제2형의 대립가설 : $H_0 : \mu \leqq 400$g, $H_1 : \mu > 400$g인 경우,

제1종오류 : 실제로 내용물 용량이 400g에 해당하거나 함량이 미달한 상태임에도 불구하고 괜찮다고 판단하는 경우로, 내용물에 문제가 있음에도 불구하고 '문제가 없다' 라고 결론을 내리는 오류

제3형의 대립가설 : $H_0 : \mu \geqq 400$g, $H_1 : \mu < 400$g인 경우로,

제1종오류: 실제로 내용물 용량이 400g이거나 그 이상의 상태임에도 불구하고 함량이 미달이라고 판단하는 경우로, 내용물에 문제가 없음에도 불구하고 '문제가 있다' 라고 결론을 내리는 오류

결국 이 문제는, 우리가 중요하게 생각하는 제1종오류를 어디에 놓을 것인가에 대한 선택문제로 귀결된다. 제2형 대립가설에 해당하는 평균중량이 실제로 400g이 안 되는 데도 만족할 수준이라고 판단하는 오류와 제3형 대립가설에 해당하는 평균중량이 실제로 400g을 만족하지만, 함량미달이라고 판단하는 오류에 대한 선택이라는 것이다.

제2형의 대립가설을 선택하는 경우의 제1종 오류는, 실제로 내용물에 문제가 있음에도 불구하고 그냥 넘어감으로써 소비자가 피해를 보게 되는 경우이다. 이러한 오류를 **소비자 위험**(consumer risk)이라고 부른다. 즉, 소비자 입장에서는 소비자 위험을 통제하기 위하여 제2형의 대립가설을 원할 것이다.

제3형의 대립가설을 선택한다면 실제 내용물에 아무 문제가 없음에도 불구하고 문제가 있다고 판단하는 오류가 제1종 오류가 된다. 이 경우, 회사입장에서는 억울하게 소비자에 대한 보상과 벌금, 생산라인을 중단하고 포장기계를 불필요하게 고쳐야 하는 시간과 비용이 발생할 수 있게 된다. 따라서 이러한 오류를 **생산자 위험**(producer risk)이라고 부른다. 기업입장에서는 생산자 위험을 통제하기 위하여 제3형의 대립가설을 원할 것이다.

여기서 소비자 위험을 중요하게 생각할 것인지, 아니면 생산자 위험을 중요하게 생각할 것인지에 따라 가설설정이 다르게 나타나고, 결과적으로, 검정결과가 다르게 나타날 수 있다. [예제 1]은 기업입장에서 접근하였으므로 생산자 위험을 통제할 수 있는 제3형의 대립가설을 선택하는 것이 유리하다. 생산자 위험을 통제하고 싶다면 유의수준을 5%로 설정할 수 있으며, 생산자 위험을 더 낮추고 싶다면 1%로 낮출 수 있다. 이렇게 하면 생산자 위험은 줄어들겠지만, 상대적으로 소비자 위험이 증가하게 된다. 따라서 가설검정 1단계에서 적절한 유의수준 설정은 통계적 가설검정에서 사전에 결정해야 하는 중요한 단계 중 하나라고 볼 수 있다.

2단계 : 검정통계량과 기각역 결정

제1종오류에 대한 심각성에 따라 유의수준이 결정되면, 이제 가설검정을 위한 설정 1단계 과정이 모두 끝나게 된다. 그다음 단계는 귀무가설을 바탕으로 통계량과 표본분포를 찾아 귀무가설을 기각할 수 있는 영역을 찾는 것이다. 먼저 ④ **검정통계량**(test statistics)을 결정하고 이에 대한 표본분포를 찾는다. 검정통계량이란 통계적 의사결정에 결정적으로 영향을 미치는 통계량을 의미한다. 이 예제에서 귀무가설은 평균이 170cm라는 주장이며, 평균이 170cm까지는 안될 것으로 생각하는 제3형의 대립가설 $\mu < 170$cm을 가정하고 진행하기로 했다. 이 경우 통계적 의사결정에 결정적으로 영향을 미치는 통계량, 즉 검정통계량은 표본평균 $\overline{X}_n$ 이거나 표본평균을 표준화한 확률변수 Z가 된다.

그다음 단계로 ⑤ 귀무가설을 기각하는 영역인 **기각역**(rejection region, critical region)을 설정하는 것이다. 기각역은 '귀무가설을 기각하는 영역'으로 정의된다. 즉, 검정통계량이 기각역에 속하게 되면 귀무가설을 기각하는 판단을 하게 된다는 것이다. 따라서 귀무가설이 참이라고 가정한 상태에서 (Under H_0), 검정통계량이 기각역에 속하여 확률은 제1종오류에 대한 최대 허용확률인 유의수준과 같거나 작아야 한다. 이를 수식으로 표현하면 다음과 같다.

$$\text{유의수준} \geq \Pr(\text{제1종오류}) = \Pr(\text{검정통계량} \in \text{기각역} \mid H_0\text{가 참})$$

기각역의 형태는 귀무가설을 기각하고, 대립가설을 채택하는 것이므로 대립가설을 지지해 주는

그림 10-1 대립가설 유형에 따른 기각역

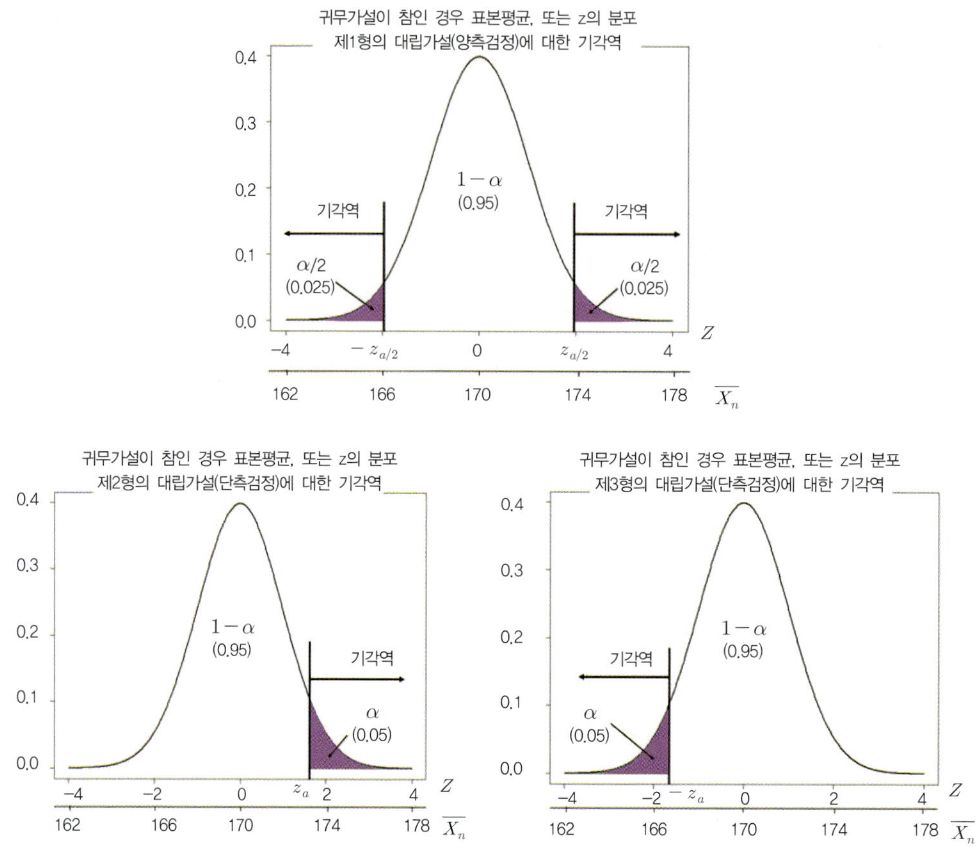

영역의 형태로 만들어져야 한다. 대립가설의 유형에 따라 유의수준 α 또는 0.05에서 나타나는 기각역의 모습은 [그림 10-1]과 같다.

[그림 10-1]과 같이 대립가설 유형에 따라 나타나는 기각역의 형태를 요약하면 다음과 같다.

제1형 대립가설: $H_1 : \mu \neq 170$cm, 양측검정

기각역: $\overline{X}_n < c_1$ 또는 $\overline{X}_n > c_2$, $Z < -z_{\alpha/2}$ 또는 $Z > z_{\alpha/2}$

제2형 대립가설: $H_1: \mu > 170$cm, 단측검정

기각역: $\overline{X}_n > c_2$, $Z > z_\alpha$

제3형 대립가설: $H_1 : \mu < 170$cm, 단측검정

기각역: $\overline{X}_n < c_1$, $Z < -z_\alpha$

이 예제의 경우, 표본평균을 검정통계량으로 설정하는 경우 제3형의 대립가설에 해당하므로, 표본평균이 170cm보다 큰 경우는 관심이 없고 170cm보다 매우 작으면 귀무가설을 기각하게 된다. 따

라서 기각역은 $\overline{X}_n < c_1$형태의 모습을 가져야 한다. 이와는 반대로, 표본평균이 170cm 근처에 있어서 기각역에 속하지 않는다면 귀무가설을 기각하지 못하는 의사결정을 내리게 된다.

이와 비슷한 논리로 검정통계량을 표본평균의 표준화된 확률변수 Z로 설정하는 경우, 이 값이 0으로부터 멀리 떨어진 음수의 값을 가지면 귀무가설을 기각시키는 의사결정을 내릴 것이다. 따라서 기각역은 $Z < -z_\alpha$형태의 모습이 될 것이다. 만일 검정통계량 값이 0 근처에 있으면 기각역에 속하지 않으므로 귀무가설을 기각하지 못하는 의사결정을 내리게 된다.

이제 1단계에서 설정된 유의수준 α를 기반으로 검정통계량에 따른 기각역을 알아보도록 보자. 유의수준이란 가설검정에서 사용하는 제1종오류에 대한 최대 허용확률을 의미하며, 일반적으로 α라 표현한다. 또한, 제1종오류란 귀무가설이 참이지만, 잘못하여 귀무가설을 기각하는 사건임을 상기하면서 문제에 접근하기를 바란다. 즉, 귀무가설이 참이라는 조건 ($\mu=170$) 아래서, 귀무가설을 기각하는 영역은 ($\overline{X}_n < c_1$)이 될 것이다. 이를 수식으로 표현하면 다음과 같다.

$$\Pr(\text{제1종오류}) = \Pr(\overline{X}_n < c_1 \mid \mu = 170) = \alpha$$

가설검정 1단계에서 유의수준 α값이 정해지면, 이값을 이용하여 c_1값을 구할 수 있으며 기각역을 완성할 수 있다. 이 예제에서, 만일 모집단의 분포가 정규분포를 따르는 무작위표본으로부터 데이터가 수집되었고, 모표준편차 σ가 10으로 알려져 있고 표본크기가 25로 주어졌다면, 귀무가설이 참이라는 조건 ($\mu=170$) 아래서, 표본평균과 표본평균의 Z는 다음과 같은 표본분포를 따른다.

Under H_0 ($\mu=170$) (만일 귀무가설이 참이라면)

$$\overline{X}_n \sim N\left(170, \left(\frac{10}{\sqrt{25}}\right)^2\right) \text{ 또는 } Z = \frac{\overline{X}_n - 170}{10/\sqrt{25}} \sim N(0,1)$$

가설검정 1단계에서 유의수준을 5%로 설정하였다면, 아래의 식을 만족하는 c_1 또는 z_α값을 찾으면 된다.

$$\Pr\left(\overline{X}_n < c_1 \mid \mu = 170\right) = 0.05 \text{ 또는 } \Pr\left(Z < -z_\alpha\right) = 0.05$$

이에 따른 R코드 결과에 따라 기각역을 설정하면 다음과 같다.

```
> qnorm(0.05, 170, 10/sqrt(25))
[1] 166.7103
> qnorm(0.05)
[1] -1.644854
```

기각역에 대한 설정: 표본평균 $\overline{X}_n$을 검정통계량으로 사용하는 경우, $\overline{X}_n < 166.7$

표준화된 표본평균 Z를 검정통계량으로 사용하는 경우, $Z < -1.645$

3단계 : 통계적 의사결정과 p 값

통계적 가설검정의 마지막 단계인 3단계에서는 무작위표본 형태의 데이터를 이용하여 ⑥ 검정통계량 값을 계산하고, ⑦ 검정통계량 값이 2단계에서 기각역에 속하는지에 대한 여부를 판단하는 과정이다. 통계적 가설검정의 1단계와 2단계에서는 실제 데이터가 사용되지 않음을 주목하기를 바란다. 이러한 의미는 가설과 유의수준설정 및 기각역을 설정에서는 데이터와 무관하게 진행되어야 한다는 것이다. 통계학에서는 데이터를 분석한 후, 가설과 유의수준을 설정하는 것을 금기하고 있다.

만일 25개 데이터에 대한 평균 (표본평균)이 166cm로 나타났다면, 2단계에서 설정된 기각역 $\overline{X}_n <$ 166.7에 속하게 되므로 귀무가설을 기각하게 된다. 만일 검정통계량을 표준화된 표본평균을 사용하게 된다면, z 값은 다음과 같이 계산된다.

$$z \text{ 값} = \frac{166 - 170}{10/\sqrt{25}} = -2$$

여기서 z값은 기각역 $Z < -1.645$에 속하게 되므로, 귀무가설을 기각하게 된다. 따라서 다음과 같은 결론을 내릴 수 있다.

"유의수준 5%에서 귀무가설을 기각한다"

즉, 통계적 의사결정을 내릴 때 반드시 유의수준 α에 대한 언급이 필요하다. 왜냐하면 제1종오류에 대한 최대 허용확률 α의 위험을 안고 이러한 통계적 의사결정을 내렸기 때문이다. 만일 유의수준을 다르게 설정하였다면, 다른 통계적 의사결정이 나타날 수도 있다.

만일 섬정통계량 값이 기각역에 속하지 않는다면 다음과 같이 표현한다.

"유의수준 5%에서 귀무가설을 기각하지 못한다"[4)]

통계적 가설검정을 진행하는 경우 이처럼 3단계의 절차를 거쳐 문제를 해결하는 것이 일반적이다. 하지만 통계분석에 대한 컴퓨터출력 결과는 이러한 과정을 거치지 않고, 제1형의 대립가설인 양측검정을 가정한 상태에서 검정통계량 값과 p값을 제시하고 마무리한다. 그렇다면 이제 p값에 대하여 자세하게 알아보도록 하자.

마지막 단계로 ⑧ **p값(p-value)**을 계산한다. p값은 **통계적 유의성**(statistical significance)을 나타내는 수치로 '검정통계량 값을 기반으로 계산된 귀무가설을 기각할 수 있는 최소의 유의수준'으로 정의된다. 여기서 통계적 유의성이란 데이터가 귀무가설로부터 얼마만큼 떨어져 있는지에 대한 정도

4) 귀무가설을 기각하는 경우, 영문으로는 'reject H_0', 귀무가설을 기각하지 못하는 경우는 'can't reject H_0'라 표현한다.

를 나타내는 개념이다. 이를 다르게 표현하면 귀무가설로부터 나타난 데이터의 차이가 우연히 나타난 것인지, 아니면 귀무가설이 참인 상태에서 발생한 데이터라고 판단하기에는 확률적으로 너무 낮은 수치인지를 표현하는 개념이다. 즉, '통계적 유의성이 있다'라는 의미는 현재의 데이터가 귀무가설로부터 너무 멀리 떨어져 있어, 귀무가설을 기각시키는 가설을 지지해 주고 있다는 의미로 해석할 수 있다. 다르게 표현하면, 귀무가설이 참인상태에서 지금 상태의 데이터가 수집될 확률은 매우 낮으므로 귀무가설을 기각시킬 수밖에 없는 상황이라는 의미이다.

예를 들어, 동전을 10번 던지는 실험에서 귀무가설이 공정한 동전이라는 주장, 즉 앞면이 나올 확률이 1/2이라는 주장이 있다고 하자. 그리고 이 동전을 실제로 10번 던졌더니 10번 모두 앞면의 결과가 나왔다고 하자. 그렇다면, 이러한 결과는 귀무가설이 참이라고 가정하기에는 확률적으로 너무 낮은 결과이므로[5] '통계적 유의성이 존재한다'라고 표현하거나 '~은 통계적으로 유의하다 (~ is statistically significant)'라고 표현한다. 따라서 1단계에서 설정된 유의수준을 기반으로 귀무가설을 기각하고, '이 동전은 공정한 동전이 아니다'라는 결론을 내리겠다는 의미이다.

결국 p값은 통계적 유의성, 즉 귀무가설로부터 데이터가 얼마만큼 떨어져 있는지에 대한 정도를 확률로 표현한 수치이다. 이는 관찰된 검정통계량 값에 대한 꼬리부분의 확률로 표현될 수 있으며, 이 값은 귀무가설을 기각시키기 위한 최소의 유의수준이 된다. 예제의 경우, 제3형의 대립가설을 사용하였고, 모평균이 170cm라는 귀무가설에 대하여 실제로 표본평균 값은 166cm로 나타났다. 그렇다면 귀무가설을 기각할 수 있는 최소의 기각역은 $\overline{X}_n \leq 166$이 된다. 따라서 p값은 다음과 같이 계산된다.[6]

$$p\text{값} = \Pr(\overline{X}_n \leq 166 \mid \mu = 170) = 0.023$$

대립가설의 유형에 따라 기각역의 형태는 다르게 나타나므로 p값도 다르게 계산된다. 만일 양측검정을 나타내는 제1형의 대립가설을 사용하였다면 [그림 10-2]와 같이 기각역이 양쪽으로 나타나야 하며, 대칭분포를 가지므로 p값은 꼬리부분 확률에 2를 곱한 값이 된다. 단측검정을 나타내는 제2형의 대립가설이나 제3형의 대립가설 경우는 그대로 꼬리부분의 확률만 계산하면 된다([그림 10-2] 참조).

정리하면 통계적 유의성을 나타내는 p값은 데이터가 귀무가설로부터 얼마만큼 떨어져 있는지를 나타내는 확률로, [그림 10-2]와 같이 작을수록 귀무가설로부터 멀리 떨어져 있다는 의미이다. 따라서 가설검정 1단계에서 설정한 유의수준보다 p값이 작게 나오면 검정통계량 값이 기각역에 속해 있다는 의미이므로 귀무가설을 기각하게 되며, 유의수준보다 p값이 크게 나오면 검정통계량 값이 기각역에 속해 있지 않다는 의미이므로 귀무가설을 기각하지 못하게 된다. 대부분의 통계분석 프

5) 앞면이 10번 연속해서 나올 확률은 $(1/2)^{10} = 1/1024 \approx 0.00098$이 된다.

6) 이를 위한 R코드 결과는 다음과 같다.

```
> pnorm(166, 170, 10/sqrt(25))
[1] 0.02275013
```

그림 10-2 대립가설 유형에 따른 p값 계산

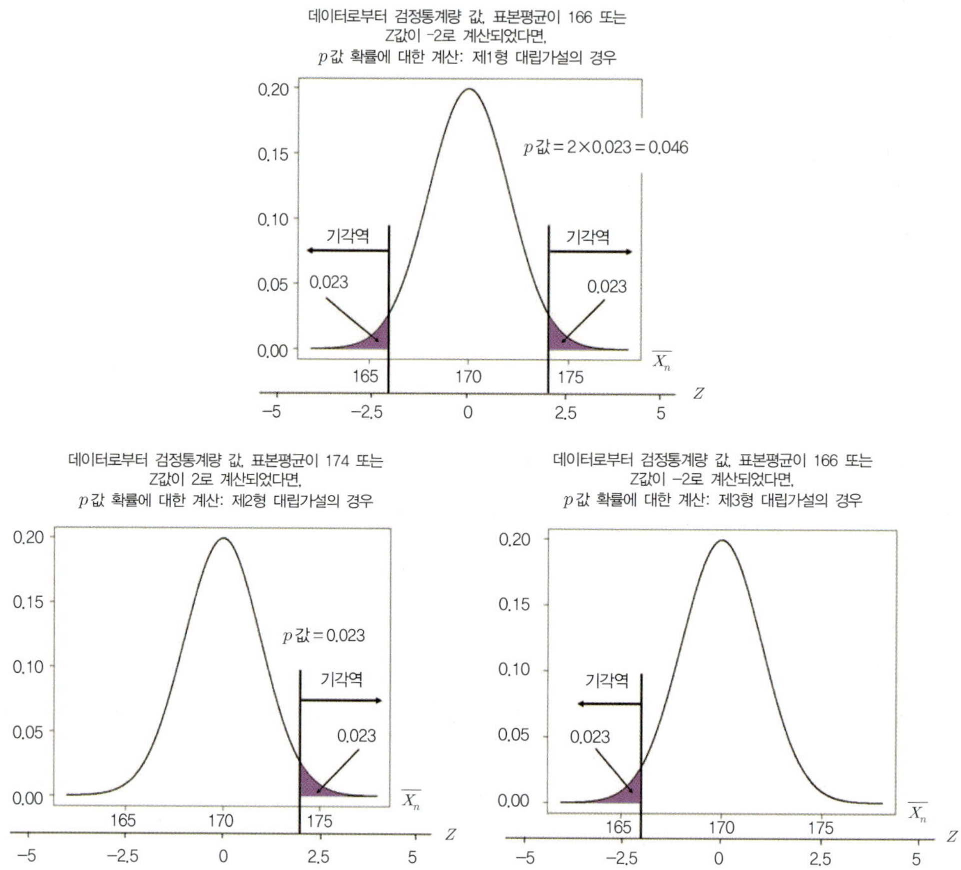

로그램에서는 디폴트로 제1형의 대립가설인 양측검정을 가정하여 p값을 제시하고 있다.

이와 같이 통계적 가설검정은 1단계 가설의 설정 (세부단계 : ① ② ③), 2단계 검정통계량과 기각역 설정 (세부단계 : ④ ⑤) 마지막으로 3단계 통계적 의사결정과 p값 (세부단계 : ⑥ ⑦ ⑧)으로 나누어지며, 세부적으로는 ①에서 ⑧단계로 구분할 수 있다.

10.3 모수에 대한 가설검정

여기서는 모집단의 특성을 나타내는 모수인 모평균, 모비율, 모분산에 대한 가설검정을 앞에서 설명한 통계적 가설검정의 3단계에 따라 전개해 보도록 한다.

모평균 가설검정

모평균에 대한 가설검정은 3가지 형태로 나누어 접근할 수 있다. 첫 번째 형태는 모집단에 대한 모분산, 또는 모표준편차를 아는 경우이다. 하지만, 현실적으로 이러한 경우는 존재하지 않는다고 보는 것이 타당하다. 왜냐하면, 모평균을 모르기 때문에 가설검정을 진행하는데 모분산을 정확하게 알고 있다는 것은 상식적으로 말이 되지 않기 때문이다. 그럼에도 불구하고, 모분산을 아는 경우에 대한 예제는 통계이론을 기반으로 통계적 가설검정을 이해하기 위한 과정으로 중요한 의미를 갖는다.

여기서는 모분산 또는 모표준편차를 모르는 경우만을 가정하고 문제에 접근하고자 한다. 모분산을 모르는 경우 새로운 확률변수인 스튜던트화된 표본평균 T는 자유도가 $n-1$인 $t-$분포를 따른다는 사실을 8장에서 배웠다. 이에 관한 내용을 복습하면 다음과 같다.

평균 μ, 분산 σ^2인 정규분포를 갖는 모집단으로부터 표본크기 n인 무작위표본에 대한 스튜던트화된 표본평균 T의 분포는 자유도 $n-1$인 $t-$분포를 갖는다.

$$T = \frac{\overline{X}_n - \mu}{S/\sqrt{n}} \sim t(n-1)$$

또한, 표본크기가 커지면 ($n \geqq 30$) 스튜던트화된 표본평균 T는 모집단의 분포와 관계없이 중심극한정리에 의하여 표준정규분포로 근사하게 된다. 이러한 통계이론을 바탕으로, 다음의 간단한 예제를 통하여 모평균에 대한 가설검정 문제를 해결하여 보도록 하자.

표본크기가 작은 경우에 대한 모평균검정

[예제 2] A 회사는 자신들이 출시한 건강음료가 평균 7.7㎖ 비타민C 원액을 포함하고 있다고 광고하였다. 하지만 소비자 단체에서는 비타민C 원액이 함량미달이므로 과대광고를 조사해 달라는 요청이 들어왔다. 공정거래위원회는 이러한 소비자 단체의 주장이 타당한지를 확인하기 위하여 10개 제품을 수집하여 조사한 결과 표본평균 7.548㎖, 표본표준편차는 0.21㎖로 나타났다. 이에 대한 자료는 다음과 같다.

7.35, 7.39, 7.87, 7.41, 7.42, 7.69, 7.82, 7.75, 7.32, 7.46

소비자단체의 주장에 대하여 유의수준 5%에서 가설검정을 진행하여라.
(단, 건강음료의 비타민C 원액포함량은 정규분포를 따른다고 가정하며,[7)] 10개 데이터에 대한 표본평균 값

7) 과거 18세기 라플라스(Pierre S. Laplace)와 가우스(Karl F. Gauss) 시절에는 모든 데이터는 정규분포 모양이 되어야 한다고 믿었으며, 이를 따르지 않는 경우는 자료수집에 오류가 있다고 생각하였다. 이러한 이유로 이 분포의 이름에 정규(Normal)라는 이름을 붙이게 되었다. 지금은 다양한 확률분포가 발견되면서 모든 데이터가 정규분포를 따르지는 않는 사실이 밝혀지게 되었다. 하지만 대부분의 데이터가 정규분포를 따른다는 것을 부정할 수 없는 사실이다. 따라서 지금까지도, 특별한 이유가 있지 않다면, 대부분의 데이터는 정규분포를 따른다는 가정에 대하여 거부감 없이 받아들이고 있다.

은 7.548, 표본표준편차 값은 0.21이다).

가설검정의 1단계인 가설의 설정에 대하여 알아보도록 하자. 먼저 모수는 모평균 μ로 'A회사 건강음료에 포함된 비타민C 원액 평균량'으로 정의할 수 있다. 또한 그동안 건강음료가 무리가 없이 잘 팔렸으므로 'status quo' 측면에서 귀무가설은 '비타민C 원액 평균량은 7.7㎖이다'라는 주장으로 설정할 수 있으며, 대립가설은 소비자단체의 주장인 '비타민C 원액 평균량은 함량미달이다'라고 설정할 수 있다. 따라서 제3형의 대립가설을 적용하여 접근하기로 한다. 이러한 설정에서 만일 귀무가설을 기각시킬 수 있다면, 수집된 데이터가 소비자단체의 주장을 지지해 주고 있다는 증거가 될 수 있으므로 공정거래위원회에서는 A회사에 대한 제재를 취할 수 있을 것이다. 따라서 가설검정 1단계에서는 유의수준을 5%로 설정하고, 귀무가설과 대립가설은 다음과 같이 설정할 수 있다.

$$\mathrm{H}_0 : \mu = 7.7, \quad \mathrm{H}_1 : \mu < 7.7$$

가설검정의 2단계에서는 검정통계량 설정과 기각역을 결정하는 것이다. 귀무가설이 참이라는 조건 아래 스튜던트화된 표본평균 T는 자유도 9인 $t-$분포를 따르게 되므로 기각역은 다음과 같이 결정된다.

$$(\text{Under } \mathrm{H}_0)\ ,\ T = \frac{\overline{X}_n - 7.7}{S/\sqrt{10}} \sim t(9) \quad \text{기각역}:\ T < -t_{0.05}(9) = -1.833$$ [8)]

마지막 가설검정 3단계는 수집된 데이터를 이용하여 검정통계량 값을 계산하고, 통계적 의사결정과 p값을 계산하는 과정이다. 검정통계량 T에 데이터로부터 계산된 표본평균 값과 표본표준편차 값을 대입하여 계산하면 다음과 같다.

$$t = \frac{7.548 - 7.7}{0.21/\sqrt{10}} = -2.289$$

검정통계량 값 -2.289는 기각역에 속하므로 유의수준 5%에서 귀무가설을 기각한다. 즉, 소비자단체가 주장하는 A회사 건강음료의 비타민C 원액 평균량은 함량미달이라는 주장은 10개의 데이터 분석을 통하여 유의수준 5%에서 확인되었다. 이에 대한 p값은 R함수 'pt(−2.289, 9)'에 의하여 0.0239로 나타난다.

이러한 $t-$검정에 대한 결과는 R의 't.test()' 함수를 통하여 쉽게 확인할 수 있다. 이에 대한 R코드를 살펴보면 다음과 같다.

---

8) 이에 대한 R결과는 다음과 같다.

```
> qt(0.05, 9)
[1] -1.833113
```

```
> x = c(7.35, 7.39, 7.87, 7.41, 7.42, 7.69, 7.82, 7.75, 7.32, 7.46)
> t.test(x, alternative="less", mu=7.7)
        One Sample t-test
data:  x
t = -2.2858, df = 9, p-value = 0.02405
alternative hypothesis: true mean is less than 7.7
95 percent confidence interval:
     -Inf 7.669896
sample estimates:
mean of x
    7.548
```

R코드 내용을 살펴보면, 데이터는 변수 'x'에 저장되어 있으며 alternative="less"는 제3형의 대립가설을 사용하겠다는 옵션이며, mu=7.7은 모평균 7.7에 대하여 검정하겠다는 의미이다. 함수 t.test() 에 대한 결과를 살펴보면 단일표본 $t-$검정을 실행하였고, x 변수의 데이터를 분석하였으며, 검정통계량인 t 값은 -2.2858, 자유도는 9인 $t-$분포를 적용하여 p값은 0.02405로 계산되었다. 제3형의 대립가설을 사용하였으므로 신뢰수준 95%에 대한 한쪽방향 신뢰구간은 $-\infty$에서 7.6699로 귀무가설에 해당하는 7.7은 이 신뢰구간에 포함되지 않고 있음을 확인할 수 있다. 또한, 모평균에 대한 추정량 표본평균에 대한 추정값은 7.548로 계산되었다는 사실을 보여주고 있다. 여기서 앞의 결과와 조금씩 수치가 다른 이유는 계산과정에서 나타나는 **반올림 오차**(round-off error)에 따른 것이다.

표본크기가 큰 경우에 대한 모평균검정

앞에서 언급하였듯이 모집단이 정규분포를 따르지 않더라도 표본의 크기가 큰 경우는 ($n \geq 30$), 중심극한정리에 의하여 스튜던트화된 표본평균은 정규분포로 근사시킬 수 있다. 다음 예제를 통하여 표본크기가 큰 경우에 대한 모평균검정을 알아보도록 하자.

[예제 3] 우리나라 중학교 1학년 학생의 평균키는 159cm로 알려져 있다. 서울지역의 중학교 1학년 학생 50명을 대상으로 조사한 결과 표본평균은 160cm, 표본분산은 6cm으로 나타났다. 서울지역 중학교 1학년 학생의 평균키와 우리나라 중학교 1학년 학생의 평균키 차이가 있는지 가설검정을 진행하여라.

먼저, 표본크기가 크기 때문에 ($n \geq 30$), 중심극한정리 적용이 가능해진다. 따라서 모집단이 정규분포를 따른다는 가정도 필요 없으며, 표본평균의 근사분포인 정규분포를 이용한 가설검정 진행이 가능해진다. 또한, 문제에서 유의수준에 대한 언급이 없었으므로, 일반적으로 많이 사용하는 5% 유의수준으로 설정하고 진행하기로 한다. 가설검정의 1단계에서 정의해야 하는 모수는 모평균 μ로 '서울지역의 중학교 1학년 학생의 평균키'로 정의할 수 있다. 또한 'status quo'는, 특별한 이유가 없는 한, 서울지역의 중학교 1학년 학생의 평균키는 우리나라 중학교 1학년 학생의 평균키인 159cm와 별다른 차이가 없다는 가설이 된다. 그리고 가설검정을 통하여 알고 싶은 내용은 서울지역의 중학교 1학년 학생의 평균키는 우리나라 중학교 1학년 학생의 평균키와 차이가 있는지를 판단하는 것이므로, 제1형의 대립가설을 적용해야 한다. 따라서 귀무가설과 대립가설은 다음과 같이 설정할 수 있다.

$$\mathrm{H}_0 : \mu = 159, \qquad \mathrm{H}_1 : \mu \neq 159$$

가설검정의 2단계에서는 검정통계량 설정과 기각역을 결정하는 것이다. 귀무가설이 참이라는 조건 아래 스튜던트화된 표본평균 Z는,[9] 중심극한정리에 의하여 표준정규분포를 따르므로 기각역은 다음과 같이 결정된다.

$$(\text{Under } \mathrm{H}_0)\ ,\ Z = \frac{\overline{X}_n - 159}{S/\sqrt{50}} \approx N(0,1)$$

$$\text{기각역} : Z < -z_{0.025} = -1.96 \ \text{ 또는 } \ Z > z_{0.025} = 1.96$$

마지막 가설검정 3단계는 데이터를 이용하여 검정통계량 값을 계산하고, 통계적 의사결정과 p값을 계산하는 과정이다. 검정통계량 Z에 대한 계산된 표본평균 값과 표본표준편차 값을 대입하면 다음과 같다.

$$z = \frac{160 - 159}{\sqrt{6/50}} = 2.887$$

검정통계량 값 2.887은 기각역에 속하므로 유의수준 5%에서 귀무가설을 기각한다. 즉, 서울지역의 중학교 1학년 학생의 평균키는 우리나라 중학교 1학년 학생의 평균키와 다르다고 판단할 수 있다. 이에 대한 p값은 제1형의 대립가설인 양측검정을 적용하고 있으므로, 기각역 $Z \leqq -2.887$ 또는 $Z \geq 2.887$에 해당하는 유의수준이 된다. 이러한 p값은 R함수 '2*(1−pnorm((160−159)/sqrt(6/50)))'에 의하여 0.0039가 된다.

모비율 가설검정

모비율에 대한 가설검정은 2가지 형태로 나누어 접근할 수 있다. 첫 번째 형태는 모비율과 관련된 정확한 확률분포인 이항분포를 이용하여 접근하는 경우이다. 두 번째 형태는 표본크기가 충분히 큰 경우, 즉 $np \geqq 5$를 만족함과 동시에 $n(1-p) > 5$를 만족하는 경우에 적용될 수 있는, 중심극한정리를 이용한 이항분포의 정규분포 근사방법이다. 이를 다르게 표현하면 표본크기가 충분하게 크지 못한 경우는 두 번째 형태의 정규분포 근사방법으로 접근하면 안 되며, 반드시 첫 번째 형태로 문제를 해결하여야 한다. 이제 이와 관련된 통계이론을 정리하여 보자.

---

9) 스튜던트화된 확률변수는 T로 표기하는 것이 일반적이지만, 표준정규분포를 근사하는 검정통계량이므로 Z로 표기하기로 한다.

모수 n, p의 이항분포를 따르는 확률변수 X가 있다고 하자. 이 경우 p는 우리가 관심을 가지는 모비율이며, 이에 대한 추정량, 표본비율 $\hat{p}$는 X/n로 정의한다. 여기서 우리는 이항분포를 이용하여 표본비율에 대한 표본분포를 확인할 수 있다. 예를 들어, 공정한 동전을 3번 던져 앞면이 1번 이하로 나타날 확률은 표본비율이 1/3 이하로 나올 확률과 동일하게 된다. 따라서 앞면이 0번 나올 확률과 1번 나올 확률을 더하면 표본비율에 대한 확률을 계산할 수 있다. 이를 수식으로 표현하면 다음과 같다.

$X \sim B\left(3, \frac{1}{2}\right)$ 인 경우,

$$\Pr(X \leqq 1) = \Pr\left(\hat{p} \leqq \frac{1}{3}\right) = \left(\frac{1}{2}\right)^3 + 3\left(\frac{1}{2}\right)^3 = \frac{1}{2}$$

두 번째 형태는 표본크기가 큰 경우로 중심극한정리를 적용하여 정규분포로 근사하는 방법이다. 이항분포의 확률변수 X는 베르누이 확률변수의 합으로 취급될 수 있으며, 표본비율 $\hat{p}$은 베르누이 확률변수의 표본평균으로 취급될 수 있으므로 표본크기가 클 경우, 중심극한정리 적용이 가능하다. 표본크기가 큰 조건은 앞에서도 언급하였듯이, 두 개의 카테고리에 대한 기대값이 5보다 큰 경우, 즉 첫 번째 카테고리의 기대값에 대한 조건 $np \geqq 5$ 와 두 번째 카테고리의 기대값에 대한 조건 $n(1-p) \geqq 5$ 조건을 만족하는 경우이다.[10] 표본크기에 대한 조건을 만족하면, 확률변수 Z는 중심극한정리에 의하여 표준정규분포에 근사하게 된다. 이를 정리하면 다음과 같다.

$X \sim B(n, p)$ 이며, $np \geqq 5$, $n(1-p) \geqq 5$ 조건을 만족한다면,

$$Z = \frac{X - np}{\sqrt{np(1-p)}} = \frac{\hat{p} - p}{\sqrt{\frac{p(1-p)}{n}}} \approx N(0,1)$$

이제 이러한 통계이론을 바탕으로, 모비율에 대한 가설검정 문제를 해결하여 보자.

이항분포를 이용한 모비율 검정: 이항검정

[예제 4] 미국 대통령 선거에서 민주당은 현재 대통령 후보자의 득표율이 45%는 될 것이라고 예상하고 있다. 이를 확인하기 위하여 유권자 200명을 조사하였더니 81명이 현재 민주당 대통령 후보자를 지지한다고 응답하였다. 유의수준 1%에서 민주당의 주장이 맞는지에 대한 가설검정을 이항분포 기반으로 진행하여라.

---

10) 만일 카테고리 수가 3개 이상인 경우도 똑같은 기준이 적용된다. 예를 들어, 주사위를 던지는 경우, 모든 6개의 카테고리에 대하여 모든 np_i 는 5보다 커야 한다는 조건을 만족하여야 중심극한정리에 의한 정규분포 근사방법을 적용할 수 있다.

이 문제에서 모수는 민주당 대통령 후보자의 득표율 p가 되며, 이와 관련된 확률변수인 검정통계량은 표본으로 뽑힌 200명 중 민주당 대통령 후보자를 지지한다고 응답한 유권자의 수, X 또는 표본비율인 조사한 200명 응답자 중 민주당 대통령 후보자를 지지한다고 응답한 유권자의 비율 $\hat{p}$이 된다. 유의수준은 문제에서 제시한 1%로 설정하고 가설을 설정한다. 민주당 측에서는 특별히 무리가 없는 한, 자신이 내세운 후보의 득표율은 45%라고 생각하고 있으므로, 이러한 주장을 'status quo'로 보는 것이 타당하다. 그리고 '이를 확인하기 위하여'라는 의미는 반대되는 주장이 45%보다 클수도 또는 작을 수도 있다는 의미이므로 양측검정에 해당하는 제1형의 대립가설을 설정한다. 따라서 가설검정 1단계에서는 유의수준을 1%로 설정하고, 귀무가설과 대립가설은 다음과 같이 설정한다.

$$\mathrm{H}_0 : p = 0.45, \quad \mathrm{H}_1 : p \neq 0.45$$

이제 가설검정의 2단계인 검정통계량 설정과 기각역에 대하여 알아보도록 하자. 검정통계량을 200명 중 민주당 후보를 지지한다고 응답한 유권자의 수, X라 정의한다면, 귀무가설이 참이라는 조건 아래, X는 n이 200이고 p가 0.45인 이항분포를 따르게 된다. 이러한 사실로부터 기각역을 찾아보자. 이 문제는 유의수준 1%의 양측검정이므로 왼쪽 영역에 0.5%, 오른쪽 영역에 0.5%를 할당하는 것이 적절하다.

이항분포는 정규분포와는 달리 이산형 확률분포이므로 유의수준 1%에 맞는 정확한 기각역을 설정은 불가능하다. 따라서 왼쪽 영역에서 0.5% 아래의 확률을 갖는 최대값을 찾는 것이 필요하다. 이러한 계산은 R의 분위수 함수인 'qbinom(0.005, 200, 0.45)' 함수로 가능한데, 여기서 한 가지 주의해야 하는 부분이 있다. 그것은 R의 분위수 함수는 0.5%를 넘는 최소값으로 정의되어 있어서 R의 분위수 함수에 대한 결과값은 이미 0.5%를 넘어버린다는 것이다. 실제로 0.5%의 분위수는 72가 나오는데, 이 의미는 72보다 같거나 작을 확률은 0.5%를 넘는 최소값이라는 것이다. 하지만 우리가 원하는 기각역은 0.5%를 넘지 않은 최대값이므로 $X \leqq 71$영역이 0.5%를 넘지 않는 최대구간이 된다.[11)]

오른쪽 영역도 이와 비슷한 과정을 거치게 되는데, 'qbinom(0.995, 200, 0.45)'를 적용하면 108의 결과값이 나온다. 이 의미는 0.995를 넘는 최소값이 108이라는 의미이므로, 오른쪽 꼬리부분의 영역을 이에 대한 여사건 $X \geqq 109$로 설정하면 0.5%를 넘지 않는 최대구간이 된다.[12)] 따라서 제1종오류에 대한 최대 허용확률인 유의수준 1% 내에서 제1종오류에 대한 확률 0.84%를 가지고 다음과 같은 기각역이 설정된다.

(Under H_0) $X \sim B(200,\ 0.45)$

검정통계량 X에 대한 기각역: $X \leqq 71$ 또는 $X \geqq 109$ 또는

검정통계량 $\hat{p}$에 대한 기각역: $\hat{p} \leqq \frac{71}{200}$ 또는 $\hat{p} \geqq \frac{109}{200}$

11) $\Pr(X \leqq 71) = 0.0040$이 된다.
12) $\Pr(X \geqq 109) = 1 - \Pr(X \leqq 108) = 0.0044$가 된다.

마지막 가설검정 3단계를 살펴보면, 200명 중 81명이 민주당 후보를 지지한다고 응답하였으므로, 기각역에 속하지 않아 유의수준 1%에서 귀무가설을 기각하지 못하는 통계적 결정을 내리게 된다. 즉, 민주당의 대통령 후보자 득표율이 45%라는 주장에 대하여 반박할 만한 충분한 증거를 데이터로부터 확인하지 못하였다.

이제 p값에 대하여 알아보자. 현재의 데이터 상황에서 귀무가설을 기각시키기 위한 최소의 기각역은, 귀무가설이 참인경우의 기대값인 90을 중심으로 대칭이 되는 $X \leqq 81$이거나, $X \geqq 99$이 되어야 한다. 이에 대한 확률 p값을 계산하면 0.2269가 된다.[13)]

이항분포를 기반으로 하는 모비율에 대한 가설검정을 **이항검정(binomial test)**이라 하며, 정규근사를 사용하지 않고 이항분포를 사용하였기 때문에 'exact test'라 부른다. R에서는 'binom.test()' 함수를 이용하여 결과를 확인할 수 있다. 문제를 요약하면, 득표율 p 가 0.45라는 가설을 검정하는 것이고, 200명 중 81명이 후보자를 지지한다고 응답하였으므로, 이러한 입력을 통하여 R을 실행하면 다음과 같은 결과를 얻게 된다.

```
> binom.test(x=81, n=200, p=0.45, alternative="two.sided")
        Exact binomial test
data:  81 and 200
number of successes = 81, number of trials = 200, p-value = 0.2269
alternative hypothesis: true probability of success is not equal to 0.45
95 percent confidence interval:
   0.3363348 0.4765250
sample estimates:
probability of success
                 0.405
```

정규분포 근사방법을 이용한 모비율검정

[예제 5] 민주당 대통령 후보 득표율에 대한 (예제 4) 문제에 대하여 정규분포 근사가 가능한지에 대하여 검토하고, 민주당의 대통령 후보자 득표율이 45%라는 주장에 대하여 유의수준 1%에서 검정하여라. (데이터는 유권자 200명 표본 중 81명이 민주당 대통령 후보자를 지지한다고 응답한 자료이다.)

먼저 우리가 검정하고자 하는 귀무가설은 '민주당 대통령 후보자의 득표율 p가 45%이다' 라는 가설이다. 민주당에 대한 반대되는 가설은 45%보다 클수도 또는 작을 수도 있다는 의미를 포함하고 있으므로 양측검정에 해당하는 제1형의 대립가설로 설정한다. 따라서 가설검정 1단계에서는 유의수준을 1%로 설정하고, 귀무가설과 대립가설을 기술하면 다음과 같다.

$$H_0 : p = 0.45, \quad H_1 : p \neq 0.45$$

---

13) 이에 대한 R코드는 다음과 같다.

```
pbinom(81, 200, 0.45)+(1-pbinom(98, 200, 0.45))
```

이제 가설검정의 2단계인 검정통계량 설정과 기각역에 대하여 알아보도록 하자. 먼저 표본비율에 대한 정규근사가 가능한지에 대하여 점검해보자.

$$np = 200 \times 0.45 \geqq 5,\ n(1-p) = 200 \times 0.55 \geqq 5$$

정규근사에 대한 조건인 두 카테고리에 대한 기대값이 모두 5보다 크므로 정규분포 근사가 가능하다. 검정통계량을 200명 중 민주당 후보를 지지한다고 응답한 유권자에 대한 비율 $\hat{p}$라 정의한다면, 귀무가설이 참이라는 조건 아래 표본비율 $\hat{p}$은 평균이 0.45, 표준편차는 $\sqrt{0.45 \times 0.55/200}$ 인 정규분포로 근사한다. 표본비율을 표준화하면 다음과 같다.

(Under H_0)

$$Z = \frac{\hat{p} - p}{\sqrt{\frac{p(1-p)}{n}}} = \frac{\hat{p} - 0.45}{\sqrt{\frac{0.45(1-0.45)}{200}}} \approx N(0,1)$$

기각역은 유의수준 1%의 양측검정이므로 왼쪽 영역에 0.5%, 오른쪽 영역에 0.5%를 할당하여 $z_{0.005}$ 가 되며, R의 분위수 함수인 'qnorm(0.995)' 결과를 이용하면 2.576이 되므로 기각역은 다음과 같이 된다.

$$\text{기각역}:\ Z \leqq -z_{0.005} = -2.576 \ \text{또는}\ \ Z \geqq z_{0.005} = 2.576$$

마지막 가설검정 3단계를 살펴보면, 200명 중 81명이 민주당 후보를 지지한다고 응답하였으므로, 검정통계량 값 z 는 다음과 같이 계산된다.

$$z = \frac{81/200 - 0.45}{\sqrt{\frac{0.45(1-0.45)}{200}}} = -1.279$$

검정통계량 값 z는 기각역에 속하지 않아 유의수준 1%에서 귀무가설을 기각하지 못하는 통계적 결정을 내리게 된다. 즉, 민주당의 대통령 후보자 득표율인 45%는 실제 관측값인 표본비율 81/200인 40.5%와 통계적으로 유의한 차이가 있다고 볼 수 없다는 것이다. 이를 '통계적 유의성이 존재하지 않는다'라고 표현한다.

이제 p 값에 대하여 알아보자. 현재의 데이터에서 귀무가설을 기각시키기 위한 최소의 기각역은 $Z \leqq -1.279$이거나, $Z \geqq 1.279$이 되어야 한다. 이에 대한 확률 p값을 계산하면 0.2008이 된다.[14)]

14) 이에 대한 R코드는 다음과 같다.

```
2*pnorm((81/200 - 0.45)/sqrt(0.45*0.55/200))
```

모분산 가설검정

모분산 σ^2에 대한 가설검정을 진행하려면, 표본분산 S^2에 대한 표본분포를 먼저 알아야 한다. 8장에서 언급한 표본분산에 대한 표본분포를 복습하여 보자.

평균 μ, 분산 σ^2인 정규분포를 갖는 모집단으로부터 무작위표본인 확률변수 $X_1, X_2, \cdots, X_n$이 추출된 경우, 표본분산 S^2과 관련된 분포는 다음과 같다.

$$\frac{(n-1)S^2}{\sigma^2} \sim \chi^2(n-1)$$

여기서 표본분산 $S^2 = \frac{1}{n-1}\sum_{i=1}^{n}(X_i - \overline{X_n})^2$이다.

이러한 통계이론을 바탕으로 다음 예제를 풀어보도록 하자.

[예제 6] 정밀기계로부터 생산되는 볼트길이의 표준편차는 2㎜를 넘지 못하도록 규정되어 있다. 만일 표준편차가 2㎜를 넘는다고 판단되면, 납품받은 볼트 전체를 반납하도록 계약되어 있다. 볼트에 대한 정밀품질검사를 진행하기 전에 사전적으로 10개 볼트를 무작위로 선택하여 볼트품질에 문제가 있다고 판단되면, 정밀품질검사 단계로 들어가지 않고 바로 반납하려고 한다. 10개 볼트에 대한 측정데이터는 다음과 같다.

(10개 표본의 볼트길이, 단위 : ㎜)

80.30, 74.66, 78.83, 79.72, 82.49, 76.61, 78.58, 80.38, 82.19, 81.49

(표본평균 : 79.525㎜, 표본분산 : 6.074㎜^{2})

볼트의 표준편차 2㎜ 요건을 만족하지 못한다는 증거를 이 데이터를 통해서 확인할 수 있는지에 대한 검정을 유의수준 5%로 진행하여라. 단, 볼트길이는 정규분포를 따른다고 가정한다.

우선, 가설검정의 1단계에서 정의해야 하는 모수는 모표준편차 σ이지만, 이에 대한 표본분포는 복잡하므로 같은 개념인 모분산 σ^2으로 설정하고 진행하기로 한다. 여기서 모수인 모분산은 '정밀기계로부터 생산되는 볼트길이의 분산'으로 정의할 수 있다. 또한, 모분산이 4보다 큰 증거를 찾아야 하는 문제이므로, 대립가설은 제2형의 대립가설을 적용해야 한다. 따라서 귀무가설과 대립가설은 다음과 같이 설정할 수 있다.

$$H_0 : \sigma^2 = 4^{15)}, \quad H_1 : \sigma^2 > 4$$

---

15) 여기서 귀무가설을 $H_0 : \sigma^2 \leq 4$ 으로 설정하여도 같은 가설검정 절차를 거친다. 왜냐하면, 통계적 가설검정을 진행할 때, 귀무가설을 $\sigma^2 \leq 4$ 으로 설정하여도 가장 보수적인 형태인 $\sigma^2 = 4$ 의 형태로 설정하고 진행하기 때문이다.

가설검정의 2단계에서는 검정통계량 설정과 기각역을 결정하는 것이다. 귀무가설이 참이라는 조건 아래, 표본분산 S^2와 관련된 검정통계량 V는 다음과 같은 분포를 따르며, 기각역은 다음과 같다.

$$(\text{Under } H_0) \quad V = \frac{(n-1)S^2}{\sigma^2} = \frac{9 \times S^2}{2^2} \sim \chi^2(9)$$

$$\text{기각역}: \ V > \chi^2_{0.05}(9) = 16.92$$

여기서 $\chi^2_{0.05}(9)$ 값은 R의 함수 'qchisq(0.95,9)'로 얻을 수 있다. 마지막 가설검정 3단계는 수집된 데이터를 이용하여 검정통계량 값을 계산하고, 통계적 의사결정과 p값을 계산하는 과정이다. 검정통계량 V에 대한 검정통계량 값은 다음과 같다.

$$v = \frac{9 \times 6.074}{2^2} = 13.6665$$

검정통계량 값 13.6665는 기각역에 속하지 않으므로 유의수준 5%에서 귀무가설을 기각할 수 없는 통계적 의사결정을 내리게 된다. 즉, 10개의 볼트 데이터를 분석하였을 때 '유의수준 5%에서 볼트의 표준편차는 2㎜를 넘는다는 증거를 찾을 수 없다'라고 결론을 내릴 수 있다. 여기서 통계적 의사결정의 해석에 대하여 주의해야 하는 부분은 이 볼트가 2㎜ 품질조건을 만족하였다고 해석해서는 안 된다는 것이다. 왜냐하면, 데이터 정보가 충분하지 못하기 때문에, 귀무가설을 기각시키지 못한 경우도 있기 때문이다.

이에 대한 p값은 제2형의 대립가설인 단측검정을 적용하고 있으므로, 기각역은 $V \geq 13.6665$에 해당하는 유의수준이 된다. 이러한 p값은 R함수 '1−pchisq(13.6665,9)'에 의하여 0.1347이 된다. 이는 유의수준 5%보다 큰 수치이므로 검정통계량 값이 기각역에 속하여 있지 않다고 판단할 수 있으며, 따라서 귀무가설을 기각할 수 없는 통계적 의사결정을 내리게 된다.

R에서는 기술통계학 도구(Tools for Descriptive Statistics)이름을 가진 'DescTools' 패키지를 설치하여 함수 VarTest()를 이용하면 결과를 확인할 수 있다. 데이터를 객체로 입력하고, 제2형 대립가설을 설정하여 귀무가설이 $\sigma^2=4$라고 설정하면, 유의수준을 5% 또는 신뢰수준을 95%로 설정하여 결과를 확인해 보면 다음과 같다.

```
> x = c(80.30, 74.66, 78.83, 79.72, 82.49, 76.61, 78.58, 80.38, 82.19, 81.49)
> # install.packages("DescTools")
> library(DescTools)
> VarTest(x, alternative="greater", sigma.squared=4, conf.level=0.95)
        One Sample Chi-Square test on variance
data:  x
X-squared = 13.666, df = 9, p-value = 0.1347
alternative hypothesis: true variance is greater than 4
95 percent confidence interval:
```

```
 3.231037        Inf
sample estimates:
variance of x
      6.073983
```

10.4 두 모집단에 대한 가설검정

여기서는 두 모집단에 대한 모평균 μ_1과 μ_2가 같은지에 대한 가설검정에 대하여 알아보도록 하자. 이 경우 귀무가설은 $\mu_1 = \mu_2$가 되지만, 이를 $\mu_1 - \mu_2 = 0$ 형태로 변형하여야 이에 따른 추정량과 표본분포가 만들어질 수 있으므로 두 모평균 차이에 대한 검정으로 바꾸어 전개하기로 한다. 두 모집단에 대한 모평균 가설검정은 두 가지 형태로 구분하여 접근한다. 첫 번째 형태는 서로 일정한 상관관계를 갖는 두 모집단에 대한 모평균 검정이며, 두 번째 형태는 독립적으로 구성된 두 모집단의 모평균 검정이다. 먼저, 일정한 상관관계를 갖는 두 모집단에 대한 모평균 차이에 대한 검정에 대하여 알아보도록 하자.

대응표본 가설검정

어느 광고회사가 광고효과를 파악하기 위하여 응답에 참여한 소비자에게 3가지 광고를 보여주고 각각의 광고에 대한 선호도를 물어보았다고 하자. 만일 응답에 참여한 한 소비자가 세 번째 광고 선호도 점수에 5점을 주었다면, 이 점수는 다른 두 개의 광고와 비교하여 좋은 평가를 받은 광고일 수도 있고, 나쁜 평가를 받은 광고일 수도 있다. 즉, 5점이라는 척도는 독립적이고 절대적인 수치가 아니라 다른 두 광고점수와 비교해야 하는 상대점수라는 의미이다. 이러한 의미는 한 소비자가 제공하는 3개의 선호점수는 독립이 아니라, 일정한 상관관계를 유지하면서 관찰되는 점수라는 의미이다. 이처럼 여러 개의 관찰값이 일정한 상관관계를 유지하면서 한명의 대상자를 통해 반복적으로 여러 번의 측정이 이루어지는 설계를 **반복측정설계(repeated measure design)**라고 한다.

반복측정설계의 특별한 형태로, 한 사람이 반복적으로 두번 측정만으로 이루어진 데이터를 **대응표본(paired sample)**이라고 부른다. 반복측정설계로 수집된 데이터의 가설검정은 매우 복잡하고 어렵지만, 반복측정의 특별한 형태인 대응표본으로 구성된 데이터에 대한 가설검정은 의외로 간단하므로 여기서 소개하고자 한다. 요약하면, 대응표본은 반복측정설계의 가장 간단한 형태로, 두 번의 반복측정, 즉 짝을 이루는 데이터로 구성되어 있으며, 두 표본데이터는 일정한 상관관계를 가지고 있다고 가정하고 접근한다.

대응표본의 간단한 예를 들어보자. 다이어트 프로그램에 대한 효과를 측정하기 위하여 다이어트 이전의 몸무게를 나타내는 확률변수 X_i를 측정하고, 다이어트 이후의 몸무게를 나타내는 확률변수 Y_i를 측정하였다고 가정하자. 이 경우 한 사람에게서 두번의 측정이 이루어지기 때문에 대응표본이 되면서, 두 확률변수는 일정 수준의 상관관계를 갖게 된다. 여기서 다이어트 이전의 몸무게 X_i는 $i-$번째 사람의 특성을 나타내는 확률변수가 되며, 다이어트 이후의 몸무게 Y_i는 $i-$번째 사람의 특성과 다이어트 효과가 포함된 확률변수를 의미한다. 만일 두 확률변수의 차이, $D_i = X_i - Y_i$를 새로운 확률변수로 정의한다면 $i-$번째 사람의 특성이 제거되면서 순수하게 다이어트 효과만 남게 된다. 따라서 다이어트 효과를 파악하기 위하여, 확률변수 D_i에 대한 가설검정을 진행하면 복잡한 반복측정 가설검정[16)]을 거치지 않고 쉽게 문제를 해결할 수 있다.

X_i : $i-$번째 사람의 특성

Y_i : $i-$번째 사람의 특성 + 다이어트 효과

$D_i = X_i - Y_i$: 다이어트 효과 ($i-$번째 사람의 특성이 제거됨)

이와 같이 다이어트 효과를 검정하기 위하여 대응표본으로부터 새롭게 구성된 확률변수 D_i를 이용하여 모평균에 대한 $t-$검정을 진행하는 것을 **대응표본 $t-$검정(paired t-test)**이라고 한다. 다음 예제를 통하여 대응표본 $t-$검정이 어떻게 진행되는지 알아보도록 하자.

[예제 7] 다이어트 프로그램에 대한 효과를 검정하기 위하여 지원자 10명을 선발하여, 다이어트 이전 몸무게와 다이어트 이후 몸무게를 측정하였다. 이에 관한 결과는 다음과 같다.

참여자 번호	1	2	3	4	5	6	7	8	9	10	평균	표준편차
다이어트 이전 몸무게(kg)	81	72	90	87	110	102	66	73	83	84	84.8	13.49
다이어트 이후 몸무게(kg)	78	72	85	84	101	101	60	68	80	79	80.8	13.04
차 이	3	0	5	3	9	1	6	5	3	5	4.0	2.58

다이어트 효과에 대한 가설검정을 진행하여라.

다이어트 이전의 몸무게를 확률변수 X라 하고 다이어트 이후의 몸무게를 확률변수 Y라 하자. 데이터가 대응표본이므로, 새로운 확률변수 $D = X - Y$에 대한 모평균인 μ_D는 다이어트 효과라고 정의할 수 있다. 따라서 가설검정 1단계에서 설정해야 하는 모수를 나타내는 다이어트 효과는 대응표본 차이에 대한 모평균 μ_D가 되며, 유의수준은 특별한 언급이 없었으므로 5%로 설정한다. 또한, 다이어트 효과는 체중이 감소한 경우만 인정되므로 제2형의 대립가설을 선택하여야 한다.

16) 앞에서 설명하였듯이, 반복측정 데이터에 대한 분석과 가설검정은 간단하지 않으며, 많은 통계분석에 대한 사전적 지식이 요구되므로 이 책에서는 다루지 않기로 한다. 다만 이러한 방법이 있다는 정도만 알아두기를 바란다.

$$H_0 : \mu_D = 0, \quad H_1 : \mu_D > 0$$

가설검정 2단계에서 검정통계량은 $t-$검정의 형태로 귀무가설이 참이라는 조건 아래, 스튜던트화된 확률변수 D에 대한 표본평균 T가 되며, 검정통계량의 표본분포는 자유도 9인 $t-$분포를 따르게 된다. 따라서 검정통계량과 기각역은 다음과 같이 결정된다.

$$(\text{Under } H_0)\ ,\ T = \frac{\overline{D}_n}{S_D / \sqrt{10}} \sim t(9)$$

$$\text{기각역}: \ T > t_{0.05}(9) = 1.833$$[17]

마지막 가설검정 3단계 검정통계량 값을 계산하고, 통계적 의사결정과 p값을 계산하는 과정을 살펴보도록 하자. 검정통계량 T에 데이터로부터 계산된 표본평균값과 표본표준편차값을 대입하면 다음과 같다.

$$t = \frac{4.0}{2.58 / \sqrt{10}} = 4.90$$

검정통계량 값 4.90은 기각역에 속하므로 유의수준 5%에서 귀무가설을 기각한다. 즉, 다이어트 전후의 평균 몸무게는 통계적으로 유의한 차이를 보이고 있으므로, 다이어트에 대한 효과는 존재한다고 판단할 수 있다. 이에 대한 p값은 R함수 '1−pt(4.9,9)'에 의하여 0.0004로 나타난다.

이러한 대응표본 $t-$검정은 R의 't.test()' 함수와 'paired=TRUE'옵션을 사용하면 결과를 확인할 수 있다. 이에 대한 R코드를 살펴보자.

```
> x = c(81, 72, 90, 87, 110, 102, 66, 73, 83, 84)
> y = c(78, 72, 85, 84, 101, 101, 60, 68, 80, 79)
> t.test(x, y, paired=TRUE, alternative="greater")
          Paired t-test
data:  x and y
t = 4.899, df = 9, p-value = 0.0004244
alternative hypothesis: true mean difference is greater than 0
95 percent confidence interval:
 2.50327       Inf
sample estimates:
mean difference
              4
```

17) R함수 'qt(0.95,9)'로 1.833 값을 얻을 수 있다.

독립된 두 모집단 가설검정

새롭게 개발된 신약에 대한 효과를 기존약의 효과와 비교하고 싶은 경우, 한 사람에게 신약을 투여하고 효과를 측정한 다음, 기존약을 투여하고 효과를 측정하였다면 이는 대응표본 문제가 된다. 이러한 경우 시간도 오래 걸리고 먼저 복용한 신약에 대한 잔존효과와 부작용이 남아있어서 다음 순서로 투여하는 약에 영향을 미칠 수 있다. 따라서 한 사람에게 두 종류의 약을 투여하여 관찰하는 반복측정 실험설계보다는 20명을 선택하여 신약에 무작위로 10명을 할당하여 효과를 측정하고, 나머지 10명에게는 기존약을 투여하여 효과를 측정한다면, 연속해서 약을 투여하면서 나타나는 잔존효과와 부작용을 실험설계 측면에서 사전적으로 차단할 수 있게 된다. 이처럼 독립된 두 그룹을 기반으로 분석을 진행하는 것을 반복측정설계와 대조되는 의미에서 **독립그룹설계(independent group design)**라 한다.

독립그룹 설계로부터 수집된 데이터에 대한 모평균 검정은 8장에서 언급한 표본평균 차이에 대한 표본분포로부터 이론이 전개된다. 이를 복습해 보면 다음과 같다.

독립된 두 모집단의 모분산이 σ^2으로 같다고 가정하는 경우

평균 μ_X, 분산 σ^2인 정규분포로부터의 표본크기 n인 무작위표본이 있으며, 독립적으로 구성된 두 번째 모집단인 평균 μ_Y, 공통된 분산 σ^2을 갖는 정규분포로부터 표본크기 m 인 무작위표본이 있을 때, S_X^2, S_Y^2, S_p^2을 다음과 같이 정의된다.

$$S_X^2 = \frac{1}{n-1}\sum_{i=1}^{n}(X_i - \overline{X}_n)^2, \quad S_Y^2 = \frac{1}{m-1}\sum_{i=1}^{m}(Y_i - \overline{Y}_m)^2$$

$$S_p^2 = \frac{1}{n+m-2}\left[(n-1)S_X^2 + (m-1)S_Y^2\right]$$

이 경우, 두 모집단의 표본평균 차이에 관련된 다음의 식은 자유도 $n+m-2$인 $t-$분포를 따른다.

$$T = \frac{(\overline{X}_n - \overline{Y}_m) - (\mu_X - \mu_Y)}{S_p\sqrt{\frac{1}{n} + \frac{1}{m}}} \sim t(n+m-2)$$

여기서 S_p^2는 두 모집단에 적용되는 공통된 모분산 σ^2에 대한 **합동추정량(pooled estimator)**이다.

[예제 8] 다음은 뉴욕증권거래소(NYSE; New York Stock Exchange)에서 거래되고 있는 대표적인 24개 컴퓨터 관련 기업과 17개 건설 관련 기업에 대한 자기자본이익률(ROE; Return On Equity) 데이터이다. 두 산업에 대한 자기자본이익률 평균에 대한 차이가 있는지를 분산이 같다는 가정하에, 유의수준 1%에서 검정하시오.

컴퓨터 관련 산업에 대한 24개 기업 ROE (단위 : %)

22.4 32.4 21.2 36.8 42.2 16.4 15.5 38.8 24.9 26.6 28.5 25.0 21.8 26.5 10.1 14.1 12.5 14.6 30.5 13.0 41.3 40.4 25.5 35.8

건설 관련 산업에 대한 17개 기업 ROE (단위 : %)

15.7 14.1 12.3 12.1 14.7 10.3 14.3 21.4 15.0 40.8 11.5 13.7 16.9 11.0 8.7 11.8 8.2

(참고 : 컴퓨터 산업의 ROE 표본평균은 25.7, 표본분산은 99.15, 건설산업의 ROE 표본평균은 14.853, 표본분산은 54.7264 이다.)

가설검정 1단계를 살펴보자. 컴퓨터 산업의 ROE 모평균을 μ_X라 하고, 건설산업의 ROE 모평균을 μ_Y라 하면, 귀무가설은 'status quo'에 해당하는 두 산업의 모평균은 같다. 라는 $\mu_X = \mu_Y$ 또는 $\mu_X - \mu_Y = 0$이 된다. 대립가설은 두 산업에 대한 ROE 모평균이 같은지를 판단하는 것이므로 반대되는 가설은 클수도, 작을 수도 있다. 따라서 제1형의 대립가설로 설정한다. 유의수준은 문제에서 언급한 1%이다.

$$\mathrm{H}_0 : \mu_\mathrm{X} - \mu_\mathrm{Y} = 0, \quad \mathrm{H}_1 : \mu_\mathrm{X} - \mu_\mathrm{Y} \neq 0$$

가설검정 2단계에서 적용되는 검정통계량과 기각역은 다음과 같다.

공통된 모분산에 대한 합동추정량 S_p^2

$$S_p^2 = \frac{1}{24+17-2}\left[\,(24-1)S_X^2 + (17-1)S_Y^2\,\right]$$

(Under H_0)

$$T = \frac{(\overline{X}_n - \overline{Y}_m)}{S_p\sqrt{\frac{1}{24}+\frac{1}{17}}} \sim t(24+17-2)$$

기각역 : $T < -t_{0.005}(39) = -2.708$ (39) $= -2.708$ 또는 $T > t_{0.005}(39) = 2.708$

가설검정 3단계에서 필요한 합동추정량에 대한 추정값을 계산하여 보면, s_p^2은 80.925가 된다. 따라서 검정통계량 값은 다음과 같다. $T < -t_{0.005}$

$$t = \frac{(25.7 - 14.853)}{\sqrt{80.925}\sqrt{\frac{1}{24}+\frac{1}{17}}} = 3.8037$$

검정통계량 값 3.8037은 기각역에 속하므로 유의수준 1%에서 귀무가설을 기각한다. 즉, 두 산업의 평균 ROE는 유의수준 1%에서 다르다는 결론을 내릴 수 있다. 이에 대한 p값을 계산해 보면 R함수의 '2*pt(−3.8037, 39)'에 의하여 0.00049가 계산됨을 확인할 수 있다. 이러한 과정을 R함수

't.test()'를 이용하면 다음과 같은 결과가 나온다.

```
> x = c(22.4, 32.4, 21.2, 36.8, 42.2, 16.4, 15.5, 38.8, 24.9, 26.6, 28.5, 25.0, 21.8, 26.5, 10.1,
14.1, 12.5, 14.6, 30.5, 13.0, 41.3, 40.4, 25.5, 35.8)
> y = c(15.7, 14.1, 12.3, 12.1, 14.7, 10.3, 14.3, 21.4, 15.0, 40.8, 11.5, 13.7, 16.9, 11.0,  8.7,
11.8,  8.2)
> t.test(x, y, alternative="two.sided", var.equal=TRUE, conf.level=0.99)
        Two Sample t-test
data:  x and y
t = 3.8037, df = 39, p-value = 0.0004901
alternative hypothesis: true difference in means is not equal to 0
99 percent confidence interval:
  3.124905 18.569213
sample estimates:
mean of x mean of y
 25.70000  14.85294
```

여기서 한 가지 해결하지 못한 문제가 있다. 그것은 '두 모집단의 분산이 같다고 가정하고 진행한 합동추정량을 사용하는 것이 타당한가?'라는 **등분산성(homoscedasticity 또는 equal variance)** 가정에 관한 검토이다. 이제 '등분산성 가정'에 대한 통계적 가설검정에 대하여 알아보도록 하자.

독립된 두 모집단에 대한 모분산 가설검정

이제 독립된 두 모집단에 대한 모분산이 같은지에 대한 가설검정, 즉 등분산성에 대한 검정에 대하여 알아보도록 하자. 이에 대한 통계이론은 8장에서 언급한 독립된 두 모집단에 대한 표본분산의 비율에 대한 $F-$분포와 연관되어 있다. 이에 관한 내용을 복습하면 다음과 같다.

평균 μ_X, 분산 σ_X^2인 정규분포로부터의 표본크기 n인 무작위표본이 있고, 이와 독립적으로 평균 μ_Y, 분산 σ_Y^2을 갖는 정규분포로부터의 표본크기 m인 무작위표본이 있을 때, 두 표본분산 S_X^2, S_Y^2의 비율과 관련된 확률변수 V는 분자자유도 $n-1$, 분모자유도 $m-1$을 갖는 $F-$분포를 따른다.

$$V = \frac{S_X^2 \,/\, \sigma_X^2}{S_Y^2 \,/\, \sigma_Y^2} \sim F(n-1, m-1)$$

[예제 9] [예제 8]에서 언급한 두 산업의 ROE 데이터에 대한 등분산성 가정을 검정하여라.

가설검정 1단계를 진행하여 보면, 먼저 모수는 컴퓨터 산업의 ROE 모분산 σ_X^2이 되고, 건설산업의 ROE 모분산 σ_Y^2이 된다. 귀무가설은 'status quo'에 해당하는 두 산업의 모분산은 같다는 가설, $\sigma_X^2 = \sigma_Y^2$ 또는 $\sigma_X^2/\sigma_Y^2 = 1$이 된다. 대립가설은 두 산업에 대한 ROE 모분산이 같은지 또는 다른지를 분석하는 것이므로, 제1형의 대립가설을 사용하여야 한다. 유의수준은 특별한 언급이 없었으므로 5%로 설정한다.

$$H_0 : \frac{\sigma_X^2}{\sigma_Y^2} = 1 \ , \quad H_1 : \frac{\sigma_X^2}{\sigma_Y^2} \neq 1$$

가설검정 2단계에서 언급되는 검정통계량과 기각역은 다음과 같다.

Under H_0 ; 즉 $\sigma_X^2 = \sigma_Y^2$ 이라면, $V = \dfrac{S_X^2 \,/\, \sigma_X^2}{S_Y^2 \,/\, \sigma_Y^2} = \dfrac{S_X^2}{S_Y^2} \sim F(24-1, 17-1)$

기각역 : $V < F_{0.975}(23,\ 16) = 0.41$ 또는 $V > F_{0.025}(23,\ 16) = 2.6374$

가설검정 3단계에서 검정통계량 값을 계산하면 다음과 같다.

$$v = \frac{s_X^2}{s_Y^2} = \frac{99.15}{54.7264} = 1.812$$

검정통계량 값 1.812는 기각역에 속하지 않으므로 유의수준 5%에서 귀무가설을 기각하지 못한다. 즉, 두 산업의 ROE에 대한 모분산은 유의수준 5%에서, 서로 다르다는 뚜렷한 증거를 찾을 수 없다는 결론을 내린다. 이에 대한 p값을 계산해 보면 R함수의 '2* (1−pf(var(x) / var(y),23,16))'에 의하여 0.224가 계산됨을 확인할 수 있다. 두 모집단에 대한 모분산검정에 대한 이와 같은 과정은 R함수 'var.test()'를 이용하여 구현할 수 있다.

```
> var.test(x, y, alternative="two.sided")
          F test to compare two variances
data:  x and y
F = 1.8117, num df = 23, denom df = 16, p-value = 0.2239
alternative hypothesis: true ratio of variances is not equal to 1
95 percent confidence interval:
 0.6869449 4.4200217
sample estimates:
ratio of variances
          1.811748
```

독립된 두 모집단의 모분산이 다른 경우

독립된 두 모집단의 모분산이 다른 경우, 표본평균의 차이에 대한 정확한 표본분포는 알려지지 않았으며, 이러한 문제를 **베렌-피셔 문제**(Behrens-Fisher problem)라고 부른다고 8장에서 언급하였다. 하지만 스튜던트화된 표본평균 차이에 대한 근사분포를 $t-$분포를 이용하여 찾을 수 있는데, 이러한 방법을 **웰치근사**(Welch approximation)라 하며, 이에 관한 통계이론은 다음과 같다.

평균 μ_X, 분산 σ_X^2인 정규분포로부터의 표본크기 n인 무작위표본이 있으며, 독립적으로 구성된 두 번째 모집단인 평균 μ_Y, 분산 σ_Y^2을 갖는 정규분포로부터 표본크기 m인 무작위표본이 있을 때, 표준화된 표본평균의 차이는 다음과 같은 형태이며 표준정규분포를 따른다.

$$Z = \frac{(\overline{X}_n - \overline{Y}_m) - (\mu_X - \mu_Y)}{\sqrt{\dfrac{\sigma_X^2}{n} + \dfrac{\sigma_Y^2}{m}}} \sim N(0,1)$$

또한, 스튜던트화된 표본평균의 차이는 정확한 분포는 아직 알려지지 않았지만, 웰치근사에 의하여, 다음과 같은 $t-$분포로 근사한다.

$$T = \frac{(\overline{X}_n - \overline{Y}_m) - (\mu_X - \mu_Y)}{\sqrt{\dfrac{S_X^2}{n} + \dfrac{S_Y^2}{m}}} \approx t(n^*)$$

여기서 n^* 는 $t-$분포의 자유도로 다음과 같이 계산된다.

$$n^* = \frac{\left(\dfrac{S_X^2}{n} + \dfrac{S_Y^2}{m}\right)^2}{\dfrac{(S_X^2/n)^2}{(n-1)} + \dfrac{(S_Y^2/m)^2}{m-1}}$$

[예제 10] [예제 8]에서 언급한 컴퓨터와 건설, 두 산업에 대한 산업별 평균 ROE 차이에 대한 검정을, 분산이 같다는 가정이 없는 웰치근사를 이용하여, 유의수준 1%에서 진행하여라.

가설검정 1단계를 살펴보면, 컴퓨터산업의 ROE 모평균을 μ_X라 하고, 건설산업의 ROE 모평균을 μ_Y라 하면, 귀무가설은 두 산업의 ROE 평균이 같다는 주장이 된다. 대립가설은 두 산업에 대한 ROE 모평균이 같은지를 분석하는 것이므로, 제1형의 대립가설을 적용한다. 유의수준은 문제에서 언급한 1%로 설정한다.

$$\mathrm{H}_0 : \mu_\mathrm{X} - \mu_\mathrm{Y} = 0, \quad \mathrm{H}_1 : \mu_\mathrm{X} - \mu_\mathrm{Y} \neq 0$$

가설검정 2단계에서 언급되는 검정통계량과 기각역은 다음과 같다.

(Under H_0)

$$T = \frac{(\overline{X}_n - \overline{Y}_m)}{\sqrt{\dfrac{S_X^2}{n} + \dfrac{S_Y^2}{m}}} \approx t(n^*)$$

여기서 n^*는 다음과 같이 계산된다.

$$n^* = \frac{\left(\dfrac{S_X^2}{24} + \dfrac{S_Y^2}{17}\right)^2}{\dfrac{\left(S_X^2 / 24\right)^2}{(24-1)} + \dfrac{\left(S_Y^2 / 17\right)^2}{17-1}} = 38.8767$$

기각역 : $T < t_{0.005}(n^*) = -2.708$ 또는 $T > t_{0.005}(n^*) = 2.708$

가설검정 3단계에서 검정통계량을 계산하면 다음과 같다.

$$t = \frac{(25.7 - 14.853)}{\sqrt{\dfrac{99.1504}{24} + \dfrac{54.7264}{17}}} = 4.0009$$

검정통계량 값 4.0009는 기각역에 속하므로 유의수준 1%에서 귀무가설을 기각한다. 즉, 두 산업의 평균 ROE는 유의수준 1%에서 다르다는 결론을 내릴 수 있다. 이에 대한 p값을 계산해 보면 0.000274가 계산됨을 확인할 수 있다. 이러한 과정을 R함수 't.test()'를 이용하면 다음과 같은 결과가 나오는 것을 확인할 수 있다.

```
> t.test(x, y, alternative="two.sided", conf.level=0.99)
        Welch Two Sample t-test
data:  x and y
t = 4.0009, df = 38.877, p-value = 0.0002742
alternative hypothesis: true difference in means is not equal to 0
99 percent confidence interval:
  3.504244 18.189874
sample estimates:
mean of x mean of y
 25.70000  14.85294
```

참고로, R함수 t.test() 함수는 등분산성을 가정하지 않는다는 옵션인 'var.equal=FALSE'이 디폴트 옵션이므로 따로 설정하지 않았다.

10.5 가설검정의 응용

여기서는 그동안 우리가 배운 가설검정의 원리를 이용하여, 제2종오류에 대한 확률을 계산하고, 표본크기 결정문제에 대하여 알아보도록 한다.

가설검정에 대한 오류

통계적 가설검정은 귀무가설이 참임에도 불구하고 잘못하여 귀무가설을 기각하는 오류인 제1종오류를 통제하는 데 중점을 둔다. 즉, 제1종오류의 최대 허용확률 α인 유의수준을 기반으로 기각역이 만들어지고, 이에 따라 통계적 의사결정이 나타나는 과정을 거친다. 여기서 제1종오류에 대한 여사건, 즉 귀무가설이 참인데 귀무가설을 기각시키지 않는 올바른 결정을 내릴 확률 $1-\alpha$를 **신뢰수준(confidence level)**이라고 한다. 이처럼 통계적 가설검정에서는, 제1종오류에 대한 확률을 유의수준 α로 설정함으로써 통제할 수 있게 된다. 그렇다면, 우리가 언급하지 못한 제2종오류에 대한 확률은 어떻게 되는 것일까? 제2종오류는 귀무가설이 거짓임에도 불구하고 귀무가설을 기각하지 못하는 오류를 의미하며, 이에 대한 확률은 β라 표기한다([표 10-1] 참조).

[표 10-1] 가설검정의 네 가지 가능성

통계적 판단 \ 실제상황	H_0 가 참	H_0 가 거짓
H_0 를 기각하지 못함	올바른 결정 (확률: 신뢰수준, $1-\alpha$)	제2종오류 (확률: β)
H_0 를 기각함	제1종오류 (확률: α)	올바른 결정 (확률: 검정력, $1-\beta$)

제2종오류에 대한 확률은 귀무가설이 거짓임에도 불구하고, 귀무가설을 기각하지 못하는 오류이므로 검정통계량이 기각역에 속하지 않을 확률이 된다. 제2종오류의 여사건은 귀무가설이 거짓인 상태에서 검정통계량이 기각역에 속하여, 귀무가설을 기각시키는 올바른 결정을 내리는 사건을 의미하며, 이에 대한 확률은 $1-\beta$로 **검정력(power)**이라 부른다. 유의수준을 설정하면 제2종오류에 대한 확률, β나 검정력은 결정되어 버린다. 다음 예제를 통하여 이에 대한 확률을 계산하여 보자.

[예제 11] 정부에서는 우리나라 한 가구당 한달 식비지출 평균금액이 70만원이라 주장하고 있다. 이러한 주장을 확인하기 위하여 100가구를 표본으로 선택하여 통계적 가설검정을 진행하고자 한다. 만일, 귀무가설이 거짓이어서, 한 가구당 한달 식비지출 평균금액이 70만원이 아닌 69.2만원이라면, 제2종오류 확률 β와 검정력은 어떻게 되는지 계산하여라. (단, 표준편차는 4만원으로 알려져 있다)

이 문제에서는 데이터를 주지 않았으므로 가설검정 2단계까지만 접근할 수 있다. 먼저 가설검정 1단계를 살펴보면 한 가구당 한달 식비지출 평균금액 μ가 모수가 되며, 정부측 주장의 사실여부를 판단하는 것이므로 양측검정에 해당하는 제1형의 대립가설이 적용된다. 유의수준은 특별한 언급이 없었으므로 5%로 설정한다.

$$H_0 : \mu = 70\text{만원}, \quad H_1 : \mu \neq 70\text{만원}$$

가설검정 2단계에서 언급되는 검정통계량은 일반적으로 많이 사용되는 표준화된 표본평균 Z 또는 표본평균 $\overline{X}_n$으로 설정하여서 접근하면 된다. 귀무가설이 참이라는 가정 아래, 검정통계량의 표본분포와 기각역을 계산하면 다음과 같다. 여기서는 기각역을 표본평균 $\overline{X}_n$ 중심으로 접근하기로 한다.

(Under H_0)

$$\overline{X}_n \sim N(70\text{만원}, (4\text{만원})^2/100) \quad \text{또는}$$

$$Z = \frac{(\overline{X}_n - 70\text{만원})}{4\text{만원}/\sqrt{100}} \sim N(0, 1)$$

기각역 : $\overline{X}_n <$ 69.216만원 또는 $\overline{X}_n >$ 70.784만원

여기서 기각역은 R함수 'qnorm(c(0.025,0.975),70,4/10)'을 통하여 계산된 값이다. 이제, 이러한 상황에서 제2종오류에 대한 확률, 즉 μ = 69.2만 원이라는 조건 아래서 귀무가설을 기각하지 못하는, 즉 표본평균 값이 기각역에 속하지 않을 확률을 알아보자.

$$\Pr(\text{제2종 오류}) = \Pr(\overline{X}_n \not\in \text{기각역} \mid H_0\text{가 거짓}) = \beta$$

$$= \Pr(69.216 \leqq \overline{X}_n \leqq 70.784 \mid \mu = 69.2) = 0.484$$

이에 대한 확률은 R함수 'pnorm(70.784, 69.2, 0.4) − pnorm(69.216, 69.2, 0.4)'에 의하여 0.484 확률값이 계산된다. 따라서 제2종오류에 대한 확률 β는 0.484이며, 검정력은 1−0.484인 0.516이 된다. 이를 그래프로 설명하면 [그림 10-3]과 같다.

그림 10-3 제2종오류 확률에 대한 의미

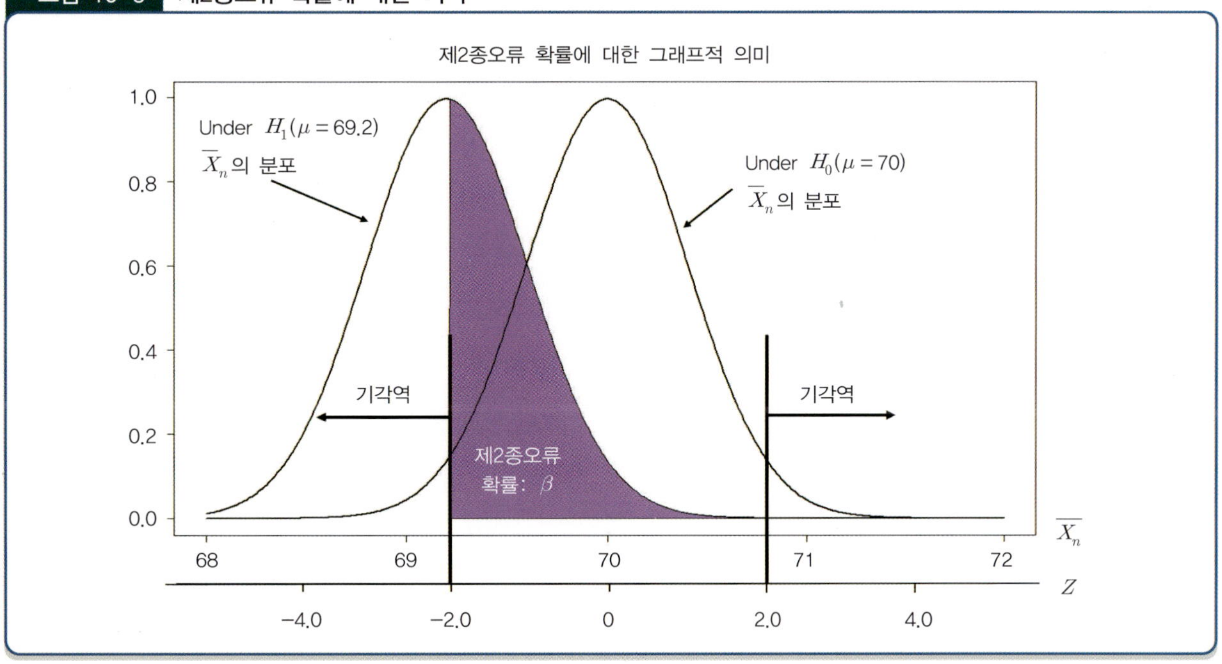

여기서 한 가지 알아두어야 할 점은 제2종오류에 대한 확률 β는 귀무가설이 단순히 거짓일 때 계산되는 것이 아니라, 귀무가설이 거짓이면서 특정한 값 $\mu=69.2$로 지정이 되어야 확률계산이 가능하다는 것이다. 따라서 제2종오류에 대한 확률은 μ의 함수로 $\beta(\mu)$로 표현되어야 한다. 이와 마찬가지로 검정력 함수도 $1-\beta(\mu)$로 표현되어야 한다. 모평균의 함수로써 제2종오류에 대한 확률과 검정력 함수를 계산하면 [표 10-2]와 [그림 10-4]와 같다.[18)]

유의수준과 표본의 크기를 변화하면서 그려진 검정력 함수를 살펴보면 [그림 10-4]와 같다. [그림 10-4]의 검정력 함수를 살펴보면 몇 가지 특징을 발견할 수 있다. 먼저 중앙에 해당하는 경우는 귀무가설이 참인 경우로 ($\mu=70$) 유의수준이 된다. 또한, 유의수준이 높아지면, 즉 허용되는 제1종오류에 대한 확률을 높여주면, 제2종오류에 대한 확률은 줄어들면서 검정력은 높아진다. 또한, 같은 유의수준에서 표본크기가 감소하면, 제2종 확률은 증가하면서 검정력은 낮아지게 된다.

[표 10-2] 모평균 값에 따른 제2종오류 확률과 검정력 함수

모평균 값, μ	68.0	68.4	68.8	69.2	69.6	70.0	70.4	70.8	71.2	71.6	72.0
제2종오류 확률, β	0.001	0.021	0.149	0.484	0.830	0.950	0.830	0.484	0.149	0.021	0.001
검정력, $1-\beta$	0.999	0.979	0.851	0.516	0.170	0.050	0.170	0.516	0.851	0.979	0.999

그림 10-4 모평균, 유의수준 변화에 따른 검정력 함수

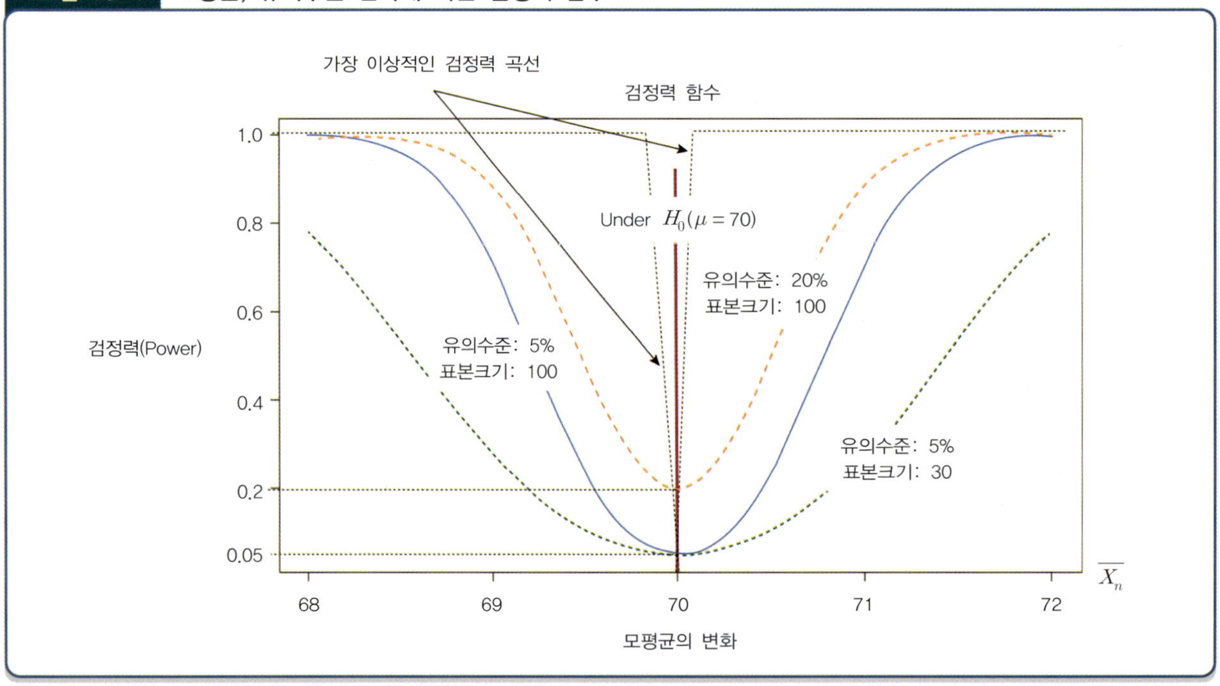

18) 제2종오류에 대한 확률과 검정력를 계산하는 R코드는 다음과 같다.

```
mu=seq(68, 72, 0.4); Pwr1 = rep(0, 11)
x1=qnorm(0.025, 70, 0.4); x2=qnorm(0.975, 70, 0.4)
for(i in 1: 11) Pwr1[i]=1-pnorm(x2,mu[i],0.4)+pnorm(x1,mu[i],0.4)
```

요약하면, 제1종오류 확률 α를 높이면 제2종오류에 대한 확률 β가 낮아지면서 검정력이 높아지고, α를 낮추면 β가 커지면서 검정력이 낮아진다는 사실을 확인할 수 있다. 결국 α와 β를 모두 낮출 수 있는 유일한 방법은 표본크기를 늘려 데이터를 많이 수집하는 것이다.

표본크기의 결정

통계적 가설검정에서는 제1종오류와 관련된 유의수준 α를 가지고, 기각역을 만들어 통계적 의사결정을 진행하였다. 만일 제2종오류에 대한 확률 β가 주어진다면 이를 이용하여 표본크기 n을 계산할 수 있다. 문제를 간단하게 만들기 위하여 제3형의 대립가설에 대한 문제에서 접근하여 보자. 이 경우 가설검정은 다음과 같은 형태가 된다.

$$\mathrm{H}_0 : \mu = \mu_0, \quad \mathrm{H}_1 : \mu < \mu_0$$

또한, 모분산 σ^2은 이미 알려져 있고, $\mu = \mu_1$일 때 제2종오류에 대한 확률을 β로 만들고 싶다고 가정하자. 이 경우 모집단이 정규분포를 따른다는 가정 아래 기각역은 다음과 같이 설정된다.

$$\text{기각역}: \overline{X}_n < \mu_o - z_\alpha \sigma / \sqrt{n}$$

이제 $\mu = \mu_1$일 때, 제2종오류에 대한 확률인 표본평균 $\overline{X}_n$이 기각역에 속하지 않을 확률에 대하여 알아보도록 하자.

$$\Pr\left(\overline{X}_n \geqq \mu_o - z_\alpha \sigma / \sqrt{n} \mid \mu_1 \right) = \beta \Leftrightarrow \Pr\left(\frac{\overline{X}_n - \mu_1}{\sigma / \sqrt{n}} \geqq \frac{\mu_o - z_\alpha \sigma / \sqrt{n} - \mu_1}{\sigma / \sqrt{n}} \right) = \beta$$

$$\Leftrightarrow \frac{\mu_o - z_\alpha \sigma / \sqrt{n} - \mu_1}{\sigma / \sqrt{n}} = z_\beta \Leftrightarrow \frac{\mu_o - \mu_1}{\sigma / \sqrt{n}} = z_\alpha + z_\beta \Leftrightarrow \sigma / \sqrt{n} = \frac{\mu_0 - \mu_1}{z_\alpha + z_\beta}$$

$$\Leftrightarrow n = \left(\frac{z_\alpha + z_\beta}{\mu_0 - \mu_1} \sigma \right)^2$$

따라서 모분산 σ^2을 알고, 유의수준 α, 그리고 귀무가설이 거짓인 $\mu = \mu_1$일 경우 제2종오류에 대한 확률 β가 정해지면 이를 만족하는 표본크기를 결정할 수 있다.

[예제 12] 기존의 진통제는 3시간 이후에 효과가 나타나는 것으로 알려져 있다. 하지만 새롭게 개발된 신약은 기존약보다 빠르게 효과가 나타나는 것으로 주장하고 있다. 신약을 적용한 결과 대략 1시간 이후 효과가 나타나는 것으로 파악되었다. 따라서 1시간 정도의 효과가 나타났을 경우 검정력을 90% 이상으로 설정하고자 한다. 유의수준을 5%로 설정하였다면 표본크기는 어느 정도 되어야 90%의 검정력을 유지할 수 있겠는가? (정규분포를 가정한 상태에서 표준편차는 3시간으로 이미 알려져 있다고 가정한다.)

새롭게 개발된 진통제는 대략 1시간 이후 효과가 나타나며, 이에 대한 검정력을 90% 이상으로 만들고자 한다는 의미는 제2종오류에 대한 확률 β를 10%보다 같거나 작게 만들고 싶다는 의미이다. 따라서 z_{α}는 $z_{0.05}$에 해당하는 1.645가 되며 z_{β}는 $z_{0.1}$에 해당하는 1.28이 된다. 또한 두 평균의 차이인 $\mu_0 - \mu_1$은 3시간과 1시간의 차이이므로 2가 된다. 문제에서 σ는 3으로 주어졌으므로 이를 대입하면 다음과 같은 값이 계산된다.

$$n = \left(\frac{z_{\alpha} + z_{\beta}}{\mu_0 - \mu_1} \sigma \right)^2 = \left(\frac{1.645 + 1.28}{2} 3 \right)^2 = 19.25$$

따라서 모평균이 2만큼 차이나는 상태에서 검정력 90%를 유지하기 위하여 필요한 최소의 표본크기는 20이 된다.

우리는 이 문제에서 모분산 σ^2 을 알고 있다고 가정하고 표준정규분포를 기반으로 접근하였다. 하지만, 모분산을 모르고 있는 상황이 대부분이므로 스튜던트화된 표본평균기반 $t-$분포로 접근하는 것이 타당할 것이다. 모분산을 모르는 상태에서 $t-$분포를 기반으로 표본크기를 결정하는 방법은 모분산을 아는 경우의 표준정규분포 기반으로 접근하는 방법과 비교하면, $t-$분포의 자유도가 관련된 부분을 제외하면 거의 유사하며 개념적으로는 큰 차이가 없다. R에서는 모분산을 모르는 상태에서 $t-$분포를 기반으로 표본크기를 결정하는 문제를 'power.t.test()' 함수로 간단하게 해결할 수 있다. 다음의 R코드를 보면서 결과를 비교하여 보자.

```
> power.t.test(delta=2, sd=3, sig.level=0.05, power=0.9, type="one.sample", alternative="one.sided")
     One-sample t test power calculation
              n = 20.69914
          delta = 2
             sd = 3
      sig.level = 0.05
          power = 0.9
    alternative = one.sided
```

표준정규분포를 사용한 결과와는 다르게 20개가 아닌 21개의 표본크기를 요구하는 것을 확인할 수 있다. 이러한 사실은 모분산을 모르기 때문에 나타나는 불확실성의 증가로 더 많은 표본크기를 요구한다고 생각하면 된다. 만일 표본크기 20에 해당하는 검정력을 알고싶다면, 다음과 같은 결과를 얻을 수 있다.

```
> power.t.test(n=20, delta=2, sd=3, sig.level=0.05, type="one.sample", alternative="one.sided")
     One-sample t test power calculation
              n = 20
          delta = 2
             sd = 3
```

```
     sig.level = 0.05
         power = 0.8902459
   alternative = one.sided
```

위의 결과를 정리하여 보면 모분산을 모르는 상태에서 $t-$검정을 진행하는 경우, 검정력은 89%로 90%를 조금 못 미치는 결과가 나타났음을 확인할 수 있다.

주요 용어

(10.1) 통계적 가설검정, status quo, 귀무가설, 대립가설

(10.2) 통계적 가설, 양측검정, 단측검정, 유의수준, 제1종오류, 제2종오류, 재현성 문제, 소비자 위험, 생산자 위험, 검정통계량, 기각역, p값, 통계적 유의성

(10.3) 반올림오차, 이항검정

(10.4) 반복측정설계, 대응표본, 대응표본 t-검정, 독립그룹설계, 합동추정량, 등분산성, 베렌-피셔 문제, 웰치근사

(10.5) 신뢰수준, 검정력

연습문제

1. 새롭게 개발된 신약에 대한 약효과 μ 는 기존약에 대한 약효과 μ_0 보다 더 좋을 것이라고 기대하였다. 하지만, 통계적 가설검정을 진행한 결과, 어느 정도의 약효과차이는 데이터를 통하여 확인할수 있었지만, 통계적으로 유의한 약효과차이는 나타나지 않았다. 통계적 가설을 설정하고, 어떠한 경우 이러한 유의한 차이가 나타나지 않는지에 대하여 설명하시오.

2. 한국경영자협회에서는 자본금 10억 미만의 중소기업 직원의 월 급여 평균은 250만원을 넘는다고 주장하고 있다. 자본금 10억 미만의 중소기업 중 100개의 기업을 무작위로 선정하여 직원들의 월 평균급여를 조사한 결과, 표본평균이 260만원, 표본표준편차는 50만원으로 나타났다. 유의수준 5%에서 통계적 가설검정을 진행하여라.

3. 다음은 모 일간지의 한 기사내용이다.

"재선거 A후보 우세 - ××일보 여론조사

서울 송파갑 국회의원을 뽑는 재선거의 16일 현재 판세는 A후보가 앞서는 것으로 나타났다. 송파갑의 후보별 지지도는 A후보 50.8%, B후보 34.5%다. 이는 15일 저녁 송파갑의 유권자 1천 1명을 대상으로 실시한 전화조사 결과이다. 표본오차는 95% 신뢰수준에서 ±3.1%. 송파갑의 경우 B후보가 비교적 높은 인지도, 연합공천의 위력, 20대 층의 지지도에 힘입어 선전(善戰)하고 있다. 그러나 상대가 제1야당 총재라는 점과 이곳의 상대적으로 높은 A후보 지지도라는 벽에 부닥쳐 1주일 동안인 조사기간 내내 5대 3 정도의 지지율 격차를 좁히지 못하는 실정이다."

(1) 이 기사와 관련된 확률변수, 확률분포, 관심있는 모수, 모수에 대한 추정량에 대하여 기술하시오.

(2) A후보와 B후보의 지지율에 대한 95% 신뢰구간을 구하여라.

(3) A후보와 B후보 신뢰구간에 겹치는 부분이 있는지를 확인하고 이에 대한 의미를 해석하여라.

(4) "표본오차는 95% 신뢰수준에서 ±3.1%"의 값은 어떻게 계산된 것인지 설명하여라.

(5) 만일 A후보의 실제 지지율과 표본지지율의 차이를 신뢰수준 95%에서 0.5% 이상 나지 않도록 하기 원한다면 몇명을 표본으로 조사하여야 하는가?

(6) 어느 시민단체에서는 B후보 지지율이 45%라고 주장한다. 이와 같은 주장을 유의수준 5%로 검정하여라.

4. (예제 11)에서 나타난 식비지출 평균금액이 70만원이라는 주장에 대하여, 7만원보다 작을 것이라는 제3형의 대립가설을 적용하여, 유의수준 5%에서 통계적 가설검정을 진행하고자 한다. 100가구를 표본으로 진행하는 경우, (모평균 68에서 72까지) 모평균변화에 따른 제2종오류 확률 β와 검정력을 계산하고, 검정력 함수를 그려보아라. (단, 표준편차는 4만원으로 알려져 있다고 가정한다.)

연습문제 풀이

1. 먼저 새롭게 개발된 신약에 대한 약효과를 μ라 정의하고 기존약에 대한 약효과 μ_0라 정의하면, 단측 검정에 해당하는 제2형의 대립가설로 다음과 같이 정의할 수 있다.

$$H_0 : \mu = \mu_0 \quad , \quad H_1 : \mu > \mu_0$$

만일 통계적 가설섬정에서 귀무가설을 기각시키지 못하는 결론이 나타났다면, 귀무가설에 대한 편향적 선호도가 있으므로, 다음과 같은 5가지 가능성을 생각해 볼 수 있다.

(가능성 1) 실제로 신약과 기존 약의 약효과 측면에서 차이가 없는 경우,
(가능성 2) 유의수준 α를 너무 낮게 설정하여, 제2종오류에 대한 확률 β가 너무 커져서 검정력 또는 효과를 검출하는 능력이 현저하게 떨어지는 경우,
(가능성 3) 표본크기가 너무 작아서 귀무가설을 기각할만한 충분한 증거가 데이터를 통하여 확보하지 못한 경우,
(가능성 4) 극단값이 존재하여 표본평균 값이 왜곡되어 나타나는 경우,
(가능성 5) 모분산, 또는 모분산의 추정량인 표본분산이 너무 커서 검정통계량 값이 작아지고 p값이 크게 나타나는 경우로 구분하여 생각할 수 있다.

특별히 (가능성 4)의 경우는 정교한 실험설계로 검정통계량에 대한 표준오차를 줄임으로써 문제를 해결할 수 있다. 즉, 약효과에 영향을 미치는 요인을 파악하여, 성별에 따른, 나이에 따른, 건강상태에 따른 비슷한 그룹을 만들어 약효과를 측정함으로써 표준오차를 줄일 수 있으며, 이에 따라 검정통계량 값을 크게 만들고 p값을 작게 만들 수 있다.

2. 표본크기가 크기 때문에 ($n \geq 30$), 중심극한정리 적용이 가능해진다. 따라서 모집단이 정규분포를 따른다는 가정 필요없이 표본평균의 근사분포인 정규분포를 이용하여 접근하기로 한다. 가설검정 1단계에서 정의해야 하는 모수는 모평균 μ로 '중소기업 직원의 월 급여 평균'으로 정의할 수 있다. 월 급여 평균이 250만원을 넘는지 여부를 판단하는 것이므로, 유의수준 5%에서 제2형의 대립가설을 적용하여 다음과 같이 설정할 수 있다.

$H_0 : \mu = 250$(만원) , $H_1 : \mu > 250$(만원)

가설검정의 2단계를 알아보면, 검정통계량과 기각역은 다음과 같이 결정된다.

$$(\text{Under } H_0)\ ,\ \frac{Z = \overline{X}_n - 250}{S/\sqrt{100}} \approx N(0,1)$$

기각역 : $Z > z_{0.05} = 1.645$

마지막 가설검정 3단계를 진행하여 보면 다음과 같다.

$$z = \frac{260 - 250}{50/\sqrt{100}} = 2$$

검정통계량 값, 2는 기각역에 속하므로 유의수준 5%에서 귀무가설을 기각한다. 즉, 한국경영자협회에서 주장하는 중소기업 직원의 월 급여 평균은 250만원이 넘는다는 주장은 통계적으로 유의한 주장이라고 판단할 수 있다. 이에 대한 p값은 '1－pnorm(260, 250, 5)' 또는 '1－pnorm(2)' 에 의하여 0.02275가 된다.

3. (1) 모수 1 p_A : A후보의 지지율 (또는 득표율),

모수 2 p_B : B후보의 지지율 (또는 득표율)

확률변수 1 X_A : 유권자 1천 1명 조사에서 나타난 A후보의 지지자 수

확률분포 1 $X_A \sim B(1001, p_A)$

추정량 (통계량) 1 $\hat{p}_A = X_A/1001$: A후보 지지율인 p_A의 추정량

확률변수 2 $\hat{p}_A$: 1천 1명 조사에서 A후보의 지지자 비율

확률분포 2 $\hat{p}_A \approx N\left(p_A, \dfrac{p_A(1-p_A)}{1001}\right)$ (정규근사조건 필요.)

확률변수 3 X_B : 유권자 1천 1명 조사에서 나타난 B후보의 지지자 수

확률분포 3 $X_B \sim B(1001, p_B)$

추정량 (통계량) 2 $\hat{p}_B = X_B/1001$: B후보 지지율인 p_B의 추정량

확률변수 4 $\hat{p}_B = X_B/1001$: 1천 1명 조사에서 B후보의 지지자 비율

확률분포 4 $\hat{p}_B \approx N\left(p_B, \dfrac{p_B(1-p_B)}{1001}\right)$(정규근사조건 필요.)

(2) 다음 R코드에 의하여 95% 신뢰구간이 계산된다.

```
> pA=0.508; pB=0.345
> pA + qnorm(c(0.025,0.975))*sqrt(pA*(1-pA)/1001)
[1] 0.4770297 0.5389703
> pB + qnorm(c(0.025,0.975))*sqrt(pB*(1-pB)/1001)
[1] 0.3155516 0.3744484
```

따라서 A후보의 지지율 p_A 에 대한 95% 신뢰구간은 48%에서 54%이며, B후보의 지지율 p_B에 대한 95% 신뢰구간은 32%에서 37%이다.

(3) 두 후보 간에 95% 신뢰구간은 겹치지 않은 것으로 확인되었다. 이러한 의미는 B후보의 경우, 표본오차를 고려하여 아무리 잘 받아도 38% 이상은 받기 어려우며, A후보의 경우는 표본오차를 고려하더라도 아무리 못 받아도 48%는 받는다는 의미이다. 따라서 두 후보자의 득표율 경쟁범위는 95% 신뢰수준의 표본오차 범위밖으로 벗어났으므로, 특별한 이변이 발생하지 않는다면, A후보의 당선이 확실하다고 판단할 수 있다.

(4) 확률변수 $\hat{p}_A$에 대한 표준오차는 $\sqrt{p_A(1-p_A)/1001}$ 식으로도 계산할 수 있지만, 교재에서 설명하였듯이, $p_A(1-p_A)$값은 p_A가 1/2일 때 최대값 1/4을 가지므로, 이 값을 대입하여 계산할 수 있다. 즉, 확률변수 $\hat{p}_A$에 대한 표준오차는 $\sqrt{1/(4 \times 1001)}$ 으로 사용할 수 있다는 것이다. 또한 "표본오차는 95% 신뢰수준에서 ±3.1%" 라는 의미는 95% 신뢰구간을 고려한 오차를 의미하므로 양쪽꼬리에 2.5%씩 할당한 $z_{0.025}$값이 곱해져야 한다. 이를 R로 계산하면 다음과 같이 3.097% ≒ 3.1% 값이 계산된다.

```
> qnorm(0.975)*sqrt(1/(4*1001))
[1] 0.03097427
```

(5) p_A에 대하여 아는 정보가 없으므로, $p_A(1-p_A)$값은 p_A가 1/2일 때 최대값 1/4을 가지므로, 가장 보수적인 1/4을 가정하고 접근한다. 95%의 신뢰수준에서 차이는 $z_{0.025} \times \sqrt{1/(4n)}$이 되며 이는 0.5%보다 작아야 한다. 즉, 다음과 같은 관계식이 성립된다.

$$z_{0.025} \times \sqrt{\frac{1}{4n}} \leq 0.005 \quad \Leftrightarrow \quad \frac{1}{4n} \leq \left(\frac{0.005}{z_{0.025}}\right)^2$$

$$\Leftrightarrow \quad n \geq \frac{1}{4}\left(\frac{z_{0.025}}{0.005}\right)^2 = 38414.59$$

따라서, 95% 신뢰수준에서 실제 지지율과 표본지지율의 차이를 0.5% 이내로 만들고자 한다면 – 보수적 기준으로 보았을 때, 즉 p_A가 0.5라고 가정하였을 때 – 최소 38,415명 이상의 유권자를 조사하여야 가능하다.

(6) (가설검정 1단계) 모수를 B후보자의 지지율 p_B라 정의하면, 유의수준 5%에서 귀무가설과 대립가설은 다음과 같이 정의된다.

$H_0 : p_B = 0.45, \quad H_1 : p_B \neq 0.45$

(가설검정 2단계) 검정통계량을 $\hat{p}_B$로 설정하면 귀무가설이 참이라는 조건 아래 $np \geq 5$와 $n(1-p) \geq 5$ 조건을 만족하여 정규분포의 근사가 가능하다. R함수 'qnorm(c(0.025,0.975), 0.45, sqrt(0.45*0.55/1001))'에 의하여 다음과 같은 기각역이 만들어진다.

기각역: $\hat{p}_B < 0.419$ 또는 $\hat{p}_B > 0.481$

(가설검정 3단계) 실제로 B후보자의 지지율이 34.5%로 나타나 기각역에 속하게 되었으므로 유의수준 5%에서 귀무가설을 기각한다. 즉 B후보 지지율이 45%라는 시민단체의 주장은 유의수준 5%에서, 타당하지 않다고 볼 수 있다.

4. (가설검정 1단계) 모수는 가구당 한달 식비지출 평균금액, μ가 되며, 제3형이 대립가설이 적용되어 유의수준 5%에서 다음과 같이 설정된다.

$H_0 : \mu = 70$만 원 , $H_1 : \mu < 70$만 원

(가설검정 2단계) 검정통계량을 표본평균 $\overline{X}_n$으로 설정하여서 접근한다. 귀무가설이 참이라는 가정 아래, 검정통계량의 표본분포와 기각역은 다음과 같다.

(Under H_0)

$\overline{X}_n \sim N(70\text{만원}, (4\text{만원})^2/100)$

기각역 : $\overline{X}_n < 69.342$만원

여기서 기각역은 R함수 'qnorm(0.05,70,4/10)'을 통하여 계산된 값이다. 만일 μ값이 70만원이 아니라 μ_1이라면, 제2종오류에 대한 확률은 다음과 같이 계산된다.

$$\Pr(\text{제2종 오류}) = \beta = \Pr(\overline{X}_n \geq 69.342 | \mu = \mu_1)$$

다음의 R코드로 계산된 β와 검정력 값은 다음과 같다.

```
mu = seq(68, 72, 0.4); Beta = rep(0, 11)
x1=qnorm(0.05, 70, 0.4) # n=100, alpha 5%
for(i in 1: 11) Beta[i] = 1-pnorm(x1,mu[i],0.4)
Beta; Power=1- Beta
```

모평균 값, μ	68.0	68.4	68.8	69.2	69.6	70.0	70.4	70.8	71.2	71.6	72.0
제2종오류 확률, β	0.0004	0.0093	0.3612	0.7405	0.9500	0.9959	0.9999	1.0000	1.0000	1.0000	1.0000
검정력, $1-\beta$	0.9996	0.9907	0.6388	0.2595	0.0500	0.0041	0.0001	0.0000	0.0000	0.0000	0.0000

검정력 함수를 그리기 위한 R코드는 다음과 같다.

```
mu = seq(68, 71, 0.01); Pwr = rep(0, 301)
x1=qnorm(0.05, 70, 0.4)
for(i in 1: 301) Pwr[i]=pnorm(x1,mu[i],0.4)
plot(mu, Pwr, lwd=2, type='l', xlab="모평균의 변화",
   ylab="검정력(Power)", main="검정력 함수")
abline(v=70)
```

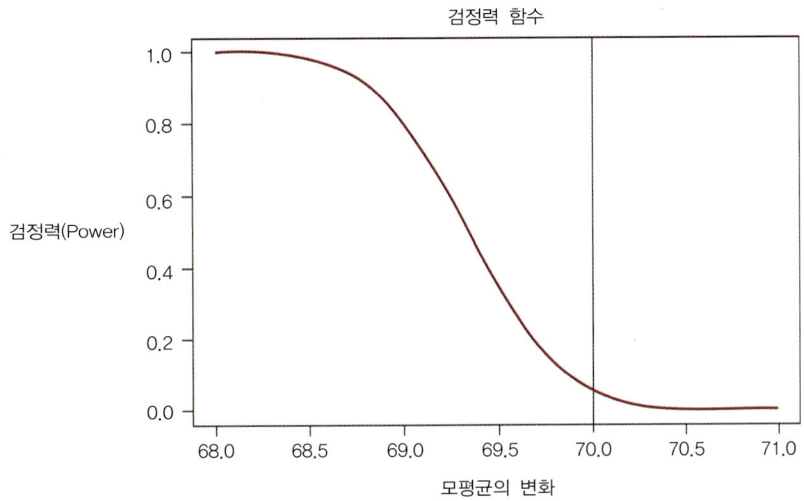

제3형 대립가설의 경우, 모평균변화에 따른 검정력 함수의 변화

CHAPTER 11

범주형 데이터 분석

범주형 데이터(categorical data)는 성별, 직업과 같이 특정한 **범주**(category)로 구분되는 명목척도의 변수를 의미한다. 그리고 이러한 범주형 데이터를 기반으로 분석하는 **범주형 데이터 분석**(categorical data analysis)은 거리에 대한 개념이 없으므로 평균이나 분산을 계산할 수 없고, 단지 비율이나 빈도수를 기반으로 분석이 진행된다. 예를 들어, 우리가 앞에서 배운 모비율에 대한 가설검정은 2개의 범주를 갖는 범주형 데이터 분석의 가장 기본적인 모습이 된다. R에서는 범주형 데이터를 factor형 변수로 취급하면서 다양한 분석방법들을 제공하고 있다.

범주형 데이터 분석에서 가장 기본이 되는 통계이론은 앞에서 언급하였듯이, 2개의 범주로 구성된 이항분포이며, 모비율에 대한 분석은 정규분포에 대한 근사를 기반으로 진행된다. 범주형 데이터 분석은 이항분포를 확장한 **다항분포**(multinomial distribution)가 활용되며, 이 분포에 대한 근사분포로 χ^2 −분포가 활용된다. 그러면 먼저 다항분포부터 알아보도록 하자.

11.1 다항분포

이항분포는 동전을 던지는 실험과 같이, 2개의 범주 − 앞면과 뒷면 −을 결과로 갖는 조건에서 반복적으로 여러번 실행하였을 경우 나타나는 앞면의 수를 확률변수로 하는 분포라고 설명하였다. 즉, 동전을 던지는 총횟수 n과 앞면이 나올 확률 p를 모수로 하여, n번 중 나타난 앞면의 수를 확률변수로 하는 분포를 말한다. 이와 비슷하게 다항분포는 주사위를 던지는 실험과 같이, 3개 이상의 범주를 결과로 갖는 조건에서 반복적으로 여러번 실행하였을 경우 나타나는 범주별 빈도수를 확률변수로 한다. 즉, 주사위를 던지는 총횟수 n과 가능한 결과를 나타내는 범주수 k, 각 범주가 나올 확률 p_i를 모수로 하여, n번 중 i−번째 범주에서 나타나는 빈도수 N_i를 확률변수로 하는 분포를 다항분포라고 한다.

[예제 1] 공정한 주사위를 5번 던졌을 경우 1의 눈이 1번, 2의 눈이 2번, 3의 눈이 2번 나타날 확률을 구하여라.

만일 주사위를 5번을 던졌을 결과가 {1, 2, 2, 3, 3}이 나타났다면, 확률은 $(1/6)^5$이 된다. 이러한 경우는 {2, 1, 2, 3, 3}도 만족하므로 이에 대한 총경우의 수는 다음과 같은 **다항계수**(multinomial coefficient)의 값이 된다.

$$\binom{5}{1,\ 2,\ 2,\ 0,\ 0,\ 0} = \frac{5!}{1!2!2!0!0!0!} = 30$$

따라서 확률은 $30 \times (1/6)^5 = 0.003858$이 된다.

한번의 실험에서 k개의 상호배반적인 범주(결과)가 있고, 이러한 실험을 n번 독립적으로 반복하여 실행하는 경우, 확률변수 N_i를 $i-$번째의 범주에 대한 확률 p_i에 대한 빈도수라고 하자. 이때 확률변수 N_i는 모수 n과 p_i 그리고 범주의 수 k를 갖는 다항분포를 따른다고 하며, 다음과 같은 확률질량함수를 갖는다.

$$\Pr(N_1 = n_1, N_2 = n_2, \cdots, N_k = n_k) = \frac{n!}{n_1! n_2! \cdots n_k!} p_1^{n_1} p_2^{n_2} \cdots p_k^{n_k}$$

여기서, $\sum_{i=1}^{k} n_i = n$이고 $\sum_{i=1}^{k} p_i = 1$이다.

R에서 다항분포를 multinomial distribution의 약자로 'multinom'이라 표기한다. 따라서 확률밀도함수를 계산하고자 하는 경우는 'dmultinom()', 누적분포함수를 계산하고자 하는 경우는 'pmultinom()', 분위수 값을 얻고자 하는 경우는 'qmultinom()', 난수를 얻고자 하는 경우는 'rmultinom()' 함수를 사용한다. 예를 들어, (예제 1)에 대한 확률은, 주사위 1에서 6의 눈을 나타내는 6개의 확률변수에 대한 값인 빈도수 {1, 2, 2, 0, 0, 0}을 입력하고, 5번 주사위를 던진다는 n의 값을 지정하고, 6개 모든 범주에 대한 확률을 모두 1/6로 입력하면, 다음과 같은 확률값을 얻을 수 있다

```
> dmultinom(c(1, 2, 2, 0, 0, 0), 5, rep(1/6, 6))
[1] 0.003858025
```

만일 다항분포에서 $i-$번째 범주의 결과를 성공이라고 보고, 나머지 범주를 실패라고 본다면, 확률변수 N_i는 모수 n, p_i를 갖는 이항분포를 따르게 된다. 즉, 다항분포의 확률변수 N_i에 대한 주변확률분포는 이항분포가 된다는 것이다. 이를 반대로 해석하면, 다항분포는 서로 독립이 아닌 여러 이항분포의 결합으로 구성되어 있다고 해석할 수 있다.

다항분포의 기대값 분산 및 공분산은 다음과 같다.

$E(N_i) = np_i$, $Var(N_i) = np_i(1-p_i)$, $Cov(N_i, N_j) = -np_ip_j$

여기서, $i = 1, 2, \cdots, k$이고 $i \neq j$이다.

여기서 확률변수 N_i에 대한 기대값과 분산은 이항분포의 성질로부터 쉽게 유도된다. 하지만, 공분산의 값이 음수인 점이 특이하다. 이는 고정된 n에 대하여, $i-$번째 범주의 빈도수가 많이 나왔다면, $j-$번째 범주는 상대적으로 작을 수밖에 없으므로 나타나는 자연스러운 현상이라고 생각하면 된다. 즉, 다항분포는 여러 이항분포들이, 독립이 아닌 음의 상관관계를 가지고 결합된 분포라는 사실을 확인할 수 있다.

이제 k개의 확률변수 N_i를 생각하여 보자, 모수가 n으로 고정되어 있으므로, $k-1$개의 확률변수 N_i는 마음대로 움직일 수 있지만, 마지막 N_k는 마음대로 움직일 수 없이, $n - \sum_{i=1}^{k-1} N_i$로

고정되어야 한다. 이는 마지막 범주에 대한 확률인 p_k가 반드시 $1-\sum_{i=1}^{k-1} p_i$이 되어야 한다는 사실과 같은 논리이다. 따라서 k개의 확률변수 N_i에 대한 자유도는 $k-1$이 된다. 즉, $k-1$개의 값을 알면 나머지 $k-$번째 범주는 자동으로 결정된다는 의미이다. 이제 간단한 형태인 $k=2$의 경우인 이항분포가 어떻게 자유도 1인 χ^2-분포로 근사할 수 있는지 알아보자.

[성질 1] 확률변수 N_1은 모수 n, p_1인 이항분포를 따른다고 하자. 여기서 $N_2=n-N_1$, $p_2=1-p_1$이다. $np_1 \geqq 5$와 $np_2 \geqq 5$ 조건을 만족하여 이항분포의 정규분포 근사가 가능하므로 다음의 확률변수 V는 자유도가 1인 χ^2-분포로 근사한다.

$$V = \sum_{i=1}^{2} \frac{(N_i - np_i)^2}{np_i} \sim \chi^2(1)$$

각 범주의 기대값이 5보다 같거나 크다는 조건에 의하여 이항분포의 정규근사가 가능하므로, χ^2-분포의 정의로부터, 표준화된 N_1의 제곱이 확률변수 V가 된다는 것을 보여주면 된다. 표준화된 N_1과 이에 대한 제곱은 다음과 같다.

$$Z = \frac{N_1 - np_1}{\sqrt{n\,p_1\,p_2}} \sim N(0,1) \;\Rightarrow\; \frac{(N_1 - np_1)^2}{n\,p_1\,p_2} \sim \chi^2(1)$$

이제 확률변수 V를 전개하여 보자. (여기서 $N_2=n-N_1$, $p_2=1-p_1$ 임을 상기하자.)

$$V = \frac{(N_1-np_1)^2}{np_1} + \frac{(N_2-np_2)^2}{np_2} = \frac{(N_1-np_1)^2}{np_1} + \frac{(-N_1+np_1)^2}{np_2}$$
$$= (N_1 - np_1)^2 \frac{p_1 + p_2}{n\,p_1\,p_2} = \frac{(N_1 - np_1)^2}{n\,p_1\,p_2} \sim \chi^2(1)$$

따라서 이항분포와 관련된 확률변수 V는 자유도 1인 χ^2-분포를 따르게 된다. 이제 이러한 성질을 다항분포로 확장하여 보자.

[성질 2] k개의 상호배반적인 범주(결과)가 있는 모수 n, p_i를 갖는 다항분포를 따르는 확률변수 N_i가 있다고 하자. 만일 n이 충분히 커서 모든 범주에 대하여 $np_i \geqq 5$를 만족한다면, 다음의 확률변수 V는 자유도 $k-1$인 χ^2-분포를 따른다.

$$V = \sum_{i=1}^{k} \frac{(N_i - np_i)^2}{np_i} \sim \chi^2(k-1)$$

[성질 2]에 대한 증명은 생략하겠지만, 이항분포를 바탕으로 하는 [성질 1]의 증명으로부터 유추할 수 있다. [성질 2]는 χ^2-검정이라 불리는 범주형 데이터 분석에서 중요한 역할을 하는 통계이

론이다. 일반적으로 확률변수 N_i는 관찰된 값이므로 'observation'을 의미하는 O_i라 표현하고, 상수 np_i는 기대값이므로 'expectation'을 의미하는 E_i로 표현한다. 따라서 χ^2 – 검정에서는 다음과 같은 수식으로 재표현하여 사용한다.

$$V = \sum_{i=1}^{k} \frac{(O_i - E_i)^2}{E_i} \sim \chi^2(k-1)$$

11.2 적합도 검정

다항분포를 가정한 p_i와 실제 데이터가 얼마만큼 잘 맞는지를 알아보는 통계적 가설검정을 **적합도 검정(goodness-of-fit test)**이라고 한다. 적합도 검정에 사용되는 검정통계량 V는 귀무가설로부터 얼마만큼 떨어져 있는지를 나타내는 척도이므로, 적합도 검정은 항상 단측검정 형태인 제2형 대립가설이어야 한다. 귀무가설에서 설정한 다항분포를 가정한 p_i를 통해 기대 빈도수 $E_i = np_i$를 계산하고, 데이터를 나타내는 관측 빈도수인 O_i를 정리하면 다음과 같은 테이블을 만들 수 있다.

범 주	1	2	3	…	k
관측 빈도수	O_1	O_2	O_3	…	O_k
기대 빈도수	E_1	E_2	E_3	…	E_k

이에 대한 귀무가설과 대립가설, 검정통계량과 기각역을 알아보면 다음과 같다.

H_0 : 확률변수 O_i는 모수 p_i를 갖는 다항분포를 따른다.

H_1 : 확률변수 O_i는 모수 p_i를 갖는 다항분포를 따르지 않는다.

Under H_0, 검정통계량 : $V = \sum_{i=1}^{k} \frac{(O_i - E_i)^2}{E_i} \sim \chi^2(k-1)$

기각역 : $V > \chi^2_\alpha(k-1)$ (단, 모든 $E_i \geq 5$)

[예제 2] 주사위가 공정한지를 조사하기 위하여 48번의 주사위를 던져서 나타난 눈의 수를 조사하였다. 주사위를 48번 던진 결과, 빈도수가 {4, 7, 8, 13, 11, 5}로 나타났다. 유의수준 1%에서 적합도 검정을 진행하고, p값을 계산하여라.

먼저 유의수준 1%에서 귀무가설과 대립가설을 설정하면 다음과 같다.

H_0 : 확률변수 O_i는 모수 $k=6,\ n=48,\ p_i=1/6$을 갖는 다항분포를 따른다.
H_1 : 확률변수 O_i는 모수 $k=6,\ n=48,\ p_i=1/6$을 갖는 다항분포를 따르지 않는다.

관찰 빈도수와 기대 빈도수 $(np_i=48/6=8)$를 정리하면 다음과 같다.

범 주	1	2	3	4	5	6	합계
관측 빈도수	4	7	8	13	11	5	48
기대 빈도수	8	8	8	8	8	8	48

(여기서 $E_i \geq 5$이므로, 정규근사를 기반으로 하는 χ^2 - 검정이 가능하다.)

Under H_0, 검정통계량: $V = \sum_{i=1}^{6} \frac{(O_i - E_i)^2}{E_i} \sim \chi^2(5)$

기각역: $V > \chi^2_{0.01}(5) = 15.0863$[1)]

검정통계량 값:

$$v = \frac{(4-8)^2}{8} + \frac{(7-8)^2}{8} + \frac{(8-8)^2}{8} + \frac{(13-8)^2}{8} + \frac{(11-8)^2}{8} + \frac{(5-8)^2}{8}$$
$$= 7.5$$

관측값으로부터 계산된 검정통계량 값 7.5는 기각역에 속하지 않으므로 유의수준 1%에서 귀무가설을 기각 하지 못한다. 따라서 유의수준 1%에서 공정하지 못한 주사위라는 충분한 증거를 데이터로부터 확인할 수 없었다. 이에 대한 p 값은 R함수 '1 - pchisq(7.5,5)'를 통하여 0.186이 된다. R에서 제공하는 적합도 검정을 위한 함수 'chisq.test()'를 이용하면 아래와 같이 쉽게 결과를 얻을 수 있다.

```
> Oi = c(4, 7, 8, 13, 11, 5)
> chisq.test(x=Oi, p=rep(1/6,6))
        Chi-squared test for given probabilities
data:  Oi
X-squared = 7.5, df = 5, p-value = 0.186
```

[예제 3] 생물정보학(Bioinformatics) 분야의 시초라고 한다면, 유전학 문제를 확률로 해결한 오스트리아 출신의 유전학자이면서 성직자인 멘델이며, 그의 이름을 딴 멘델의 법칙(Mendel's Laws of Inheritance)은 유전공학의 기본원리로 지금까지 활용되고 있다. 멘델의 법칙은 확률을 기반으로 제시한 유전학의 기본적인 원리로 3개의 법칙으로 구성되어 있는데, 그중 하나가 독립의 법칙(Law of independent assortment)이다. 독립의 법칙은, 예를 들어, 완두콩의 우성인자 RRYY (Round, Yellow)와 열성인자 rryy (Wrinkled, Green)가 결합하였을 때, 1세대는 RrYy로 나타나지만, 2세대에서는 RrYy - RrYy가 결

1) R함수의 'qchisq(0.99,5)'에 의하여 11.0705 값이 계산된다.

> 합하여 총 16가지의 가능한 조합으로 나타나며, 이러한 16가지 조합은, 우성인자만 표현되므로 RY가 들어가 있는 조합 9개, Ry만 포함된 조합 3개, rY만 포함된 조합 3개, ry만 포함된 조합 1개로 구성되어 그 비율은 9 : 3 : 3 : 1로 나타난다는 이론이다.
> 실제로 2세대 실험을 진행하여 총 556개의 완두콩을 조사하였더니, RY가 315개, Ry가 108개, rY가 101개, ry가 32개 나타났다. 이러한 실험결과를 근거로 해당 실험결과는 멘델의 법칙을 따른다고 볼 수 있는지, 유의수준 5%에서 적합도 검정을 진행하여라.

이 문제의 경우 귀무가설과 대립가설을 설정해 보면 다음과 같다.

H_0 :확률변수 O_i는 9:3:3:1의 비율을 갖는 다항분포를 따른다.
H_1 :확률변수 O_i는 9:3:3:1의 비율을 갖는 다항분포를 따르지 않는다.

각각의 기대값 E_i를 계산하여 보면, 다음과 같다.

$$E_1 = 556\times\frac{9}{16} = 312.75,\ E_2 = E_3 = 556\times\frac{3}{16} = 104.25$$

$$E_4 = 556\times\frac{1}{16} = 34.75$$

(여기서 모든 $E_i \geq 5$이므로 χ^2-검정이 가능하다.)

Under H_0, 검정통계량: $V = \sum_{i=1}^{4}\frac{(O_i - E_i)^2}{E_i} \sim \chi^2(3)$

기각역: $V > \chi^2_{0.05}(3) = 7.81473$

검정통계량 값:

$$v = \frac{(315-312.75)^2}{312.75} + \frac{(108-104.25)^2}{104.25} + \frac{(101-104.25)^2}{104.25} + \frac{(32-34.75)^2}{34.75} = 0.47$$

관측값으로부터 계산된 검정통계량 값 0.47은 기각역에 속하지 않으므로 유의수준 5%에서 귀무가설을 기각시키지 못한다. 따라서 유의수준 5%에서 이 실험결과는 멘델의 독립성 원칙을 위배한다고 볼 수 없다. 이에 대한 p값은 R함수 '1−pchisq(0.47,3)'를 통하여 0.9254로 나타났다. 이처럼 p값이 거의 1에 가깝게 나타났다는 의미는 데이터가 귀무가설을 강력하게 지지해주고 있다는 의미이며, 이는 실험 데이터가 멘델의 독립성 원칙을 의심없이 따르고 있다는 의미로 해석할 수 있다. 이러한 결과는 R의 'chisq.test()' 함수를 이용하여 간편하게 확인할 수 있다.

```
> Oi = c(315, 108, 101, 32)
> chisq.test(x=Oi, p=c(9, 3, 3, 1)/16)
        Chi-squared test for given probabilities
data:  Oi
X-squared = 0.47002, df = 3, p-value = 0.9254
```

11.3 동질성 검정과 독립성 검정

이제 다항분포를 따르는 두 개의 확률변수에 대한 관계를 알아보는 문제를 생각하여 보자. r개의 범주를 갖는 다항분포를 따르는 첫 번째 확률변수를 X_i라 하고, c개의 범주를 갖는 다항분포를 따르는 두 번째 확률변수를 Y_j라 하자. 이 경우 데이터는 $r \times c$테이블로 요약할 수 있으며, 이러한 테이블을 **분할표(contingency table)**라고 한다. 일반적인 형태의 두 변수에 대한 분할표 모습은 [그림 11-1]과 같다.

이제 동질성 검정에 대하여 알아보도록 하자. 확률변수 O_{ij}는 확률변수 X의 $i-$번째 범주와 확률변수 Y의 $j-$번째 범주에 대한 빈도수를 나타낸다. 여기서 확률변수 X에 대한 전체 모집단은 확률변수 X_i에 대한 r개의 **부 모집단(subpopulation)**으로 구성되어 있다고 생각할 수 있다. 또한, 확률변수 X_i는 $i-$번째 부 모집단을 형성하면서, 표본크기 O_i를 가지고 확률변수 Y에 분포되어 있다고 생각할 수 있는데, 이러한 분포를 $i-$번째 **부 모집단 분포(subpopulation distribution)**라고 한다.

그림 11-1 두 변수에 대한 분할표

		변수 Y				합계
		Y_1	Y_2	…	Y_c	
변수 X	X_1	O_{11}	O_{12}	…	O_{1c}	$O_{1.}$
	X_2	O_{21}	O_{22}	…	O_{2c}	$O_{2.}$
	…	…	…	…	…	
	X_r	O_{r1}	O_{r2}	…	O_{rc}	$O_{r.}$
합계		$O_{.1}$	$O_{.2}$		$O_{.c}$	$O_{..}$

두 번째 부 모집단의 표본크기

두 번째 부 모집단 분포

이러한 $i-$번째 부 모집단 분포는 확률변수 X가 $i-$번째 범주라는 조건 아래 나타나는 확률변수 Y의 분포로, 조건부 확률분포가 된다. 여기서, **동질성 검정(test of homogeneity)**은 r개의 부모집단 분포가 모두 동일한 분포를 갖는지를 알아보는 통계적 가설검정이 된다. 즉, 동질성 검정의 귀무가설은 '모든 r개의 부 모집단 분포가 동일하다'는 가설이다. 만일 귀무가설이 참이라면 모든 r개의 부 모집단 분포는, 모두 동일한 분포를 가지므로 $O_{.1} \sim O_{.c}$분포 하나로 표현이 가능하다는 의미이다. 따라서 귀무가설을 표현하면 다음과 같다.

H_0 : 확률변수 X와 관련된 r개의 확률변수 X_i의 Y에 대한 부 모집단 분포는 모두 동일하다. 즉, 모든 $i=1,2,\cdots,r$ 와 $j=1,2,\cdots,c$에 대하여, 다음 관계식이 성립한다.

$$\Pr(Y=j \mid X=i) = \Pr(Y=j)$$

이제 [그림 11-1]에 나타난 다항분포를 따르는 두 확률변수 X와 Y가 서로 연관성이 존재하는지를 판단하는 **독립성 검정(test of independent)**에 대하여 알아보자. 우리가 5장에서 학습한 두 사건의 독립성에 대한 정의는, '두 사건의 곱사건에 대한 확률은 각각의 사건의 확률에 대한 곱과 일치한다'는 것이다. 따라서 이러한 독립성 검정에서 귀무가설을 기각하게 된다면, 두 변수는 서로 연관성이 존재하는 종속관계를 갖는다고 판단하게 된다. 독립성 검정에 대한 귀무가설은 두 변수가 관계없다는 독립성을 주장하는 다음과 같은 형태이어야 한다.

H_0 : 확률변수 X와 Y는 독립이다. 즉, 모든 $i=1,2,\cdots,r$ 와 $j=1,2,\cdots,c$에 대하여, 다음 관계식이 성립한다.

$$\Pr(X=i, Y=j) = \Pr(X=i) \times \Pr(Y=j)$$

[성질 3] 동질성 검정과 독립성 검정은 동일한 통계적 가설검정이다.

동질성 검정은 확률변수 X에 대한 범주별 나타나는 부 모집단의 Y에 대한 분포가 동일한 것인지를 판단하는 것이고, 독립성 검정은 두 확률변수 X와 Y가 서로 연관성이 없는 독립관계인지를 판단하는 검정으로, 두 검정에 대한 해석은 전혀 다르다고 볼 수 있다. 하지만 우리가 5장에서 배운 조건부 확률의 정의를 생각하면, 두 검정방법이 해석은 크게 다르지만, 통계적 수식으로는 동일하다는 것을 확인할 수 있다.

(조건부 확률의 정의)

$$\Pr(X=i \mid Y=j) = \frac{\Pr(X=i, Y=j)}{\Pr(Y=j)}$$

만일 두 확률변수 X와 Y가 독립이라면,

$$\Pr(X=i, Y=j) = \Pr(X=i) \times \Pr(Y=j)$$

$$\Leftrightarrow \Pr(X=i \mid Y=j) = \frac{\Pr(X=i) \times \Pr(Y=j)}{\Pr(Y=j)} = \Pr(X=i)$$

그렇다면, 동질성 검정과 독립성 검정에서 나타나는 E_{ij}가 정말로 일치하는지, 그리고 만일 일치한다면 어떠한 식인지 확인하여 보자.

동질성 검정의 경우, 만일 귀무가설이 참이라면 모든 X의 범주 i에 대하여 동일한 분포를 가지므로, 공통확률 $\hat{p}_{\cdot j}$에 범주 i에 대한 표본크기 $O_{i\cdot}$ 이 곱해진 기대 빈도수 E_{ij}는 다음과 같이 나타난다.

$$\hat{p}_{.j} = \frac{O_{.j}}{O_{..}} \quad \Rightarrow \quad E_{ij} = O_{i.}\ \hat{p}_{.j} = \frac{O_{i.}\ O_{.j}}{O_{..}}$$

반면 독립성 검정의 경우, 만일 귀무가설이 참이라면 두 확률변수 X와 Y는 독립이라는 의미이므로, X의 범주 i와 Y의 범주 j에 대한 확률 $\hat{p}_{ij}$는 X의 범주 i에 대한 확률 $\hat{p}_{i.}$ 과 Y의 범주 j에 대한 확률 $\hat{p}_{.j}$의 곱으로 계산된다. 따라서 $\hat{p}_{ij}$와 기대 빈도수 E_{ij}는 다음과 같다.

$$\hat{p}_{ij} = \hat{p}_{i.} \times \hat{p}_{.j} = \frac{O_{i.}}{O_{..}} \times \frac{O_{.j}}{O_{..}}$$

$$\Rightarrow E_{ij} = O_{..}\ \hat{p}_{ij} = \frac{O_{i.}\ O_{.j}}{O_{..}}$$

결국, 동질성 검정과 독립성 검정의 기대 빈도수 E_{ij}은 동일한 식이기 때문에, 두 검정방법은 동일한 통계적 가설검정이 된다. 하지만, 결과를 해석하는 측면에서는 다를 수 있으므로 이에 맞게 분석결과를 적절하게 해석하는 것이 필요하다.

[성질 4] 다항분포를 따르는 두 확률변수 X와 Y에 대하여 동질성 검정이나 독립성 검정을 진행한다고 하자. 만일 n이 충분히 커서 모든 범주에 대하여 $E_{ij} \geq 5$를 만족한다면, 귀무가설이 참이라는 조건 아래 다음의 확률변수 V는 자유도 $(r-1)(c-1)$ 인 χ^2-분포를 따른다.

Under H_0,

$$V = \sum_{i=1}^{r} \sum_{j=1}^{c} \frac{(O_{ij} - E_{ij})^2}{E_{ij}} \sim \chi^2((r-1)(c-1))$$

다항분포를 따르는 r개의 범수를 갖는 확률변수 X에 대한 자유도는 $(r-1)$이 된다. 이러한 의미는 $(r-1)$개의 범주에 대한 정보를 안다면 마지막 $r-$번째 범주는 자동으로 결정난다는 의미이다. 이와 마찬가지로, 다항분포를 따르는 c개의 범주를 갖는 확률변수 Y에 대한 자유도도 $(c-1)$이 된다. 이러한 $(r-1)$개의 자유도와 $(c-1)$개의 자유도가 결합하여 전체 자유도가 $(r-1)(c-1)$이 되는 것이다.

다음 두 가지 예제를 통하여 동질성 검정과 독립성 검정이 같은 검정법이지만, 두 검정법에 대한 결과해석이 어떻게 다른지 확인하여 보자.

[예제 4] 결혼을 앞둔 여성 154명과 남성 118명을 대상으로 선호하는 가전 브랜드를 조사하였더니 아래와 같은 분할표가 만들어졌다. 여성의 브랜드 선호도 분포와 남성의 브랜드 선호도 분포가 같은지에 대한 동질성 검정을 유의수준 5%에서 진행하여라.

		브랜드			합 계
		L브랜드	P브랜드	S브랜드	
성 별	여 성	76	32	46	154
	남 성	48	23	47	118
합 계		124	55	93	272

이 경우 성별은 2개의 부 모집단을 형성하고 있어 $r=2$가 되며, 브랜드는 3종류의 브랜드를 가지고 있으므로 $c=3$이 된다. 따라서 2×3 분할표가 되며, 이와 관련된 자유도는 2가 된다. 이러한 의미는 기대 빈도수 E_{ij}를 2개만 알고 있으면 나머지는 계산하지 않아도 자동으로 알 수 있다는 의미이다. 그렇다면 E_{11}과 E_{12}을 계산하여 보자.

$$E_{11} = \frac{O_1.\ O._1}{O..} = \frac{154\times124}{272} = 70.2,\ \ E_{12} = \frac{O_1.\ O._2}{O..} = \frac{154\times55}{272} = 31.14$$

E_{13}는 $O_1.$이 154가 되어야 하므로 52.66이 되며, E_{21}은 합이 124가 되어야 하므로 53.8, E_{22}는 합이 55가 되어야 하므로 23.86, E_{23}은 합이 93이 되어야 하므로 40.34가 된다. 여기서 E_{ij}값은 모두 5보다 큰 것으로 확인되었으므로 χ^2-검정을 사용할 수 있다. 이 경우 유의수준 5%에서 귀무가설과 대립가설은 다음과 같다.

H_0 : 성별에 따른 브랜드 선호도 분포는 동일하다. 즉, 여성의 브랜드 선호도 분포와 남성의 브랜드 선호도 분포는 동일하다.
H_1 : 여성과 남성의 브랜드 선호도 분포는 동일하지 않다.

이러한 가설 아래, 검정통계량 V는 귀무가설이 참이라고 가정하는 경우, 즉 여성의 브랜드 선호도 분포가 남성의 브랜드 선호도 분포와 같다고 가정하는 경우, 자유도가 2인 χ^2-분포를 따르게 되며, 기각역은 다음과 같이 된다.

Under H_0,

$$V = \sum_{i=1}^{2}\sum_{j=1}^{3}\frac{(O_{ij}-E_{ij})^2}{E_{ij}} \sim \chi^2(2)$$

기각역 : $V > \chi^2_{0.05}(2) = 5.99$

이제 실제관찰된 o_{ij}를 이용하여 검정통계량 값을 계산하여 보자.

$$v = \frac{(76-70.2)^2}{70.2} + \frac{(32-31.14)^2}{31.14} + \frac{(46-52.66)^2}{52.66} + \frac{(48-53.8)^2}{53.8} + \frac{(23-23.86)^2}{23.86} + \frac{(47-40.34)^2}{40.34} = 3.14$$

검정통계량 값 v는 기각역에 속하지 않았으므로 유의수준 5%에서, 귀무가설을 기각할 수 없게 된다. 즉, 여성과 남성의 브랜드 선호도 분포에 대한 차이는 272건의 데이터를 통해 확인할 수 없었다. 이에 대한 p값은 R함수 '1－pchisq(3.14, 2)'를 통해 0.208임을 확인할 수 있다.

이제 R함수 'chisq.test()'를 이용하여 이 결과를 확인해 보도록 하자. R에서 동질성 검정을 진행하기 위해서는, 데이터를 factor형 변수로 저장하여 직접 제공하거나, 데이터의 요약된 형태인 분할표를 table형 변수로 저장하여 제공해야 한다. [예제 4]는 데이터를 2×3 분할표 형태로 제시하고 있으므로, table형 변수로 데이터를 입력하기로 한다. 여기서 빈도수 데이터를 갖는 table형 변수에 대한 지정은 R 함수 'as.table()'이다. 먼저 'matrix' 타입으로 데이터를 입력한 후, 이 변수를 'table'형 변수로 변환하고, 행과 열에 대한 이름을 부여하는 'dimnames()' 함수를 이용하여 라벨링을 한다. 이에 대한 R코드를 살펴보면 다음과 같다.

```
> Table1=as.table(rbind(c(76, 32, 46), c(48, 23, 47)))
> dimnames(Table1)=list(gender=c("F","M"),Brand=c("L사","P사", "S사"))
> class(Table1)
[1] "table"
> Table1
            Brand
 gender   L사    P사    S사
    F     76     32     46
    M     48     23     47
```

이제 'chisq.test()' 함수를 이용하여 동질성 검정을 진행하여 보자.

```
> chisq.test(Table1)
        Pearson's Chi-squared test
data :  Table1
X-squared = 3.0956, df = 2, p-value = 0.2127
```
[2]

만일 E_{ij} 값을 확인하고 싶다면, 'chisq.test()' 함수에서 생성된 객체에서 expected 속성을 요청하면 된다.

```
> 결과객체=chisq.test(Table1) ; 결과객체$expected
                   Brand
 gender        L사         P사         S사
    F      70.20588   31.13971   52.65441
    M      53.79412   23.86029   40.34559
```

여기서 'chisq.test()' 함수의 한 가지 아쉬운 부분은 다양한 주변분포에 대한 정보를 제공하여 주

2) 반올림 오차로 인하여 계산한 값과 조금 차이가 발생한 것을 확인할 수 있다.

지 않는다는 것이다. 즉, 동질성 검정 이후 여성과 남성이 공통으로 선호하는 브랜드가 어떠한 것이며, 어느 정도의 비중으로 선호하는 것인지에 대한 충분한 정보가 없다는 것이다. 이러한 부가적인 정보를 얻기 위해서는 범주형 데이터 분석으로 특화한 'gmodels' 패키지에 'CrossTable()' 함수를 사용하면 유용하다. 이 함수에 대한 결과는 많은 수치를 제공하고 있으므로 사용자가 선택하여 원하는 형태의 분할표를 만들 수 있다.

먼저, 'digits=2' 옵션으로 소수점 2개만 유지하도록 하고, 'expected= TRUE'로 기대 빈도수 E_{ij} 값을 요청하고, 'prop.r= TRUE'로 부 모집단에 대한 분포를 요청하고, 'prop.c=FALSE', 'prop.t= FALSE'로 열에 대한 비율이나 분할표에 대한 전체비율은 출력하지 못하게 하고, 'prop.chisq= FALSE'로 범주별로 계산되는 검정통계량 값은 출력하지 못하게 하고, 'chisq=TRUE'를 통해 χ^2-검정에 대한 결과를 제공하는 옵션을 선택하여 출력하기로 한다.

```
> # install.packages("gmodels")
> library("gmodels")
> CrossTable(Table1, digits=2, expected=TRUE, prop.r=TRUE, prop.c=FALSE, prop.t=FALSE,
prop.chisq=FALSE, chisq=TRUE)

 Cell Contents
|-------------------------|
|                       N |
|              Expected N |
|         N / Row Total   |
|-------------------------|

Total Observations in Table:  272

             | Brand
      gender |       L사 |       P사 |       S사 | Row Total |
-------------|-----------|-----------|-----------|-----------|
           F |        76 |        32 |        46 |       154 |
             |     70.21 |     31.14 |     52.65 |           |
             |      0.49 |      0.21 |      0.30 |      0.57 |
-------------|-----------|-----------|-----------|-----------|
           M |        48 |        23 |        47 |       118 |
             |     53.79 |     23.86 |     40.35 |           |
             |      0.41 |      0.19 |      0.40 |      0.43 |
-------------|-----------|-----------|-----------|-----------|
Column Total |       124 |        55 |        93 |       272 |
-------------|-----------|-----------|-----------|-----------|
 Statistics for All Table Factors
 Pearson's Chi-squared test
------------------------------------------------------------
 Chi^2 =  3.095581     d.f. =  2     p =  0.2127175
```

위의 'CrossTable()' 결과를 살펴보면, 동질성 검정의 p값은 0.21로 성별에 따른 브랜드 선호도 분포는 유의수준 5%에서 통계적으로 유의한 차이를 발견하지 못하였다. 하지만, 위의 분할표를 통해 몇 가지 특징은 찾을 수 있다. 예를 들어, L사 브랜드 선호도는 남성보다 여성에서 8% 더 높은 것으로 나타났다. 이와 반대로, 남성의 S사 브랜드 선호도는 여성의 선호도보다 10% 더 높은 것으로 나타났다. 또한, 여성의 경우는 L사와 S사의 브랜드 선호도 차이가 19%로 뚜렷하게 나타나지만, 남성의 경우는 L사와 S사의 브랜드 선호도 차이가 1%로 그렇게 뚜렷하게 나타나지 않는 특징을 확인할 수 있다. 이러한 특징은 비록 통계적 유의성은 확보하지 못하였지만, 간과하지 말아야 하는 중요한 특징 중 하나이다.

이와 같이, 동질성 검정에서 비록 귀무가설을 기각하지 못하는 결론을 내렸지만, 이는 유의수준 5%를 유지하기 위하여 귀무가설에 편향적 선호도를 부여한 것으로, 제2종오류에 대한 고려나 실제로 차이가 있는데 이를 감지할 수 있는 능력인 검정력을 전혀 고려하지 않은 검정법이므로 이를 이해하고 데이터의 특징을 조심스럽게 기술할 필요가 있다. 즉, 통계적 유의성을 확인하지 못하여, 귀무가설을 기각하지 못하는 결정을 내린 원인을 다양하게 생각하며 접근할 필요가 있다는 것이다.

이에 대한 원인을 생각하여 보면, ① 실제로 두 분포에 대하여 차이가 없어서 나타난 결과일 수도 있지만, ② 데이터 수가 충분하지 않아서 나타난 결과일 수 있으며, ③ 여성, 남성의 소득수준이나 불경기와 같은 다양한 외부요인을 충분히 고려 못하여 발생한 오차일 수 있고, ④ 유의수준을 너무 낮게 유지한 결과로 나타날 수 있고, ⑤ 다항분포에 대한 **통계적 근사이론**(statistical approximation theory)에 따른 접근방법이 데이터나 귀무가설에 적합하지 않아서 발생할 수도 있다.[3)]

따라서, 통계적 가설검정에서 귀무가설을 기각하지 못하는 결론이 나타났다고 하더라도, 차이가 없는 것으로 결론을 내리고 마무리 하는 것이 아니라, 데이터의 수집과정을 살펴보고, 데이터의 특징을 파악하여 기술하는 것은 데이터 사이언스를 전공하는 분석가에게는 중요한 추가적인 과정이라고 말할 수 있다.

다음으로 독립성 검정에 대하여 알아보도록 하자.

[예제 5] 브랜드 관리부서에 있는 데이터 사이언스 전공 A 분석가는 고객이 브랜드를 선택하는 데 영향을 주는 주요 변수를 찾고 있다. 첫 번째 테스트할 변수로 '성별'을 선택하였다. 총 217명의 고객을 대상으로 구입한 브랜드를 조사한 결과 아래와 같은 분할표가 만들었다. 성별이 브랜드 선택에 중요한 변수인지를 판단하는 독립성 검정을 유의수준 5%에서 진행하여라. (참고: 아래 분할표는 (예제 4)에 나온 분할표에서 P브랜드를 제외한 분할표이다)

		제품 구입		합 계
		L브랜드	S브랜드	
성 별	여 성	76	46	122
	남 성	48	47	95
합 계		124	93	217

이 경우 성별은 2개의 수준을 가지고 있으며 $(r=2)$, 브랜드는 2개 수준 $(c=2)$을 가지고 있으

3) 통계적 근사이론은 **대표본 이론**(large sample theory)을 기반으로 만들어진 통계이론이다. 이를 사용하기 위한 조건으로, 우리가 배운 $E_{ij} \geq 5$ 조건이 충분한 조건인지에 대해서는 논란의 여지가 있다. 예를 들어, n이 충분히 크기 위해서는 $E_{ij} \geq 5$가 아닌 $E_{ij} \geq 10$을 만족해야 한다는 주장도 매우 신빙성 있게 받아들여지고 있다.

므로, 2×2 분할표가 되어 관련된 자유도는 1이 된다. 이러한 의미는 기대 빈도수 E_{ij}를 1개만 알고 있으면 나머지는 계산하지 않아도 자동으로 알 수 있다는 의미이다. 그렇다면 E_{11}에 대하여 계산해 보자.

$$E_{11} = \frac{O_1.\ O._1}{O..} = \frac{122 \times 124}{217} = 69.7$$

E_{12}는 $O_1.$이 122가 되어야 하므로 52.3이 되며, E_{21}은 합이 124가 되어야 하므로 54.3, E_{22}는 합이 93가 되어야 하므로 40.7이 된다. 여기서 E_{ij} 값은 모두 5보다 큰것으로 확인되었으므로, χ^2-검정을 사용할 수 있는 것으로 확인된다. 이 경우 유의수준 5%에서 귀무가설과 대립가설은 다음과 같다.

H_0 : 성별과 브랜드 선택은 독립적 관계에 있다. 즉, 성별에 대한 정보는 브랜드 선택에 아무 영향을 미치지 않는다.
H_1 : 성별과 브랜드 선택은 종속적 관계에 있다. 즉, 성별은 브랜드 선택에 중요한 변수이다.

이 경우, 독립성 검정에 대한 검정통계량 V는 귀무가설이 참이라고 가정하는 경우, 즉 성별과 브랜드 선택은 독립적 관계에 있다고 가정하는 경우, 자유도가 1인 χ^2-분포를 따르게 되며, 기각역은 다음과 같이 된다.

Under H_0,

$$V = \sum_{i=1}^{2}\sum_{j=1}^{2}\frac{(O_{ij}-E_{ij})^2}{E_{ij}} \sim \chi^2(1)$$

기각역 : $V > \chi^2_{0.05}(1) = 3.84$

이제 실제 관찰된 o_{ij}를 이용하여 검정통계량 값을 계산하여 보자.

$$v = \frac{(76-69.7)^2}{69.7} + \frac{(46-52.3)^2}{52.3} + \frac{(48-54.3)^2}{54.3} + \frac{(47-40.7)^2}{40.7} = 3.03$$

검정통계량 값 v는 기각역에 속하지 않았으므로, 유의수준 5%에서 귀무가설을 기각할 수 없다. 즉, 유의수준 5%에서 성별은 브랜드 선택에 중요한 변수라는 뚜렷한 증거를 데이터를 통하여 확인할 수 없었다. 이에 대한 p값은 R함수 '1−pchisq(3.03, 1)'를 통해 0.08임을 확인할 수 있다. 이는 유의수준 10%에서는 귀무가설을 기각할 수 있다는 의미로, 성별에 대한 약한 영향력은 존재한다고 의심할 수 있다.

이제 R함수 'chisq.test()'를 이용하여 이 결과를 확인해 보도록 하자. 변수를 R의 table형으로 변형하여 다음과 같은 2×2 분할표로 만들어 입력하였다.

```
> Table2=as.table(rbind(c(76, 46), c(48, 47)))
> dimnames(Table2)=list(gender=c("F","M"),Brand=c("L사", "S사"))
```

이제 'chisq.test()' 함수를 이용하여 독립성 검정을 진행하여 보자.

```
> chisq.test(Table2, correct=FALSE)
         Pearson's Chi-squared test
data:  Table2
X-squared = 3.0206, df = 1, p-value = 0.08221
```

여기서 'correct=FALSE' 옵션을 사용하였는데, 이는 **옛츠의 연속수정방법**(Yates' continuity correction)에 대한 적용여부를 선택하는 옵션으로 2×2 분할표에서만 적용할 수 있는 선택사항이다. 만일 옛츠의 연속수정방법을 적용하고자 한다면 'correct=TRUE' 옵션을 사용할 수 있으며, 디폴트 옵션이므로 생략할 수 있다.

옛츠의 연속수정방법은 2×2 분할표에서만 적용가능한 방법으로, 이산형 분포로 취급되는 다항분포를 연속형 분포인 χ^2-분포로 근사하는 과정에서 발생하는 오차를 수정하기 위하여 만들어진 방법이다. 기본 아이디어는 앞에서 배운 연속수정계수를 적용하는 방법과 같이, 관측 빈도수와 기대 빈도수의 절대값 차이에 0.5를 빼주는 방법이다. 따라서 옛츠의 연속수정방법을 적용하면 검정통계량 값은 작아지고, p값은 크게 만들어 보다 보수적인, 즉 귀무가설을 쉽게 기각시키지 못하게 만드는 효과를 가지게 된다. 이 방법은 유의수준 5%을 확실하게 유지함으로써, 통계적 유의성에 대한 남용을 방지하기 위하여 만들어진 수정방법이다. 유의수준을 확실하게 낮게 유지한다는 의미는, 제2종오류를 증가시킨다는 의미이고, 따라서 검정력을 낮춘다는 의미로 해석될 수 있다. 옛츠의 연속수정방법을 적용한 검정 통계량인 V_{Yates}는 다음과 같이 계산된다.

$$V_{Yates} = \sum_{i=1}^{2}\sum_{j=1}^{2}\frac{(|O_{ij}-E_{ij}|-0.5)^2}{E_{ij}}$$

이제 'gmodels' 패키지의 'CrossTable()' 함수를 이용하여 결과를 살펴보도록 하자. 먼저 'digits=2' 옵션으로 소수점 2개만 유지하도록 하고, 'expected= TRUE'으로 기대 빈도수 E_{ij}값을 요청하고, 'prop.r= FALSE, prop.c=FALSE'로 설정하면서 'prop.t=TRUE'로 전체에서 각 범주가 차지하는 비율을 파악할 수 있게 하고, 'prop.chisq=TRUE'를 통하여 범주별 계산되는 v 값은 출력하여 살펴보기로 한다. 또한, 'chisq= TRUE'옵션을 통해 χ^2-검정에 대한 결과를 살펴보기로 한다.

```
> library("gmodels")
> CrossTable(Table2, digits=2, expected=TRUE, prop.r=FALSE, prop.c=FALSE, prop.t=TRUE,
prop.chisq=TRUE, chisq=TRUE)
```

```
Cell Contents
|-------------------------|
|                       N |
|              Expected N |
| Chi-square contribution |
|         N / Table Total |
|-------------------------|

           Total Observations in Table:  217

             | Brand
      gender |       L사 |       S사 | Row Total
-------------|-----------|-----------|-----------
           F |        76 |        46 |       122
             |     69.71 |     52.29 |
             |      0.57 |      0.76 |
             |      0.35 |      0.21 |
-------------|-----------|-----------|-----------
-------------|-----------|-----------|-----------
           M |        48 |        47 |        95
             |     54.29 |     40.71 |
             |      0.73 |      0.97 |
             |      0.22 |      0.22 |
-------------|-----------|-----------|-----------
Column Total |       124 |        93 |       217
-------------|-----------|-----------|-----------
Statistics for All Table Factors
Pearson's Chi-squared test
------------------------------------------------------------
Chi^2 =  3.02065     d.f. =  1     p =  0.08221051
Pearson's Chi-squared test with Yates' continuity correction
------------------------------------------------------------
Chi^2 =  2.559205     d.f. =  1     p =  0.1096537
```

R에서 제공하는 'CrossTable()' 결과를 살펴보면, 독립성 검정을 위한 일반적인 χ^2-검정과 예츠의 연속수정방법을 적용한 검정결과를 모두 보여주고 있다. 그리고 예츠의 연속수정방법을 적용한 방법은 검정통계량 값을 작게 만들면서, p값은 더 크게 만들고 있음을 확인할 수 있다. 이러한 사실이 중요한 이유는, 분석의 목적이 높은 검정력을 유지하면서 조금이라도 영향력이 있는 변수가 있다면, 이러한 변수를 검출하고 활용하여 마케팅 전략에 반영하는 것이 변수에 대한 정보를 무시하고 진행하는 것보다 더 낫다고 판단할 수 있기 때문이다. 엄격한 기준의 유의수준을 유지하다 보면 이러한 분석목적에 배치되어 많은 변수들이 대한 정보를 제대로 활용하지 못하는 상황이 발생할 수 있다.

R에서 제공하는 결과를 보면서 데이터에 대한 특징을 알아보자. 먼저 여성의 L브랜드의 선택이 가장 많은 전체의 35%을 차지하고 있다. 즉, 여성고객이 가전제품 선택에 많이 관여하고 있으며, 여성고객들은 L브랜드를 많이 선택하고 있다는 의미이다. 또한 검정통계량에 가장 큰 영향을 미친 범주는, 'Chi-square contribution' 항목에서 나타나는 남성의 S브랜드 선택으로, 가장 높은 0.97을 기록하고 있다. 이러한 의미는, 성별과 브랜드 선택이 독립이라고 가정하였을 때, 가장 다르게 나타나는 범주가 남성의 S브랜드 선택이라는 것이다. 즉, 남성의 S브랜드 선택의 빈도수는 훨씬 낮아야

하는 기대 빈도수임에도 불구하고, 매우 높은 관측 빈도수가 나타났다는 의미이다. 만일 성별이 브랜드 선택에 중요한 변수라면, 남성의 S브랜드 선택이 높은 비율을 차지하는 사실이 가장 특징적인 모습이라고 말할 수 있을 것이다.

우리는 [예제 4]와 [예제 5]를 통하여 동일한 χ^2-검정이지만 분석결과에 대하여 해석이 전혀 다르다는 것을 확인하였다. 요약하면, 동질성 검정과 독립성 검정은 통계적으로 동일한 과정을 거치므로 구분되지는 않지만, 결과해석 측면에서는 다르게 표현될 수 있으며, 이러한 구분은 전적으로 분석목적에 의존한다는 것이다. 어떠한 목적으로 분석을 진행할 것인지에 대한 명확한 방향이 설정되었다면, 이에 따라 적절한 검정법이 결정되고 유의수준이 설정된다. 하지만 이보다 더 중요한 과정은 데이터 수집계획을 준비하는 것이다. 분석목적에 맞추어 데이터를 어떠한 방법으로 수집할 것인지에 대한 계획설정은 중요하다. 왜냐하면, 동질성 검정을 위한 적절한 데이터 수집계획과 독립성 검정을 위한 적절한 데이터 수집계획은 다를 수 있기 때문이다.

주요 용어

(11.1) 범주, 범주형 데이터, 범주형 데이터 분석, 다항분포, 다항계수

(11.2) 적합도 검정, 생물정보학

(11.3) 분할표, 부 모집단, 부 모집단 분포, 동질성 검정, 독립성 검정, 통계적 근사이론, 대표본이론, 옛츠의 연속수정방법

연습문제

1. A 회사에서는 자사 제품의 전구수명은 수명단위 100시간으로, 평균 100, 표준편차 20을 갖는 정규분포를 따른다고 주장하고 있다. 이를 확인하기 위하여, 표본으로 뽑은 500개 전구에 대한 수명을 조사하여 다음과 같은 데이터를 얻었다.
관찰된 데이터가 A 회사 주장에 특별하게 반대결과가 나타나지 않는 한, A 회사의 주장을 받아들이고자 한다. 즉, 귀무가설에 높은 편향적 선호도를 주는, 낮은 유의수준 1%에서 A 회사의 주장을 검정하고자 한다. A 회사의 주장이 적절한 것인지를 판단하고, 그러한 판단이 나타나게 된 데이터의 특징에 관하여 기술하여라.

전구수명(단위: 100시간)	빈도 수
40이상~60미만	25
60이상~80미만	50
80이상~100미만	225
100이상~120미만	125
120이상~140미만	75
합 계	500

2. 다항분포는 여러 개의 이항분포가 음의 상관관계로 결합한 형태이다. 그렇다면, 다항분석은 여러 개의 이항분석으로 나누어 분석할 수 있다는 의미이다. [예제 4]에서 나타난 데이터를 이용하여 k개의 이항분석을 진행하고, 이에 관한 결과를 해석하여라. 또한, 다항분석을 기반으로 진행한 χ^2-검정과 k개의 이항분석으로 접근한 χ^2-검정에는 어떠한 차이가 있는지에 대하여 기술하여라.

[예제 4]에서 제공한 2×3 분할표

		브랜드			합 계
		L브랜드	P브랜드	C브랜드	
성 별	여 성	76	32	46	154
	남 성	48	23	47	118
합 계		124	55	93	272

연습문제 풀이

1. 정규분포는 실수 전체공간에서 분포가 되어 있고, 주어진 문제에서는 40에서 140까지의 데이터만 있으므로, 이에 대한 확률을 계산하면 합이 1이 되지 않는다. 따라서 다항분포를 적용할 수 없는 상황이 되어, 적합도 검정을 진행하는 과정에서 문제가 발생한다. 따라서 '40이상~60미만' 범주를 '~ 60미만' 범주로 수정하고 '120이상~140미만' 범주를 '120이상~' 범주로 수정하여 접근할 필요가 있다. 평균 100, 표준편차 20을 갖는 정규분포를 기반으로, 확률을 계산하고, 기대 빈도수 E_i를 계산하여 보면 다음과 같다.

```
> x=seq(40,140,20); p=rep(0,5)
> for(i in 0:5) p[i]=pnorm(x[i+1],100,20)-pnorm(x[i],100,20)
> p[1]=pnorm(x[2],100,20); p[5]=p[5]+(1-sum(p))
> p
[1] 0.02275013 0.13590512 0.34134475 0.34134475 0.15865525
> 500*p
[1]  11.37507  67.95256 170.67237 170.67237  79.32763
```

모든 기대 빈도수 E_i가 5보다 크게 나타나므로 χ^2-분포를 이용한 적합도 검정이 가능하게 된다. 귀무가설과 대립가설을 정리해 보면 다음과 같다.

H_0: A 회사 전구수명은 평균 100, 표준편차 20의 정규분포를 따른다.

H_1: A 회사 전구수명은 평균 100, 표준편차 20의 정규분포를 따르지 않는다.

귀무가설이 참인 경우의 확률, 기대 빈도수, 관측 빈도수를 표로 요약하면 다음과 같다.

전구수명(단위: 100시간)	확 률	기대 빈도수	관측 빈도수
~60미만	0.023	11.38	20
60이상~80미만	0.136	67.95	50
80이상~100미만	0.341	170.67	225
100이상~120미만	0.341	170.67	125
120이상~	0.159	79.33	75
합 계	1	500	500

이 가설에 대한 적합도 검정을 진행하면 다음과 같다.

```
> Oi = c(25, 50, 225, 125, 75)
> chisq.test(x=Oi, p=p)
        Chi-squared test for given probabilities
data:  Oi
X-squared = 50.814, df = 4, p-value = 2.441e-10
```

적합도 검정결과 p값이 2.441×10^{-10}이므로, 유의수준 1%에서 귀무가설을 기각한다. 사실 여기서 나타난 p값은 거의 0에 가까운 값이므로 정규분포를 확실하게 따르지 않고 있다고 판단하여도 무리가 없을 것으로 판단된다. 데이터를 보면 '80이상 ~ 100미만' 구간에서 과도하게 높은 관측 빈도수가 나타나고 있으며, 이와는 반대로 '100이상 ~ 120미만'구간에서는 매우 낮은 관측 빈도수가 나타나고 있다. 정규분포에 따르면 이 두 구간은 정규분포가 대칭분포이므로, 비슷한 빈도수를 보여주어야 하는데, 현격한 차이를 보여주고 있어, 대칭분포의 의심도 있는 부분이다. 낮은 구간에 높은 빈도수를 보여주었으므로 전구 평균수명은 100보다 낮을 것이라고 추측할 수 있다. 실제로 평균과 표준편차를 계산하여 보면 다음과 같다.

```
> x = seq(50, 130, 20)
> xbar=sum(x*Oi)/sum(Oi); xbar
[1] 97
> sqrt(sum(Oi*(x-xbar)^2)/(sum(Oi)-1))
[1] 20.29344
```

즉, 표본평균은 97, 표본표준편차는 20.3이 계산되었다. 요약하면, A 회사 전구의 수명분포는 회사의 주장과는 다른 분포를 가지고 있다. 구체적으로 기술하면 평균은 97로 100을 못 미치며, 표준편차는 20보다 큰 20.3으로 나타났다. 수명분포의 모양은 정규분포의 대칭분포와는 거리가 먼 왼쪽 꼬리분포를 가지고 있으면서, 많은 제품이 100보다 못 미친 수명을 가지고 있다는 것을 확인할 수 있다.

2. [예제 4]에서 제공한 2×3 분할표는 성별에 따른 3개의 브랜드 선호도에 대한 분포를 보여주고 있다. 이러한 3개의 브랜드는, 각 브랜드를 선택하였는지 안 하였는지를 나타내는 이항분석기반 3개의 2×2 분할표로 표현될 수 있다. 이를 정리하면 다음과 같다.

	L브랜드	타 브랜드
여 성	76	78
남 성	48	70

	P브랜드	타 브랜드
여 성	32	122
남 성	23	95

	S브랜드	타 브랜드
여 성	46	108
남 성	47	71

CrossTable() 함수에 관한 결과를 살펴보면 다음과 같다.

L 브랜드에 대한 특징

```
Cell Contents
|-------------------------|
|                       N |
|              Expected N |
|           N / Row Total |
|-------------------------|
Total Observations in Table:  272
```

gender	Brand L사	타사	Row Total
F	76 70.21 0.48 0.49	78 83.79 0.40 0.51	154 0.57
N	48 53.79 0.62 0.41	70 64.21 0.52 0.59	118 0.43
Column Total	124	148	272

Pearson's Chi-squared test

Chi^2 = 2.025794 d.f. = 1 p = 0.1546481

동질성 검정 또는 독립성 검정에 대한 p값은 0.15로 어느 정도의 '비동질성' 또는 '종속성'은 인정되지만 유의수준 5%에서 통계적으로 유의성은 보이지 않고 있다. 데이터의 특징을 분석해 보면, 여성들은 L 브랜드에 높은 선호도를 하고 있으며 (49%), 상대적으로 남성들은 낮은 선호도 (41%)를 보이는 사실을 확인할 수 있다.

P 브랜드에 대한 특징

gender	Brand P사	타사	Row Total
F	32 31.14 0.02 0.21	122 122.86 0.01 0.79	154 0.57
N	23 23.86 0.03 0.19	95 94.14 0.01 0.81	118 0.43
Column Total	55	217	272

Pearson's Chi-squared test

Chi^2 = 0.06867133 d.f. = 1 p = 0.7932812

동질성 검정 또는 독립성 검정에 대한 p값은 0.79로 '동질성' 또는 '독립성'을 어느 정도 확보하였다고 볼 수 있다. 데이터의 특징을 살펴보면, 여성, 남성 모두 P브랜드에 대하여 대략 20% 정도의 선호도를 보이는 사실을 확인할 수 있다.

S 브랜드에 대한 특징

gender	Brand S사	타사	Row Total
F	46 52.65 0.84 0.30	108 101.35 0.44 0.70	154 0.57
N	47 40.35 1.10 0.40	71 77.65 0.57 0.60	118 0.43
Column Total	93	179	272

Pearson's Chi-squared test

Chi^2 = 2.945692 d.f. = 1 p = 0.08610681

동질성 검정 또는 독립성 검정에 대한 p값은 0.086으로 유의수준 5%에서는 귀무가설을 기각하지 못하지만, 10%에서는 귀무가설을 기각할 수 있는 '비동질성' 또는 '종속성'에 대한 유의성이 어느 정도 확보되었다고 말할 수 있다. 데이터의 특징을 살펴보면, 여성보다 남성에서 압도적으로 높은 S브랜드 선호도를 보인다(여성 30%, 남성 40%).

[예제 4]와 같이 다항분석으로 진행하면 3개의 브랜드를 한꺼번에 분석하면서 검정이 이루어지기 때문에, 유의수준 5%가 유지하면서 진행은 하지만, 개별 브랜드에 대한 특징 관련 유의성을 확인하기 어려워진다. 즉, 귀무가설과 대립가설이 다음과 같이 만들어지므로 개별 브랜드의 특성을 파악하기가 어려워진다는 것이다.

H_0: L, P, S 브랜드에 대한 선호도 분포는 성별과 관계없이 동일하다.

H_1: (성별에 따라 어느 브랜드에서 선호도 분포차이가 나타나는지는 모르지만) L, P, S 브랜드 중 최소한 2개 브랜드에서 선호도 분포차이가 존재한다.

(연습문제 2)와 같이 여러 번의 이항분석을 진행하면, 개별 브랜드에 대한 특성을 검정할 수 있다는 장점을 가지고 있다. 예를 들어, P브랜드에 대해서는 높은 p값이 나타났으므로 완벽한 동질성 및 독립성을 가지고 있다고 말할 수 있다. 하지만, S브랜드에서는 낮은 p값을 보여주었으므로, 유의미한 종속성을 가지고 있는 것으로 해석할 수 있으며, 특별히 남성의 경우 S브랜드에 대한 선호도가 이례적으로 매우 높게 나타나서, 유의수준 10%에서 유의한 차이를 보이는 것으로 확인되었다. 이와 같은 결론은, 다항분석에서는 얻지 못하는 3번의 반복적인 이항분석을 통해서만이 얻을 수 있는 결과라고 볼 수 있다. 이에 대한 3개의 귀무가설과 대립가설은 다음과 같다.

H_{0i}: L (P 또는 S) 브랜드 선택여부에 대한 분포는 성별과 관계없이 동일하다.

H_{1i}: L (P 또는 S) 브랜드 선택여부에 대한 분포는 성별에 따라 다른 모습을 갖는다.

이항분석의 대립가설은 다항분포와 비교하여 매우 구체적이고 명확하기 때문에 특정 브랜드의 특징을 정확하게 기술할 수 있다는 장점을 가지고 있다. 하지만 유의수준 5%에서 3번의 가설검정을 진행하기 때문에 3번 전체검정에 대한 유의수준은 다소 올라갈 수 있다. 유의수준 5%에서 진행하는 3개의 가설검정에서, 최소한 한 개라도 제1종 오류사건이 발생할 확률은, 3 검정법 모두 올바르게 나타날 사건의 여사건으로 확률을 계산된다. 즉, 3 검정법 모두를 제대로 맞출 확률은 $(0.95)^3$, 0.857이 되며, 1에서 그 값은 빼면 0.143이 되며, 이 값은 3개 검정법을 하나의 묶음으로 생각했을 때 나타나는 유의수준이 된다. 즉, 5% 유의수준으로 3번의 검정을 진행하면 3개 검정법에 대한 유의수준은 0.143으로 증가하게 된다는 것이다. 유의수준 α의 가설섬정을 k번 진행하다면, k번 검정법에 대한 유의수준은 다음과 같이 올라가게 된다.

$$\alpha_{new} = (1 - (1 - \alpha)^k)$$

요약하면, 여러 번의 이항분석을 통한 검정은 다항분석에서는 얻지 못하는, 각 범주에 대한 특성을 검정하여 p값을 얻을 수 있는 장점을 가지고 있는 반면에, 여러 번의 검정으로 유의수준이 올라가는 단점이 발생하게 된다.[4)]

4) 제1종오류가 증가한다는 의미는 제2종오류가 감소한다는 의미로, 검정력이 올라간다는 장점이 된다.

CHAPTER 12

분산분석

분산분석(ANOVA; ANalysis Of VAriance)은 두 개 이상으로 구성된 그룹의 평균을 비교하는 목적으로 사용하는 통계분석 방법이다. 그런데 여러 그룹에 대한 평균을 비교하는 방법임에도 불구하고, 분산분석이라는 용어를 사용하는 이유는 각 그룹에서 나타나는 평균에 대한 분산을 이용하여 평균들의 차이를 측정하기 때문이다. 즉, 각 그룹에 대한 평균들의 분산이 크다면 그룹간 평균차이가 크게 난다고 해석할 수 있기 때문이다.

만일 어느 신제품에 대한 선호도가 연령대별로 어떻게 차이가 나타나는지를 알고싶다면, 이는 분산분석 문제가 된다. R에서는 'aov()' 함수를 이용하여 분산분석을 진행할 수 있으며, **분석모형**(analytical model)[1]은 '선호도~연령대'로 표현한다. 여기서 연령대 변수는 **독립변수**(independent variable)라 부르며, 선호도 변수는 그룹에 의존하는 값이라는 의미에서 **종속변수**(dependent variable)[2]라 부른다. 독립변수는 역할에 따라 **분류변수**(classification variable), **인자**(factor), **처리**(treatment)라 부르기도 한다. 특별히 처리변수를 사용하는 경우, 처리가 취하는 값을 **처리수준**(treatment level)이라 하고, 이에 대한 개수를 수준 수라고 한다.

예를 들어, 연령대별 선호도에 대한 분석을 진행한다면, 독립변수인 연령대 변수를 분류변수[3]라 부르며, 선호도에 영향을 미치는 주요 변수를 파악하는 것이 주요 목적이라면 인자라는 표현을 하고, 광고나 프로모션과 같은 특별한 이벤트에 대한 선호도 점수의 변화 또는 효과를 파악하고자 한다면 처리라고 표현한다. 분산분석의 분석모형에서 종속변수는 수량형 데이터이어야 하며, 독립변수는 명목척도로 R에서는 factor형 변수로 정의되어 있어야 한다.

[예제 1] 어느 마케팅 회사에서는 현재 판매되고 있는 스마트폰 삼성, LG, 애플에 대한 만족도를 조사하기 위하여 3개 브랜드(변수명: 제품)에 대하여 사용자 각각 10명을 표본으로 추출하여 제품에 대한 만족도(변수명: 만족도)를 조사하였다. 독립변수와 종속변수를 기술하고 분산분석을 위한 R함수를 기술하여라.

여기서 독립변수는 브랜드를 나타내는 제품이 되며, 수준 수는 3이 된다. 종속변수는 만족도 점수가 된다. 분석모형을 나타내는 R함수는 'aov(만족도~제품)'이 된다.

분산분석의 결과는 크게 두 가지 유형으로 해석될 수 있다.

[유형 1] 두 개 이상으로 구성된 그룹에 대한 모평균은 서로 다른가?
(예) 남자/여자 집단의 제품 선호도에 대한 차이분석

[유형 2] 모집단에 대한 **처리효과**(treatment effect)가 존재하는가?
(예) 광고에 따른 제품 선호도의 변화, 광고효과에 대한 유의성 검정, 광고를 접한 그룹과 광고를 접하지 않은 그룹간 차이가 존재하는가?

---

1) R에서는 이러한 분석모형을 'formula'라고 부른다.
2) 종속변수는 **반응변수**(response variable)라 부르기도 한다.
3) 분류변수는 연구자가 조작할 수 없는 변수로, 대상자를 뽑는 순간 값이 결정되는 변수를 의미한다. 예를 들어, 성별, 연령대 변수는 대상자를 뽑는 순간 결정되면서 연구자가 조작할 수 없으므로 분류변수가 된다.

이제부터 분산분석에 대한 기본원리와 관련된 통계이론에 대하여 알아보고, 이를 통하여 R의 코딩 방법과 출력결과를 어떻게 해석하는지를 알아보도록 하자.

12.1 분산분석의 기본개념

먼저 분산분석을 진행하기 위한 데이터의 구조와 표기법에 대하여 알아보자. 데이터 구조는 <표 12-1>에 나타난 것처럼, 처리그룹에 대한 $j-$번째 열이 수준이 되고, $i-$번째 행이 반복 수가 되어 확률변수 X_{ij}가 형성된다. 열에 해당하는 수준 수는 k이고, 행에 해당하는 반복 수는 n으로 표기하면, 데이터 구조는 $n \times k$ 형태의 행렬구조를 갖게 된다.

[표 12-1] 분산분석의 데이터 구조

같은 수준내 데이터의 분산이 크다는 의미는 오차가 크다는 의미 → SSW 또는 SSE

반복 수	처리그룹				
	수준 1	수준 2	...(j)	수준 k	
1	X_{11}	X_{12}	...X_{1j}	X_{1k}	
2	X_{21}	X_{22}	...X_{2j}	X_{2k}	
...(i)	X_{i1}	X_{i2}	...X_{ij}	X_{ik}	
n	X_{n1}	X_{n2}	...X_{nj}	X_{nk}	전체평균
평균	$\overline{X}_{\cdot 1}$	$\overline{X}_{\cdot 2}$	...$\overline{X}_{\cdot j}$	$\overline{X}_{\cdot k}$	$\overline{X}_{\cdot\cdot}$

각 그룹(수준)별 평균에 대한 분산이 크다는 의미는 평균차이가 많이 난다는 의미 → SSB

먼저 분산분석 모형을 설정하고 이와 관련된 모수를 정의하여 보자. 분산분석 모형은 3가지 형태로 표현할 수 있는데, 이를 자세하게 살펴보면 다음과 같다.

첫 번째 형태의 분산분석 모형 : **수준별 평균모형**(cell means model)

$X_{ij} = \mu_j + \epsilon_{ij}$[4], 여기서 $i = 1,2,\cdots,n$ 이고 $j = 1,2,\cdots,k$

모수 μ_j : $j-$번째 수준의 모평균

μ_j에 대한 추정량 : $j-$번째 수준의 표본평균, $\overline{X}_{\cdot j}$

4) ϵ은 그리스의 5번째 문자로 '엡실론'이라 읽으며, 영문으로는 'epsilon'이다.

귀무가설 H_0 : $\mu_1 = \mu_2 = \cdots = \mu_k = \mu$

대립가설 H_1 : 최소한 한쌍의 서로 다른 모평균 $\mu_i \neq \mu_j$ 존재$(i \neq j)$

두 번째 형태의 분산분석 모형 : **효과모형(effects model)**

$X_{ij} = \mu + \tau_j + \epsilon_{ij}$[5], 여기서 $i = 1, 2, \cdots, n$ 이고 $j = 1, 2, \cdots, k$

모수 μ : 모든 처리수준을 합친 전체 모집단에 대한 모평균

μ에 대한 추정량 : 전체 데이터의 표본평균, $\overline{X}_{..}$

모수 τ_j : $j-$번째 수준의 처리효과 (μ로부터의 편차), $\tau_j = \mu_j - \mu$ (여기서, $\sum_{j=1}^{k} \tau_j = 0$)

τ_j에 대한 추정량 : $j-$번째 수준의 표본평균 편차, $\overline{X}_{.j} - \overline{X}_{..}$

귀무가설 H_0 : $\tau_1 = \tau_2 = \cdots = \tau_k = 0$

대립가설 H_1 : 두 개 이상의 $\tau_i \neq 0$ 존재

세 번째 형태의 분산분석 모형 : **레퍼런스 그룹이 있는 효과모형(reference-coded effects model)**

$X_{ij} = \mu_1 + \tau_j + \epsilon_{ij}$, 여기서 $i = 1, 2, \cdots, n$ 이고 $j = 2, 3, \cdots, k$

모수 μ_1 : 첫 번째 처리수준에 대한 모평균 (레퍼런스 그룹)

μ_1에 대한 추정량 : 첫 번째 수준의 표본평균, $\overline{X}_{.1}$

모수 τ_j : 첫 번째 수준의 모평균 기준 $j-$번째 수준의 모평균 차이, $\tau_j = \mu_j - \mu_1$

τ_j 에 대한 추정량 : $j-$번째 수준과 첫 번째 수준의 표본평균 차이, $\overline{X}_{.j} - \overline{X}_{.1}$

귀무가설 H_0 : $\tau_2 = \tau_3 = \cdots = \tau_k = 0$

대립가설 H_1 : 한 개 이상의 $\tau_j \neq 0$ 존재

앞에서 설명한 3개의 분산분석 모형은 사실상 같은 모형이며, 표현만 조금 다르게 변형한 모형이다. R을 포함한 SAS, SPSS 등 대부분의 통계분석 프로그램은 세 번째 형태의 분산분석 모형 형태인 레퍼런스 그룹이 있는 효과모형을 사용하고 있다. 따라서 통계분석에 대한 출력물을 해석하는 경우, 레퍼런스 그룹이 무엇인지를 파악하는 것은 중요하다.

분산분석을 위해서는 몇 가지 가정이 요구된다. 첫 번째 가정은 분석모형이 앞에서 설명한 세 가지 형태 중 하나라는 것 (첫 번째 가정 : 모형의 적합성) 이다. 그다음 가정은 오차항으로 표현되는 ϵ_{ij}가 서로 독립이면서 (두 번째 가정 : 독립성) 평균 0이고 (세 번째 가정 : 불편성), 분산은 항상 일정한 σ^2(네 번째 가정 : 등분산성)을 갖는 정규분포 (다섯 번째 가정 : 정규성)을 따라야 한다는 것이다. 즉, 분산분석을 진행하기 위하여 요구되는 가정은 분산분석 모형의 적합성, 오차에 대한 독립성, 불편성, 등분산성, 정규성의 5가지로 요약될 수 있다.

이제 두 번째 형태의 분산분석 모형인 효과모형을 가정하고 분산분석의 원리를 설명하여 보겠

5) τ는 그리스의 19번째 문자로 '타우'라 읽으며, 영문으로는 'tau'이다.

다. 효과모형에 따르면 확률변수 X_{ij}는 다음과 같이, 전체평균과 처리효과, 오차로 구성되어 있다.

$$X_{ij} = \mu + \tau_j + \epsilon_{ij}$$

X_{ij} − (전체평균) = (그룹 평균 편차) + (오차)

$$X_{ij} - \overline{X}_{\cdot\cdot} = \left(\overline{X}_{\cdot j} - \overline{X}_{\cdot\cdot}\right) + \left(X_{ij} - \overline{X}_{\cdot j}\right)$$

전체 편차 = 그룹간 편차 + 그룹 내 오차

즉, 전체평균을 기준으로 확률변수 X_{ij}에 대한 총편차는 전체평균 기준 그룹평균의 편차 또는 그룹 간(between) 편차와 그룹평균을 기준 X_{ij}에 대한 편차 또는 그룹내(within) 편차로 분해된다. 여기서 그룹 내 편차는 ϵ_{ij} 로 표현되며, **오차**(error) 또는 **잔차**(residual)라고 부른다. 분산분석에서 잔차에 대한 분석은 중요한 개념이므로 잘 기억하기 바란다.

이러한 편차를 제곱하여 더한 값을 **제곱합**(Sum of Sqaure)이라고 한다. 관측값의 편차$(X_{ij} - \overline{X}_{\cdot\cdot})$에 대한 제곱합을 **총제곱합**(SST; Sum of Square Total)이라 부르며, 전체평균 기준 그룹평균의 편차 $(\overline{X}_{\cdot j} - \overline{X}_{\cdot\cdot})$에 대한 제곱합을 **그룹간 제곱합**(SSB; Sum of Square Between)이라 부른다, 마지막으로, 그룹평균 기준 관측값에 대한 편차 $\left(X_{ij} - \overline{X}_{\cdot j}\right)$에 대한 제곱합을 **그룹내 제곱합**(SSW; Sum of Square Within) 또는 **오차 제곱합**(SSE; Sum of Square Error)이라 부른다 (<표 12-1> 참조). 분산분석에서 중요한 성질 중 하나는 그룹간 제곱합과 그룹 내 제곱합을 더하면 총제곱합이 된다는 것이다.[6)]

[성질 1] 총제곱합은 그룹간 제곱합과 오차 제곱합의 합과 일치한다.

$$\sum_{j=1}^{k}\sum_{i=1}^{n}\left(X_{ij} - \overline{X}_{\cdot\cdot}\right)^2 = \sum_{j=1}^{k} n\left(X_{\cdot j} - \overline{X}_{\cdot\cdot}\right)^2 + \sum_{j=1}^{k}\sum_{i=1}^{n}\left(X_{ij} - \overline{X}_{\cdot j}\right)^2$$

$$\text{SST} = \text{SSB} + \text{SSE}$$

SST가 SSB와 SSE로 분해된다는 [성질 1]은 다음의 관계식으로부터 증명된다.

$$\sum_{j=1}^{k}\sum_{i=1}^{n}\left(X_{ij} - \overline{X}_{\cdot\cdot}\right)^2 = \sum_{j=1}^{k}\sum_{i=1}^{n}\left((X_{ij} - \overline{X}_{\cdot j}) + (X_{\cdot j} - \overline{X}_{\cdot\cdot})\right)^2$$

$$= \sum_{j=1}^{k}\sum_{i=1}^{n}\left(X_{ij} - \overline{X}_{\cdot j}\right)^2 + \sum_{j=1}^{k}\sum_{i=1}^{n}\left(X_{\cdot j} - \overline{X}_{\cdot\cdot}\right)^2 + \sum_{j=1}^{k}\sum_{i=1}^{n} 2\left(X_{ij} - \overline{X}_{\cdot j}\right)\left(X_{\cdot j} - \overline{X}_{\cdot\cdot}\right)$$

여기서, $\sum_{j=1}^{k}\sum_{i=1}^{n}\left(X_{ij} - \overline{X}_{\cdot j}\right)\left(X_{\cdot j} - \overline{X}_{\cdot\cdot}\right) = \sum_{j=1}^{k}\left[\left(X_{\cdot j} - \overline{X}_{\cdot\cdot}\right)\sum_{i=1}^{n}\left(X_{ij} - \overline{X}_{\cdot j}\right)\right]$

j − 번째 그룹 평균정의로부터 아래 관계가 성립하기 때문에, 위의 교차항 식은 항상 0이 된다.

---

6) 용어의 통일성을 위하여, 앞으로는 그룹 내 제곱합 대신 오차 제곱합 용어를 사용하겠다.

$$\overline{X}_{\cdot j} = \frac{1}{n}\sum_{i=1}^{n} X_{ij} \ \Rightarrow \ n\overline{X}_{\cdot j} = \sum_{i=1}^{n} X_{ij} \ \Rightarrow \ \sum_{i=1}^{n}\left(X_{ij} - \overline{X}_{\cdot j}\right) = 0$$

따라서 SST는 SSB와 SSE로 분해된다. 여기서 SSB를 SST로 나눈 비율, SSB/SST는 총제곱합(변동)에서 그룹간 평균 제곱합(변동)이 차지하는 비율로 **결정계수(coefficient of determination)** R^2라 부른다.

[성질 1]에서 나타난 식은 중요한 의미를 가지고 있다. <표 12-1>에 나타난 바와 같이, 일단 데이터가 주어지면 SST는 고정이 되면서, SSB와 SSE의 상대적인 크기가 모형의 적합도를 나타내는 중요한 의미를 가지게 된다. 즉, SSB 값 자체가 중요한 것이 아니라, SSE와 비교된 상대적인 크기가 중요하다는 의미이다. SSB가 크고 SSE가 작다는 의미는 그룹 간 평균차이가 크게 나타난다는 의미이므로 귀무가설을 기각하는 결정을 내리게 된다. 반대로, SSB가 작고 SSE가 크다는 의미는 그룹 간 평균차이는 작고 그룹 내 편차가 심하여 오차가 크게 발생하였다는 의미이므로, 귀무가설을 기각하지 못하는 결정을 내리면서, 데이터 수집과정에서 발생할 수 있는 다양한 오차에 대하여 검토해 보아야 한다. 즉, SSE가 크다는 의미는, 측정과정에서 나타날 수 있는 다양한 형태의 오차로 인하여, 데이터에 대한 질(data quality)이 낮아졌다고 판단할 수 있기 때문이다.

예를 들어, 성별에 따른 브랜드 선호도를 분석하고 싶은데, 연령대별로 선호도 특징이 다르게 나타나는 새로운 문제가 발생할 수 있다. 이 경우, 여성그룹 내에 연령대별 선호도가 다르게 나타나, 그룹 내 편차가 커지면서 SSE가 커질 수 있다는 것이다. 이 경우, 남녀 간 선호도 차이가 크게 나타나 SSB가 큰값을 보여주었다고 하여도 SSE가 함께 커지기 때문에 귀무가설을 기각할 수 없는 상황이 되어 버린다. 이 경우 성별과 연령대를 함께 고려하여 SSE를 작게 만드는 노력이 필요하게 된다.

우리는 8장 표본분포에서 분산은 χ^2-분포와 관계된다고 배웠다. 분산은 제곱합과 관련된 것이므로 SST, SSR, SSE도 χ^2-분포와 관련되어 있다. 다음 사실을 증명없이 받아들이기로 한다.

[성질 2] 만일 <표 12-1> 형태의 데이터 구조를 가지면서 분산분석의 5가지 가정 −분산분석 모형의 적합성, (오차에 대한) 독립성, 불편성, 등분산성, 정규성−을 모두 만족한다면, 귀무가설 H_0가 참이라는 조건 아래, 총제곱합, 그룹간 제곱합과 오차 제곱합은 χ^2-분포와 관련되며, 자유도는 각각 $nk-1$, $k-1$, $(n-1)(k-1)$이 된다.

제곱합	SST = SSB + SSE
χ^2-분포와 관련된 자유도	$nk-1 = k-1 + k(n-1)$

[성질 1]은 분산분석의 어떠한 가정도 필요하지 않은 수학적 성질이지만, [성질 2]에서 설명하는 제곱합이 χ^2-분포와 관련되어 있으려면 분산분석의 5가지 가정이 요구된다. 특별히, 독립성, 등분산성, 정규성은 자유도와 χ^2-분포를 유지하기 위한 중요한 조건이므로, χ^2-분포를 기반으로 분석이 이루어지는 경우는 이러한 가정을 검토하는 과정이 필요하다.

[성질 2]에서 언급된 자유도에 대하여 조금 더 설명하여 보자. 자유도는 '데이터의 자유스러움'을 나타내는 정도로 (관측된 값의 수)에서 (사용한 모수의 수)를 뺀 값으로 설명할 수 있다. SST의 자유도는 데이터 X_{ij}에 대한 자유도가 nk에서, SST를 계산하기 위하여 사용된 전체평균 μ의 추정량인 $\overline{X}_{..}$으로 인하여 자유도 1이 빠앗겨서, 자유도는 $nk-1$이 된다. SSB에 대한 자유도는 $\overline{X}_{.j}$에 대한 자유도 k에 전체평균인 $\overline{X}_{..}$을 사용하였으므로 자유도는 $k-1$이 된다. SSE에 대한 자유도에 대하여 알아보자. j-번째 그룹에서의 자유도는 X_{ij}에 대한 자유도 n과 SSE를 계산하기 위하여 사용된 $\mu_{.j}$의 추정량인 그룹평균 $\overline{X}_{.j}$를 사용하였으므로 자유도는 $n-1$이 된다. 이러한 그룹이 k개 있으므로, SSE에 대한 자유도는 $k(n-1)$이 된다.

분산에 대한 추정량의 일반적 형태는 제곱합을 자유도로 나눈식이 되며, 이러한 식을 **평균제곱(mean square)**이라 부른다. 그룹간 제곱합 SSB에 대응하는 자유도 $k-1$로 나눈식을 **그룹간 평균제곱(MSB; Mean Square Between)**이라 부른다. 또한, 오차 제곱합 SSE에 대응하는 자유도 $k(n-1)$로 나눈식을 **오차 평균제곱(MSE; Mean Square Error)**이라 부른다.

특별히, MSE로 표현되는 오차 평균제곱은 분산분석에서 중요한 통계량이다. 우리는 앞에서 오차항 ϵ_{ij}는 평균 0, 공통된 분산 σ^2을 갖는 정규분포를 따른다고 가정하였다. 이 경우, 분산분석 모형에서 언급된 모수인 분산 σ^2에 대한 추정량으로 MSE인 오차 평균제곱이 사용된다. 또한, MSE에 루트를 취하면 공통된 표준편차인 σ에 대한 추정량이 되는데, 이를 **잔차 표준오차(residual standard error)**라 부른다. 이를 정리하면 다음과 같다.

$$MSB = \frac{SSB}{k-1} \quad , \quad MSE = \frac{SSE}{k(n-1)} \quad , \quad \hat{\sigma} = \sqrt{MSE}$$

우리는 8장에서 χ^2-분포를 따르는 서로 독립인 두 개의 확률변수를 자유도로 나누어 비율을 계산하면 F-분포를 따른다고 배웠다. 이러한 F-분포의 정의를 분산분석에 적용하면 다음과 같은 성질이 유도된다.

[성질 3] <표 12-1> 형태의 데이터 구조를 가지면서 분산분석의 5가지 가정을 만족한다면 귀무가설 H_0가 참인 상태에서, 아래의 확률변수 F값은 자유도 $k-1$, $k(n-1)$을 갖는 F-분포를 따른다.

$$F\text{값} = \frac{SSB/(k-1)}{SSE/k(n-1)} = \frac{MSB}{MSE} \sim F(k-1\,,\,k(n-1))$$

[성질 3]에 나타난 통계이론을 바탕으로 분산분석에 대한 가설검정을 진행할 수 있게 된다. 귀무가설이 참인 상태에서 검정통계량 F값 그리고 귀무가설이 참인 경우 나타나는 F-분포를 이용하여 기각역을 만들 수 있고,[7] 데이터가 귀무가설로부터 얼마나 멀리 떨어져 있는지를 나타내는 p값을 계산할 수 있다. 이를 요약한 표를 **분산분석표(ANOVA table)**라 부르며 다음과 같다.

[표 12-2] 분산분석표(ANOVA table)

요인	자유도	제곱합	평균제곱	F값	p값
그룹	k-1	SSB	MSB	MSB/MSE	$\sim F(k-1,\ k(n-1))$
오차	k(n-1)	SSE	MSE		
총합	nk-1	SST			

[예제 2] 3개 그룹으로 형성된 모집단의 모평균은 각각 70, 80, 90이고, 공통된 분산은 25로 알려져 있다. 또한, 그룹별 5개의 반복된 관측값이 있다고 가정하자.

(1) 3가지 형태의 분산분석 모형을 정의하고, 모수에 대하여 기술하여라

(2) 난수를 이용하여 분산분석 샘플 데이터를 생성하여라.

첫 번째 형태의 분산분석 모형인 수준별 평균모형의 경우,

$X_{ij} = \mu_j + \epsilon_{ij}$, 여기서 $i = 1,\ 2,\ 3,\ 4,\ 5$이고, $j = 1,\ 2,\ 3$

(모수) $\mu_1 = 70$: 첫 번째 그룹의 모평균, $\mu_2 = 80$: 두 번째 그룹의 모평균, $\mu_3 = 90$: 세 번째 그룹의 모평균

두 번째 형태의 분산분석 모형인 효과모형의 경우,

$X_{ij} = \mu + \tau_j + \epsilon_{ij}$, 여기서 $i = 1,\ 2,\ 3,\ 4,\ 5$이고, $j = 1,\ 2,\ 3$

(모수) $\mu = 80$: 3그룹을 포함한 전체평균,

$\tau_1 = -10$: 전체 모평균 μ를 기준으로 나타난 첫 번째 그룹의 효과(차이),

$\tau_2 = 0$: 전체 모평균 μ를 기준으로 나타난 두 번째 그룹의 효과(차이)

$\tau_3 = 10$: 전체 모평균 μ를 기준으로 나타난 세 번째 그룹의 효과(차이)

세 번째 형태의 분산분석 모형인 레퍼런스 그룹이 있는 효과모형의 경우,

$X_{ij} = \mu_1 + \tau_j + \epsilon_{ij}$, 여기서 $i = 1,\ 2,\ 3,\ 4,\ 5$이고, $j = 2,\ 3$

(모수) μ_1 : 첫 번째 그룹의 모평균 (레퍼런스 그룹)

$\tau_2 = 10$: 레퍼런스 그룹 기준 두 번째 그룹의 효과(차이)

$\tau_3 = 20$: 레퍼런스 그룹 기준 세 번째 그룹의 효과(차이)

앞에서 설명한 3개의 분산분석 모형 모두에 적용되는 가정으로 오차항 ϵ_{ij}는 평균 0, 분산 25를 갖는 정규분포를 따른다는 것이다. 여기서 오차항에 대한 공통된 분산 25는 분산분석에서 중요하게 취급되는 중요한 또 다른 모수 중 하나임을 기억하기를 바란다.

다음으로 예제에서 설정된 분산분석 샘플 데이터를 생성하는 R코드를 생각하여 보자. 여기서는 수준별 평균모형을 적용하여 데이터를 생성하기로 한다.

---

7) 기각역은 F값 $> F_{\alpha}(k-1, k(n-1))$이 된다. 하지만, 기각역을 계산하지 않아도 p값으로 가설검정판단이 가능하므로, 기각역에 대한 부분은 앞으로 언급하지 않기로 한다.

```
> Grp1=rnorm(5,70,5); Grp2=rnorm(5,80,5); Grp3=rnorm(5,90,5);
> df1 = data.frame(Grp1, Grp2, Grp3)
> signif(df1,3)
  Grp1  Grp2  Grp3
1 72.2  83.8  82.4
2 71.7  80.3  89.1
3 69.9  87.8  98.3
4 67.4  79.1  87.2
5 71.6  76.9  92.1
```

정규분포로부터 난수를 발생하는 R의 함수 'rnorm()'을 이용하여, 평균 70, 80, 90에 공통된 표준편차 5을 설정하고, 각각 5개의 난수를 생성하였다. R에서는 일반적으로 유효숫자를 7개 자리수로 표시하는 디폴트 설정이 있는데, 'signifi()' 함수는 유효숫자를 사용자가 지정할 수 있도록 설정하는 함수이다. 위의 예제에서는 3개의 유효숫자를 설정하였다. 이를 <표 12-3> 형태의 분산분석 데이터 구조로 표현하면 다음과 같다.

[표 12-3] 생성된 분산분석 데이터

	그 룹			
반복 수	그룹1	그룹2	그룹3	
1	72.2	83.8	82.4	
2	71.7	80.3	89.1	
3	69.9	87.8	98.3	
4	67.4	79.1	87.2	
5	71.6	76.9	92.1	전체평균
평균	70.56	81.58	89.82	80.65

R에서 표현하는 분산분석 모형의 일반적인 형태는 '종속변수~독립변수'이다. 하지만 <표 12-3>의 데이터 구조에서는 분산분석 모형을 설정할 수 없다. R의 'stack()' 함수는 <표 12-3>과 같은 2차원 행렬의 데이터 구조를 1차원 형태의 데이터 구조로 변환시켜 주는 역할을 한다. 이 경우, 데이터프레임 기반으로 변환이 이루어지며, 새롭게 생성되는 데이터프레임에는 'values'와 'ind'라는 변수가 자동으로 생성된다. 이에 대한 R코드와 결과를 살펴보면 다음과 같다.

```
> df2=stack(df1); df2
     values  ind
1  72.23182 Grp1
2  71.73653 Grp1
...
15 92.13865 Grp3
```

그림 12-1 점도표: 분산분석 데이터의 표현

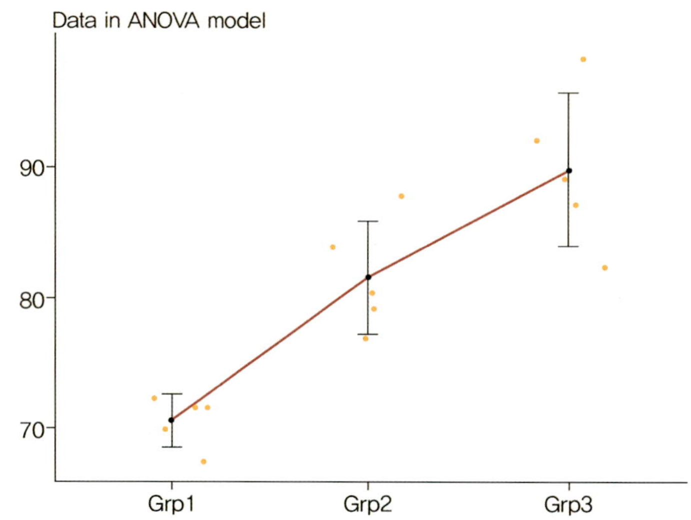

앞으로의 분석은 'df2' 형태의 1차원 데이터 구조로 분산분석을 진행할 것이다. 분산분석을 진행하기 전에 데이터의 특성을 파악하기 위하여 **점도표(dot plot)** 그래프를 그려보도록 하자. 점도표를 그리는 다양한 R 함수가 있지만,[8] 여기서는, ggplot2 패키지를 이용하여 보고서를 (publication) 쉽게 작성할 수 있도록 준비하는 (ready) 'ggpubr' 패키지의 'ggline()' 함수를 사용하여 점도표를 그리기로 한다. 이에 대한 R코드는 다음과 같다.

```
# install.packages("ggpubr")
library("ggpubr")
ggline(df2, x="ind", y="values", add=c("mean sd", "jitter"), title="Data in ANOVA model",  ylab="", xlab="")
```

점도표의 'ggline()' 함수를 살펴보면, 먼저 x-축에는 명목척도인 'ind' 변수를 지정하였고, y-축에 그룹별 평균을 보여주고 있다. 또한 점도표에 'add' 옵션을 이용하여 평균과 표준편차를 표시하고 평균을 선으로 연결하는 옵션으로 'mean_sd'를 설정하였다. 분산분석에서 이 옵션이 중요한 이유는 그룹별 평균의 변화를 알아볼 수 있는 장점이 있음과 더불어 분산분석의 중요한 가정 중 하나인 '등분산성의 가정'도 표준편차를 통해 시각적으로 확인할 수 있기 때문이다. 또한, 이 그래프를 통하여 분석에 영향을 미치는 자료의 **극단값(outlier)**도 확인할 수 있기 때문이다.

여기서 한 가지 문제가 발생하는데, 그것은 각 범주에 대한 점도표를 그리는 경우 겹치는 점이 너무 많아 데이터가 집중되는 부분을 파악하기 어렵다는 것이다. 이러한 문제점을 해결해주는 옵션이 'jitter' 옵션이다. 이 옵션은 난수를 발생시켜 데이터 좌표에서 더해주고 빼줌으로써 점들이 동일한 좌표에 중복하여 찍는 것을 방지하는 기법이다. [그림 12-2]는 jitter 옵션을 적용한 점도표와

8) R에서 사용되는 일반적인 점도표는 'lattice' 패키지의 'dotplot()' 함수이다. 사용 R코드는 'dotplot (values~ind, df2)'이다.

그림 12-2 jitter 옵션적용 전과 후의 점도표 차이

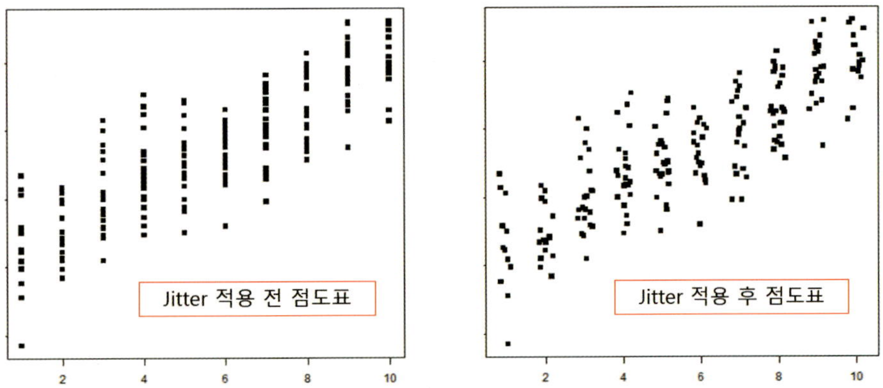

적용하지 않은 점도표를 비교한 그래프이다. 난수를 이용하여 노이즈를 추가한 jitter 옵션을 적용한 그래프가 데이터의 모습을 더욱 뚜렷하게 보여주고 있음을 확인할 수 있다.

12.2 일원배치 분산분석

분산분석에서 한 개의 독립변수 또는 인자가 있는 분석모형을 **일원배치 분산분석(one-way ANOVA)**이라고 한다. 일원배치 분산분석은 데이터가 완벽하게 랜덤으로 선택된 순서에 의하여 인자수준이 결정되고, 이에 따라 데이터가 생성되는 **완전 랜덤화 실험설계(CRD; Completely Randomized Design)**를 가정한다.

[예제 3] 총 20명의 지원자에게 4개의 광고를 보여주고 선호도를 측정하는 실험을 진행하고자 한다. 종속변수와 인자를 기술하여라. 또한 완전 랜덤화 실험설계를 만들어 보아라.

이 예제에서는 광고에 따른 선호도 특성을 파악하는 것이 주요 목적이므로 독립변수 또는 인자는 광고가 되고, 종속변수 또는 반응변수는 선호도 점수가 된다. 선호도에 영향을 미치는 독립변수는 광고 한 개의 변수뿐이므로 일원배치 분산분석이 된다. 광고는 4종류의 광고, 즉 4개의 수준 수를 갖는 변수로 4종류의 처리 또는 그룹을 형성한다. 추가로, 이러한 실험은 20명의 지원자를 통하여 관찰이 이루어지므로, 이러한 지원자를 **실험단위(experimental unit)**라 부른다.

완전 랜덤화 실험설계를 만드는 방법은, R을 이용하여 쉽게 구현할 수 있다. 여기서는 'sample()' 함수를 이용하여, 이전 광고에 선택된 지원자는 제외하는 방식으로 R코드를 구현하였다.

```
> x = 1:20
> x1 = sample(x, 5); x1
[1]  6  8 11  4 15  # 첫 번째 광고에 선택된 지원자
> x2 = sample(x[-x1], 5); x2
[1] 10 14  1 18  3  # 두 번째 광고에 선택된 지원자
> x3 = sample(x[-c(x1,x2)], 5); x3
[1] 17 19 12  2  7  # 세 번째 광고에 선택된 지원자
> x4 = x[-c(x1,x2,x3)]; x4
[1]  5  9 13 16 20  # 네 번째 광고에 선택된 지원자
```

여기서 'sample(x, 5)' 함수는 1에서 20까지의 숫자 중에서 5개의 표본을 무작위로 뽑는 함수이며, 'sample(x[−x1], 5)는 첫 번째 광고에서 선택된 지원자를 제외한 나머지 15명으로부터 5개의 표본을 뽑으라는 코드이다. 이제 간단한 예제를 통하여 일원배치 분산분석에 대하여 알아보도록 하자.

[예제 4] 다음은 우리나라의 3개 도시, 서울, 부산, 광주에 대한 배추 한포기 가격을 조사한 데이터이다. 일원배치 분산분석을 진행하여라.

	도 시			
반복 수	서울	부산	광주	
1	550	520	500	
2	600	570	580	
3	650	620	540	전체평균
평균	600	570	540	570

먼저 [예제 4]에서 설정된 귀무가설과 대립가설을 기술하여 보면 다음과 같다.

(모수에 대한 설정) μ_1 : 서울지역의 배추가격 평균

μ_2 : 부산지역의 배추가격 평균, μ_3 : 광주지역의 배추가격 평균

H_0 : 3개 도시의 배추가격 평균은 동일하다. $\mu_1 = \mu_2 = \mu_3$

H_1 : 최소한 한 개 도시의 배추가격은 같지 않다. 최소 $\mu_i \neq \mu_j \ (i \neq j)$

분산분석의 개념을 이해하기 위하여 제곱합을 직접 계산하면서, R의 결과물과 비교하여 보도록 하자. 먼저 총제곱합 SST, 그룹간 제곱합 SSB, 오차 제곱합 SSE를 각각 계산하여 보면 다음과 같다.

$$SST = \sum_{j=1}^{3}\sum_{i=1}^{3}(X_{ij} - \overline{X}_{..})^2 = (550-570)^2 + (600-570)^2 + \cdots + (540-570)^2 = 18600$$

$$SSB = \sum_{j=1}^{3}\sum_{i=1}^{3}(\overline{X}_{.j}-\overline{X}_{..})^2 = \sum_{j=1}^{3}3(\overline{X}_{.j}-\overline{X}_{..})^2 = 3(600-570)^2+3(570-570)^2+3(540-570)^2=5400$$

$$SSE = \sum_{j=1}^{3}\sum_{i=1}^{3}(X_{ij}-\overline{X}_{.j})^2 = (550-600)^2+(600-600)^2+\cdots+(540-540)^2 = 13200$$

제곱합에 대한 의미를 복습하여 보면 SST는 총 변동을 의미하는 것이며, SSB는 그룹간 제곱합으로 이 값이 크다는 의미는 그룹평균의 차이가 크다는 것으로, 귀무가설을 기각할 가능성이 높아진다는 것을 의미한다. SSE는 오차 제곱합으로 그룹내 제곱합을 의미하는 것으로, 이 값이 크다는 의미는 데이터를 수집과정에서 오차가 크게 발생하였다는 의미이다. 결국 평균차이에 대한 검정은 그룹간 변동과 그룹내 변동의 비율로 결정되는데, 각각의 제곱합은 자유도가 있으므로 자유도로 나눈 평균 제곱합에 대한 비율로 검정이 이루어진다.

총제곱합의 SST에 대한 자유도는 $kn-1$, 8이며, 그룹간 제곱합 SSB에 대한 자유도는 $k-1$, 2가 되며 오차 제곱합 SSE에 대한 자유도는 $k(n-1)$, 6이 된다. 제곱합에 자유도를 나누면 평균제곱이 되는데 그룹간 평균제곱 MSB와 오차 평균제곱 MSE, 그리고 두 평균제곱을 비교하는 비율을 나타내는 F값을 계산하면 다음과 같다.

$$MSB = \frac{SSB}{k-1} = \frac{5400}{2} = 2700, \quad MSE = \frac{SSE}{k(n-1)} = \frac{13200}{6} = 2200,$$

$$F\text{값} = \frac{MSB}{MSE} = \frac{2700}{2200} = 1.227$$

귀무가설이 참인 경우, F값은 자유도 2, 6의 $F-$분포를 따르므로, 이에 대한 p값을 계산하여 보면, R함수 '1−pf(1.227, 2, 6)'를 통하여 0.3575 값이 나타난다. 이에 대한 내용을 분산분석표로 요약하면 <표 12-4>와 같다.

오차항 ϵ_{ij}에 대한 공통된 분산 σ^2의 추정량은 MSE이므로 추정값은 2200이 되며, σ에 대한 추정량은 잔차 표준오차로 $\sqrt{2200}$이 되어 46.9가 된다. 이제 모수에 대한 추정량을 알아보도록 하자.

[표 12-4] [예제 3]에 대한 분산분석표

요인	자유도	제곱합	평균제곱	F값	p값
그룹	2	5400	2700	1.227	0.3575
오차	6	13200	2200		
총합	8	18600			

첫 번째 형태의 분산분석 모형인 수준별 평균모형의 경우,

$X_{ij} = \mu_j + \epsilon_{ij}$, 여기서 $i=1, 2, 3$이고, $j=1, 2, 3$이므로

μ_1에 대한 추정량은 서울지역의 표본평균이므로 추정값은 600,

μ_2에 대한 추정량은 부산지역의 표본평균이므로 추정값은 570,

μ_3에 대한 추정량은 광주지역의 표본평균이므로 추정값은 540이다.

두 번째 형태의 분산분석 모형인 효과모형의 경우,

$X_{ij} = \mu + \tau_j + \epsilon_{ij}$, 여기서 $i = 1,\ 2,\ 3$이고, $j = 1,\ 2,\ 3$이므로

μ에 대한 추정량은 전체지역의 표본평균이므로 추정값은 570,

τ_1에 대한 추정량은 전체평균 기준 서울지역과의 평균 차이이므로 추정값은 30

τ_2에 대한 추정량은 전체평균 기준 부산지역과의 평균 차이이므로 추정값은 0

τ_3에 대한 추정량은 전체평균 기준 광주지역과의 평균 차이이므로 추정값은 -30이다.

여기서 $\sum_{j=1}^{3} \tau_j = \tau_1 + \tau_2 + \tau_3 = 0$임을 확인할 수 있다.

세 번째 형태의 분산분석 모형인 레퍼런스 그룹이 있는 효과모형의 경우,

$X_{ij} = \mu_1 + \tau_j + \epsilon_{ij}$, 여기서 $i = 1,\ 2,\ 3$이고, $j = 2,\ 3$이므로

μ_1에 대한 추정량은 서울지역의 표본평균이므로 추정값은 600,

τ_2에 대한 추정량은 레퍼런스 그룹 기준 부산지역과의 평균 차이이므로 추정값은 -30,

τ_3에 대한 추정량은 레퍼런스 그룹 기준 광주지역과의 평균 차이이므로 추정값은 -60이 된다.

이제 이러한 결과는 R을 통하여 구현해 보도록 하자.

```
> Group = rep(c("Seoul","Busan","Gwangju"), each=3)
> X = c(550, 600, 650, 520, 570, 620, 500, 580, 540)
> OneWay = aov(X ~ Group)
> anova(OneWay)
Analysis of Variance Table
Response: X
            Df  Sum Sq  Mean Sq  F value   Pr(>F)
Group        2    5400     2700   1.2273   0.3574
Residuals    6   13200     2200
```

R코드를 살펴보면, 먼저 데이터를 입력한 후 'aov()' 함수를 이용하여 분산분석을 실행하였고, 이에 관한 결과를 'OneWay'라는 이름의 객체로 저장하였다. 이때 사용된 분산분석 모형은 일원배치 분산분석으로 'X~Group' 형태의 formula로 표현하였다. 'anova()' 함수를 이용하여 분산분석표를 요청하면, 분산분석결과를 요약하여 얻을 수 있다. 이에 관한 결과가 우리가 앞서 계산한 통계량과 거의 일치함을 확인할 수 있다.

이제 분산분석 모형의 모수에 대한 추정값을 확인해 보도록 하자.

```
> aggregate(X, by=list(Group), mean) # 수준별 평균모형
  Group.1     x
1 Busan     570
2 Gwangju   540
3 Seoul     600
> model.tables(OneWay) # 효과모형
Tables of effects
Group
  Busan Gwangju   Seoul
     0     -30      30
> OneWay$coefficients # Busan이 레퍼런스 그룹인 효과모형
    (Intercept)  GroupGwangju   GroupSeoul
        570           -30            30
```

첫 번째 형태의 분산분석 모형인 수준별 평균모형은 $X_{ij} = \mu_j + \epsilon_{ij}$ 형태로 μ_j에 대한 추정량은 각 지역의 표본평균이 된다. 여기서는 'aggregate()' 함수를 이용하면 지역별 평균값을 얻을 수 있다. 이때 by 옵션은 list 형태의 값을 요구하므로 반드시 'list(Group)'을 이용하여 Group 변수를 list 타입으로 변환시켜 주어야 한다. 여기서 Group 변수는 factor형 변수로 알파벳–가나다 순서에 의하여 내부적으로 순서가 정해지므로, Busan - Gwangju–Seoul 순서로 수준이 재배열되어 있음을 확인하기 바란다.

두 번째 형태의 분산분석 모형인 효과모형은 $X_{ij} = \mu + \tau_j + \epsilon_{ij}$의 형태로 R의 'model.tables()' 함수에 의하여 구현된다. 이 경우 전체지역에 대한 모평균 μ 에 대한 추정량은 제공되지 않지만, 이를 기준으로 각각의 τ_j에 대한 추정량이 제공된다. 즉, τ_j에 대한 추정량은 전체 평균기준 지역 평균의 편차를 나타내며, 모든 합은 항상 0이 된다. 광주에 대한 τ_2추정량이 -30이라는 의미는 광주의 배추가격은 전체지역의 배추가격과 비교하여 30원 더 낮은 가격이 형성되었다는 의미이다.

마지막으로 세 번째 형태의 분산분석 모형인 레퍼런스 그룹이 있는 효과모형은 $X_{ij} = \mu_1 + \tau_j + \epsilon_{ij}$형태로 R이 디폴트로 추정하여 저장하는 방법이므로, 객체 OneWay에 대한 속성값 coefficients를 통하여 바로 얻을 수 있다. 이때 알파벳 - 가나다 순으로 첫 번째 수준이 레퍼런스 그룹으로 설정되므로, 이를 확인하는 것이 필요하다. 이 예제에서는 첫 번째 수준으로 설정된 Busan이 레퍼런스 그룹이 되었다. 즉, 부산을 기준으로 각 지역 평균의 차이 τ_j에 대한 추정값이 제공된다. 서울에 대한 τ_3추정량이 30이라는 의미는, 서울의 배추가격은 부산지역의 배추가격과 비교하여 30원 더 높은 가격이 형성되었다는 의미이다.

12.3 다중비교와 사후검정

분산분석에서 귀무가설을 기각하였다면, 이는 최소한 하나의 처리수준에서 평균차이가 발생하였다는 것을 의미한다. 따라서 어느 처리수준에서 차이가 발생하였는지를 판단하는 과정은 다음 분석단계에서 필요한 작업이라고 말할 수 있다. 귀무가설이 기각된 이후, 어느 수준이 다른지 검정하는 것을 **사후검정(post-hoc test)**이라 한다. 사후검정은 다양한 조합 중에서 두 개 수준을 선택하여 평균차이를 분석하는 검정이다. 그리고 이러한 두 개 수준의 평균차이 분석을 여러번 비교하는 것을 **다중비교(multiple comparisons)**라고 한다.

예를 들어, 3개 수준 (A, B, C)에 대한 일원배치 분산분석을 진행하였다고 하자. 만일 귀무가설이 기각되었다면, 그다음 단계로 어느 수준이 어떻게 다른지를 파악하는 과정이 필요하다. 이 경우 다양한 조합 – A와 B, B와 C, A와 C –에 대한 비교가 이루어지는데 이러한 비교를 다중비교라 한다. 또한 3개의 다중비교에 대한 검정은 사후검정이 된다.

다중비교를 통한 사후검정을 진행하는 경우, 신경을 써야 하는 부분이 있는데 그것은 유의수준에 대한 설정이다. 만일 유의수준 5%로 3번의 사후검정을 각각 진행하였다면, 이때 사용된 5% 유의수준을 **개별 유의수준(individual-wise significant level)**이라 한다. 개별 유의수준을 5%로 적용한다는 의미는, 100번 다중비교를 진행하면 평균적으로 5번은 제1종오류가 발생할 수 있다는 의미이다. 따라서, 100번의 다중비교를 진행하는 경우라면, 제1종오류가 너무 높게 나타나기 때문에 개별 유의수준이 아닌 전체 100번 검정에 대한 유의수준을 통제하는 방법을 요구하게 된다. 즉, 100번 진행하는 다중비교 전체를 하나의 검정으로 보았을 때는 유의수준이 다르게 나타난다는 것이다.

예를 들어, 3번의 다중비교를 하나의 검정으로 보았을 경우를 생각하여 보자. 이 경우 3번의 다중비교 중 하나의 검정이라도 잘못 판단하는 제1종오류가 발생하였다면, 전체가 잘못 판단하는 것으로 취급해야 한다. 그렇다면, 개별 유의수준이 5%인 검정을 3번 다중비교하는 경우, 그리고 3개 검정을 하나의 검정으로 묶었을 경우에 대한 유의수준을 계산하여 보자. 이 경우, 올바른 의사결정을 위해서는 유의수준의 반대되는 개념인 신뢰수준 95%가 동시에 3번 발생하여야 모두 올바른 의사결정을 내리게 되는 것이고, 따라서 이에 대한 확률은 0.95^3으로 0.857이 된다.

결국 3개의 다중비교를 하나의 집단으로 취급하여 제1종오류를 생각하는 경우 유의수준은 1에서 0.857을 뺀 0.143이 된다. 즉, 개별검정에 대한 유의수준은 5%이었지만, 3개의 다중비교를 하나의 검정으로 묶었을 때 나타나는 유의수준은 14.3%로 증가하게 된다는 것이다. 여기서 계산된 다중비교를 하나의 검정으로 묶었을 때 나타난 유의수준 14.3%를 **집단 유의수준(family-wise significant level)**이라고 한다. 다시 말하면, 개별적으로 5%의 유의수준으로 3번 진행한 검정과 비교하여, 3번의 검정 전체를 하나의 검정으로 통합하였을 경우는 14.3% 유의수준으로 증가하게 된다는 것이고, 여기서 얻은 14.3%를 집단 유의수준이라 부른다는 것이다.

여러 번의 다중비교를 진행하는 과정에서 각각의 검정에 적용된 유의수준을 개별 유의수준이라 부르며, 여러 번의 다중비교를 하나의 검정묶음으로 보고 진행하였을 경우 적용된 유의수준을 집단 유의수준이라 부른다. 만일 k 번의 다중비교가 이루어졌고, 각각의 개별 유의수준이 $\alpha_{개별}$ 라 한다면 집단 유의수준 $\alpha_{집단}$ 은 다음과 같이 계산된다.

$$\alpha_{집단} = 1 - (1 - \alpha_{개별})^k$$

다중비교를 통한 사후검정이 복잡한 이유는, 개별 유의수준을 통제하는 것이 아니라 집단 유의수준을 통제하고자 하기 때문이다. 집단 유의수준을 통제한다는 것은 여러 다중비교를 하나로 묶어서 제1종오류인 유의수준을 통제한다는 의미로, 개별 유의수준을 더욱 낮춘다는 의미이다. 제1종오류를 낮춘다는 것은 제2종오류가 증가한다는 의미이다. 또한, 제2종오류의 증가는 검정력을 낮춘다는 의미로 실제로는 차이가 존재하는 수준에 대한 검출능력을 떨어지게 설정한다는 것을 의미한다. 특별히, 반복 수에 해당하는 표본크기가 크지 않은 경우, 집단 유의수준으로 통제된 사후검정 결과는 매우 보수적으로 나타나 제2종오류가 심각하게 증가할 수 있다.

다중비교를 통한 사후검정 방법은 집단 유의수준 통제의 복잡함으로 인하여 하나의 방법으로 통일된 것이 아니라 다양한 방법이 존재한다. 여기서는, 다중비교를 위한 자세한 통계이론은 생략하고, 대표적인 방법 4개를 소개하면서 4개의 사후검정 방법에 대하여 간단한 특징과, 장점 및 단점을 소개하기로 한다.

(사후검정 방법 1) Tukey의 HSD 검정

Tukey가 개발한 사후검정 방법으로 그룹의 수 k와 SSE에 대한 자유도 $k(n-1)$을 모수로 하는 **스튜던트 범위분포(Studentized Range distribution)**를 기반으로 만들어진 사후검정 방법이다. 스튜던트 범위분포는 R 분포이름으로 'tukey'이다. 예를 들어, SSE 자유도가 6이고 3개 그룹을 비교하는 경우, 귀무가설이 참이라는 조건 아래 스튜던트화된 그룹평균의 차이가 4 이상 나타날 확률은 '1−ptukey(4, nm=3, df=6)'에 의하여 0.067이 된다.

Tukey의 HSD 검정(Tukey's Honestly Significant Difference test)은 스튜던트 범위분포를 이용하여 그룹평균에 대한 차이를 판단하는 사후검정 방법이다. Tukey의 HSD 검정법은 매우 효율적인 사후검정법인 것으로 알려져 있지만, 각 그룹의 반복 수가 같아야 적용가능하다는 한계점을 가지고 있다. 모든 조합에 대한 다중비교를 쉽게 진행할 수 있으므로 가장 많이 사용되는 사후검정 방법으로 알려져 있다. R에서는 'TukeyHSD()' 함수에 의하여 구현된다.

(사후검정 방법 2) Dunnett 검정

Dunnett 검정(Dunnett test)은 레퍼런스 그룹을 지정하여, 그 그룹을 기준으로 다른 그룹들과 평균차이를 검정하는 방법으로 단측/양측 검정 가능하다는 특징을 가지고 있다. 동일한 유의수준을 유지하면서, Tukey의 HSD 검정보다 검정력이 더 높은 것으로 알려져 있다. 하지만 모든 가능한 조합에 대한 검정을 제공하는 Tukey의 HSD 검정법과는 달리, 레퍼런스 그룹과의 차이에 대한 검정만 제공한다는 단점을 가지고 있다. R에서는 고급 기술통계분석을 지원하는 'DescTools' 패키지(Tools for Descriptive Statistics)의 'DunnettTest()' 함수를 통해 구현된다.

(사후검정 방법 3) Fisher의 LSD 검정

Fisher의 LSD 검정 (Fisher's Least Significant Difference test)은 분산분석에서 나타나는 MSE의 루트값인 잔차 표준오차를 기반으로 $t-$검정을 진행하면서, 집단 유의수준을 통제하지 않고, 개별 유의수준만을 가지고 진행하는 검정법이다. Fisher의 LSD 검정은 집단 유의수준을 통제하지 못한다는 문제점을 가지고 있으므로, 사후검정 방법으로 적절하지 못하다는 의견도 있다. 하지만, 제2종오류를 낮추면서 검정력이 높아서, 의심있는 차이를 한번 알아보는 탐색적인 측면에서 유용하게 활용되는 검정법이다. R에서는 고급 기술통계분석을 지원하는 'DescTools' 패키지의 'PostHocTest()' 함수의 'method='lsd' 옵션을 이용하여 구현한다.

(사후검정 방법 4) Bonferroni 검정

만일 k개의 다중비교를 진행하는 경우, 개별 유의수준 $\alpha_{개별}$과 집단 유의수준 $\alpha_{집단}$ 은 **불의 부등식(Boole's inequality)**에 의하여 다음 관계식이 성립한다.

$$\frac{\alpha_{집단}}{k} \leq \alpha_{개별}$$

예를 들어, 집단 유의수준을 5%로 5개의 다중비교를 진행하고자 한다면, 각각의 검정을 개별 유의수준 1%로 5번 진행한다면 집단 유의수준 5%가 보장된다는 것이다. 이처럼 집단 유의수준에서 다중비교 수로 나눈 값을 개별 유의수준으로 적용한 검정법을 **Bonferroni 검정(Bonferroni test)**이라 한다. 이 검정법은 응용범위가 매우 넓어서 다양한 상황에서 적용가능하다는 장점을 가지고 있다. 또한, 집단 유의수준을 충분히 보장하는 부등식이 적용되므로, 실제로 적용된 유의수준은 우리가 설정한 집단 유의수준 5%보다 더 낮을 수 있다. 하지만 다중비교 수가 증가함에 따라 제2종오류가 급격하게 증가하는 성향이 있으며, 이에 따라 검정력이 낮아질 수 있다는 단점을 가지고 있다. 특별히 다중비교의 수가 많은 경우, 제2종오류는 훨씬 심각하게 나타나는 것으로 알려져 있다. 또한, Tukey의 HSD 검정보다 더 보수적이고 엄격하여 귀무가설을 잘 기각시키지 못하는 것으로 알려져 있다. R에서는 'DescTools' 패키지의 'PostHocTest()' 함수의 'method=bonferroni' 옵션을 이용하여 구현한다.

이제 다음 예제를 통하여 앞에서 소개한 4개의 사후검정법을 적용하여 보고, 결과를 해석하여 보자.

[예제 5] 온라인 쇼핑몰을 운영하는 A 회사는, 웹사이트 방문자 수가 요일에 따라 어떻게 다른지에 대한 특성을 파악하기 위하여, 5주 동안의 방문자 수를 조사하였더니 아래와 같은 결과가 나타났다.

요일 별 웹사이트 방문자 수

(단위: 천 건)

주차	월요일	화요일	수요일	목요일	금요일	토요일	일요일
1	150	170	130	200	160	220	250
2	120	180	140	180	170	230	240
3	130	190	150	170	150	210	230
4	160	200	160	190	140	240	220
5	140	160	170	210	180	220	210

분산분석을 진행하고, 앞에서 소개한 4종류의 사후검정을 통한 다중비교를 진행하여라.

먼저 데이터를 입력하고 분산분석을 실행하여 보자.

```
> Mon = c(150, 120, 130, 160, 140)
> Tue = c(170, 180, 190, 200, 160)
> Wed = c(130, 140, 150, 160, 170)
> Thr = c(200, 180, 170, 190, 210)
> Fri = c(160, 170, 150, 140, 180)
> Sat = c(220, 230, 210, 240, 220)
> Sun = c(250, 240, 230, 220, 210)
> df1 = data.frame(Mon, Tue, Wed, Thr, Fri ,Sat, Sun)
> df2 = stack(df1)
> M1 = aov(values~ind, df2)
> anova(M1)
Analysis of Variance Table
Response: values
            Df   Sum Sq   Mean Sq   F value    Pr(>F)
ind          6   37040    6173.3    26.511    2.516e-10 ***
Residuals 28      6520     232.9
---
Signif. codes:  0 '***' 0.001 '**' 0.01 '*' 0.05 '.' 0.1
```

분산분석결과를 살펴보면, p값이 2.5×10^{-10}으로 모든 요일별 평균값이 동일하다는 귀무가설을 유의수준 5%에서 기각한다. 분산분석의 $F-$검정에서 귀무가설을 기각하였으니, 요일별 어떠한 특성을 가지고 있는지 파악하는 다중비교를 위한 사후검정을 진행하는 것이 다음 단계이다. 요일별 평균 방문자 수에 대한 대략적인 특징을 파악하기 위하여 효과모형 형태의 모수 추정값을 살펴보면 다음과 같다.

```
> model.tables(M1)
Tables of effects
ind
Mon Tue Wed Thr Fri Sat Sun
-42  -2 -32   8 -22  42  48
```

두 번째 분산분석 모형인 효과모형의 추정값을 얻기 위하여 R함수, 'model.tables()'를 실행시켰다. 결과를 살펴보면, 일요일과 토요일에 많은 방문자가 있으며, 월요일, 수요일, 금요일은 상대적으로 적은 방문자가 있으며, 화요일과 목요일은 대략 전체평균과 비슷한 방문자 수가 있다는 사실을 확인할 수 있다. 이제 다중비교를 통한 사후검정을 통하여 통계적 유의성을 알아보도록 하자.

Tukey의 HSD 검정결과를 확인하여 보면 다음과 같다.

```
> TukeyHSD(M1)
  Tukey multiple comparisons of means
    95% family-wise confidence level
Fit: aov(formula = values ~ ind, data = df2)
$ind
         diff        lwr        upr     p adj
Tue-Mon    40   9.385599  70.614401 0.0047067
Wed-Mon    10 -20.614401  40.614401 0.9408934
Thr-Mon    50  19.385599  80.614401 0.0003072
Fri-Mon    20 -10.614401  50.614401 0.3952842
Sat-Mon    84  53.385599 114.614401 0.0000000
Sun-Mon    90  59.385599 120.614401 0.0000000
Wed-Tue   -30 -60.614401   0.614401 0.0576183
Thr-Tue    10 -20.614401  40.614401 0.9408934
Fri-Tue   -20 -50.614401  10.614401 0.3952842
Sat-Tue    44  13.385599  74.614401 0.0016009
Sun-Tue    50  19.385599  80.614401 0.0003072
Thr-Wed    40   9.385599  70.614401 0.0047067
Fri-Wed    10 -20.614401  40.614401 0.9408934
Sat-Wed    74  43.385599 104.614401 0.0000005
Sun-Wed    80  49.385599 110.614401 0.0000001
Fri-Thr   -30 -60.614401   0.614401 0.0576183
Sat-Thr    34   3.385599  64.614401 0.0221334
Sun-Thr    40   9.385599  70.614401 0.0047067
Sat-Fri    64  33.385599  94.614401 0.0000066
Sun-Fri    70  39.385599 100.614401 0.0000013
Sun-Sat     6 -24.614401  36.614401 0.9955049
```

그림 12-3 Tukey의 HSD 검정결과를 요약한 그림

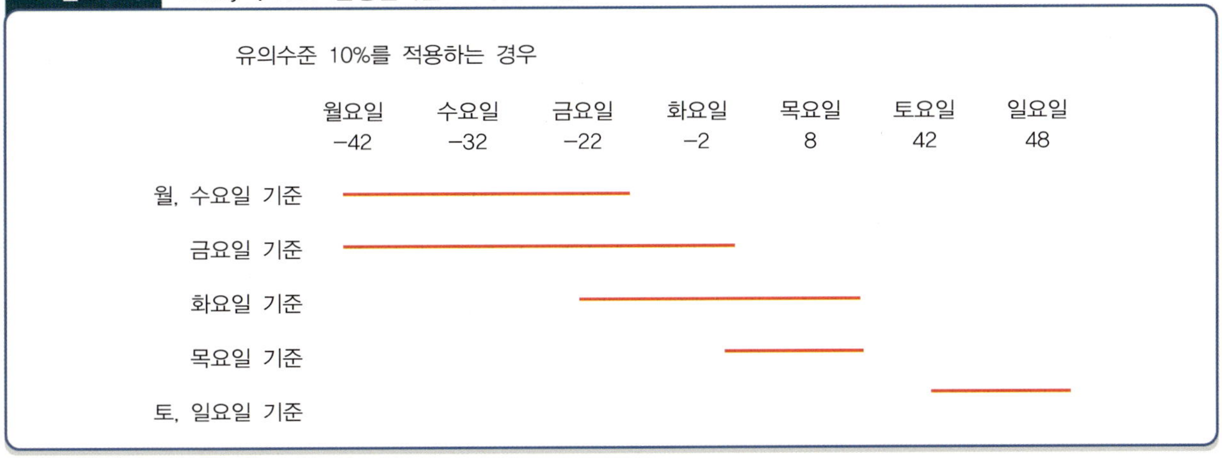

Tukey의 HSD 검정결과에서는 총 7개 수준에서 2개를 선택하는 모든 조합 수, 21개의 다중비교가 진행되었음을 확인할 수 있다. 여기서 21개의 다중비교 조합에 대한 순서는 월요일부터 일요일까지 순차적으로 이루어지고 있음을 확인하기를 바란다. 유의수준을 10%로 설정하고, 요일별 유의성이 없으면 그룹을 하나의 선으로 연결하여 표현하면 [그림 12-3]과 같다.

[그림 12-3]에 요약된 Tukey의 HSD 검정결과를 살펴보면, 대략 3그룹으로 나누어 설명할 수 있는데, 첫 번째 그룹은 (월, 수, 금)으로 낮은 방문자 수를 형성하고 있으며, (화, 목)에서는 평균정도의 방문자 수를 보여주고 있으며, 마지막으로 (토, 일)은 높은 방문자 수를 보여주고 있는 그룹이라 판단할 수 있다.

이제 두 번째 방법인 Dunnett 검정을 적용하여 보자. 이 경우도 유의수준을 10%로 설정하고, 평균에 가까운 화요일을 레퍼런스 그룹으로 설정하여 다중비교를 진행하면, 다음과 같은 결과를 얻을 수 있다.

```
> # install.packages('DescTools')
> library(DescTools)
> DunnettTest(values~ind, df2, control='Tue')
 Dunnett's test for comparing several treatments with a control :
    95% family-wise confidence level
$Tue
          diff      lwr.ci      upr.ci        pval
Mon-Tue  -40   -66.37374  -13.626263  0.00159 **
Wed-Tue  -30   -56.37374   -3.626263  0.02106 *
Thr-Tue   10   -16.37374   36.373737  0.79742
Fri-Tue  -20   -46.37374    6.373737  0.19159
Sat-Tue   44    17.62626   70.373737  0.00048 ***
Sun-Tue   50    23.62626   76.373737  8.1e-05 ***
```

그림 12-4 Dunnett 검정결과를 요약한 그림

유의수준 10%를 적용하는 경우

월요일	수요일	금요일	화요일	목요일	토요일	일요일
−42	−32	−22	−2	8	42	48

Dunnett 검정결과를 살펴보면, 화요일 (ind 변수의 'Tue' 수준)을 레퍼런스 그룹으로 설정하고, 나머지 6개 수준과 비교한 결과를 보여주고 있다. 유의수준을 10%로 설정하고, 요일별 유의성이 없어 그룹이 묶일 수 있는 관계를 선으로 연결하면 [그림 12-4]와 같다.

[그림 12-4]의 Dunnett 검정결과를 살펴보면, 화요일 기준 Tukey의 HSD 검정결과와 비슷하다는 것을 확인할 수 있다. 하지만 Dunnett 검정결과에 대한 p값이 훨씬 작아보인다. 예를 들어, 화요일과 수요일을 비교하는 p값을 살펴보면 Tukey의 HSD 검정에서는 0.058의 값을 제공하였지만 Dunnett 검정에서는 0.0211로 나타났다. 이러한 사실은 같은 유의수준 내에서 Dunnett 검정이 제2종오류 확률이 낮고, 검정력이 더 높다는 것을 의미한다. 하지만 집단 유의수준을 검정하는 측면에서, Dunnett 검정은 6개의 다중비교가 이루어졌고, Tukey의 HSD 검정은 21개의 모든 조합에 대한 다중비교가 이루어졌기 때문에 나타나는 당연한 결과라고 말할 수 있다.

세 번째 방법인 Fisher의 LSD 검정을, 개별 유의수준 5%에서 진행하여 보자. R의 DescTools 패키지에 있는 'PostHocTest()'의 'method= lsd' 옵션을 사용하여 Fisher의 LSD 검정을 진행하여 보면, 결과는 다음과 같다.

```
> # library("DescTools")
> PostHocTest(M1, method='lsd')
  Posthoc multiple comparisons of means : Fisher LSD
    95% family-wise confidence level
$ind
          diff      lwr.ci      upr.ci      pval
Tue-Mon    40  20.2307106  59.7692894   0.00028 ***
Wed-Mon    10  -9.7692894  29.7692894   0.30900
Thr-Mon    50  30.2307106  69.7692894   1.7e-05 ***
Fri-Mon    20   0.2307106  39.7692894   0.04756 *
Sat-Mon    84  64.2307106 103.7692894   1.9e-09 ***
Sun-Mon    90  70.2307106 109.7692894   4.4e-10 ***
Wed-Tue   -30 -49.7692894 -10.2307106   0.00429 **
Thr-Tue    10  -9.7692894  29.7692894   0.30900
Fri-Tue   -20 -39.7692894  -0.2307106   0.04756 *
```

```
Sat-Tue    44  24.2307106  63.7692894  9.2e-05 ***
Sun-Tue    50  30.2307106  69.7692894  1.7e-05 ***
Thr-Wed    40  20.2307106  59.7692894  0.00028 ***
Fri-Wed    10  -9.7692894  29.7692894  0.30900
Sat-Wed    74  54.2307106  93.7692894  2.4e-08 ***
Sun-Wed    80  60.2307106  99.7692894  5.1e-09 ***
Fri-Thr   -30 -49.7692894 -10.2307106  0.00429 **
Sat-Thr    34  14.2307106  53.7692894  0.00149 **
Sun-Thr    40  20.2307106  59.7692894  0.00028 ***
Sat-Fri    64  44.2307106  83.7692894  3.4e-07 ***
Sun-Fri    70  50.2307106  89.7692894  6.8e-08 ***
Sun-Sat     6 -13.7692894  25.7692894  0.53917
---
Signif. codes:  0 '***' 0.001 '**' 0.01 '*' 0.05 '.' 0.1 ' ' 1
```

앞에 나타난 Fisher의 LSD 검정결과를 요약하면, [그림 12-5]와 같다. 결과를 보면 비록 집단 유의수준을 통제하지 못하고 개별 유의수준만을 통제하므로 높은 집단 유의수준이 될 것이라고 기대하지만, 제2종오류나 검정력 측면에서는 가장 우수할 것이라고 예상할 수 있다. 즉, 조그마한 유의적 차이도 통계적 유의성이 있다고 결론내릴 가능성이 높아진다는 것이다.

[그림 12-5]를 보면, 다른 사후검정과 비교하여 뚜렷한 요일에 따른 유의한 차이를 확인할 수 있다. (월, 수, 금)요일에서 낮은 방문자 수를 보여주고 있으며, (화, 목)요일에는 중간정도의 방문자, (토, 일)요일에는 가장 많은 방문자를 나타내고 있음을 명확하게 보여주고 있다. Fisher의 LSD 검정은 엄격한 기준의 검정을 진행한다기 보다는 의심되는 수준별 차이를 탐색적으로 찾는 연구에서 유용하게 사용될 수 있다.

마지막 네 번째 사후검정 방법인 Bonferroni 검정은, 가장 보수적인 사후검정으로 알려져 있으며, Fisher의 LSD 검정과는 가장 반대측면에 있는 검정방법이라 말할 수 있다. 즉, 수준별 차이에

그림 12-5 Fisher의 LSD 검정결과를 요약한 그림

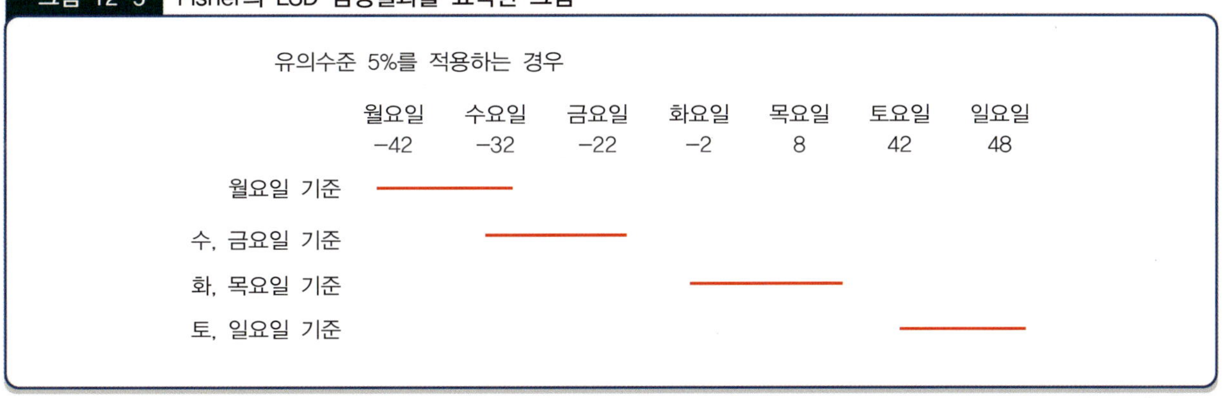

대한 유의성은 뚜렷하고 확실한 차이가 나타나는 경우에만 나타나게 된다. R의 DescTools 패키지에 있는 'PostHocTest()'의 'method=bonferroni' 옵션을 사용하여 검정을 진행할 수 있으며, 결과는 다음과 같다.

```
> PostHocTest(M1, method='bonferroni')
  Posthoc multiple comparisons of means : Bonferroni
    95% family-wise confidence level
$ind
           diff      lwr.ci       upr.ci        pval
Tue-Mon    40     7.761622   72.238378   0.00598 **
Wed-Mon    10   -22.238378   42.238378   1.00000
Thr-Mon    50    17.761622   82.238378   0.00036 ***
Fri-Mon    20   -12.238378   52.238378   0.99873
Sat-Mon    84    51.761622  116.238378   3.9e-08 ***
Sun-Mon    90    57.761622  122.238378   9.2e-09 ***
Wed-Tue   -30   -62.238378    2.238378   0.09004 .
Thr-Tue    10   -22.238378   42.238378   1.00000
Fri-Tue   -20   -52.238378   12.238378   0.99873
Sat-Tue    44    11.761622   76.238378   0.00194 **
Sun-Tue    50    17.761622   82.238378   0.00036 ***
Thr-Wed    40     7.761622   72.238378   0.00598 **
Fri-Wed    10   -22.238378   42.238378   1.00000
Sat-Wed    74    41.761622  106.238378   5.0e-07 ***
Sun-Wed    80    47.761622  112.238378   1.1e-07 ***
Fri-Thr   -30   -62.238378    2.238378   0.09004 .
Sat-Thr    34     1.761622   66.238378   0.03119 *
Sun-Thr    40     7.761622   72.238378   0.00598 **
Sat-Fri    64    31.761622   96.238378   7.2e-06 ***
Sun-Fri    70    37.761622  102.238378   1.4e-06 ***
Sun-Sat     6   -26.238378   38.238378   1.00000
---
Signif. codes:  0 '***' 0.001 '**' 0.01 '*' 0.05 '.' 0.1 ' ' 1
```

요일에 대한 7개 수준을 바탕으로 21개의 모든 조합에 대한 다중비교가 이루어지므로, 집단 유의수준 5%를 유지하기 위해서는 5/21에 해당하는 0.238%의 개별 유의수준이 적용된다. 이를 다르게 해석하면, Fisher의 LSD 검정에서 나타난 p값에 21배를 하면 Bonferrni 검정에 대한 p값이 된다는 것이다. 이 사후검정 방법은 매우 보수적인 방법이므로, 여기서 유의한 차이가 나타났다면, 확실하게 유의한 차이가 있는 것으로 판단할 수 있다.

Bonferrni 검정에 대한 p값은 Tukey의 HSD 검정에서 제공하는 p값과 비교하면, 전반적으로 높은 값을 제공하고 있으므로 더 보수적인 검정법이라는 것을 확인할 수 있다. 하지만, Bonferrni 검정결과는 집단 유의수준 10%에서 Tukey의 HSD 검정결과와 동일한 유의성을 보이므로 최종적인 결과는 [그림 12-3]과 같은 그래프가 만들어지게 된다.

사후검정 방법으로 앞에서 언급한 대표적인 4가지 방법 이외에 Duncan 검정, Scheffe 검정, Tukey의 HSD 검정보다 보수적인 검정으로 알려진 Holm 검정, Newman- Keuls 검정 등이 있다. 이렇게 다양한 사후검정방법이 있다는 사실은, 집단 유의수준을 정확하게 통제한다는 것이 간단하지 않다는 것을 의미한다. 사후검정과 대비되는 개념으로, 분산분석의 결과와 그룹 평균값을 관찰하기 전에 미리 다중비교 대상을 정하는 것을 **계획된 비교(planned comparisons)**라 부른다. 계획된 비교는 데이터 수집 전부터 이미 연구목적에 의하여 결정된 다중비교를 의미한다. 이 경우 개별 유의수준 5%를 적용할 수도 있고, 집단 유의수준을 적용할 수도 있다. 계획된 비교는 비교수가 적기 때문에 검정력을 올릴 수 있다는 장점을 가지고 있다.

이제 사후검정에 대하여 몇 가지 내용을 정리하면서 마무리하겠다.

(1) 분산분석 $F-$검정에서 유의하게 나타났다는 의미는 최소한 한 개 그룹평균이 다르다는 의미이다. 따라서 다중비교 또는 사후검정은 $F-$검정에서 유의성이 나타났을 때만 적용하는 것을 권장한다. 즉, $F-$검정에서 p값이 크게 나와 유의성이 나타나지 않은 경우는 다중비교나 사후검정을 적용하는 것은 바람직하지 못하다는 것이다.

(2) 사후검정은 Fisher의 LSD 검정을 제외하고는, 다중비교를 통한 여러 검정들을 하나로 통합하는 집단 유의수준을 통제하는 방법이다.

(3) 집단 유의수준을 낮은 상태로 유지한다는 것은, 여러 검정을 하나로 묶어서 매우 엄격하게 제1종오류에 대한 확률을 통제한다는 의미를 가지고 있다. 집단 유의수준을 낮게 유지한다면, 여기에는 트레이드 오프가 존재하여 제2종오류가 증가하고 검정력이 낮아진다는 문제점을 갖게 된다. 이러한 경우, 다중비교의 대상 수를 줄임으로써 검정력이 낮아지는 문제를 다소 줄일 수 있다.

(4) 연구목적이 명확하여 어떠한 수준을 비교해야 할지 미리 결정할 수 있다면, 계획된 비교를 적용하는 것이 바람직하다. 계획된 비교는 연구목적에 맞는 최소한의 다중비교를 선택함으로써 검정력을 높일 수 있다. 반면에, 사후검정은 데이터를 확인한 후 연구자의 입맛에 맞게 다중비교를 선택하여 진행하는 것이므로, 집단 유의수준을 통제하면서 더욱 엄격한 기준이 적용되므로, 가설검정에 대한 검정력을 낮게 만든다.

12.4 분산분석 가정에 대한 검토

우리는 앞에서 분산분석에서 요구되는 5가지 가정에 대하여 언급하였다. 이를 다시 복습하여 보면, 첫 번째 가정은 분석모형이 앞에서 설명한 3가지 형태 중 하나라는 것이다. 여기서는 두 번째 분산분석 모형인 효과모형을 중심으로 설명하여 보자. 효과모형은 다음과 같다.

$$X_{ij} = \mu + \tau_j + \epsilon_{ij} \text{ , 여기서 } i = 1, 2, \cdots, n \text{ 이고 } j = 1, 2, \cdots, k$$

즉, 분산분석 모형의 가정은 확률변수 X_{ij}가 전체평균 μ, 그룹(처리)효과 τ_j, 오차항 ϵ_{ij}로 구성된 3개 항의 합으로 구성되어 있다는 것이다. 이러한 모형을 **가법모형(additive model)**이라 부르며, 이러한 모형의 성질을 **가법성(additivity)**이라 한다. 이러한 가법모형은 매우 일반화된 모형이므로[9] 특별히 점검은 하지 않고, 기본가정으로 설정하고 진행하는 것이 일반적이다.

다음 가정으로 오차항 ϵ_{ij}는 서로 독립이라는 가정이다. 독립성에 대한 가정은 관측값들이 시간에 의존하지 않고, 서로 영향도 받지 않는다는 것이다. 독립성은 중요한 가정이지만, 대부분의 분산분석에서는 독립성 가정을 만족하므로 그렇게 심각하게 받아들이지는 않는다. 실제로 분산분석에서 나타나는 대부분의 독립성 문제는, 데이터를 설계하고 수집하는 과정에서 발생할 수 있으므로, 이러한 과정을 점검하면서 독립성 가정을 검토하는 것이 일반적이다.

그런데도 독립성에 대한 통계적 검정을 진행하고 싶다면, **Durbin–Watson 검정(Durbin–Watson test)**을 통하여 독립성 검정을 진행할 수 있다. 독립성에 대한 검정은 13장에 소개되는 회귀분석에서 중요한 역할을 하므로, 회귀분석의 독립성 가정에 대한 검토주제에서 더 자세하게 다루기로 한다.

세 번째 가정은 오차항 ϵ_{ij}에 대한 기대값이 0이라는 불편성에 대한 가정이다. 분산분석에서 오차항의 관측값 형태인 잔차는 모든 합이 0이 되어, 평균도 항상 0이 되므로 분석과정에서 불편성은 만족하는 것처럼 보인다. 하지만, 이것은 분산분석의 특징이고 데이터의 특징을 의미하는 것은 아니기 때문에 구분해서 이해할 필요가 있다. 불편성에 대한 검토는 데이터를 측정하는 과정에서 발생할 수 있는 오차에 대한 가능성을 검토하고, 이러한 오차가 바이어스를 가질 가능성을 검토하는 과정을 통하여 이루어진다고 볼 수 있다.

네 번째 가정은, 오차항 ϵ_{ij}는 항상 일정한 분산 σ^2을 가져야 한다는 등분산성에 대한 가정이다. [예제 5]의 경우를 적용하면 매 요일에 방문하는 평균 방문자 수는 다를 수 있지만, 이에 대한 분산

9) 기계학습 분야에서는 이보다 더 일반화된 가법모형을 사용하는데, 이러한 모형을 **일반화된 가법모형**(Generalized Additive Model; GAM)이라 한다

은 어느 요일이든 관계없이 항상 일정해야 한다는 것이다. 등분산성에 대한 검토는 [그림 12-1]에 나타난 것과 마찬가지로, 데이터의 점도표로 그리고 표준편차를 표시함으로써 그래프를 통하여 확인할 수 있다. 앞 절에서 소개한 R의 'ggline()' 함수를 이용하여 그래프로 확인해 보면 [그림 12-6]과 같다.

```
ggline(df2, x="ind", y="values", add=c("mean_sd", "jitter"), ylab="# of visitors", xlab='')
```

[예제 4]에 나타난 요일별 방문자 수 데이터에 대한 그룹평균과 그룹별 표준편차를 보면 그룹 평균 간에는 뚜렷한 차이가 나타나고 있지만, 표준편차에서는 특별한 차이가 발견되고 있지 않음을 확인할 수 있다. 따라서 그래프로 확인하였을 때 등분산성 가정에 대한 특별한 문제점은 발견되지 않았다고 결론을 내릴 수 있다. 하지만 이러한 시각적 판단은 명확한 기준이나 충분한 근거를 제시하지 못하므로 등분산성에 대한 통계적 가설검정을 진행해야 한다.

모집단이 2개 이상으로 구성된 모분산에 대한 등분산성을 검정하고자 한다면, 대표적인 등분산성에 대한 통계적 가설검정으로 **Bartlett 검정(Bartlett's test)**과 **Levene 검정(Levene's test)**이 있다. 만일 잔차에 대한 분포가 정규분포에 가까운 대칭분포 형태를 가지면서 종모양의 형태를 이루고 있다면 Bartlett 검정이 더 좋은 것으로 알려져 있다. 하지만 잔차의 분포에 대한 비대칭도가 심하게 나타나거나, 꼬리가 두꺼운 분포를 갖는 경우는 Levene 검정이 더 좋은 것으로 알려져 있다. 두 검정에 대한 귀무가설과 대립가설은 다음과 같다.

그림 12-6 그룹평균과 표준편차를 보여주는 점도표

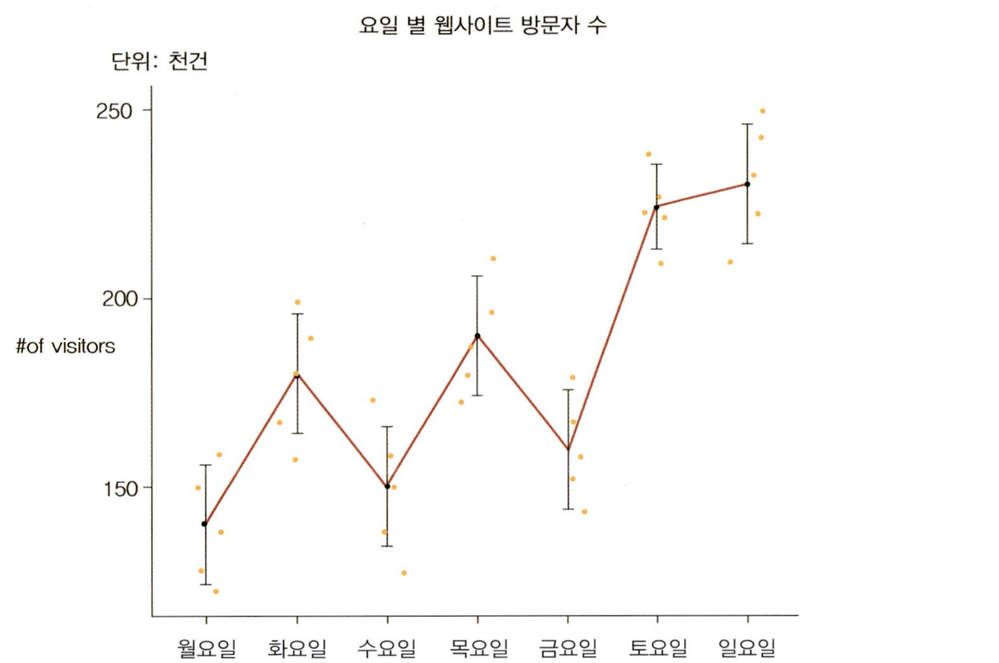

H_0 : 모든 그룹(처리수준)에 대한 모분산은 같다.

H_1 : 모분산이 다른 최소한 한 개의 그룹(또는 처리수준)이 있다.

Bartlett 검정의 기본 아이디어는 모분산에 대한 합동추정량 S_p^2과 각 그룹에서 추정된 표본분산 S_j^2의 차이를 비교하는 것으로, 검정통계량 값이 작으면 작을수록 등분산성을 만족한다고 볼 수 있다. R에서의 Bartlett 검정은 'bartlett.test()'에 의하여 구현된다. 결과를 살펴보면 다음과 같다.

```
> bartlett.test(values ~ ind, df2)
          Bartlett test of homogeneity of variances
data:  values by ind
Bartlett's K-squared = 0.57221, df = 6, p-value = 0.9968
```

결과를 살펴보면, p 값이 1에 가까운 매우 높은 값인 0.9968이므로 데이터는 귀무가설을 강력하게 지지해 주고있다고 말할 수 있다. 즉, 등분산성에 아무 문제가 없다는 사실을 Bartlett 검정으로부터 확인하였다. 이번에는 또 다른 검정방법인 Levene 검정에 대하여 알아보도록 하자. Levene 검정은 먼저 그룹별 데이터의 중심을 0으로 변환시킨 후, 자료의 산포도를 나타내는 절대값을 취한 새로운 확률변수 Z_{ij}를 다음과 같이 정의하여 이를 활용한다.[10)]

$$Z_{ij} = |X_{ij} - j\text{그룹의 중심}|$$

이 경우, j 그룹의 중심에 대한 설정은 잔차에 대한 분포에 맞추어 설정할 수 있다. 만일 잔차의 분포가 정규분포 모양의 대칭분포, 종모양 형태라면 데이터 중심을 평균으로 사용할 수 있으며, 비대칭도가 심각하게 나타나는 오른쪽 꼬리분포나 왼쪽 꼬리분포의 경우는 **중앙값(median)**을 사용하는 것이 안정적 검정결과를 얻는 것으로 알려져 있다. 또한 잔차분포에 **극단값(outlier)**이 많은 경우는 두꺼운 꼬리분포를 가지고 있으므로, 안정적인 중심값을 얻기 위하여 **절사평균(trimmed mean)**을 사용하는 것이 적절한 것으로 알려져 있다. 이처럼 Levene 검정은 잔차분포 형태에 따라 적절한 데이터 중심에 대한 통계량을 사용함으로써 등분산성에 대한 검정의 효율성을 높일 수 있다는 장점을 가지고 있다.

새롭게 정의된 확률변수 Z_{ij}는 모든 그룹의 중심이 0으로 통일된 상태에서, 산포도 특징을 가진 편차의 절대값이 된다. 따라서 확률변수 Z_{ij}에 대한 분산분석의 $F-$검정은 모든 그룹에 대한 산포도가 동일하다는 검정이 되면서, 귀무가설이 참인 경우 분자 자유도 $k-1$, 분모 자유도 $kn-1$을 따르는 $F-$분포를 따르게 된다. 이처럼, 산포도를 나타내는 새로운 확률변수 Z_{ij}를 정의하고, 이에 대한 일반적인 분산분석의 $F-$검정을 적용한 방법을 Levene 검정이라 한다.

---

10) 산포도를 나타내는 통계량으로 분산은 편차를 제곱한 확률변수에 대한 기대값으로 정의되고, **평균절대편차(MAD; mean absolute deviation)**는 편차에 절대값을 취한 기대값으로 정의됨을 상기하기 바란다. 즉, 편차를 제곱하는 것도 산포도 측정으로 유효하지만, 편차에 절대값을 취하는 것도 산포도 측정에 유효한 수치가 된다.

Levene 검정을 구현하기 위하여 R에서는 우리가 13장에서 배울 '회귀분석 응용에 필요한 패키지'라는 의미를 갖는 'Companion to Applied Regression'의 약자인 car 패키지에 있는 'leveneTest()' 함수를 사용한다.

Levene 검정을 진행하기 전에 데이터의 중심척도를 정하기 위하여 잔차에 대한 분포를 알아보도록 하자. [예제 4]에서 분산분석결과를 담은 객체 'M1'에 대한 속성값인 'M1$residuals'은 잔차 데이터를 포함하고 있으며, 이에 대한 분포를 파악하기 위하여 'density()'함수를 사용하였다.

```
plot(density(M1$residuals), xlab='', main="Residual Distribution", lwd=2)
```

[그림 12-7]에 나타난 잔차의 분포를 보면 대칭분포이면서 종모양 형태의 분포를 보이고 있지만, 꼬리부분이 짧고 봉우리가 평평한 **낮은 첨도(platykurtic)**형태를 보이고 있음을 확인할 수 있다. 이러한 경우는 데이터 중심척도로 평균이나 중앙값, 어느 것을 사용해도 괜찮을 듯 보인다. R에서는 데이터 중심을 나타내는 값으로 로버스트한 통계량인 중앙값을 디폴트로 사용한다. 이에 관한 결과를 살펴보면 다음과 같다.

```
> # install.packages("car")
> library(car)
> leveneTest(M1, center=median)
Levene's Test for Homogeneity of Variance (center = median)
      Df F value Pr(>F)
group  6  0.1633 0.9845
      28
```

그림 12-7 [예제 5]에 대한 잔차의 분포

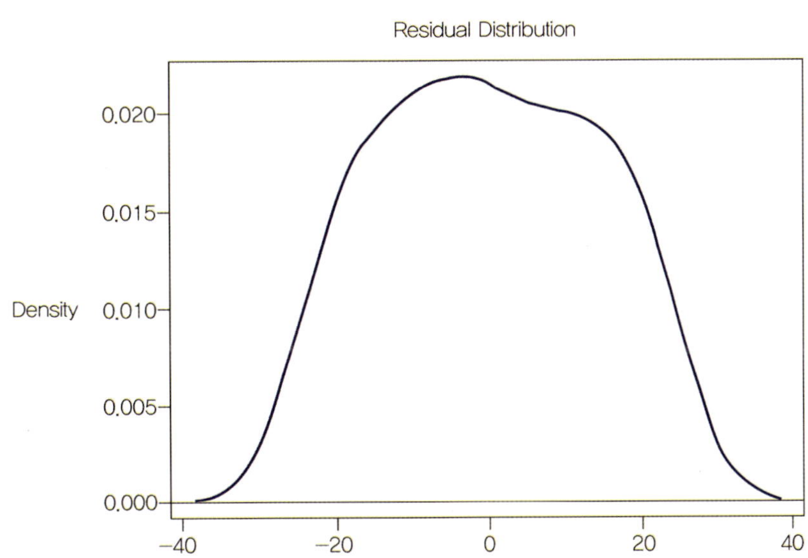

여기서 'center=median' 옵션은 디폴트이므로 생략하여도 무방하다. 다른 옵션으로 'center=mean' 옵션이 있는데, 이는 평균을 데이터 중심척도로 사용하겠다는 것이며, 여기에 'trim=0.1' 옵션이 추가되면, 큰값과 작은값 영역에 각각 10%를 제거하고 평균을 계산하는 절사평균을 사용하겠다는 옵션이다. Levene 검정의 p값을 보면 0.9845로 매우 높은 값을 보여주고 있어, 데이터는 등분산성 가정을 충분하게 만족하고 있다는 사실을 확인할 수 있다.

그렇다면, 만일 Bartlett 검정이나 Levene 검정에서 p값이 매우 작게 나타나 귀무가설을 기각하였다면 어떻게 해야 할까? 등분산성 가정이 깨졌을 때 나타나는 특징을 **이분산성(heteroscedasticity)**이라 한다. 만일 이분산성이 발견되면서 잔차에 대한 정규분포를 가정할 수 있다면 **Welch의 분산분석(Welch's ANOVA)**을 사용할 수 있다. 만일 잔차에 대한 정규성을 보장받지 못하는 상황이라면 **비모수 검정(non-parametric test)**으로 접근해야 하며, 대표적인 방법으로 **Kruskal-Wallis 검정(Kruskal-Wallis test)**이 있다.

Welch의 분산분석은 잔차가 정규분포를 따른다는 가정 아래, 이분산성 특징을 가지고 있는 경우로 귀무가설이 참인 상태에서 검정통계량에 대한 분포를 적절한 F-분포로 근사한다는 통계이론을 기반으로 검정이 진행된다. R에서는 'oneway.test()' 함수에서 'var.equal=FALSE' 옵션을 사용하면 Welch의 분산분석이 실행된다. 이에 관한 결과를 살펴보면 다음과 같다.

```
> oneway.test(values ~ ind, df2, var.equal = FALSE)
        One-way analysis of means (not assuming equal variances)
data:  values and ind
F = 23.248, num df = 6.000, denom df = 12.416,
   p-value = 4.528e-06
```

여기서 'var.equal=FALSE' 옵션은 디폴트이므로 생략하여도 괜찮다. Welch의 분산분석에서 나타난 p값, 4.5×10^{-6}으로 일반 분산분석에서 나타난 p값, 2.5×10^{-10}보다 크게 나타났다는 사실을 확인할 수 있다. 이러한 의미는, Welch의 분산분석은 잔차의 이분산성을 해결하면서 검정력을 다소 떨어지게 만든다고 설명할 수 있다.

Kruskal-Wallis 검정은 모든 데이터에 순위를 매겨 그 순위로 분산분석을 진행하는 방법이다. 즉, 가장 작은 데이터 값에는 '1'의 값을 부여하고 그다음 작은 값에는 '2'를 부여하는 식으로 데이터를 순위 데이터로 재구성하여 일반적인 분산분석의 F-검정을 적용하는 방법이다. 다시 말하면, Kruskal-Wallis 검정은 종속변수 값을 순위로 변환시킨 다음, 일원배치 분산분석을 진행하는 검정 방법이다. 여기서 한 가지 다른 검정법과 구분해야 하는 사항은, Kruskal-Wallis 검정에서 나타나는 귀무가설은 '그룹별 평균에 차이가 없다'에 대한 가설이 아니라 '그룹별 분포에 대한 차이가 없다'로 바뀌면서 대립가설은 '최소 하나의 특정 그룹분포는 확률적으로 더 큰값을 가지고 있다'라는 **확률적 우위(stochastic dominance)**의 의미를 포함하고 있다는 것이다.

Kruskal-Wallis 검정은 정규분포 가정이 필요없으며, 특별히 극단값에 매우 강한 로버스트한 검정방법으로 알려져 있다. 하지만, 수량형 데이터가 가지고 있는 거리에 대한 정보를 잃어버리기 때문에, 검정력은 일반 분산분석에 비해 떨어진다는 평가를 받고 있다. R에서는 'kruskal.test()' 함수에 의하여 구현된다.

```
> kruskal.test(values ~ ind, df2)
          Kruskal-Wallis rank sum test
data:  values by ind
Kruskal-Wallis chi-squared = 28.769, df = 6, p-value = 6.728e-05
```

Kruskal-Wallis 검정에서 나타난 p값, 6.7×10^{-5}은 Welch의 분산분석결과에서 나타난 p값, 4.5×10^{-6} 보다 크게 나타났다는 사실을 확인할 수 있다. 즉, Kruskal-Wallis 검정은 잔차의 이분산성과 정규성을 해결하면서, 검정력을 떨어지게 만든다고 설명할 수 있다. Kruskal-Wallis 검정에서 유의성이 확인된 이후, 순위를 기반으로 진행하는 다중비교로는 **Wilcoxon 검정(Wilcoxon test)**이 있다. R에서는 'pairwise.wilcox.test()' 함수를 통해 구현된다.

데이터가 분산분석의 등분산성 가정에 어긋나는 경우 해결할 수 있는 다른 방법으로 종속변수에 대한 변환이 있다. 즉, 종속변수를 변환하여 분산분석을 진행하면 문제를 해결할 수 있는데, 이러한 변환을 **분산 안정화 변환(variance stabilization transformation)**이라 한다. 포아송분포와 같이 분산이 종속변수와 비례하는 경우는 제곱근변환을 적용하는 것이 적절한 것으로 알려져 있으며, 이항분포와 같이 분산이 이차 포물선 형태를 갖는 경우는 arcsin 변환, 분산이 종속변수의 제곱과 비례하는 경우는 로그변환, 분산이 종속변수의 4제곱과 비례하는 경우는 역수변환이 적절한 것으로 알려져 있다. 이를 요약하여 정리하면 <표 12-5>와 같다.

[표 12-5] 분산 안정화 변환

σ^2 과 X 의 관계	변수 변환
$\sigma^2 \propto$ 상수	변환 필요없음. (등분산성 만족)
$\sigma^2 \propto X$	$\sqrt{X}$ (제곱근 변환, 포아송 데이터)
$\sigma^2 \propto X(1-X)$	$\sin^{-1}(\sqrt{X})$ (아크사인 변환, 이항분포 데이터)
$\sigma^2 \propto X^2$	$\log X$ (자연로그 변환, 가장 많이 적용됨.)
$\sigma^2 \propto X^4$	$1/X$ (역수 변환)

이제 다섯 번째 가정인 오차항 ϵ_{ij}는 정규분포를 따라야 한다는 정규성에 대한 가정을 알아보도록 하자. 먼저 그래프를 통한 잔차에 대한 정규성 확인은 7장에서 배운 정규확률도를 이용하여 검토할 수 있으며, 이에 대한 통계적 가설검정은 **Shapiro-Wilk 검정(Shapiro-Wilk test)**을 통하여 구현된다. [예제 4]에 대한 잔차의 정규확률도는 다음과 같은 R코드를 통하여 실행된다.

```
> ri = M1$residuals
> qqnorm(ri)
> qqline(ri, lwd=2)
```

그림 12-8 분산분석 모형의 잔차에 대한 정규확률도

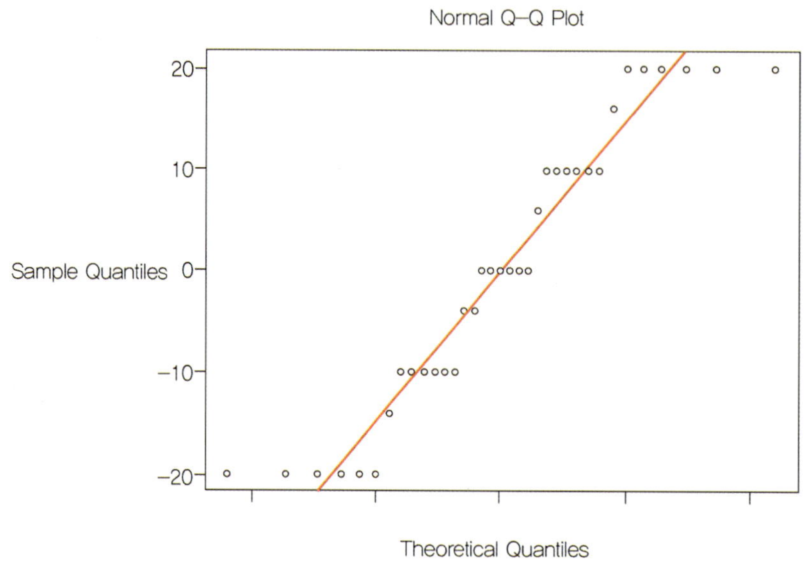

분산분석 모형에서 생성된 잔차에 대한 정규확률도인 [그림 12-8]을 살펴보면, 잔차가 이산형 확률분포 형태이므로 계단함수 형태임을 확인할 수 있으며 연속형 확률분포인 정규분포와는 조금 다른 형태라고 판단할 수 있다. 하지만, 이러한 형태는 데이터 자체의 문제라기보다는 데이터 수집과정에서 천 건 단위로 끊어서 측정하였기 때문에 나타난 측정오차에 관련된 부분이라 판단할 수 있다.

정규성에 대한 통계적 가설검정인 Shapiro-Wilk 검정은 [그림 12-8]에 나타난 정규확률도의 잔차가 직선에 얼마만큼 가까운지를 판단하는 검정방법으로 R에서는 'shapiro.test()' 함수를 통하여 구현된다.

```
> shapiro.test(ri)
          Shapiro-Wilk normality test
data:  ri
W = 0.91116, p-value = 0.008001
```

R의 결과를 살펴보면, p 값이 0.008로 '잔차는 정규분포를 따른다' 라는 귀무가설을 유의수준 5%에서 기각하고 있음을 확인할 수 있다. 하지만, 이러한 정규성에 대한 가정은, 잔차가 아주 특별히 이상한 분포를 보여주고 있지 않은 한, 분산분석에서 요구하는 중요한 가정은 아닌 것으로 알려져 있다. 왜냐하면, 분산분석은 그룹평균을 분석하는 것이므로 어느 정도의 표본크기가 있다면, 중심극한정리에 의하여 정규분포로 근사할 수 있기 때문이다. 오히려 분산분석의 안정적 결과를 얻기 위해서는 정규성에 대한 가정보다는, 그룹별 반복수가 일정한 **균형된 설계**(balanced design)가 중요하며, 잔차에 대한 극단값이 존재하지 않는다는 것 또한 중요한 것으로 알려져 있다.

극단값이 존재하게 되면, 그룹 평균값에도 영향을 주지만, 분산과 F-검정에도 영향을 주어 통계적 추론 결과를 왜곡시킬 수 있다. 따라서 데이터와 잔차에 대한 극단값 검토는 중요한 단계 중의 하나이다. 그룹별 상자그림을 통하여 극단값 존재여부를 확인하여 보면 [그림 12-9]와 같다.

```
boxplot(df2$value ~ df2$ind, xlab="", ylab="빈도수 (1000건)", range=1.5, boxwex=0.4)
```

극단값에 대한 기준은 상자그림에서 힌지라 불리는 제1사분위수 Q_1, 제3사분위수 Q_3로부터 두 힌지의 차이를 나타내는 사분위수 범위인 IQR ($Q_3 - Q_1$)의 1.5배 밖으로 벗어난 값을 의미한다. R에서는 이러한 설정을 'range=1.5' 옵션으로 구현할 수 있으며, 이 값을 디폴트 값으로 설정하고 있다. 데이터 수가 많은 경우 1.5배의 IQR은 너무 많은 극단값을 보여줄 수 있으므로, 힌지로부터 3배의 IQR에 해당하는 'range=3'으로 설정하기도 한다. 'boxwex=0.4'는 상자그림의 상자 폭을 0.4배로 줄이라는 명령어이다.

[그림 12-9]에 나타난 상자그림을 보면, 요일별 특성이 뚜렷하게 나타나면서, 극단값은 보이지 않는 것으로 확인되었다. 이러한 사실은 잔차에 대한 극단값 또한 존재하지 않는다는 것을 의미한다. 따라서 극단값에 따른 분산분석 결과에 대한 영향은 없는 것으로 판단할 수 있다.

비록 온라인 쇼핑몰 데이터에서는 극단값이 없는 것으로 나타났지만, 만일 극단값이 존재하는 경우라면 어떠한 방법으로 확인할 수 있을까? 이러한 문제를 1.5배의 IQR이 아닌 0.3배의 IQR을 이용하여, 이 기준 밖으로 벗어난 데이터를 확인하는 연습을 진행하여 보자. 먼저 R의 boxplot() 함수의 옵션 'range=0.3'으로 설정하여 상자그림의 펜스밖으로 벗어난 데이터를 확인할 수 있다. 그 이

그림 12-9 분산분석 데이터에 대한 상자그림

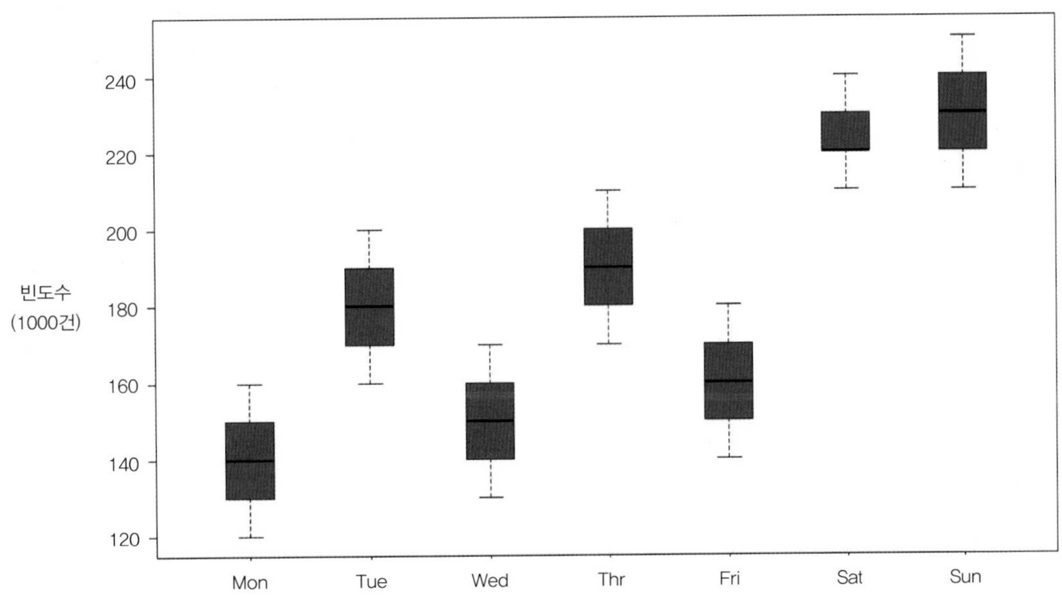

후에 R의 quantile() 함수를 이용하여 힌지에 해당하는 제1사분위수인 Q_1 값과 제3사분위수 Q_3 값을 확인하고, IQR() 함수에 0.3을 곱하여 LIF(Lower Inner Fence)와 UIF(Upper Inner Fence)를 계산한 후, 이 값의 범위에 벗어난 데이터를 확인하면 된다. 이를 R코드로 작성하면 다음과 같다.

```
> Lo=quantile(ri,0.25)-0.3*IQR(ri); Up=quantile(ri,0.75)+0.3*IQR(ri)
> ri[(ri<Lo) | (ri>Up)]
  2   4   9   10  11  15  18  20  24  25  31  35
-20  20  20  -20 -20  20 -20  20 -20  20  20 -20
```

12.5 이원배치 분산분석

분산분석에서 종속변수에 영향을 미치는 요인 또는 독립변수가 두 개인 경우를 **이원배치 분산분석(two-way ANOVA)**이라 한다. 요인이 두 개 이상으로 늘어나게 되면, 일원배치 분산분석에서는 나타나지 않는 요인들끼리 섞여서 종속변수에 영향을 미치는 새로운 효과가 나타나는데 이러한 효과를 **상호작용효과(interaction effect)**라 부른다.

예를 들어, 혈압약을 복용하는 사람이 진통제를 함께 복용하였을 때, 기대되는 효과는 혈압을 낮추고 진통을 완화하는 것인데, 혈압약과 진통제가 결합하여 새로운 효과가 나타나 혈압을 낮추지 못하고 진통을 더욱 심하게 만든다면, 이러한 새로운 효과는 상호작용효과로 정의할 수 있다. 즉, 이원배치 분산분석은 단순히 한 개의 요인이 추가되는 모형일뿐만 아니라, 추가적으로 상호작용효과도 함께 고려되어야 한다는 의미에서 더욱 복잡한 모형이 된다.

이원배치 분산분석을 진행하는 경우는 상호작용효과가 있다고 가정하고 접근하는 것이 타당하다. 하지만 각 수준 조합에 반복이 없는 경우는 상호작용효과를 검출할 수 없으니 유의해야 한다. 즉, 반복이 없는 경우의 상호작용효과는 오차제곱합 SSE에 포함되어 측정되기 때문에 SSE가 커질 수 있다.

R에서 두 번째 독립변수를 모형에 포함하는 방법은 '+' 연산자를 이용한다. 또한, 상호작용효과를 모형에 포함하고자 하면 ':' 연산자를 사용한다. 상호작용효과를 포함한다는 의미는 두 인자의 효과를 기본으로 추출하고, 이를 바탕으로 상호작용효과가 검출되는 것이기 때문에 반드시 각 인자들이 모형에 포함되어 있어야 한다. R에서는 이들을 모두 포함한 분산분석 모형으로 '*' 연산자를 사용한다. 예를 들어, A와 B라는 두 개의 인자가 있는 분산분석 모형은 R에서 다음과 같이 분사분석 모형을 설정한다.

상호작용이 없는 경우 : aov(y ~ A + B)
상호작용이 있는 경우 : aov(y ~ A + B + A:B) 또는 aov(y ~ A * B)

이제 상호작용이 없는 경우와 상호작용이 있는 경우의 예제를 통하여 어떻게 이원배치 분산분석이 구현되는지 알아보도록 하자.

[예제 6] 3종류의 교육방법에 대한 효과를 파악하기 위하여 평가대상을 남학생과 여학생을 구분하여 총 18명 학생을 대상으로 평가를 진행하였다. 아래의 데이터를 가지고, 교육방법과 성별을 요인으로 하는 이원배치 분산분석을 진행하여라.

교육방법

		교육방법 1	교육방법 2	교육방법 3
성 별	남학생	70 85 82	48 46 50	50 55 48
	여학생	90 88 89	59 54 56	52 66 53

여기서 종속변수는 평가점수가 되며, 독립변수역할을 하는 요인은 교육방법과 성별이 된다. 교육방법의 수준 수는 3이며, 성별의 수준 수는 2로 총 6가지의 조합이 생기며, 조합별 3번의 반복이 이루어졌으므로 상호작용효과에 대한 검출이 가능해진다. 상호작용을 포함한 이원배치 분산분석 모형을 적용하면 다음과 같은 결과를 얻을 수 있다.

```
> X = c(70,85,82,90,88,89,48,46,50,59,54,56,50,55,48,52,66,53)
> Method = c(rep('Method1',6),rep('Method2',6),rep('Method3',6))
> Gender = rep(c(rep('Male',3), rep('Female',3)), 3)
> M2 = aov(X ~ Method*Gender)
> anova(M2)
Analysis of Variance Table
Response: X
               Df   Sum Sq   Mean Sq   F value    Pr(>F)
Method          2   3833.4   1916.72   77.5303    1.374e-07 ***
Gender          1    296.1    296.06   11.9753    0.004713 **
Method:Gender   2     12.1      6.06    0.2449    0.78656
Residuals      12    296.7     24.72
```

교육방법과 성별에 대한 상호작용효과를 검정하여 보면, p값이 0.79로 유의수준 5%에서 귀무가설을 기각할 수 없음을 확인할 수 있다. 즉, 상호작용효과는 유의한 수준의 차이를 보이지 않고 있다는 것이며. 높은 p값의 의미는 상호작용효과를 모형에 포함하는 것은 불필요하다는 의미로 해석할 수 있다. 따라서 모형의 간편성을 위하여, 상호작용 항을 없애고 새롭게 구성한 분산분석 모형으로 분석을 진행하면 다음과 같은 결과를 얻을 수 있다.

```
> M3 = aov(X ~ Method + Gender)
> anova(M3)
Analysis of Variance Table
Response: X
              Df   Sum Sq   Mean Sq   F value   Pr(>F)
Method         2   3833.4   1916.72   86.904    1.279e-08 ***
Gender         1   296.1    296.06    13.423    0.002554 **
Residuals     14   308.8    22.06
```

상호작용이 없는 분산분석 모형을 적용한 결과, 모형의 오차를 나타내는 MSE는 24.72에서 22.06으로 작아졌음을 확인할 수 있으며, 각 요인에 대한 p값도 더 작아졌음을 확인할 수 있다. 이처럼 불필요한 항을 제거하여 간편한 분산분석 모형을 만들면, 모형에 대한 오차가 줄어들고 p값이 작아져 검정력은 높아지게 된다. 하지만, 반대로 필요한 항을 분산분석 모형에서 포함하지 않게 된다면, 심각한 바이어스로 인하여 잘못된 결과가 나타날 수 있으므로 주의가 필요하다.

R의 'interaction.plot()' 함수를 통하여 이원배치 분산분석에서 상호작용효과를 그래프로 간단하게 확인할 수 있다. 이에 관한 R코드와 그래프를 보면 [그림 12-10]과 같다.

그림 12-10 상호작용이 없는 경우 평균값의 변화

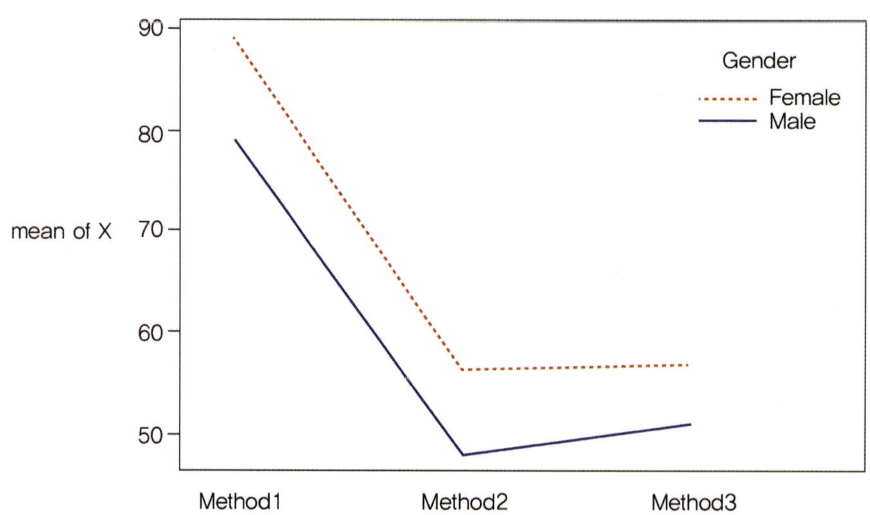

```
> interaction.plot(Method, Gender, X, xlab='')
```

R의 'interaction.plot()' 함수에서 첫 번째 변수는 첫 번째 요인인 교육방법이 설정되었고, 두 번째 변수에는 두 번째 요인인 성별이 설정되었고, 세 번째 변수는 종속변수인 점수가 설정되었다. [그림 12-10]을 살펴보면, 남학생과 여학생의 평균값이 평행한 것을 확인할 수 있다. 여기서 평행하다는 의미는 교육방법에 대한 효과가, 성별과 관계없이 일관되게 나타나고, 성별에 대한 효과는 교육방법에 관계없이 일관되게 나타나고 있다는 것을 의미한다.

다시 말하면, 성별과 관계없이 교육방법1이 매우 우수하게 나타나면서 교육방법2와 교육방법3이 비슷하게 나타나는 일관된 특징이 있고, 교육방법에 관계없이 여학생이 남학생보다 일관되게 우수한 성적을 보여주고 있는 특징을 가지고 있다는 의미이다. 이처럼 그래프에서 평행성이 유지되면, 상호작용효과는 0에 가까운 값을 가지면서 유의하지 않은 결과를 보여주게 된다.

이제 상호작용효과가 유의한 경우를 알아보도록 하자.

[예제 7] 2종류의 교육방법에 대한 효과를 파악하기 위하여 평가 대상을 남학생과 여학생을 구분하여 총 12명 학생을 대상으로 평가를 진행하였다. 아래의 데이터를 이용하여 교육방법과 성별을 요인으로 하는 이원배치 분산분석을 진행하여라.

교육방법

		교육방법1	교육방법2
성 별	남학생	50	67
		45	60
		55	58
	여학생	70	51
		72	57
		68	48

데이터를 살펴보면, 첫 번째 요인은 두 개 수준을 가진 교육방법이며, 두 번째 요인은 두 개 수준을 가진 성별로 총 4개 조합에 각각 3번의 반복이 이루진 데이터 구조로 되어 있음을 확인할 수 있다. 따라서 상호작용효과를 검출할 수 있으며, 이를 분석한 결과를 살펴보면 다음과 같다.

```
> X = c(50,45,55,70,72,68,67,60,58,51,57,48)
> Method = c(rep('Method1',6),rep('Method2',6))
> Gender = rep(c(rep('Male',3), rep('Female',3)), 2)
> M4 = aov(X ~ Method*Gender)
> anova(M4)
Analysis of Variance Table
Response: X
```

	Df	Sum Sq	Mean Sq	F value	Pr(>F)
Method	1	30.08	30.08	1.6636	0.2331529
Gender	1	80.08	80.08	4.4286	0.0684654 .
Method:Gender	1	660.08	660.08	36.5023	0.0003087 ***
Residuals	8	144.67	18.08		

상호작용효과에 대한 유의성 검정을 보면 p값은 0.0003으로 매우 낮은 값을 가지고 있으며, 유의수준 5%에서 통계적 유의성을 가지고 있다고 판단할 수 있다. 즉, 상호작용효과는 중요한 효과로 무시해서는 안 된다는 것이다. 교육방법과 성별에서 유의수준 5%에서, 유의한 효과를 보이지 않고 있는데, 이러한 결과는 상호작용효과가 유의한 상태이므로 의미가 없다고 말할 수 있다.

여기서 한 가지 중요한 사실은 이러한 데이터에 상호작용효과가 없는 분산분석 모형을 적용하게 되면, 교육방법도 유의미한 차이가 없고, 성별에도 유의미한 차이가 없는 결과로 마무리되어 버리는 왜곡된 결과를 얻게 된다는 것이다. 즉, 분산분석 모형에서 상호작용효과를 제거하게 되면, 교육방법이나 성별에 따른 평균차이가 거의 없으므로, 아무런 효과가 없는 것으로 나타나게 된다는 것이다. 하지만, 상호작용효과를 포함한 분산분석 모형을 적용하면 데이터가 가지고 있는 숨은 구조를 파악할 수 있게 되어 통계적으로 유의미한 해석이 가능하게 된다. 그렇다면, 'interaction.plot()'으로 데이터가 어떠한 숨은 구조를 가졌는지 파악하여 보자.

```
> interaction.plot(Method, Gender, X, xlab='')
```

[그림 12-11]을 살펴보면, 상호작용효과가 있는 경우는 평균으로 연결된 직선의 평행성이 깨지면서, 서로 기울기가 다른 형태를 보이고 있음을 확인할 수 있다, 이처럼 직선의 평행성이 깨지는 경우에는, 어느 교육방법이 우수하다고 단정을 지을 수 없다. 보다 구체적으로 설명하면 교육방법

그림 12-11 상호작용효과가 있는 경우 평균값의 변화

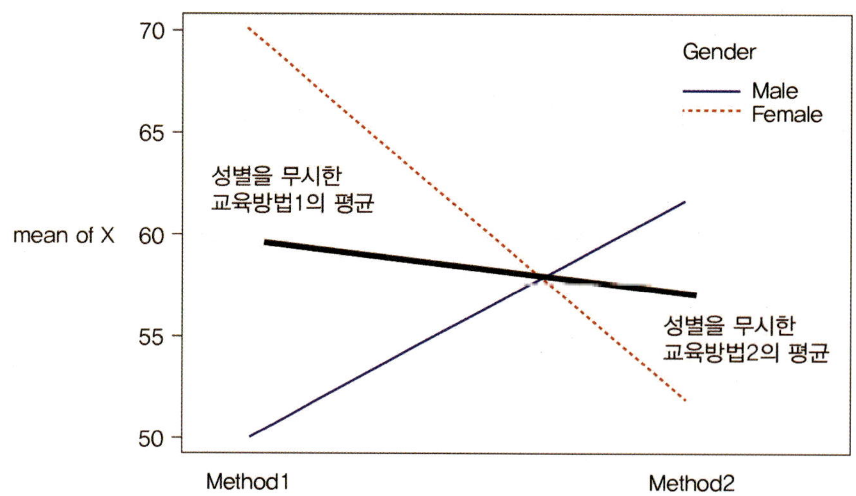

의 효과성이 일관되게 나타나지 않고, 여학생의 경우는 교육방법1이 우수하다고 판단할 수 있지만, 남학생의 경우는 교육방법2가 우수한 것으로 판단할 수 있다는 것이다. 따라서 '어떤 교육방법이 우수한가?'에 대한 질문에는 우수성이 일관되게 나타나지 않고 성별에 따라 다르게 나타난다고 대답하여야 한다.

그러나, 단순히 교육방법에 대한 평균, 성별에 대한 평균만을 보고 비교한다면, 두 평균에 대한 차이가 크지 않으므로, 숨은 구조를 파악하지 못하고, 아무 효과가 없는 것으로 결론을 내리게 된다. 이처럼 상호작용 효과는 데이터의 복잡한 숨은 구조를 파악하는데 유용한 효과로, 분산분석에서 중요한 개념으로 고려되어야 한다.

주요 용어

(12.1) 분산분석, 분석모형, 독립변수, 종속변수, 반응변수, 분류변수, 인자, 처리, 처리수준, 처리효과, 수준별 평균모형, 효과모형, 레퍼런스 그룹이 있는 효과모형, 오차, 잔차, 제곱합, 총제곱합(SST), 그룹간 제곱합(SSB), 그룹내 제곱합(SSW), 오차 제곱합(SSE), 결정계수, 평균제곱, 그룹간 평균제곱(MSB), 오차 평균제곱(MSE), 잔차 표준오차, 분산분석표, 극단값

(12.2) 일원배치 분산분석, 완전 랜덤화 실험설계, 실험단위

(12.3) 사후검정, 다중비교, 개별 유의수준, 집단 유의수준, 스튜던트 범위분포, Tukey의 HSD 검정, Dunnett 검정, Fisher의 LSD 검정, 불의 부등식, Bonferroni 검정, 계획된 비교

(12.4) 가법모형, 가법성, 일반화된 가법모형, Durbin-Watson 검정, Bartlett 검정, Levene 검정, 평균절대편차, 중앙값, 극단값, 절사평균, 이분산성, Welch의 분산분석, 비모수 검정, Kruskal-Wallis 검정, 확률적 우위, Wilcoxon 검정, 분산 안정화 변환, Shapiro-Wilk 검정, 균형된 설계

(12.5) 이원배치 분산분석, 상호작용효과

연습문제

1. 다음은 뉴욕증권거래소(NYSE; New York Stock Exchange)에서 거래되고 있는 4개 산업–은행산업, 컴퓨터산업, 건설업, 에너지산업 – 에 속한 대표적인 기업에 대한 자기자본이익률(ROE; Return On Equity) 데이터이다. 증권 애널리스트 입장에서 산업별 ROE에 대한 특성을 탐색적으로 분석하고자 한다. 일원배치 분산분석을 통하여 산업별 어떠한 특징을 보여주고 있는지 탐색적 분석을 진행하시오.

BANKS	RETURN
Bank of New York	17.2
Bank United	11.9
Comerica	17.1
Compass Bancshares	15.4
Fifth Third Bancorp	16.6
First Tennessee Natl	15.1
Firstar	13.7
Golden State Bancorp	15.9
Golden West Finl	14.6
GreenPoint Financial	11.3
Hibernia	14.7
M&TBank	13.4
Marshall & Ilsley	14.7
Northern Trust	15.3
Old Kent Financial	16.6
PNC Financial Services	15
SouthTrust	12.9
Synovus Finl	19.7
UnionBanCal	16.5
Washington Mutual	13.8
Wells Fargo	11.9
Zions Bancorp	7.7

COMPUTERS	RETURN
Agilent Technologies	22.4
Altera	32.4
Amer Power Conversion	21.2
Analog Devices	36.8
Applied Materials	42.2
Atmel	16.4
Cisco Systems	15.5
Dell Computer	38.8
EMC	24.9
Gateway	26.6
Intel	28.5
Jabil Circuit	25
KLA-Tencor	21.8
Micron Technology	26.5
Palm	10.1
Sanmina	14.1
SCI Systems	12.5
Solectron	14.6
Sun Microsystems	30.5
Tech Data	13
Tektronix	41.3
Teradyne	40.4
Texas Instruments	25.5
Xilinx	35.8

CONSTRUCTION	RETURN
Carlisle Cos	15.7
Granite Construction	14.1
DR Norton	12.3
Kaufman & Broad Home	12.1
Lennar	14.7
Martin Marietta Mats	10.3
Masco	14.3
MDC Holdings	21.4
Mueller Industries	15
NVR	40.8
Pulte	11.5
Standard Pacific	13.7
Stanley Works	16.9
Toll Brothers	11
URS	8.7
Vulcan Materials	11.8
Del Webb	8.2

ENERGY	RETURN
Allegheny Energy	7.8
Apache	12.5
BJ Services	9.8
BPAmoco	19.4
Chevron	16.6
Cinergy	7.7
Conoco	17.5
Consol Energy	20.4
Duke Energy	7.8
Dynegy	18.4
Enron	8.1
Exelon	8.6
ExxonMobil	14.9
FPL Group	8.6
Halliburton	11.9
Kerr-McGee	17.2
KeySpan	8.9
MDU Resources	8.7
Montana Power	10.5
Murphy Oil	17.5
Noble Affiliates	13.5
OGE Energy	7.9
Phillips Petgroleum	14.9
PPL	10.1
Progress Energy	8.3
Reliant Energy	8.3
Royal Dutch Petroleum	17.9
Scana	7.2
Smith International	7
Sunoco	13.4
TECO Energy	9
Tosco	16.7
Valero Energy	14.5

2. 다음은 두 가지 다이어트 방법(A 방법, B 방법)에 대한 다이어트 이전 몸무게와 다이어트 프로그램 3주 후 나타난 몸무게에 대한 측정 데이터이다. 다이어트 프로그램과 함께 운동을 병행한 지원자(속성값 'O')와 운동을 하지 않은 지원자 (속성값 'X')를 구분하여 몸무게 측정이 이루어졌다. 총 40명 지원자에게 무작위로 다이어트 프로그램 종류를 할당하였으며, 운동병행 여부도 무작위로 할당하는 완전무작위 실험설계로 데이터를 수집하였다. 다이어트 종류와 운동병행 여부를 인자로 하는 이원배치 분산분석을 진행하여라.

(단위: kg)

참여자	다이어트 방법	운동병행 여부	이전 몸무게	이후 몸무게
1	A	O	79	74
2	A	O	90	84
3	A	O	82	75
4	A	O	49	43
5	A	X	63	59
6	A	X	75	72
7	A	X	80	75
8	A	X	89	85
9	B	O	69	61
10	B	O	70	61
…				…
30	B	X	77	71
31	B	X	78	71
32	B	X	60	54
33	A	O	77	72
34	A	O	77	71
35	A	O	60	53
36	A	O	79	73
37	A	X	85	81
38	A	X	68	65
39	A	X	78	73
40	A	X	70	66

연습문제 풀이

1. 먼저 데이터를 읽어 분산분석 형태의 데이터로 구성하는 작업이 필요하다. 먼저 엑셀파일 'ROCin4 Sectors.xlsx' 파일을 열고, 각 산업별 데이터를 선택한 다음, 'Control－C' 키를 누르면 해당 데이터가 선택되면서 'clipboard' 라는 공간에 저장된다. 그다음 'scan()' 함수를 이용하여 clipboard에 있는 내용을 읽으면 된다.

```
> D1 = scan("clipboard")
Read 22 items
> D2 = scan("clipboard")
Read 24 items
> D3 = scan("clipboard")
Read 17 items
> D4 = scan("clipboard")
Read 33 items
> df1 =stack(list(Banks=D1,Computer=D2,Construct=D3,Energy=D4))
> M1 = aov(values~ind, df1)
> anova(M1)
Analysis of Variance Table

Response: values
           Df  Sum Sq  Mean Sq  F value    Pr(>F)
ind         3  2776.7   925.56   21.992  7.997e-11 ***
Residuals 92  3871.9    42.09
```

분산분석결과를 살펴보면, F－검정에 대한 p 값이 7.997×10^{-11}로, 유의수준 5%에서, 귀무가설을 기각하는 결정을 내리게 된다. 사후검정을 진행하기 전에 분산분석에서 요구하는 가정에 대하여 점검해 보도록 하자. 먼저 잔차에 대한 분포를 확인하여 보자.

```
plot(density(M1$residuals), xlab='', main="Residual Distribution", lwd=2)
```

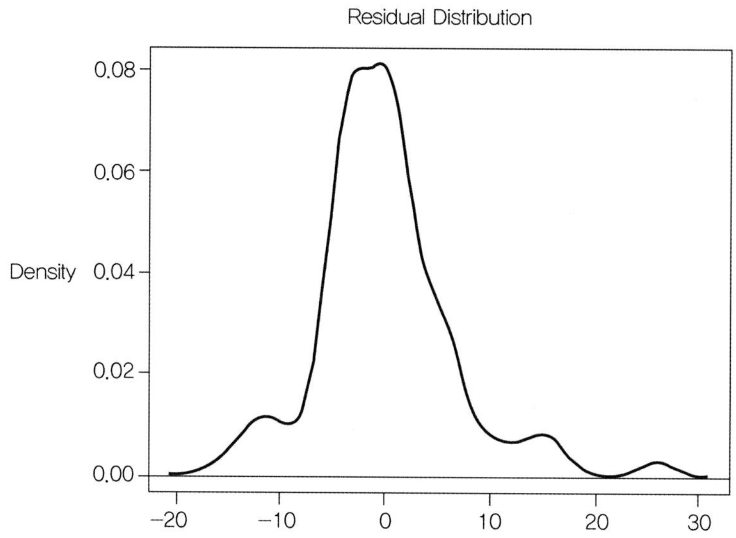

잔차에 대한 분포를 살펴보면, 극단값이 많아 꼬리가 두껍고, 오른쪽 꼬리가 긴 오른쪽 꼬리분포를 형성하고 있음을 확인할 수 있다. 등분산성 검정의 경우, Levene 검정이 적절할 것으로 보이며, 데이터 중심은 일반 평균보다 중앙값이나 절사평균을 사용하는 것이 적절할 것으로 판단된다. R에서는 디폴트 설정이 중앙값이므로, 중앙값을 이용하여 등분산성을 검정하여 보면 다음과 같다.

```
> leveneTest(M1)   # library(car)를 먼저 진행해야 함.
Levene's Test for Homogeneity of Variance (center = median)
       Df  F value    Pr(>F)
group   3   9.2144 2.164e-05 ***
       92
```

Levene 검정에 대한 p값을 보면, 0.00002로 유의수준 5%에서 '등분산성을 만족한다'는 귀무가설을 기각하고 있음을 확인할 수 있다. 상지그림을 통하여 데이디를 살펴보면, 극딘값이 많아 조징이 필요하다는 것을 확인할 수 있다.

```
boxplot(values ~ ind, df1, xlab="", ylab="ROE", range=1.5, boxwex=0.4)
```

산업별 분산을 살펴보면 등분산성 가정을 받아들이기 어려운 것으로 판단된다. 두꺼운 꼬리분포에 극단값의 존재확인, 산업별 서로 다른 IQR(사분위수 범위)로 인하여, 이러한 데이터를 대상으로 정상적인 분산분석을 계속 진행하는 것은 문제가 있다고 판단된다. 또한, ROE 크기에 따라 분산의 크기가 변하는 것이 아니라, 산업별 특성에 따라 분산의 크기가 변하는 것이기 때문에 종속변수에 대한 '분산 안정화를 위한 변환' 방법도 적용할 수 없다. 따라서 가장 비정상적인 데이터를 분석할 수 있는 비모수방법인 데이터의 순위를 기반으로 하는 Kruskal–Wallis 검정부터 분석을 다시 시작하는 것이 타당할 것으로 판단된다.

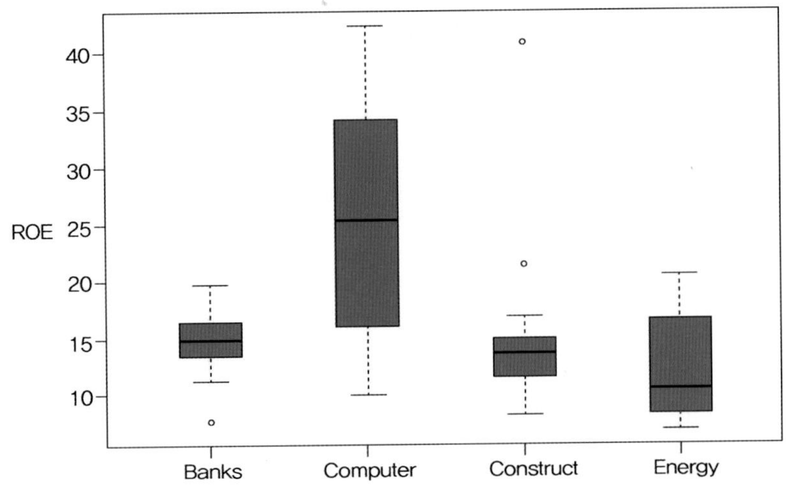


```
> kruskal.test(values ~ ind, df1)
        Kruskal-Wallis rank sum test
data:  values by ind
Kruskal-Wallis chi-squared = 30.493, df = 3, p-value = 1.087e-06
```

Kruskal－Wallis 검정에서 p 값이 1.087×10^{-6} 으로 나타났으므로 산업별 차이가 있다고 말할 수 있다. 즉, 특정 산업군에서 확률적 우위를 가진 분포가 존재한다는 것이다. 그렇다면 어떠한 산업군에서 확률적 우위를 보여주고 있는지, Wilcoxon 검정을 통한 다중비교를 진행하여 보자. 이 연구 문제의 주요 목적은 산업별 특성을 탐색적으로 알아보는 단계이므로 엄격한 기준의, Bonferroni 검정과 같은, 집단 유의수준을 통제하지 않고, Fisher의 LSD 검정과 같은 개별 유의수준을 통제하는 방식으로(p.adjust.method="none" 설정) 사후검정을 진행하기로 한다.

```
> pairwise.wilcox.test(df1$values, df1$ind, p.adjust.method="none")
    Pairwise comparisons using Wilcoxon rank sum test with continuity correction
data:  df1$values and df1$ind
          Banks   Computer Construct
Computer  0.00024 -        -
Construct 0.16939 0.00039  -
Energy    0.04812 6.1e-07  0.17972
P value adjustment method: none
경고메시지(들):
1: wilcox.test.default(xi, xj, paired = paired, ...)에서: tie가 있어 정확한 p값을 계산할 수 없습니다
```

마지막 줄에 나타난 경고메시지는, 데이터에 순위를 매기는 과정에서 같은 값이 있어서 이러한 타이값을 순위로 변환하였다는 의미이다. 이러한 같은 순위의 타이값이 많아지면 Wilcoxon 검정 자체에 대한 유효성이 떨어지기 때문에 나타난 경고메시지이다. 결과를 살펴보면, 에너지 산업과 건설업이 유사한 ROE 수준을 보여주고 있으며, 건설업과 은행산업이 유사한 ROE 수준을 보여주고 있다. 컴퓨터산업은 ROE 측면에서 모든 다른 산업과 비교하였을 때, 뚜렷한 확률적 우위를 보여주고 있으며, 은행산업은 에너지 산업에 유의수준 5%에서, 확률적 우위를 보여주는 것으로 나타났다. ROE 기준 확률적 우위를 순

서있게 나열하면, 대략 컴퓨터산업 ⇒ 은행산업 ⇒ 건설업, 에너지 산업으로 정리할 수 있다.
컴퓨터 산업에서는 기업 간 ROE 변화가 크게 나타나고 있으므로 높은 수준의 ROE를 유지하고 있다. 따라서 이 산업은 변동성이 큰, 높은 리스크, 높은 수익을 추구하는 산업 분야라고 볼 수 있다. 만일 낮은 리스크를 선호하는 취향이라면, ROE 변화가 작으면서 적절한 수익을 유지해 주는 은행산업, 건설업이 적절할 것으로 판단된다. 또한, 에너지 산업은 ROE 변화도 크고 수익은 작은 산업이므로 기피해야 하는 산업으로 분류될 수 있다.

2. 데이터를 읽은 후 데이터프레임으로 만드는 작업을 진행하여 보자. 먼저 'DietExercise.xlsx' 파일을 연 다음, 데이터 부분을 선택하여 Control－C 키를 이용하여 'clipboard' 영역에 복사한다. 그리고 다음의 R코드를 이용하여 'df2' 이름의 데이터프레임을 만든다.

```
df2 = read.table("clipboard", stringsAsFactors=TRUE)
```

이때 'stringsAsFactors＝TRUE' 옵션은 문자열의 변수를 factor형 변수로 바꾸라는 반드시 필요한 설정이다. 분산분석을 위해서는 독립변수가 factor형 변수이어야 하기 때문이다. 또한, 다이어트 효과는 체중이 얼마만큼 감량되었는지로 판단할 수 있으므로, 다이어트 이전 몸무게에서 다이어트 이후 몸무게를 뺀 새로운 변수를 정의하여 분석을 진행한다.

```
> df2$V5 = df2$V3 - df2$V4
> colnames(df2) <- c('Diet', 'Exer', 'Pre', 'Post', 'Diff')
> M2 = aov(Diff ~ Diet*Exer, df2)
> anova(M2)
Analysis of Variance Table
Response: Diff
           Df  Sum Sq  Mean Sq  F value   Pr(>F)
Diet        1  77.067   77.067  108.0935  2.174e-12 ***
Exer        1  62.500   62.500  87.6623   3.500e-11 ***
Diet:Exer   1   6.667    6.667   9.3506   0.004189 **
Residuals  36  25.667    0.713
```

상호작용을 포함한 이원배치 분산분석을 결과를 보면, 모든 요인이 유의수준 5%에서 유의한 차이를 보이는 것으로 나타났다. 특별히 상호작용효과에 대한 p 값은 0.004로 유의한 결과를 보이고 있으므로 이에 대한 해석이 필요하다. 결과 해석을 진행하기 전에 분산분석의 중요한 가정인 등분산성과 정규성에 대한 검정을 진행하여 보자.

```
> shapiro.test(M2$residuals)
        Shapiro-Wilk normality test
data:  M2$residuals
W = 0.95295, p-value = 0.09581
> bartlett.test(Diff ~ interaction(Diet, Exer), df2)
        Bartlett test of homogeneity of variances
data:  Diff by interaction(Diet, Exer)
Bartlett's K-squared = 0.86328, df = 3, p-value = 0.8343
```

잔차의 정규성 가정에 대한 검토는 Shapiro-Wilk 검정을 통하여, 유의수준 5%에서 p값 0.0958으로 큰 무리가 없는 것으로 판단된다. 잔차가 정규분포를 가지므로 등분산성 검정에서 Bartlett 검정이 적절한 것으로 판단된다. 그러나 Bartlett 검정은 일원배치 분산분석에서만 적용될 수 있도록 만들어진 등분산성 검정 방법이므로 약간의 변환이 필요하다. 두 요인의 두 개 수준 수, 2×2=4개 조합을 하나의 요인으로 변환하면 일원배치 분산분석 모형이 되면서 Bartlett 검정을 적용할 수 있다.

그리고 이러한 두 개 요인의 4개 조합을 하나의 요인으로 취급하는 일원배치 분산분석 모형은, 사실상, 두 요인에 상호작용효과를 포함한 모형과 일치하게 된다. 따라서 이원배치 분산분석 모형을 일원배치 분산분석 모형으로 전환하는 방법은 상호작용효과를 분산분석 모형에 포함시키는 것이며, 이를 통하여 Bartlett 검정을 진행할 수 있다. R의 Bartlett 검정에서는 일원배치 분산분석 모형을 만들기 위하여 상호작용을 포함한 분산분석 모형을 만드는 설정이 'interaction(Diet,Exer)' 옵션이다.

Bartlett 검정에 대한 결과를 살펴보면 p값이 0.8343으로 등분산성 가정에도 큰 무리가 없어 보인다. 따라서 앞에서 얻은 분산분석 결과는 유효하다고 볼 수 있다. 또한, 두 요인에 대한 인자 수도 2개이므로 추가적인 다중비교를 통한 사후검정도 필요없게 된다.

이제, 상호작용을 포함한 분산분석 모형의 모수에 대한 추정값을 확인하면서, 다이어트 효과가 방법과 운동 여부에 따라 어느 정도 효과가 나타났는지를 알아보고, 'interaction.plot()' 함수를 이용하여 다이어트 효과를 그래프로 확인하여 보도록 하자.

```
> M2$coefficients
(Intercept)         DietB          ExerX       DietB:ExerX
   5.833333      3.666667      -1.833333      -1.666667
> interaction.plot(df2$Diet, df2$Exer, df2$Diff, trace.label='운동병행 여부', ylab='체중 감량 효과',
xlab='다이어트 방법')
```

R에서는 세 번째 형태의 분산분석 모형, 레퍼런스 그룹이 있는 효과모형을 사용하고 있으므로 먼저 레퍼런스 그룹을 확인하는 것이 중요하다. R에서는 알파벳 순으로 레퍼런스 그룹을 정하므로 다이어트 A 방법과 'O'에 해당하는 운동을 병행하는 그룹이 레퍼런스 그룹이 된다. 분석결과를 해석하면 두 종류의 다이어트 방법은 모두 효과가 있는 것으로 나타나며, 특별히 다이어트 B 방법이 다이어트 A 방법보다 3.67kg 만큼 더 많이 감량하는 효과를 유의한 수준으로 보여주고 있다.

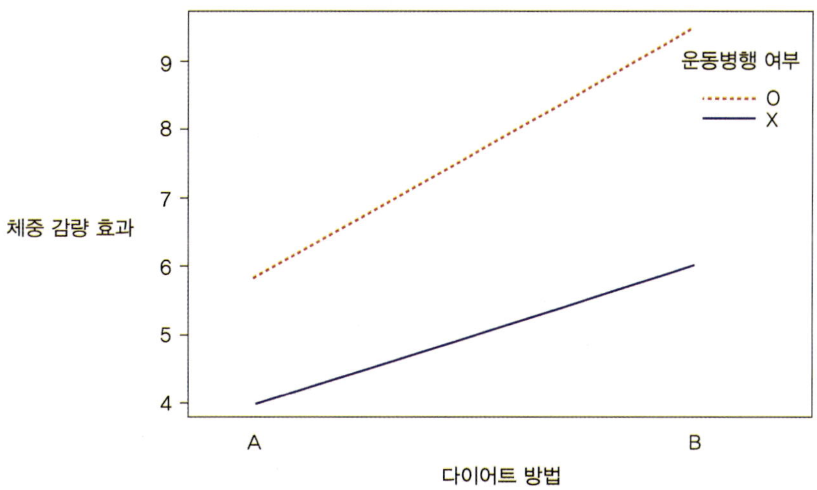

또한 운동을 병행하면 평균적으로 1.83kg 정도의 체중감량 효과를 더 얻을 수 있으며. 특별히 다이어트 B 방법과 병행하면, 추가로 1.67kg만큼의 더 많은 감량효과를 얻을 수 있다. 이러한 수치는 유의수준 5%에서 모두 통계적으로 유의한 차이임이 확인되었다.

[참고] 이러한 분석을 이중차분법(DiD, Difference in Diference)을 이용한 분석방법이라고 한다. 하지만 이 예제는 실제로 3번의 차분을 이용하였다. 먼저, 다이어트 효과를 얻기 위하여 다이어트 이전 몸무게와 다이어트 이후 몸무게에 대한 차분이 이루어졌고 (1차 차분), 다이어트 방법에 따른 차이를 분석하기 위하여 다이어트 A 방법과 다이어트 B 방법의 차분이 이루어졌고, 운동병행 여부에 따른 차이를 분석하기 위하여 두 효과에 대한 차분이 이루어졌고 (2차 차분), 마지막으로 두 다이어트 방법별 운동병행 여부의 차분에 대한 차분 (3차 차분)이 이루어졌다.
특별히 3차 차분인 두 다이어트 방법별 운동병행 여부의 차분에 대한 차분은 다이어트 B 방법와 운동을 병행하였을 때 나타나는 다이어트 B 효과와 운동병행효과 이외에 추가적으로 나타나는 효과로 이 예제에서는 1.67kg로 나타난 것이다. 즉, 다이어트 B 방법에서 나타난 운동병행 여부에 따른 효과 차이와 다이어트 A 방법에서 나타난 운동병행 여부에 따른 효과 차이에 대한 차이가 3차 차분이 된다는 것이다. 이러한 효과는 분산분석 모형에서 다이어트 방법과 운동병행 여부에 대한 상호작용효과의 의미를 갖는다.

CHAPTER 13

회귀분석

회귀분석(Regression Analysis)은, 12장에서 설명한, 독립변수가 범주형 데이터인 분산분석과 달리, 독립변수가 수량형 데이터인 경우 분석하는 방법으로, 통계분석에서 가장 많이 사용되고, 기본이 되는 분석방법이다. 즉, 회귀분석은 수량형 데이터를 가진 종속변수와 수량형 데이터를 가진 독립변수 간의 관계를 파악하여 통계적으로 유의한 관계를 가지고 있는지, 그리고 이러한 모형을 이용하여 예측이 가능한지를 판단하는 분석기법이다. 회귀분석의 'Regress'라는 용어는 '원래대로 되돌아간다'라는 원상회복의 의미를 가진 용어로 두 변수의 관계를 분석하는 의미와는 다소 거리가 먼 개념인 듯 보인다. 그렇다면 '회귀분석'이라는 용어가 왜 나타났는지부터 알아보면서 회귀분석을 설명하도록 하겠다.

영국의 과학자 Galton(Francis Galton; 1822-1911)은 1885년에 발표한 자신의 논문 '유전적 특성의 평균으로 회귀'[1)]에서 처음으로 '회귀'라는 용어를 사용하면서 회귀분석이 유래되었다. 이 논문에서 Galton은 부모의 키에 대한 유전적 특성이 자식에게 물려받았다는 가설을 증명하기 위하여, 205쌍의 부부를 선택하여, 부모의 평균 키와 성인 자녀 키를 측정한 후, 몇 개의 그룹으로 나누어 그룹별 중앙값을 계산하여 [그림 13-1]과 같은 산점도를 그렸다.

이때, 데이터 전체의 평균값 68.25인치(약 173cm)를 기준으로, 각 그룹의 중앙값에 대한 편차를 나타내는 축을 오른쪽에 추가하였는데, 이러한 산점도 그래프를 분석하면서 Galton은 새로운 사실

그림 13-1 Galton 논문에 실렸던 실제 그래프

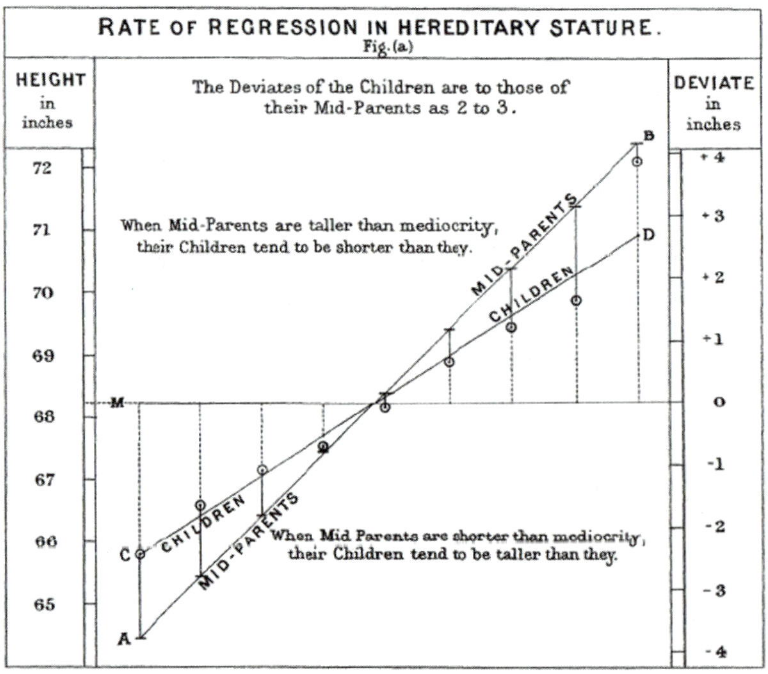

1) 논문 원제목은 'Regression towards Mediocrity in Hereditary Stature'이다.

을 발견하게 된다. 그것은, 키에 대한 부모의 유전적 특성이 자식에게 전달되는 과정에서 부모의 평균 키가 매우 큰 경우, 아들의 키는 부모만큼 그 정도로 크지 않게 나타났으며, 부모의 평균 키가 매우 작은 경우에도 마찬가지로 아들의 키가 부모만큼 그렇게 작게 나타나지는 않았다는 것이다. 그리고 이러한 편차의 크기는 대략 3 : 2 비율로 나타나는 것을 확인하였다.

예를 들어, 부모의 평균 키가 평균으로부터 3인치 정도 더 크다면, 자식의 키는, 전체 평균으로 회귀하는 성향이 있어, 평균으로부터 2인치 정도로만 더 크게 나타난다는 것이다. 반대로 부모의 평균 키가 평균으로부터 3인치 정도 더 작다면, 자식의 키는 전체 평균으로 회귀하는 성향이 있어, 2인치 정도로만 더 작게 나타난다는 것이다.

이러한, Galton의 논문은 실제로 회귀분석에 대한 논문이라 볼 수 없다. 왜냐하면, 회귀분석을 이용하여 두 변수의 관계를 파악하기 위해서는, 회귀분석의 가장 핵심원리인 **최소제곱법(Least Square Method)**이라는 방법을 사용하여야 하기 때문이다. 최소제곱법은 Galton 논문이 나타나기 90년 전인, 1795년 Gauss가 소개한 방법으로 알려져 있다.[2] 즉 Galton은, 최소제곱법을 이용한 회귀분석을 진행한 것이 아니라, 단순히 모눈종이에 그룹 데이터 중앙값의 점을 찍어 선으로 연결하는 수준의 그래프 분석을 진행한 것이다. 하지만, Galton의 논문 이후, 많은 통계학자는 이 논문의 영감을 얻어 회귀분석을 발전시켰다. 따라서 이 논문의 이름을 따서 회귀분석이라 부르는 것에 대하여 어느 학자도 이의를 제기하지 않았다.

13.1 다양한 형태의 회귀모형

자연현상이나 사회현상을 설명하면서, 어떠한 원인으로 결과가 나타났는지를, 데이터를 기반 과학적 방법으로 연구하는 것은 중요하다. 예를 들어, 다음과 같은 도전적 질문에 대한 답변에 회귀분석을 활용할 수 있다.

지구의 온난화 현상은 어떠한 원인으로 발생하는가?
기상 이변의 빈도수가 평상시보다 증가하고 있는가? 증가하고 있다면, 이에 대한 원인은 무엇인가?
우리나라에서 위암 환자 수는 줄고, 직장암 환자 수는 늘고있는데 이유는 무엇인가? 원인으로 식생활 습관의 변화로 보는 것이 타당한가?
주가에 영향을 미치는 변수에는 어떠한 것들이 있는가? 이러한 변수들을 활용하여 주가예측이 가능한가?

2) 최소제곱법을 소개한 Gauss는 당시 나이가 18세이었다고 한다.

우리 회사의 고객 이탈이 급증하고 있는데 원인은 무엇인가? 이탈할 고객을 예측하고 막을 방법이 있는가?
최근 우리 회사 매출액이 감소하고 있는데 대책은 무엇인가? 어떤 종류의 광고가 매출증대에 효과가 있을까? 제품의 가격을 올리는 경우, 고객들이 우리 회사 제품을 계속 구매할까?

이와 같은 다양한 질문에 대하여, 회귀분석은 활용될 수 있다. 회귀분석을 위해서는 분산분석의 경우와 마찬가지로, 비슷한 용어가 사용된다. 관심있는 변수, 원인변수에 영향을 받는 결과변수를 **종속변수**(dependent variable) 또는 **반응변수**(response variable)라 부르며, 확률변수 Y로 표현한다. 종속변수 Y에 영향을 주면서 상수로 취급되는 변수를 **독립변수**(independent variable) 또는 **설명변수**(explanatory variable)이라 부르며 상수 x로 표현한다.

회귀모형(regression model)이란 종속변수 Y를 수량형 독립변수 x와 확률변수로 취급되는 오차항 ϵ의 함수식으로 표현한 분석모형을 의미한다. 회귀모형에 적용되는 함수식이(절편항+계수$\times x+\epsilon$) 형태의 직선식 또는 선형식으로 구성되어 있으면 **선형 회귀모형**(linear regression model)이라 부르며, 그 이외의 모든 함수형태는 **비선형 회귀모형**(non-linear regression model)이라 부른다. 특별히, 비선형 회귀모형 중에서 변환을 통하여 선형 회귀모형으로 변환할 수 있는 모형을 **일반화된 선형모형**(generalized linear model)이라고 부른다. 일반적으로 회귀모형이라고 하면 선형 회귀모형을 의미한다. R에서 회귀모형의 구현은 'lm()' 함수에 의하여 구현되며, 일반화된 선형모형은 'glm()' 함수에 의하여 구현된다. 이 책에서는 선형 회귀모형만을 다루기로 한다.

일반 회귀모형 : $Y = f(x, \epsilon)$
선형 회귀모형 : $Y = \alpha + \beta x + \epsilon$
비선형 회귀모형 중 일반화된 선형모형, 로그모형과 다항모형 :
$$Y = \alpha e^{\beta x} e^{\epsilon} \;\Leftrightarrow\; \ln(Y) = \alpha' + \beta' x + \epsilon, \quad Y = \alpha + \beta_1 x + \beta_2 x^2 + \cdots + \beta_p x^p + \epsilon$$

독립변수가 한 개인 회귀모형을 **단순 회귀모형**(simple regression model)이라 하며, 독립변수가 두 개 이상인 회귀모형을 **다중 회귀모형**(multiple regression model)이라고 한다. 또한, 종속변수가 두 개 이상인 회귀모형을 **다변량 회귀모형**(multivariate regression model)이라 한다. 종속변수가 여러 개 있다는 의미는 확률변수 Y들이 여러 개 있으므로 이에 대응하는 함수식 f도 여러 개 있다는 의미이기 때문에, **다중 방정식 모형**(simultaneous equation model) 또는 **구조 방정식 모형**(structural equation model)이라 부른다. 기계학습이나 딥러닝에 적용되는 일반적인 분석모형도 이러한 동세식 모형으로 분류한다면, 비선형 회귀모형으로 취급될 수 있으므로 통계이론과 법칙을 적용할 수 있다.

13.2 단순 회귀모형

이제 단순 회귀모형에 대하여 알아보도록 하자. 상수로 취급되는 한 개의 독립변수 x 와 확률변수로 취급되는 종속변수 Y에 대하여, 단순 회귀모형은 다음과 같다.

$$Y = \alpha + \beta x + \epsilon$$

여기서 모형의 모수로 취급되는 α는 모형의 절편이 되며, β는 모형의 기울기가 된다. 확률변수로 취급되는 오차항 ϵ은 평균 0, 분산 σ^2을 갖는 정규분포를 따른다고 가정한다. 특별히 분산 σ^2은 일정한 상수값을 가져야 한다는 등분산성 가정이 요구되며, 모형의 오차를 나타내는 중요한 모수로 취급된다.

[예제 1] 다음과 같이 정의된 단순 회귀모형이 있다.

$$Y = 1 + 2x + \epsilon, \quad \text{여기서 } \epsilon \sim N(0,\ 0.5^2)$$

R을 이용하여 독립변수인 x 값 $\{1,\ 2,\ 3\}$에 대한 종속변수 Y값을 생성하여라.

확률변수로 취급되는 오차항 ϵ 은 'rnorm() 함수로 표현할 수 있으므로 다음 R코드를 이용하여 Y를 생성할 수 있다.

```
> x = 1:3
> y = 1 + 2*x + rnorm(3,0,0.5); signif(y,3)
[1] 2.69 4.38 8.13
```

단순 회귀분석에 대한 가설검정을 진행할 때 적용되는 귀무가설은 'x 변수는 확률변수 Y에 영향을 미치지 않는다'라는 가설이다. 이는 x 값과 관계없이 Y가 결정된다는 의미이므로, 회귀모형에 기울기를 나타내는 모수 $\beta = 0$이라는 의미와 동일한 가설이 된다. 정리하면, 회귀분석에서는 다음과 같은 귀무가설, 대립가설을 가지고 통계적 가설검정이 진행된다.

H_0 : x 변수는 Y에 영향을 미치지 않는다. $(\beta = 0)$
H_1 : x 변수는 Y에 영향을 미친다. $(\beta \neq 0)$

최소제곱법

단순 회귀모형을 가정한 상태에서 데이터 (x_i, y_i)가 주어지면, 이러한 데이터를 이용하여 회귀모형에 대한 모수인 α, β, σ^2를 추정해야 한다. 일반적으로 절편항인 α에 대한 추정량을 a라 표현하며, 기울기 β에 대한 추정량을 b라 표현한다. x값이 주워지면, 이에 대한 Y의 추정량인 예측값 $\hat{y}$은 다음과 같이 추정(또는 예측)된다.

$$\hat{y} = a + bx$$

이처럼 α와 β의 추정량 α와 b로 만들어진 방정식을 **추정된 회귀방정식**(estimated regression equation)이라 부른다. 추정된 회귀방정식은 Y를 예측하기 위하여 만들어진 중요한 방정식이다. 추정된 회귀방정식을 만들기 위해서는 데이터를 이용하여 α와 β의 추정량 a와 b를 계산하여야 하는데, 이때 적용되는 방법이 앞 절에서 언급한 최소제곱법이다.[3)]

최소제곱법은 실제값 y_i와 추정된 회귀방정식으로부터 계산된 예측값 $\hat{y}_i$의 차이인 **잔차**(residual) 또는 **오차**(error)에 대한 제곱합으로 표현되는 **오차제곱합**(SSE: Sum of Square Error)을 최소화하고, 그 상태에서 대응하는 a와 b값을 찾는 방법을 말한다. 이를 수식으로 표현하면 다음과 같다.

$$\text{최소제곱법} \Leftrightarrow \text{오차제곱합, SSE} = \sum_{i=1}^{n}\left(y_i - \hat{y}_i\right)^2 \text{을 최소화하는 방법}$$

$$\Leftrightarrow \arg\min_{a,b} \sum_{i=1}^{n}(y_i - (a + bx_i))^2$$

[성질 1] 단순 회귀모형 $Y = \alpha + \beta x + \epsilon$ 에 대하여, n 개의 데이터가 (x_i, y_i) 가 있는 경우, 최소제곱법에 의한 α와 β의 추정량 a와 b는 다음과 같다.

$$b = \frac{\sum_{i=1}^{n}(x_i - \bar{x})(y_i - \bar{y})}{\sum_{i=1}^{n}(x_i - \bar{x})^2}, \quad a = y - bx$$

최소제곱법은 오차제곱합의 최소값이므로, SSE를 a 와 b 에 대하여 편미분을 하여 0을 만족하는 값이 된다. 이를 **정규방정식**(normal equation)이라 부르며 다음과 같은 식이다.

$$\frac{\partial SSE}{\partial a} = -2\sum_{i=1}^{n}(y_i - (a + bx_i)) = 0$$

$$\frac{\partial SSE}{\partial b} = -2\sum_{i=1}^{n}x_i(y_i - (a + bx_i)) = 0$$

SSE를 a와 b에 대하여 편미분하여 0으로 놓은 정규방정식을 a와 b에 대하여 풀면 [성질 1]과 같

3) 최소제곱법에서도 다양한 방법들이 있는데, 우리가 배우는 최소제곱법은 가장 일반적인 방법이라고 해서 OLS (Ordinary Least Square)라 부르기도 한다.

은 결과를 얻는다. 이에 대한 자세한 증명은 생략하기로 한다.

[예제 2] [예제 1]에서 얻은 y 값 {2.69, 4.38, 8.13}에 대하여, 최소제곱법을 적용하여 α와 β의 추정값 a와 b를 계산하고, R의 결과와 비교하여라.

데이터 세트가 3개의 관측값으로 구성된 (x_i, y_i)형태로, (1,2.69), (2,4.38), (3,8.13)로 구성되어 있다.

$$\bar{x} = 2, \quad \bar{y} = 5.067, \quad \sum_{i=1}^{3}(x_i - \bar{x})^2 = (-1)^2 + 0^2 + 1^2 = 2$$

$$\sum_{i=1}^{3}(x_i - \bar{x})(y_i - \bar{y}) = 2.377 + 0 + 3.063 = 5.44$$

따라서, 최소제곱법에 의한 α와 β의 추정값 a와 b는 다음과 같다.

$$b = \frac{5.44}{2} = 2.72, \quad a = \bar{y} - b\bar{x} = 5.067 - 2.72 \times 2 = -0.373$$

R에서 최소제곱법을 적용한 회귀분석을 진행할 경우는 'lm(종속변수~독립변수)' 코드를 사용한다.

```
> x=1:3; y = c(2.69, 4.38, 8.13)
> lm(y ~ x)
Call:
lm(formula = y ~ x)
Coefficients:
(Intercept)            x
    -0.3733       2.7200
```

모수의 실제값 $\alpha=1$과 $\beta=2$를 생각하면, 다소 거리가 먼 수치일 수 있으나, 표본크기가 3인 것을 생각하면 모집단에 대한 충분한 정보가 없어서 나타난 현상이라 생각할 수 있다. 여기서 한 가지 명심해야 하는 사항은, 최소제곱법에 의하여 추정된 추정량 a와 b는 데이터 값을 직접 대입하기 이전까지는 확률변수이며, 따라서 평균 표준편차(또는 표준오차)와 확률분포를 갖는다는 것이다.

변동의 분해

회귀분석은 독립변수인 x가 종속변수인 y를 얼마만큼 설명하고 있는가를 파악하는 것이 중요한 목적 중의 하나이다. 따라서, 분산분석에서 변동을 분해하는 과정과 마찬가지로, y에 대한 총변동을 계산하고 이를 회귀모형에 의하여 설명되는 변동과 회귀모형으로 설명하지 못하는 부분으로 구분하는 것이 필요하다. 전체평균 $\bar{y}$를 중심으로 종속변수 y_i에 대한 총변동은 [그림 13-2]에 나타난 바와 같이 회귀모형으로 설명되는 변동과 회귀분석으로 설명되지 않은 변동으로 다음과 같이 나누

그림 13-2 종속변수 y_i 변동의 분해

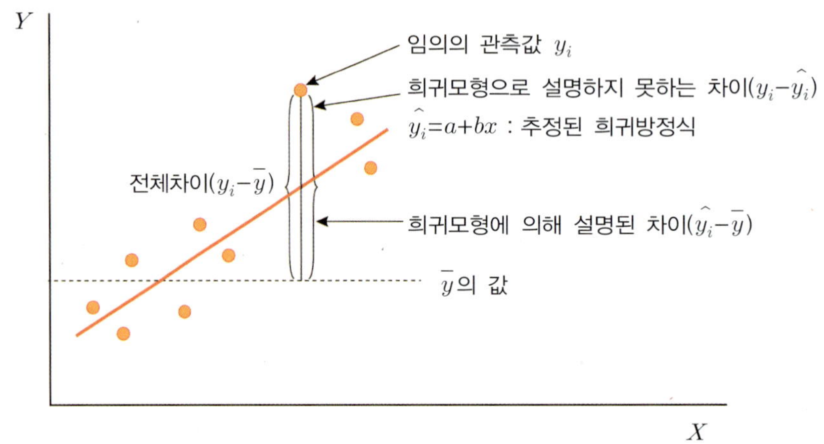

어진다.

$$y_i - \bar{y} = (\hat{y}_i - \bar{y}) + (y_i - \hat{y}_i)$$

전체차이 = 모형으로 설명된 차이 + 모형으로 설명 안 되는 차이

즉, 전체평균을 기준으로 y_i 의 총편차 $(y_i - \bar{y})$는, 회귀모형으로 설명되는 편차 $(\hat{y}_i - \bar{y})$와 회귀모형으로 설명 안 되는 편차 $(y_i - \hat{y}_i)$로 분해된다. 여기서 회귀모형으로 설명 안 되는 편차는 e_i 로 표현되며, 실제값과 예측값의 차이를 나타내는 개념으로 오차 또는 잔차이다. 분산분석과 마찬가지로, 회귀분석에서 잔차에 대한 분석은 중요한 개념이므로 잘 기억하기 바란다.

이러한 편차를 제곱하여 더한 값을 **제곱합**(Sum of Sqaure)라고 한다. y_i 의 총편차 $(y_i - \bar{y})$에 대한 제곱합을 **총제곱합**(SST; Sum of Square Total)이라 부르며, 전체평균 기준 예측값의 편차 $(\hat{y}_i - \bar{y})$에 대한 제곱합을 회귀모형으로 설명되는 **회귀제곱합**(SSR; Sum of Square Regression)이라 부른다, 또한, 실제값과 예측값의 차이를 나타내는 잔차, 또는 회귀모형으로 설명 안 되는 편차, $(y_i - \hat{y}_i)$에 대한 제곱합을 회귀모형으로 설명이 안 되는 오차제곱합(SSE)이라 부른다. 회귀분석에서 중요한 성질 중 하나는 회귀제곱합과 오차제곱합을 더하면 총제곱합이 된다는 것이다.

[성질 2] 총제곱합은 회귀제곱합과 오차제곱합의 합과 일치한다. 즉, 다음의 관계식이 성립한다.

$$\sum_{i=1}^{n} (y_i - \bar{y})^2 = \sum_{i=1}^{n} (\hat{y}_i - \bar{y})^2 + \sum_{i=1}^{n} (y_i - \hat{y}_i)^2$$

$$\text{SST} = \text{SSR} + \text{SSE}$$

[성질 2]에 대한 증명은 간단하지 않지만, 앞 절에서 배운 정규방정식을 이용하면 쉽게 증명할 수 있다. 복습하자면, 정규방정식은 최소제곱법에서 $\hat{y} = a + bx$을 추정하기 위하여 반드시 만족해야 하는 방정식이다. 이를 다시 정리하면 다음과 같다.

최소제곱법에 의한 정규방정식은 다음과 같이 표현할 수 있다.

$$\frac{\partial\, SSE}{\partial a} = -2\sum_{i=1}^{n}(y_i - (a + bx_i)) = 0 \Rightarrow \sum_{i=1}^{n}(y_i - \hat{y}_i) = 0$$

$$\frac{\partial\, SSE}{\partial b} = -2\sum_{i=1}^{n}x_i(y_i - (a + bx_i)) = 0 \Rightarrow \sum_{i=1}^{n}x_i(y_i - \hat{y}_i) = 0$$

총제곱합을 편차로 분해하여 전개하면 다음과 같다.

$$\begin{aligned}\sum_{i=1}^{n}(y_i - \bar{y})^2 &= \sum_{i=1}^{n}(y_i - \hat{y}_i + \hat{y}_i - \bar{y})^2 \\ &= \sum_{i=1}^{n}(y_i - \hat{y}_i)^2 + \sum_{i=1}^{n}(\hat{y}_i - \bar{y})^2 + 2\sum_{i=1}^{n}(y_i - \hat{y}_i)(\hat{y}_i - \bar{y})\end{aligned}$$

여기서 교차항 형태의 마지막 항은 다음과 같이 재표현 할 수 있고, 이러한 교차항은 최소제곱법에서 만들어진 정규방정식에 의하여 0이 된다.

$$\begin{aligned}\sum_{i=1}^{n}(y_i - \hat{y}_i)(\hat{y}_i - \bar{y}) &= \sum_{i=1}^{n}(y_i - \hat{y}_i)\hat{y}_i + \sum_{i=1}^{n}(y_i - \hat{y}_i)\bar{y} \\ &= a\sum_{i=1}^{n}(y_i - \hat{y}_i) + b\sum_{i=1}^{n}(y_i - \hat{y}_i)x_i + \bar{y}\sum_{i=1}^{n}(y_i - \hat{y}_i) = 0\end{aligned}$$

따라서 SST는 SSR과 SSE로 분해된다. 여기서 SSR을 SST로 나눈 비율, SSR/SST는 총제곱합(변동)에서 회귀모형에 의하여 설명되는 제곱합(변동)이 차지하는 비율로 **결정계수(coefficient of determination)**라 부르며, R^2로 표기한다.

[성질 2]에서 나타난 식은 중요한 의미가 있다. 일단 데이터가 주어지면 SST는 고정되면서, SSR과 SSE의 상대적 크기는 중요한 의미를 갖는다. 즉, SSR 크기 자체가 중요한 것이 아니라, SSE와 비교된 상대적인 크기가 중요하다. SSR이 크고 SSE가 작다는 의미는 회귀모형으로 많은 부분이 설명되고, 예측값 $\hat{y}$이 실제값 y를 정확하게 예측하여 잔차인 $(y_i - \hat{y}_i)$값이 매우 작다는 의미이다. 따라서 y를 예측하는데 x변수는 중요한 변수이며, 'x변수는 y변수에 영향을 미치지 않는다' 라는 귀무가설을 기각하게 된다.

반대로, SSR이 작고 SSE가 크다는 의미는, 회귀모형으로 많은 부분을 설명하지 못하고 있으며, 예측값 $\hat{y}$이 실제값 y를 제대로 예측하지 못하고 있어서 잔차인 $(y_i - \hat{y}_i)$값이 매우 크다는 의미이다. 따라서 y를 예측하는데 x변수는 그렇게 중요한 변수가 아니므로, 'x변수는 y변수에 영향을 미치지 않는다' 라는 귀무가설을 기각하지 못하는 결정을 내리게 된다. 귀무가설을 기각하지 못하는 경우는 x변수가 y변수에 영향을 주지 못하여 SSR이 작아서 나타날 수도 있지만, 실험 설계와 데이터 수집과정에서 오차가 너무 크게 나타나 SSE가 커짐으로써 나타날 수도 있기 때문에 이러한 경우도 함께 고려하여 판단하는 것이 바람직하다. 이러한 경우는 정교한 실험설계와 세밀한 데이터 수집과정을 통하여, SSE를 작게 만드는 노력이 필요하게 된다.

분산분석표

우리는 8장에서 제곱합과 관련된 분산은 χ^2-분포를 따른다고 배웠다. 따라서 SST, SSR, SSE도 χ^2-분포와 관련되어 있다는 사실을 유추할 수 있다. 다음 사실을 증명없이 받아들이기로 한다.

[성질 3] 데이터 수가 n개인 단순 회귀모형에서, 만일 귀무가설 H_0가 참이라면, 총제곱합, 회귀제곱합과 오차제곱합은 χ^2-분포와 관련되며, 자유도는 각각 $n-1$, 1, $(n-2)$가 된다.

제곱합	SST	=	SSR	+	SSE
χ^2-분포와 관련된 자유도	$n-1$	=	1	+	$(n-2)$

[성질 2]은 어떠한 가정없이 일반적으로 성립하는 수학적 성질이지만, [성질 3]이 성립하기 위해서는 오차항의 정규성과 등분산성에 대한 가정을 요구한다. 즉, 오차항이 등분산성을 갖는 정규분포 가정이 있어야, 귀무가설이 참인 경우 제곱합이 χ^2-분포와 관련된다는 것이다. 단순 회귀모형에서 다중 회귀모형으로 확장될 때, SSR에 대한 자유도는 독립변수의 수로 확장된다. 단순 회귀모형은 독립변수가 한 개인 경우이므로, SSR에 대한 자유도가 1이 되는 것이다.

분산분석과 마찬가지로 제곱합을 자유도로 나눈 식을 **평균제곱(mean square)**이라 부른다. 회귀제곱합 SSR를 대응되는 자유도 1로 나눈 식을 **회귀 평균제곱(MSR; Mean Square Regression)**이라 부른다. 또한, 오차제곱합 SSE를 대응하는 자유도 $(n-2)$로 나눈 식을 **오차 평균세곱(MSE; Mean Square Error)**이라 부른다.

특별히, MSE로 표현되는 오차 평균제곱은 분산분석에서 중요한 통계량으로, 오차항 ϵ_i의 공통된 분산 σ^2에 대한 추정량이 된다. MSE에 루트를 취하면 ϵ_i에 대한 공통된 표준편차인 σ에 대한 추정량이 되는데, 이를 **잔차 표준오차(residual standard error)**라 부른다. 이를 정리하면 다음과 같다.

$$MSR = SSR/1, \quad MSE = SSE/(n-2), \quad \hat{\sigma} = \sqrt{MSE}$$

우리는 총제곱합에서 회귀제곱합이 차지하는 비율을 결정계수 R^2라고 배웠다. 단순 회귀분석에서 결정계수가 0.81이라는 의미는 데이터로부터 얻은 y의 총변동에서 회귀모형이 설명하는 변동이 81%를 차지한다는 의미이며, 이는 두 변수의 상관계수 r이 $\sqrt{0.81}$, 즉 0.9라는 의미이다. 결정계수에는 자유도에 대한 개념이 포함되어 있지 않기 때문에 자유도를 포함한 새로운 개념의 결정계수가 있는데 이를 **수정된 결정계수(adjusted R-square)**라 부으며, $adj-R^2$로 표기한다. $adj-R^2$에 대한 정의는 다음과 같다.

$$R^2 = \frac{SSR}{SST} = 1 - \frac{SSE}{SST}, \quad adj-R^2 = 1 - \frac{SSE/(n-2)}{SST/(n-1)}$$

우리는 8장에서 χ^2-분포를 따르는 서로 독립인 두 개의 확률변수를 자유도로 나누어 비율을 계산하면 F-분포를 따른다고 배웠다. 이러한 F-분포의 정의를 회귀분석에 적용하면 다음과 같은 성질이 유도된다.

[성질 4] 데이터 수가 n 개인 단순 회귀모형에서, 만일 귀무가설 H_0가 참이라면, 다음의 확률변수 F값은 분자 자유도 1, 분모 자유도 $n-2$를 갖는 F-분포를 따른다.

$$F\text{값} = \frac{SSR/1}{SSE/(n-2)} = \frac{MSR}{MSE} \sim F(1, n-2)$$

[성질 4]에 나타난 통계이론을 바탕으로, 회귀분석에 대한 가설검정을 진행할 수 있게 된다. 귀무가설이 참인 상태에서, 검정통계량 F값은 F-분포를 따르므로, 이를 이용하여 기각역을 만들 수 있고,[4] 데이터가 귀무가설로부터 얼마나 멀리 떨어져 있는지를 나타내는 p값을 계산할 수 있다. 이를 요약한 표를 **분산분석표(ANOVA table)**라 부르며, 다음과 같다.

[표 13-1] 분산분석표(ANOVA table)

요인	자유도	제곱합	평균제곱	F값	p값
회귀	1	SSR	MSR	MSR/MSE	$F_{F\text{값}}(1, n-2)$
오차	n-2	SSE	MSE		
총합	n-1	SST			

[예제 3] [예제 1]에서 얻은 y값 {2.69, 4.38, 8.13}에 대하여, 분산분석표를 만들고, R의 결과와 비교하여라.

총제곱합 SST는 $\bar{y} = 5.067$에 대한 관측값 y_i에 대한 편차의 제곱합이므로 다음과 같이 계산된다.

$$SST = (2.69 - 5.067)^2 + (4.38 - 5.067)^2 + (8.13 - 5.067)^2 = 15.504$$

이제 [예제 1]에서 최소제곱법을 통하여 얻은 추정값 a = -0.373과 b = 2.72를 대입하여 $\hat{y}$를 구해보면, 다음과 같다.

4) 기각역은 F값 > $F_\alpha(1, n-2)$이 된다. 하지만. 기각역 없이 p값으로 가설검정에 대한 판단이 가능하므로, 기각역은 언급하지 않기로 한다.

$$\hat{y}_1 = -0.373 + 2.72 = 2.347,\ \hat{y}_2 = -0.373 + 2.72 \times 2 = 5.067$$
$$\hat{y}_3 = -0.373 + 2.72 \times 3 = 7.787$$

회귀제곱합 SSR은 $\bar{y} = 5.067$에 대한 예측값 $\hat{y}_i$에 대한 편차의 제곱합이므로 다음과 같이 계산된다.

$$SSR = (2.347 - 5.067)^2 + (5.067 - 5.067)^2 + (7.787 - 5.067)^2 = 14.797$$

마지막으로 오차제곱합 SSE는 실제값 y_i와 예측값 $\hat{y}_i$의 차이, 즉 잔차 e_i에 대한 제곱합으로 다음과 같이 계산된다.

$$SSE = (2.69 - 2.347)^2 + (4.38 - 5.067)^2 + (8.13 - 7.787)^2 = 0.707$$

여기서 한 가지 확인할 사항은 최소제곱법의 첫 번째 정규방정식에 의하여 잔차의 합은 반드시 0이 되어야 한다는 것이다. 즉, 다음의 식이 성립한다.

$$\sum_{i=1}^{n}(y_i - \hat{y}_i) = \sum_{i=1}^{n}(e_i) = 0$$

이를 확인하여 보면, 다음과 같이 정규방정식을 만족하고 있음을 확인할 수 있다.

$$\begin{aligned}\sum_{i=1}^{n} e_i &= (2.69 - 2.347) + (4.38 - 5.067) + (8.13 - 7.787) \\ &= 0.343 + (-0.687) + 0.343 \approx 0\end{aligned}$$

MSR과 MSE는 각각 자유도가 1이므로 SSR과 SSE와 같은 값이 되며, F값은 14.797/0.707이 되어, 20.93 값이 계산된다. 귀무가설이 참인 경우, 이 값은 분자자유도 1, 분모자유도 1인 $F-$분포를 따르게 되므로 R함수 '1−pf(20.93,1,1)'에 의하여 p값은 0.137값이 나타나게 된다. 이러한 결과를 분산분석표로 요약하면 <표 13-2>와 같다.

[표 13-2] (예제 3)에 대한 분산분석표

요인	자유도	제곱합	평균제곱	F값	p값
회귀	1	14.797	14.797	20.93	0.137
오차	1	0.707	0.707		
총합	2	15.504			

R에서는 다음의 코드로 결과를 확인할 수 있다.

```
> x=1:3; y = c(2.69, 4.38, 8.13)
> anova(lm(y ~ x))
Analysis of Variance Table
Response: y
           Df   Sum Sq    Mean Sq   F value   Pr(>F)
x           1   14.7968   14.7968   20.921    0.137
Residuals   1    0.7073    0.7073
```

회귀모형에 대한 추론

회귀모형 추론을 위하여, 단순 회귀모형에서 추론의 대상이 되는 모수에 대한 추정량에는 어떠한 통계량이 있는지 알아보도록 하자. 단순 회귀모형은 상수로 취급되는 한 개의 독립변수 x 와 확률변수로 취급되는 종속변수 Y에 대하여, 다음과 같은 모형이다.

$$Y = \alpha + \beta x + \epsilon \ , \quad \text{여기서 } \epsilon \sim N(0, \sigma^2)$$

따라서, 단순 회귀모형에서 모수로 취급되는 상수는 절편항 α, 기울기 β, 모형의 분산 σ^2이며, 이에 대한 추정량은, 최소제곱법에 의하여 만들어지는 a, b, MSE이다. 추가적으로, 예측에 대한 추론을 위하여, 상수로 취급되는 $E(Y)$와 확률변수인 Y에 대한 추론도 있을 수 있다. 여기서, 상수인 $E(Y)$와 확률변수인 Y에 대한 추정량은 $\hat{y}$으로 동일하지만, 표준오차가 다르기 때문에, 신뢰구간이나 가설검정의 결과가 다르게 나타나므로 이에 대한 구분이 필요하다.

그렇다면, 단순 회귀모형에서 상수로 취급되는 분산 σ^2부터 알아보도록 하자.

[성질 5] 단순 회귀모형에서, 오차제곱합 SSE에 σ^2을 나눈 통계량은 자유도가 $n-2$인 χ^2-분포를 따른다. 따라서 SSE에 자유도를 나눈 오차 평균제곱, MSE는 모형의 분산 σ^2에 대한 불편추정량이다.

$$V = \frac{SSE}{\sigma^2} \sim \chi^2(n-2) \ \Rightarrow \ E\left(\frac{SSE}{n-2}\right) = E(MSE) = \sigma^2$$

단순 회귀모형에 대하여 추론을 진행할 때, 모형의 정확도를 나타내는 σ^2에 대한 역할은 매우 중요하므로, 이에 대한 추정량 MSE를 첫 번째로 언급한 것이다. 모든 추론에는 σ^2이 들어가며, 이를 대체하기 위하여 MSE가 항상 들어간다는 것을 명심하기 바란다.

[성질 5]에 대한 자세한 증명은 생략하겠지만, 이 정리는 정규분포 가정 아래, SSE/σ^2가 자유도 $n-2$인 χ^2-분포를 따른다는 것을 기반으로 증명되는 성질이다. 하지만 오차항 ϵ의 정규분포에 대한 가정이 없더라도, 최소제곱법에 의하여 만들어진 추정량은, 선형적으로 만들어진 불편추정량 중에서 가장 분산이 작은 최고의 추정량[5]이라는 **가우스-마코브 정리(Gauss-Markov Theorem)**가 있다. 가우스-마코브 정리를 쉽게 표현하면, '최소제곱법은 대체로 좋은 추정방법이며, 좋은 추정방법이

되기 위해서 오차항 ϵ에 대한 불편성, 독립성, 등분산성에 대한 가정은 요구되지만, 정규성에 대한 가정은 요구되지 않는다'는 의미로 해석하면 좋을 듯하다.

기울기 β에 대한 추론

우리는 단순 회귀모형의 기울기인 β에 대한 최소제곱법 추정량을 b라 표기하였다. 추정량 b는 다음과 같은 성질을 가지고 있다.

[성질 6] 단순 회귀모형에서 기울기인 β에 대한 최소제곱법 추정량 b는 다음과 같은 성질을 가지고 있다.

(1) 최소제곱법으로 유도된 b는 β에 대한 불편추정량이며, 평균 β와 다음과 같은 분산 $\sigma^2(b)$을 갖는 정규분포를 따른다.

$$b = \frac{\sum_{i=1}^{n}(x_i - \bar{x})(Y_i - \bar{Y})}{\sum_{i=1}^{n}(x_i - \bar{x})^2}, \quad \sigma^2(b) = \frac{\sigma^2}{\sum_{i=1}^{n}(x_i - \bar{x})^2}$$

따라서 $b \sim N(\beta, \sigma^2(b))$ 이다. 만일 귀무가설이 $\mathrm{H}_0 : \beta = 0$이라면, 귀무가설이 H_0가 참인 상태에서 검정통계량 $Z = \dfrac{b}{\sigma(b)} \sim N(0,1)$, 즉 b의 표준화된 추정량 Z는 표준정규분포를 따른다.

(2) [성질 5]에 따르면, σ^2에 대한 불편추정량은 MSE이므로, 이를 대입하면 추정량 b에 대한 표준오차(표준편차)에 대한 불편추정량 $\widehat{\sigma^2}(b)$는 다음과 같으며, 귀무가설이 참인 상태에서, 스튜던트화된 추정량 b는 자유도가 $n-2$인 $t-$분포를 따르게 된다.

$$\sigma^2(b)\text{에 대한 불편추정량} : \widehat{\sigma^2}(b) = \frac{MSE}{\sum_{i=1}^{n}(x_i - \bar{x})^2}$$

귀무가설이 H_0가 참인 상태에서 검정통계량 $T = \dfrac{b}{\hat{\sigma}(b)} \sim t(n-2)$, 즉 b의 스튜던트화된 추정량 T는 자유도 $n-2$인 $t-$분포를 따른다.

(3) β에 대한 $100(1-\alpha)\%$ 신뢰수준의 신뢰구간은 다음과 같다.

$$b \pm t_{\alpha/2}(n-2)\,\hat{\sigma}(b) = b \pm t_{\alpha/2}(n-2)\sqrt{\frac{MSE}{\sum_{i=1}^{n}(x_i - \bar{x})^2}}$$

---

5) 이를 BLUE(Best Linear Unbiased Estimator)라고 부른다.

[성질 6]에 대한 내용은 단순 회귀모형의 β추론에 관련된 모든 통계이론을 정리한 내용이다. 여기서 독립변수 x는 상수로 취급하며, 종속변수 Y_i는, 정규분포를 따르는 확률변수인 ϵ의 특성에 따라 확률변수로 취급된다. 즉, Y_i는 평균 $\alpha+\beta x_i$, 분산 σ^2을 갖는 정규분포를 따르게 된다. 즉, $Var(Y_i)$는 σ^2이 된다는 의미이다. 따라서, 완벽한 증명은 아니지만, $\sigma^2(b)$에 대한 식은 다음의 등식으로부터 유도된다.

$$Var\left(\sum_{i=1}^{n}(x_i-\overline{x})(Y_i-\overline{Y})\right) \qquad \left(\sum_{i=1}^{n}(x_i-\overline{x})\overline{Y}=0\text{이므로}\right)$$

$$=Var\left(\sum_{i=1}^{n}(x_i-\overline{x})Y_i\right) \qquad (Y_i\text{는 서로 독립이므로})$$

$$=\sum_{i=1}^{n}Var\big((x_i-\overline{x})Y_i\big) \qquad (Var(Y_i)=\sigma^2\text{이므로})$$

$$=\sigma^2\sum_{i=1}^{n}(x_i-\overline{x})^2 \qquad (\text{분산의 성질: } Var(aY)=a^2\sigma^2)$$

이러한 사실로부터, b에 대한 분산은 어렵지 않게 유도할 수 있다.

[예제 4] [예제 1]에서 얻은 데이터 세트 {(1, 2.69), (2, 4.38), (3, 8.13)}에 대하여, (성질 5)에 나타난 모든 통계량을 계산하고, R의 결과와 비교하여라. (신뢰수준은 88%로 설정하고, 앞에서 계산된 $b=2.72$, MSE= 0.707, $\sum_{i=1}^{3}(x_i-\overline{x})^2=2$ 결과를 이용하여라.)

먼저 β에 대한 추정량 b의 분산에 대한 추정량과 표준오차 $\hat{\sigma}(b)$은 다음과 같이 계산된다.

$$\widehat{\sigma^2}(b)=\frac{MSE}{\sum_{i=1}^{n}(x_i-\overline{x})^2}=\frac{0.707}{2}=0.3535$$

$$\Rightarrow\ \hat{\sigma}(b)=\sqrt{0.3535}=0.59456$$

귀무가설 $\mathrm{H}_0:\beta=0$, 대립가설 $\mathrm{H}_1:\beta\neq 0$에 대하여, 검정통계량 t값은 다음과 같이 계산된다.

$$t\text{값}=\frac{b}{\hat{\sigma}(b)}=\frac{2.72}{0.59456}=4.5748$$

귀무가설이 참이라고 가정한 상태에서, 검정통계량 t값은 자유도 1인 $t-$분포를 따르게 되므로, R함수 '2*(1−pt(4.5748,1))'에 의하여 p값은 0.137이 된다. 여기서 흥미로운 사실은 p값 0.137은 분산분석표에 나타난 $F-$검정의 p값과 똑같다는 것이다. 그리고 t값을 제곱한 값 $(4.5748)^2$은 20.93으로 F값과 똑같다는 것이다. 이와 같은 사실은, 단순 회귀분석에서 $t-$검정과 $F-$검정은 동일한 검정이라는 것을 의미한다. 사실 귀무가설을 살펴보면, '회귀분석이 필요없다'라는 $F-$검정과 $\beta=0$이라는 $t-$검정은 동일한 검정이라 말할 수 있으므로 충분히 이해가 되는 관계라 말할 수 있다.

이제 β에 대한 신뢰수준 88%의 신뢰구간을 알아보도록 하자. 신뢰수준 88%는 유의수준 12%에 해당하므로, 경계점은 $t_{0.06}(1)$으로 R함수 'qt(0.94,1)'을 이용하여 5.242임을 확인할 수 있다. 따라서 β에 대한 88% 신뢰구간은 다음과 같다.

$$b \pm t_{\alpha/2}(n-2)\,\hat{\sigma}(b) = 2.72 \pm 5.242 \times 0.59456 \Rightarrow \beta\text{의 88\% 신뢰구간} : (-0.397,\ 5.837)$$

이제 R을 통하여 계산된 통계량 값들을 확인하여 보자.

```
> x=1:3; y = c(2.69, 4.38, 8.13)
> M1 = lm(y ~ x); summary(M1)
...
Coefficients:
             Estimate  Std. Error  t value  Pr(>|t|)
(Intercept)   -0.3733    1.2846    -0.291    0.820
x              2.7200    0.5947     4.574    0.137
...
> confint(M1, 'x', level=0.88)
          6 %      94 %
x -0.3973734 5.837373
```

R코드를 살펴보면, 회귀분석결과를 'M1'이라는 객체에 저장하고, 'summary()' 함수를 이용하여 β에 대한 최소제곱 추정량 b를 확인하였고, b에 대한 표준오차, t값과 p값을 제공받았다. 또한 'confint()' 함수를 이용하여 x 변수에 대한 회귀계수의 88% 신뢰구간을 얻을 수 있었다. 반올림 오차를 고려하면 결과값이 실제로 계산한 값과 같다는 것을 확인할 수 있다.

절편항 α에 대한 추론

단순 회귀모형에서 절편항인 α에 대한 최소제곱법 추정량을 a라 표기하였다. 추정량 a은 다음과 같은 성질을 가지고 있다.

[성질 7] 단순 회귀모형에서 절편항인 α에 대한 최소제곱법 추정량 a는 다음과 같은 성질을 가지고 있다.

(1) 최소제곱법으로 유도된 a는 α에 대한 불편추정량이며, 평균 α와 분산 $\sigma^2(a)$을 갖는 정규분포를 따르며, 추정량 α와 분산 $\sigma^2(a)$은 다음과 같다.

$$a = \overline{Y} - b\,\overline{x} \quad , \sigma^2(a) = \left(\frac{1}{n} + \frac{(\overline{x})^2}{\sum_{i=1}^{n}(x_i - \overline{x})^2} \right) \sigma^2$$

따라서 $a \sim N(\alpha, \sigma^2(a))$이다. 만일 귀무가설이 $H_0 : \alpha = 0$이라면, 귀무가설이 H_0가 참인 상태에서 검정통계량 $Z = \dfrac{a}{\sigma(a)} \sim N(0,1)$이다. 즉 a의 표준화된 추정량 Z는 표준정규분포를 따른다.

(2) σ^2에 대한 불편추정량은 MSE이므로, 이를 대입하면, 추정량 a에 대한 표준오차(표준편차)에 대한 불편추정량 $\widehat{\sigma^2}(a)$는 다음과 같으며, 귀무가설이 참인 상태에서, 스튜던트화된 추정량 b는 자유도가 $n-2$인 $t-$분포를 따르게 된다.

$$\sigma^2(a) \text{ 에 대한 불편추정량 : } \widehat{\sigma^2}(a) = \left(\frac{1}{n} + \frac{(\overline{x})^2}{\sum_{i=1}^{n}(x_i - \overline{x})^2} \right) MSE$$

귀무가설이 H_0가 참인 상태에서 검정통계량 $T = \dfrac{a}{\hat{\sigma}(a)} \sim t(n-2)$, 즉 a의 스튜던트화된 추정량 T는 자유도 $n-2$인 $t-$분포를 따른다.

(3) α에 대한 $100(1-\alpha)\%$ 신뢰수준의 신뢰구간은 다음과 같다.

$$a \pm t_{\alpha/2}(n-2)\hat{\sigma}(a) = a \pm t_{\alpha/2}(n-2)\sqrt{\left(\frac{1}{n} + \frac{(\overline{x})^2}{\sum_{i=1}^{n}(x_i - \overline{x})^2} \right) MSE}$$

[성질 7]은 단순 회귀모형의 α추론에 관련된 모든 통계이론을 정리한 내용이다. 완벽한 증명은 아니지만, 다음과 같은 과정을 통하여 $\sigma^2(a)$에 대한 식이 유도된다.

$$\begin{aligned} & Var(\overline{Y} - b\,\overline{x}) && \text{(확률변수 } \overline{Y}\text{와 } b\text{가 독립)} \\ &= Var(\overline{Y}) + (\overline{x})^2\, Var(b) && \text{(} Var(\overline{Y}) \text{ 식과 } Var(b)\text{식을 대입)} \\ &= \frac{1}{n}\sigma^2 + \frac{(\overline{x})^2}{\sum_{i=1}^{n}(x_i - \overline{x})^2}\sigma^2 \end{aligned}$$

이러한 사실로부터, a에 대한 분산은 어렵지 않게 유도할 수 있다. 하지만, 증명하는 과정에서 확률변수 $\overline{Y}$와 b가 독립이어서, 공분산이 0이 된다는 증명이 추가로 필요하다. 이에 대한 자세한 언급은 이 책의 범위를 벗어나므로 생략하기로 한다.

[예제 5] [예제 1]에서 얻은 데이터 세트 {(1, 2.69), (2, 4.38), (3, 8.13)}에 대하여, (성질 6)에 나타난 모든 통계량을 계산하고, R의 결과와 비교하여라. (신뢰수준은 80%로 설정하고, 앞에서 계산된 $a=-0.373$, MSE=0.707, $\sum_{i=1}^{3}(x_i-\overline{x})^2=2$, $\overline{x}=2$ 결과를 이용하여라.)

먼저 α에 대한 추정량 a의 분산에 대한 추정량과 표준오차 $\hat{\sigma}(a)$은 다음과 같이 계산된다.

$$\widehat{\sigma^2}(a) = \left(\frac{1}{n} + \frac{(\overline{x})^2}{\sum_{i=1}^{n}(x_i-\overline{x})^2}\right) MSE = \left(\frac{1}{3}+\frac{2^2}{2}\right)0.707 = 1.650$$

$$\Rightarrow \hat{\sigma}(a) = \sqrt{1.650} = 1.2845$$

귀무가설 $H_0 : \alpha = 0$, 대립가설 $H_1 : \alpha \neq 0$에 대하여, 검정통계량 t값은 다음과 같이 계산된다.

$$t\text{값} = \frac{a}{\hat{\sigma}(a)} = \frac{-0.373}{1.2845} = -0.290$$

만일 귀무가설이 참이라면, 검정통계량 t값은 자유도 1인 $t-$분포를 따르게 되므로, R함수 '2*(pt(−0.290,1))'에 의하여 p값은 0.8203이 된다.

이제 α에 대한 신뢰수준 80%의 신뢰구간을 알아보도록 하자. 신뢰수준 80%는 유의수준 20%에 해당하므로, 경계점은 $t_{0.10}(1)$으로 R함수 'qt(0.90,1)'을 이용하여 3.0777임을 확인할 수 있다. 따라서 α에 대한 80% 신뢰구간은 다음과 같다.

$$a \pm t_{\alpha/2}(n-2)\,\hat{\sigma}(a) = -0.373 \pm 3.0777 \times 1.2845 \Rightarrow \alpha\text{의 80\% 신뢰구간} : (-4.326,\ 3.580)$$

이제 R을 통하여 계산된 통계량 값들을 확인하여 보자.

```
> x=1:3; y = c(2.69, 4.38, 8.13)
> M1 = lm(y ~ x); summary(M1)
...
Coefficients:
              Estimate  Std. Error  t value    Pr(>|t|)
(Intercept)  -0.3733      1.2846    -0.291      0.820
...
> confint(M1, '(Intercept)', level=0.80)
                   10 %       90 %
(Intercept) -4.327035  3.580369
```

반올림 오차를 고려하면, 결과값이 실제로 계산한 값과 동일하다는 것을 확인할 수 있다.

예측값 $\hat{y}$에 관한 추론

회귀분석에서 종속변수 Y의 예측에 대한 추론을 위해서는 먼저 상수로 취급되는 Y에 대한 기대값, $E(Y)$와 확률변수로 취급되는 Y에 대한 추론은 구분하여 이해할 필요가 있다. $E(Y)$와 Y에 대한 추정량은 $\hat{y} = a + bx$로 동일하지만, 표준오차는 다르므로 가설검정이나 신뢰구간은 다르게 나타난다. 다음의 예제를 통하여 이 개념을 이해하여 보자.

[예제 6] A 대학교의 학생 평균 키를 알기 위하여, 100명의 학생을 무작위로 추출하여 키를 조사하였더니, 표본평균이 170cm로 나타났다. 표준편차가 10cm로 알려져 있다면, 경험에 의한 법칙을 이용하여, (1) A 대학교의 학생 평균 키에 대한 추정값과 95% 신뢰구간을 구하고, (2) A 대학교의 학생 키에 대한 추정값과 95% 신뢰구간을 구하여라.

경험에 의한 법칙이란, 만일 데이터 분포가 정규분포 형태의 종모양 분포에서 크게 벗어나지 않는다면, 평균을 중심으로 ± 2배 표준편차 구간은 대략 95%의 커버한다는 내용이다. 만일 A대학교의 학생 평균 키를 알고자 한다면, 100명의 학생을 대상으로 조사한 표본평균, 170cm가 추정값이 될 것이며, 표본평균의 표준오차 또는 표준편차는 $\sigma/\sqrt{n}$이므로 1cm가 된다. 따라서 경험에 의한 법칙에 의하여, 95% 신뢰구간은 170 ± 2(표준편차)가 되어, (168, 172) 구간이 된다. 이는 95%의 확신을 가지고 학생의 평균 키는 (168, 172) 구간에 있을 것이라고 추측할 수 있다는 의미이다.

만일 A대학교에서 임의로 한 학생을 선택하여 키를 측정하였을 때, 이 학생 키의 추정값은, 학생 평균 키에 대한 추정값과 동일하게, 170cm가 된다. 즉, A대학교의 학생 평균 키에 대한 추정량과 A대학교 한 학생의 키에 대한 추정량은 170cm로 동일하다는 것이다. 하지만, 한 학생의 키에 대한 표준오차는 10cm이므로, 경험에 의한 법칙에 따른 95% 신뢰구간은 (150, 190)으로, 평균에 대한 신뢰구간 (168, 172)와는 완전히 다른 구간이 만들어진다. 이는 A대학교 95% 학생들의 키는 대략 (150, 190) 구간에 속한다는 의미이다. 이와 같이, 예측값 평균에 대한 추론과 예측값에 대한 추론은, 비록 추정량은 같지만 표준오차는 완전히 다른 값이라는 것을 이해하고 있어야 한다.

이제 이러한 개념을 회귀분석에 적용하여 보자. x 값이 주어졌을 경우, Y에 대한 기대값, $E(Y)$에 대한 추정량과 확률변수로 취급되는 Y에 대한 추정량은 $\hat{y} = a + bx$로 동일하지만, 표준오차를 다른 값을 갖는다. 사실 상수로 취급되는 $E(Y)$의 추정량에 대한 분산은 $Var(\hat{y})$으로 $Var(a) + x^2 Var(b)$의 형태가 된다. 하지만, 확률변수로 취급되는 Y에 대한 분산은 상수의 형태인 분산이 0이 되는 $\alpha + \beta x$과 확률변수로 취급되는 분산이 σ^2이 되는 오차항 ϵ으로 구성되어 있으므로, σ^2이 더해지게 된다. 이를 요약하면, 다음과 같다.

$$Var(\hat{E}(Y)) = Var(a) + x^2 Var(b), \quad Var(\hat{Y}) = Var(a) + x^2 Var(b) + \sigma^2$$

[성질 8] 단순 회귀모형에서 $E(Y)$에 대한 추정량과 Y에 대한 최소제곱법 추정량은 $\hat{y} = a + bx$으로, 다음과 같은 성질을 가지고 있다.

(1) 최소제곱법으로 유도된 $\hat{y} = a + bx$는 $E(Y)$와 Y에 대한 불편추정량이며, 평균 $\alpha + \beta x$와 다음과 같은 분산을 갖는 정규분포를 따른다.

$$Var(\hat{E}(Y)) = \left(\frac{1}{n} + \frac{(x - \bar{x})^2}{\sum_{i=1}^{n}(x_i - \bar{x})^2} \right) \sigma^2, \quad Var(\hat{Y}) = \left(1 + \frac{1}{n} + \frac{(x - \bar{x})^2}{\sum_{i=1}^{n}(x_i - \bar{x})^2} \right) \sigma^2$$

(2) σ^2에 대한 불편추정량은 MSE이므로, $E(Y)$와 Y추정량에 대한 표준오차는 다음과 같으며, 스튜던트화된 추정량 $\hat{y}$는 자유도가 $n-2$인 $t-$분포를 따르게 된다.

$E(Y)$와 Y 추정량 분산에 대한 불편추정량 :

$$\widehat{Var}(\hat{E}(Y)) = \left(\frac{1}{n} + \frac{(x - \bar{x})^2}{\sum_{i=1}^{n}(x_i - \bar{x})^2} \right) MSE, \quad \widehat{Var}(\hat{Y}) = \left(1 + \frac{1}{n} + \frac{(x - \bar{x})^2}{\sum_{i=1}^{n}(x_i - \bar{x})^2} \right) MSE$$

따라서 $E(Y)$와 Y에 대한 스튜던트화된 추정량 $\hat{y} = a + bx$는 자유도 $n-2$인 $t-$분포를 따른다.

$$T = \frac{a + bx - (\alpha + \beta x)}{\sqrt{\widehat{Var}(\hat{E}(Y))}} \sim t(n-2), \qquad T = \frac{a + bx - (\alpha + \beta x)}{\sqrt{\widehat{Var}(\hat{Y})}} \sim t(n-2)$$

(3) $E(Y)$에 대한 $100(1-\alpha)\%$ 신뢰수준의 신뢰구간은 다음과 같다.

$$\hat{y} \pm t_{\alpha/2}(n-2)\sqrt{\widehat{Var}(\hat{E}(Y))}$$

또한, Y에 대한 $100(1-\alpha)\%$ 신뢰수준의 신뢰구간은 다음과 같다.

$$\hat{y} \pm t_{\alpha/2}(n-2)\sqrt{\widehat{Var}(\hat{Y})}$$

Y와 $E(Y)$의 추정량에 대한 분산은 σ^2에 대한 불편추정량인 MSE만큼 차이가 난다는 사실을 [성질 8]에서 보여주고 있다. 따라서 동일한 신뢰수준의 x 값이라 하여도 Y에 대한 신뢰구간 폭이 넓을 수밖에 없다. $E(Y)$에 대한 신뢰구간은 평균이 아마도 이 구간 내에 있을 것이라는 의미이고, Y에 대한 신뢰구간의 의미는 신뢰수준 만큼의 데이터가 이 구간 내에 존재할 것이라는 의미이기 때문에 확실하게 다른 의미를 갖는다. 예를 들어, 데이터가 신뢰수준 99%에서 Y에 대한 신뢰구간 밖에 위치해 있다면, 그 데이터는 회귀모형에 맞지 않은 **극단값(outlier)**일 가능성이 높다고 판단할 수 있다.

[성질 8]에서 주목해야 하는 또 다른 부분은 $(x-\bar{x})^2$항이다. 우리가 Y 또는 $E(Y)$에 대한 신뢰구간을 계산할 때, 추론하고자 하는 x값이 독립변수의 평균값인 $\bar{x}$와 일치하는 경우, $(x-\bar{x})^2$항은 0이 되어 신뢰구간 폭은 최소가 된다. 반대로 추리가 추론하고자 하는 x 값이 독립변수의 평균값인

그림 13-3 $E(Y)$과 Y에 대한 신뢰구간

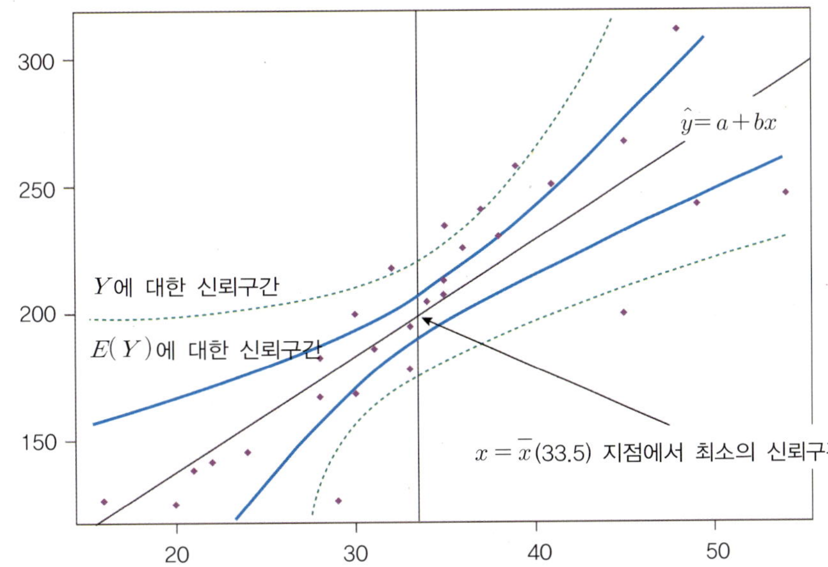

$\bar{x}$로부터 멀리 떨어져 있는 경우는 $(x-\bar{x})^2$항은 커져서 신뢰구간 폭은 커지게 된다. 따라서 Y 또는 $E(Y)$에 대한 신뢰구간은 $\bar{x}$ 지점에서 최소가 되는 [그림 13-3]과 같은 밴드를 형성하게 된다.

[예제 7] [예제 1]에서 얻은 데이터 세트 {(1, 2.69), (2, 4.38), (3, 8.13)}에 대하여, (성질 7)에 나타난 모든 통계량을 계산하고, R의 결과와 비교하여라. (신뢰수준은 95%로 설정하고, 앞에서 계산된 $a=-0.373$, $b=2.72$, MSE = 0.707, $\sum_{i=1}^{3}(x_i-\bar{x})^2=2$, $\bar{x}=2$, 그리고 R함수 'qt(0.975,1)'에 해당하는 값, $t_{0.025}(1)=12.706$ 결과를 이용하여라.)

먼저 $x=1$인 경우, $\hat{y}$은 $-0.373+2.72\times1=2.347$이 되어 $E(Y)$와 Y에 대한 추정값이 된다. $E(Y)$와 Y에 대한 추정량의 분산과 95% 신뢰구간은 다음과 같이 계산된다.

$E(Y)$ 추정량에 대한 분산과 표준오차 :

$$\widehat{Var}(\hat{E}(Y))=\left(\frac{1}{n}+\frac{(x-\bar{x})^2}{\sum_{i=1}^{n}(x_i-\bar{x})^2}\right)MSE=\left(\frac{1}{3}+\frac{1}{2}\right)\times 0.707=0.589\text{, 표준오차}=\sqrt{0.589}$$

$E(Y)$에 대한 신뢰수준 95% 신뢰구간 :

$$\hat{y}\pm t_{\alpha/2}(n-2)\sqrt{\widehat{Var}(\hat{E}(Y))}=2.347\pm 12.706\times\sqrt{0.589}=2.347\pm 9.751\Rightarrow(-7.404,\,12.098)$$

Y 추정량에 대한 분산과 표준오차 :

$$\widehat{Var}(\hat{Y}) = \left(1 + \frac{1}{n} + \frac{(x-\bar{x})^2}{\sum_{i=1}^{n}(x_i - \bar{x})^2}\right)MSE = \left(1+\frac{1}{3}+\frac{1}{2}\right) \times 0.707 = 1.2962,\ \text{표준오차} = \sqrt{1.2962}$$

Y에 대한 신뢰수준 95% 신뢰구간 :

$$\hat{y} \pm t_{\alpha/2}(n-2)\sqrt{\widehat{Var}(\hat{Y})} = 2.347 \pm 12.706 \times \sqrt{1.2962} = 2.347 \pm 14.4659 \Rightarrow (-12.1189, 16.8129)$$

$x=2$인 경우, $\hat{y}$은 $-0.373 + 2.72\times2 = 5.067$이 되어 $E(Y)$와 Y에 대한 추정값이 된다. 여기서 x와 $\bar{x}$가 일치하므로, 분산과 신뢰구간 폭은 x 값 중에서 최소가 된다. $E(Y)$에 대한 분산과 95% 신뢰구간은 다음과 같이 계산된다.

$E(Y)$에 대한 분산과 표준오차 :

$$\widehat{Var}(\hat{E}(Y)) = \left(\frac{1}{3}+0\right) \times 0.707 = 0.2357,\ \text{표준오차} = \sqrt{0.2357}$$

$E(Y)$ 에 대한 신뢰수준 95% 신뢰구간 :

$$5.067 \pm 12.706 \times \sqrt{0.2357} = 5.067 \pm 6.1686 \Rightarrow (-1.102, 11.236)$$

Y 추정량에 대한 분산과 표준오차 :

$$\widehat{Var}(\hat{Y}) = \left(1+\frac{1}{3}+0\right) \times 0.707 = 0.9427,\ \text{표준오차} = \sqrt{0.9427}$$

Y에 대한 신뢰수준 95% 신뢰구간 :

$$5.067 \pm 12.706 \times \sqrt{0.9427} = 5.067 \pm 12.3366 \Rightarrow (-7.2696, 17.4036)$$

$x=3$인 경우, $\hat{y}$은 $-0.373 + 2.72\times3 = 7.787$이 되어, $E(Y)$와 Y에 대한 추정값이 된다. $E(Y)$에 대한 분산과 95% 신뢰구간은 다음과 같이 계산된다.

$E(Y)$에 대한 분산과 표준오차 :

$$\widehat{Var}(\hat{E}(Y)) = \left(\frac{1}{3}+\frac{1}{2}\right) \times 0.707 = 0.589,\ \text{표준오차} = \sqrt{0.589}$$

$E(Y)$에 대한 신뢰수준 95% 신뢰구간 :

$$7.787 \pm 12.706 \times \sqrt{0.589} = 7.787 \pm 9.751 \Rightarrow (-1.964, 17.538)$$

Y 추정량에 대한 분산과 표준오차 :

$$\widehat{Var}(\hat{Y}) = \left(1+\frac{1}{3}+\frac{1}{2}\right) \times 0.707 = 1.2962,\ \text{표준오차} = \sqrt{1.2962}$$

Y에 대한 신뢰수준 95% 신뢰구간 :

$$7.787 \pm 12.706 \times \sqrt{1.2962} = 7.787 \pm 14.4659 \Rightarrow (-6.6789, 22.2529)$$

이제 R 함수를 이용하여 예측값과 예측값에 대한 기대값, Y와 $E(Y)$에 대한 95% 신뢰구간을 확인하여 보자. 예측값에 대한 R 함수는 'predict()'이다. 디폴트가 95%이므로 신뢰수준은 별도로 설정할 필요가 없으며, 회귀분석에 대한 객체 'M1'을 생성하고, 예측하고자 하는 x값을 데이터프레임 형태로 입력하여야 한다. 그리고 예측값에 대한 기대값 $E(Y)$의 신뢰구간을 얻고자 한다면 interval="confidence" 옵션을 사용한다. 만일 Y에 대한 신뢰구간을 얻고자 한다면 interval="prediction" 옵션을 사용한다. 이에 대한 R코드와 결과를 살펴보면 다음과 같다.

```
> x=1:3; y = c(2.69, 4.38, 8.13)
> M1 = lm(y ~ x)
> predict(M1, newdata=data.frame(x=c(1,2,3)), interval="confidence")
       fit       lwr      upr
1 2.346667 -7.408099 12.10143
2 5.066667 -1.102789 11.23612
3 7.786667 -1.968099 17.54143
> predict(M1, newdata=data.frame(x=c(1,2,3)), interval="prediction")
       fit        lwr      upr
1 2.346667  -12.121988  16.81532
2 5.066667   -7.272244  17.40558
3 7.786667   -6.681988  22.25532
```

반올림 오차로 인하여, 실제로 계산한 값과는 약간의 차이는 있지만, 소수점 첫 번째 또는 두 번째 자리까지는 거의 비슷한 수치임을 확인할 수 있다.

13.3 잔차분석

이제 데이터를 이용한 최소제곱법으로 만들어진 회귀모형이, 특별한 문제는 없는지를 사용해도 괜찮은지를 판단하는 과정을 알아보도록 하자. 이러한 과정을 **회귀진단(regression diagnosis)**이라 한다. 이는 마치 병원에서 의사가 환자의 상태를 점검하는 과정과 같이, 추정된 회귀모형을 여러 각도에서 점검해 보는 과정을 의미한다. 대부분의 회귀진단은 회귀모형으로부터 나타난 잔차를 통하여 이루어지므로, **잔차분석(residual analysis)**이라 부르기도 한다.

잔차의 이해

먼저 잔차에 대한 성질을 알아보고 잔차의 내적/외적 스튜던트화에 대하여 알아보도록 하자.

[성질 9] 실제값 y_i와 최소제곱법에 의하여 추정된 예측값 $\hat{y_i}$의 차이인 잔차 $e_i = y_i - \hat{y_i}$는 다음 조건을 만족한다.

$$\sum_{i=1}^{n} e_i = 0 \ , \quad \sum_{i=1}^{n} x_i \, e_i = 0 \ , \quad \sum_{i=1}^{n} \hat{y_i} \, e_i = 0$$

최소제곱법은 오차제곱합 SSE를 최소화하는 $\hat{y} = a + bx_i$식을 찾는 것으로, 다음과 같은 정규방정식을 만족해야 한다고 언급하였다.

$$\frac{\partial \, SSE}{\partial \, a} = 0 \Leftrightarrow \sum_{i=1}^{n} (y_i - (a + b x_i)) = 0 \Leftrightarrow \sum_{i=1}^{n} e_i = 0$$

$$\frac{\partial \, SSE}{\partial \, b} = 0 \Leftrightarrow \sum_{i=1}^{n} x_i \, (y_i - (a + b x_i)) = 0 \Leftrightarrow \sum_{i=1}^{n} x_i \, e_i = 0$$

$$\sum_{i=1}^{n} \hat{y_i} \, e_i = \sum_{i=1}^{n} (a + bx_i) \, e_i = a \sum_{i=1}^{n} e_i + b \sum_{i=1}^{n} x_i \, e_i = 0$$

실제값과 예측값의 차이를 나타내는 잔차의 평균은 항상 0이므로, 잔차에 대한 표준편차로 나누면 **표준화된 잔차**(standardized residual), **스튜던트화된 잔차**(studentized residual), **내적 스튜던트화된 잔차**(internally studentized residual)라 부르고 r_i라 표기한다. R에서 잔차값은 'residuals()' 함수를 통해 제공받을 수 있으며, 내적 스튜던트화된 잔차는 'rstandard()' 함수를 통해 값을 제공받을 수 있다. 만일 잔차 값이 '4'로 나타났다면, 이 값은 종속변수 y의 스케일에 따라 클 수도, 작을 수도 있는 수치이다. 하지만 내적 스튜던트화된 잔차는 대략 평균 0, 표준편차가 1이 되므로, '4'라는 수치는 극단값으로 취급될 수 있다. 즉, 예측값 $\hat{y}$가 실제값 y로부터 멀리 떨어져 있는 문제가 있는 데이터 포인트라고 판단할 수 있다는 것이다. 이와 같이 잔차를 스튜던트화한 값이, ± 2밖으로 벗어난 수치는 일반적인 극단값이라 볼 수 있으며, ± 3밖으로 벗어난 수치는 심각한 상태의 극단값이라고 판단할 수 있다.

내적 스튜던트화된 잔차는 적절한 개념으로 보이지만, 엄밀히 따지면, 잔차 e_i를 표준오차 $s(e_i)$ 나눈 통계량으로, 정확하게 스튜던트 $t-$분포를 따른다고 볼 수 없다. 그 이유는, t값의 분자에 해당하는 잔차 e_i와 분모에 해당하는 표준오차 $s(e_i)$는 서로 독립성을 유지하지 못하기 때문이다. 잔차 e_i와 표준오차 $s(e_i)$의 독립을 유지하면서 만들어진 잔차를 **외적 스튜던트화된 잔차**(externally studentized residual)라 부르고 $r_{(-i)}$라 표기한다. 외적 스튜던트화된 잔차는 잔차 e_i와 표준오차 $s(e_i)$의 독립성을 만들기 위하여, $s(e_i)$대신 $i-$번째 데이터를 제외한 표준오차의 추정량, $s_{(-i)}(e_i)$를 사용한다.

외적 스튜던트화된 잔차 $r_{(-i)}$는 데이터 수가 많아지면 계산량이 많아진다는 단점을 가지고 있다. 예를 들어, 100개의 데이터를 분석하는 경우, $r_{(-1)}$은 첫 번째 데이터를 제거한 후, 나머지 99개의 데이터로 회귀모형을 만든 후, 이에 대한 $s_{(-1)}(e_1)$를 추정하여 첫 번째 데이터 y_1과 비교한 잔차 e_1[6]을 스튜던트화한 값이다. 이러한 과정을 모든 데이터에 적용하면, 99개의 데이터를 적용한 최소제곱법에 따른 회귀모형을 100개 만들어야 하기 때문에 컴퓨터의 계산부담이 커지게 된다. 따라서, 컴퓨터 계산의 효율성을 위하여, 데이터 수가 천 개 넘어가는 경우는 외적 스튜던트화된 잔차보다는 내적 스튜던트화된 잔차를 사용하는 것이 바람직하다. 반대로 데이터 수가 작은 경우에는 외적 스튜던트화된 잔차를 사용하여 정확한 분석을 진행할 수 있다. 데이터 수가 큰 경우에는 $r_{(-i)}$와 r_i는 거의 비슷한 수치를 제공하는 것으로 알려져 있다. R에서 외적 스튜던트화된 잔차 $r_{(-i)}$는 'rstudent()' 함수를 통하여 제공받을 수 있다. 이제 잔차분석을 통하여 회귀모형을 진단하는 방법에 대하여 알아보도록 하자.

회귀진단

최소제곱법에 의하여 회귀모형이 만들어지면, 7개 항목에 대한 회귀모형의 진단이 이루어지며, 여기에는 회귀분석을 위하여 요구되는 5가지 가정이 포함된다. 먼저 회귀분석에서 요구되는 5가지 가정에 대하여 알아보도록 하자.

그림 13-4 비선형 데이터를 선형모형에 적합한 경우

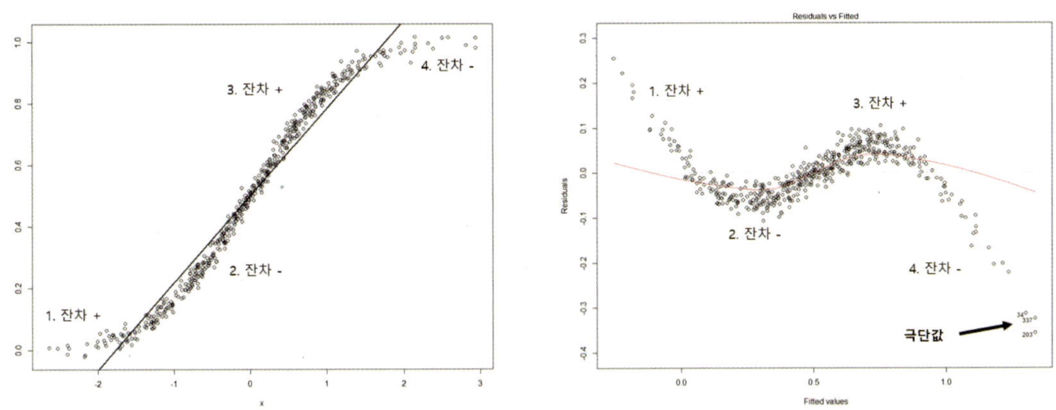

진단 1 두 변수를 포함한 모집단은 $y=\alpha+\beta x+\epsilon$ 관계를 가지고 있으며, 이들 중 일부가 데이터로 표현된 것이다.

이를 요약하면, 종속변수 y는 절편항 α와 βx그리고 오차항 ϵ으로 구성된 3개 항의 합으로 만들어진 가법모형이며, 1차 항의 함수로 구성된 선형모형이라는 것이다. 만일 모집단의 관계가 비선형 함수형태

6) 이때 사용하는 잔차는 100개 데이터를 기반으로 계산된 잔차이다.

를 가지고 있다면, 잔차의 모습이 무작위가 아닌 특별한 형태의 모습을 가지게 된다.

데이터가 선형모형에 적합되었을 경우, 그리고 추정된 모형이 적절하다면, 잔차는 무작위형태로 나타나야 한다. 만일 데이터가 'S'자 모양의 비선형관계를 가지고 있음에도 불구하고 선형모형으로 적합하였다면, [그림 13-4]의 왼쪽 그림과 같이 일정한 패턴을 가진 잔차의 모습이 나타나게 된다. [그림 13-4]의 오른쪽 그림은 'Fitted values'라 부르는 예측값 $\hat{y}$를 $x-$축으로 하고, 선형으로 잘못 적합한 회귀모형의 잔차를 $y-$축으로 하여 만들어진 산점도를 그린 것이다. [그림 13-4]를 살펴보면, 보면 잔차가 무작위로 흩어져 있지 않고, 누운 S자 형태의 특정한 패턴을 보이고 있는 것을 확인할 수 있다. 이러한 잔차의 형태가 선형성 위반의 전형적인 특징이다.

추가로 R에서는 데이터의 선형성을 전반적으로 검토하는 'Global Validation of Linear Models Assumptions'의 의미를 갖는 'gvlma' 패키지의 'gvlma()' 함수가 있다. 이 함수는 잔차를 분석하여 잔차에 대한 분포가 정규분포로부터 얼마나 멀어져 있는지를 검정하는 함수로, 귀무가설은 '잔차가 선형성과 정규성을 잘 따른다'라고 설정하고 접근한다.

진단 2 오차항 ϵ는 서로 독립이다.

회귀모형으로부터 관찰된 오차항이 잔차이다. 따라서 잔차에 대한 독립성을 검토하는 것은 중요한 진단과정 중 하나이다. 독립성에 대한 가정은 잔차가 서로 영향도 받지 않는다는 것으로, 이에 대한 검정으로 **Durbin-Watson 검정**(Durbin-Watson test)이 있다.

진단 3 오차항 ϵ의 기대값은 0이라는 불편성에 대한 진단

회귀분석에서 잔차의 합은 0이 되므로 불편성이 만족하는 것처럼 보인다. 하지만 이것은 최소제곱법의 특징이고, 데이터의 특징을 의미하는 것은 아니다. 불편성에 대한 검토는 데이터를 측정하는 과정에서 발생할 수 있는 오차에 대한 가능성을 검토하고, 이러한 오차가 바이어스를 가질 가능성을 검토하는 과정에서 이루어진다.

진단 4 오차항 ϵ은 일정한 분산 σ^2, 등분산성 가정에 대한 진단

등분산성에 대한 진단은 잔차의 분산이 $\hat{y}$ 또는 x값에 따라 어떻게 변하는 지를 관찰하면서 판단한다. 등분산성에 대한 가정이 깨졌을 경우는 다양한 형태의 변수 변환을 통하여 이 문제를 극복할 수 있다. R에서는 어떠한 변수 변환이 분산 안정화에 적절한지를 제안해 주는 함수를 제공하고 있는데, 등분산성 가정이 깨졌을 경우 활용하면 도움이 된다.

등분산성에 대한 검토는 잔차를 표준화하고 절대값을 취한 후 루트를 취한 값을, $\hat{y}$값[7]에 따라 일정 수준을 유지하는지를 관찰함으로써 점검한다. 이처럼 $x-$축은 $\hat{y}$값으로, $y-$축은 표준화된 잔차의 절대

7) 예측값 변화에 따른 분산의 변화를 살펴보면서 등분산성을 검토하는 것이 일반적이다. 하지만, 반드시 예측값의 변화로 등분산성 검토를 해야 할 필요는 없다. 예를 들어, 독립변수 값의 변화에 따라 분산의 변화를 살펴보면서 등분산성을 진단할 수도 있다.

값에 대한 루트값으로 그린 산점도를 'scale-location plot'이라 부른다. 또한, 'car' 패키지의 'Non-Constant Error Variance Test'의 의미를 갖는 'ncvTest()' 함수를 이용하여 등분산성에 대한 통계적 가설가정을 진행할 수 있다. 디폴트는 예측값인 $\hat{y}$에 따라 분산이 일정한지를 판단하는 검정이며, 독립변수 값에 따라 분산이 일정한지를 판단하는 옵션을 추가로 설정할 수 있다. 귀무가설은 '잔차가 등분산성을 만족한다'라는 가설이다.

만일 'ncvTest()' 결과, p값이 유의수준 5%보다 작게 나타나서 '잔차가 등분산성 가정을 만족한다' 라는 귀무가설을 기각하게 되는 경우, 12장에서 언급한, 변수 변환의 형태인, **분산 안정화 변환(variance stabilizing transformation)**을 사용할 수 있다. 이러한 변수 변환은 등분산성을 유지하는데 필요하기도 하지만, 그 이상의 다른 목적으로 사용하는 경우도 있다. 변수 변환의 다른 목적으로는 잔차에 대한 분포를 조금 더 대칭모양의 종모양 형태로 바꾸어 정규분포에 근접하도록 만들기 위하여 사용하는 경우도 있고, 회귀모형에서 가정하는 선형성을 더욱 잘 적합하기 위해서도 활용되는 경우도 있다. [표 13-3]은 분산 안정화, 정규성, 선형성을 위한 변수의 변환형태를 보여주고 있다.

[표 13-3] 분산 안정화, 정규성, 선형성을 위한 변환

σ^2 과 $\hat{y}$ 의 관계	변수변환
$\sigma^2 \propto$ 상수	변환 필요없음. (등분산성 만족)
$\sigma^2 \propto \hat{y}$	$\sqrt{y}$ (제곱근 변환, 포아송 데이터)
$\sigma^2 \propto (\hat{y})^2$	$\log y$ (자연로그 변환, 가장 많이 적용됨.)
$\sigma^2 \propto (\hat{y})^4$	$1/y$ (역수 변환)
Fox의 Power 변환	y^{λ} (λ 값은 데이터로부터 추정)
Box-Cox 변환	$(y^{\lambda}-1)/\lambda$ (λ 값은 데이터로부터 추정)

[표 13-3]을 살펴보면 다양한 형태의 변수 변환이 있는데, 그중에서 가장 보편적으로 사용되는 방법이 Fox의 **power 변환(power transformation)**과 **Box-Cox 변환(Box-Cox transformation)**이다. Power 변환과 Box-Cox 변환은 다른 변환과 다르게 데이터를 분석하여 최적의 지수(power)인 λ값을 추정하여 제공하여 준다. R에서는 car 패키지에서 이러한 함수를 제공하고 있으며, power 변환은 'spreadLevelPlot() 또는 slp()' 함수에서 λ값을 제공하고 있고, Box-Cox 변환의 λ값은 'powerTransform()' 함수에서 제공하고 있다.

진단 5 오차항 ϵ 은 정규분포를 따른다.

이에 대한 진단은 잔차에 대한 정규확률도나 **Shapiro-Wilk 검정(Shapiro-Wilk test)**을 통하여 확인할 수 있다. 하지만, 회귀분석에서 정규성에 대한 가정은 그렇게 중요하지 않은 가정으로 알려져 있다. 즉, 잔차의 분포가 정확하게 정규분포를 따르지 않더라도, 대략 종모양의 형태를 가지고 있다면 회귀분석에 큰 문제가 되지 않는다. 특별히 최소제곱법을 이용한 회귀모형 추정에서는, 잔차가 정규분포를 따르지 않더라도 최상의 추정량(BLUE)을 제공한다는 가우스-마코브 정리에 따라, 정규성 가정 검토를 조금 완화하여 적용할 수 있다.

이처럼, 회귀분석에서 요구되는 5가지 가정에 대하여 알아보았다. 회귀진단에서는 이러한 5가지 가정 이외에도 검토해야 하는 사항이 두 가지 더 있다.

진단 6 회귀모형을 왜곡시키는 **영향점(influential point)**이 없어야 한다.

회귀분석에서 영향점이란 회귀모형 추정에 결정적 영향을 미치는 데이터 포인트 또는 관측값을 의미한다. 즉, 어떠한 관측값이 회귀분석에 포함되는 경우와 포함되지 않는 경우 회귀계수를 포함한 모수의 추정값이 크게 바뀌어 분석결과가 완전히 다르게 나타난다면, 이러한 관측값을 영향점이라고 부른다. 영향점이 되려면, 첫 번째로 잔차가 극단값이어야 한다. 즉, 잔차의 절대값 크기가 커야 한다는 것이다. 잔차의 크기를 쉽게 판단하기 위하여, 표준화된 잔차 또는 스튜던트화된 잔차를 많이 사용한다. 표준화된 잔차는 평균 0이고 표준편차 1의 분포를 따르므로, ±2밖으로 벗어나면 **약한 극단값(mild outlier)**이라 판단할 수 있으며 ±3밖으로 벗어나면 **강한 극단값(extreme outlier)**라 판단할 수 있다.

영향점이 되기 위한 두 번째 조건은 잔차의 **레버리지(leverage)** 값이 커야 한다는 것이다. 레버리지는 $(x-\bar{x})^2$ 값으로, 레버리지가 크다는 의미는 x값이 평균으로부터 멀리 떨어져 있다고 해석할 수 있으며, 영어로는 'hat value'라고 부른다. hat value는 모든 n개의 데이터가 균등하게 영향을 미쳐, $1/n$의 영향력을 갖는 것이 가장 이상적이며, 이 값에서 2배~4배 이상의 값을 가지면 높은 레버리지를 갖는다고 판단할 수 있다. [그림 13-5]는 잔차에 대한 극단값과 높은 레버리지, 그리고 두 특성을 모두 가지고 있는 영향점에 대한 의미를 그래프로 설명하고 있다.

그림 13-5 영향점, 잔차의 극단값, 레버리지 설명

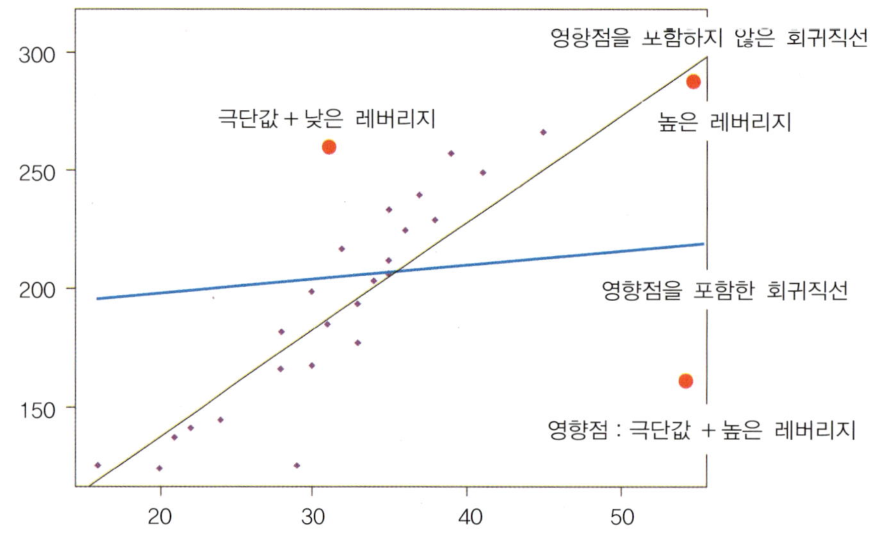

요약하면, 영향점은 잔차의 극단값에 높은 레버리지를 동시에 가지고 있는 데이터 포인트를 의미한다. 이를 한꺼번에 판단하는 통계량으로 'difference in fits' 의미를 갖는 DFFITS 통계량과 Cook's D 통계량이 있다. 데이터 $i-$번째 DFFITS 통계량은 모든 데이터, n개를 이용하여 만들어진 $i-$번째 예측값 $\hat{y}_i$과 $i-$번째 데이터를 제거한 상태의 $n-1$개 데이터를 이용하여 만들어진 $i-$번째 예측값 $\hat{y}_{(-i)}$의 차이를 스튜던트화한 수치로써, $i-$번째 데이터의 영향력을 나타내는 수치라고 볼 수 있다. 즉, $i-$번째 DFFITS 통계량 수치가 크다는 의미는 $\hat{y}_i$ 와 $\hat{y}_{(-i)}$의 차이가 크다는 의미이며, 이는 $i-$번째 데이터의 영향력이 매우 크다고 판단할 수 있게 된다. 이 절대값 수치가 $2\times\sqrt{3/(n-3)}$ 보다 크게 나타나면, 영향점이라 판단할 수 있다.

Cook's D 통계량은, DFFITS 통계량과는 달리, $i-$번째 데이터를 제거한 상태의 $n-1$개 데이터를 이용하여 만들어진 모든 $n-1$개 예측값의 차이를 고려하여 만들어진 수치이다. 이 수치가 크다는 것은, 잔차에 대한 절대값이 크면서 동시에 'hat value'인 레버리지가 크다는 것을 의미한다. Cook's D값은 SSE의 자유도인 $n-2$를 균등 배분한 $1/(n-2)$ 값을 갖는 것이 이상적이며, 이보다 4배 이상의 값, 즉 $4/(n-2)$ 보다 큰값을 가지면 이상점으로 판단할 수 있다. 하지만 이러한 판단기준은 절대적인 것이 아니다. 일반적으로, 0.5보다 크면 의심이 가는 영향점이고, 1보다 크게 나타나면 거의 확실한 영향점이라고 판단한다.

진단 7 독립변수들 사이에 높은 **다중공선성(multicollinearity)**이 존재하면 안 된다.

다중공선성이란 여러 독립변수 간에 상호의존관계 또는 상관관계를 의미한다. 즉, 높은 다중공선성이 존재한다는 의미는 독립변수 간에 높은 상관관계를 가지고 있다는 것이다. 회귀모형에서 높은 다중공선성이 발생하면, 분산이 팽창하면서[8] 모형의 정확도 떨어지고, 회귀계수에 대한 추정값이나 예측값 $\hat{y}$에 대하여 안정적이지 못한 결과를 제공한다. 하지만, 지금 우리는 독립변수가 한 개인 단순 회귀분석만을 다루고 있으므로 다중공선성 문제가 발생할 수 없는 상황이다. 따라서 다중공선성 문제는 독립변수가 두 개 이상인 다중 회귀모형에서 조금 더 자세하게 다루기로 한다.

실습 예제

이제 실제 데이터를 가지고 잔차분석을 진행하면서, 7종류의 회귀진단은 하나씩 검토해 보도록 하자. 예제에 사용할 데이터는 아파트 매매자료로 엑셀파일형식으로 '아파트 매매.xlsx' 파일이름으로 저장되어 있다. 데이터 구조를 살펴보면, 변수 'Sales'는 실제 아파트가 매매된 가격(단위: 백만원)을 의미하며, 종속변수에 해당하는 값이 된다. 변수 'Dur'은 아파트를 매매시장에 올린 날짜부터 실제 매매계약이 체결된 날짜까지의 기간을 의미하며, 면적은 아파트의 실제 전용면적을 평단위로 나타낸 수치이다. 마지막으로 'Rooms'는 화장실을 포함한 아파트의 방 수를 의미한다. 엑셀파일의

8) 이를 'variance inflation'이라 표현한다.

그림 13-6 아파트매매 데이터의 구성

	A	B	C	D	E	F
1						
2						
3		매매가격	기간	면적	방수	
4		Sales	Dur	Area	Rooms	
5		138.0	74	21	4	
6		246.0	320	54	7	
7		242.4	160	49	6	
8		145.2	175	24	4	
9		186.0	69	31	6	
10		182.1	151	28	4	
11		141.6	191	22	4	
12		229.6	75	38	5	
13		177.6	185	33	5	

데이터 내용을 살펴보면 [그림 13-6]과 같다.

엑셀파일을 읽어 R의 데이터프레임으로 만드는 한 가지 방법으로, 앞에서 사용하였듯이 엑셀파일을 실행시킨 후 데이터 영역을 마우스로 선택한 후, 'Control-C'를 이용하여 데이터 내용을 'clipboard'에 복사하고, R의 read.table()에 'clipboard'를 지정하여 읽는 방법이 있었다. 다른 방법으로는 엑셀파일을 전문적으로 다루는 'readxl' 패키지의 'read_excel()' 함수를 이용하여 데이터를 읽는 방법이다. 엑셀파일의 sheet 이름은 Data이며 데이터는 B4 셀에서 E30 셀까지 있고, 첫 번째 행은 변수이름으로 설정되어 있다. 이에 대한 R코드를 알아보면 다음과 같다.

```
> # install.packages("readxl")
> library(readxl)
> df1 = read_excel("아파트매매.xlsx", sheet='Data', range='B4:E30')
```

여기서 생성된 'df1' 객체의 클래스는 데이터프레임 이후에 만들어진 **티블(tibble)** 클래스이다. 즉, 'df1'은 26개 데이터와 4개 변수로 구성된 26×4 티블 클래스 객체인 것이다. 티블은 데이터프레임과 큰 차이는 없지만, 행이름을 처리하는 측면에서 차이가 있다. 데이터프레임은 변환하는 과정에서 행이름을 그대로 유지하지만, 티블은 행이름을 유지하지 않고 새롭게 만들어진다. 예를 들어, 티블 클래스에서 행이름이 '9'라고 하면, 변형된 티블객체를 만들었을 때마다 매번 다른 데이터 행이름으로 재설정되어 이전 행이름인 '9'를 확인할 수 없게 된다. 반면에 데이터프레임의 경우는, 데이터프레임이 변환되어도 행이름을 그대로 유지하게 된다. 행이름에 대한 유지는 회귀분석에서 영향점을 찾는 과정에서 매우 중요하므로, 데이터프레임 클래스로 바꾸어 접근하기로 한다. 'df1' 객체를 데이터프레임으로 바꾼 후, 'M1'이름의 회귀분석 객체를 생성하여 보자.

```
> df1=as.data.frame(df1)
> M1 = lm(Sales~Area, df1); summary(M1)
Call:
lm(formula = Sales ~ Area, data = df1)
Residuals:
     Min        1Q     Median      3Q       Max
 -44.911    -12.668    0.118     13.773   32.511
Coefficients:
              Estimate Std.  Error    t value    Pr(>|t|)
(Intercept)    53.2303      14.1499    3.762   0.00096 ***
Area            4.4015       0.4183   10.522    1.8e-10 ***
---
Signif. codes:  0 '***' 0.001 '**' 0.01 '*' 0.05 '.' 0.1 ' ' 1

Residual standard error: 18.52 on 24 degrees of freedom
Multiple R-squared:  0.8218,     Adjusted R-squared:  0.8144
F-statistic: 110.7 on 1 and 24 DF,  p-value: 1.804e-10
```

회귀모형에 대한 유의성은 $F-$검정의 p값이 $1.8 \times 10-10$으로 충분히 입증되었으며, 최소제곱법에 의하여 제공된 추정된 회귀방정식은 다음과 같다.

$$\hat{y}(\text{매매가격: 백만원}) = 53.23 + 4.40x(\text{면적: 평})$$

이제 회귀모형에 대한 진단을 하나씩 검토해 보도록 하자. 먼저 (진단 1)에 해당하는 모형의 선형성에 대한 적정성 여부는 잔차분석을 위한 'gvlma()' 함수를 이용한다.

```
> library(gvlma)
> gvlma(M1)
Call:
lm(formula = Sales ~ Area, data = df1)
Coefficients:
(Intercept)          Area
     53.230          4.401
ASSESSMENT OF THE LINEAR MODEL ASSUMPTIONS
USING THE GLOBAL TEST ON 4 DEGREES-OF-FREEDOM:
Level of Significance =  0.05
Call:
 gvlma(x = M1)
                       Value   p-value           Decision
Global Stat          9.95806 0.041140    Assumptions NOT satisfied!
Skewness             0.35702 0.550164    Assumptions acceptable.
Kurtosis             0.02303 0.879387    Assumptions acceptable.
```

```
Link Function          8.51237 0.003527    Assumptions NOT satisfied!
Heteroscedasticity     1.06565 0.301931    Assumptions acceptable.
```

선형 회귀모형 가정에 대한 타당성을 검증하는 'Global Validation of Linear Models Assumptions' 패키지의 'gvlma()' 결과를 살펴보도록 하자. 잔차의 정규성을 진단하기 위하여 **비대칭도(skewness)**와 **첨도(kurtosis)**를 조사하였을 경우 p값이 5%보다 크게 나타났으므로, 정규성 가정에 대해서는 큰 문제가 없는 것으로 나타났다. 또한 **이분산성(heteroscedasticity)**의 반대개념인 등분산성에 대한 가정도 p값이 0.302로 5%보다 크게 나타났으므로, 큰문제가 없는 것으로 나타났다.

하지만, 'Global Stat' 항목과 'Link Function' 항목에서는 p값이 5%보다 작게 나타났으므로 가정에 문제가 있는 것으로 나타났다. 이러한 두 항목에 대한 유의성은 **모형의 구성오차(model specification error)**, 즉 모형의 선형성 가정에 문제가 있음을 암시하고 있다. 즉, 아파트 매매가격과 면적의 관계는 단순한 직선관계가 아닐 수 있다는 가능성을 의심하게 만든다. 하지만, 데이터의 수가 많지 않으므로, 영향점을 가진 몇 개의 데이터로 인하여 이러한 회귀분석결과가 나타날 수 있으므로, 영향점을 찾아 제거한 후 다시 판단하기로 한다.

영향점을 찾기 전에 매매가격과 면적의 산점도를 이용하여 두 변수의 관계를 확인하여 보고, 외적 스튜던트화된 잔차를 이용하여 잔차도를 그려보면 ([그림 13-7])과 같다.

그림 13-7 산점도와 외적 스튜던트화된 잔차도

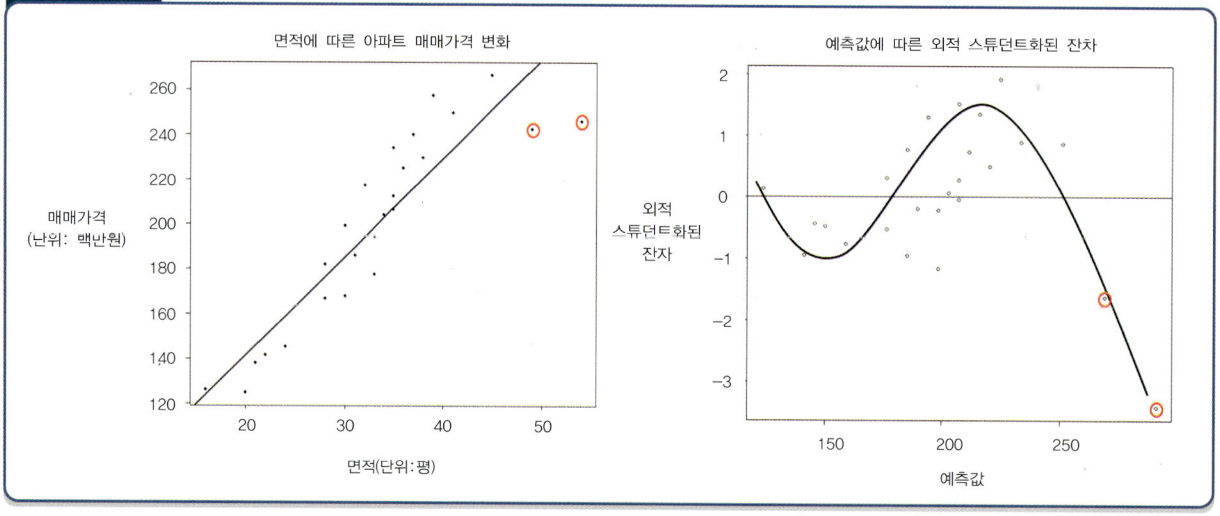


```
> plot(df1$Area, df1$Sales, pch=20, cex=1.2, xlab='면적 (단위: 평)', ylab='매매가격 (단위: 백만원)', main='면적에 따른 아파트 매매가격 변화')
> abline(M1, lwd=2)
> plot(fitted(M1), rstudent(M1), xlab='예측값', ylab='외적 스튜던트화된 잔차', main="예측값에 따른 외적 스튜던트화된 잔차")
> abline(h=0)
```

회귀분석의 단점이라면, 영향점에 매우 취약하다는 것이다. 다시 말하면, 데이터 대부분은 괜찮은데, 몇 개의 극단적 데이터로 인하여 왜곡된 결과가 나타날 수 있다. 따라서 (진단 6)에 해당하는 영향점을 미리 확인하고 제거하는 과정이 필요하다. [그림 13-7]의 왼쪽 그래프를 살펴보면, 두 건의 거래가 큰평수에서 매우 낮은 가격으로 매매되었음을 확인할 수 있다. 또한 [그림 13-7]의 오른쪽 그래프를 살펴보면, 매매가격에 대한 예측값이 큰 두 개의 거래에서 매우 낮은 잔차값을 가지고 있음을 확인할 수 있다. 아마도 이 두 개의 거래로 인하여 회귀분석의 선형성을 잃고, 독립성도 깨지면서, 등분산성이나 정규성도 깨질 수 있는 영향점일 가능성이 있다.

영향점은, 앞에서 설명한 바와 같이 잔차의 절대값 크기가 큰 극단값과 'hat value'로 표현되는 레버리지 값이 모두 큰 경우에 나타난다. 그리고 이러한 영향점은 DFFITS 통계량과 Cooks' D 통계량을 이용하여 판단하게 된다. 이를 확인하여 보면 다음과 같다.

```
> outliers = abs(rstudent(M1))>1.5
> cbind(df1[outliers,], rstud=rstudent(M1)[outliers])
    Sales   Dur  Area Rooms     rstud
2   246.0   320   54    7    -3.410073
3   242.4   160   49    6    -1.628257
12  257.4   125   39    5     1.906398
13  234.0    83   35    5     1.512461
> leverage = hatvalues(M1) > 4/26
> cbind(df1[leverage,], hatv=hatvalues(M1)[leverage])
    Sales   Dur  Area Rooms     hatv
2   246.0   320   54    7     0.2701578
3   242.4   160   49    6     0.1741776
15  126.0    62   16    4     0.1806548
> Dffits = abs(dffits(M1)) > 2*sqrt(3/(26-3))
> cbind(df1[Dffits,], dffi=dffits(M1)[Dffits])
    Sales   Dur  Area Rooms     dffi
2   246.0   320   54    7    -2.0747129
3   242.4   160   49    6    -0.7477835
> CookD = cooks.distance(M1) > 4/(26-2)
> cbind(df1[CookD,], CookD=cooks.distance(M1)[CookD])
    Sales   Dur  Area Rooms     CookD
2   246.0   320   54    7     1.4916342
3   242.4   160   49    6     0.2615923
```

외적 스튜던트화된 잔차의 절대값 크기가 1.5 이상인 극단값을 찾아보면, (2, 3, 12, 13) 데이터임을 확인할 수 있다. 또한 잔차의 레버리지를 나타내는 'hat value'는 (2, 3, 15) 데이터에서 높은 값을 보여주고 있다. 따라서 잔차의 절대값이 크면서 레버리지가 높아 영향점으로 의심되는 관측값은 (2, 3) 데이터라고 말할 수 있다. 영향점을 판단하는 DFFITS 통계량과 Cook's D 통계량을 찾아보면,

2번째 데이터와 3번째 데이터가 영향점이라는 것을 재확인할 수 있다.

R의 회귀모형 객체 'M1'은 4개의 디폴트 그래프를 제공하는데, 첫 번째 그래프는 [그림 13-7] 비슷한 잔차 그래프이고, 두 번째 그래프는 잔차의 정규성을 진단하기 위한 정규확률도이다. 세 번째 그래프는 'scale-location plot'으로 y – 축에는 스튜던트화된 잔차의 절대값에 대한 제곱근을 x – 축에는 예측값인 $\hat{y}$를 놓고 그린 산점도로 등분산성을 점검하기 위한 유용한 정보로 활용된다. 마지막 네 번째 그래프는 영향점을 파악하기 위한 그래프로, y – 축에는 스튜던트화된 잔차크기를 통하여 극단값을 확인하는 축으로 설정되어 있고, x – 축에는 $\bar{x}$로부터 얼마만큼 떨어져 있는지를 나타내는 'hat value'인 레버리지를 나타내면서 Cooks' D 값도 함께 보여주고 있다. 즉, 잔차의 극단값과 높은 레버리지는 영향점을 나타내므로 (진단 6)에 해당하는 영향점 분석에서 유용하게 사용될 수 있는 그래프이다.

[그림 13-8]은 R 코드 'plot(M1)'에 의하여 제공되는 네 번째 그래프로, 2번째 데이터와 3번째 데이터는 잔차의 절대값이 크게 나타나 극단값이면서, 레버리지 값도 높게 나타나므로 영향점으로 취급될 수 있다는 것을 확인할 수 있다.

이제 영향점으로 취급되는 2번째 데이터와 3번째 데이터를 제거한 24개 거래 데이터를 기반으로 회귀분석을 다시 진행하여 보도록 하자. 여기서 주의할 사항은 큰평수의 거래데이터는 제거되었으므로, 45평 이내의 면적에서만 이러한 회귀모형 예측이 유효한 것이며, 큰평수에 대한 아파트 매매

그림 13-8 R에서 제공하는 영향점 분석그래프

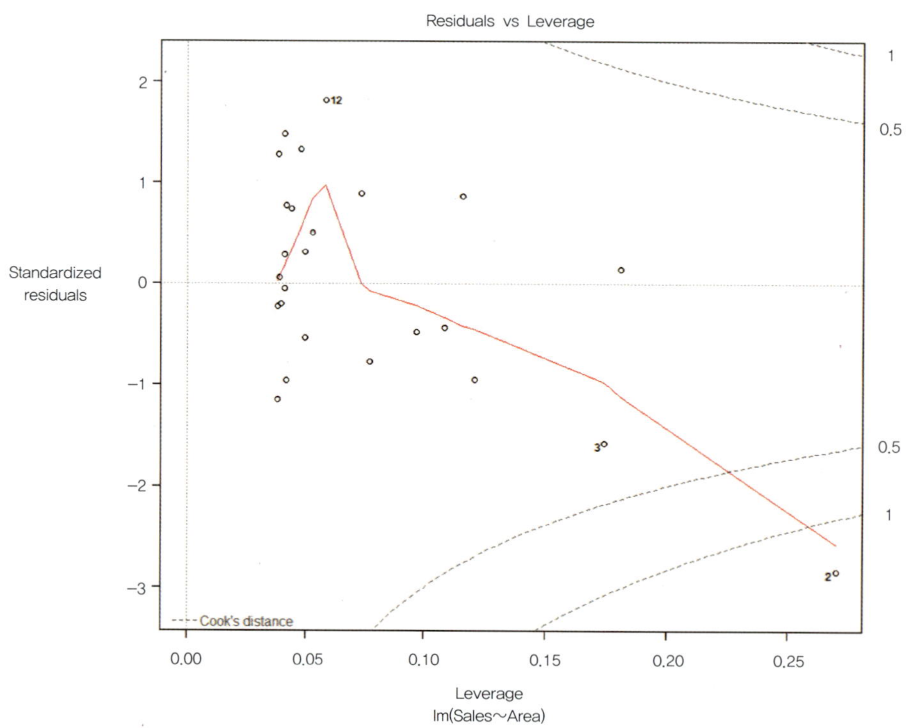

가격 예측에는 부적절할 수 있다는 것이다.

```
> df2 = df1[-c(2,3), ]
> M2 = lm(Sales~Area, df2); summary(M2)
Call:
lm(formula = Sales ~ Area, data = df2)
Residuals:
    Min      1Q   Median      3Q     Max
-26.239  -7.583  -2.715   8.064  19.523
Coefficients:
            Estimate Std. Error t value  Pr(>|t|)
(Intercept)  16.6323    11.5252   1.443     0.163
Area          5.6729     0.3612  15.705  1.94e-13 ***
---
Signif. codes:  0 '***' 0.001 '**' 0.01 '*' 0.05 '.' 0.1 ' ' 1
Residual standard error: 12.41 on 22 degrees of freedom
Multiple R-squared:  0.9181,    Adjusted R-squared:  0.9144
F-statistic: 246.6 on 1 and 22 DF,  p-value: 1.944e-13
> gvlma::gvlma(M2)
Call:
lm(formula = Sales ~ Area, data = df2)
Coefficients:
(Intercept)         Area
     16.632        5.673
ASSESSMENT OF THE LINEAR MODEL ASSUMPTIONS
USING THE GLOBAL TEST ON 4 DEGREES-OF-FREEDOM:
Level of Significance =  0.05
Call:
 gvlma::gvlma(x = M2)
                      Value   p-value                Decision
Global Stat         1.39657    0.8448 Assumptions acceptable.
Skewness            0.03149    0.8592 Assumptions acceptable.
Kurtosis            0.22197    0.6375 Assumptions acceptable.
Link Function       1.12601    0.2886 Assumptions acceptable.
Heteroscedasticity  0.01710    0.8960 Assumptions acceptable.
```

결과를 살펴보면, $F-$검정에 대한 p값은 1.9×10^{-13}으로 매우 낮은 수치를 제공하고 있으며, 결정계수는 0.9가 넘는 높은 적합도를 가지고 있음을 확인할 수 있다. 또한, 회귀모형에 대한 선형성, 잔차에 대한 정규성, 등분산성 측면에서 모두 높은 p값으로 안정적인 회귀분석이 이루어지고 있음을 확인할 수 있다. 추정된 회귀방정식은, 이전에 만들어진 회귀방정식의 기울기보다 훨씬 큰, 완전히 다른 형태의 방정식임을 확인할 수 있다.

$$\hat{y}(\text{매매가격 : 백만원}) = 16.632 + 5.673x(\text{면적 : 평})$$

이제 회귀모형 'M2' 객체를 가지고, (진단 2)에 해당하는 독립성에 대한 검정을 진행하여 보자. 독립성 가정은 잔차가 서로 영향도 받지 않는다는 가정이다. 이에 대한 통계적 검정은 Durbin-Watson 검정으로 1차 **자기상관계수(autocorrelation)**가 상관관계를 갖지 않은 0이라는 귀무가설에 대한 검정이다. R에서는 'car' 패키지의 'durbinWatsonTest()'함수를 사용하여 점검한다.

```
> car::durbinWatsonTest(M2)
 lag Autocorrelation    D-W Statistic  p-value
   1      -0.05941592      2.109097      0.848
 Alternative hypothesis: rho != 0
```

결과를 살펴보면 D-W 통계량이 2.1로 이에 해당하는 p값은 0.848로 나타나, 유의수준 5%에서 귀무가설을 기각할 수 없게 된다. 즉, 독립성 가정에는 큰무리가 없는 것으로 판단된다. (진단 3)은 오차항에 대한 불편성을 점검하는 과정으로, 데이터를 수집하는 과정에서 측정오차에 대한 바이어스가 존재하는지를 검토하는 과정이다. 아파트 거래데이터 중에서 큰평수에 해당하는 49평과 54평에서, 다른 거래 데이터와 맞지 않은 너무 낮은 매매가격이 형성되었음을 확인하였으며, 이에 대한 조사가 필요할 수 있다. 하지만, 현재 상태의 정보만으로는 오차의 불편성에 대한 자세한 점검은 진행할 수 없으므로 넘어가기로 한다.

(진단 4)에 해당하는 오차항에 대한 분산이 일정해야 한다는 등분산성에 대한 가정과 (진단 5)에 해당하는 정규성에 대한 가정을 검토해 보도록 하자. 등분산성 검정은 'car' 패키지의 'ncvTest()'함수를 통하여 진단하며, 정규성에 대한 검정은 'shapiro.test()'함수를 통하여 진단한다.

```
> car::ncvTest(M2)
Non-constant Variance Score Test
Variance formula: ~ fitted.values
Chisquare = 0.01436403, Df = 1, p = 0.9046
> shapiro.test(residuals(M2))
          Shapiro-Wilk normality test
data:  residuals(M2)
W = 0.93637, p-value = 0.1353
```

R에서 제공하는 등분산성에 대한 검정은 p 값이 0.90으로 나타나, 등분산성을 만족한다는 귀무가설을 만족한다고 볼 수 있다. (진단 5)에 해당하는 정규성에 대한 검정은 p값이 0.1353으로 나타나, 잔차가 정규분포를 따른다는 귀무가설을 유의수준 5%에서 기각할 수 없게 나타났다. [그림 13-9]는 영향점을 제거하지 않은 회귀분석 객체인 M1과 영향점을 제거한 회귀분석 객체 M2에 대한 'scale-location plot'을 비교한 것이다. 이는 'plot(M1)' 과 'plot(M2)'의 세 번째 그래프이며, 영향점 제거를 통하여 분산이 얼마나 안정화되었는지 보여주고 있다. 다음은 이에 대한 R코드이다.

그림 13-9 영향점 제거전과 후의 등분산성 변화

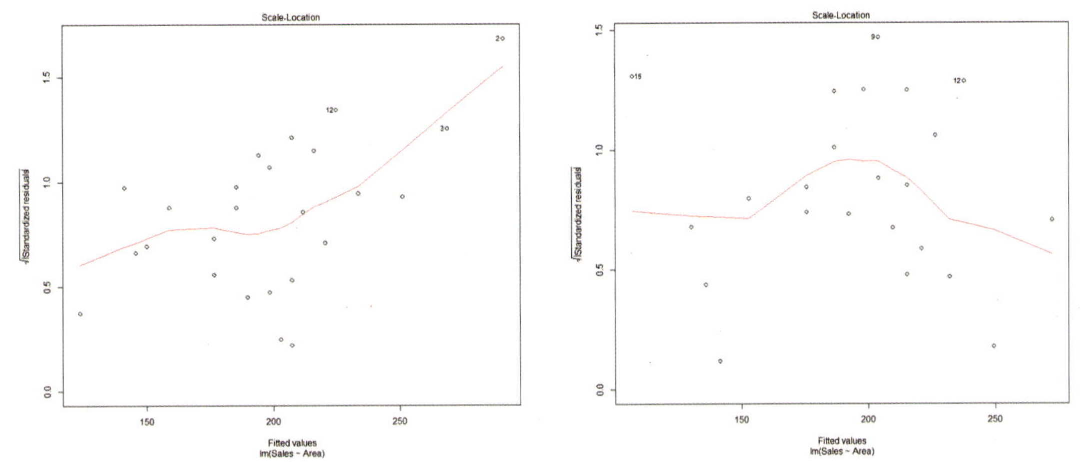


```
> plot(M1, which=3)
> plot(M2, which=3)
```

마지막으로, 앞에서 언급한 더 나은 회귀모형을 위하여 power 변환이나 Box−Cox 변환과 같은 변수 변환의 필요성에 대하여 검토해 보도록 하자.

```
> car::slp(M2) # Power 변환
Suggested power transformation: 1.020367
> car::powerTransform(M2) # Box-Cox 변환
Estimated transformation parameter
        Y1
0.1522993
```

결과를 보면, λ추정값이 power 변환에서는 대략 1의 값으로 나타나므로, 현재 상태에서 변환이 필요없는 것으로 나타난다. 하지만, Box-Cox 변환에서는 λ추정값이 0.15로 0에 가까운 값을 제공하고 있으므로 $y^{0.15}$로 변환하거나 또는 $\log(y)$변환을 제안하고 있다. 로그변환에 대한 회귀분석과 기존 회귀모형과의 비교는 수정된 결정계수 $adj-R^2$기준으로 각자 비교해 보기를 바란다.[9]

(점검 7)에 해당하는 다중공선성에 대한 검토는 이 예제에서는 해당하지 않는다. 높은 다중공선성 문제는 여러 독립변수가 상호 높은 의존관계를 가지는 경우 발생하는 문제로, 독립변수가 한 개인 단순 회귀분석에서는 의미가 없기 때문이다.

9) 모형을 평가하는 지표로 수정된 결정계수 이외에 AIC와 BIC가 있다. 이에 관한 내용은 다중 회귀모형에서 간단하게 언급하기로 한다.

13.4 다중 회귀모형

추정된 회귀방정식: 회귀평면

다중 회귀모형은 독립변수가 2개 이상인 회귀모형을 의미하며, 다중이라는 단어를 생략하고 회귀모형이라 부르기도 한다. 다중 회귀모형은, 상수로 취급되는 k 개의 독립변수 x_i와 확률변수로 취급되는 종속변수 Y로 구성된 다음과 같은 모형이다.

$$Y = \alpha + \beta_1 x_1 + \beta_2 x_2 + \cdots + \beta_k x_k + \epsilon$$

여기서 모형의 모수로 취급되는 α는 모형의 절편이 되며, β_i는 $i-$번째 독립변수 x_i 에 대한 모형의 회귀계수가 된다. 확률변수로 취급되는 오차항 ϵ은 서로 독립이면서(독립성) 평균 0(불편성), 일정한 상수값을 갖는 분산 σ^2(등분산성)을 갖는 정규분포(정규성)를 따른다고 가정한다. 최소제곱법에 의하여 만들어진 단순 회귀모형에 대한 추정된 회귀방정식은 직선의 방정식을 제공하지만, 다중 회귀모형에서는 회귀평면(regression plane)을 형성하면서, 독립변수의 수가 증가하면 그래프로 표현이 어려워진다. 최소제곱법에 의하여 만들어진 회귀평면, 즉 추정된 회귀방정식은 다음과 같다.

$$\hat{y} = a + b_1 x_1 + b_2 x_2 + \cdots + b_k x_k$$

[예제 8] R을 이용하여 독립변수인 x_1값은 1에서 10 사이의 자연수로 구성된 난수 10개를 생성하고, x_2값은 21에서 30 사이의 자연수로 구성된 난수 10개를 생성하여라. 그리고 아래 식으로 정의된 다중 회귀모형에 맞는 종속변수 Y값을 10개 생성하여, 최소제곱법에 따라 만들어진 추정된 회귀방정식인 회귀평면을 그려라.

$$Y = 1 + 2x_1 + 3x_2 + \epsilon \text{ , 여기서 } \epsilon \sim N(0, 10^2)$$

먼저 난수를 이용하여 데이터를 생성하여 보자. R에서는 0에서 1 사이의 균등분포는 uniform distribution의 약자로 'unif' 용어를 사용한다. 그리고 앞에 난수, random number를 의미하는 r을 붙여 'runif()' 함수를 사용한다. 균등분포로 생성된 0에서 1 사이의 난수에 10을 곱하여 0에서 10 사이의 난수를 생성하고 'trunc()'함수를 이용하여 소수점을 제거한 후, 1을 더하면 1에서 10 사이의 난수가 발생한다. 그리고 이러한 난수를 10개 생성하여 첫 번째 독립변수 x_1만든다. 두 번째 독립변수 x_2는 동일한 과정을 거치지만, 1 대신 11을 더하면 11에서 20 사이의 난수가 만들어진다. 또한, 회귀모형에 확률변수로 취급되는 오차항 ϵ은 'rnorm(10, 0, 10)' 함수를 이용하여, 10개의 난수를 평균 0, 표준편차 10을 가진 정규분포로부터 생성한다. 그리고 균등분포로부터 생성된 x_1, x_2값과 정규분포로부터 생성된 난수를 다중 회귀모형에 대입하면 종속변수 Y를 생성할 수 있다.

```
> # install.packages('scatterplot3d')
> library(scatterplot3d)
> x1 = trunc(runif(10)*10)+1
> x2 = trunc(runif(10)*10)+11
> y = 1+ 2*x1 + 3*x2 + rnorm(10, 0, 10)
> data.frame(x1, x2, y)
   x1  x2      y
1   4  14  50.75980
2   1  16  41.39093
3   4  13  23.55423
4   5  19  62.02147
5   1  18  59.09995
6   7  18  77.93622
7  10  12  44.25575
8   4  14  58.86981
9   8  19  82.66984
10 10  13  79.87974
```

다음으로 생성된 가상 데이터를 대상으로, 최소제곱법에 의한 다중 회귀분석을 진행한다. R에서 다중 회귀분석은 단순 회귀분석과 비슷한 명령어를 가지고 있지만 '+' 연산자를 통해 여러 독립변수를 연결할 수 있다. 즉 'lm(y~x1+x2)'을 사용하여 다중 회귀모형을 만들 수 있다. 아래의 R코드 결과를 보면, 최소제곱법을 통하여 계산된 추정된 회귀방정식, 즉 회귀평면은 다음과 같음을 확인할 수 있다.

$$\hat{y} = -35.617 + 3.716\, x_1 + 4.718\, x_2$$

```
> M4 = lm(y ~ x1 + x2); M4
Call:
lm(formula = y ~ x1 + x2)
Coefficients:
(Intercept)          x1          x2
    -35.617       3.716       4.718
```

독립변수가 2개인 다중 회귀모형의 추정된 회귀방정식인 회귀평면은 R에서 'scatterplot3d' 패키지의 'scatterplot3d()' 함수에 의하여 그려진다. 이 함수에서는 (x_1, x_2, y)에 대한 좌표값을 입력하면서 회귀평면을 입체적으로 보이기 위하여 x_2축의 좌표각도를 55도로 회전하였다.[10] x_2축은 다른

10) (x_1, x_2, y) 좌표는 R 함수에서 (x, y, z) 로 표현되므로, x_2 가 y 축이 된다.

그림 13-10 다중 회귀모형의 추정된 회귀방정식

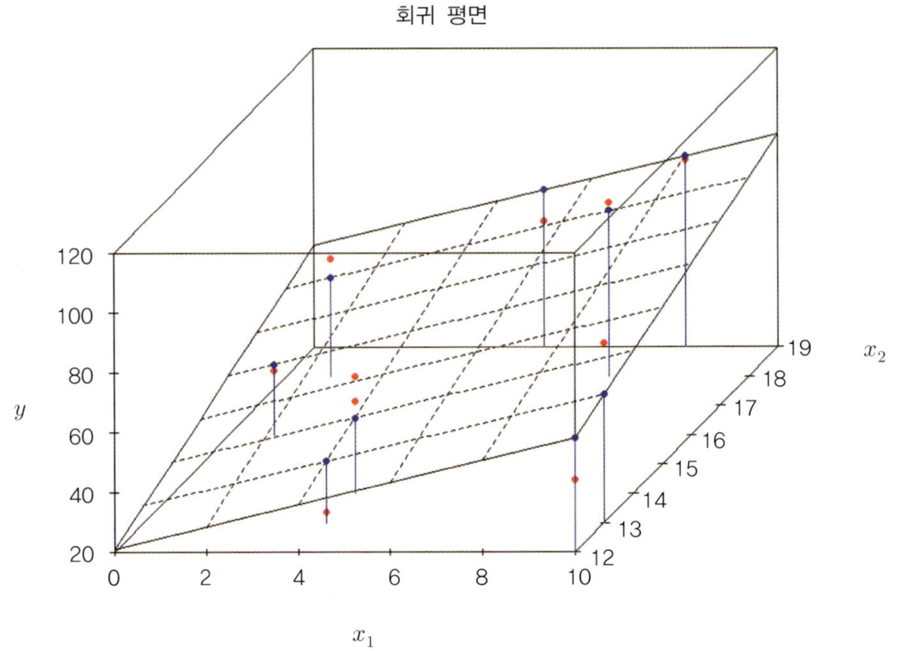

축 길이의 80%로 짧게 만들라는 옵션과 함께, y 축의 스케일을 20에서 120으로 제한하였다. 그리고 데이터는 빨간색 점으로 표현하여 3차원 공간에 [그림 13-10]과 같이 그리도록 설정하였다.

R 함수 'scatterplot3d()' 함수에 의하여 생성된 'G3d' 이름의 객체는 3차원 공간에 다양한 그래프를 그릴 수 있는 기능을 제공하는데, 여기서는 'plane3d()'와 'points3d()'을 사용하였다. 'plane3d()' 함수는 절편, x_1에 대한 회귀계수, x_2에 대한 회귀계수로 구성된 추정된 회귀방정식을 제공하면 이 식에 맞는 평면을 그려주는 기능을 한다. 최소제곱법에 의하여 추정된 절편과 회귀계수는 회귀분석 객체인 'M4'에 저장되어 있으므로 이 객체를 그대로 전달하면 된다. 'points3d()' 함수는 기존의 x_1 값과 x_2값에 'M4'에 저장된 예측값, $\hat{y}$을 제공하는 'fitted()' 함수를 입력데이터로 제공하면, 파란색 점으로 설정하였다([그림 13-10] 참조). 이에 대한 R코드를 살펴보면 다음과 같다.

```
> G3d=scatterplot3d(x1,x2,y, angle=55, scale.y=0.8, pch=16, zlim=c(20,120), color ="red", main ="
회귀평면", grid=FALSE)
> G3d$plane3d(M4, lty.box = "solid")
> G3d$points3d(x1, x2, fitted(M4), col="blue", type="h", pch=16)
```

[그림 3-10]에서 y로 표현되는 빨간색 점은 관측된 데이터로 3차원 공간에서 자유롭게 위치하고 있음을 확인할 수 있다. 하지만 예측값 $\hat{y}$로 표현되는 파란색 점은 3차원 공간에서 자유롭게 위치하지 못하고, 회귀평면상에서만 위치하게 된다. 즉, 3차원 공간에 위치한 y가 2차원 공간인 회귀

평면상에 있는 $\hat{y}$으로 대응하게 된다는 것이다. 이를 '관측값 y는 회귀평면으로 프로젝션(projection) 되어 예측값 $\hat{y}$가 형성되었다'라고 말한다. 이처럼 프로젝션은 높은 차원의 데이터를 낮은 차원의 공간에 비추었을 때 나타나는 최적의 좌표, 잔상, 또는 그림자의 의미를 갖는다.

다중 회귀모형의 추론

다중 회귀분석에서 $F-$검정을 진행할 때 적용되는 귀무가설은, 'k개의 모든 독립변수는 확률변수 Y에 영향을 미치지 않는다' 라는 가설이다. 이는 다중 회귀모형에서 나타나는 모든 회귀계수 $\beta_i = 0$이라는 가설과 동일한 의미이다. 이를 정리하면 다음과 같다.

H_0 : k개의 모든 독립변수 x_i변수는 Y에 영향을 미치지 않는다.

$\Leftrightarrow$ H_0 : $\beta_1 = \beta_2 = \cdots = \beta_k = 0$

H_1 : k개 변수 중 최소한 한 개의 독립변수는 Y에 영향을 미친다.

$\Leftrightarrow$ H_1 : k개 변수 중 최소한 한 개의 회귀계수, $\beta_i \neq 0$이다.

이러한 $F-$검정은 k개의 모든 독립변수를 한꺼번에 검정하므로, **전반검정(overall test)**이라 부른다. 만일 $F-$검정에서 귀무가설을 기각하지 못하는 결정을 내리게 된다면, 모든 독립변수가 Y에 영향을 미치지 않는다는 의미이므로 더 이상 분석을 진행할 필요가 없어진다. 반대로, $F-$검정에서 귀무가설을 기각하는 결정을 내리게 되면, k개 독립변수 중, 어떠한 독립변수가 어느 정도의 크기로 종속변수 Y에 영향을 미치는지 파악해야 하는 과정을 거쳐야 한다. 이러한 통계적 가설검정은 $F-$검정 또는 $t-$검정으로 진행하게 되는데, 이를 **부분검정(partial test)**라 부른다.

다중 회귀분석을 진행할 때, 앞에서 언급한 최소제곱법을 이용하여 분석이 진행된다. 최소제곱법은 실제값 y_i와 추정된 회귀방정식으로부터 계산된 예측값 $\hat{y_i}$의 차이인 잔차 또는 오차에 대한 제곱합으로 표현되는 오차제곱합, SSE를 최소화하고, 최소한 상태에서 대응하는 회귀계수 a와 $b_1, b_2, \cdots, b_k$값을 찾는 방법을 말한다. 이를 수식으로 표현하면 다음과 같다.

$$\text{최소제곱법} \Leftrightarrow \text{오차제곱합, SSE} = \sum_{i=1}^{n}(y_i - \hat{y_i})^2\text{을 최소화하는 방법}$$

$$\Leftrightarrow \underset{a, b_1, \cdots, b_k}{\arg\min} \sum_{i=1}^{n} (y_i - (a + b_1 x_{1i} + b_2 x_{2i} + \cdots + b_k x_{ki}))^2$$

단순 회귀분석과는 다르게, 최소제곱법에 대한 α와 $\beta_1, \beta_2, \cdots, \beta_k$의에 대한 추정량 a와 b_1, $b_2, \cdots, b_k$ 는 계산할 수 있지만, 수식으로 간단하게 표현하기는 어렵다. 따라서 'SSE를 최소화하는 추정값을 계산할 수 있다' 정도만을 이해하고 분석을 진행하면 좋을 듯하다.

다중 회귀분석은 단순 회귀분석과 마찬가지로, 총제곱합 SST는 회귀제곱합 SSR과 오차제곱합 SSE의 합으로 구성된다.

$$\sum_{i=1}^{n}(y_i - \overline{y})^2 = \sum_{i=1}^{n}(\hat{y_i} - \overline{y})^2 + \sum_{i=1}^{n}(y_i - \hat{y_i})^2$$

$$\text{SST} \quad = \quad \text{SSR} \quad + \quad \text{SSE}$$

총제곱합 SST에서 회귀제곱합인 SSR이 차지하는 비율, SSR/SST를 결정계수라 부르며, R^2로 표기한다. 또한 데이터 수가 n개인 다중 회귀모형에서 만일 귀무가설 H_0가 참이라면, 총제곱합, 회귀제곱합과 오차제곱합은 χ^2-분포와 관련되어 있으며, 자유도는 각각 $n-1$, k, $(n-k-1)$이 된다.

제곱합	SST = SSR + SSE
χ^2-분포와 관련된 자유도	$n-1 = k + (n-k-1)$

제곱합을 자유도로 나눈 식을 평균제곱이라 부르며, 회귀제곱합 SSR를 대응되는 자유도 k로 나눈 식을 회귀 평균제곱 MSR이라 부른다. 또한, 오차제곱합 SSE를 대응하는 자유도 $(n-k-1)$로 나눈 식을 오차 평균제곱 MSE라 부른다. 특별히, MSE로 표현되는 오차 평균제곱은 분산분석에서 중요한 통계량으로, 오차항 ϵ_i의 공통된 분산 σ^2에 대한 추정량이 된다. MSE에 루트를 취하면 ϵ_i공통된 표준편차인 σ에 대한 추정량이 되는데, 이를 잔차 표준오차라 부른다. 다중 회귀모형에서는 다양한 회귀모형을 비교하며 분석하는 과정을 거치게 되는데, MSE 또는 잔차 표준오차가 가장 작은 모형을 가장 좋은 모형으로 취급된다. 이를 정리하면 다음과 같다.

$$MSR = SSR/k \ , \ MSE = SSE/(n-k-1) \ , \ \hat{\sigma} = \sqrt{MSE}$$

회귀분석에서 결정계수 R^2는 총변동에서 회귀모형이 설명하는 변동의 비율을 의미한다고 앞에서 배웠다. 결정계수에는 자유도에 대한 개념이 포함되어 있지 않기 때문에, 자유도 의미가 반영된 새로운 개념의 결정계수가 필요한데 이를 수정된 결정계수라 부르며, $adj-R^2$로 표기한다. 수정된 결정계수가 가장 크다는 의미는 MSE 또는 잔차 표준오차가 가장 작다는 의미이므로 가장 좋은 모형이라는 의미이다. 결정계수와 수정된 결정계수의 식을 정리하면 다음과 같다.

$$R^2 = \frac{SSR}{SST} = 1 - \frac{SSE}{SST}, \quad adj-R^2 = 1 - \frac{SSE/(n-k-1)}{SST/(n-1)}$$

그렇다면, 회귀분석에서 모형을 선택하는 기준으로 결정계수 R^2을 사용하지 않고, 왜 수정된 결정계수 $adj-R^2$를 사용하는 것일까? 그것은 필요없는 독립변수가 모형에 포함되어도 결정계수는 무조건 증가하는 특성이 있기 때문이다. 즉, 필요없는 독립변수가 모형에 포함되면 이에 대한 페널티를 부여하는 기능이 있어야 하는데, 이에 대한 기능이 결정계수에는 없으므로 모형 선택의 척도로 사용되지 못하게 된다. 수정된 결정계수는 자유도라는 개념이 수식에 포함되어 있으므로, 불필요한 변수 추가에 따른 패널티기능을 가지게 된다. 모형의 적합성을 평가하는 척도로, 불필요한 변수 추가에 따른 패널티를 다르게 부여하는 방식으로 만들어진 대표적인 통계량으로 AIC(Akaike information criterion)와 BIC(Bayes Information Criteria)가 있다.

데이터 수가 n개인 단순 회귀모형에서 만일 귀무가설 H_0가 참이라면, 다음의 확률변수 F값은 분자 자유도 k, 분모 자유도 $n-k-1$을 갖는 $F-$분포를 따르며, 이를 요약한 분산분석표는 <표 13-4>와 같다.

$$F\text{값} = \frac{SSR/k}{SSE/(n-k-1)} = \frac{MSR}{MSE} \Rightarrow \text{귀무가설이 참인 경우, } F\text{값} \sim F(k, n-k-1)$$

[표 13-4] 다중 회귀모형의 분산분석표 (ANOVA table)

요인	자유도	제곱합	평균제곱	F값	p값
회귀	k	SSR	MSR	MSR/MSE	$F_{F값}(k,\ n\text{-}k\text{-}1)$
오차	n-k-1	SSE	MSE		
총합	n-1	SST			

다중 회귀모형에서 $j-$번째 독립변수가 종속변수 Y에 영향을 미치는 중요한 변수인지를 판단하는 부분검정 문제에 대하여 생각해 보자. 여기서 한 가지 중요한 사실은, $j-$번째 독립변수에 대한 회귀계수 β_j의 유의성 여부는, 어떠한 다른 독립변수가 모형에 포함된 상태로 진행되느냐에 따라 달라진다는 것이다. 다시 말하면, $j-$번째 독립변수가 모형에서 의미있는 역할을 하지 못한다는 의미는 '종속변수 Y에 유의한 영향을 미치지 못하고 있다'라고 해석할 수도 있지만, '이미 다른 독립변수가 종속변수 Y를 설명하고 있으므로, 추가적으로 $j-$번째 독립변수가 설명할 부분이 없다'라는 의미로 해석될 수 있다는 것이다. 이러한 부분검정에 대한 귀무가설과 대립가설은 다음과 같으며, 귀무가설이 참인 상태에서, 검정통계량 T는 자유도 $n-k-1$을 갖는 $t-$분포를 따르게 된다.

$$H_0 : \beta_j = 0,\ H_1 : \beta_j \neq 0,\ \text{만일 귀무가설 } H_0\text{가 참이라면, } T = \frac{b_j}{\hat{\sigma}(b_j)} \sim t(n-k-1)$$

만일, 여러 독립변수에 대한 유의성을 한꺼번에 검정하는 부분검정을 진행하고자 한다면, $t-$검정이 아닌 $F-$검정을 사용하여야 한다. 이 경우 **완전모형(full model)**과 **부분모형(partial model)**을 정의하여 비교한다. 완전모형의 회귀제곱합 SSR(Full)과 부분모형의 회귀제곱합 SSR(Partial)의 차이를 ΔSSR이라 표현하고, 두 모형의 자유도 차이를 Δdf라 표현하자. 이러한 부분검정에 대한 귀무가설과 대립가설은 다음과 같으며, 귀무가설이 참인 상태에서 검정통계량 F는 자유도 Δdf와 완전모형의 SSE에 대한 자유도 $n-k-1$을 갖는 $F-$분포를 따르게 된다.

H_0 : 부분모형이 적합하다., H_1 : 완전모형이 적합하다.

$$\text{귀무가설 } H_0\text{가 참이라면, } F = \frac{\Delta SSR/\Delta df}{MSE(Full)} \sim F(\Delta df, n-k-1)$$

마지막으로 종속변수 Y의 예측에 대한 추론에 대하여 알아보자. 먼저 상수로 취급되는 $E(Y)$에 대한 추론과 확률변수로 취급되는 Y에 대한 추론은 모두 $\hat{y}$으로 추정량은 동일하지만, 표준오차가 다르므로 가설검정이나 신뢰구간에서 다르게 나타난다. 이제 예제를 통하여 하나씩 실습을 진행해 보도록 하자.

[예제 9] 실습예제에서 소개한 아파트매매 데이터를 기반으로 다음과 같은 3개의 회귀모형을 설정하였다.

$$\text{완전모형: } Y = \alpha + \beta_1(\text{기간}) + \beta_2(\text{면적}) + \beta_3(\text{방수}) + \epsilon$$
$$\text{부분모형 1: } Y = \alpha + \beta_1(\text{기간}) + \beta_2(\text{면적}) + \epsilon$$
$$\text{부분모형 2: } Y = \alpha + \beta_1(\text{면적}) + \epsilon$$

(1) 완전모형에 대한 분산분석표를 작성하고, 3개 모형에 대한 R^2, $adj-R^2$, MSE, AIC, BIC 값을 비교하여라.
(2) 완전모형과 부분모형 1에 대한 가설검정을 진행하여라.
(3) 완전모형과 부분모형 2에 대한 가설검정을 진행하여라.
(4) 3개의 회귀모형 결과를 분석하여 가장 적합한 모형을 선택하여라. 그리고 이 모형을 바탕으로 아파트매매 시장에 올라온 지 30일 되는 32평의 방 5개 아파트를 구매하려고 한다. 이에 대한 추정값과 평균가격에 대한 95% 신뢰구간, 매매가격에 대한 95% 신뢰구간을 구하여라.

먼저 완전모형에 대한 분산분석표를 작성하여 보자. 불행하게도 R에서는 앞에서 설명한 깔끔한 형태의 분산분석표를 제공하여 주지 못하여 약간의 코딩이 필요하다. 먼저 데이터를 읽고 3개 모형과 어떠한 독립변수도 포함하고 있지 않은 비어있는 모형(null model)을 정의해 보자.

```
> library(readxl)
> df1 = read_excel("아파트매매.xlsx", sheet='Data', range='B4:F30')
> FullModel = lm(Sales ~ . , df1)
> PartialModel1 = update(FullModel, .~.-Rooms)
> PartialModel2 = lm(Sales ~ Area , df1)
> NullModel = lm(Sales ~ 1 , df1)
```

여기서는 몇 가지 R에서 자주 사용하는, 알아두면 편리한, 코딩약어를 소개하겠다. 먼저 'Sales~.'은 df1 데이터프레임에 있는 변수에서 Sales 변수는 종속변수로 설정하고 나머지 모든 변수는 독립변수로 설정하겠다는 코딩약어이다. 그리고 'update()' 함수는 기존의 모형에서 변수를 추가하거나('+' 사용), 제거하여 ('−' 사용) 새로운 회귀모형을 만드는 경우 사용하는 모형설정 방법이다. 독립변수의 수가 많은 경우에는 매번 모형을 바꿀 때마다 모든 독립변수를 나열할 필요없이 독립변수를 추가나 제거할 수 있다는 측면에서 'update()' 함수는 유용하게 사용될 수 있다. 여기서는 기존 'FullModel'에서 Rooms 이름의 독립변수만 제거한 새로운 회귀모형을 구성하라는 의미이다. 마지막으로, 어떠한 독립변수도 포함하지 않은 회귀모형은 '~1'으로 표현하였으며, 'NullModel' 이름으로 표기하였다.

R의 'anova()' 함수는 개별 독립변수에 대한 SSR이 제공되므로. 결과를 종합하여 재계산하는 과정이 필요하다.

```
> F1 = anova(FullModel); F1
Analysis of Variance Table
Response: Sales
            Df   Sum Sq   Mean Sq   F value    Pr(>F)
Dur          1   1615     1615      5.7892     0.02497 *
Area         1   38404    38404     137.7028   6.1e-11 ***
Rooms        1   38       38        0.1378     0.71404
Residuals   22   6136     279
> SSR = sum(F1[1:3,2]); SSR; MSR = SSR/3; MSR
[1] 40056.69
[1] 13352.23
> Fvalue=MSR/F1[4,3]; 1-pf(Fvalue, 3, 22)
[1] 47.8766
[1] 8.23094e-10
> anova(NullModel, FullModel)
Analysis of Variance Table
Model 1: Sales ~ 1
Model 2: Sales ~ Dur + Area + Rooms
    Res.Df   RSS     Df   Sum of Sq    F        Pr(>F)
1     25     46192
2     22     6136    3     40057      47.877   8.231e-10 ***
```

이제 코딩결과를 살펴보도록 하자. 'F1' 객체는 완전모형의 분산분석표를 'table' 형태로 저장한 데이터이다. 따라서 제곱합을 나타내는 두 번째 열의 첫 번째 행부터 세 번째 행을 모두 더하면 SSR의 값이 나타나게 되며, 이를 SSR의 자유도 3으로 나누면 MSR 값이 계산된다. 다음으로 평균 제곱합을 나타내는 세 번째 열에 오차를 나타내는 네 번째 행의 값이 MSE가 되며, 앞에서 계산한 MSR에 MSE를 나누면 F값이 만들어지고, 귀무가설이 참인 경우, 자유도 3, 22의 $F-$분포를 따르므로 이를 이용하여 p 값을 계산할 수 있다.[11)]

$F-$검정은 전반검정으로 귀무가설에 해당하는 '모든 독립변수가 필요없다'라는 'NullModel'과 모든 독립변수를 포함한 'FullModel'의 비교라고 볼 수 있다. R에서는 'anova()' 함수를 통하여 두 회귀모형을 비교할 수 있으며, 이에 관한 결과는 전반검정에 해당하는 $F-$검정과 동일한 검정이 된다. 결과를 살펴보면, 'NullModel'의 RSS는 분산분석표의 SST가 되며, 'FullModel'의 RSS는 SSE에 해당되고, 이 두 값의 차이에 해당하는 40057은 'FullModel'로 인하여 증가한 회귀제곱합, 즉 SSR이 된다.

11) 이러한 $F-$검정에 대한 p값은 'summary(F1)' 함수를 이용하여 확인할 수도 있다.

F값에 적용되는 MSE는 'FullModel'의 MSE를 의미하며, MSR/MSE를 통하여 F값 47.877이 계산된 후, $F-$분포에 따라 p 값 8.23×10^{-10}이 계산된다. 이를 정리하면 [표 13-5]와 같다.

[표 13-5] 아파트 매매 자료에 대한 분산분석표

요인	자유도	제곱합	평균제곱	F값	p값
회귀	3	40057	13352	47.877	8.23E−10
오차	22	6136	279		
총합	25	46193			

이제 모형에 대한 결정계수 R^2, 수정된 결정계수 $adj-R^2$, MSE, AIC와 BIC 값을 계산하여 보자. 먼저 결정계수와 수정된 결정계수는 회귀모형의 객체인 'FullModel'에서 직접 얻을 수는 없고 'summary()' 함수를 통하여 생성된 r.squared 속성과 adj.r.squared 속성에 접근함으로써 값을 얻을 수 있다. 따라서 R코드는 다음과 같다.

```
> summary(FullModel)$r.squared; summary(FullModel)$adj.r.squared
```

회귀모형의 객체인 'FullModel'에 'sigma()' 함수를 적용하면, 잔차 표준오차 $\hat{\sigma}$이 계산되는데, 이 값을 제곱하면 MSE가 된다. AIC값과 BIC값은 'AIC()', 'BIC()' 함수를 이용하면 값을 얻을 수 있다.

```
> sigma(FullModel)^2; AIC(FullModel); BIC(FullModel)
```

이를 완전모형 (FullModel), 부분모형1 (PartialModel1), 부분모형 2 (PartialModel2)에 적용하여 정리하면 [표 13-6]와 같다.

[표 13-6] 3개의 회귀모형에 대한 적합도 평가

	R^2	$adj-R^2$	MSE	AIC	BIC
완전모형	0.8672	0.8491	278.89	225.84	232.13
부분모형 1	0.8663	0.8547	268.43	224.00	229.04
부분모형 2	0.8218	0.8144	342.91	229.48	233.25

[표 13-6]를 살펴보면, 결정계수 R^2는 당연하게 독립변수를 가장 많이 포함하고 있는, 완전모형에서 가장 높게 나타났다. 하지만, 수정된 결정계수 값이 가장 크고 MSE, AIC, BIC 값이 가장 작은 최적의 회귀모형을 찾아보면 부분모형 1이 가장 적합한 모형으로 나타난다.

완전모형과 부분모형 1에 대한 가설검정은 'Rooms 변수로 표현되는 방의 수가 매매가격에 유의한 영향을 미치는가?'를 판단하는 검정으로, 한 개의 독립변수에 대한 유의성을 판단하는 것이므로, 귀무가설이 $\beta_3 = 0$에 대한 $t-$검정으로 판단할 수 있다. 완전모형의 β_3에 대한 $t-$검정은 'summary()'

함수를 통하여 확인할 수 있다.

```
> summary(FullModel)
(...)
Coefficients:
              Estimate    Std. Error   t value   Pr(>|t|)
(Intercept)   65.62718    18.82063     3.487     0.00209 **
Dur           -0.16839    0.06147      -2.739    0.01197 *
Area          5.04363     0.62078      8.125     4.56e-08 ***
Rooms         -2.01249    5.42161      -0.371    0.71404
(...)
```

결과를 정리하면, 방의 수에 대한 회귀계수 β_3에 대한 추정값 b_3는 -2.01로 나타났으며, 이에 대한 표준오차, $\hat{\sigma}(b_3)$은 5.42로 계산되었고, t값은 $-2.01/5.42$가 되어 -0.371로 나타났다. 이러한 검정통계량 t값은 귀무가설 $\beta_3=0$인 경우, 자유도가 22인 $t-$분포를 따른다. 따라서 'pt(-0.371, 22)*2' 함수에 의하여 p값은 0.7140으로 나타난다. 따라서 유의수준 5%에서 귀무가설을 기각할 수 없으므로, 방의 수 변수는 모형에서 제거하고 부분모형1을 적용하는 것이 타당한 것으로 판단된다. 여기서 방의 수 변수가 제거되었다는 것은, 이 변수가 매매가격을 예측하는데 영향력이 없는 변수라서 제거된 것이 아니라, 방의 수 변수에 대한 매매가격 설명을 다른 변수인 면적에서 이미 설명하고 있기 때문에 방의 수 변수가 추가적으로 더 설명할 부분이 없으므로 제거된 것이라고 해석하여야 한다.

완전모형과 부분모형2에 대한 가설검정을 진행하여 보자. 이 경우 'Dur'로 표현되는 기간과 'Rooms' 변수로 표현되는 방의 수가 모두 매매가격에 영향을 미치지 못한다는 귀무가설에 대한 검정이 된다. 즉, 귀무가설은 $\beta_1=\beta_3=0$에 대한 검정으로, 두 개 변수가 관련되어 있으므로 $t-$검정으로는 판단할 수 없고, $F-$검정으로 판단하여야 한다. 이 경우, 부분모형2에 해당하는 PartialModel2과 완전모형에 해당하는 FullModel에 'anova()'함수를 적용하면 확인할 수 있다.

```
> anova(PartialModel2, FullModel)
Analysis of Variance Table
Model 1: Sales ~ Area
Model 2: Sales ~ Dur + Area + Rooms
  Res.Df  RSS     Df   Sum of Sq   F        Pr(>F)
1 24      8229.7       2094.2      3.7546   0.03955 *
2 22      6135.5  2
```

결과를 정리하면, 부분모형2에서 완전모형으로 바뀌면서 회귀제곱합은 2094.2 만큼 증가하였으며 ($=\Delta SSR$), 이에 대응하는 자유도가 2가 되고 F값은 3.75가 되어, 이 통계량은 귀무가설이 참인 경우, 분자자유도 2, 분모자유도 22인 $F-$분포를 따르게 된다. 따라서 이에 대한 p 값은 '1−pf(3.7546, 2, 22)'에 의하여 0.0396이 된다. 이는 유의수준 5%에서 귀무가설을 기각하게 되고, '기간'

변수와 '방의 수' 변수 모두를 버려서는 안 된다는 결론을 내리게 된다.

마지막으로 아파트 매매시장에 올라온 지 30일 되는 32평의 방 5개 아파트에 대한 가격을 예측하여 보자. 앞에서의 분석결과, 부분모형 1이 가장 적합한 모형으로 나타났으므로 'PartialModel1' 모형을 적용하여 추정을 진행하면, 다음과 같다.

```
> predict(PartialModel1, newdata=data.frame(Dur=30, Area=32), interval="confidence")
       fit      lwr      upr
1 211.5292 196.8789 226.1795
> predict(PartialModel1, newdata=data.frame(Dur=30, Area=32), interval="prediction")
       fit      lwr      upr
1 211.5292 174.6056 248.4528
```

결과를 해석하여 보면, 대략 212 (백만원)의 예측값이 나타났으며, 평균값에 대한 95% 신뢰구간은 197에서 226으로 나타났다. 또한, 매매가격에 대한 95% 신뢰구간은 175에서 248로 나타났다. 따라서 이 아파트는 2억 1천 1백만원 정도로 매매가격을 추정할 수 있으며, 만일 2억 4천 8백만원 이상으로 매매가격이 나타난다면, 극단값으로 취급되는 이례적으로 비싼가격이라 판단할 수 있다. 또한, 1억 7천 5백만원 이하로 매매가 이루어지기는 어렵다고 볼 수 있다.

다중공선성

다중공선성이란 독립변수들 사이의 의존관계를 의미하는 것으로, 두 개 이상의 독립변수를 가진 다중 회귀모형에서 나타나는 현상이다. 즉, 높은 다중공선성은 독립변수들끼리 서로 상관관계가 높다는 것을 의미한다. 높은 다중공선성 문제가 발생하게 되면, 회귀분석결과는 왜곡된 결과를 제공한다. 따라서 높은 다중공선성을 가진 독립변수가 발견되면, 모형에서 제거하는 것이 기본적인 해결방법이다. 하지만, 제거하는 이유가, 종속변수 Y를 예측하는 데 중요한 변수가 아니기 때문에 제거하는 것이 아니라, 최소제곱법이 회귀분석결과를 안정적으로 제공하지 못하게 만들기 때문에 제거하는 것이다.

다음 예제를 통하여 독립변수 x_2가 회귀모형에서 중요한 역할을 하지만, x_2의 데이터 포인트를 잘못 설정하여, 높은 다중공선성이 발생함으로써 최소제곱법이 작동되지 않는 경우를 확인하여 보자.

[예제 10] [예제 8]에서 언급된 아래의 회귀모형을 고려해 보자.

$$Y = 1 + 2x_1 + 3x_2 + \epsilon, \text{ 여기서 } \epsilon \sim N(0, 10^2)$$

이 모형의 경우, 두 개의 독립변수 x_1과 x_2는 종속변수 Y에 영향을 미치는 중요한 역할을 하고 있다. 이제 두 독립변수를 다음과 같이 설계한다. 첫 번째 독립변수인 x_1값은 1에서 10까지의 자연수로 값을 할당하고, 두 번째 독립변수 x_2는, x_1과 완벽한 상관관계를 갖는, 21에서 30 사이의 자연수로 할당한다. 회귀분석을 진행하였을 경우 어떠한 문제점이 발생하는지 확인하여라.

다음의 R코드를 이용하여 결과를 확인할 수 있다.

```
> x1=1:10; x2=21:30
> y = 1 + 2*x1 + 3*x2 + rnorm(10, 0, 10)
> M5 = lm(y ~ x1 + x2); summary(M5)
(...)
Coefficients: (1 not defined because of singularities)
              Estimate  Std. Error  t value  Pr(>|t|)
(Intercept)   67.582    5.522       12.238   1.85e-06 ***
x1            3.188     0.890       3.582    0.00716 **
x2            NA        NA          NA       NA
(...)
```

[예제 10]의 결과를 살펴보면, 두 독립변수 x_1과 x_2가 종속변수에 영향을 미치는 중요한 변수임에도 불구하고 높은 다중공선성 문제로 인하여 최소제곱법을 통한 회귀분석이 제대로 작동하지 않고 있음을 보여주고 있다. 즉, R에서 'singularity' 문제가 발생하여 x_2 에 대한 추정이 전혀 이루어지지 못하고, Not Available을 나타내는 'NA'값이 제공되었다는 것이다. 이러한 'singularity' 현상은 독립변수 x_1과 x_2가 높은 선형관계, 즉 상관계수가 ±1에 가까운 경우 발생하는 문제이다.

만일 독립변수 x_1과 x_2가 높은 다중공선성을 가지고 있어서, 두 변수의 상관계수 절대값이 1에 가깝다면, 'singularity' 문제는 발생하지 않아 최소제곱법은 결과를 제공하여 주지만, 이에 관한 결과가 상당히 왜곡되어 나타나게 된다. 이러한 문제를 다중공선성 문제라고 한다.

회귀모형에서 다중공선성 문제가 발생하면, (1) 최소제곱법에 의하여 제공되는 회귀계수 b_j값이 불안정하게 되며, (2) b_j에 대한 표준오차 $\hat{\sigma}(b_j)$가 커져서[12] p값이 크게 나타나며, (3) 다른 독립변수의 조그마한 변화에도 매우 민감한 그리고 변화가 심한 예측값을 제공하게 된다. 따라서 회귀모형의 적합도는 양호하게 나타나지만, 회귀계수의 p 값이 모두 크게 나타나 유의한 변수가 발견되지 않는 경우라면 다중공선성 문제를 생각해 볼 수 있다.

다중공선성을 확인하는 가장 간단한 방법은 독립변수 간의 상관관계를 계산하고 유의성을 조사하는 것이다. 이러한 상관관계를 확장하여 $j-$번째 독립변수인 x_j를 종속변수로 하고, 나머지 $k-1$개의 변수를 독립변수로 하여 결정계수 R_j^2을 확인해보면, 다중공선성을 점검할 수 있다. 보통 여기서 계산된 결정계수가 0.8 이상이면 다중공선성 문제의 가능성을 의심할 수 있는 수준이고, 0.9 이상이면 심각한 수준이라고 판단한다. 하지만, 하나의 참고하는 값으로 생각하고, 절대적인 기준값으로 판단하면 안된다. 이와 비슷한 다중공선성의 지표로 **분산팽창인자(VIF; Variance Inflation**

12) 이러한 현상을 **분산팽창**(variance inflation)이라 부른다.

Factor)가 있다. $j-$번째 독립변수에 대한 VIF는 다음과 같이 정의된다.

$$VIF_j = \frac{1}{1 - R_j^2}$$

여기서 R_j^2는 앞에서 언급한 $j-$번째 독립변수인 x_j를 종속변수로 하고, 나머지 $k-1$개의 변수를 독립변수로 하여 만들어진 회귀모형에 대한 결정계수이다. VIF 값의 경우, 5보다 크다면 다중공선성 문제에 의심이 가는 수준이고, 10보다 크게 나타난다면 심각한 수준이라고 판단하지만, 이에 관한 절대적인 기준은 없으므로, 엄격하게 적용할 필요는 없다. 즉, VIF 값이 5보다 작은 경우도 다중공선성 문제가 나타날 수 있고, 5보다 크지만 다중공선성 문제가 나타나지 않을 수도 있다. R에서는 'car' 패키지의 'vif()' 함수를 통하여 값을 확인할 수 있다.

[예제 11] [예제 9]에서 언급된 아파트 매매자료의 완전모형, 부분모형1에 대하여 상관계수와 VIF값을 계산하고, 다중공선성을 검토해 보시오.

먼저 독립변수 간의 상관관계 분석을 살펴보도록 하자. R에서는 다양한 상관관계 분석패키지를 제공하고 있지만, 여기서는 'PerformanceAnalytics' 패키지에서 제공하는 'chart.Correlation()' 함수를 사용하여 분석을 진행하겠다.

```
> # install.packages("PerformanceAnalytics")
> PerformanceAnalytics::chart.Correlation(df1)
> car::vif(FullModel)
      Dur       Area      Rooms
1.225876   2.707717   2.387637
> car::vif(PartialModel1)
      Dur       Area
1.211306   1.211306
```

[그림 13-11] 그래프를 살펴보면, 방의 수와 면적이 높은 상관관계를 가지고 있으므로, 이에 따른 다중공선성이 의심된다. 하지만, 상관계수가 0.76으로 기준치인 0.8보다 크지 않고, VIF 값도 각각 2.71과 2.39로 5의 기준치를 초과하지 않았으므로 다중공선성 문제가 없다고 판단하고 넘어가는 것이 일반적인 판단이다. 하지만, 앞에서도 언급하였듯이 상관계수 0.8이나 VIF 5의 기준은 절대적인 기준치가 아니며, 이 보다 적은 수치에서도 다중공선성 문제가 발생할 수 있으며, 반대로 이 기준치보다 큰값을 가져도 다중공선성 문제가 발생하지 않을 수 있다. 즉, 다중공선성 문제는 VIF 값을 참고하면서 최소제곱법에서 제공하는 회귀계수 추정량의 적정성, 표준오차의 크기, p값의 유의성을 관찰하면서 판단하여야 한다.

그림 13-11 다중공선성 검토를 위한 상관관계 분석

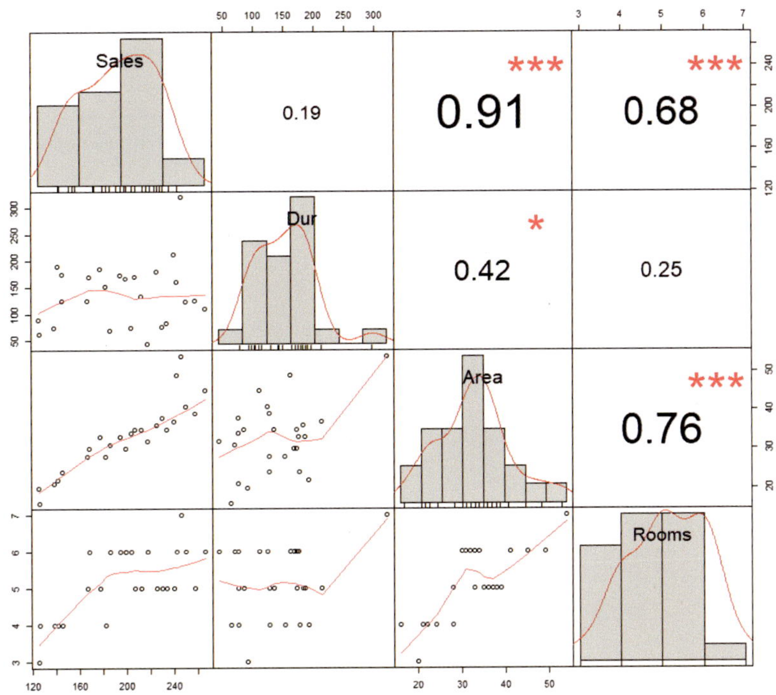

[그림 13-11]의 기간을 나타내는 'Dur'변수와 면적을 나타내는 'Area'변수 간에도 매우 높은 수준은 아니지만, 상관계수 0.42로 유의한 상관관계를 가지고 있음을 확인할 수 있다. 이처럼 유의하게 보이는 다중공선성 문제가 회귀모형에서 어떻게 영향을 미치는지 분석하는 것이 중요하다. 그렇다면 'Area' 변수와 'Rooms' 변수의 다중공선성 문제, 'Area' 변수와 'Dur' 변수의 다중공선성 문제는 어떻게 판단하는 것이 좋을까? 이에 대한 자세한 검토는 연습문제에서 다시 다루기로 한다.

주요 용어

(13.1) 회귀분석, 최소제곱법, 종속변수, 반응변수, 독립변수, 설명변수, 회귀모형, 선형 회귀모형, 비선형 회귀모형, 일반화된 선형모형, 단순 회귀모형, 다중 회귀모형, 다변량 회귀모형, 다중방정식 모형, 구조방정식 모형

(13.2) 추정된 회귀방정식, OLS, 잔차, 오차, 오차제곱합(SSE), 정규방정식, 제곱합, 총제곱합(SST), 회귀제곱합(SSR), 결정계수, 평균제곱, 회귀평균제곱(MSR), 오차 평균제곱(MSE), 잔차 표준오차, 수정된 결정계수, 분산분석표(ANOVA table), 가우스-마코브 정리, 극단값

(13.3) 회귀진단, 잔차분석, 표준화된 잔차, 스튜던트화된 잔차, 내적 스튜던트화된 잔차, 외적 스튜던트화된 잔차, Durbin-Watson 검정, 분산 안정화 변환, power 변환, Box-Cox 변환, Shapiro-Wilk 검정, 영향점, 약한 극단값, 강한 극단값, 레버리지, 다중공선성, 티블 클래스, 비대칭도, 첨도, 이분산성, 모형의 구성오차, 자기상관계수

(13.4) 회귀 평면, 프로젝션, 전반검정, 부분검정, AIC, BIC, 완전모형, 부분모형, 분산 팽창, 분산팽창인자(VIF)

연습문제

1. 본문에서 사용한 아파트매매자료의 완전모형에 대하여, 다중공선성 분제가 발생하였는지 검토하여라.

2. 본문에서 사용한 아파트매매자료에 대하여, 다음과 같은 추정된 회귀방정식이 나타났다.

$$\hat{y} = 178.80 + 0.1336\,(\text{기간})$$
$$\hat{y} = 60.59 - 0.1659\,(\text{기간}) + 4.8723\,(\text{면적})$$

위의 결과를 보면, 기간에 대한 회귀계수 부호가 '+'에서 '−'로 바뀐 것을 확인할 수 있다. 다중공선성 문제로 발생한 현상인지 확인하고, 어떠한 관계가 맞는 것인지 판단하여라.

연습문제 풀이

1. 다중공선성의 특징이라면 회귀계수에 대한 표준오차가 크게 나타나고. t통계량 값이 적게 나타나고, p 값이 크게 나타나는 특징을 가진다. 완전모형에 대한 R의 회귀분석 결과를 보면 다음과 같다.

```
Coefficients:
             Estimate Std. Error  t value  Pr(>|t|)
(Intercept)  65.62718   18.82063   3.487   0.00209 **
Dur          -0.16839    0.06147  -2.739   0.01197 *
Area          5.04363    0.62078   8.125   4.56e-08 ***
Rooms        -2.01249    5.42161  -0.371   0.71404
```

방의수를 나타내는 'Rooms' 변수는 전형적인 다중공선성 문제의 특징을 가지고 있으며, 회귀계수가 음수의 값, −2.01을 갖는다는 것도 설명이 안 된다. 왜냐하면 방의 수가 많아지면 자연스럽게 매매가격이 올라가야 하기 때문이다. 참고로, 방의 수만을 포함한 단순 회귀모형결과는 매우 유의한 양수의 값을 갖는다.

```
Coefficients:
             Estimate Std. Error  t value  Pr(>|t|)
(Intercept)  39.03       34.95    1.117    0.275057
Rooms        30.91        6.72    4.599    0.000115 ***
```

위의 결과를 보면, 방의 수는 매매가격에 영향을 미치는 매우 중요한 변수라는 것을 확인할 수 있다. 하지만, 이러한 높은 다중공선성은 당연한 현상이라 볼 수 있다. 왜냐하면, 면적이 넓어지면 자연스럽게 아파트의 방 수도 증가하기 때문에, 높은 상관관계를 가질 수밖에 없기 때문이다. 대부분의 분석에서 실수하는 부분이 '면적'과 '방의 수'가 아파트 매매가격에 중요한 역할을 하므로, 두 변수를 모두 모형에 포함해야 한다고 판단하면서 다중공선성 문제를 가볍게 다루는 경향이 있다.

하지만, 이 경우와 같이, 다중공선성 문제로 인하여, 분산이 커지고 회귀계수의 정확성이 떨어져, 음수 값을 갖는 반대부호가 나타나는 현상이 나타나면 두 변수를 모두 회귀모형에 포함하면 안 되고 한 개의 변수만 포함하여야 한다. 다시 한번 강조하지만, 다중공선성 문제는, $x-y$ 문제가 아니라, x들 사이에서 높은 상관관계로 나타나, 왜곡된 결과를 제공하는 현상이라는 것이다. 따라서 다중공선성 문제를 가지고, 방의 수에 대한 회귀계수가 음수가 나타난 결과를 무리해서 해석하면서 말도 안 되는 논리를 펼치는 실수에 주의를 기울여야 한다.

2. 먼저 '기간' 변수는 아파트를 매매시장에 올린 후, 매매계약체결까지 걸린 날을 의미한다. 따라서 기간이 길었다는 의미는 아파트가 오랫동안 팔리지 않았다는 의미이다. 따라서 기간이 길어지면, 아파트의 매매가격은 내려가야 하는 것이 맞는 이치이다. 즉, 아파트가 안 팔리는데 가격을 더 올리는 매도자는 없기 때문이다. 하지만 아래의 분석결과를 보면 '−' 부호가 아닌 '+'로 나타난 것을 확인할

수 있다.

Coefficients:

	Estimate Std.	Error	t value	Pr(>|t|)
(Intercept)	178.8037	21.3921	8.358	1.44e-08 ***
Dur	0.1336	0.1433	0.932	0.36

이처럼 반대부호가 나타나는 원인을 생각해 보면, 설명이 되는 측면이 있다. 일반적으로 면적이 큰 아파트들은 가격도 비싸고, 매매에 걸리는 기간도 길어지는 것이 당연한 현상이기 때문이다. 실제로 면적과 기간에 대한 상관계수는 0.42로, 유의수준 5%에서, 통계적으로 유의한 수치를 가지고 있다. 따라서 '+' 부호를 갖는 기간에 대한 회귀모형은 잘못된 모형이다. 면적을 포함한 다중 회귀모형을 고려해 보자.

Coefficients:

	Estimate Std.	Error	t value	Pr(>|t|)
(Intercept)	60.59166	12.79888	4.734	9.03e-05 ***
Dur	-0.16590	0.05995	-2.767	0.011 *
Area	4.87233	0.40735	11.961	2.36e-11 ***

위의 결과를 살펴보면, 아파트가 안 팔리는 경우, 하루에 평균 17만원씩 감소하고 있다는 것을 확인할 수 있다. 이 모형에서는 면적이 통제된 상태에서, 즉 면적에 대한 효과를 제거하고, 일정 수준을 유지했다고 가정한 상태에서, 기간이 매매가격에 미치는 효과를 측정한 것이기 때문에 올바른 관계인 '−'가 나타난 것이라 설명할 수 있다.

'Dur' 변수에 대한 회귀계수의 부호, 표준오차의 크기, t값, 이에 대응되는 p값을 종합적으로 고려하였을 때, 다중공선성 문제가 발생하였다고 보기는 어렵다. 특별히 다중공선성 문제가 발생하면 p값이 5% 이하로 나타나지는 않는다. 따라서 다중공선성 문제는 발생하지 않았으며, 면적은 회귀모형에서 기간 변수와 함께 반드시 포함되어야 한다고 판단할 수 있다. 모형선택 문제에서 방의 수가 모형에서 제거되어야 하고, 기간이 포함되어야 한다는 결론은, 독립변수들 사이의 의존관계에 따른 문제를 해결하기 위한, 즉 다중공선성 문제를 해결하기 위한 최적의 선택이라고 결론내릴 수 있다.

국문색인

ㄱ

ㄴ

ㅅ

ㅇ

영문색인

A

B

C

Q

R

S

T

U

V

W

Y

Z

저자소개

▪ 이군희

서강대학교 경영대학/경영전문대학원 교수

- 서울대학교 계산통계학과 학사
- 미주리 주립대 통계학 석사 및 박사
- 육군사관학교 교수부(수학과) 전임강사
- 서울대학교 통계학과 통계연구소 특별연구원
- 서울대학교 경영학과 초빙교수
- University of Houston 경영학과 교환교수 및 풀브라이트 스칼라
- State University of New York(SUNY) at Stony Brook, 경영학과 겸임교수
- California PolyTech University at Pomona, 경영학과 교환교수
- 2018년 The Marquis Who's Who List 이름 등재(Science & Technology 분야)

데이터 사이언스 통계학

2023년 9월 15일 1쇄 인쇄
2024년 2월 20일 2쇄 발행

저 자 이군희
발행인 류재식 · 박용범
발행처 도서출판 북넷

서울시 용산구 효창원로 70길46(대신빌딩 2층)
등 록 2010년 6월 7일(제2010－000069호)
전 화 (02)395－2341
팩 스 (02)395－2303

정가 35,000원

불법복사는 지적재산을 훔치는 범죄행위입니다.
이 책의 무단전재 또는 복제행위는 저작권법 제136조 제1항에 의거,
5년 이하의 징역 또는 5,000만원 이하의 벌금에 처하게 됩니다.

ISBN 979-11-86947-73-9(93310) e-mail : book2341@naver.com